● KIDS 디스플레이 교재 시리즈

OLED 소재 및 소자의 기초와 응용

이준엽 지음

Fundamentals and Application of OLED Materials and Devices

The Korean Information Display Society
KIDS (사)한국정보디스플레이학회

도서출판 홍릉

저자소개

이준엽 성균관대학교 교수

1989-1993 서울대학교 공업화학과 학사
1993-1995 서울대학교 공업화학과 석사
1995-1998 서울대학교 공업화학과 박사
1998-1999 Rensselaer Polytechnic Institute 박사후 과정
1999-2005 삼성 SDI 책임 연구원
2005-2015 단국대학교 고분자공학과 교수
2015-현재 성균관대학교 화학공학/고분자공학부 교수
2019-현재 한국과학기술한림원 정회원

OLED 소재 및 소자의 기초와 응용

2021년 10월 13일 초판 1쇄 인쇄
2021년 10월 20일 초판 1쇄 발행
2022년 8월 10일 초판 2쇄 발행

저 자 : 이준엽
발행인 : 송 준
발행처 : 도서출판 홍릉
주 소 : 01093 서울시 강북구 인수봉로 50길 10
등 록 : 1976년 10월 21일 제5-66호

전 화 : 02-999-2274~5
팩 스 : 02-905-6729
e-mail : hongpub@hongpub.co.kr
http://www.hongpub.co.kr
ISBN : 979-11-5600-883-5(93560)

정 가 : 39,000원

머 리 말

디스플레이는 전기적인 정보를 사람의 눈으로 볼 수 있게 표시해 주는 소자로서, 현재 다양한 디스플레이들이 실생활의 여러 영역에서 사용되고 있다. 각 디스플레이는 각각의 요구 특성에 맞는 제품에 적용되고 있으며, 소형 디스플레이로서는 액정 디스플레이 (liquid crystal display, LCD)와 organic light-emitting diode (OLED)가 적용되고 있으며, 대형 디스플레이로서는 LCD, OLED, 미니 LED 및 최근에는 마이크로 LED 등이 적용되고 있다. 과거에는 디스플레이로서 브라운관 (cathode ray tube, CRT), 플라즈마 디스플레이 (plasma display panel, PDP) 등이 다양하게 사용되었으나, 최근 디스플레이 시장은 평판 디스플레이로서 대표되는 LCD와 OLED가 양분하고 있는 상황이다.

LCD와 OLED로 대표되는 디스플레이는 휴대폰, 태블릿, 모니터, TV 등의 전통적인 디스플레이 영역을 포함하여 최근에는 사물 인터넷의 활성화 및 사이니지의 확대 등으로 인하여 디스플레이 응용 범위가 지속적으로 확대되고 있다. 최근까지도 LCD가 디스플레이 시장에서 주도적인 위치를 차지하고 있었으나, 자발광으로 대표되는 OLED의 장점을 활용하여 최근 OLED의 시장 규모 및 시장 점유율이 급속하게 확대되고 있다. 특히, 기존 유리 기판을 주로 사용하던 디스플레이 제품들이 유연 기판을 활용하는 플렉시블 디스플레이를 채용하기 시작하면서 플렉시블 디스플레이로서 가장 적합한 OLED 시장이 급격히 성장하고 있다. 향후에도 디스플레이 시장은 유연 기판을 활용하는 다양한 플렉시블 OLED를 중심으로 성장할 것으로 예상되고 있으며, 시장 규모도 지속적으로 커질 것으로 예상되고 있다.

이러한 추세에 맞추어 차세대 주력 디스플레이로서 성장하고 있으며, 시장에서 삼성디스플레이와 엘지디스플레이를 중심으로 대한민국이 독점적인 지위를 확보하고 있는 OLED에 대한 이해를 높이고자 이 책을 저술하였다. 본 저서는 OLED 기초부터 응용까지의 모든 분야를 다루고 있으며, 소재부터 소자까지의 광범위한 내용을 총망라하여 OLED 분야에 입문하는 사람에게는 입문서로 OLED 분야 연구자에게는 심화 학습서로서 역할을 모두 할 수 있도록 구성하였다. 본 저서를 통하여 OLED 관련 연구자들이 기초 및 심화 지식을 습득하고 이를 통하여 대한민국의 OLED가 한 단계 더 성장할 수 있기를 기원해 본다.

감사의 글

박사 학위를 마치고 2000년 OLED를 처음 접한 이후 어느덧 22년이라는 세월을 다른 곳을 바라보지 않고 OLED와 함께 보냈습니다. 제가 OLED를 만나게 된 것은 인생의 큰 행운이었고, OLED와 함께 한 22년의 시간을 돌아보면서 산업체와 대학에서 연구를 통하여 얻은 지식과 경험을 집대성하여 오늘 본 저서를 완성하게 되었습니다. 2년 전 처음 집필을 시작할 때만 해도 막막하였는데, 많은 분들의 도움으로 무사히 집필을 끝내게 되어 감사한 마음입니다.

먼저, 처음 본 저서 집필을 제안해 주시고 도움을 주신 한국정보디스플레이학회 회장님 및 학회 관계자 분들께 감사의 말씀을 드립니다. 본 저서는 KIDS 디스플레이 교재 시리즈의 첫 교재로 기획되었고, 학회의 적극적인 지원을 통하여 출판할 수 있게 되었습니다.

본 저서의 출판은 현재의 OLED 관련 성과와 경력을 쌓을 수 있도록 지원해 주신 산업체와 대학의 도움이 없었다면 불가능했을 것입니다. OLED 연구를 시작하는 기회를 마련해 준 삼성 SDI (현 삼성디스플레이), 처음 대학 부임 후 연구 환경을 지원한 단국대학교 및 현재 OLED 관련 연구를 적극적으로 지원해 주고 있는 성균관대학교에 감사의 말씀을 드립니다. 그리고, 오랜 기간 동안 대학에서 OLED 관련 연구를 수행할 수 있도록 연구비를 지원해 준 연구재단 및 산업통상자원부를 비롯한 정부 연구비 지원 기관에도 감사드립니다. 또한, OLED 관련 연구 및 인력 양성을 적극적으로 지원해 준 삼성과 엘지를 비롯한 국내 OLED 관련 산업체 분들께도 큰 감사의 마음을 전합니다.

또한, 본 저서를 출판할 수 있었던 것은 16여년간의 대학 재직 동안 연구실에서 동고동락하면서 OLED 연구를 열정적으로 수행하고 현재의 내가 있을 수 있도록 도와준 훌륭한 제자들 덕분입니다. 어렵고 힘든 연구실 환경에서도 항상 나를 믿고 따르며, OLED 관련 분야에서 활약하고 있는 유기전자재료 연구실 졸업생 및 재학생들에게 감사의 마음을 전하고 싶습니다.

마지막으로 본 책이 나올 수 있도록 그동안 보살펴 주신 부모님과 책이 출판될 때까지 많은 조언을 해주고 응원해 준 소중한 나의 아내 이민정과 딸 이윤아에게 고마운 마음과 사랑의 마음을 전합니다.

“OLED 소재 및 소자의 기초와 응용” 발간에 부쳐

한국정보디스플레이학회(The Korean Information Display Society; KIDS)에서 우리나라 디스플레이 학계에서 사용할 교재 시리즈를 제작하기로 한 후, 그 첫 열매로 “OLED 소재 및 소자의 기초와 응용”을 발간하게 되어 매우 기쁩니다.

주지하시다시피, 우리나라는 디스플레이 패널과 장치의 세계 최고 강국으로 그 산업을 주도하고 있습니다. 이 분야 연구개발을 선도해 나가고 세계의 흐름을 개척해 나가기 위하여는 우수한 디스플레이 연구개발 인재의 양성이 절실합니다.

특히, 유기발광다이오드 (OLED)는 이미 대부분의 스마트폰의 디스플레이 장치로 사용되고 있고, 노트북용 디스플레이뿐 아니라 고성능 TV용으로 널리 이용되고 있습니다. OLED 분야의 최고전문가로서 세계적으로도 널리 알려져 있는 이준엽 교수님(성균관대학교)이 유기소재 기초부터 OLED 소재와 평가 방법, OLED 소자의 특성과 공정, 플렉시블 OLED에 이르기까지 OLED 전반에 걸쳐 심도 있는 교재를 만들어 주셨습니다.

저자이신 이준엽 교수님에게 감사와 축하를 드리고, KIDS의 교재 시리즈를 기획하시는 유승협 교수님(KAIST)에게도 이 첫 결실을 축하드립니다.

이 교재는 디스플레이 분야를 공부하고 연구하는 대학원생뿐만 아니라, 디스플레이 산업계에 종사하는 연구개발자들의 필독 도서가 되리라 생각합니다. 독자들이 이 교재를 통하여 OLED의 기초부터 최신 공정에 이르기까지 폭넓고 깊은 지식을 얻으시기를 바라고, 가까이 두고 수시로 참고하는 좋은 교재가 되기를 희망합니다.

감사합니다.

한국정보디스플레이학회 회장 이병호

차 례

CHAPTER 08

OLED 소재 평가

CHAPTER 09

OLED 소자의 효율

CHAPTER 10

OLED 소자의 수명

CHAPTER 11

용액 공정 OLED 소자

CHAPTER 12

백색 OLED

CHAPTER 13

OLED 봉지 기술

CHAPTER 14

OLED 공정

CHAPTER 15

플렉시블 OLED

CHAPTER

01

디스플레이의 기초

제1절 디스플레이 기초 용어

1 빛의 혼합

디스플레이 소자는 빛의 혼합에 의하여 색을 구현하는 소자이다. 일반적으로 빛이 혼합될 경우 보다 밝은 색으로 색이 혼합되는 특징 (additive color mixing)을 보이며, 적색(R), 녹색(G) 및 청색(B)의 삼색이 혼합될 경우 백색을 구현할 수 있다. 이와는 반대로 안료를 혼합할 경우에는 적색, 녹색 및 청색을 혼합할 경우 어두운 색으로 혼합되어 (subtractive color mixing) 검은색을 구현하게 된다. 따라서 디스플레이 소자는 적색, 녹색 및 청색의 삼색빛을 혼합하여 백색을 포함하여 원하는 색을 구현하게 되며, 검은색의 경우에는 빛의 혼합으로 구현할 수 없기 때문에 소자의 배경색을 검은색으로 하여 표현하게 된다. 녹색과 청색을 혼합하게 되면 하늘색을 만들 수 있으며, 적색과 청색의 혼합을 통하여 분홍색을, 그리고 적색과 녹색의 혼합을 통하여 노란색을 구현할 수 있다. 안료의 경우에는 빛의 혼합과 반대로 하늘색과 노란색을 혼합하면 녹색, 하늘색과 분홍색을 혼합하면 청색, 그리고 분홍색과 노란색을 혼합하면 적색을 얻을 수 있다. 디스플레이 소자에서의 빛의 혼합을 안료의 혼합과 비교하여 그림 1-1에 나타내었다.

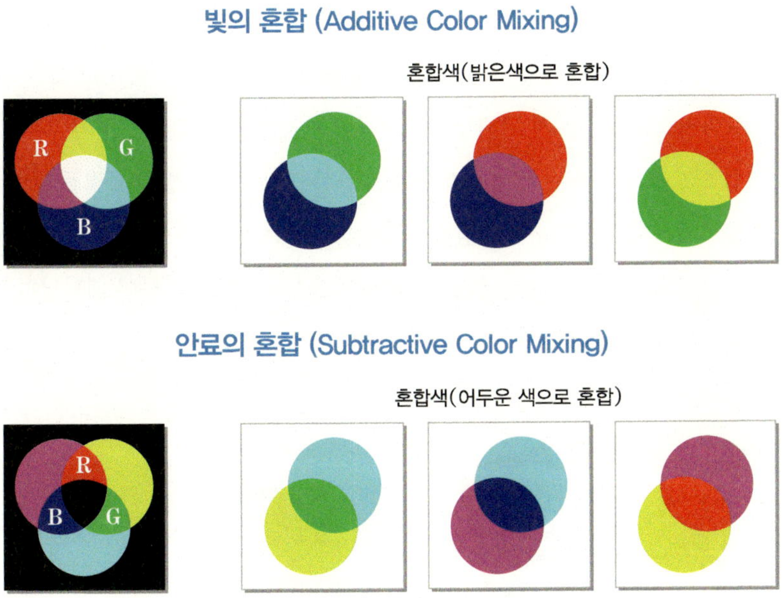

그림 1-1 빛과 안료의 색혼합에 의한 색의 변화

2 픽셀 및 픽셀 구조

디스플레이 소자는 풀컬러에 해당하는 색을 구현하기 위해서 적색, 녹색 및 청색의 빛을 발광하는 소자를 필요로 하게 되며, 적색, 녹색 및 청색 소자는 각각 서브 픽셀 (sub-pixel)을 구성하고, 세 개의 서브 픽셀이 하나의 픽셀 (pixel)을 구성한다 (그림 1-2). 적색, 녹색 및 청색의 서브 픽셀을 이용하여 디스플레이를 구현하는 이유는 사람 눈의 망막에 색을 인지하는 기능을 하는 세포인 원추세포 (cone cell)가 각각 적색, 녹색 및 청색에 해당하는 세 종류의 원추세포로 구성되어 있기 때문이다. 사람의 눈에는 간상세포 (rod cell)와 원추세포가 있으며, 간상세포는 밝기를 인지하는 기능을 하고, 원추세포는 색을 인지하는 기능을 한다. 적색, 녹색 및 청색에 해당하는 각 서브 픽셀은 세 원추세포를 자극하여 사람의 눈이 색을 인지할 수 있게 만들어 준다. 각 서브 픽셀의 밝기를 제어하여 픽셀의 컬러를 제어하며, 서브 픽셀로 구성되어 있는 픽셀이 교대 반복적으로 배열되어 디스플레이의 픽셀 구조를 구성하게 된다. 일반적으로 픽셀은 정사각형 모양으로 이루어져 있으며, 각 서브 픽셀의 크기는 해상도에 따라 달라지며, 현재 사용하고 있는 모바일용 소자에서는 10 μm대 정도이며 TV에서는 30 μm대 수준이다.

일반적으로 픽셀의 구조는 발광하는 영역에는 전극을 포함하고 있으며, 서브 픽셀 사이는 절연체로 절연되어 있다. 서브 픽셀 사이를 구분하는 절연체를 pixel defining layer (PDL)라고 한다. PDL 물질은 일반적인 포토리지스트 물질로서 고해상도 패터닝이 가능해야 하고, 절연성이 우수하고, 고온 안정성이 우수하며, 소자를 구동하는 동안 소자 특성에 영향을 미치는 휘발성 물질들이 방출되지 않는 특성을 가지고 있어야 한다. 현재, 유기발광소자 (organic light-emitting diode, OLED)에서 가장 널리 사용되는 물질은 감광성 폴리이미드 물질이며, 포토리소그래피에 의하여 패터닝하고 고온 열처리를 통하여 휘발성 물질을 완전히 제거한 PDL을 형성한다.

그림 1-2 디스플레이의 픽셀 및 서브픽셀

디스플레이 소자의 픽셀 배치는 서브 픽셀의 구성 방법에 따라서 스트라이프 (stripe) 방식의 픽셀 배치와 펜타일 (pentile) 방식의 픽셀 배치로 구분할 수 있다. 스트라이프 방식의 픽셀 배치에서는 한 픽셀이 세 개의 서브 픽셀로 구성되며, 적색, 녹색 및 청색 서브 픽셀이 일렬로 반복적으로 위치한다. 디스플레이의 픽셀 배치로서 가장 널리 사용하는 픽셀 배치이며 화질이 가장 우수한 픽셀 구조로 알려져 있다.

펜타일 방식의 픽셀 구조는 스트라이프 방식 픽셀 구조와는 달리 적색/녹색/청색 (RGB) 서브 픽셀 중 일부를 다른 픽셀과 공유함으로써 서브 픽셀의 개수를 줄여서 픽셀을 구성하는 방법이다. 펜타일 픽셀 배치는 사람의 눈의 시감도가 제일 낮은 청색의 서브 픽셀을 두 픽셀이 공유하여 다섯 개 (penta)의 서브 픽셀이 두 개의 픽셀을 구성하는 픽셀 구조에서 유래하였다 (그림 1-3). 그러나, 펜타일 구조의 픽셀 배치를 갖는 디스플레이는 RGB 스트라이프형 구조의 픽셀 배치를 갖는 디스플레이에 비하여 화질이 떨어지는 특성을 보인다. 다양한 형태의 펜타일 픽셀 구조가 개발되어 현재 제품에 사용되고 있다.

그림 1-3 펜타일 방식의 픽셀 구조

두 개의 서브 픽셀로 구성되는 펜타일 방식의 픽셀 구조로서 RG-BG 구조의 펜타일 픽셀 구조가 알려져 있으며 사람 눈이 녹색에 대한 시감 특성이 크다는 것을 이용하여 RG 및 BG의 두 픽셀을 이용하여 픽셀을 구성한다. 녹색은 각 픽셀에 모두 존재하며, 적색과 청색을 두 픽셀이 각각 공유하는 구조이다. 동일한 해상도를 가질 때 서브 픽셀의 수가 스트라이프 방식에 비하여 2/3 수준이기 때문에 높은 해상도의 디스플레이를 만들기 용이하다는 장점을 가지고 있다. 초기에는 디스플레이의 해상도가 낮았기 때문에 화질 측면에서 RGB 스트라이프 형태의 픽셀 구조에 비하여 화질이 저하되었으나, 최근에는 디스플레이의 해상도가 높아져서 화질 측면에서 RGB 스트라이프 픽셀 구조와 큰 차이를 보이지 않는다.

펜타일 픽셀 구조로서 다이아몬드 펜타일 픽셀 구조도 널리 사용되는 픽셀 구조이다. 다이아몬드 펜타일 구조는 두 개의 녹색 서브 픽셀과, 적색 및 청색의 서브 픽셀로 구성되어 있는 점에서 RG-BG의 펜타일 구조와 유사한 방식이나 서브 픽셀의 배치를 다이아몬드 형태로 변형시킴으로서 글자에 대한 가독성을 개선한 방식으로 널리 사용되고 있는 펜타일 픽셀 배치이다. 그림 1-4에 대표적인 RG-BG 펜타일 방식 및 다이아몬드 펜타일 방식의 픽셀 구조를 나타내었다.

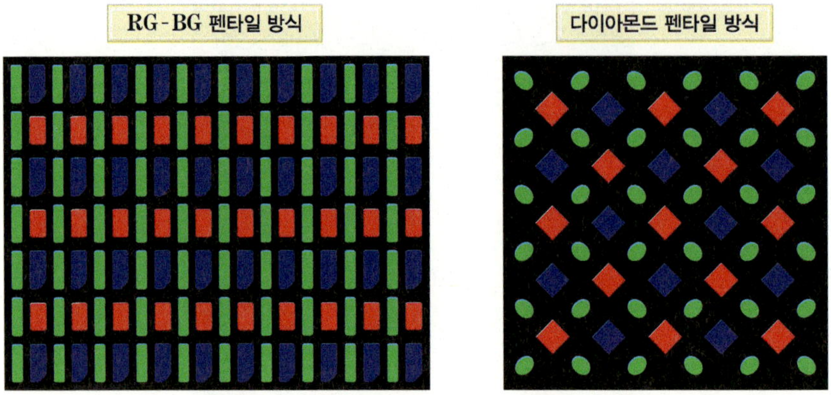

그림 1-4 RG–BG 펜타일 방식과 다이아몬드 펜타일 방식의 픽셀 배치

대표적인 RGB 스트라이프 방식과 RG–BG 펜타일 방식의 픽셀 배치를 표 1-1에 비교하여 표시하였으며 (qVGA 해상도일 경우), 액정디스플레이 (liquid crystal display, LCD)에서는 주로 해상도에 큰 문제가 없기 때문에 스트라이프 방식의 픽셀 구조를 사용하고, OLED에서는 소형에서 픽셀 크기를 줄여 해상도를 높이는 데 어려움이 있기 때문에 펜타일 방식의 픽셀 구조를 주로 사용한다.

표 1-1 RGB 스트라이프 방식 및 RG–BG 펜타일 방식의 픽셀 구조

	RGB 스트라이프 방식	RG–BG 펜타일 방식
해상도	320×240	320×240
픽셀 배치	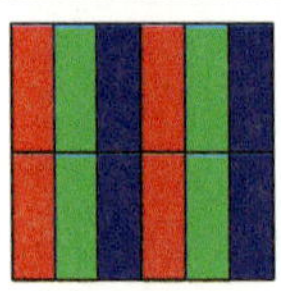	
픽셀	3개(RGB) 서브 픽셀로 구성 	2개(RG 또는 BG) 서브 픽셀로 구성 
서브 픽셀수	230,400개(320×3(RGB)×240)	(320×2(RG 또는 BG)×240)

3 계조 (gray scale)와 dynamic range

디스플레이 소자의 각 서브 픽셀은 트랜지스터를 포함하고 있으며, 트랜지스터를 이용하여 독립적으로 서브 픽셀의 밝기를 조절하여 픽셀의 색을 조절한다. 검은색 구현시에는 모든 서브 픽셀이 꺼진 상태를 유지하게 되며, 백색을 구현시에는 모든 서브 픽셀이 켜진 상태를 유지한다. 청색을 끄고, 적색과 녹색만 켤 경우에는 노란색 계열의 색을 표현할 수 있다. 이와 같이 각각의 서브 픽셀을 적절히 조절함으로서 원하는 색을 표현할 수 있다. 각 서브 픽셀의 휘도는 트랜지스터를 이용하여 여러 단계로 조절할 수 있으며, 서브 픽셀의 휘도 조절을 몇 단계로 할 수 있느냐에 따라서 픽셀이 표현할 수 있는 색의 개수가 결정되게 된다. 각 서브 픽셀의 휘도 조절 단계는 계조 (gray scale)라고 하며, 계조는 bit라는 단위로 나타낸다. 예를 들어 서브 픽셀이 단순하게 백색과 검은색만을 표현하게 되면 두가지 색을 표현할 수 있으며, 이 경우 계조는 1bit (2^1)에 해당한다. 만일 흑백 디스플레이에서 검은색과 흰색 사이에서 회색을 포함하여 8단계의 색을 표현하게 되면 3bit (2^3)에 해당한다 (그림 1-5). 최근 디스플레이는 대부분 풀컬러로 적용되고 있으며, 이 경우 널리 사용되는 계조는 풀컬러 24bit 이다. 24bit 계조에서는 각 컬러에 대해서 8bit의 계조를 표현하게 되며, 각 서브픽셀의 휘도는 256단계 (2^8)로 조절된다. 따라서 풀컬러 소자가 구현할 수 있는 컬러는 $2^8 \times 2^8 \times 2^8$에 해당하는 16,777,216 컬러이다. 풀컬러 bit수는 색심도 (color depth)라고 하기도 한다.

계조와 함께 유사하게 쓰이는 용어로 dynamic range (DR)가 있다. Dynamic range는 가장 밝은 부분과 가장 어두운 영역 사이의 명암의 폭을 나타내는 것으로서 밝고 어두운 영역을 넓게 표현할 수 있으면 dynamic range가 높아진다. Dynamic range가 높아질수록 밝은 부분은 더 밝게 어두운 부분은 더

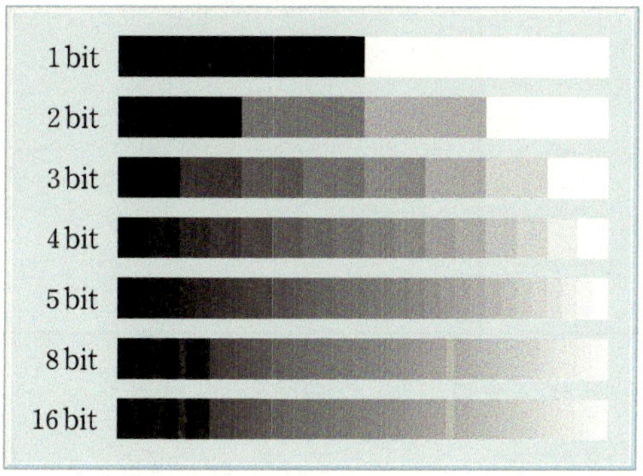

그림 1-5 백색 및 검은색으로 표시되는 계조

어둡게 표현할 수 있기 때문에 실제 이미지와 같은 선명한 화면을 표현할 수 있으며, 현실감 있는 우수한 화질을 표현할 수 있다. 최근에는 디스플레이에 high dynamic range (HDR) 기술을 적용하여 보다 우수한 화질을 구현하고 있다.

4 크기, 화면비 및 해상도 (resolution)

디스플레이의 크기는 일반적으로 인치 단위로 표시하고 있으며, 사각 모양의 디스플레이에서 대각의 길이를 크기로 정의하고 있다. 예를 들어, 55인치 크기의 디스플레이는 대각의 길이가 55인치인 디스플레이를 의미한다.

디스플레이의 크기와 함께 화면비 (aspect ratio)도 정의한다. 화면비는 디스플레이에서 가로 대 세로 길이의 비율을 의미하는 것으로서 가로 : 세로의 비율로 나타낸다. 널리 알려져 있는 화면 비율은 4 : 3 및 16 : 9의 화면 비율이며, 초기에는 세로 비율이 큰 디스플레이를 사용하였으나, 최근에는 가로 비율의 크기가 더 큰 디스플레이를 널리 사용하고 있다. 원칙적으로 화면비는 세로 비율을 1로 정의하여 나타내므로, 4 : 3의 화면비는 1.33 : 1, 16 : 9 화면비는 1.78 : 1로 나타내야 하지만, 정수로 표시하는 방식이 소수로 표현하는 것보다는 간편하기 때문에 4 : 3, 16 : 9와 같은 비율을 사용한다 (그림 1-6). 4 : 3 화면비는 주로 아날로그 방송에 사용되었으며, 16 : 9는 디지털 방송에 사용되어 현재 가장 많이 사용하는 화면비이며, 영화에서는 21 : 9의 화면비를 주로 사용한다. 최근에는 모니터 및 TV 등 대부분의 디스플레이가 16 : 9의 화면비를 사용하고 있다.

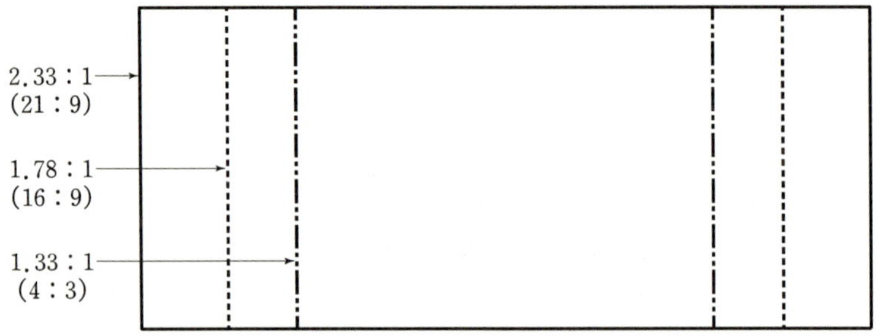

그림 1-6 디스플레이의 화면비

디스플레이의 크기와 함께 정의되어야 하는 디스플레이의 규격은 픽셀 배치와 관련된 해상도(resolution)이다. 해상도는 디스플레이의 화질 특성을 결정하는 주요 인자 중 하나로서 해상도가 높은 디스플레이가 보다 선명하고 자연스러운 화질을 나타낸다. 해상도를 나타내는 방법으로서는 두가지 방법이 있으며, 디스플레이의 픽셀수를 이용하여 나타내는 방법과 픽셀의 크기를 이용하여 나타내는 방법이 있다.

픽셀수를 나타내는 방법은 디스플레이의 가로 방향과 세로 방향의 픽셀 라인수를 이용하여 나타내는 방법으로서 예를 들어 full HD (high definition) 해상도를 갖는 디스플레이는 가로 방향으로 1920개의 라인, 세로 방향으로 1080개의 라인을 가지고 있으며 픽셀의 총 개수는 1920 × 1080개로서 총 2,073,600개의 픽셀을 가지고 있다. 서브 픽셀의 개수는 stripe형 픽셀 배치의 경우 2,073,600 × 3에 해당하는 6,220,800개이다. 가로 방향 라인수와 세로 방향 라인수가 증가할수록 같은 크기의 디스플레이에서 픽셀의 개수는 증가하게 되며, 픽셀의 크기는 작아지게 되어 보다 이미지를 정밀하게 표현할 수 있다. 다양한 규격의 해상도를 표 1-2에 나타내었다. 현재 디스플레이는 대부분 HD 급 이상의 해상도를 사용하고 있다.

표 1-2 디스플레이의 해상도 규격에 따른 라인수 및 화면비

규격	라인수	픽셀수	화면비
qVGA	320×240	76,800	4 : 3
VGA	640×480	307,200	4 : 3
sVGA	800×600	480,000	4 : 3
qHD	690×540	518,400	16 : 9
XGA	1024×768	786,432	4 : 3
HD720	1280×720	921,600	16 : 9
HD	1366×768	1,049,088	16 : 9
FHD	1920×1080	2,073,600	16 : 9
UHD	3840×2160	8,294,400	16 : 9
8K UHD	7680×4320	33,177,600	16 : 9

해상도를 나타내는 또 다른 방법은 픽셀의 크기를 이용하여 나타내는 방법이며, 픽셀의 크기를 나타내기 위해서 일반적으로 pixels per inch (PPI)를 이용한다 (그림 1-7). PPI는 1 inch 내에 존재하는 픽셀의 개수를 나타내는 것으로서 10 PPI 해상도를 갖는 디스플레이는 1 inch에 10개의 픽셀을 갖는다

는 의미이며, 픽셀의 크기는 0.1 × 0.1 inch에 해당한다. 따라서, PPI값이 커질수록 픽셀의 크기가 작아지게 된다. 일반적으로 픽셀의 개수와 픽셀의 크기가 모두 중요하기 때문에 디스플레이의 해상도를 나타낼 때는 두 방법을 모두 사용하게 된다. 디스플레이의 크기와 픽셀의 개수를 알면 PPI를 계산할 수 있다. 모바일용 소형 디스플레이는 최근 500 PPI급의 해상도를 사용하고 있으며, AR/VR의 경우에는 2000 PPI 급 이상의 해상도를 필요로 한다.

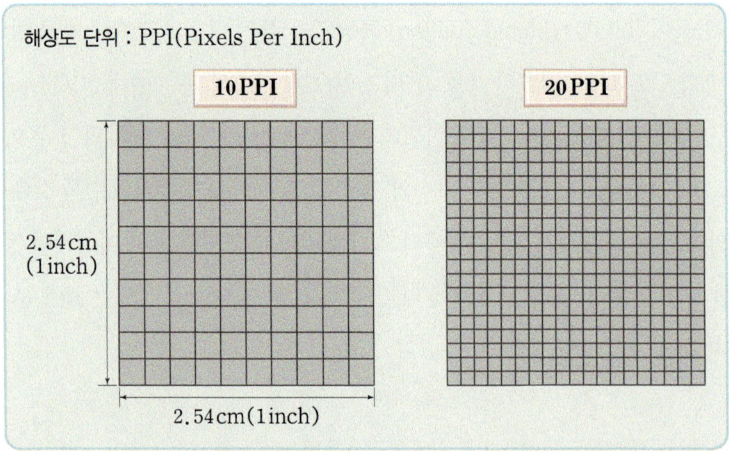

그림 1-7 픽셀의 크기를 나타내는 디스플레이의 해상도 (PPI)

5 개구율 (aperture ratio)

개구율은 픽셀 면적 전체에서 발광부의 비율을 %로 표시한 값이다. 픽셀 내부에는 배선, 박막 트랜지스터 등의 소자 구동과 관련된 부분들이 위치하며, 이런 부분들은 투명하지 않기 때문에 발광에 활용하지 못하므로, 픽셀 면적 중 일정 부분만 발광에 활용할 수 있다. 또한, OLED 소자의 경우에는 픽셀 패터닝을 위해서는 서브 픽셀 사이의 여유 공간이 요구되고, 픽셀간 절연 특성 유지를 위한 공간이 필요하기 때문에 빛을 발광하기 위한 발광부의 면적이 제한된다. 일반적으로 디스플레이의 개구율은 50% 이하인 경우가 많으며, 개구율은 20% 이상의 개구율이 확보되어야 화질 특성이 저하되지 않는다. 디스플레이에서 소비 전력, 소자 수명 등의 특성을 개선하기 위해서는 최대한 개구율을 높이는 것이 유리하다. 그러나, 최근 디스플레이들은 해상도가 높아지고 있으며, 높은 해상도에서는 픽셀 크기가 줄어들기 때문에 개구율이 감소한다. 픽셀 크기가 감소하더라도 구동을 위한 트랜지스터, 전극,

픽셀 패터닝을 위한 여유 공간은 동일하게 필요하기 때문에 픽셀 크기가 작아지게 되면 개구율이 감소한다. 디스플레이의 개구율을 그림 1-8에 나타내었다.

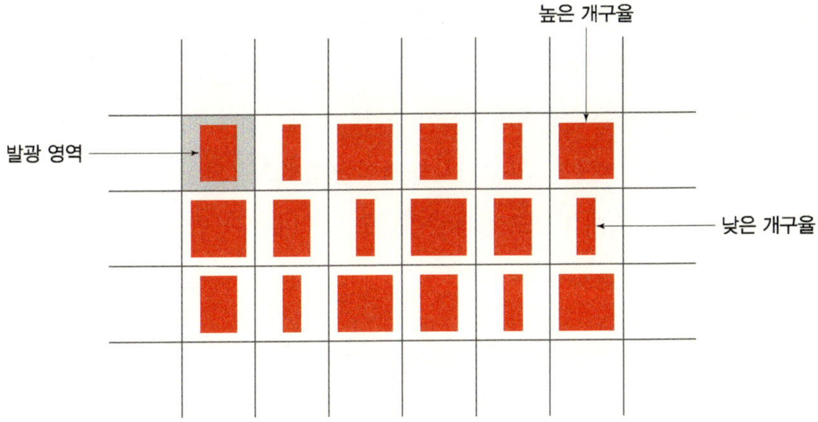

그림 1-8 개구율의 정의

6 대비비 또는 명암비 (contrast ratio)

대비비는 화질을 결정하는 가장 중요한 요소 중의 하나로서 디스플레이의 선명도를 결정하는 특성이다. 사람의 눈에는 밝고 어두움을 인지하는 세포인 간상세포가 망막에 있으며, 많은 수의 간상세포가 망막에 위치하고 있기 때문에, 밝고 어두움을 잘 인지할 수 있다. 따라서, 사람의 눈은 밝고 어두움의 차이에 의하여 이미지를 인지하는 능력이 뛰어나고, 디스플레이가 어두운 곳은 어둡게 밝은 곳은 밝게 표현하게 되면, 우리 눈은 이미지를 선명하다고 인지하게 된다. 일반적으로 대비비는 검은색일 때의 휘도와 백색일 때의 휘도의 비율로 나타낸다. 예를 들어 검은색일 때 밝기가 0.1 cd/m^{2}이고 백색일 때 밝기가 100 cd/m^{2}일 경우 대비비는 100/0.1 = 1,000이 된다. 만일, 검은색의 휘도가 0 cd/m^{2}일 경우, 대비비는 무한대가 된다. 따라서, 대비비를 높이기 위해서는 검은색의 휘도를 낮추거나, 백색 휘도를 높여야 한다. 일반적으로 백색의 휘도를 높이게 되면 소비 전력이 증가하게 되므로, 검은색의 휘도를 낮추는 것이 효율적이다.

대비비는 암실 대비비와 명실 대비비로 구분할 수 있으며, 암실 대비비는 외광이 존재하지 않는 암실에서의 대비비로서 OLED 소자의 암실 대비비는 검은색일 경우 소자가 꺼져 있는 상태로 휘도가 0 cd/m^{2}이기 때문에 무한대의 값을 보인다. LCD의 경우에는 검은색일 경우에도 백라이트가 켜져 있는 상태이기 때문에, 일부 빛샘 현상이 생기므로 검은색일 때도 휘도가 관찰되어 암실 대비비가 OLED에 비해서 떨어진다. 명실 대비비는 외부광이 존재하는 조건에서의 대비비를 의미하며, 외부광이 존재할 경우 패널에 의한 외부광 반사가 나타나기 때문에 검은색 화면에서도 휘도가 관측되고, 대비비가 저하된다. 우리가 태양광이 있는 외부 환경에서 휴대폰의 이미지를 선명하게 보기 힘든 이유가 태양광 반사에 의하여 검은색일 때의 휘도가 증가하여 대비비가 저하되기 때문이다. 대비비 저하를 막기 위해서 최대 휘도를 높이고 외광 반사를 줄이는 방법으로 명실 대비비를 효율적으로 높일 수 있다. 최근 디스플레이는 최대 휘도도 점점 증가하고 있으며, 외광 반사도 점점 감소하여 명실 대비비가 높아지고 있다.

외광 반사를 줄이기 위한 방법으로서 OLED에서 현재 사용하고 있는 방법은 편광판과 1/4파장 위상차 조절 필름을 복합화하는 방법이다. 편광판과 1/4파장 위상차 필름을 사용하여 외광 반사를 줄일 수 있는 원리를 그림 1-9에 나타내었다. 편광되지 않은 빛이 편광판을 통과하게 되면, 편광판에 의하여 선형 편광빛이 만들어진다. 선형 편광빛이 편광 방향과 일정 각도를 이루고 있는 1/4 파장 위상차 필름을 통과하게 되면 (그림에서 x축과 y축 방향 위상차가 1/4 파장), 선형 편광된 빛이 위상차 필름에 의하여 x 축 성분과 y축 성분 사이에서 1/4 파장 만큼의 위상차가 생기므로 원형 편광된 빛을 얻게 된다. 원형 편광된 빛은 기판 표면에 의하여 반사되며, 반사된 원형 편광된 빛은 다시 1/4 위상차 필름으로 진행하고, 위상차 필름에 의하여 추가적으로 1/4 파장의 위상차가 발생하므로, 최종적으로 1/2 파장에 해당하는 위상차가 생기게 된다. 원형 편광된 빛은 위상차 필름을 통과하면서 선형 편광된 빛으로 바뀌게 되며, 편광 방향이 입사된 빛에 대해서 90도 각도로 변하게 된다. 위상차에 의하여 90도로 회전한 선형 편광된 빛은 편광판으로 이동하고 편광 방향이 90도로 변하였으므로, 빛은 편광판에 흡수되어 더 이상 진행하지 못하게 된다. 따라서, 입사된 빛이 편광판에 의하여 차단되는 효과를 얻게 되어 외광이 반사되어 나오지 못하므로, 반사를 크게 줄일 수 있다. 편광판과 1/4파장 위상차 필름을 사용하는 방법은 반사율을 낮추는데 매우 효과적인 방법이기는 하지만, 편광판의 낮은 투과율 (40~50%)에 의하여 내부에서 외부로 방출되는 빛의 세기도 또한 감소하기 때문에, 광손실이 크게 나타나는 단점이 있다.

편광판을 사용하는 방법 이외에도 외광 반사를 줄일 수 있는 방법으로는 픽셀과 픽셀 사이에 사용하는 절연체인 PDL을 black PDL로 사용하여 외광을 흡수하는 방법, 컬러 필터의 서브 픽셀 사이에 black matrix (BM)를 사용하는 방법이 있다.

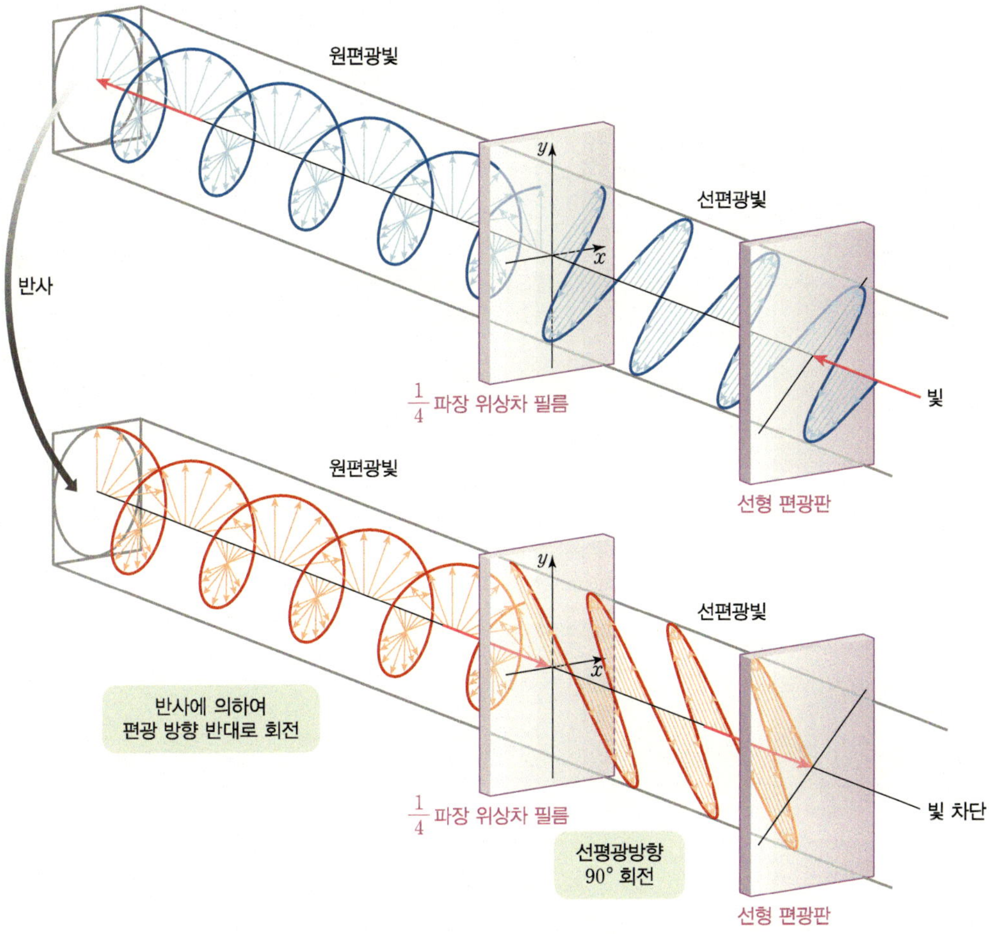

그림 1-9 선형 편광판과 1/4파장 위상차 필름을 이용한 외광 반사 차단 과정

CHAPTER

02

유기 소재 기초

제1절
유기 소재의 기초 원리

1 유기 소재의 개요

유기 소재는 일반적으로 탄소를 기반으로 이루어진 유기 화합물을 의미하며, OLED용 유기 소재는 탄소 골격 구조에 질소, 황, 산소 및 수소 등이 포함되는 구조로 이루어져 있다. 탄소와 탄소의 공유 결합으로 구성되어 있는 벤젠 구조를 중심으로 다양한 기능성을 부여하기 위한 원소들이 공유 결합으로 연결되어 OLED 소재의 다양한 특성을 구현하고 있다. 유기 소재는 대부분 공유 결합으로 이루어져 있기 때문에 결합의 안정성이 약한 특징을 가지고 있으며, 이로 인하여 우수한 내구성을 요구하는 전자 소자에는 적용이 어려운 것으로 알려져 왔다. 그러나, 다양한 분자 구조 제어 기술을 통하여 유기 소재의 안정성을 개선하였고, 화학 구조 및 그에 따른 물질 특성을 다양하게 제어할 수 있다는 장점으로 인하여 다양한 유기 전자 소자에 적용하고 있다. 대표적인 분야로서는 OLED 분야가 있으며, 이 외에도 유기 태양 전지, 유기 박막 트랜지스터, 유기 메모리 및 유기 레이저 등에도 적용되고 있다 (그림 2-1).

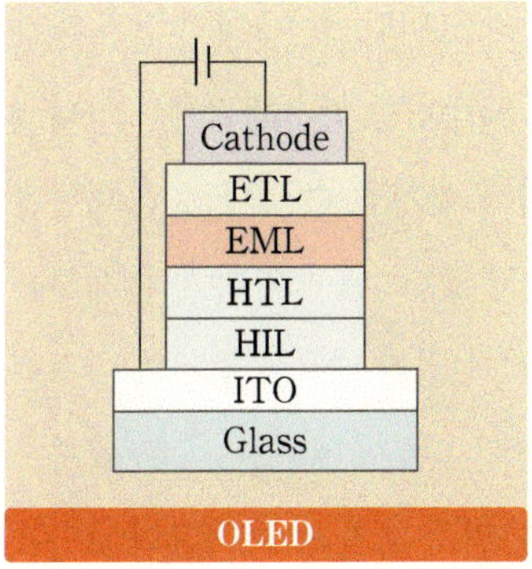

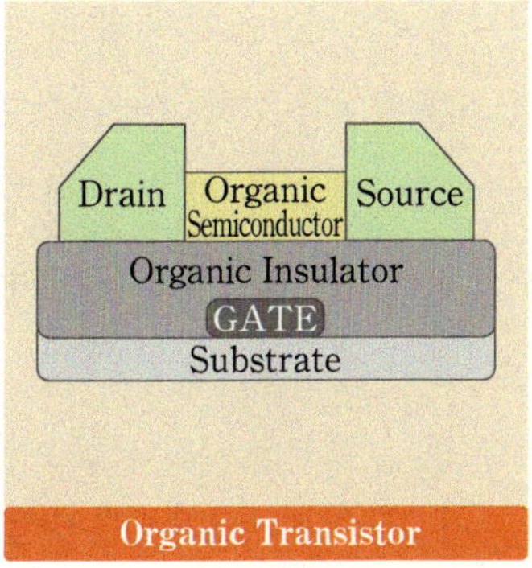

그림 2-1 유기 소재를 활용하는 유기 전자 소자

2 유기 소재의 결합

유기 소재의 전자적인 특성을 이해하기 위해서는 유기물의 화학 결합 및 전자 분포 등에 대한 이해가 필요하며, 이를 위해서는 유기 소재의 화학 결합에 대한 이해가 필요하므로 기초적인 화학 결합에 대해서 설명한다.

1 원자의 구조

원자는 양성자, 중성자 및 전자로 이루어져 있으며, 양성자는 양전하를 전자는 음전하를 가지고 있다. 중성자는 전하를 갖고 있지 않으며, 원자에서 양전하와 음전하는 크기가 같은 특징을 가지고 있다. 양성자와 중성자는 원자의 중심인 핵에 위치하고 있으며, 전자는 핵 주위에 분포하고 있다. 양성자의 수와 중성자의 수는 일반적으로 같으며, 양성자와 중성자에 의하여 원자의 질량이 결정되고, 양성자의 수 (전자의 수)가 원자 번호를 결정한다.

핵 주위에 존재하는 전자는 일정한 공간에 존재하게 되며, 전자가 존재하는 공간을 오비탈(orbital)이라고 한다. 일반적으로 전자의 위치는 확정할 수 없으나 (Heisenberg의 불확정성 원리), 전자가 일정 공간에 존재할 확률인 전자 밀도는 파악할 수 있으며, 전자 밀도를 이용하여 오비탈을 나타낸다. 오비탈을 기반으로 전자가 존재하는 영역대인 전자 껍질 (electron shell) 이 정의되며, 전자 껍질은 주양수를 이용해서 나타낸다. 핵으로부터의 거리가 가장 가까운 전자 껍질은 주양자수 1을 갖게 되며, 거리가 멀어지면서 2, 3, 4에 해당하는 주양자수를 갖게 된다. 주양자 수 1에 해당하는 전자껍질은 하나의 s 오비탈을 갖게 되며, 하나의 오비탈에는 2개의 전자가 배치될 수 있으므로, 최대 2개의 전자를 가질 수 있다. 주양자수 2에 해당하는 전자껍질에는 하나의 s 오비탈과 세 개의 p 오비탈이 위치하게 되며, 최대 8개의 전자가 배치될 수 있다. s 오비탈은 구형의 모양을 가지고 있으며, p 오비탈은 아령의 모양을 가지고 있다. 핵에 가깝게 존재하는 s 오비탈의 전자에 비하여 p 오비탈의 전자는 핵으로부터의 거리가 멀기 때문에 전자가 안정화되지 못하여 에너지가 상대적으로 높은 특징을 가진다. p 오비탈의 경우에는 x, y, z 축 방향으로 배치될 수 있기 때문에 p_x, p_y 및 p_z 3개의 p 오비탈을 갖는다. 원자 껍질 및 오비탈의 모양을 그림 2-2에 표시하였다.

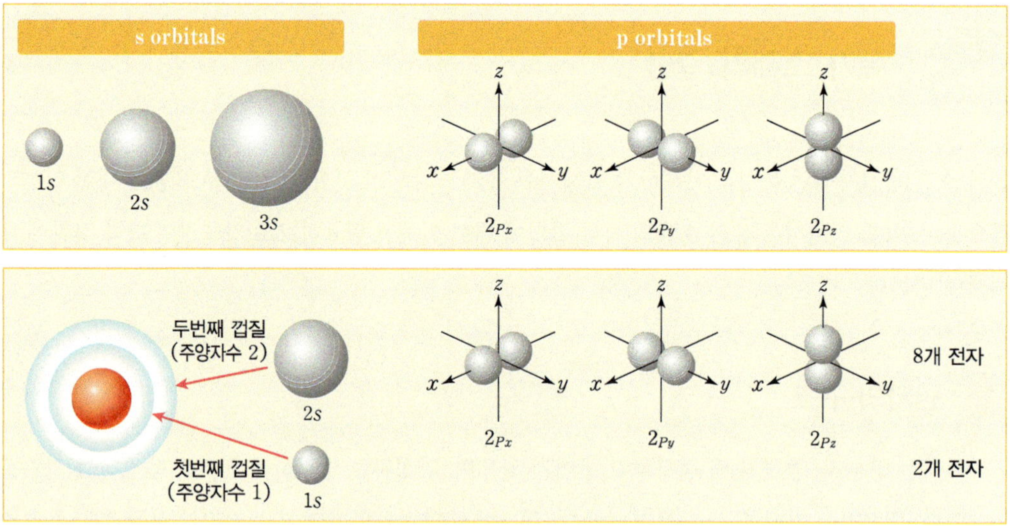

그림 2-2 원자의 전자 껍질과 오비탈

2 원자가 전자 (valence electrons)

하나의 오비탈에는 최대 2개의 전자가 채워질 수 있으며, 같은 오비탈에 존재하는 두 개의 전자는 파울리의 배타 원리 (Pauli's exclusion principle)에 의하여 반드시 서로 반대되는 스핀 양자수를 가져야 한다 . 일반적으로 전자는 2개의 서로 다른 회전 방향을 갖는 전자가 있으며, 전자의 회전에 의하여 스핀 각 운동량 (spin angular momentum)이 생기게 된다. 우측으로 회전하는 전자에 의해서는 위쪽 방향의 스핀 각 운동량이 생기게 되며, 좌측으로 회전하는 전자에 의해서는 아래쪽의 스핀 각 운동량이 생기게 된다. 스핀 각 운동량을 간단하게 스핀이라고 한다. 전자의 스핀 각 운동량의 방향을 일반적으로 ↑ ↓ 와 같은 화살표로 나타내고 스핀 양자수로 +1/2 및 −1/2로 나타낸다. 즉 같은 오비탈에 존재하는 두 전자는 서로 반대되는 스핀 각 운동량을 갖기 때문에 스핀 각 운동량의 합 (스핀 양자수의 합)이 0이 된다. 또한, 전자는 항상 낮은 에너지 상태에 존재하는 것을 선호하기 때문에 원자의 전자 배치는 항상 낮은 에너지를 갖는 오비탈에 전자가 먼저 채워지고 이후에 높은 에너지를 갖는 오비탈에 전자가 채워지게 되며 (Aufbau principle), 훈트의 법칙 (Hund's rule)에 의하여 전자간의 반발 (Coulomb repulsion)을 최소화하기 위하여 동일한 에너지를 갖는 오비탈에는 각 오비탈에 전자가 하나씩 먼저 채워지고 이후 두 번째 전자가 각 오비탈에 채워지게 된다.

위와 같은 원리에 의하여 전자가 첫 번째 전자껍질에 존재하는 오비탈부터 순차적으로 채워지게 되며, 전자가 채워지는 전자껍질 중 최외곽에 존재하는 전자 껍질에 존재하는 전자를 원자가 전자 (valence electron)라고 한다. 첫 번째 전자 껍질에는 2개, 두 번째 전자 껍질에는 8개의 전자가 존재할 수 있으므로, 원자 번호에 따라 원자가 전자가 결정된다. 예를 들어 탄소의 경우에는 원자 번호가 6이므로 첫 번째 전자 껍질에 2개 (1s 오비탈에 2개의 전자) 두 번째 전자 껍질에 4개의 전자 (2s 오비탈에 2개의 전자, $2p_x$, $2p_y$에 각각 1개의 전자)가 배치되며, 원자가 전자의 수는 4이다. 주기율표상 1주기부터 3주기까지의 원자들에 대한 전자 배치를 그림 2-3에 나타내었다.

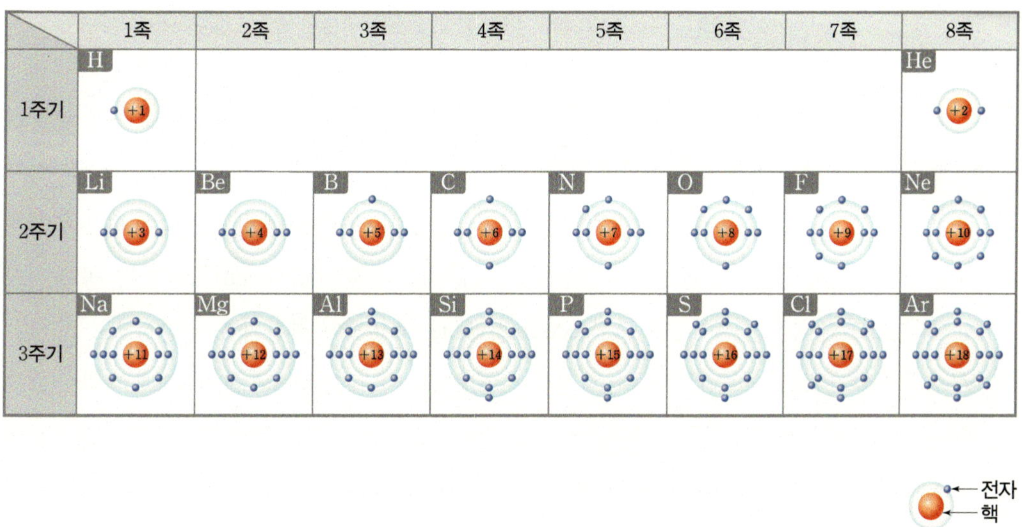

그림 2-3 1주기부터 3주기까지의 원소들에 대한 전자 배치

3 공유 결합 및 이온 결합

유기 화합물이 화학 결합을 형성하는 이유는 결합을 형성하지 않은 원자 상태에 비하여 전자가 안정화될 수 있기 때문이다. 일반적으로 원자에서는 최외곽 전자껍질이 모두 채워지는 상태가 가장 안정한 상태이며 (Octet rule), 이를 만족시키기 위해서 화학 결합이 형성된다. 공유 결합의 경우에는 옥테트 규칙을 만족하기 위해서 필요한 전자의 개수만큼 전자를 함께 공유해서 결합이 형성되며, 탄소의 경우 4개의 원자가 전자를 가지고 있기 때문에 옥테트 규칙을 만족하기 위해서 4개의 전자가 추가적으로 필요하며, 4개의 전자를 공유하여 화학 결합을 형성한다. 이와 같이 원자 사이에서 전자를 같이 공유하면서 형성되는 결합을 공유 결합 (covalent bond)이라 한다. 두 원자 사이에서 한 쌍의 전자를 공유하는 경우를 단일 결합이라고 하며, 두 쌍의 전자를 공유하는 경우를 이중 결합, 세 쌍의 전자를 공유하는 경우를 삼중 결합이라 한다 (그림 2-4).

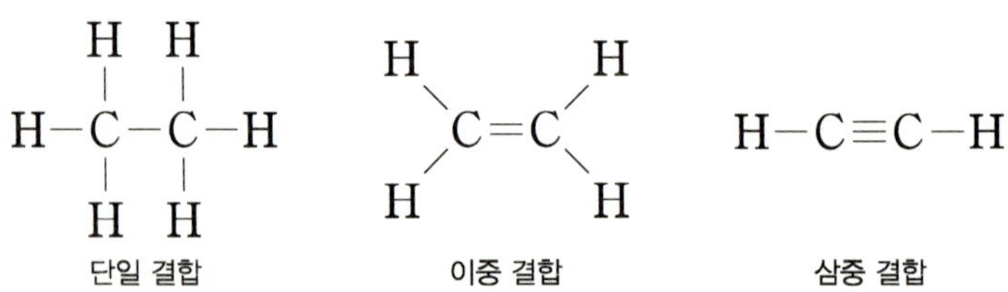

그림 2-4 단일 결합, 이중 결합 및 삼중 결합의 예

옥테트 규칙을 만족하기 위해서 두 원자가 전자를 공유하여 공유 결합을 형성할 때 두 원자의 전자를 잡아 당기는 특성의 차이가 크지 않을 경우에는 전자의 공유가 가능하지만, 두 원자의 전자를 잡아 당기는 특성의 차이가 클 경우에는 전자의 공유보다는 전자가 한 원자에서 다른 원자로 이동하여 이온을 형성하면서 결합이 형성되고, 이를 이온 결합 (ionic bond)이라 한다. 공유 결합과 이온 결합의 형성은 전기 음성도 (electronegativity)에 의하여 결정되며, 일반적으로 전기 음성도의 차이가 2보다 클 경우에는 이온 결합이 형성되고, 전기 음성도의 차이가 2보다 작을 경우에는 공유 결합이 형성된다. 예를 들어 탄소 (2.55)와 수소(2.20)가 결합할 경우에는 전기 음성도의 차이가 0.35이기 때문에 공유 결합이 형성되며, Li(0.98)와 F(3.98)가 결합할 경우에는 전기 음성도의 차이가 3.00이기 때문에 이온 결합이 형성된다. 공유 결합 화합물과 이온 결합 화합물은 결합 세기의 차이에 의하여 물리적인 특성의 차이가 크며, 특히 전이 온도 및 전이 엔탈피 측면에서 큰 차이를 보인다. 공유 결합은 두 원자 사이에서 극성이 작은 원자에 의하여 결합이 형성되는 데 반하여, 이온 결합은 두 원자 사이에서 양전하를 가진 이온과 음전하를 가진 이온 사이에서 결합

이 형성되기 때문에 강한 정전기적 인력에 의하여 결합의 세기가 매우 강한 특징을 갖는다. 고체-액체-기체로의 전이를 위해서는 분자간의 거리를 늘려야 하며, 분자간 거리를 크게 하기 위해서는 분자간의 힘을 극복해야 한다. 따라서, 전이 온도는 분자간 상호 작용 세기에 의하여 결정되며, 공유 결합 화합물은 낮은 분자간 상호작용력에 의하여 낮은 전이 온도를 갖는데 비하여, 이온 결합 화합물은 강한 상호 작용에 의하여 높은 전이 온도를 보인다. 표 2-1에 공유 결합 화합물과 이온 결합 화합물의 물리적 특성을 비교하였다. OLED에 사용되는 유기물은 대부분 공유 결합 화합물이기 때문에 낮은 전이 온도를 보이며, 이온 결합 화합물인 LiF, NaF 등은 높은 전이 온도를 갖는다. 공유 결합 기반 유기물의 경우에는 결합하는 원자간의 전기 음성도가 차이가 상대적으로 클 경우 분자 구조 내에 전자 밀도 분포가 한쪽으로 치우치면서 분자 내 극성이 유도되어 극성 공유 결합이 형성되므로, 강한 분자간 상호 작용에 의하여 전이 온도가 높아지는 경향성을 보인다. OLED 소재에서는 주로 진공 증착 공정을 사용하기 때문에 기화 또는 승화 온도가 중요하며, 가능하면 낮은 증착 온도를 갖는 것이 유기물 측면에서 높은 온도에 의한 분해를 억제할 수 있기 때문에 유리하다. 낮은 증착 온도를 갖기 위해서는 약한 분자간 상호 작용력을 필요로 하며, 분자량이 작고, 비극성 구조를 가질 경우 증착 온도를 낮출 수 있다. 분자량이 증가할 경우에는 전자의 개수가 증가하기 때문에 분산력이 증가하게 되며, 이로 인하여 전이 온도가 증가한다.

표 2-1 이온 결합 화합물과 공유 결합 화합물의 특성 비교

	NaCl(이온 결합)	CCl_4(공유 결합)
형상	solid	liquid
녹는점 (도)	801	-23
용융 엔탈피 (KJ/mol)	30.2	2.5
끓는점 (도)	1413	76.5
기화 엔탈피 (KJ/mol)	600	30
물에 대한 용해도	높음	낮음

4 원자가 결합 이론 (Valence bond theory)

결합을 형성하는 이유는 결합 형성에 의하여 원자가 안정화되기 때문이며, 유기물에서 공유 결합을 형성하게 되면 유기물이 안정화되어 에너지가 낮아지게 되며, 가장 낮은 에너지를 갖는 거리에서 공유결합을 형성한다. 두 원자의 거리에 따른 에너지의 변화를 그림 2-5에 나타내었으며,

두 원자의 거리가 가까워지면서 오비탈의 중첩에 의하여 전자가 공유되기 시작하면 두 전자가 핵에 의해서 안정화되어 에너지가 낮아지게 되며, 이와 같은 이론을 원자가 결합 이론이라고 한다. 원자 사이의 거리가 너무 가까울 경우에는 핵과 핵의 반발력에 의하여 에너지가 높아지게 되므로, 분자들은 가장 낮은 에너지를 갖는 최적의 공유 결합 거리를 갖는 상태로 존재하게 된다.

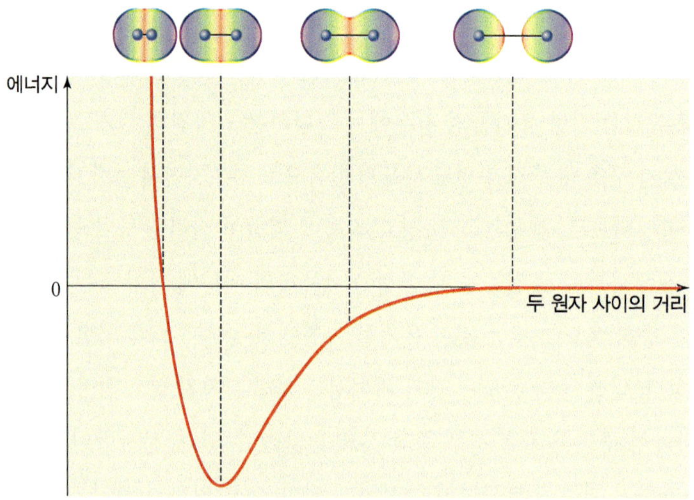

그림 2-5 공유 결합을 형성하는 원자 사이의 거리에 따른 에너지 변화

오비탈의 중첩에 의한 공유 결합 형성을 설명하는 원자가 결합 이론에서는 오비탈의 중첩을 혼성 오비탈 이론 (hybrid orbital theory)을 이용하여 설명한다. 혼성 오비탈 이론은 오비탈이 중첩될 때 공유 결합 상태에서 가장 안정화된 상태를 형성하기 위해서 원자 오비탈이 원래의 오비탈에서 변형되어 새로운 오비탈을 형성하여 결합을 형성한다는 이론이다. 혼성 오비탈 이론은 NH_3 화합물의 공유 결합을 통하여 이해할 수 있다. 혼성 오비탈을 형성하지 않을 경우 NH_3 화합물은 한 쌍의 비공유 전자쌍을 가지고 있으며, 다른 세 개의 전자는 공유 결합을 통하여 옥테트 규칙을 만족한다. 이 때 공유 결합을 형성하는 세 개의 전자는 p 오비탈에 존재하며, 세 개의 p 오비탈은 x, y, z 축 방향으로 90도의 각을 이루고 있으므로, 서로 수직인 상태로 존재하게 된다. 그러나, 실제 NH_3의 입체 구조는 공유 결합을 이루고 있는 세 결합이 전자쌍 반발을 최소화하여 에너지를 낮추기 위하여 107.3°의 각을 이루고 있으므로, 기존 이론으로는 NH_3의 공유 결합을 설명할 수 없다 (그림 2-6). 이와 같은 결합이 형성되기 위해서는 원래 오비탈이 변형되어 새로운 오비탈이 형성되어야 하며, 사면체 형태를 갖는 NH_3의 입체 구조를 형성하기 위해서는 p 오비탈의 변형이 필요하다. 공유 결합에 참여할 수 있는 오비탈은 s 오비탈과 p 오비탈이므로 p 오비탈 변형을

위해서 s 오비탈과 p 오비탈이 서로 혼합되어 새로운 혼성 오비탈을 생성하게 된다. NH_3의 경우 s 오비탈 1개와 p 오비탈 3개가 서로 혼성되어 새로운 sp^3 혼성 오비탈을 형성하게 되며, 혼성 오비탈을 통하여 공유 결합을 형성한다. 새롭게 형성된 sp^3 혼성 오비탈은 에너지가 동일한 네 개의 오비탈을 생성하게 되며, 네 개의 오비탈은 서로 전자쌍 반발이 최소화될 수 있도록 사면체 입체 구조의 형태로 존재하며, 이를 통하여 NH_3의 입체 구조를 설명할 수 있다. 이와 같이, 유기물의 공유 결합은 혼성 오비탈 이론을 적용하여 설명할 수 있으며, 혼성 오비탈에 참여하는 s 오비탈과 p 오비탈의 개수에 따라 sp^3, sp^2, sp 혼성 오비탈로 구분한다. sp^3 혼성 오비탈은 s 오비탈 1개와 p 오비탈 3개, sp^2 혼성 오비탈은 s 오비탈 1개와 p 오비탈 2개, sp 혼성 오비탈은 s 오비탈 1개와 p 오비탈 1개가 혼성되어 형성된다. 혼성 오비탈은 에너지를 낮추기 위해서 오비탈 사이의 전자쌍 반발을 최소화할 수 있는 입체 구조를 갖게 되므로, sp^3 혼성 오비탈은 사면체 구조 (결합 사이의 각도 107°), sp^2 오비탈은 평면 삼각형 구조 (결합 사이의 각도 120°), sp 오비탈은 선형 구조 (결합 사이의 각도 180°)를 갖는다. 혼성에 참여하지 않는 p 오비탈은 혼성 오비탈과 전자쌍 반발을 최소화할 수 있는 입체 구조를 가질 수 있도록 분포한다. 혼성 오비탈에 참여하는 오비탈의 개수는 중심 원자와 결합을 형성하는 원자의 개수와 비공유 전자쌍 개수의 합을 통하여 알 수 있다. 예를 들어 이중 결합을 포함하고 있는 $CH_2=CH_2$ 화합물의 경우에는 중심 탄소 원자가 세 개의 원자와 결합을 형성하고 비공유 전자쌍이 없으므로 sp^2 혼성 오비탈을 통하여 공유 결합을 형성한다. $CH_2=CH_2$ 화합물의 오비탈을 그림 2-7에 나타내었다. $CH_2=CH_2$ 화합물은 세 개의 혼성 오비탈을 통하여 평면 삼각형의 입체 구조를 가지고 있으며, 혼성 오비탈을 형성하지 않은 1개의 p 오비탈은 혼성 오비탈과 반발력을 최소화하기 위해서 평면 삼각형 구조에 수직으로 위치한다. 두 탄소 원자는 혼성 오비탈을 통하여 한 쌍의 전자를 공유하고 p 오비탈을 통하여 한 쌍의 전자를 공유하여 이중 결합을 형성한다. 이와 같이 핵과 핵 사이에서 혼성 오비탈을 통하여 전자를 공유하는 공유 결합을 시그마 결합 (σ bond)이라고 하며, p 오비탈을 통하여 전자를 공유하는 공유 결합을 파이 결합 (π bond)이라고 한다. 시그마 결합은 핵과 핵 사이에서 오비탈이 중첩되어 결합을 형성하므로 전자가 핵에 의해서 안정화되어 강한 공유 결합인 반면에 파이 결합은 오비탈의 직접적인 중첩이 없이 핵의 외부를 통하여 전자가 공유되어 결합이 형성되므로 상대적으로 약한 공유 결합이다. 따라서, 이중 결합은 안정한 전자를 가지고 있는 시그마 결합과 상대적으로 불안정한 전자를 가지고 있는 파이 결합으로 구성된다. 일반적으로 유기 전자 소자에 사용되는 유기 화합물의 경우에는 전자 이동 특성을 필요로 하기 때문에 이동이 어려운 안정한 전자보다는 이동이 가능한 불안정한 전자가 필요하므로 에너지가 높은 파이 전자를 필요로 한다. 파이 전자를 가지기 위해서는 이중 결합 또는 삼중 결합이 필요하므로 전자 이동을 요구하는 OLED용 유기 소재는 반드시 이중 결합 또는 삼중 구조를 포함하는 구조로 구성되어야 한다.

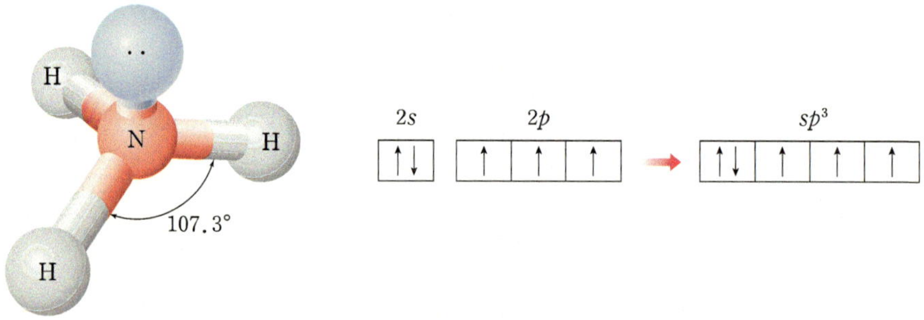

그림 2-6 NH_3 분자의 입체 구조 및 혼성 오비탈 형성

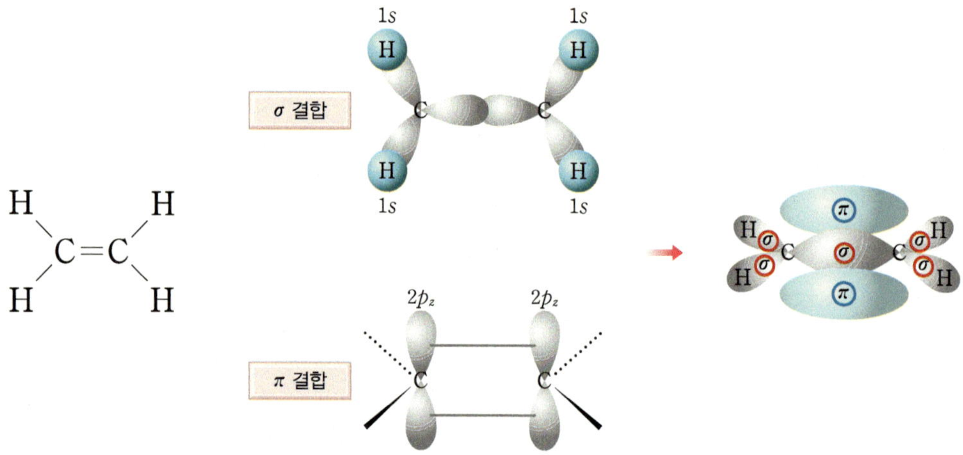

그림 2-7 이중 결합의 시그마 결합 및 파이 결합

5 분자 오비탈 이론 (Molecular orbital theory)

원자가 결합 이론과 함께 공유 결합의 형성을 설명하는 이론은 분자 오비탈 이론으로 화학 결합의 형성을 원자 오비탈의 조합에 의한 분자 오비탈의 형성으로 설명하는 이론이다. 공유 결합의 형성시 전자 공유를 위하여 원자 오비탈의 중첩이 발생하게 되며, 원자 오비탈의 중첩에 의하여 새로운 분자 오비탈이 형성되고, 이때 형성되는 분자 오비탈은 원자 오비탈의 선형적인 조합(Linear combination of atomic orbital)으로 설명된다. 본 이론에서는 입자와 파동의 이중성을 갖는 전자를 파동으로 취급하여, 원자 오비탈의 중첩을 통한 전자 공유를 파동함수의 중첩으로 판

단한다. 파동 함수의 중첩은 크게 보강 간섭과 상쇄 간섭으로 구분할 수 있으며, 보강 간섭에 의해서 형성되는 분자 오비탈은 결합 분자 오비탈 (bonding molecular orbital), 상쇄 간섭에 위해서 형성되는 분자 오비탈은 반결합 분자 오비탈 (antibonding molecular orbital)이라고 부른다. 오비탈 중첩시 두 개의 전자가 공유되므로 보강 간섭에 의하여 형성되는 결합 분자 오비탈에는 2개의 전자가 존재하며, 상쇄 간섭에 의해서 형성되는 반결합 분자 오비탈에는 전자가 존재하지 않게 된다 (그림 2-8). 결합 분자 오비탈의 경우에는 전자와 전자 사이의 반발이 핵에 의하여 안정화되며, 핵과 핵 사이의 반발이 전자에 의하여 최소화되고, 핵과 전자 사이의 인력에 의하여 전자가 안정화되기 때문에 오비탈이 낮은 에너지를 갖게 된다. 반면에 반결합 분자 오비탈의 경우에는 핵과 핵 사이에 상쇄 간섭에 의하여 전자가 존재하지 않아 핵과 핵 사이의 반발력이 증가하기 때문에 오비탈이 높은 에너지를 갖게 된다. 따라서, 공유 결합이 형성되게 되면 분자는 에너지가 낮은 결합 분자 오비탈과, 에너지가 높은 반결합 분자 오비탈을 형성한다. 이 때 전자는 낮은 에너지 상태부터 채워지게 되므로 결합 분자 오비탈에 존재하게 되며 반결합 분자 오비탈에는 존재하지 않는다. 원자와 원자 사이에서 전자가 상쇄 간섭되어 전자가 존재하지 않는 상태를 노드 (node)라고 한다.

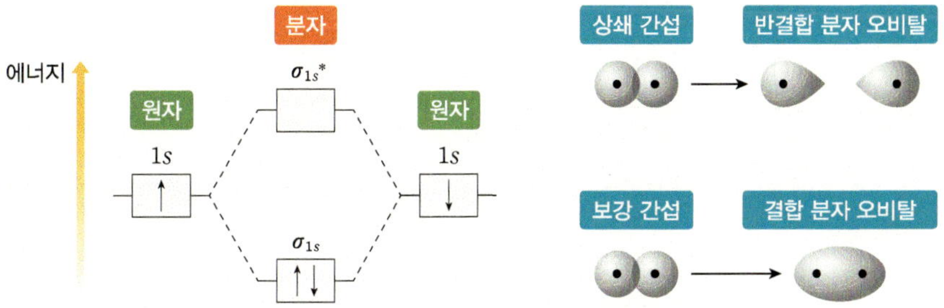

그림 2-8 원자 오비탈로부터 결합 및 반결합 분자 오비탈 형성

분자 오비탈은 모든 공유 결합에 의하여 형성되며, 결합에 참여하는 원자 오비탈의 개수만큼 분자 오비탈이 형성된다. 예를 들어 탄소-탄소 이중 결합의 경우 시그마 결합에 의하여 시그마 결합 분자 오비탈, 시그마 반결합 분자 오비탈이 생성되며, 파이 결합에 의하여 파이 결합 분자 오비탈, 파이 반결합 분자 오비탈이 형성된다. 비공유 전자쌍을 가지고 있을 경우에는 비공유 전자쌍은 결합에 참여하지 않기 때문에 원자 오비탈과 같은 에너지 상태의 분자 오비탈을 형성한다. 이와 같이 분자 오비탈 이론에서는 공유 결합 형성을 통한 분자 내에서의 오비탈 형성을 설명한다.

3 HOMO 및 LUMO

이중 결합 화합물인 $H_2C = CH_2$의 분자 오비탈에서 전자는 결합 분자 오비탈에 위치하고 있으며, 낮은 에너지의 분자 궤도로부터 전자가 순차적으로 채워지게 된다. 이 때 전자가 채워져 있는 가장 높은 에너지를 갖는 분자 오비탈을 highest occupied molecular orbital (HOMO)이라고 한다. 반결합 분자 오비탈은 전자가 채워져 있지 않은 비어 있는 오비탈이며, 전자가 채워지지 않은 오비탈 중 에너지가 가장 낮은 안정한 반결합 오비탈을 lowest unoccupied molecular orbital (LUMO)이라고 한다. HOMO와 LUMO는 에너지가 0 eV인 진공 에너지 준위 (vacuum level)를 기준으로 표시되며, 진공 에너지 준위로부터 안정화되어 있는 에너지 준위이기 때문에 HOMO와 LUMO는 항상 음의 값으로 표시된다. 진공 에너지 준위로부터 멀어질수록 낮은 에너지 상태이며, 안정한 분자 오비탈에 해당하고, 진공 에너지 준위로부터 가까울수록 높은 에너지 상태이며, 불안정한 분자 오비탈에 해당한다 (그림 2-9).

HOMO는 전자가 채워져 있는 분자 오비탈이며, 전자가 채워져 있는 분자 오비탈 중 가장 에너지가 높고 불안정한 오비탈이므로 HOMO 에 존재하는 전자는 분자에 존재하는 전자 중 가장 불안정한 전자이다. 따라서, 유기 분자에서 전자를 다른 분자로 이동시키고자 할 경우 에너지가 높은 HOMO에 존재하는 전자가 이동할 확률이 가장 크며, 에너지가 낮은 오비탈에 존재하는 전자들은 상대적으로 이동이 어렵게 된다. 전자가 한 분자에서 다른 분자로 이동하게 되면 전자 이동에 의하여 빈 공간이 생성되며, 전자 이동에 의하여 생성된 빈 공간을 정공 (hole)이라고 한다. 정공의 생성은 주로 HOMO에서 일어나게 되며, HOMO 준위에 의하여 유기 분자의 정공 생성 특성이 결정된다. HOMO 준위가 깊을수록 HOMO에 있는 전자가 안정화되어 있는 상태이므로, 전자 이동이 어렵게 되고, 정공 생성 특성은 저하된다. 반면, HOMO 준위가 얕을수록 HOMO에 있는 전자가 불안정화되어 있는 상태이므로, 전자의 이동이 용이하고, 정공 생성 특성은 개선된다. 즉, HOMO 준위가 진공 준위에 가까울수록 정공의 생성 특성이 우수하다.

LUMO는 전자가 채워지지 않은 오비탈 중 에너지가 가장 낮은 오비탈로서 다른 분자에서 전자가 주입될 경우 전자가 주입되는 오비탈이다. 전자 주입시 전자는 낮은 에너지 상태를 갖고자 하기 때문에 비어 있는 오비탈 중 가장 낮은 에너지를 갖는 오비탈로 주입된다. 따라서, LUMO 에너지 준위가 깊을수록 전자 생성 특성이 우수하며, LUMO 에너지 준위가 얕으면 전자 생성 특성이 저하된다.

HOMO와 LUMO 에너지 준위 사이의 차이를 HOMO-LUMO gap 또는 bandgap이라고 한다. 유기물에서는 무기물에서 형성되는 전도대 (conduction band)와 가전도대 (valence band)가 형성되지 않기 때문에 bandgap이라는 용어가 적절하지 않지만, 초기부터 사용되어 일반적으로 통용되고 있다. HOMO와 LUMO 에너지 준위는 서로 다른 분자 사이에 전하 주입 및 이동에 관여하는 에너지 준위로서 HOMO와 LUMO 에너지 준위를 통하여 OLED에 적용되는 유기물층 사이의 전하 주입 및 이동 특성을 예측할 수 있다.

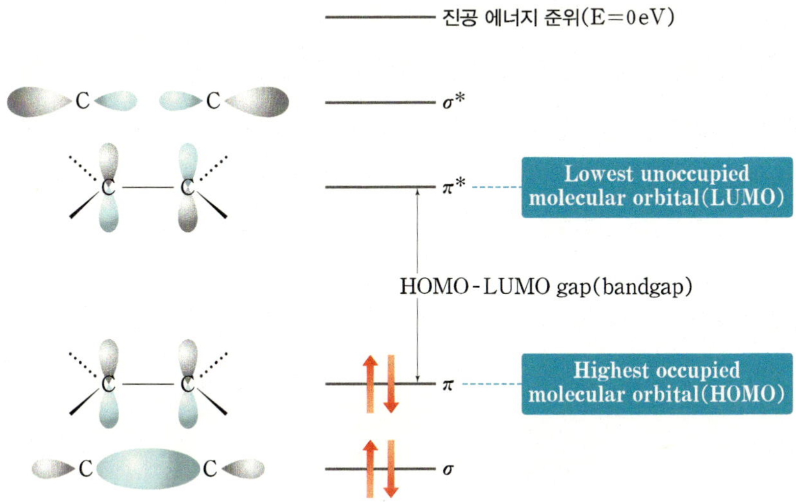

그림 2-9 $CH_2 = CH_2$의 HOMO와 LUMO

4 유기물의 흡수와 발광

유기물에서의 발광 과정은 에너지 방출 과정이며, 에너지는 새롭게 생성될 수 없기 때문에 발광을 위해서는 반드시 에너지를 흡수하는 과정이 필요하다. 널리 알려져 있는 에너지 흡수 과정은 빛에너지를 흡수하는 과정이 있으며, 빛의 흡수에 의하여 유기물의 발광이 가능하다. HOMO와 LUMO를 가지고 있는 유기 화합물은 HOMO와 LUMO 에너지 준위 차이에 해당하는 빛이 조사될 경우 HOMO에 있는 전자가 빛에너지를 흡수하여 LUMO 상태로 여기될 수 있으며, LUMO 상태로 여기된 전자는 에너지가 높은 여기 상태에 머무르지 않고 다시 에너지가 낮은 상태로 내려오면서 흡수한 에너지를 빛으로 방출하게 된다. 전자가 HOMO에서 LUMO로 여기되면 HOMO에는 정공이 생성되고, LUMO에는 전자가 생성된다. 전자는 항상 낮은 에너지 상태를 갖고자 하기 때문에 LUMO로 여기된 전자는 높은 에너지 상태인 LUMO에 머무르려 하지 않고, 다시 낮은 에너지 상태로 바로 내려 오고자 한다. 높은 에너지 상태의 전자는 낮은 에너지 상태에 전자가 이동할 수 있는 빈 공간인 정공이 존재하기 때문에 여기 상태로부터 전자가 내려 오면서 발광하게 된다 (그림 2-10). 따라서 발광 현상이 가능하기 위해서는 높은 에너지 상태에 전자가 존재해야 하고, 낮은 에너지 상태에는 반드시 정공이 존재해야 한다. 이 때 정공과 전자의 쌍을 엑시톤 (exciton)이라고 하며, 발광 과정은 빛의 흡수에 의하여 엑시톤을 형성하고, 형성된 엑시톤이 광자 (photon)을 생성하여 빛을 내는 과정으로 이해할 수 있다. 유기 분자는 엑시톤 생성 이전에는 분자 내에 정공과 전자가 없는 상태인 반면에 엑시톤 생성시에는 분자 내에 정공과 전자가 분리되어 있는 상태이기 때문에 정공과 전자가 존재하는 상태에서 안정화를 위하여 입체 구조의 변화가 나타나게 된다. 즉 엑시톤 생성 전과 후의 입체 구조가 달라지는 특징을 보인다. 입체 구조 변화에 의해서 HOMO와 LUMO가 변화하게 되지만, 중간 상태인 전자가 여기되어 정공과 전자를 갖는 상태에서 HOMO와 LUMO는 측정할 수 없다. 측정할 수 있는 것은 전자가 내려오면서 발광하는 발광 에너지 (발광 파장)값이다. 일반적으로는 정공과 전자 생성에 의하여 HOMO와 LUMO와의 에너지 차이는 줄어드는 경향을 보인다.

우수한 발광 특성을 갖기 위해서는 유기 화합물이 우수한 광흡수 특성을 통하여 엑시톤 생성 효율이 우수해야 하며, 손실 없이 엑시톤을 광자로 전환하는 과정이 필요하다. 이때 엑시톤의 생성이 빛에너지에 의하여 유도될 경우 photoluminescence (PL)라고 하며, 전기에너지에 의하여 유도될 경우 electroluminescence (EL)라고 한다.

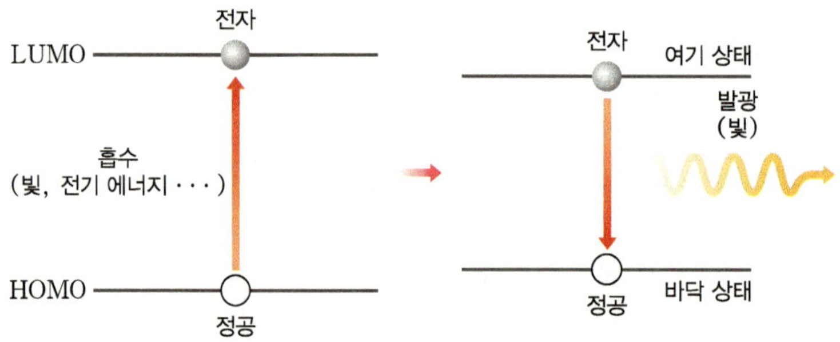

그림 2-10 유기물에서의 흡수 및 발광 과정

5 유기 화합물의 광물리적 전이

1 Fermi golden rule

유기물에서의 흡수에 해당하는 바닥 상태와 여기 상태 사이에서의 전자 전이는 Fermi golden rule로 일반적으로 설명한다. Fermi golden rule에서는 외부의 에너지에 의하여 전자 전이가 일어날 때 전이 속도는 처음 상태와 최종 상태의 전자의 상호 작용 (파동 함수의 중첩)에 의하여 결정된다고 하는 이론이다. Fermi golden rule에 의한 전자의 전이 속도는 식 2-1과 같이 나타낼 수 있다.

$$k_{if} = \frac{2\pi}{\hbar}| < \psi_f|H_{int}|\psi_i > |^2 \rho(E_{if}) \qquad \text{(식 2-1)}$$

k_{if}는 전이 속도이며, i은 초기 상태 f은 최종 상태를 의미한다. 전이에 대한 에너지를 나타내는 해밀토니안은 H_{int}로 표시되며, ψ_f와 ψ_i는 각각 최종 상태와 초기 상태의 파동 함수를 나타낸다. $\rho(E_{if})$는 처음 상태 (ψ_i)와 최종 상태 함수 (ψ_f)의 상태 밀도를 나타낸다. 이로부터 전이 속도는 초기 파동 함수와 최종 파동 함수의 상호 작용에 의하여 결정되는 것을 알 수 있으며, 전이 확률은 $< \psi_f|H_{int}|\psi_i > ^2$에 비례한다.

전이에 대한 H_{int}은 바닥 상태와 여기 상태의 쌍극자 차이인 전이 쌍극자 모멘트 (transition dipole moment, μ)와 전기장의 세기 (F)를 이용하여 $\mu \times F$로 나타낼 수 있으며, 전이 쌍극자 모멘트의 크기가 클수록 해밀토니안이 증가하고 전이 속도 및 전이 확률이 증가하게 된다. 전이 확률은 oscillator strength (f)로도 나타낼 수 있다. 외부의 전자기파가 물질에 입사될 때 전자기파의 진동수와 물질 내의 전자의 진동에 해당하는 진동수가 일치하게 되면 전자기파가 물질에 흡수되어 전자기파의 세기가 줄어들게 되며, 전자기파와 물질내 전자 사이의 상호작용의 세기를 oscillator strength로서 정의한다. Oscillator strength는 단위를 가지고 있지 않으며, 허용된 전이에 대해서는 0.001~1 사이의 값을 가지며, 금지된 전이에 대해서는 0에 가까운 작은 값을 갖게 된다. Oscillator strength가 크다는 의미는 전자 전이가 일어날 확률이 크다는 의미로서 oscillator strength 값이 크면 클수록 흡수가 일어날 확률이 증가한다. 위에서 나타낸 바와 같이 전이 확률은 전이 쌍극자 모멘트의 제곱에 비례하게 되며, oscillator strength도 전이 쌍극자 모멘트의 제곱에 비례한다.

2 Frank-Condon 이론

유기물에서의 흡수와 발광에 의한 광물리적 전이 현상은 Frank-Condon 이론 (그림 2-11)으로 설명한다[1]. Frank-Condon 원리는 흡수 또는 발광에 의하여 전자의 에너지 준위와 진동 에너지 준위의 변화가 동시에 일어나는 진동 전이 (vibronic transition)를 설명한다. 일반적인 유기 분자들은 분자의 진동 운동에 의하여 진동 에너지 준위를 갖게 되며 전자가 여기되기 전 안정한 상태(바닥 상태)의 전자들은 최소 에너지를 갖는 핵과 핵 사이의 거리를 유지한다. 바닥 상태에서 대부분의 전자들은 에너지가 가장 낮은 상태에서 진동 에너지 준위 중 가장 낮은 에너지 준위에 존재하게 된다. 빛의 흡수가 일어나게 되면 질량이 작은 전자들의 움직임이 질량이 큰 원자핵의 움직임에 비하여 빠르게 일어나기 때문에 (Born-Oppenheimer approximation) 전자 전이가 일어나는 동안 핵간의 거리가 바닥 상태와 같은 상태에서 흡수가 일어나게 된다. 그러나, 빛의 흡수에 의하여 전자 전이가 일어나게 되면, 엑시톤 생성시 최적의 에너지 상태를 갖기 위하여 분자 구조의 변화가 나타나게 되며 이에 따라서 최소의 에너지를 갖는 핵간 거리가 달라지게 된다. 따라서, 초기의 흡수에 의한 전자 전이는 그림 2-11에서와 같이 초기 핵간 거리를 유지한 상태에서 일어나게 된다 (수직 전이). 이 때 바닥 상태 분자의 핵간 거리는 엑시톤 생성시 가장 낮은 에너지를 갖는 분자 입체 구조의 핵간 거리에 해당하지 않으며, 그보다 에너지가 높은 진동 에너지 준위 중 어느 하나의 핵간 거리에 해당한다. 따라서, 전자가 여기된 이후에는 여기 상태의 높은 진동 에너지 준위에 존재하는 전자가 여기 상태의 가장 낮은 진동 에너지 상태로 완화된다. 여기 상태의 낮은 진동 에너지 준위에 위치한 전자는 발광 과정을 통하여 바닥 상태로 전이하게 되며, 이 때도 동일하게 핵간 거리를 유지하면서 전자 전이를 통하여 발광한다. 발광 전이시 여기 상태에서 가장 낮은 에너지를 갖는 상태의 핵간 거리는 바닥 상태에서 가장 낮은 에너지를 갖는 핵간 거리와는 다르며, 발광 전이가 일어나게 되면, 바닥 상태의 높은 진동 에너지 준위 중 하나의 상태로 전이가 일어나게 된다. 이를 Frank-Condon 이론이라고 하며, 이에 의하여 그림에서 볼 수 있듯이 유기 분자의 발광 에너지는 항상 흡수 에너지에 비하여 작게 된다.

Frank-Condon 이론에서는 흡수 또는 발광이 일어날 때 진동 에너지 준위 사이에서 진동 함수의 중첩이 클 때 전이가 일어나게 된다. Fermi golden rule에 의하여 흡수 및 발광의 확률은 바닥 상태와 여기 상태 사이에서 진동 파동 함수의 중첩 정도의 제곱에 비례하여 증가하게 되며, 진동 파동 함수의 중첩 정도를 Frank-Condon 인자 (Frank-Condon factor)라고 한다.

1) J. Frank, Transactions of the Faraday Society, 21, 536 (1926); E. Condon, Physical Review 28, 1182 (1926)

그림 2-11에서와 같은 진동 파동 함수를 갖는 경우 흡수 과정에서 진동 파동 함수의 중첩도에 따라서 흡수 세기가 달라지게 되며, 바닥 상태의 진동 에너지 준위 0에서 여기 상태의 진동 에너지 준위 0로의 흡수 전이가 가장 큰 파동 함수 중첩을 보일 경우 0 → 0으로 가는 흡수가 가장 크게 나타나며, 다른 흡수들은 흡수 세기가 작게 나타나게 된다. 발광의 경우에도 유사하게 파동 함수의 중첩이 클수록 전이 확률이 높으므로, 중첩도가 가장 큰 전이가 가장 큰 발광 세기를 갖게 된다. 만일 0 → 1로 가는 전이의 파동 함수 중첩이 가장 크다면 0 → 1에 해당하는 흡수 전이의 피크 세기가 가장 크게 나타난다.

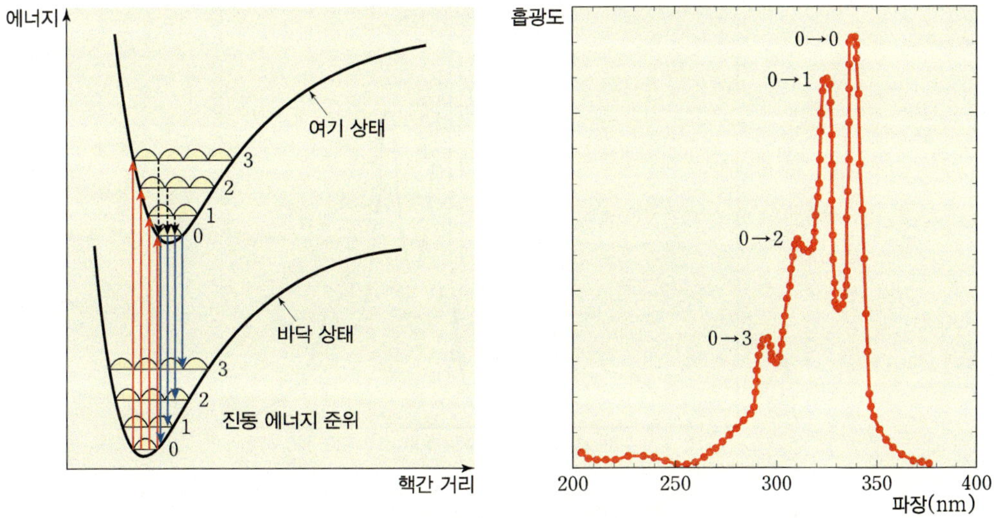

그림 2-11 Frank-Condon 이론에 의한 흡수와 발광 과정 및 흡수 스펙트럼

Frank-Condon 원리를 기반으로 그림 2-12에 유기 분자의 대표적인 흡수 및 발광 스펙트럼을 나타내었다. 흡수와 발광 과정에서 흡수 스펙트럼과 발광 스펙트럼의 에너지 차이를 Stokes 이동이라고 하며, 바닥 상태와 여기 상태의 입체 구조 변화가 최소화되어 핵간 거리의 변화가 작을 경우 Stokes 이동이 작아지게 되며, 분자 구조의 변화가 커서 핵간 거리의 변화가 클 경우 Stokes 이동이 커지게 된다. 따라서, 강직한 구조의 유기 화합물은 작은 Stokes 이동을 갖게 되며, 유연한 구조의 유기 화합물은 큰 Stokes 이동을 보인다. 일반적으로, 유기물은 흡수 및 발광 에너지를 최소화하는 것이 물질 안정성 측면에서 유리하기 때문에 Stokes 이동은 작은 것이 유리하다. 특히, 발광 물질의 경우에는 에너지를 흡수한 후 발광하는 과정을 거치기 때문에, Stokes 이동이 클 경우에는 큰 에너지를 흡수해야 하며, 큰 에너지 흡수에 의하여 결합이 약한 유기 물질의 결합이 분

해될 가능성이 커진다.

Stokes 이동과 함께 흡수와 발광 스펙트럼은 진동 에너지 준위에 의한 진동 흡수 피크와 발광 피크를 보인다. 흡수 과정에서 바닥 상태의 가장 낮은 진동 에너지 준위로부터 여기 상태의 여러 진동 에너지 준위로 흡수가 일어날 수 있기 때문에 진동 에너지 준위에 의한 흡수를 보이며, 유사하게 여기 상태의 가장 낮은 진동 에너지 준위로부터 바닥 상태의 여러 진동 에너지 준위로 발광이 일어날 수 있기 때문에 진동 에너지 준위에 의한 발광을 보인다.

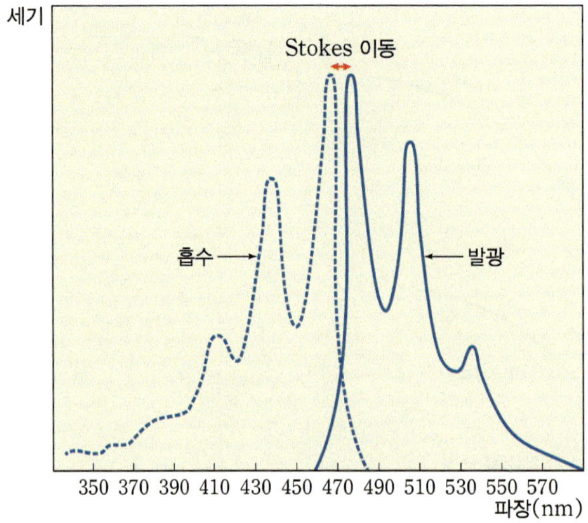

그림 2-12 진동 준위에 의한 유기 분자의 흡수 및 발광 스펙트럼

3 일중항 및 삼중항 엑시톤

HOMO와 LUMO를 갖는 유기 화합물에서 엑시톤은 빛에너지 또는 전기에너지 흡수에 의하여 생성되며, 생성되는 엑시톤은 전자의 스핀 상태에 따라서 일중항 (singlet) 및 삼중항 (triplet) 엑시톤으로 구분할 수 있다. 일반적으로 전자가 여기되기 전 바닥 상태의 유기물의 전자는 HOMO 에너지 준위에 있으며, 파울리 배타 원리에 의하여 HOMO 에너지 준위의 같은 오비탈 내에 존재하는 전자는 서로 다른 스핀 (↑ 및 ↓)을 가지고 있다. 두 전자는 각각 양자수 +1/2 및 -1/2을 가지고 있으므로 전자 여기 전 전자 스핀의 합은 0이며, 전자 스핀의 합이 0이 되는 경우를 일중항이라고 한다. 따라서 바닥 상태에 존재하는 유기 화합물은 일중항 바닥 상태에 두 개의 전자를 가지고 있으며, 바닥 상태는 항상 일중항 상태이다. 바닥 상태의 전자가 PL 과정에 의하여 전자 전이가 일어날 경우에는 두 전자 중 하나의 전자가 여기되며, 이 때 전자 스핀의 변화는 일어나지

않는다. 따라서 여기되지 않고 남아 있는 전자와 여기된 전자의 스핀 합은 0이며 이 때 생성되는 엑시톤을 일중항 엑시톤 (singlet exciton)이라고 한다. 일중항 엑시톤이 존재하는 여기 상태를 일중항 여기 상태 (singlet excited state)라고 한다. 일중항 엑시톤은 여기 상태에서 전자가 에너지를 방출하면서 일중항 바닥 상태로 전이하면서 발광하며, 이러한 일중항 여기 상태로부터의 일중항 엑시톤에 의한 발광 현상을 형광 (fluorescence)이라고 한다.

PL 과정을 통한 흡수에 의해서는 일중항 엑시톤이 생성되지만 EL 과정에서는 일중항 엑시톤과 함께 삼중항 엑시톤 (triplet exciton)이 생성된다. EL 과정에서는 바닥 상태 분자의 LUMO로 전자가 주입되고, HOMO에 있는 전자가 나가면서 정공이 주입되어 엑시톤을 형성하게 된다. 이때 주입되는 전자의 스핀과 정공이 생성되면서 남은 전자의 스핀은 서로 다른 스핀을 가진 전자의 에너지가 동일하기 때문에 선택성이 없으며, ↑ 스핀의 전자와 ↓ 스핀의 전자가 무작위로 주입된다. 따라서 EL 과정에서 생성되는 엑시톤의 경우에는 여기 상태와 바닥 상태에서 두 전자의 스핀 상태가 그림 2-13과 같이 네 가지 경우(↑ ↑, ↓ ↓, ↑ ↓, ↓ ↑)로 동일한 확률을 가지고 생성되게 된다. 이때 네 가지 경우에 대해서 각각 전자의 스핀합을 구할 수 있다. 여기서 한가지 고려해야 할 점은 그림 2-14와 같이 전자가 회전하는 회전축이 수직 방향에 대해서 기울어져 있기 때문에 전자의 스핀 각 운동량이 수직 방향으로 생기는 것이 아니고 기울어진 방향으로 스핀 각 운동량이 생성된다는 것이다. 전자의 회전축이 기울어진 상태에서 지구의 세차 운동과 같이 회전축도 회전하기 때문에 스핀 각 운동량은 ↑ 전자에 대해서 오른쪽 위쪽으로 기울어진 상태에서의 각 운동량 (↗)및 왼쪽 위쪽으로 기울어진 상태에서의 각운동량(↖)을 갖는 경우로 구분할 수 있다. ↓ 전자에 대해서도 동일하게 두 가지 경우 (↘, ↙)로 구분할 수 있으며, 전자 주입을 통하여 형성된 엑시톤의 전자 스핀 경우의 수는 각 네 가지 (↑ ↑, ↓ ↓, ↑ ↓, ↓ ↑)에 대해서 그림 2-15와 같이 각각 네 가지로 경우로 구분할 수 있다. ↑ ↑ 스핀을 갖는 경우에는 네 가지 경우 모두에 대해서 위 방향으로 스핀합을 가지며, 스핀합의 절대값은 1이 된다. ↓ ↓ 스핀을 갖는 경우에는 네 가지 경우 모두에 대해서 아래 방향으로 스핀합을 가지며 스핀합의 절대값은 마찬가지로 1이 된다. ↑ ↓ 스핀의 경우에는 조금 복잡하게 나타나며, ↗↙ 및 ↖↘의 경우에는 각운동량 방향이 반대이므로 벡터합이 0이 되어, 스핀합이 0이 된다. 반면에 ↗↘의 경우에는 오른쪽으로 벡터합을 가지기 때문에 스핀합의 절대값이 1이 되며, ↖↙의 경우에는 왼쪽으로 벡터합을 가지기 때문에 스핀합의 절대값이 마찬가지로 1이 된다. ↓ ↑ 스핀의 경우는 ↑ ↓ 스핀과 동일하게 생각할 수 있다. 총 16가지 경우 중 스핀합이 0이 되는 경우는 4개이며, 스핀합의 절대값이 1이 되는 경우는 12가지이다. 스핀합 0을 갖는 엑시톤은 일중항 엑시톤이고, 스핀합 1을 갖는 엑시톤은 삼중항 엑시톤이라고 하며, 전자 주입 과정을 통하여 생성되는 엑시톤의 생성 확률은 일중항 엑시톤이 4/16 = 25%, 삼중항 엑시톤이 12/16 = 75%이다. 따라서 유기물을 발광 재료로 사용하는 EL 소자에서 엑시톤의 생성 확률은 일중항 엑시톤 25% 삼중항 엑시톤 75%이다. 즉 다시 말하면 100개의 전자와 정공이 주입되어 100개의 엑시톤을 만들게 되면, 확률적으로 25개의 엑시톤은 일중항 엑시톤이고 75개의 엑시톤은 삼중항 엑시톤이다.

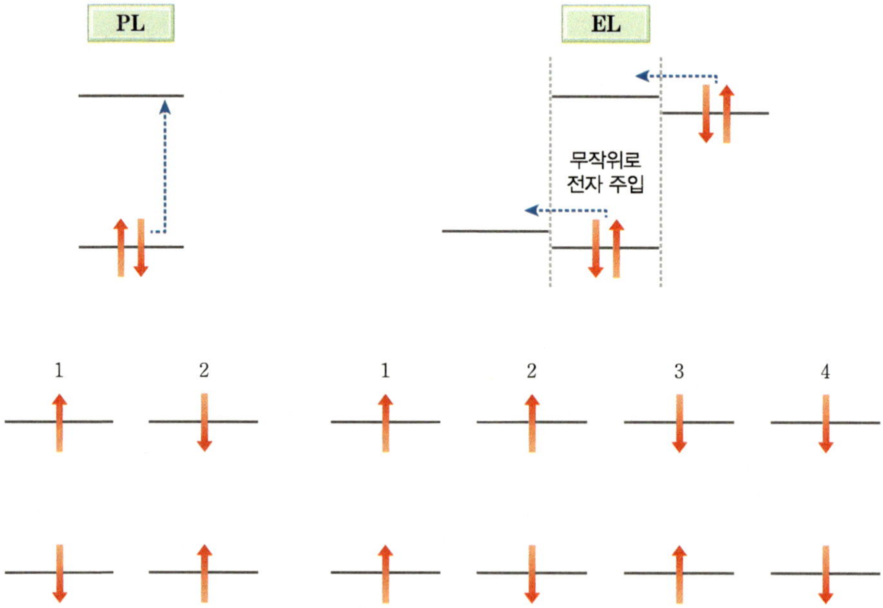

그림 2-13 PL과 EL 과정을 통한 엑시톤의 형성 과정

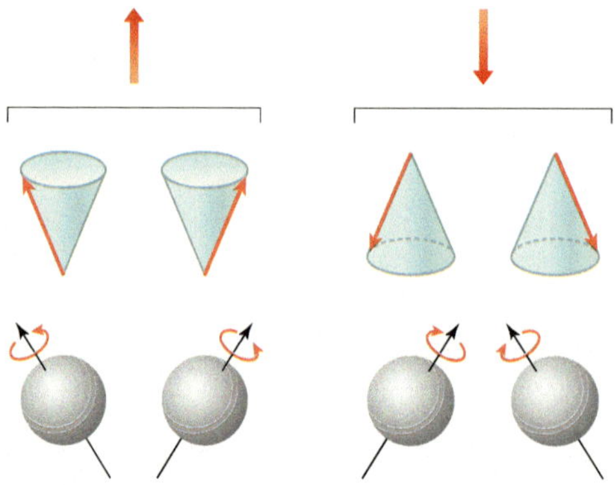

그림 2-14 전자의 회전에 따른 전자 스핀

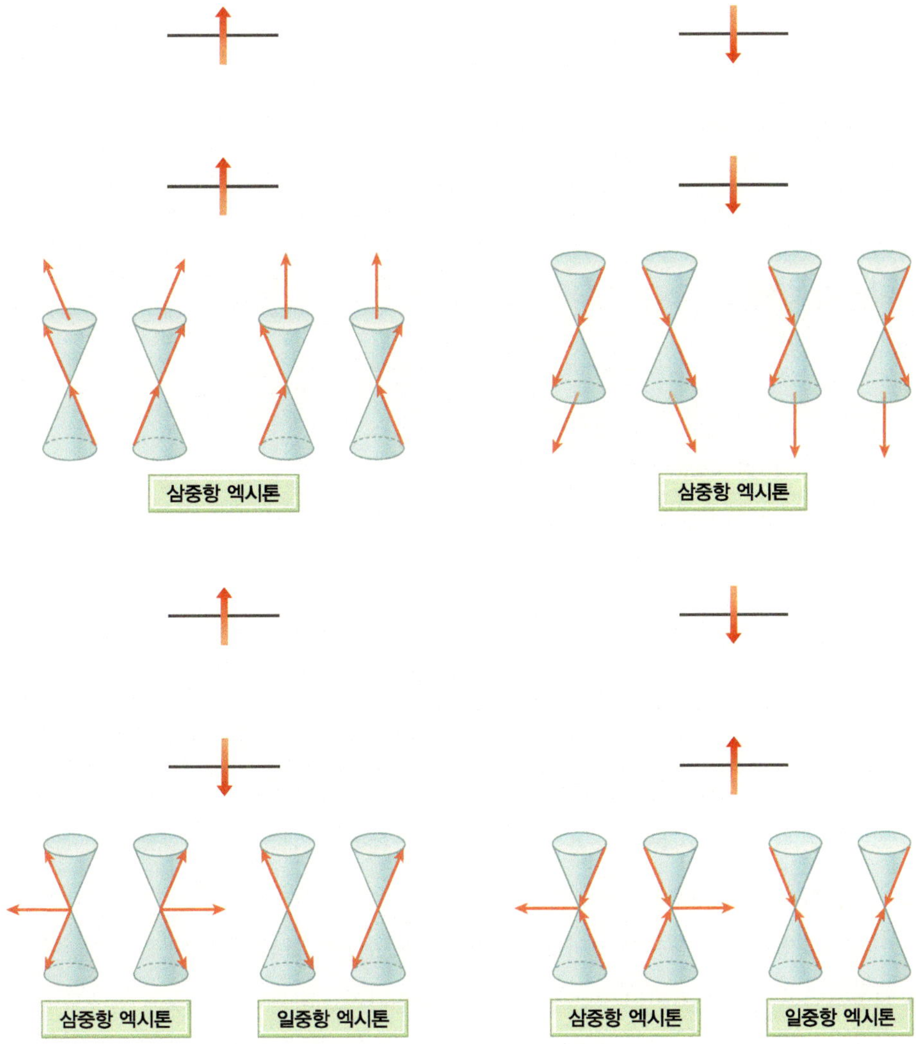

그림 2-15 전자 스핀에 따른 일중항 및 삼중항 엑시톤 형성

앞서 이야기한 바와 같이 일중항 엑시톤은 일중항 여기 상태에 존재하게 되며, 삼중항 엑시톤은 삼중항 여기 상태 (triplet excited state)에 존재한다. 일중항 엑시톤의 경우에는 바닥 상태와 여기 상태의 두 전자가 서로 반대되는 스핀을 가진 상태로 일중항 상태에 존재하기 때문에 (스핀합이 0), 동일한 오비탈에 두 개의 전자가 존재하게 되며, 두 전자 사이의 거리가 가깝기 때문에 전자간의 반발력이 크고, 이로 인하여 에너지가 큰 특징을 갖는다. 반면에 삼중항 엑시톤의 경우에는 파울리의 배타 원리에 의하여 동일한 스핀을 가진 전자가 같은 오비탈에 존재할 수 없기 때문에 서로 다른 오비탈에 존재하게 되고, 이에 따라서 전자 사이의 거리가 멀어지기 때문에 전자간의 반발력이 작아지고 이로 인하여 에너지가 작은 특징을 갖는다. 일반적으로 유기 물질에서는 위에

서 설명한 바와 같이 삼중항 여기 상태의 에너지는 작고, 일중항 여기 상태의 에너지는 상대적으로 큰 경향을 보인다. 각각 일중항 및 삼중항 여기 상태로부터 발광시 발광 에너지를 일중항 에너지 및 삼중항 에너지라고 한다. 즉 유기 화합물은 일중항 에너지가 삼중항 에너지에 비하여 큰 경향을 나타낸다.

4 형광과 인광

엑시톤은 일중항 여기 상태 또는 삼중항 여기 상태를 통하여 생성될 수 있으며, 일중항 여기 상태의 일중항 엑시톤으로부터 발광은 형광이라고 하며, 삼중항 여기 상태의 삼중항 엑시톤으로부터의 발광은 인광 (phosphorescence)이라고 한다. 형광 발광은 일중항 여기 상태로부터 일중항 바닥 상태로의 전이로서 전자의 스핀 변화 없이 전이가 발생하기 때문에 허용된 전이이며 빠른 속도로 발광한다. 일반적으로 일중항 여기 상태에서 전자가 머무르는 시간은 ns 범위로서 빠르게 발광 전이를 일으킨다. 그러나, 인광 발광의 경우에는 삼중항 여기 상태로부터 일중항 바닥 상태로의 전이로서 전자의 스핀 변화 없이는 발광 전이가 불가능하기 때문에 금지된 전이이다. 따라서, 삼중항 여기 상태의 전자는 수십 μs 이상 여기 상태에 머무르고 발광 전이가 어려우며 진동에너지나 열로 손실된다. 삼중항 엑시톤의 발광 전이를 가능하게 하기 위해서는 전자의 스핀 변화를 통하여 삼중항 엑시톤을 일중항 엑시톤으로 변환하기 위한 과정이 필요하며, 전자의 스핀 변화는 spin-orbit coupling (SOC) 과정을 통하여 가능하다. SOC 과정은 전자의 스핀이 자기장에 의하여 영향을 받기 때문에 일어나는 현상으로 핵 주위를 회전하는 전자의 공전 운동에 의하여 가능하다. 음전하를 가지고 있는 전자는 양전하를 가지고 있는 핵 주위를 공전하고 있으며, 공전 운동에 의하여 유도 자기장이 생성된다. 이 현상은 반대로 전자의 입장에서 핵이 전자 주위로 회전하는 것으로도 생각할 수 있으며, 전자 주위에 존재하는 핵의 양전하가 크면 클수록 핵에 의해서 유도되는 유도 자기장의 세기가 커지게 된다. 자기장의 세기가 크면 클수록 전자의 스핀 변환이 보다 용이해지므로, 핵의 양전하가 크면 클수록 전자의 스핀 변화가 잘 일어난다. 자기장에 의한 스핀 변환이 일어나게 되면 일중항 엑시톤이 삼중항 엑시톤으로 변환되기도 하고 삼중항 엑시톤도 일중항 엑시톤으로 변환되어 일중항 엑시톤과 삼중항 엑시톤의 구분이 없어지게 된다. 이러한 현상을 일중항-삼중항 혼합 (singlet-triplet mixing)이라고 한다. 일중항-삼중항 혼합이 일어나게 되면, 일중항 엑시톤과 삼중항 엑시톤의 구분이 없어지기 때문에, 삼중항 엑시톤이 일중항 엑시톤의 성격을 갖게 되므로, 삼중항 엑시톤의 바닥 상태로 발광 전이가 가능하게 된다. 이러한 일중항-삼중항 혼합에 의하여 일중항 엑시톤과 삼중항 엑시톤은 에너지가 낮은 삼중항 여기 상태에서 삼중항 엑시톤으로 모두 존재하며, 삼중항 여기상태로부터 바닥 상태로 인광 발광 전이를 일으킨다. SOC가 강해야 인광 발광이 가능하며, 이를 위하여 핵의 전하수가 큰 즉 원자 번호가 큰 원자가 포함되어 있을 경우 인광 발광이 용이하게 유도된다. 이를 중원자 효과 (heavy atom effect)라고 한다. 중원자로서 발광 재료에 가장 널리 사용되는 금속은 Ir과 Pt로서 OLED용 인광 발광 재료는 Ir 또는 Pt를 포함하는 것이 일반적이다[2]. Ir이나 Pt가 없을 경우 삼중항 엑시톤이 여기 상태에 머무르는 시간은 수십 μs 이상이나, 중금속이 포함될 경우에는 시간이 ~1 μs 수준까지 짧아진다. 그러나, 스핀 변환을 필요로 하는 인광 발광 과정의 특징으로 인하여 형광 발광보다는 엑시톤이 여기 상태에 머무르는 시간이 긴 특징을 가진다.

중금속을 포함하지 않는 순수 유기물을 발광 물질로 사용할 경우에는 일중항 엑시톤을 통한 형광 발광만 가능하기 때문에 EL 발광 과정에서 전자를 광자로 전환하는 최대 효율은 25%이다. 중금속을 포함하는 유기-금속 화합물을 인광 발광 물질로 사용할 경우에는 일중항-삼중항 혼합 현상에 의하여 일중항 엑시톤과 삼중항 엑시톤의 구분이 없어지게 된다. 삼중항 여기 상태의 에너지가 일중항 여기 상태의 에너지에 비하여 작기 때문에 혼합 과정을 통하여 일중항 여기 상태의 전자가 모두 에너지가 낮은 삼중항 여기 상태로 이동하여 모두 삼중항 여기 상태에서 발광하며 최대 100%의 효율을 가질 수 있다. 따라서 인광 발광 물질 사용시 형광 발광 물질 사용시보다 EL 발광 과정에서 4배만큼 높은 효율을 구현할 수 있다.

인광 발광 물질에서는 강한 SOC 특성을 보이며, SOC 현상을 통하여 삼중항 여기 상태로부터 일중항 바닥 상태로의 전이가 가능하다. 이와 함께 일중항 여기 상태와 삼중항 여기 상태 사이에서의 전자 스핀 변환도 가능하며, 에너지가 높은 일중항 여기 상태로부터 삼중항 여기 상태로 스핀 변환에 의한 이동이 가능하다. 이를 계간 전이 (intersystem crossing)라고 한다. 계간 전이에 의하여 일중항 엑시톤이 삼중항 엑시톤으로 변환되며, 일반 유기물에서는 계간 전이가 일어나게 되면 형광 발광에 활용할 수 있는 일중항 엑시톤의 손실이 발생하게 되므로 발광 특성이 저하된다. 계간 전이의 정도는 SOC에 의존하게 되며, 강한 SOC 특성을 갖는 유기 화합물은 계간 전이 확률이 높으며, 반대로 약한 SOC 특성을 갖는 유기 화합물은 계간 전이 확률이 낮다. 중금속을 포함하는 경우는 매우 빠른 계간 전이 특성을 보여 일중항 엑시톤이 모두 삼중항 엑시톤으로 전환되는 반면, 중금속을 포함하지 않는 일반 유기물은 상대적으로 느린 계간 전이 특성을 보인다. 일반적인 유기물의 SOC는 발광 전이를 유도하기에는 약하지만 계간 전이는 유도할 수 있다. 유기물

2) M. A. Baldo et al. Nature 395, 151 (1998)

에서의 형광, 인광 및 계간 전이를 그림 2-16에 나타내었다.

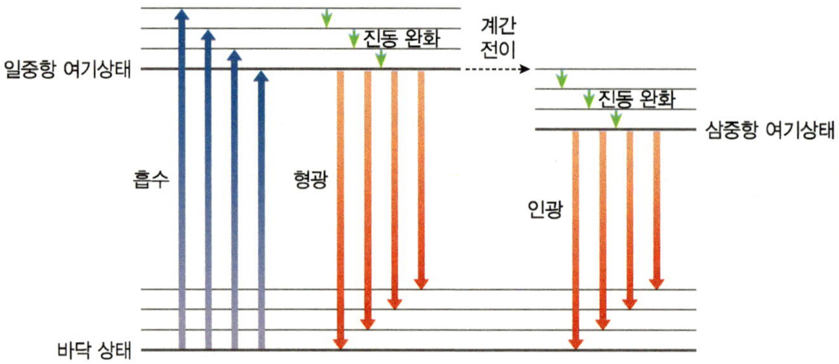

그림 2-16 유기물에서의 형광, 인광 및 계간 전이 과정

제2절

유기 소재의 기초 물리

1 유기 소재의 전하 이동

소재는 전도도에 따라 절연체, 반도체 및 금속 등으로 구분할 수 있으며, OLED용 유기 소재는 대부분 절연체의 특성을 보이며, 낮은 전도도를 가지고 있다. 유기 소재의 경우 HOMO와 LUMO 사이에 큰 HOMO-LUMO gap을 가지고 있다는 측면에서, 밴드갭을 가지고 있지 않은 금속 및 좁은 밴드갭을 가지고 있는 반도체와 구별된다. 이러한 현상은 유기 소재의 밴드 형성이 어려운 것에 기인하며, 밴드 형성의 어려움으로 인하여 전하 이동도가 낮고, 낮은 전도도를 갖는다.

유기 소재의 전하 이동 메커니즘은 밴드 전하 이동 특성을 보이는 무기물과는 다른 특성을 보이며, 전하 이동 경로인 p 오비탈을 통한 전하 이동으로 설명한다. 유기 소재의 전하 이동은 분자 내에서의 전하 이동과 분자간 전하 이동으로 구분할 수 있으며, 분자내 전자 이동은 용이한 반면, 분자간 전자 이동은 어렵다. 분자 내에서 이동 가능한 전하는 에너지가 낮은 시그마 전자들이 아니라 에너지가 높은 p 오비탈에 의하여 형성되는 파이 결합에 위치하는 전자들이다. 따라서 유기 소재가 전하 이동 특성을 보이기 위해서는 이중 결합을 포함하고 있어야 한다. p 오비탈이 서로 연결되어 있는 구조 (공액 구조, conjugation)를 갖는 유기 분자들은 공액 구조를 갖는 p 오비탈들을 통하여 전자가 용이하게 이동할 수 있기 때문에 분자 내에서의 전하 이동이 원활하게 일어나며, 분자내 이동도는 1,000 $cm^2/V \cdot s$ 수준까지 가능한 것으로 알려져 있다.

모든 원자들이 서로 결합되어 있기 때문에 분자내 전하 이동만 고려하면 되는 무기물과는 다르게 유기물은 분자들이 모두 독립적으로 서로 분리되어 있기 때문에 분자 내에서의 전하 이동과 함께 분자간의 전하 이동을 고려해야 한다. 예를 들어 무기물인 실리콘의 경우 실리콘 원자들은 모두 공유 결합을 통하여 연결되어 있으므로, 실리콘은 각 원자의 특성을 나타내지 못하고 실리콘이 모두 연결되어 있는 거대 분자의 특성을 나타낸다. 모든 실리콘 원자들은 모두 동일한 결합으로 연결되어 있기 때문에 거대 분자의 에너지 상태는 균일하며, 실리콘 거대 분자 내에서 전하 이동은 쉽게 일어날 수 있다. 따라서 실리콘은 분자내 전하 이동만 고려하면 되며, 높은 전하이동도를 가질 수 있다. 유기물은 분자간 전자 이동을 고려해야 하며, 분자간에 전자 이동을 위해서는 분자간 전하 이동이 가능한 경로가 요구되나, 일반적인 유기물에서는 분자간 상호작용이 반데르발스 (Van der Waals) 힘 등으로 약하고 결합이 형성되어 있지 못하기 때문에 분자와 분자간에 전하 이동을 위한 경로를 갖지 못한다. 따라서 분자간 전하 이동은 분자내에서 전자가 이동할 수 있는 경로인 p 오비탈이 분자간에 중첩되었을 때 p 오비탈을 통한 전자 이동의 형태로만 가능하며, 이와 같은 전하 이동 메커니즘을 hopping이라고 한다. 일반적으로는 분자간 p 오비탈의 중첩이 용이하지 않지만 유기 분자는 분자의 진동 운동에 의하여 분자간 p 오비탈 중첩이 일어나고 이에 의하여 분자간 전하 이동이 가능해진다 (그림 2-17). Hopping에 의한 전하이동은 분자간의 p 오비탈 중첩에 의존하며, 그림 2-18과 같이 분자가 일정한 배열을 이루고 있는 결정 구조 등이 형성되게 되면 분자간 거리가 가까워지면서 p 오비탈 중첩이 용이

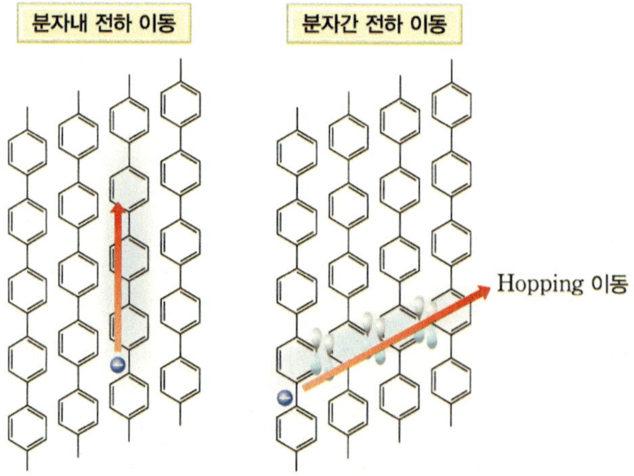

그림 2-17 유기물의 분자내 및 분자간 전하 이동

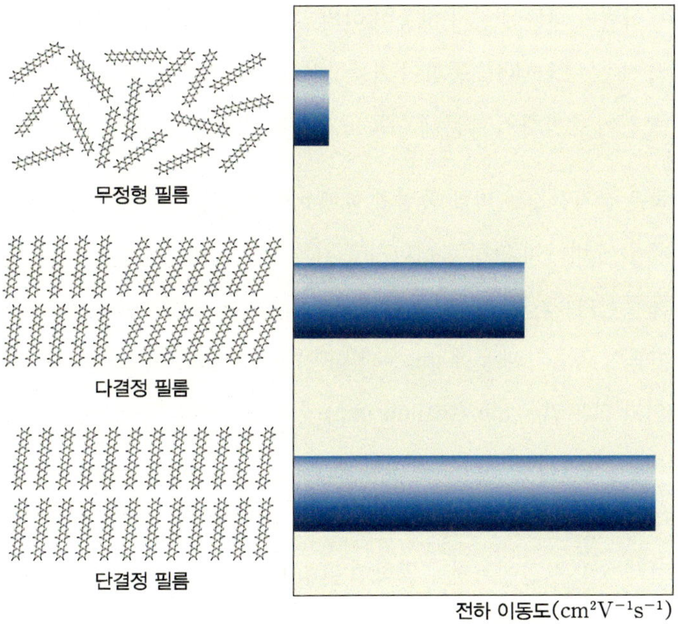

그림 2-18 결정화에 따른 유기물의 전하 이동도 변화

하여 전하 이동도가 증가한다. 또한, 온도가 높아지게 되면 분자의 진동 운동이 활발해지며, 이에 의하여 p 오비탈 중첩 확률이 증가하기 때문에 높은 온도에서 높은 전하 이동도를 갖는다.

유기물과 무기물의 에너지 준위 형성과 전하 이동을 비교해 보면, 무기물은 모든 원자가 동일한 공유결합으로 연결되어 있는 거대 분자의 성질을 가지고 있으며, 분자 전체에 걸쳐서 원자가 규칙적으로 배열되어 있고, 이에 따라서 연속적인 에너지 준위를 갖는 밴드 구조의 형성이 가능하며, 전자로 채워져 있는 가전도대 (valence band) 및 전자가 채워지지 않는 전도대 (conduction band)를 갖는다. 밴드 형성에 의하여 밴드 내에서의 전하 이동이 용이하기 때문에 높은 정공 이동도와 전자 이동도를 갖는다. 정공은 가전도대에서 형성되어 이동하며, 전자는 전도대에서 형성되어 이동한다. 밴드를 통한 전하 이동 특성을 보일 경우에는 낮은 온도에서는 일정 온도까지 이동도가 증가하나, 일정 온도 이상에서 온도가 높아지게 되면 결정 구조가 진동에 의하여 변형되면서 에너지 상태의 불균일화가 유도되기 때문에 이동도가 저하된다.

유기물의 경우에는 분자 내에서는 원자들이 공유결합을 통하여 연결되어 있으나, 분자간에서는 반데르발스 힘만 존재하기 때문에 분자 자체의 에너지 준위로 HOMO와 LUMO가 생성된다. 유기물은 약한 분자간 상호 작용 및 분자간 화학 결합이 존재하지 않기 때문에 연속적인 에너지 준위인 밴드 형성이 불가하고, 불연속적인 분자 자체의 에너지 준위를 갖는다. 연속적인 에너지 준위의 형성이 어렵고

분자간 전하 이동이 어렵기 때문에 전하 이동이 어려우며 낮은 전하 이동도를 갖는다. 정공은 HOMO를 통하여 이동하고, 전자는 LUMO를 통하여 이동한다. 유기물에서는 온도가 높아지게 되면 분자 진동에 의한 p 오비탈 중첩이 증가하기 때문에 이동도가 증가한다.

유기물의 전하 이동은 분자간 p 오비탈 중첩과 함께 trap 상태에 의하여 결정된다. Trap은 분자 내에서 분자의 에너지 준위에 비하여 안정된 에너지 준위를 갖는 상태로 전하에 대해서 더 안정한 상태를 갖는 에너지 준위를 뜻한다. 정공 및 전자에 대해서 각각 trap이 형성될 수 있으며, trap으로 주입된 전하는 trap에 갇혀 이동이 어렵기 때문에 trap은 전하 이동을 어렵게 한다. Trap은 분자의 에너지 준위와 에너지 준위 차이가 적은 얕은 trap (shallow trap) 및 에너지 준위 차이가 큰 깊은 trap (deep trap)으로 구분할 수 있으며, 열에너지에 의하여 활성화될 수 있는 에너지 차이 (k_BT) 보다 작은 에너지 준위 차이를 보일 경우 얕은 trap이라고 하며, 이보다 클 경우에는 깊은 trap으로 일반적으로 간주한다. 얕은 trap에 갇힌 전자는 상온 열에너지에 의하여 활성화될 수 있기 때문에 전하 이동에 미치는 영향이 상대적으로 적은 반면에 깊은 trap에 갇힌 전자는 상온 열에너지에 의한 활성화가 어렵고, 이동을 위해서는 추가적인 에너지가 필요하기 때문에 전하 이동도가 현저하게 저하된다. 일반적으로 유기물에서는 trap이 존재하기 때문에 trap 형성을 최대한 억제해야 높은 이동도를 구현할 수 있다.

Trap이 존재하는 유기물에서 우수한 전하 이동 특성을 구현하기 위해서는 trap에 갇혀 있는 전하가 이동할 수 있어야 하며, trap 에너지를 극복하여 전하가 빠져 나오기 위한 과정이 필요하다. Trap 에너지를 극복하여 전하가 이동하기 위해서는 에너지가 공급되어야 하며, trap된 전하가 빠져 나올 수 있도록 유도하기 위한 에너지는 온도에 의한 열에너지 및 전압에 의한 전기장 에너지이다. 유기물 전하 이동도의 온도와 전기장에 대한 의존성을 설명하는 이론으로서는 Poole-Frenkel 이론[3)]과 Gaussian Disorder 이론[4)]을 주로 사용한다.

Poole-Frenkel 이론에서는 전기장과 온도에 따른 전하 이동도 (μ(F,T))를 trap이 갇혀 있는 에너지를 극복하기 위한 활성화 에너지 (activation energy)의 관점에서 설명한다(그림 2-19). Trap에 의하여 전하 이동도가 제한되며, 전하가 이동하기 위해서는 trap에 갇혀 있는 전하의 에너지 (활성화 에너지)를 극복해야 한다. 따라서, 전하 이동도는 활성화 에너지, 전기장 및 온도에 식 2-2와 같이 의존하게 된다. 온도가 증가하게 되면 trap의 활성화 에너지를 극복하여 전하 이동이 가능하며 전기장의 세기가 증가하면 trap의 깊이가 작아지게 되므로 전하 이동도는 증가하게 된다. 또한, 활성화 에너지를 극

3) J. Frenkel, Physical Review 54, 647 (1938)

4) H. Bassler, Phys. Status Solidi B 175, 15 (1993).

복하기 위한 장벽이 얇아지게 되어 직접적인 터널링 현상에 의해서도 전하 이동이 용이하게 된다.

$$\mu(F,T) = \mu_{PF} exp\left(-\frac{\Delta E_{PF} - \beta_{PF}\sqrt{F}}{k_B T_{eff}}\right)$$
$$\frac{1}{T_{eff}} = \frac{1}{T} - \frac{1}{T_0} \qquad \text{(식 2-2)}$$
$$\beta_{PF} = \sqrt{\frac{q^3}{\pi\epsilon\epsilon_0}}$$

ΔE_{PF} : 전기장 없을 때 활성화 에너지

T_{eff} : 유효 온도

T_0 : 경험적 인자 ~ 유리전이 온도

μ_{PF} : $T = T_0$에서의 이동도

β_{PF} : Poole-Frenkel 상수

F : 전기장 세기

K_B : 볼츠만 상수

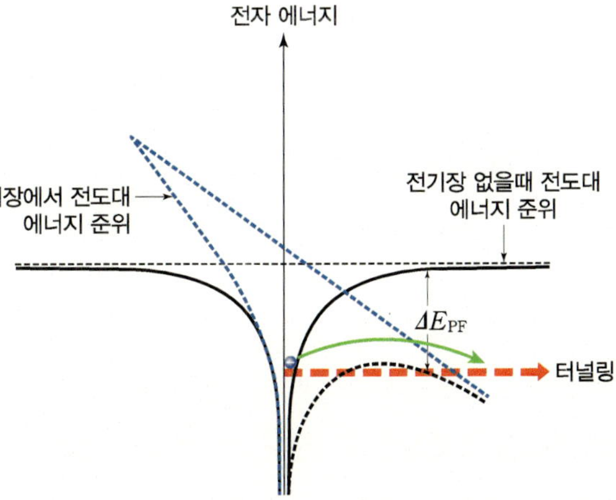

그림 2-19 Poole-Frenkel 이론에 의한 전기장에서 trap 전하의 이동

Gaussian disorder 이론에서는 에너지 준위의 분포가 HOMO와 LUMO를 기준으로 가우시안 분포를 가지면서 분포하는 것으로 간주하고, 전하의 이동은 가우시안 분포를 갖는 에너지 상태를 통하여 무작위로 이동하는 것으로 설명한다(그림 2-20). 인접한 에너지 상태들은 서로 연관되어 있지 않고 무작위로 배치된 에너지 상태를 갖게 되며, 인접한 에너지 상태들을 통하여 전하가 hopping 과정을

통하여 이동한다. 이때 전기장과 온도에 대한 전하 이동도 의존성은 식 2-3과 같이 나타낼 수 있다. 본 이론에 따르면 에너지 무질서도와 위치 무질서도가 증가할수록 전하 이동도는 감소하는 경향을 보이게 된다.

$$\mu(F,T) = \mu_\infty \exp\left[-\left(\frac{2\sigma}{3k_BT}\right)^2\right]\exp\left\{C\left[\left(\frac{\sigma}{k_BT}\right)^2 - \Sigma^2\right]\sqrt{F}\right\} \quad \text{(식 2-3)}$$

σ : 에너지 무질서도

Σ : 위치 무질서도

C : 특정 변수

μ_∞ : 한계이동도

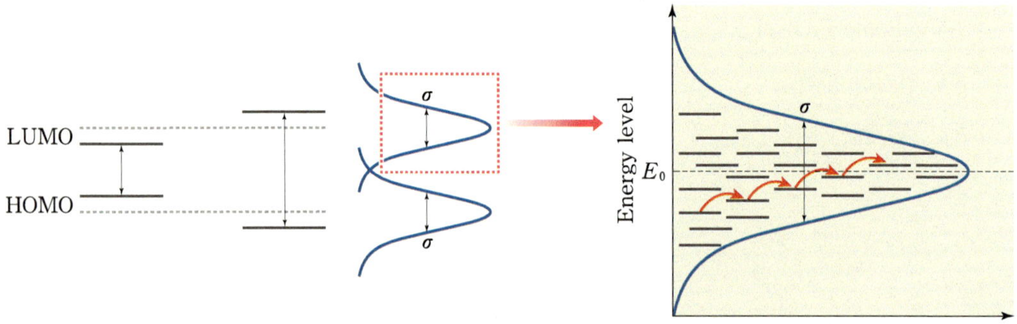

그림 2-20 Gaussian disorder 모델에 따른 에너지 상태 분포

Trap에 의해서 좌우되는 유기물의 전하 이동도는 그림 2-21과 같이 온도와 전기장에 대한 의존성을 나타낼 수 있다. 낮은 온도에서는 열에너지가 작아 활성화 에너지를 낮추는 정도가 작기 때문에 이동도가 전기장에 따라서 급격하게 달라지게 되며, 높은 온도에서는 열에너지가 활성화 에너지를 낮추는 역할을 하기 때문에 약한 전기장에서도 전하이동도가 증가하게 되므로, 이동도가 전기장의 세기에 약하게 의존하게 된다. 유사하게 전기장의 세기가 클 경우에는 전기장이 전하 이동을 위한 에너지를 공급하므로 전하 이동도의 온도에 대한 의존성이 작은 반면에, 전기장의 세기가 약할 경우에는 온도에 대한 의존성이 커지는 경향을 보인다. 전체적으로는 온도 증가 및 전기장의 세기 증가에 따라서 전하 이동도가 증가하게 된다.

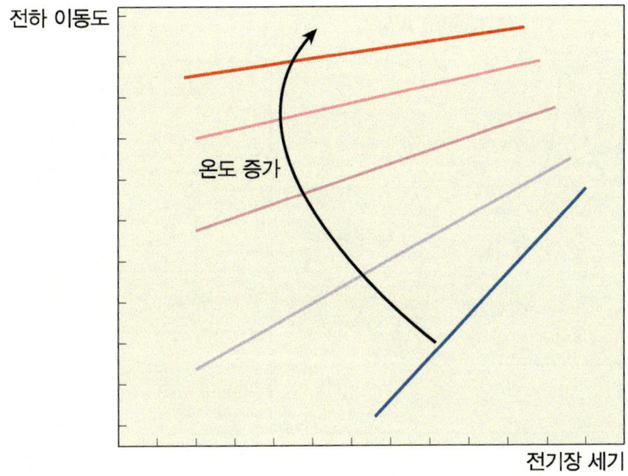

그림 2-21 전하 이동도의 온도와 전기장의 세기에 대한 의존성

전하 이동 특성이 trap에 의하여 영향을 받기 때문에 얕은 trap이 존재할 경우와 깊은 trap이 존재할 경우 전하의 이동 특성이 달라지는 경향을 보인다. 얕은 trap이 존재할 경우에는 trap에 전하가 갇히더라도 쉽게 빠져나올 수 있기 때문에 대부분의 전하들이 유사한 속도로 이동할 수 있으며, 대부분의 전하가 가우시안 분포 형태를 보이면서 이동하는 가우시안 이동 (Gaussian transport) 특성을 보인다. 그러나, 깊은 trap이 존재할 경우에는 trap에 갇힌 전하는 이동 속도가 느려지고, trap에 갇히지 않고 이동하는 전하는 이동 속도가 빠르기 때문에 전하의 이동 속도가 넓게 분포하는 분산 이동 (dispersive transport) 특성을 나타낸다(그림 2-22). 일반적으로 가우시안 이동 특성을 보일 경우에는 전하의 이동 특성을 파악하기 용이하나, 분산 이동 특성을 보일 경우에는 빠르게 이동하는 전하와 느리게 이동하는 전하가 혼합되어 있기 때문에 전하의 이동 특성을 정의하기 어렵다. 일반적으로는 정공 이동의 경우 가우시안 이동 특성을 주로 보이지만, 전자 이동의 경우 trap에 의하여 분산 이동 특성을 주로 보인다.

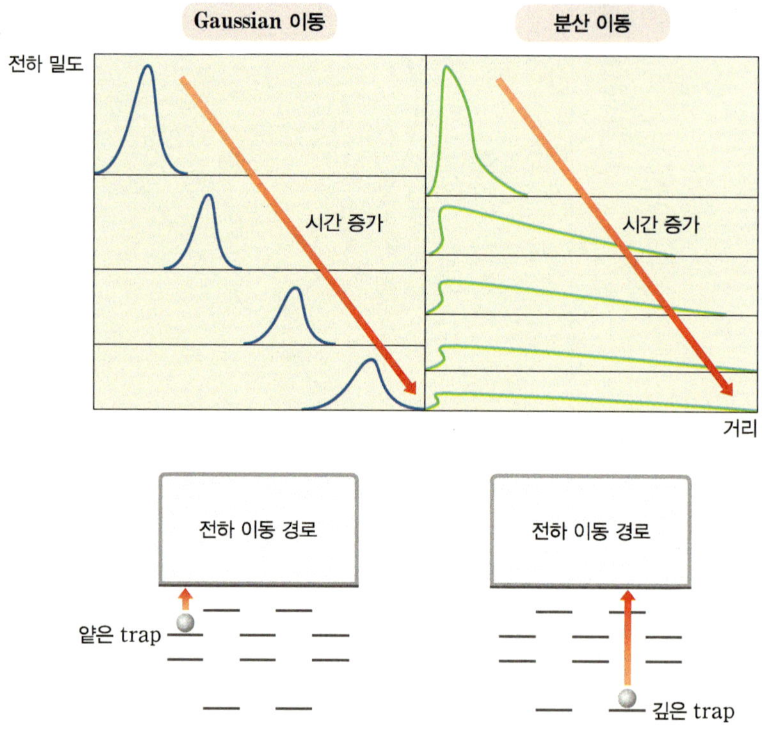

그림 2-22 전하의 가우시안 이동 및 분산 이동 특성

유기 분자의 전하 이동을 설명하기 위해서 일반적으로 Marcus 이론[5)]을 이용한다. Marcus 이론은 원래 화학 반응에서 전자 이동을 설명하기 위하여 제안된 이론으로서 현재는 유기 물질에서 분자간 전하 이동을 설명하기 위한 이론으로도 활용되고 있다. 두 분자 사이에서 전하 이동이 일어날 때 전자를 주는 유기 분자의 오비탈과 전자를 받는 유기 분자의 오비탈 사이에서 전자 이동이 일어난다. 전자 이동과 관련된 다양한 분자 운동 및 분자의 입체 구조 변화와 관련된 시스템의 에너지는 Gibbs 자유 에너지로 나타낼 수 있으며, Marcus 이론에서는 Frank-Condon 이론에서와 동일하게 Born Oppenheimer approximation에 근거하여 원자핵이 움직이기 전에 전자 이동이 먼저 일어나는 것으로 가정한다. 전자 이동이 일어날 때 전자 이동 전과 후의 에너지 상태를 그림 2-23과 같이 나타낼 수 있으며, 전자 이동 전 상태에서 전자 이동이 일어난 상태로 가기 위한 에너지 장벽은 ΔG^*로 나타낸다. 전자 이동 과정에서 분자 구조는 전자 이동 전의 분자 구조가 변화하여 재배열이 일어나게 되며, 재배열시 에너지 변화를 재배열 에너지 (reorganization energy, λ)라 한다. Marcus 이론에서는 초기 상태로부터 전하가 이동한 최종 상태로 가는 과정은 열에 의하여 활성화되는 과정이다. 온도가 증가하면 전자 이동이 증가하게 되며, 재배열 에너지가 감소할수록 전자 이동 특성이 개선된다. Marcus 이론을 기반으로 전하 이동

5) R. A. Marcus, Rev. Modern Physics, 65 599 (1993)

속도는 식 2-4로 표시할 수 있다.

$$k_{ET} = \frac{2\pi}{\hbar} |\langle \psi_i | V | \psi_f \rangle|^2 \left\{ \frac{1}{\sqrt{4\pi k_B T}} \exp\left[\frac{-(\Delta G^\circ + \lambda)^2}{4 k_B T} \right] \right\} \quad \text{(식 2-4)}$$

ΔG° : Gibbs 자유 에너지

λ : 재배열 에너지

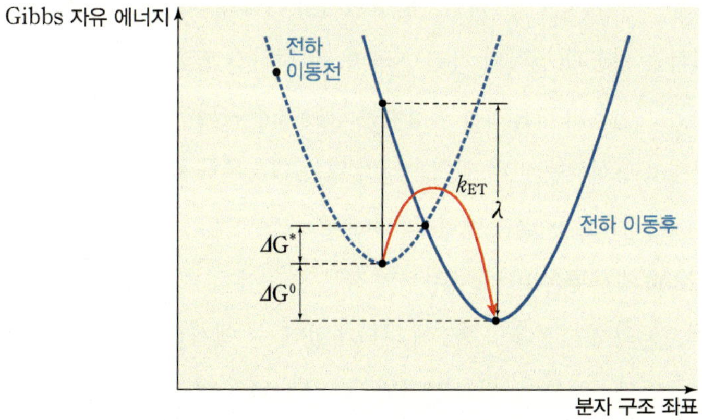

그림 2-23 Marcus 이론에 따른 전하 이동 전과 후의 에너지 변화

전하가 이동하는 속도는 처음 상태 (i)와 전하가 이동한 후의 최종 상태 (f) 사이의 전자 상호 작용 (전하 이동을 위한 오비탈 중첩 정도, $\langle \psi_f | V | \psi_i \rangle$)에 의존하며, ΔG°는 한 분자에서 다른 분자로 전하가 이동할 때의 Gibbs 자유 에너지 변화이다. 재배열 에너지는 전하 이동하기 전 상태와 전하가 이동하고 난 후의 에너지 변화이며, 전하 이동에 의해서 분자의 입체 구조가 바뀌는 것에 의한 에너지 변화와 전하 형성에 의하여 주위가 극성화되면서 주변에 의해서 생기는 분자의 에너지 변화로 구분할 수 있다. 전하 형성에 의한 극성화로 인하여 유기물에서 전하는 폴라론 (polaron) 형태로 존재하여 양성 폴라론 (positive polaron)과 음성 폴라론 (negative polaron)의 형태로 전하가 유기물 내에 존재한다. 재배열 에너지가 작을 경우 전하 이동 속도가 빨라지며, 재배열 에너지가 클 경우에는 전하 이동 속도가 느려진다. 전자 상호 작용은 두 분자의 오비탈 중첩이 커질수록 커지기 때문에 이동도를 증가시킬 수 있다. 따라서 전하 이동에 있어서 가장 중요한 두 인자는 재배열 에너지를 작게 만드는 것과 전자 상호 작용을 증가시키는 것이다.

2 유기 소재의 엑시톤 형성

유기물과 무기물은 전하 이동 특성과 함께 엑시톤 형성에서도 서로 다른 특성을 보인다. 유기물은 모든 분자가 독립되어 있고, 분자간의 전하 이동이 어려우며, 분자간 상호 작용이 약하기 때문에 발광을 위한 엑시톤은 반드시 한 분자 내에 형성되어야 한다. 이에 반하여 무기물은 전체가 하나의 분자처럼 행동하기 때문에 엑시톤이 무기물 거대 분자 내에 형성된다. 따라서 크기가 작은 유기물에서는 정공과 전자의 거리가 매우 가깝고, 두 전하가 강한 정전기적 인력에 의하여 강하게 결속되는 특징을 갖는다. 반면 무기물에서는 정공과 전자의 거리가 크며, 두 전하가 멀리 떨어져 있기 때문에 정전기적인 인력이 약한 특징을 갖는다. 유기물에서 형성되는 강하게 결속되어 있는 엑시톤을 Frenkel 엑시톤이라고 하며, 무기물에서 형성되는 약하게 결속되어 있는 엑시톤을 Wannier-Mott 엑시톤이라고 한다. Frenkel 엑시톤은 1 eV 정도로 큰 결속 에너지 (binding energy)를 가지고 엑시톤의 반경이 1 nm 정도로 작으며, Wannier-Mott 엑시톤은 10 meV 정도의 작은 결속 에너지를 가지고, 엑시톤의 반경이 10 nm 정도로 크다. 두 엑시톤의 차이점을 표 2-3에 나타내었다. 큰 엑시톤 결속 에너지에 의하여 유기물은 엑시톤 형성 전 분자와 엑시톤 형성 이후 분자가 갖는 HOMO-LUMO 에너지갭의 차이가 크게 나타나는 반면에, 작은 엑시톤 결속 에너지를 갖는 무기물은 엑시톤 형성 전후에 분자의 에너지갭의 차이가 거의 나타나지 않는다. 따라서 무기물에서는 여기 전 가전도대와 전도대의 에너지 준위를 알면

표 2-3 유기물과 무기물의 엑시톤 비교

	유기물	무기물
엑시톤	Frenkel 엑시톤 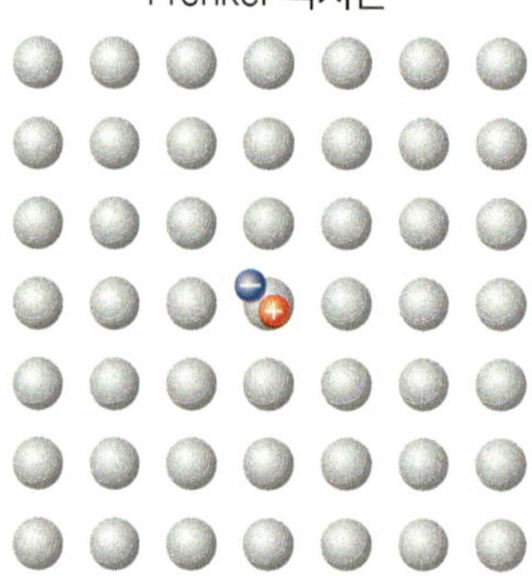	Wannier-Mott 엑시톤 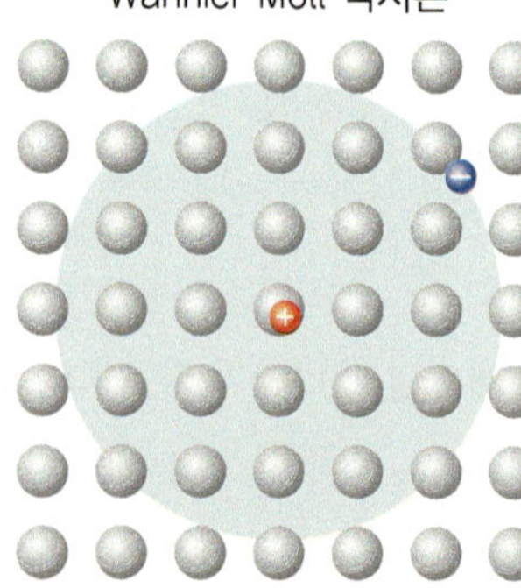
엑시톤 반경	~ 1 nm	~ 10 nm
엑시톤 결속 에너지	~ 1 eV	~ 10 meV
흡수-발광 에너지 차이	큼	매우 작음

발광 파장의 예측이 가능하다. 그러나, 유기물에서는 여기 전 HOMO-LUMO 에너지 차이 즉 흡수 에너지를 알더라도 큰 결속 에너지에 의한 에너지 준위 변화가 크기 때문에 여기 후 분자의 발광 에너지를 예측하기 어렵다.

위에서 설명한 유기물과 무기물의 전하 이동 및 엑시톤 생성 특성을 표 2-4에 정리하였다. 유기물은 분자간 약한 반데르발스 상호작용에 기인하는 약한 상호 작용 에너지 (10^{-3} ~ 10^{-2} eV)를 가지며, 전하가 각각 분자에 편재되어 있다. 무기물은 모든 원자들이 공유 결합에 기인하는 강한 상호 작용 에너지 (2~4 eV의 공유 결합 에너지) 또는 이온 결합에 기인하는 강한 상호 작용 에너지 (~5 eV)를 가지며, 전하가 전체 분자에 걸쳐서 비편재화되어 있다. 그러므로, 유기물은 전하의 편재화에 의하여 근처의 분자들이 극성화가 이루어지며, 근처 분자의 극성화에 의하여 전하의 이동이 영향을 받는다. 이처럼, 주입된 전하에 의하여 주위 분자들이 극성화되고 이 상태에서 이동하는 전하를 폴라론이라고 한다. 이동하는 전하가 정공일 경우 양성 폴라론이라 하고, 이동하는 전하가 전자일 경우 음성 폴라론 이라 한다. 따라서 유기물에서의 전하의 이동은 폴라론 기반으로 설명할 수 있으며, 무기물에서는 전하에 의한 다른 분자의 극성화가 유도될 수 없기 때문에 (모든 원자가 공유 또는 이온 결합으로 연결) 전자 또는 정공의 단순 이동으로 전하의 이동을 설명할 수 있다. 이러한 차이점으로 인하여 hopping 과정에 의한 전하 이동, 이에 따른 1 cm^2/Vs 이하의 작은 전하 이동도 및 작은 평균 자유 이동 거리 (mean free path) 가 유기물에서 관찰되며, 무기물에서는 밴드 이동에 의한 전하 이동, 1,000 cm^2/Vs까지 가능한 높은 전하 이동도 및 큰 평균 자유 이동 거리가 관찰된다. 이외에도 무기물은 강한 상호 작용으로 녹는점 및 끓는점이 높으며, 유기물은 약한 분자간 상호 작용으로 녹는점 및 끓는점이 낮다.

표 2-4 유기물과 무기물의 전하 이동 특성 비교

	유기물	무기물
분자간 상호 작용	약한 반데르발스 상호작용	강한 공유 결합 및 이온 결합
전하 및 엑시톤	전하 및 엑시톤 편재화	전하 및 엑시톤 비편재화
이동 전하	양성 및 음성 폴라론	정공 및 전자
전하 이동도	낮은 전하 이동도 (<1 cm^2/Vs) 및 짧은 평균 자유 이동 거리	높은 이동도 (~1,000 cm^2/Vs) 및 긴 평균 자유 이동 거리
전하 이동 과정	전하 hopping	밴드 전하 이동
전이 온도	낮음	높음

3 유기 소재의 전도도

유기물은 일반적으로 절연체의 특성을 보이며, 높은 저항 및 낮은 전도도로 인하여 동일한 전기장에서 얻어지는 전류 밀도가 무기물에 비하여 낮은 특징을 보인다. 전류 밀도는 전도도와 전기장의 세기에 비례하기 때문에 높은 전도도를 얻어야 유기 전자 소자에서 높은 전류 밀도를 얻을 수 있다. 전도도를 갖는 유기물을 위해서는 전도도를 부여하기 위한 도핑 과정을 필요로 한다. 일반적으로 전도도 (σ)는 다음과 같은 식 2-5로 표시된다.

$$\sigma = qn\mu \qquad \text{(식 2-5)}$$

위에서 q는 전하량, n은 자유 전하의 개수, μ는 이동도이다. 전기 전도도는 전하이동도와 자유 전하의 개수에 의존하는 것을 확인할 수 있으며, 전하 이동도가 증가하고, 자유 전하가 증가하면 전도도가 증가한다. 일반 무기물은 유기물에 비하여 높은 전하 이동도를 갖기 때문에 자유 전하가 존재하면 높은 전도도를 가질 수 있는 반면, 유기물은 무기물에 비하여 낮은 전하 이동도를 갖기 때문에 자유 전하의 개수가 많아야 높은 전도도를 얻을 수 있다. 따라서 실리콘 반도체에서는 ppm 단위의 낮은 농도로 도핑을 하더라도 전도도를 얻을 수 있으며, 전도도를 높이기 위해서는 도핑 농도를 높여야 한다. 그러나, 유기물에서는 유기물 자체의 전하 이동도가 낮기 때문에 낮은 농도로 도핑을 할 경우에는 높은 전도도를 얻기 어려우며, 높은 농도로 도핑을 해야 한다.

무기물과 유기물에서의 도핑을 그림 2-24에 비교하였으며, 실리콘과 같은 무기물에서는 소량의 도핑을 통하여 자유 전하가 생성되고, 자유 전하가 실리콘을 통하여 쉽게 이동함으로서 저항이 감소하고 전도도가 증가하게 된다. 유기물에서는 전하 이동도가 제한되는 요인이 분자간 전하의 이동이므로, 분자 자체가 전도도를 가질 수 있어야 한다. 따라서 전기 전도도를 구현하기 위해서는 모든 분자가 자유 전하를 생성할 수 있어야 하며, 이를 위해서는 각각의 분자를 도핑하는 과정이 필요하다. 각 분자의 도핑을 위하여 도펀트와 분자는 1 : 1의 비율로 존재하는 것이 바람직하며, ppm 수준의 도핑을 활용하는 무기물에 비하여 높은 도핑 농도를 사용한다. 따라서 분자와 도펀트는 전하 이동 화합물의 형태로서 유기막층을 형성하여 높은 전도도를 구현할 수 있다. 가장 널리 알려져 있는 전도성 유기물인 PEDOT : PSS (poly(3,4-ethylenedioxythiophene) : polystyrenesulfonate)의 경우 PEDOT이 전도성 특성을 부여하는 역할을 하며, PSS가 도펀트로서 역할을 하는 전도성 고분자이다. PSS는 매트릭스 물질로서 물이나 알코올 용매에 용해되는 특성을 가지며, 필름 특성을 구현하는 역할도 동시에 하며, PEDOT은 용매에 용해도가 좋지 않기 때문에 용매에 분산되어 있는 형태로 존재한다.

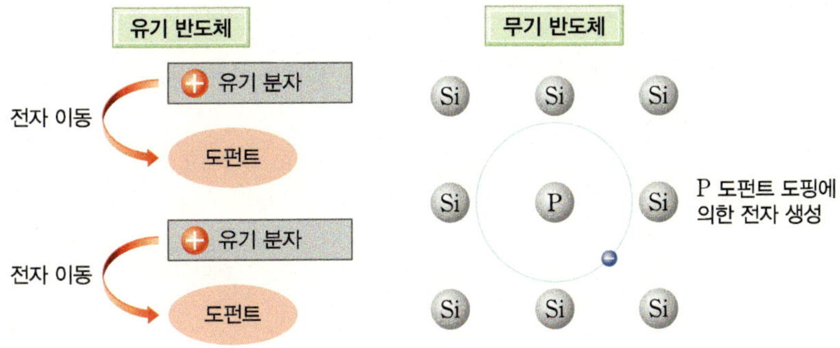

그림 2-24 유기 반도체와 무기 반도체의 도핑 비교

4 유기 소재의 전하 주입

유기물은 전하 이동도가 좋지 않은 특성을 가지기 때문에 일반적으로 전하 주입 및 이동은 공간 전하(space charge)에 의하여 크게 영향을 받는다. OLED와 같은 발광 소자에서 전극으로부터 유기물로의 전하 주입 과정은 크게 Schottky thermionic emission 및 Fowler-Nordheim tunneling에 의하여 주로 일어나게 된다.

1 Schottky thermionic emission

Schottky thermionic emission 과정은 전극과 유기물 사이에 전하 주입을 위한 에너지 장벽이 존재할 때 전기장에 의하여 도움을 받는 열에너지에 의하여 에너지 장벽 (Schottky barrier)을 극복하여 전하가 주입되는 과정이다. 에너지 장벽이 k_BT에 비하여 클 경우 전극 사이에 전압을 가하게 되면 전기장에 의하여 장벽이 낮아지게 되고, Schottky 장벽을 극복하여 열에너지에 의하여 전극으로부터 유기물로 전하가 주입될 수 있다.

전기장이 가해질 경우 장벽이 작아지고, image force가 작용하게 되어 에너지 장벽이 추가로 감소하여 전류가 증가하게 된다. 금속으로부터 거리 x에 해당하는 거리에 유기물에서 전자가 존재하게 되면 금속 전극에 대해서 전기장을 형성하게 된다. 이때 금속 전극 쪽에는 반대되는 전하에 의한 전기장이 생성되는 것으로 볼 수 있으며, 동일한 거리 x에서 금속 내부에 양의 image charge

가 형성되는 것으로 간주할 수 있다. Image charge가 존재할 때 전자와 image charge 사이에는 인력이 생기게 되며, 이에 의하여 에너지 장벽이 감소하는 효과가 생긴다. Image charge에 의한 에너지 장벽 감소는 그림 2-25로 표시할 수 있다. 실제 에너지 장벽은 두 물질 사이의 에너지 장벽에 비하여 전기장에 의하여 감소된 에너지 장벽을 갖게 되며, 이에 의하여 thermionic emission 현상이 용이하게 일어날 수 있다.

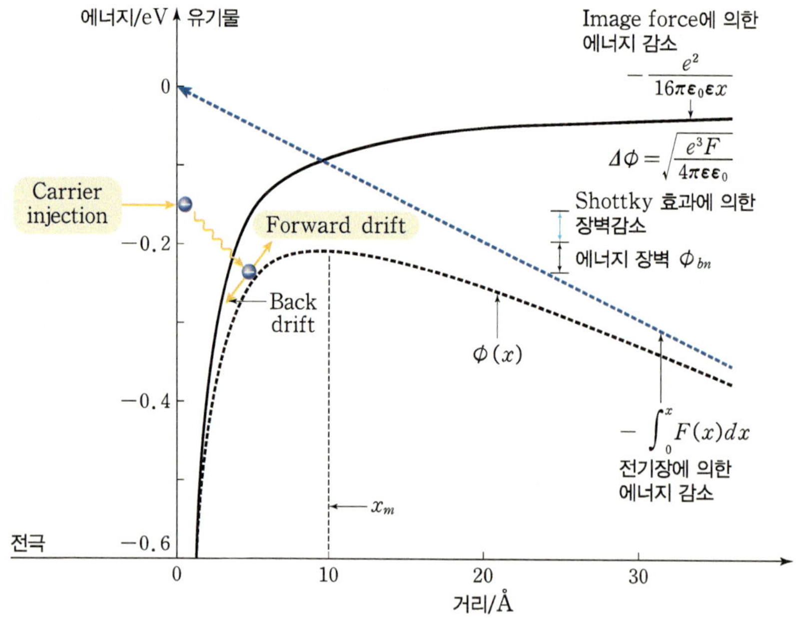

그림 2-25 Schottky thermionic emission 과정에 의한 전하 주입 과정

에너지 장벽을 극복하는 과정을 통하여 전하 주입이 일어나기 때문에, 전류 밀도 (J)는 온도(T)와 전압(V)의 함수이다. 온도가 높아질수록 에너지 장벽 극복을 위한 에너지가 공급되기 때문에 전류 밀도가 높아지며, 전압이 증가할수록 에너지 장벽이 낮아지기 때문에 thermionic emission 과정에 의한 전류 밀도는 증가하게 된다. Thermionic emission에 의한 전하 주입 과정은 ln (J/T^2)의 1/T에 대한 의존성을 통해서 확인할 수 있으며, 두 변수가 선형의 관계를 보이면 thermionic emission 과정이 전하 주입의 주과정이라고 판단할 수 있다. Thermionic emission의 온도와 전압 의존성을 식 2-6에 나타내었다.

$$J = A^* T^2 \exp\left(\frac{-e\Phi_{bn}}{k_B T}\right)\left[\exp\left(\frac{eV}{k_B T}\right) - 1\right]$$

$$A^* = \frac{4\pi e m_n^* k_B}{h^3} \text{(유효 Richardson 상수)} \qquad \text{(식 2-6)}$$

e는 전자의 전하량, Φ_{bn}은 에너지 장벽, $m_n{}^*$는 질량이다.

2 Fowler-Nordheim Tunneling

에너지 장벽을 극복하고 전하가 주입되는 thermionic emission 과정과 함께 에너지 장벽이 작거나 얇을 경우에는 전하가 직접적으로 주입되는 터널링 현상을 통하여 전하가 주입될 수 있다 (그림 2-26). 터널링에 의한 전류 밀도는 전기장의 함수이며, 전기장의 세기가 커질수록 에너지 장벽이 얇아지기 때문에 터널링이 전하 주입 특성을 지배하게 된다. 일반적으로 OLED 소자에서는 전압이 높아지면 높아질수록 터널링 현상에 기인한 전하 주입의 기여도가 증가하게 된다.

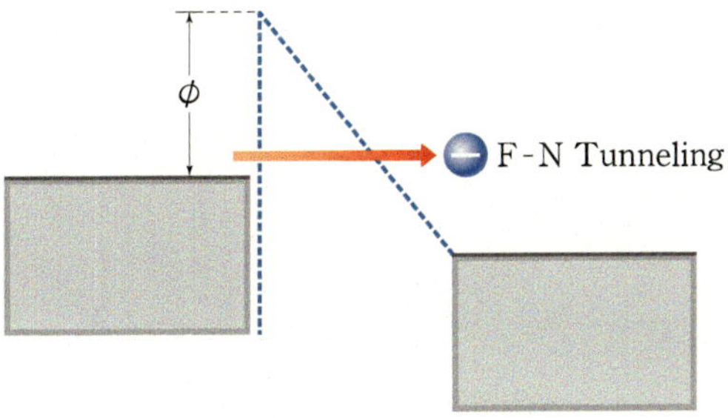

그림 2-26 전자의 터널링 현상

터널링에 의한 주입 특성과 thermionic emission을 통한 전하 주입 특성의 차이는 온도에 대한 의존성이며, 터널링 현상은 온도에는 의존성을 보이지 않는 반면에 thermionic emission을 통한 전하 주입은 온도에 큰 의존성을 보인다. 따라서 온도에 따른 전류 밀도의 변화를 통하여 전하 주입 과정을 알 수 있으며, 터널링이 지배할 경우에는 온도와 관계 없이 일정한 전류 밀도값을 보인다. 터널링 과정은 $\ln(J/E^2)$의 E(전기장)에 대한 의존성을 통해서도 확인할 수 있으며, 선형 관계를 보이면 터널링이 지배한다는 것을 알 수 있다. 일반적으로 높은 전기장에서는 터널링 전하 주입 과정을 보이며, 낮은 전기장에서는 터널링 경향에서 벗어나는 전하 주입 과정을 보인다. 터널링 현상에 의한 전류 밀도의 전기장 의존도를 식 2-7에 나타내었다.

$$J \approx E^2 \exp\left(\frac{-b}{E}\right),\ b = \frac{8\pi\sqrt{2m^*}(q\Phi)^{3/2}}{3qh} \qquad \text{(식 2-7)}$$

5 유기 소재의 전류 특성

1 오믹 접촉 (Ohmic contact) 및 Schottky 접촉

오믹 접촉 특성은 전극으로부터 전하가 주입될 때 전류 밀도와 전압이 옴(Ohm)의 법칙 (V = IR) 관계를 따르는 경우를 의미한다. I는 전류이며 R은 저항이다. 전기장의 방향과 관계 없이 전류 밀도와 전압이 선형의 관계를 따르게 되며, 오믹 접촉 특성을 얻기 위해서는 금속 전극과 유기물 접촉시 유기물이 전도도를 가져야 하며, 금속 전극과 유기물 사이에 전하 주입의 장벽이 존재하지 않아야 한다. 이를 위해서는 금속의 일함수가 유기 물질의 페르미 준위보다 얕아야 하며, 이 경우 그림 2-27과 같은 조건이 만족되어 금속으로부터 유기물로 전자가 오믹 접촉 특성을 가지면서 주입된다.

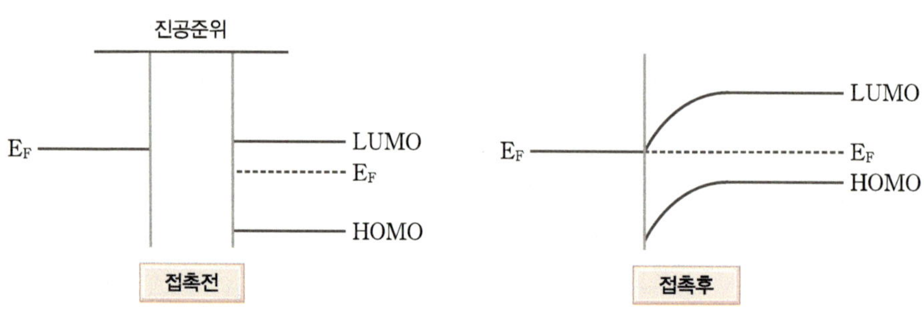

그림 2-27 금속의 일함수가 유기물의 페르미 준위보다 얕을 경우 접촉 특성

이에 반하여 유기물의 페르미 에너지 준위가 금속의 일함수에 비하여 위쪽에 있을 경우에는 금속과 유기물 접촉시 금속에서 유기물 쪽으로 전하 이동시 장벽이 생기게 되며, 이 때 생기는 에너지 장벽을 Schottky barrier라고 한다. Schottky barrier에 의하여 금속에서 유기물 쪽으로 전하 이동은 제약을 받지만 반대로 유기물에서 금속 쪽으로는 전하 이동이 원활하게 나타난다 (그림 2-28). Schottky 접촉이 만들어지면 유기물에서 금속 전극으로의 전자의 이동이 일어나게 되면서 공핍층이 생성된다. 유기물로부터 금속으로 전하 이동이 일어나게 될 때 많은 경우 Schottky

접촉 특성이 관찰된다.

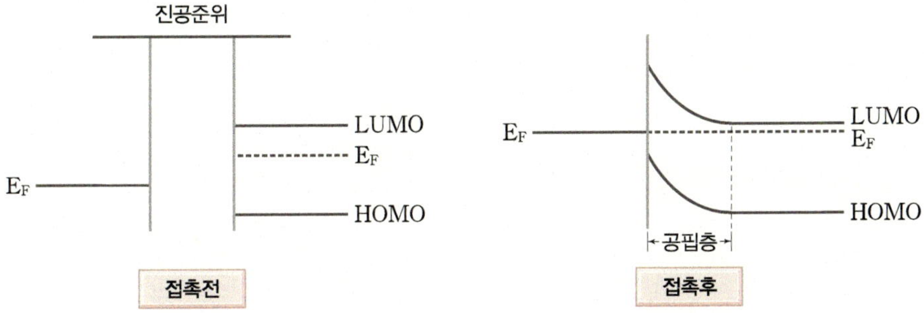

그림 2-28 금속의 일함수가 유기물의 페르미 준위보다 깊을 경우 접촉 특성

2 공간 전하

금속 전극과 유기물의 접합을 통하여 전하가 주입될 경우 전류 밀도는 공간 전하 (space charge)의 반발에 의하여 전압의 제곱에 비례하게 되며, 이를 space charge limited current (SCLC)라고 한다. 공간 전하는 전하가 축적되어 쌓여 있는 것을 의미하는 것으로서 유기물의 전하 이동도가 낮기 때문에 전하가 이동하지 못하고 축적되는 것에 기인한다. 금속 전극을 통하여 유기물에 전하가 주입된 후 주입된 전하는 유기물을 통하여 이동해야 하나, 유기물의 전하 이동도가 낮은 이유로 인하여 지속적으로 전하가 주입됨에도 불구하고 전하가 이동하지 못하고 유기물 내에 축적되는 현상이 발행하게 되며, 전류 밀도는 공간 전하에 의하여 좌우되게 된다. 유기물의 SCLC에 의한 전류 밀도는 Mott Gurney 법칙[6]에 의하여 식 2-8과 같이 표시된다.

$$J_s = \frac{9}{8}\epsilon\epsilon_0\mu_h\frac{V^2}{L^3} \qquad \text{(식 2-8)}$$

위와 같이 SCLC에 의하여 좌우되는 유기물의 전류 밀도 특성은 전압에 따라 크게 세 구간으로 나누어 구분할 수 있다. 첫 번째 구간은 오믹 영역 (Ohmic region)으로서 전하 주입의 초기 단계에서 주입된 전하에 비하여 유기물 내에 열적으로 생성된 전하의 수가 많고, 전기장에 의하여 열적으로 생성된 전하가 이동하여 전류 밀도를 생성하는 단계이다. 주입된 전하의 수가 작기 때문에 축적되는 전하가 없고, 유기물 내부의 전하가 이동하기 때문에 전류 밀도는 전압에 비례한다. 전류 밀도가 전압에 비례하기 때문에 log J–log V 그래프의 기울기는 1이다.

6) N. F. Mott, R. W. Gurney, Electronic Processes in Ionic Crystal, 1st ed, Oxford University Press.

오믹 영역보다 높은 전압이 인가되면, 전기장이 강해지면서 전자의 주입량이 커지게 된다. 주입된 전하의 수가 유기물 내부에 존재하던 전하의 수보다 많아지게 되고, 전류 밀도 특성은 주입된 전하에 의하여 결정된다. 유기물의 낮은 전하 이동도에 의하여 주입된 전하의 이동이 제한되어 공간 전하가 전류 밀도 특성을 지배하게 된다. 또한, 유기막에는 항상 trap이 존재하기 때문에 전자가 SCLC 거동을 보이면서 이동할 때 trap에 의하여 전류 밀도가 영향을 받게 되고, trap이 존재하지 않는 경우에 비하여 낮은 전류 밀도를 보이게 된다 (trap limited SCLC 영역). 추가적으로 전압을 높이게 되면, 더 많은 전하가 주입되며, 주입된 전하는 유기물 내에 존재하는 모든 trap을 채우게 되고, trap에 의하여 제한되던 SCLC 특성이 개선되어 (trap filled limit 영역) trap이 존재하지 않는 SCLC (trap free SCLC) 거동을 보이게 된다. Trap이 채워짐에 따라 전류 밀도의 증가가 급격하게 나타나게 된다. SCLC 영역에서는 log J - log V 기울기가 2의 값을 보인다. Trap free SCLC 거동을 보이는 구간에서는 전류 밀도가 전하 이동도에 의존하기 때문에 전류 밀도와 전압의 관계로부터 기울기를 통하여 전하 이동도를 계산할 수 있으며, 유기물의 이동도를 측정하기 위한 방법으로서 널리 사용되고 있다. 그림 2-29에 전압에 따른 전류 특성의 변화를 나타내었다.

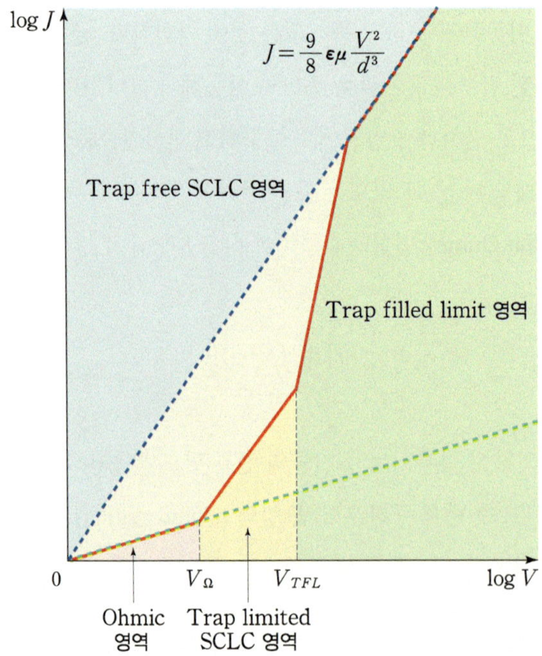

그림 2-29 전압에 따른 전류 특성

제3절

유기 소재의 광물리학적 성질

유기 소재들은 빛의 흡수 및 발광 과정과 관련한 다양한 광물리적 특성을 나타내며, 광물리학적 전이 과정들은 다양한 현상을 유발한다.

1 유기 소재의 발광 특성

발광 물질로 사용하는 유기물은 우수한 발광 효율을 가져야 하며, 유기 재료의 발광 특성은 PL 발광 효율을 이용하여 판단한다. PL 발광 과정에 있어서, 발광이 일어나기 위해서는 흡수 과정이 선행되어야 하며, 우수한 발광 특성을 나타내기 위해서는 우수한 흡수 특성을 보여야 한다. 따라서, 유기물의 발광 특성을 이해하기 위해서는 유기물의 흡수 과정에 대한 이해가 중요하다.

1 유기물의 흡수 특성

발광 재료로 사용하는 물질들은 가시 광선 영역인 380 nm에서 780 nm 사이에서 발광을 하며, Stokes 이동에 의하여 흡수 파장은 주로 자외선 및 가시 광선 영역에서 관찰된다. 자외선 및 가시 광선 영역에서 흡수를 위해서는 HOMO로부터 LUMO로의 전자 전이를 위한 에너지가 자외선 및 가시 광선 영역에 해당해야 하며, 일반적으로 이중 결합을 포함하는 구조에서 해당하는 전이가 가능하다. 따라서 OLED의 발광 재료는 이중 결합을 기반으로 하는 유기물을 주로 사용한다.

이중 결합을 포함하는 유기물의 오비탈을 그림 2-30에 나타내었다. 이중 결합은 σ 결합과 π 결합으로 이루어져 있기 때문에, 각 결합에 해당하는 결합 분자 오비탈과 반결합 분자 오비탈을 갖는다. 전자는 σ 및 π 결합 분자 오비탈에 있으므로, 흡수를 통한 전자 전이는 결합 오비탈에 있는 전자가 반결합 분자 오비탈로 이동하면서 나타난다. 전자 전이에 있어서는 선택 규칙 (selection rule)이 있으며, Laporte 선택 규칙을 통하여 p 오비탈의 중첩을 통하여 형성된 π 결합 오비탈에서 혼성 오비탈을 통하여 형성된 σ^* 오비탈 또는 σ 오비탈에서 π^* 오비탈로의 전자 전이는 금지된 전이로 허용되지 않는다. 따라서 π 오비탈에서 π^* 오비탈 및 σ 오비탈에서 σ^* 오비탈로의 전자 전이만 가능하나, σ 오비탈 사이의 전자 전이는 자외선 영역을 벗어나 에너지가 너무 크므로 잘 일어나지 않는다. 그러므로, 유기물에서의 주된 전이는 π 오비탈로부터 π^* 오비탈로의 전이이다. 주된 흡수 전이가 π 결합을 통해서 나타나기 때문에, π 결합을 포함하고 주된 흡수를 일으키는 단위를 발색단 (chromophore)이라고 한다. 발색단의 예는 이중 결합을 포함하는 C=C, C=O, C=N 등이 있으나, 가장 널리 사용되는 발색단은 C=C를 기반으로 하는 유기물 단위이며, C=C를 포함하며 공액 구조로 되어 있는 벤젠 단위를 기반으로 하는 방향족 단위가 가장 일반적이다.

발색단을 통한 강한 흡수와 함께 유기물에서는 비공유 전자쌍을 가질 경우 추가적인 흡수가 일어날 수 있으며, 비공유 전자쌍을 통하여 발색단의 흡수를 도와 주는 역할을 하는 단위를 조색단 (auxochromophore)이라고 한다. 비공유 전자쌍을 가지고 있는 대표적인 원소로는 질소와 산소가 있으며, 유기 분자가 질소 또는 산소를 포함할 경우에는 비공유 전자쌍이 존재하는 n 오비탈을 갖게 된다. 비공유 전자쌍은 결합을 형성하여 안정화되는 σ 또는 π 오비탈에 있는 전자와는 달리 결합을 형성하지 않기 때문에 안정화되지 않으므로, n 오비탈은 결합 형성 전의 원자 오비탈과 동일한 에너지 준위를 갖게 된다. 따라서 n 오비탈에 있는 전자는 HOMO와 LUMO 사이의 에너지 준위에 위치하게 되며, π^* 또는 σ^* 오비탈로 전자 전이가 가능하다. 두 가지 전자 전이 중 $n-\pi^*$ 전이가 주로 강한 흡수를 보이며, 흡수 과정에 기여한다. 따라서 유기 화합물의 전자 전이는 $\pi-\pi^*$ 전이가 가장 강한 흡수를 보이는 전이이며, $n-\pi^*$ 전이가 추가적으로 흡수를 강화시키는 역할을 한다.

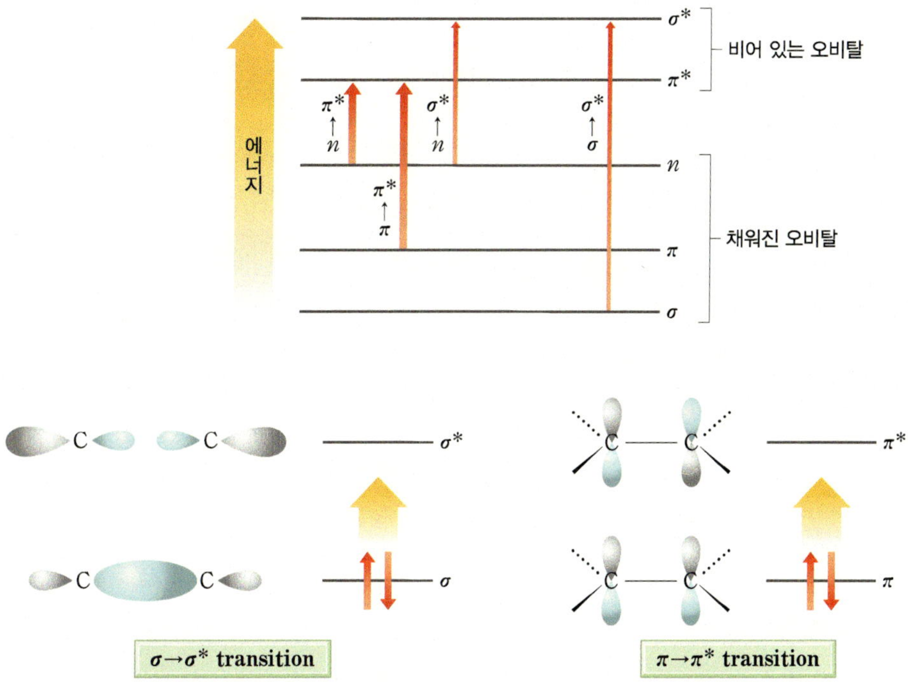

그림 2-30 유기물의 광흡수 과정

2 유기물의 발광 특성 제어

광흡수 과정을 통하여 발광하는 유기 발광 물질은 흡수 파장과 발광 파장 사이의 에너지 차이인 Stokes 이동을 보이며, Stokes 이동은 유기 물질마다 다르다. 그러나, 일반적인 경향은 흡수 파장이 장파장으로 이동하면 발광 파장도 장파장으로 이동하고, 흡수 파장이 단파장으로 이동하면 발광 파장도 단파장으로 이동한다. 따라서, 발광 물질의 발광 파장을 제어하기 위해서는 유기물의 흡수 파장을 제어해야 하며, 흡수 파장을 제어하기 위한 분자 구조 제어 기술이 요구된다. 흡수 파장은 HOMO–LUMO 에너지 준위 차이에 의존하기 때문에 HOMO–LUMO 에너지 준위 차이를 제어하기 위한 분자 구조 제어 기술이 요구되며, 현재 사용하고 있는 방법은 공액 구조를 통해 조절하는 방법과 분자 구조 내에 HOMO와 LUMO를 제어할 수 있는 전자 밀도가 높은 구조 (도너)와 전자 밀도가 낮은 구조 (억셉터) 단위체를 이용하여 조절하는 방법이 있다.

① 공액 구조

HOMO–LUMO 에너지 차이를 조절하기 위하여 가장 많이 사용하는 방법은 이중 결합이 교대로 반복되어 있는 공액 구조를 제어하는 방법이다. 공액 구조의 길이가 길어지면 HOMO–

LUMO 에너지 차이가 감소하여 장파장으로 흡수 파장을 조절할 수 있으며, 공액 구조의 길이가 짧아지면 단파장으로 흡수 파장의 조절이 가능하다.

공액 구조에 의한 흡수 파장의 변화는 그림 2-31에 나타낸 공액 길이의 변화에 의한 HOMO-LUMO 에너지 차이의 변화를 통해서 이해할 수 있다. $CH_2 = CH_2$ 분자의 경우 탄소와 탄소 원자 사이의 하나의 π 결합을 통한 결합 및 반결합 분자 오비탈에 의하여 HOMO와 LUMO가 결정된다. 반면에, 이중 결합 두 개가 교대 반복하여 연결되어 있는 $CH_2 = CH - CH = CH_2$의 경우에는 두 개의 이중 결합에 존재하는 p 오비탈 네 개가 서로 연결되어 있는 구조로 되어 있기 때문에, 각각의 이중 결합에 있는 두 개의 p 오비탈이 아닌 네 개의 p 오비탈에 의하여 결합 및 반결합 오비탈이 결정된다. 각각의 p 오비탈에 존재하는 전자를 파동으로 나타내게 되면, 공액 구조를 통한 분자 오비탈의 형성은 네 개의 파동의 중첩에 의하여 설명할 수 있다. 그림 2-32과 같이 p 오비탈에 존재하는 전자를 위상에 따라서 두 가지 형태로 나타낼 수 있으며, 각 파동 사이에서는 각각 보강 및 상쇄 간섭이 나타날 수 있다. 보강 간섭이 나타날 경우 파동이 증폭되므로 전자가 존재할 확률이 매우 높다는 의미이며, 상쇄 간섭이 나타날 경우 파동이 소멸되므로 전자가 존재할 확률이 매우 낮다는 의미이다. 파동과 파동의 중첩에 의하여 상쇄 간섭이 일어나게 되면 전자가 존재하지 않는 노드가 형성된다. $CH_2 = CH - CH = CH_2$의 경우 노드 형성이 되지 않는 경우, 노드 1개가 형성되는 경우, 노드 2개가 형성되는 경우 및 노드 3개가 형성되는 경우가 있을 수 있으며, 노드의 개수가 많아질수록 전자가 존재할 확률이 낮고, 오비탈의 에너지도 불안정해지기 때문에 얕은 에너지 준위를 갖는다. 따라서, 4개의 p 오비탈 전자를 가지고 있는 $CH_2 = CH - CH = CH_2$에서는 그림과 같이 노드의 개수에 따라 4개의 분자 오비탈이 만들어지게 되며, 4개의 π전자는 안정된 에너지 준위를 갖는 오비탈부터 채우게 된다. 따라서, HOMO는 두 번째로 안정한 오비탈에 의하여 결정되며, LUMO는 세 번째로 안정한 오비탈에 의하여 결정된다.

$CH_2 = CH - CH = CH - CH = CH_2$의 경우에는 세 개의 이중 결합을 통하여 6개의 p 오비탈이 서로 연결되어 있는 공액 구조를 형성하고 있으며, 파동의 중첩을 통한 분자 오비탈은 노드의 개수가 0인 오비탈부터 노드의 개수가 5개인 오비탈까지 형성되며, 6개의 전자는 아래쪽의 3개의 오비탈에 채워진다. 따라서 HOMO는 세 번째로 안정한 분자 오비탈에 의하여 결정되며, LUMO는 네 번째로 안정한 분자 오비탈에 의하여 결정된다.

만일, 공액 구조를 형성하고 있는 50개의 π 결합을 가지고 있는 분자가 있다고 가정하면, 노드가 0개인 오비탈부터 노드가 99개인 오비탈까지 형성되며, HOMO는 노드가 49개 LUMO는 노드가 50개인 오비탈에 의하여 결정된다 (그림 2-33). 이때 HOMO와 LUMO에 해당하는 오비탈을 비교하면 99개의 노드 중 노드 개수가 1개 차이가 나는 오비탈로서 HOMO와 LUMO의 에너지 준위 차이가 작을 것으로 예상할 수 있다. 이와 같이 공액 구조를 형성하고 있는 π 전자의 개수가 증가할수록 HOMO와 LUMO의 에너지 차이가 감소하는 것을 알 수 있다.

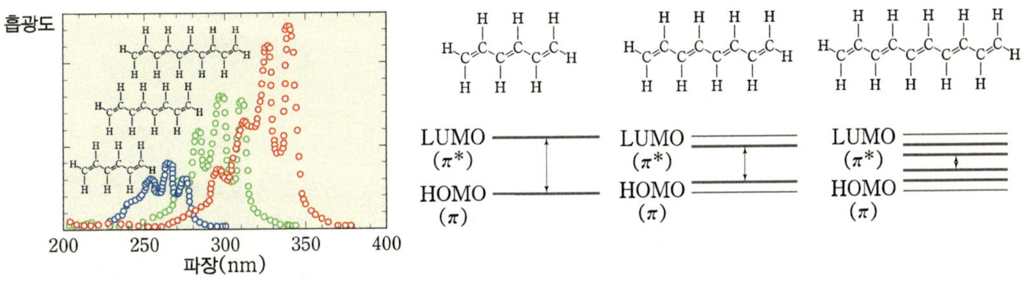

그림 2-31 공액 구조를 갖는 이중 결합의 개수에 따른 흡수 파장의 변화

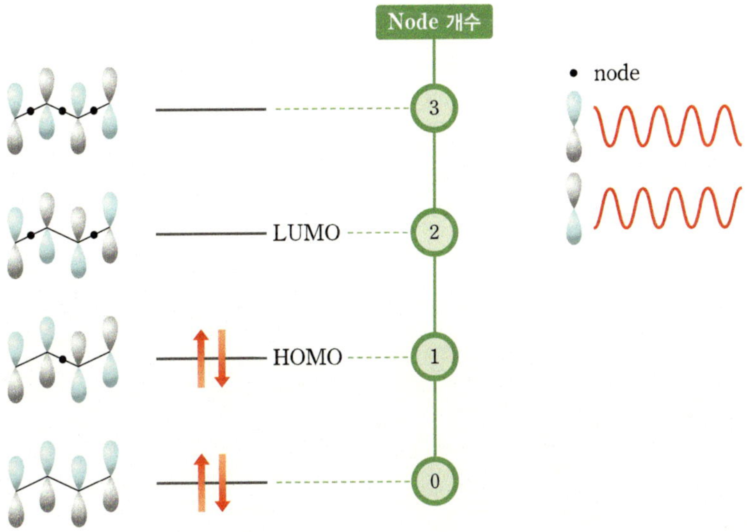

그림 2-32 CH_2=CH–CH=CH_2 분자의 분자 오비탈

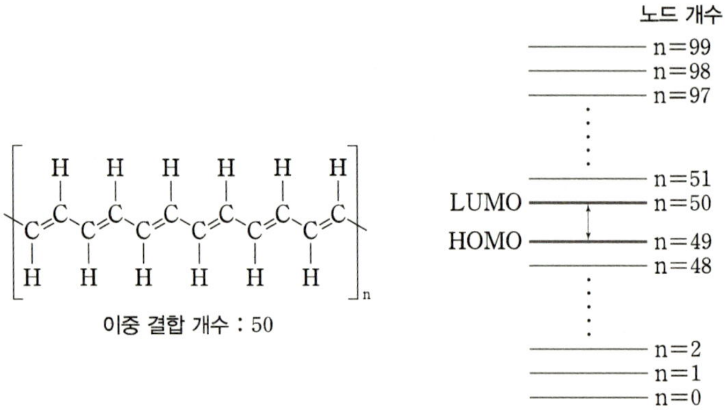

그림 2-33 50개의 공액 구조를 형성하는 분자의 분자 오비탈 형성

공액 구조를 형성하는 대표적인 단위체로서 가장 널리 사용되는 단위체는 벤젠이다. 벤젠은 육각링 구조에 3개의 이중 결합을 포함하고 있는 분자로서 6개의 p 오비탈이 π전자를 공유하고 있는 분자 구조를 가지고 있다. 6개의 전자의 공액 구조에 의하여 분자 오비탈이 형성되며, 벤젠의 분자 오비탈을 그림 2-34에 나타내었다. 벤젠 분자의 경우에는 링 형태의 구조를 가지고 있기 때문에 노드가 0, 2, 4, 6인 분자 오비탈이 각각 형성되고, 6개의 전자가 아래쪽 3개의 오비탈에 채워진다. HOMO와 LUMO는 각각 노드가 2개인 분자 오비탈과 노드가 4개인 분자 오비탈에 의하여 결정된다.

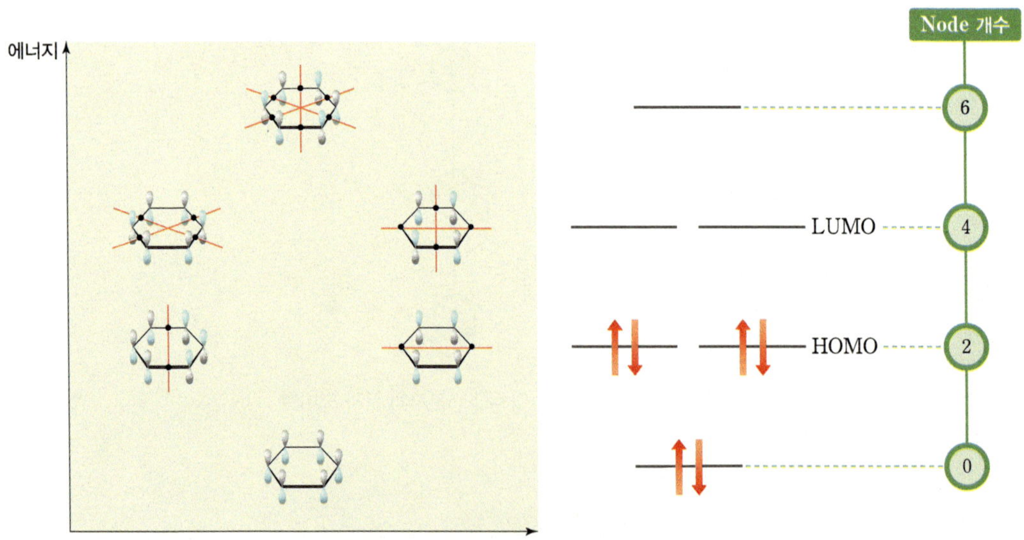

그림 2-34 벤젠 분자의 분자 오비탈 형성

② 도너와 억셉터를 이용한 HOMO-LUMO 에너지 차이 조절

공액 구조를 이용한 HOMO-LUMO 에너지 차이 조절 방법과 함께 흡수 파장 조절을 위하여 사용하는 방법은 도너와 억셉터 단위를 이용하여 에너지 준위를 조절하는 방법이다. 유기물의 HOMO와 LUMO 에너지 준위는 이중 결합 단위에 의하여 주로 결정되기 때문에, 이중 결합의 전자 밀도 조절을 통하여 에너지 준위를 조절할 수 있다. 이중 결합의 전자 밀도를 증가시키면 물의 수위가 높아지는 것처럼 에너지 준위가 진공 준위 쪽으로 이동하게 되고, 이중 결합의 전자 밀도를 감소시키면 물의 수위가 낮아지는 것처럼 에너지 준위가 깊어지게 된다. 따라서 이중 결합 단위에 전자를 주는 도너 단위와 전자를 빼앗는 억셉터 단위를 활용하여 HOMO와 LUMO 에너지 준위를 조절할 수 있다.

도너 단위체는 전자가 풍부한 단위체로서 높은 전자 밀도로 인하여 전자를 주는 특성을 가지고 있으며, 억셉터 단위체는 전자가 부족한 단위체로서 낮은 전자 밀도로 인하여 전자를 받는 특성을 가지고 있다. 도너 단위체의 경우 전자를 주는 특성에 의하여 이중 결합으로 이루어지는 분자 구조에 전자 밀도를 높이는 역할을 하며, 전자 밀도가 증가하게 되면, HOMO 및 LUMO 에너지 준위가 얕은 에너지 준위 쪽으로 이동한다. 전자를 당기는 특성을 가지고 있는 억셉터 단위체의 경우에는 이중 결합 구조의 전자 밀도를 낮추는 역할을 하며, 전자 밀도가 낮아지게 되면 HOMO 및 LUMO 에너지 준위가 깊은 쪽으로 이동한다. 만일, 전자를 주는 도너 단위체와 전자를 당기는 억셉터 단위체를 동시에 도입하게 되면, 도너 단위체가 도입된 분자 부분의 전자 밀도가 높아지기 때문에 전자를 주기 쉽고 정공 생성이 쉬워진다. HOMO 에너지 준위는 정공 생성과 관련되어 있기 때문에 도너 단위체가 도입된 분자 부분에 의한 전자 밀도 증가로 인하여 HOMO 에너지 준위는 얕아진다. 억셉터 단위체가 도입된 분자 부분은 억셉터 단위체에 의하여 전자 밀도가 감소하게 되며, 전자 밀도가 감소하면 전자를 받기가 쉬워진다. 전자를 받는 분자 오비탈은 LUMO이므로 분자의 LUMO는 억셉터 단위가 도입된 분자 부분에 의하여 결정된다. 억셉터 단위에 의하여 전자 밀도가 감소하므로 LUMO는 깊어진다. 따라서, 도너와 억셉터 단위체가 동시에 분자에 도입될 경우에는 HOMO는 얕아지고 LUMO는 깊어지기 때문에, HOMO-LUMO 에너지 차이가 감소하게 된다. 도너의 세기가 세면 셀수록 HOMO 이동이 커지며, 억셉터 세기가 커지면 커질수록 LUMO 이동도 커지므로 HOMO-LUMO 에너지 차이는 도너와 억셉터의 세기에 의하여 결정된다. 흡수 파장을 장파장으로 이동시키기 위해서는 강한 도너와 강한 억셉터를 도입해야 하며, 약한 도너 및 억셉터 사용시에는 흡수 파장이 단파장으로 이동한다.

그림 2-35에 볼 수 있듯이 바이페닐 코어 구조를 갖는 분자가 있을 경우, 대표적인 도너 단위체인 NH_2를 도입할 경우에는 전자 밀도 증가에 의하여 바이페닐 구조에 비하여 HOMO와 LUMO가 얕아지며 정공 특성이 개선된다. 대표적으로 전자를 강하게 당기는 단위인 F를 도입할 경우에는 전자 밀도 감소에 의하여 바이페닐 구조에 비하여 HOMO와 LUMO가 깊어지고 전자 특성이 개선된다. NH_2 도너 단위와 F 억셉터 단위를 동시에 도입할 경우에는 도너 단위가 치환된 벤젠의 전자 밀도는 증가하고, 억셉터 단위가 치환된 벤젠의 전자 밀도는 감소한다. 따라서 정공의 생성은 도너가 치환된 벤젠에 의하여 주로 지배되며, 전자의 생성은 억셉터가 치환된 벤젠에 의하여 주로 지배된다. 즉, HOMO는 도너가 치환된 벤젠에 의하여, LUMO는 억셉터가 치환된 벤젠에 의하여 결정되며, 정공과 전자에 대한 특성이 모두 개선된다. 도너 및 억셉터 치환에 의하여 코어 구조인 바이페닐에 비하여 HOMO는 얕아지고, LUMO는 깊어지는 특성을 보이게 되므로, HOMO-LUMO 에너지 차이는 감소한다. 도너 단위 개수를 2개로 증가시키고 억셉터 단위 개수도 2개로 증가시키면 HOMO와 LUMO 에너지 준위가 추가적으로 이동하게 되어, HOMO-LUMO 에너지 차이는 더 감소하게 된다. 도너 단위 2개와 억셉터 단위 1개를 도입할 경우에는 도너와 억셉터 단위를 각각 1개씩 포함하는 구조에 비하여 HOMO만 추가적으로 얕아지게 된다. 이와 같이, 도너의 개수 및 억셉터 개수를 이용하여 HOMO와 LUMO를 각각 독립적으로 제어할 수 있으며, 이를 통하여 HOMO-LUMO 에너지 차이를 조절할 수 있다. 추가적으로 도너의 세기와 억셉터 세기를 이용해서도 HOMO와 LUMO를 제어할 수 있다.

위에서 설명한 공액 구조를 이용하는 방법과 도너/억셉터 단위체를 이용하는 방법은 각각 독립적으로 활용할 수도 있고, 두 방법을 조합하여 HOMO-LUMO 에너지 차이를 조절하기도 한다.

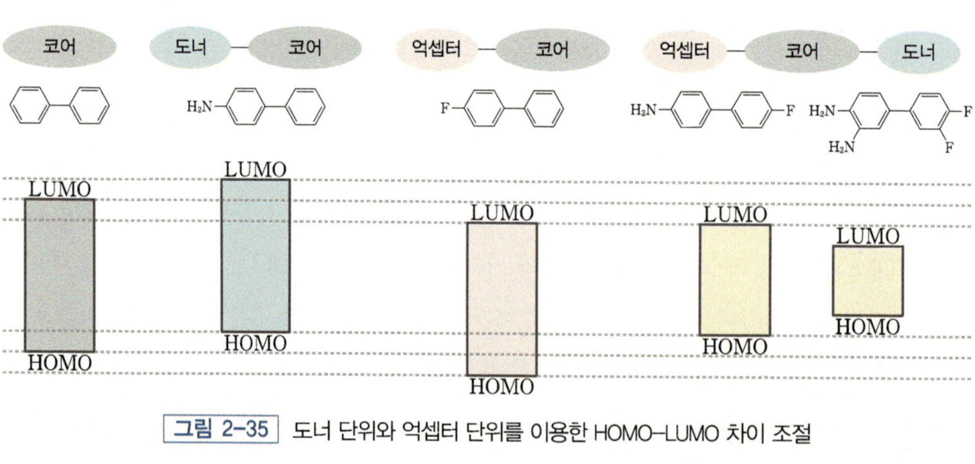

그림 2-35 도너 단위와 억셉터 단위를 이용한 HOMO-LUMO 차이 조절

3 발광과 계간 전이

유기물에서 빛의 흡수에 의하여 전자가 여기되어 일어날 수 있는 현상들은 형광, 계간 전이, 인광 및 비발광 과정을 통한 엑시톤 손실 과정이다. 이 과정들은 그림 2-36과 같이 표시할 수 있다. 일중항 여기 상태의 전자는 발광 과정을 통하여 형광 발광을 할 수 있으며 (k_r^S), 내부 손실을 통한 비발광 과정 (k_{IC}^S)으로 소멸될 수 있다. 또한 일중항 상태에서 바닥 상태로 전이하는 대신 계간 전이 과정을 통하여 삼중항 여기 상태로 전자가 이동할 수 있다 (k_{ISC}). 삼중항 여기 상태로 이동한 전자는 발광 과정을 통하여 발광하거나 (k_r^T), 비발광 과정을 거쳐서 소멸한다 (k_{nr}^T). 일반적인 유기물은 삼중항 상태에서 발광 전이가 금지된 전이이기 때문에 모든 계간 전이 과정은 비발광 과정으로 엑시톤 손실 과정에 해당한다. 따라서, 일중항 엑시톤의 비발광 과정 손실은 내부 손실을 통한 손실과 계간 전이를 통한 손실로 표시할 수 있다 (식 2-10). 일중항 여기 상태의 전자는 발광 과정과 비발광 과정을 통하여 소멸되므로 시간에 따른 일중항 엑시톤 농도의 변화는 식 2-11과 같이 표시할 수 있다. 일중항 엑시톤이 여기 상태에서 머무르는 시간을 τ_S라고 한다면 식 2-11의 적분을 통하여 시간에 따른 일중항 엑시톤의 농도는 식 2-12와 같이 표시할 수 있다. 엑시톤이 여기 상태에 머무르는 시간은 엑시톤이 발광 및 비발광 과정으로 소멸되는 속도에 반비례하게 되므로 τ_S와 τ_T는 식 2-13과 같이 나타낼 수 있다.

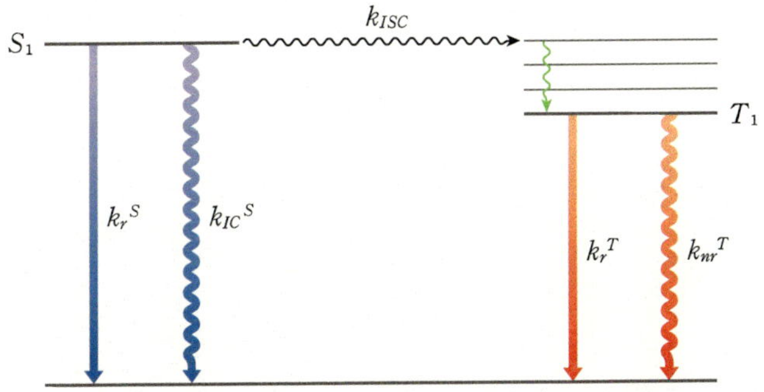

그림 2-36 여기된 전자의 발광 및 비발광 전이

$$k_{nr}^S = k_{IC}^S + k_{ISC} \qquad \text{(식 2-9)}$$

$$\frac{d[^1A^*]}{dt} = \left(k_r^S + k_{nr}^S\right)[^1A^*]$$
$$[^1A^*] = [^1A^*]_0 \exp\left(-\frac{\mathrm{t}}{\tau_S}\right) \qquad (\text{식 } 2\text{-}10, 2\text{-}11, 2\text{-}12, 2\text{-}13)$$
$$\tau_S = \frac{1}{k_r^S + k_{nr}^S} \quad \tau_{\mathrm{T}} = \frac{1}{k_r^T + k_{nr}^T}$$

위의 속도상수를 이용하면 형광 효율 (Φ_F), 계간 전이 효율 (Φ_{ISC}) 및 인광 효율 (Φ_P)을 계산할 수 있다. 형광 효율은 여기 상태 전자의 발광과정과 비발광 과정 전체의 합에서 발광 과정으로 전이되는 비율로 나타낼 수 있으며 (식 2-14), 간단하게 발광 전이 속도와 일중항 여기 상태 시간의 곱으로 나타낼 수 있다. 유사하게 계간 전이 효율은 전체 발광과 비발광 과정 속도 중 계간 전이의 비율로 표시할 수 있으며, (식 2-15) 간단하게 계간 전이 속도와 일중항 여기 상태 시간의 곱으로 나타낼 수 있다. 인광 효율의 경우에는 삼중항 여기 상태의 삼중항 엑시톤의 발광과 비발광 과정을 이용하여 식 2-16과 같이 나타낸다. 삼중항 엑시톤은 계간 전이를 통해서만 형성되기 때문에 계간 전이 효율과 전체 삼중항 엑시톤의 발광 및 비발광 과정에 대한 발광 과정의 비율의 곱으로 인광 효율을 계산할 수 있다.

$$\Phi_F = \frac{k_r^S}{k_r^S + k_{nr}^S} = k_r^S \tau_S \qquad (\text{식 } 2\text{-}14)$$

$$\Phi_{ISC} = \frac{k_{ISC}}{k_r^S + k_{nr}^S} = k_{ISC}\tau_S \qquad (\text{식 } 2\text{-}15)$$

$$\Phi_P = \frac{k_r^T}{k_r^T + k_{nr}^T} = \Phi_{ISC} \qquad (\text{식 } 2\text{-}16)$$

각 과정의 효율은 속도 상수에 의존하며, 발광 속도 상수가 클 경우 높은 형광 양자 효율 및 인광 양자 효율을 구현할 수 있다.

발광 효율은 광흡수 단위체의 의존하는 특성을 보이며, OLED에서 활용하는 대표적인 광흡수 단위체들의 형광 양자 효율을 표에 나타내었다 (표 2-5). 대표적으로 형광 양자 효율이 큰 단위체로서는 페릴렌 (perylene) 및 파이렌 (pyrene) 등이 있으며, 청색 발광층의 물질로 주로 사용되는 안트라센의 경우에는 약 0.30의 양자 효율을 갖는다. 발광 효율이 높은 단위체들은 단위체 자체로 발광 단위로 사용할 수 있으며, 발광 효율이 낮은 단위체들은 조색단이나 다른 발광 단위와 결합을 통하여 양자 효율을 높일 수 있다. 조색단으로서 흡수를 증대시켜 발광 효율을 높이는 대표적인 단위로서는 비공유 전자쌍을 포함하고 있어 전자를 공여하는 특성을 갖는 산소와 질소 유도 단위체가 있다. 산소 유도체 단위로서는 -OR의 일반식으로 표시되는 알콕시 또는 아릴옥시 단위체로서 대표되는 에테르 (ether)가 대표적이다. 질소 유도체 단위로는 $-NR_2$로 대표되는 sp^3 질소를 포함하는 아민 단위체이다.

표 2-5 대표적인 발색단의 형광 효율, 일중항 여기 상태 시간 및 계간 전이 효율[7]

화합물		용매(온도)	Φ_F	τ_s (ns)	Φ_{ISC}
Benzene		Ethanol (293 K)	0.04	31	
Naphthalene	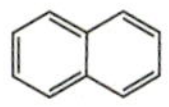	Ethanol (293 K) Cyclohexane (293 K)	0.21 0.19	2.7 96	0.79
Anthracene	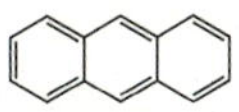	Ethanol (293 K) Cyclohexane (293 K)	0.27 0.30	5.1 5.24	0.72
Perylene	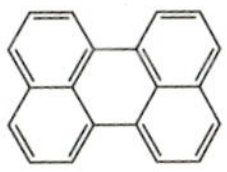	n-Hexane Cyclohexane (293 K)	0.98 0.78	 6	0.02
Pyrene	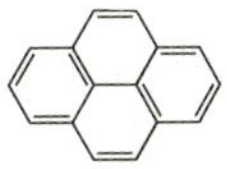	Ethanol (293 K) Cyclohexane (293 K)	0.65 0.65	410 450	0.35

발광 효율에서 중요하게 영향을 미치는 인자는 발광 속도 상수이지만 형광 발광체의 경우에는 계간 전이가 발광 효율에 크게 영향을 미친다. 형광 발광 재료에서 계간 전이가 일어날 경우에는 계간 전이를 통하여 삼중항 여기 상태로 이동한 전자들이 비발광 전이를 통하여 일반적으로 손실되기 때문에 발광 효율이 감소한다. 따라서, 형광 발광의 경우에는 계간 전이를 억제해야 하며, 계간 전이 경로를 차단하는 것이 중요하다. 반면 인광 발광의 경우에는 계간 전이를 통하여 일중항 여기 상태의 전자를 삼중항 여기 상태로 이동시켜야 하며, 계간 전이 효율이 높아야 한다.

계간 전이를 조절하기 위한 방법은 분자 구조적으로 제어하는 방법과 외부적으로 계간 전이를 촉진하는 물질을 통하여 계간 전이를 효율화하는 방법이 있다. 분자 구조적으로 계간 전이 효율을 높이기 위한 방법으로 가장 많이 사용하는 방법은 중원자 효과를 이용하는 방법이다. 중금속 이외에 원자 번호가 큰 비금속 원소를 이용하여 중원자 효과를 유도할 수 있으며, 가장 널리 알려

7) B. Baleur, Molecular Fluorescence Principles and Applications, Wiley-VCH Verlag GmbH (2001)

져 있는 방법은 할로겐 원소인 Br 및 I 등을 도입하는 방법이다. Br은 35의 원자 번호를 가지고 있으며, I는 53의 원자 번호를 가지고 있기 때문에, 77의 원자 번호를 갖는 Ir 등의 중금속에 비해서는 작은 중원자 효과를 보이지만 형광을 소광시키고 계간 전이를 효율적으로 유도할 수 있으며, 인광 발광도 가능하다. 중원자의 도입에 의하여 계간전이 속도 상수도 증가하고, 인광 효율이 증가하며, 인광 발광의 엑시톤 수명도 감소한다. Br 및 I가 가장 널리 알려져 있으며, S 및 Se 등도 중원자 효과를 통하여 계간 전이를 촉진하는 것으로 알려져 있다.

계간 전이와 관련해서 널리 알려져 있는 규칙은 El-Sayed 규칙[8]이다. El-Sayed 규칙에서는 계간 전이 속도가 빨라지기 위해서는 일중항 여기 상태와 삼중항 여기 상태의 오비탈의 근원이 달라야 한다. 계간 전이 과정은 스핀 다중도 (spin multiplicity)가 다른 일중항 스핀 상태와 삼중항 스핀 상태의 전이이며, 이 두 상태는 스핀 각운동량이 다른 상태이기 때문에 기본적으로 계간 전이는 금지된 전이로서 확률적으로 일어나기 힘든 전이이다. 그러나, 일중항 여기 상태와 삼중항 여기 상태가 서로 다른 분자 오비탈 형태를 가지고 있을 경우에는 스핀 각운동량의 변화를 상쇄하여 일중항으로부터 삼중항으로의 계간 전이가 빠르게 일어날 수 있다. 일반적인 유기물에서는 일중항 여기 상태가 $^1\pi\pi^*$이고 삼중항 여기 상태가 $^3\pi\pi^*$의 특성을 가질 경우에는 El-Sayed 규칙에 의하여 계간 전이가 제한된다. 반면 일중항 상태가 $^1\pi\pi^*$이고 삼중항 상태가 $^3n\pi^*$일 경우 또는 일중항 상태가 $^1n\pi^*$이고 삼중항 상태가 $^3\pi\pi^*$일 경우에는 계간 전이가 효율적으로 일어날 수 있다. 따라서, 위와 같은 경우에는 형광 소광이 강하게 나타나며, 계간 전이가 효율적이다.

$^1n\pi^*$를 통하여 계간 전이를 효율적으로 유도하는 단위체로서는 케톤 (C=O) 계열이 있다. 케톤 계열의 화합물들은 케톤 단위에 존재하는 sp^2 산소의 비공유 전자쌍에 의해서 일중항 여기 상태 중의 가장 낮은 에너지 상태가 $^1n\pi^*$상태이며, 삼중항 여기 상태는 가장 낮은 에너지 상태는 $^3n\pi^*$ 상태이지만, 일중항 여기 상태 에너지와 유사한 에너지를 갖는 $^3\pi\pi^*$ 상태를 가지고 있다. 따라서, 서로 다른 분자 오비탈을 통한 계간 전이가 효율적으로 일어날 수 있으며, 형광의 소광 현상 또한 강하게 나타난다.

8) M. A. El-Sayed, J. Chem. Phys.. 38, 2834 (1963)

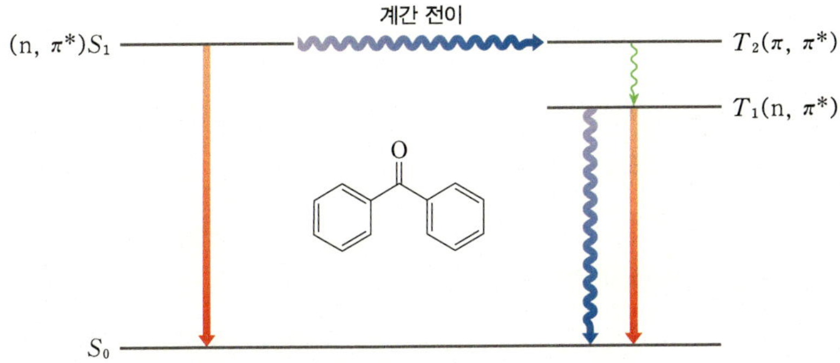

그림 2-37 벤조페논 분자의 계간 전이 특성[9)]

헤테로링 기반의 화합물들은 sp^2 질소를 포함하고 있으며, 케톤 계열의 화합물과 유사하게 비공유 전자쌍에 의해서 $^1n\pi^*$ 상태를 가지고 있으므로 효율적인 계간 전이가 일어나기 때문에 형광이 소광되는 현상이 관찰된다. 대표적인 화합물로서는 피리딘, 퀴놀린, 아크리딘 등의 화합물이 있다. 이 화합물들은 비공유 전자쌍을 p 오비탈과 수직 방향으로 가지고 있다. 그러나, 헤테로링 화합물들 중에 sp^2 질소를 포함하고 있지만, 비공유 전자쌍을 p 오비탈에 포함하는 화합물도 있으며, 대표적으로 오각링을 형성하는 인돌 계열, 카바졸 계열, 다이벤조퓨란 계열, 다이벤조싸이오펜 계열 화합물이 있다. 카바졸의 경우 널리 알려져 있는 단위체이며, 카바졸은 질소를 중심으로 세 개의 공유 결합을 가지고 있으며, 비공유 전자쌍은 질소의 p 오비탈에 공유 결합과 수직으로 배치되어 있다. 따라서, 비공유 전자쌍은 카바졸 단위체의 방향족 단위의 p 오비탈과 공액 구조를 형성하고 있으며, 공액 구조를 통하여 발광 효율을 상승시키는 역할을 한다. sp^2 질소, 산소 및 황에 의한 오비탈 형성을 그림 2-38에 나타내었다.

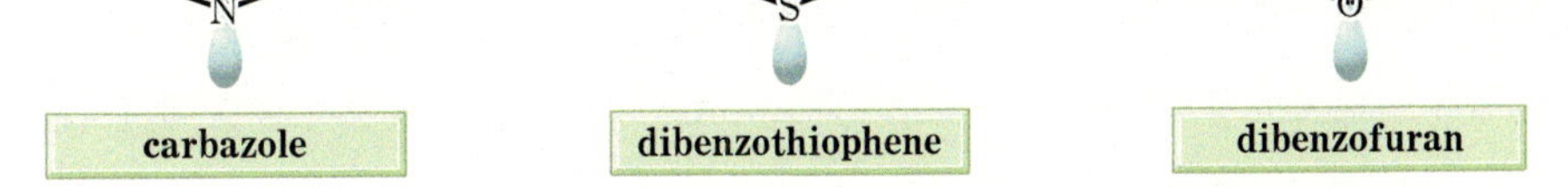

그림 2-38 카바졸, 다이벤조싸이오펜, 다이벤조퓨란의 오비탈 형성

9) R. M. Hochstrasser et al. Chem. Phys. Lett. 24, 162 (1974)

4 분자내 charge transfer (CT)

유기 분자들은 분자 구조 내에 도너와 억셉터 단위를 포함하고 있을 경우, 전자가 빛에 의하여 여기되면, 전자는 전자가 부족한 억셉터 단위쪽으로 여기되어 이동하고, 정공은 전자가 풍부한 도너 단위에 존재하는 상태가 만들어진다. 즉 전자 여기에 의하여 정공과 전자가 각각 도너와 억셉터 단위체로 분리되어 존재하는 상태가 만들어지고, 이 상태에서 발광하게 된다. 이러한 현상을 분자간 전하 이동 (intermolecular charge transfer)과 비교하여 분자내 전하 이동 (intramolecular charge transfer, ICT)이라고 한다. 분자내 전하 이동이 일어나게 되면 흡수가 일어날 때 분자 내에 존재하는 도너 단위에 의한 흡수, 억셉터 단위에 의한 흡수 및 도너-억셉터 연결 골격 구조에 의한 흡수가 주로 관찰되며 강한 분자내 전하 이동이 존재할 경우에는 도너로부터 엑셉터로 여기되며 발생하는 흡수도 관찰되나, 약하게 흡수가 관찰된다. 따라서, 주된 흡수는 분자 구조내의 단위체를 중심으로 일어나게 되며, 각 단위체에 의한 여기 상태를 local excited state (LE)라고 한다. 흡수 과정에 의하여 분자의 LE 상태로 여기된 전자는 분자의 억셉터 단위체로 이동하게 되며, 최종적인 발광은 억셉터 단위체로부터 도너 단위체로 전자가 이동하면서 발광이 일어나게 된다. 흡수에 의하여 전하 이동이 일어나게 되면, 도너 단위체에는 정공이 존재하고, 억셉터 단위체에는 전자가 존재하게 되며, 전하가 분리되어 있는 분자 구조에서 안정화된 입체 구조를 갖기 위하여 분자가 뒤틀리게 되며, 도너 단위와 억셉터 단위가 뒤틀린 구조로 안정화된다. 광흡수가 일어나기 전에는 도너와 억셉터 단위가 서로 전자가 이동할 수 있는 정도로 작은 각도를 이루고 있으나, 광흡수가 일어난 이후에는 각 단위체의 전하를 안정화하기 위하여 도너와 억셉터가 서로 뒤틀려 있는 형태로 입체 구조가 변화한다. 이러한 상태를 뒤틀린 분자 내 전하 이동 상태로 ICT상태라고 한다. 발광이 일어날 때는 ICT 여기 상태로부터 발광하게 되며, 뒤틀린 구조의 바닥 상태의 에너지는 여기되기 전 안정화된 낮은 에너지를 가지고 있는 상태에 비하여 뒤틀린 구조이기 때문에 바닥 상태의 에너지가 높다. Frank-Condon 원리에 의하여 발광은 입체 구조가 변하지 않는 상태에서 발광하기 때문에 결과적으로 ICT 상태로부터 발광시 발광 에너지는 감소하게 된다. ICT 상태로부터 발광할 경우 앞서 설명한 바와 같이 분자 구조가 바닥 상태의 입체 구조에 비하여 뒤틀리게 되는데 이 때 뒤틀리는 정도가 다른 여러 입체 구조가 확률적으로 존재할 수 있기 때문에 여러 입체 구조에 의하여 CT 발광 에너지가 다른 여러 에너지의 발광이 나타나게 되며 이에 의하여 발광 스펙트럼이 넓어지는 현상이 관찰된다. 향후 설명하는 지연 형광 발광 물질들이 ICT 상태에서 발광하게 되며, 지연 형광 발광 물질들은 일반적으로 넓은 발광 스펙트럼을 보인다. 그림 2-39에 LE 및 CT 상태로부터의 발광 과정을 나타내었다.

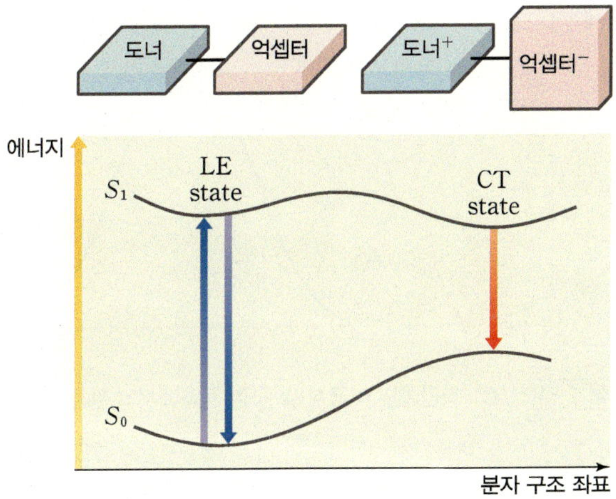

그림 2-39 도너-억셉터 화합물의 LE 및 CT 상태로부터의 발광

CT 화합물에서 나타나는 또 다른 특징 중의 하나는 비극성 용매와 극성 용매상에서 스펙트럼의 이동이다. CT 화합물의 여기 상태는 도너와 억셉터 단위에 각각 양전하의 정공과 음전하의 전자가 분리되어 있는 상태이며, 비극성 환경에서는 전하가 분리된 상태가 안정화되기 어렵다. 따라서 비극성 용매 또는 비극성 매트릭스에서는 LE 여기 상태가 안정화되어 LE 여기 상태로부터의 발광이 관찰된다. 반면 극성 용매 또는 극성 매트릭스에서는 전하가 분리되어 있는 CT 여기 상태가 안정화될 수 있으며, CT 발광에 의하여 발광 파장이 장파장으로 이동하게 된다 (그림 2-40). 극성 용매상에서의 파장 이동을 solvatochromic 효과라고 한다. 일반적으로 액체 상태인 용액 상에서는 분자의 운동이 자유롭기 때문에 극성 용매에 의하여 쉽게 안정화될 수 있으며, 이에 의하여 파장이 장파장으로 크게 이동한다. 그러나, 고체 매트릭스 상태에서는 극성 환경에 존재하더라도, 분자의 움직임이 자유롭지 못하기 때문에 파장 이동이 액체 상태에 비해서는 제한된다. CT 여기 상태는 분자 구조 내 도너와 억셉터 단위의 뒤틀림을 통하여 전하를 안정화시키기 때문에 도너와 억셉터간의 단위체가 회전할 수 없는 화학 구조에서는 CT 특성이 구현되지 않는다. 또한, CT 화합물의 발광 스펙트럼은 극성 용매상에서는 넓어지는 경향을 보이게 되며, 그 이유는 CT 상태에서 도너와 억셉터 단위가 뒤틀어지는 각도가 다른 여러 상태의 분자 구조가 같이 존재하기 때문이다.

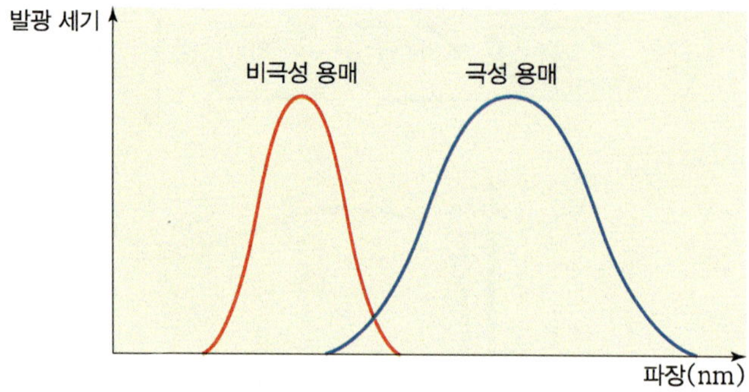

그림 2-40 CT 화합물의 비극성 및 극성 용매에서의 발광 스펙트럼

5 전자 이동 (electron transfer)

두 유기물이 존재할 때 하나의 물질에서 엑시톤이 형성될 경우 인접한 분자의 에너지 준위에 따라 다양한 현상들이 생길 수 있으며, 그 중 하나가 전자 이동이다. 전자 이동의 과정을 그림 2-41에 표시하였다. 전자 이동은 인접한 두 분자 중 엑시톤을 생성한 분자에서 바닥 상태의 분자로 일어날 수 있으며, 반대로 바닥 상태의 분자로부터 엑시톤을 생성한 분자로 전자 이동도 일어날 수 있다.

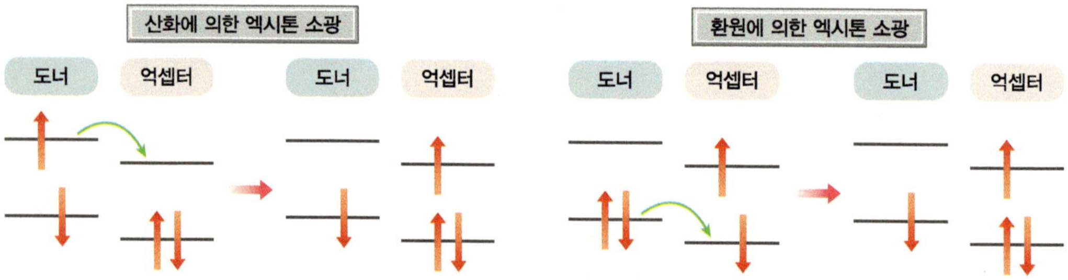

그림 2-41 산화 및 환원 과정에 의한 엑시톤 소광

여기된 분자로부터 바닥 상태 분자로의 전자 이동은 여기된 분자의 LUMO 준위가 바닥 상태 분자에 비하여 얕을 경우 발생하며, 이때 엑시톤을 형성한 분자의 LUMO에 존재하는 전자가 바닥 상태 분자의 비어 있는 LUMO로 이동하면서 전자 이동이 일어나게 된다. 이와 같은 전자 이동이 발생하게 되면, 엑시톤을 형성하고 있던 분자의 엑시톤이 소멸하게 되어 발광이 소광되는 현상이 관찰된다. 따라서, 발광 물질에서는 전자 이동 현상을 억제해야 한다. 일반적으로 전자 밀도가 매우 낮은 물질이 존재할 경우 엑시톤 형성 물질로부터 전자 이동이 쉽게 일어나게 된다.

바닥 상태 분자로부터 여기된 분자로의 전자 이동은 바닥 상태 분자의 HOMO가 엑시톤 형성 분자의 HOMO에 비하여 얕을 경우 발생하게 된다. 전자의 입장에서 보면 전자는 깊은 HOMO를 가지고 있는 엑시톤 형성 분자로 이동하는 것이 더 안정한 상태이기 때문에 바닥 상태 분자로부터 엑시톤 형성 분자로의 전자 이동이 나타나게 된다. 전자 이동에 의하여 엑시톤 형성 분자의 엑시톤이 소멸되게 되어 발광의 소광 현상이 일어나게 된다. 일반적으로 전자 주개 특성이 강한 분자가 존재할 경우 이와 같은 과정에 의하여 전자 이동이 일어나게 되고 엑시톤 소광이 관찰된다. 위에서 설명한 전자 이동 과정은 모두 엑시톤 소광 과정이기 때문에 발광 물질에서는 피해야 하는 과정이다.

6 엑사이머 (excimer) 및 엑시플렉스 (exciplex)

일반적으로 유기물의 발광을 유기물이 매트릭스상에 낮은 농도로 분산되어 있는 상태에서 측정을 하며, 물질 자체에 의한 발광 특성을 관찰할 수 있다. 그러나, 유기물의 농도를 높이거나, 매트릭스 없이 물질 자체로 필름을 만든 상태에서 발광 특성을 분석하게 되면 물질 자체의 고유 발광 특성과 함께 물질이 응집되어 있는 상태에서의 발광이 관찰되는 경우가 있다. 특히, 분자의 입체 구조가 평면상으로 되어 있는 물질의 경우 분자가 쌓이면서 분자 하나의 발광 특성과 함께 두 개 분자가 응집되어 있는 상태에서의 발광이 함께 관찰된다. 이 때 서로 응집되어 있어 발광하는 분자를 엑사이머라고 하며, 엑사이머 발광은 분자 자체의 발광에 비하여 장파장에서 관찰된다. 엑사이머의 형성은 다이머 (dimer) 형태의 분자 구조가 여기 상태에서 낮은 에너지를 가지면서 안정한 상태를 형성하기 때문에 가능하며, 바닥 상태에서는 하나의 분자로 존재하다가 여기되면 다이머 형태를 형성하며 발광하기 때문에 여기 상태에서의 다이머라는 의미로 엑사이머라고 한다. 엑사이머 형성시 에너지 상태도를 그림 2-42에 나타내었다. 엑사이머가 형성되게 되면 바닥 상태에서는 두 분자 사이의 거리가 가깝기 때문에 분자간 반발력에 의하여 에너지가 높은 상태이며, 여기 상태에서는 두 분자가 응집에 의한 안정화에 의하여 에너지가 낮은 상태이다. 따라서, 엑사이머의 발광 에너지는 분자의 발광 에너지에 비하여 상대적으로 작다. 엑사이머 형성시 일반적으로는 장파장에서 발광하며, 발광 효율은 낮은 특성을 보이나, Pt 계열의 인광 화합물에서는 엑사이머 형성시에 높은 발광 효율이 보고되고 있기 때문에 엑사이머 형성이 발광에 나쁜 영향을 주는 것만은 아니나[10], 디스플레이에서는 색순도가 저하되는 문제가 있기 때문에 바람직하지 못하다. 그러나, 백색 소자의 경우에는 분자 자체가 단파장에서 발광하고, 엑사이머는 장파장에서 발광

10) T. Fleetham et al. Adv. Mater. 25, 2573 (2013)

하게 될 경우에는 하나의 분자를 이용하여 백색을 구현할 수 있기 때문에 백색 소자에서 효율적으로 사용할 수 있다. 엑사이머 형성이 잘 되는 물질군으로서는 파이렌 계열처럼 평면 구조로 되어 있는 화합물 등이 있다.

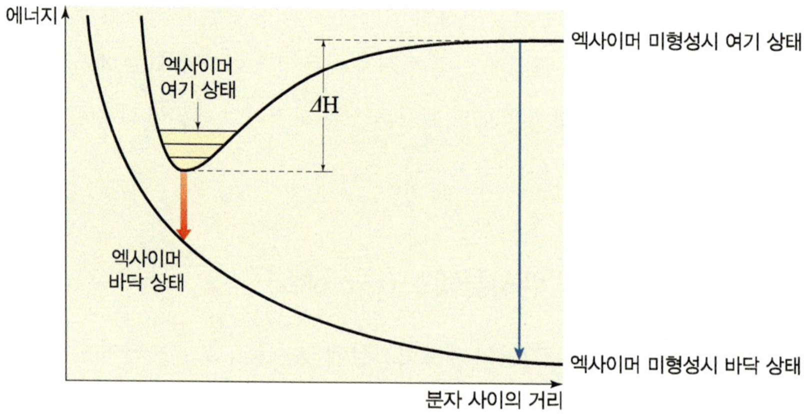

그림 2-42 엑사이머 형성시 발광 과정

엑사이머는 여기 상태에서 같은 분자 사이에서 상호 작용을 통하여 형성되는 다이머 분자이며, 서로 다른 분자 사이에서 응집되어 형성되는 분자는 엑시플렉스라고 한다. 엑시플렉스는 두 분자 사이에서 여기 상태에서 전하 이동 착물 (charge transfer complex)을 형성하는 분자쌍을 의미하며, 여기 상태에서 착물이라는 의미로 엑시플렉스라고 한다. 두 분자 사이에서 전하 이동이 일어나기 위해서는 하나의 분자는 전자를 잘 주는 특성을 가져야 하며, 다른 분자를 전자를 잘 받는 특성을 가져야 한다. 따라서, 엑시플렉스는 도너 특성을 갖는 분자와 억셉터 특성을 갖는 분자 사이에서 생성된다. 엑시플렉스가 형성되는 이유는 여기 상태에서 엑시톤이 생성될 때 엑시톤의 생성이 두 분자 사이에서 생성되는 것이 더 낮은 에너지 상태를 구현할 수 있기 때문에 가능하다. 엑시플렉스 형성을 위해서는 전자를 강하게 안정화시켜야 하기 때문에 두 분자 사이의 HOMO와 LUMO 에너지 준위 차이가 커야 한다. 예를 들어, 도너 분자에서 전자가 여기될 경우, 도너 분자의 전자가 위치하는 LUMO 에너지 준위에 비하여 억셉터 분자의 전자가 위치하는 LUMO 에너지 준위가 크게 안정화될 경우 도너 분자의 전자가 억셉터 분자로 쉽게 이동하여 착물을 형성한다. 도너 분자와 억셉터 분자 사이에서 엑시플렉스가 형성될 때 에너지 상태를 그림 2-43에 나타내었다.

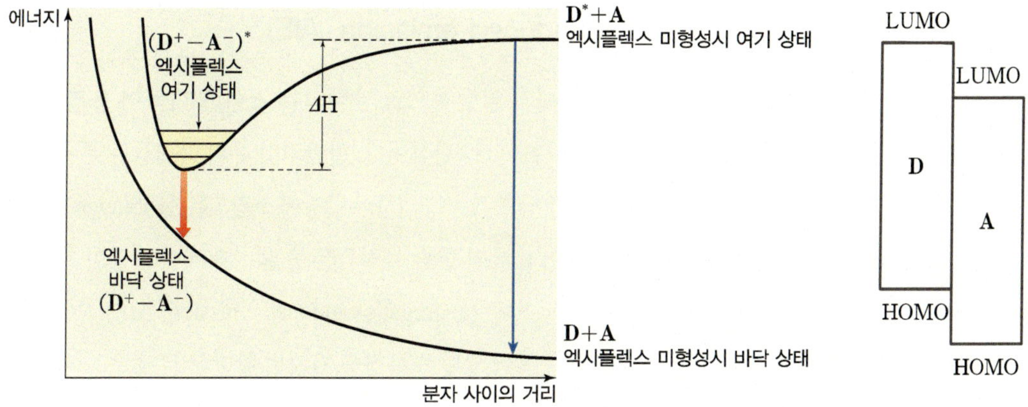

그림 2-43 엑시플렉스 형성시 발광 과정

빛의 조사에 의하여 PL 과정으로 발광시 도너 또는 억셉터 분자에서 전자가 여기되는 현상이 일어난다. 도너 분자에서 여기되어 엑시톤이 형성된다고 하면, 여기된 전자는 도너 분자의 일중항 여기 상태에 존재하게 된다. 이 때 도너 분자가 있고, 억셉터 분자의 LUMO 에너지 준위가 도너 분자의 LUMO에 비하여 낮은 에너지 상태를 가지고 있으면, 전자는 도너 분자로부터 억셉터 분자로 이동하게 된다. 억셉터 분자로 이동한 전자는 발광 과정을 통하여 발광을 해야 하는데 정공은 도너 분자에 위치하고 있으므로 엑시톤은 두 분자 사이에서 형성된다. 두 분자 사이에서 형성된 엑시톤은 억셉터 분자의 전자가 도너 분자의 정공과 만나 발광한다. 억셉터 분자가 여기될 경우에는 도너 분자의 HOMO에 있던 전자가 억셉터 분자의 HOMO로 이동하면서 도너 분자의 정공과 억셉터 분자의 전자가 엑시톤을 형성하면서 발광한다. 엑시플렉스 형성시 두 분자 사이에서 전자 이동이 일어나게 되므로, 전자 이동을 위한 요건이 만족되어야 하며, 가장 중요한 조건은 두 분자 사이의 HOMO와 LUMO 에너지 준위 차이이다. 두 분자 사이에서 HOMO 간의 차이와 LUMO 간의 차이가 크면 클수록 엑시플렉스 형성에 유리하다. 엑시플렉스 형성시 엑시톤의 에너지는 각 분자에서 생성되는 엑시톤의 에너지에 비하여 작아진다. 따라서, 엑시플렉스의 생성 여부는 각 분자의 발광 파장에 비하여 두 분자를 혼합한 상태에서 발광 파장이 장파장으로 이동하는지 여부를 통하여 확인할 수 있다. 엑시플렉스는 전하 이동 착물로서 CT 상태에서 발광하기 때문에 발광 파장이 진동 에너지 준위에 의한 발광이 나타나지 않고, 넓은 형태의 스펙트럼이 관찰된다. 엑시플렉스에서의 넓은 발광은 두 분자가 착물을 형성시 두 분자가 배열되는 형태가 여러 가지가 가능하며, 두 분자의 배열에 따라 발광 에너지가 달라지는 것에 기인한다.

7 응집 유도 발광 (aggregation induced emission, AIE)

엑사이머 및 엑시플렉스가 두 분자 사이에서 일반적으로 관찰되는 것임에 비하여 응집 발광 특성은 여러 분자간의 상호 작용에 의하여 나타나는 현상이다. 일반적인 유기 물질들은 분자들이 응집되게 되면, 가까운 분자 사이에서 분자간 상호 작용에 의하여 발광이 소광되는 현상 (aggregation induced quenching)이 나타난다. 그러나, 어떤 유기 발광 물질들은 응집 상태에서 발광이 개선되는 특성을 보이며, 이러한 현상을 응집 유도 발광 (aggregation induced emission, AIE)[11]이라고 한다. 유기 분자들은 분자의 진동 및 회전 운동이 활발한 특징을 가지며 활발한 분자 운동에 의하여 에너지가 손실되는 경우 발광 과정에서 비발광 손실로 인하여 발광 특성이 떨어지는 현상이 관찰되기도 한다. 특히, 용액에서 발광 특성을 관찰할 경우 용매상에서는 분자 운동이 주변 용매 분자에 의하여 제한되지 않기 때문에 활발한 분자 운동에 의하여 에너지가 손실되면서 발광 특성이 현저하게 저하되는 경우가 있다. 유기 분자 중에서 tetraphenylethene, hexaphenylsilole 등 계열의 화합물에서 이러한 현상이 현저하게 나타나는 것이 관찰되었으며, 이러한 화합물들은 용매상에서는 매우 낮은 발광 효율을 보이지만, 고체화하게 되면 고체 상태에서 분자의 운동이 제한되기 때문에 비발광 과정이 억제되어 높은 효율을 보인다.

응집 발광 물질과 응집 상태에서 소광 특성을 보이는 발광 물질은 용액상에서의 발광 특성을 이용하여 쉽게 구분할 수 있다. 일반 발광 물질은 용액에 비용매를 넣어 분자의 응집을 유도하면 높은 비용매 비중에서 강하게 분자 응집이 되면서 발광이 소광되는 특성을 보인다. 그러나, 응집 발광 물질은 용액상에서는 매우 약한 발광 특성을 보이다가 비용매 양이 증가하여 분자 응집이 일어나게 되면 발광 특성이 급격하게 개선되는 경향을 보인다 (그림 2-44).

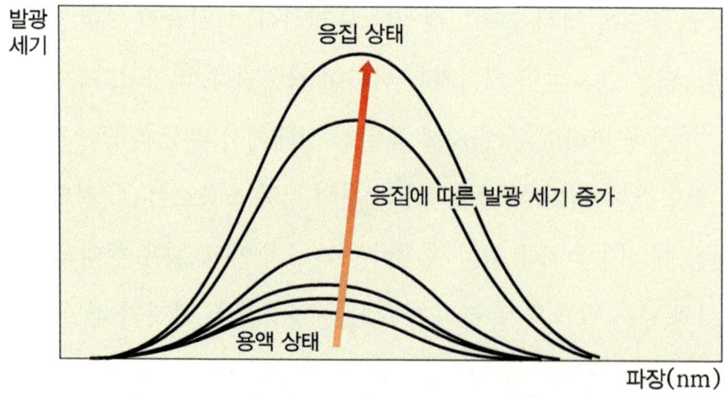

그림 2-44 응집 발광 물질의 응집에 따른 발광 세기 증가

11) J. Luo et al. Chem. Commun., 1740 (2001)

8 에너지 전이 (energy transfer)

에너지 전이 현상은 엑시톤을 가진 분자에서 다른 분자로 엑시톤의 에너지를 전달하는 과정으로서 Förster 에너지 전이와 Dexter 에너지 전이 과정이 있다.

① Förster 에너지 전이

Förster 에너지 전이는 두 분자 사이에서 쌍극자 (dipole)–쌍극자 (dipole) 상호 작용에 의해서 에너지 전이가 일어나는 과정이다. 하나의 분자가 엑시톤을 가지고 있다고 가정했을 때 엑시톤을 형성한 분자는 엑시톤 형성에 의하여 분자 내에 정공과 전자가 생성되고 전하들은 분자 내에서 일정 영역에 분포하기 때문에 쌍극자를 형성하게 된다. 쌍극자를 가지고 있는 분자는 주위의 분자에 유도 쌍극자를 유도할 수 있게 되며, 유도 쌍극자는 일정 거리 안에 있는 분자에만 형성될 수 있고, 멀리 있는 분자는 쌍극자의 영향을 받지 않아 유도 쌍극자가 생성되지 않게 된다. 이와 같이 쌍극자를 생성한 엑시톤을 가진 분자는 인접한 분자와 엑시톤의 에너지를 기반으로 쌍극자에 기인한 쿨롱힘 (Coulombic force)에 의하여 상호 작용을 할 수 있다. 일반적으로 쿨롱힘은 두 분자 사이의 거리에 의존하며, 일정 거리 이상으로 가면 쿨롱힘은 급격히 감소하게 된다. 쿨롱힘이 영향을 미칠 수 있는 거리는 대략 10 nm 정도 수준인 것으로 알려져 있다. 쌍극자를 가진 분자는 주위의 분자와 쌍극자–쌍극자 상호 작용을 통하여 엑시톤 에너지를 전달해 줄 수 있으며, 이와 같은 에너지 전이를 Förster 에너지 전이라고 한다. Förster 에너지 전이 과정에서는 분자의 엑시톤 에너지를 다른 분자로 전달해야 하며, 이 과정이 원활하게 일어나기 위해서는 엑시톤 에너지를 받는 분자가 엑시톤 에너지를 잘 흡수할 수 있어야 한다. 따라서, 엑시톤 에너지와 에너지를 받는 분자의 흡수 에너지가 서로 일치해야

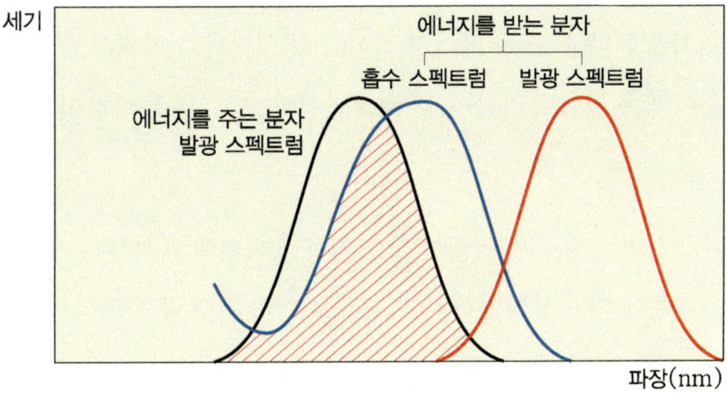

그림 2–45 Förster 에너지 전이가 일어나기 위한 흡수와 발광 스펙트럼 조건

Förster 에너지 전이가 잘 일어날 수 있다 (그림 2-45). 따라서, 엑시톤을 갖는 분자의 발광 스펙트럼과 에너지를 받는 분자의 흡수 스펙트럼이 서로 중첩되어야 하며, 중첩되는 정도가 많으면 많을수록 에너지 전이는 효율적으로 일어난다.

Förster 에너지 전이에 영향을 주는 인자로는 앞서 설명한 발광 스펙트럼과 흡수 스펙트럼의 중첩 정도와 두 분자 사이의 거리와 함께 엑시톤 형성 분자의 발광 효율이 있다. 엑시톤 에너지 전이를 위해서는 엑시톤을 형성한 분자의 엑시톤 손실이 최소화되어야 하므로, 엑시톤 형성 분자의 발광 효율이 높을수록 Förster 에너지 전이 효율이 높아진다. 이와 같은 인자에 의하여 영향을 받는 Förster 에너지 전이의 속도는 식 2-21로 표시된다[12].

$$k_r = \frac{1}{\tau_D} \cdot \left(\frac{r_0}{r}\right)^6$$

$$k_r = \frac{9k^2 \ln 10}{128\pi^5 n^4 N_A \tau_D} \cdot \frac{\phi_e^D}{r^6} \int \epsilon_A(\lambda) I_F^D(\lambda) \lambda^4 d\lambda \qquad \text{(식 2-21)}$$

k_r은 에너지 전이 속도, τ_D는 에너지 전달 물질의 여기 상태 시간, κ는 배향 인자로서 일반적으로 2/3, n은 굴절율, N_A는 아보가드로의 수, r은 두 분자의 거리, ϕ_e^D는 에너지 전달 물질의 PL 양자 효율, $\epsilon_A(\lambda)$는 에너지를 받는 물질의 파장에 따른 흡광 계수, $I_F^D(\lambda)$는 에너지 전달물질의 파장에 따른 발광 세기이다. r_0는 Förster 반경이라고 하며, 두 분자 사이의 에너지 전이 효율이 50%가 되는 지점의 거리를 의미한다. Förster 반경이 크면 클수록 두 분자 사이의 거리가 멀어도 에너지 전이가 잘 일어날 수 있다는 의미가 된다. Förster 반경은 여러 인자에 의존하며, 에너지 전달 물질의 발광 효율이 높고, 발광 스펙트럼과 흡수 스펙트럼의 중첩이 클수록 커지게 된다. Förster 에너지 전이가 잘 일어나기 위해서는 엑시톤 형성 분자의 발광 시간 (τ_D)이 짧은 것이 유리하며, Förster 반경이 크고, 두 분자 사이의 거리는 작은 것이 유리하다.

Förster 에너지 전이는 쌍극자-쌍극자 상호 작용에 의하여 엑시톤의 에너지를 그대로 전달하는 과정이기 때문에 여기 상태에서 바닥 상태로 내려올 때 발광 과정으로 내려오는 엑시톤만

12) T. Forster, Delocalized Excitation and Excitation Transfer, in O. Sinanoglu, Modern Quantum Chemistry. Instanbul Lectures, Academic Press. pp 93.

사용 가능하다. 비발광 과정으로 내려오는 엑시톤은 엑시톤 에너지를 손실 과정으로 잃어버리기 때문에 전달할 에너지가 없으므로 에너지 전달에 기여할 수 없다. 따라서, Förster 에너지 전이에 기여할 수 있는 엑시톤은 발광 과정이 가능한 엑시톤이다. 발광 과정이 가능한 엑시톤은 일반 유기 발광체의 일중항 엑시톤과 중금속을 포함한 유기-금속 화합물의 삼중항 엑시톤이므로 이 두 엑시톤이 Förster 에너지 전이에 활용될 수 있다. 배향 인자는 분자 배향에 의존하는 인자로서 일반적으로 무작위로 분자가 배향되는 것으로 가정하여 2/3의 값을 사용하지만, 분자가 일정 방향으로 선택적으로 배향할 경우에는 이 값에서 벗어나게 된다.

일중항 엑시톤으로부터 Förster 에너지 전이는 그림 2-46에 표시하였으며, 일중항 엑시톤은 에너지를 다른 분자로 전달하고 바닥 상태로 내려오며, 에너지를 받은 다른 분자는 전자가 여기되어 일중항 엑시톤을 형성하게 된다. 이와 같은 과정은 공명 Förster 에너지 전이 (Resonance Förster energy transfer)라고 하기도 된다. 발광이 가능한 삼중항 엑시톤으로부터 Förster 에너지 전이 과정도 일중항 엑시톤으로부터 에너지 전이와 유사하며, 삼중항 엑시톤이 바닥 상태로 내려오면서 발광 에너지를 다른 분자에 전달하여 에너지를 받은 분자에서 일중항 엑시톤이 형성된다. 이와 같이 Förster 에너지 전이를 통하여 생성되는 엑시톤은 에너지를 주는 분자의 엑시톤의 종류와 관계 없이 항상 일중항 엑시톤이다. Förster 에너지 전이는 쌍극자-쌍극자 상호 작용이 영향을 미치는 10 nm까지 이르는 먼 거리까지 에너지 전이가 될 수 있기 때문에 원거리 에너지 전이 (long range energy transfer)라고 하기도 한다.

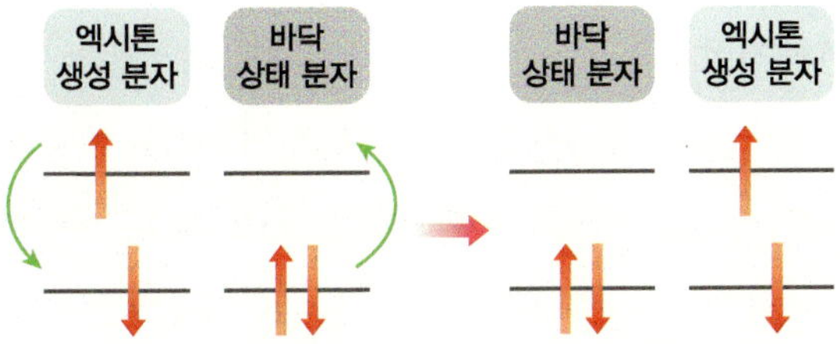

그림 2-46 일중항 엑시톤을 통한 Förster 에너지 전이

② Dexter 에너지 전이

발광이 가능한 엑시톤은 Förster 에너지 전이를 통하여 한 분자에서 다른 분자로 전달될 수 있으나, 발광이 불가능한 엑시톤은 Förster 에너지 전이를 통한 에너지 전달이 불가능하다. 그러나, 두 분자가 전자의 이동 경로인 π 결합을 형성하는 p 오비탈간에 중첩이 있을 경우에는

한 분자에서 다른 분자로 전자가 이동할 수 있으며, 이 때 두 분자간의 전자 교환을 통하여 에너지를 전달하는 것이 가능하며, 이러한 에너지 전달 과정을 Dexter 에너지 전이라고 한다[13]. Dexter 에너지 전이가 일어나기 위해서는 두 분자간의 p 오비탈 중첩이 필수적이며, 오비탈 중첩을 위해서는 두 분자가 오비탈 중첩이 가능한 거리 내에 위치해야 한다. 따라서, Dexter 에너지 전이는 가까운 거리에서 일어날 수 있는 근거리 에너지 전이 (short range energy transfer) 이며, 약 2 nm 이하의 거리에서 일어날 수 있다. 오비탈 중첩이 필수적인 Dexter 에너지 전이는 오비탈 중첩 정도가 작아지면 급격하게 에너지 전이 효율이 떨어지게 되며, Förster 에너지 전이에 비하여 거리에 대한 의존성이 훨씬 크게 나타난다.

Dexter 에너지 전이 속도 (k_T^{ex})는 다음의 식 2-22로 표시할 수 있다.

$$k_T^{ex} = \frac{KJ'}{r^2}\exp(-2r/L) \qquad \text{(식 2-22)}$$

K는 상수, r은 두 분자의 거리, J'는 오비탈 중첩 정도를 나타내며, L은 두 분자의 반데르발스 직경의 합이다. 위의 식과 같이 두 분자 사이의 거리에 따라 지수적으로 감소하는 의존성을 가지며, 두 분자의 오비탈의 중첩에 비례한다.

Dexter 에너지 전이 과정은 두 분자간에 오비탈 중첩을 통하여 전자 교환만 가능하면 일어날 수 있는 과정이므로 엑시톤의 종류와 관계 없이 Dexter 에너지 전이가 가능하다. 일중항 엑시톤과 삼중항 엑시톤 모두 에너지 전이를 유도할 수 있으며, 일중항 엑시톤과 삼중항 엑시톤을 통한 Dexter 에너지 전이 과정을 그림 2-47에 나타내었다. 일중항 엑시톤의 경우 전자 교환을 통하여 여기 상태의 전자가 에너지를 받는 분자의 LUMO로 이동하고, 전자를 받는 분자의 HOMO에 있는 전자 중 하나가 엑시톤 형성 분자의 HOMO로 이동한다. 이 과정에서 엑시톤을 형성한 분자는 바닥 상태의 분자가 되고, 엑시톤 에너지를 받은 분자는 일중항 엑시톤을 형성하게 된다. 삼중항 엑시톤의 경우에도 유사한 과정을 통하여 전자 교환을 할 수 있으며, 이 경우 엑시톤 에너지를 받는 분자에는 삼중항 엑시톤이 형성된다. 따라서, Dexter 에너지 전이가 일어나게 되면 엑시톤을 형성한 분자의 엑시톤과 동일한 엑시톤이 에너지를 받는 분자에 형성된다. 에너지 전이 과정은 에너지가 큰 분자에서 작은 분자로 일어나야 하기 때문에 엑시톤 형성 분자의 엑시톤 에너지가 에너지를 받는 분자의 엑시톤 에너지보다 커야 한다. 엑시톤

13) D. L. Dexter, J. Chem. Phys. 21, 836 (1953)

을 주는 분자의 발광 효율은 Dexter 에너지 전이와 무관하지만 스펙트럼 중첩은 큰 것이 Dexter 에너지 전이에 유리하다.

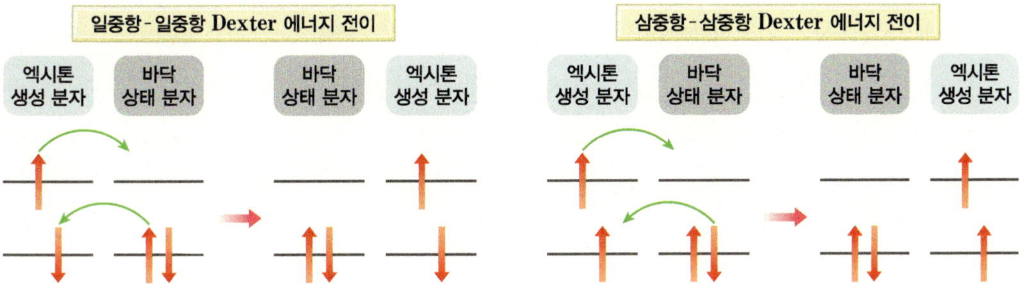

그림 2-47 일중항 및 삼중항 엑시톤을 통한 Dexter 에너지 전이

9 지연 형광 (delayed fluorescence)

일반적인 형광 재료에서 형광은 일중항 상태에서 ns의 여기 상태 시간을 가지며 발광한다. 그러나, 일부 형광 재료의 경우 빛에 의해 여기되었을 때, ns의 여기 상태 시간이 아니고, μs 범위의 여기 상태 시간을 가지면서 형광이 발광하는 것이 관찰되며, 이를 지연 형광이라 한다. 지연 형광에서 μs 수준의 긴 여기 상태 시간을 갖는 이유는 삼중항 엑시톤이 형광 과정에 관여하기 때문이며, PL 과정을 통하여 삼중항 엑시톤이 형광 발광을 하는 과정은 삼중항 엑시톤의 일중항 엑시톤으로의 역계간 전이 과정이다. 일반적으로 일중항 에너지가 삼중항 에너지보다 크기 때문에 일중항으로부터 삼중항으로의 계간 전이가 주로 관찰되지만, 삼중항 에너지가 일중항 에너지와 유사할 경우에는 열에너지에 의하여 일중항과 삼중항 여기 상태와의 에너지 차이를 극복하여 삼중항 엑

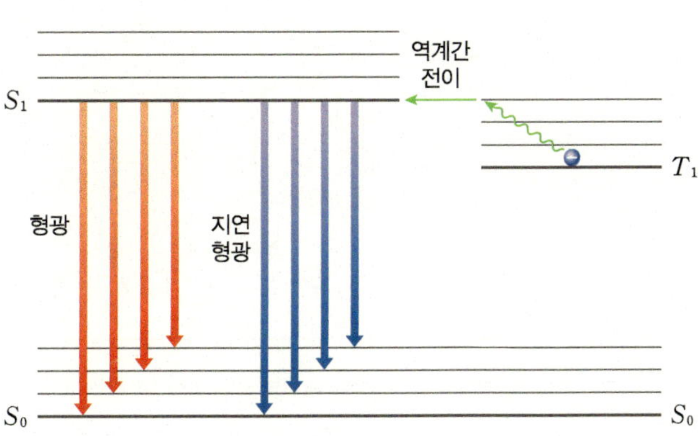

그림 2-48 열활성화 지연 형광 과정을 통한 형광 발광

시톤이 일중항 엑시톤으로 전환되고 형광 발광을 하게 된다. 이러한 지연 형광 과정을 열활성화 지연 형광 (thermally activated delayed fluorescence, TADF)이라고 한다. 또한, eosine이라는 물질에서 처음 관찰되었기 때문에 E-type 지연 형광이라고도 한다[14] (그림 2-48).

TADF가 가능하기 위해서는 열에너지에 의하여 삼중항 엑시톤이 일중항 엑시톤으로 전환될 수 있을 정도로 일중항과 삼중항 여기 상태 사이의 에너지가 작아야 하며, 절대적인 값은 아니지만 약 0.3 eV 이하의 에너지 차이를 가질 경우 TADF 과정이 가능하다. 일중항과 삼중항 여기 상태의 에너지를 줄이기 위한 방법은 유기 분자에서 일중항 에너지와 삼중항 에너지가 결정되는 인자 중 하나인 전자 교환 에너지 (electron exchange energy, K)를 제어하는 방법이다. 일중항 에너지 (E_S)와 삼중항 에너지 (E_T)는 식 2-23으로 표시된다.

$$\begin{aligned} E_S &= E_0 + J + K \\ E_T &= E_0 + J - K \end{aligned} \qquad \text{(식 2-23)}$$

E_0는 바닥 상태와 여기 상태에 있는 전자의 전자쌍 반발이 없을 때의 에너지이며, J는 두 전자 사이의 쿨롱힘에 의한 전자쌍 반발 에너지이며, K는 바닥 상태와 여기 상태의 중첩된 오비탈에서의 전자쌍 반발 에너지이다 (그림 2-49). 일중항 에너지와 삼중항 에너지의 차이는 전자쌍 반발에 의한 전자 상호 작용 에너지 (K)의 차이이며, 일중항 에너지와 삼중항 에너지의 차이는 $2K$가 된다. K의 값이 작을수록 일중항과 삼중항 에너지 사이의 차이가 작아지며, 전자의 상호 작용을 줄여 K의 차이를 줄이는 방법은 두 전자 사이의 거리를 멀리 떨어뜨리는 방법이다. 파울리의 배타 원리에 의하여 같은 스핀을 가진 전자는 같은 공간에 존재할 수 없으므로, 같은 스핀을 가진

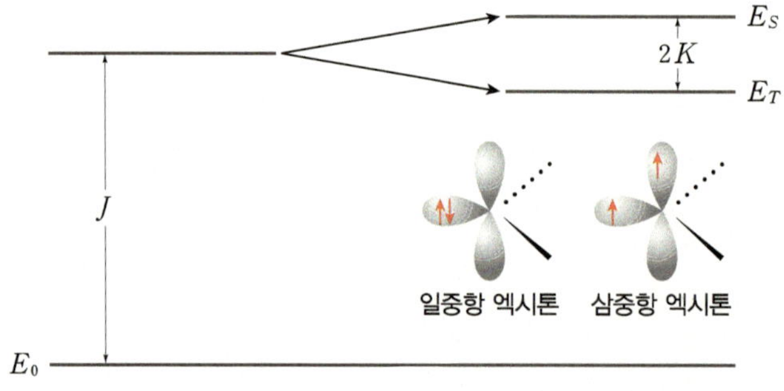

그림 2-49 일중항 엑시톤과 삼중항 엑시톤의 일중항 및 삼중항 에너지

14) C. A. Parker et al, Transactions of the Faraday Society, 57, 1894 (1961)

전자는 서로 다른 오비탈에 존재해야 하며, 이에 의하여 반발력이 감소하게 된다. 따라서, 일중항 에너지와 삼중항 에너지 사이에서는 $2K$ 만큼의 에너지 차이를 보이며, 전자간의 반발력이 감소할수록, 즉 두 전자가 멀리 떨어져 있을수록 일중항 에너지와 삼중항 에너지 차이는 감소하게 된다.

전자가 여기될 경우 정공은 HOMO에 존재하고 전자는 LUMO에 존재하기 때문에 HOMO와 LUMO가 서로 멀리 떨어져 있을수록 K값을 줄일 수 있고, 일중항 에너지와 삼중항 에너지를 유사하게 만들 수 있다. 따라서, 분자 내에서 HOMO와 LUMO를 서로 떨어뜨릴수록 일중항과 삼중항 에너지 차이가 작아지고 역계간 전이를 통한 TADF 효과적으로 일어날 수 있다. HOMO와 LUMO가 중첩되어 있을 경우에는 K값이 커지게 되고 이에 의하여 일중항과 삼중항 에너지의 차이가 커지게 되며 TADF 특성이 나타나기 어렵다 (그림 2-50).

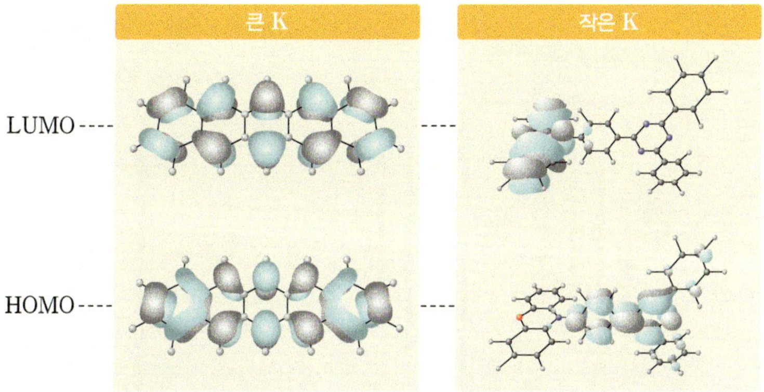

그림 2-50 HOMO와 LUMO 사이의 오비탈 중첩에 따른 K의 변화

TADF 특성은 하나의 분자 내에서 나타날 수도 있으며, 두 분자 사이에서 나타날 수도 있다. 일반적인 TADF 분자들은 하나의 분자 내에서 HOMO와 LUMO가 분리되어 있는 오비탈 분포를 가지고 있으며, HOMO로부터 LUMO로의 CT에 의한 흡수와 LUMO로부터 HOMO로의 CT에 의한 발광을 보인다. 이와 함께 엑시플렉스를 형성하는 분자에서도 TADF가 나타나며, 엑시플렉스 화합물의 경우 강한 CT 착물 형성을 통하여 분자간 CT에 의하여 HOMO와 LUMO가 이종 분자간에 분리되어 전자 반발력이 작기 때문에 일중항 에너지와 삼중항 에너지의 차이가 작은 특징을 갖는다. 따라서 TADF 특성을 보일 수 있으며 강한 CT를 형성하는 화합물이 TADF 특성을 나타낸다.

TADF와 함께 삼중항-삼중항 엑시톤 충돌에 의하여 삼중항 엑시톤이 일중항 엑시톤으로 전환되어 지연 형광이 관찰될 수 있으며, 이와 같은 지연 형광 현상은 triplet-triplet annihilation (TTA) 또는 triplet-triplet fusion (TTF)이라고 한다. 또한, 파이렌 (pyrene)에서 처음 관찰되었기 때문에 P-type 지연 형광이라고도 한다[15]. TTF 과정은 삼중항 엑시톤에 의해서 나타나는 과정이나, PL에서는 삼중항 엑시톤이 생성되기 어렵기 때문에 TTF는 PL 과정에서는 관찰하기 어렵다. TTF가 일어나기 위해서는 삼중항 엑시톤의 밀도가 높아야 하며, 삼중항 엑시톤이 생성되는 EL 과정에서만 관찰할 수 있다. TTF 과정에서는 두 개의 삼중항 엑시톤이 서로 충돌하여, 하나의 삼중항 엑시톤이 소멸되고, 다른 하나의 삼중항 엑시톤은 소멸된 삼중항 엑시톤의 에너지를 받아 높은 에너지 상태로 여기된 후 일부 여기된 엑시톤이 일중항 엑시톤으로 전환되면서 일중항 발광에 기여하는 과정이다. 그림 2-51에 TTF 과정을 통한 일중항 엑시톤 형성 및 지연 형광을 나타내었다. TTF에 대한 자세한 설명은 제9장에 나타내었다.

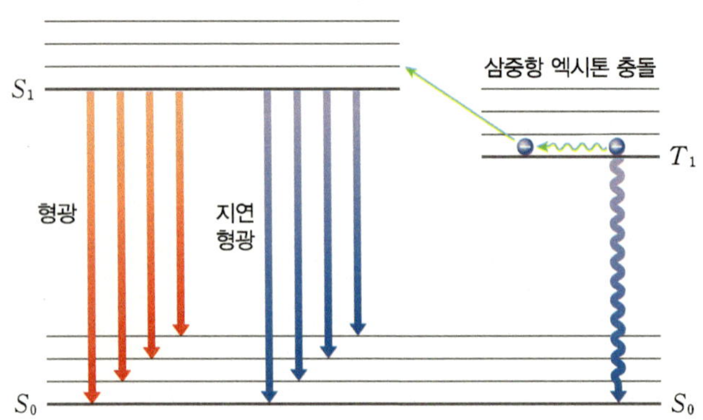

그림 2-51 TTF 과정을 통한 지연 형광 발광 과정

15) C. A. Parker et al., Proc. R. Soc. A Math. Phys. Eng. Sci. 276, 125 (1963)

CHAPTER

03

OLED의 개요

제1절

OLED 개발 역사

1 OLED의 기술 개발 역사

OLED는 EL 과정을 통한 발광을 위하여 유기물을 이용하는 디스플레이 소자로서 유기물을 전자 소자에 응용하여 제품화한 최초의 제품이라고 할 수 있다. 유기 전자 재료를 활용하는 전자 소자로는 OLED, 유기 태양 전지, 유기 트랜지스터 등이 있으며, 대부분의 제품들이 일부 상용화되기는 하였으나, 시장에서 주력 제품으로는 자리 잡지 못하였다. 제품화를 통하여 시장에서 다른 전자 소자들과 경쟁하고 있는 것은 OLED가 유일하며, 향후 시장에서의 지배력은 지속적으로 강화될 것으로 예상하고 있다. 유기물을 이용하는 OLED 소자의 경우 초기에는 유기물의 안정성 문제로 인하여 상용화하기 어려울 것으로 예상하였으나, 소재의 개발 및 소자 개발을 통하여 안정성 문제를 극복하여 현재는 디스플레이로서 다양하게 활용되고 있다.

유기물의 발광을 이용하는 OLED의 시초는 1963년 뉴욕대의 Pope 교수가 고체 상태의 안트라센 결정을 이용하여 400 V 이상의 전압을 가할 경우 발광이 가능하다는 것을 발견한 것이다[1]. Pope 교수가

1) M. Pope et al. J. Chem. Phys. 38, 2032 (1963)

안트라센으로부터의 발광을 관측할 당시에는 높은 전압에서만 발광이 관찰되었고, 결정상태에서 발광이 관찰되었으며, 발광 특성도 좋지 않았기 때문에 큰 관심을 받지 못하였다. 안트라센 결정으로부터의 발광을 기반으로 현재 사용하는 OLED 소자와 유사한 박막 발광 소자가 최초로 논문으로 보고된 것은 1987년이며, 코닥사 (C. W. Tang과 S. Van Slyke)에서 두 개의 전극 사이에 빛을 내는 유기물을 박막으로 적층하면 발광이 가능하다는 것을 보고하였다[2]. 본 보고 이전에 전극 사이에 유기물을 적층하여 빛을 받아서 전기가 통하는 유기 태양 전지가 가능하다는 것을 보고하였고, 우연하게 반대 과정으로 전기를 흘리면 발광이 가능하다는 것을 발견하였다. 초기의 소자 구조는 매우 단순하여 anode 역할을 하는 투명 전극으로 ITO (indium tin oxide)를 사용하였고, cathode 역할을 하는 반사 전극으로 Mg : Ag 전극을 사용하였다. 유기막층으로는 발광 역할을 하는 녹색 형광 발광 물질로 Alq_3를 사용하였고, Alq_3의 발광을 보조하기 위한 물질로 TAPC를 사용하여 발광을 구현하였다. 유기물의 전체 두께는 약 100 nm 수준으로 박막 유기 발광 소자로서의 가능성을 보였다. Alq_3가 발광 물질 겸 전자수송 물질의 역할을 하고, TAPC가 정공 수송층의 역할을 하여 발광은 Alq_3 발광이 구현되었다. 그림 3-1에 최초로 개발된 OLED 소자 구조와 사용된 물질의 화학 구조를 나타내었다. EL 소자로부터의 발광이 발광 물질의 발광 스펙트럼과 일치하는 것을 통하여 Alq_3 발광 물질로부터 EL 과정에 의하여 발광이 가능함을 확인하였다.

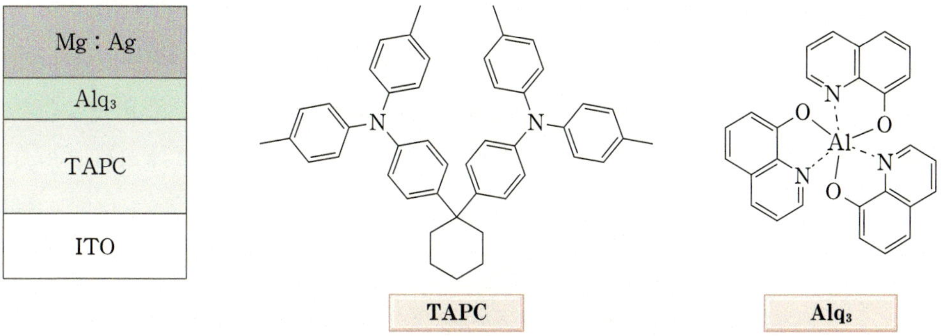

그림 3-1 최초로 개발된 OLED 소자의 구조[2]

동 연구자들은 1989년에는 소자 구조를 개선하여 발광층을 하나의 물질이 아닌 현재 제품에서 사용하고 있는 발광층 구조인 호스트와 도펀트를 사용하는 구조를 보고하였다[3]. 처음 보고한 Alq_3를 사용하는 구조를 개선하여 Alq_3를 호스트 물질로 사용하고, 도펀트 물질로 DCM이라고 하는 적색 형광

2) C. W. Tang et al. Appl. Phys. Lett. 51, 913 (1987)

3) C. W. Tang et al. J. Appl. Phys., 65, 3610 (1989)

도펀트를 적용하여 소자 구조를 개선하였다. 개선된 소자 구조를 통하여 단일 발광층을 사용하는 구조에 비하여 휘도 및 효율을 개선할 수 있었으며, 도펀트 물질을 제어하면 다양한 컬러의 발광 스펙트럼을 구현할 수 있다는 가능성을 제시하였다. 이후 다양한 저분자 형광 발광 물질들이 개발되었고, 제품에 적용되어 현재까지 사용되고 있다.

증착 공정을 이용하는 저분자 발광 물질을 이용하는 소자 구조가 개발된 이후, 1990년에는 분자량이 큰 고분자 물질을 발광 물질로 이용하는 OLED 소자가 개발되었다[4]. 고분자 물질은 저분자 물질과는 달리 증착 공정을 이용할 수 없기 때문에 용매에 용해하여 잉크를 만들어 스핀 코팅하는 방법으로 고분자 OLED 소자를 제작하였다. 최초로 보고된 고분자 발광 물질은 polyphenylenevinylene (PPV)이었으며, 소자 구조는 anode로 ITO, cathode로 Al을 사용하고 전하수송층 없이 PPV를 두 전극 사이에 도입하여 소자를 구성하였다. PPV 물질이 발광 물질의 역할과 전하 수송 물질의 역할을 동시에 하고, 발광은 PPV 물질로부터 관찰되었다. 초기에 고분자 발광 물질을 이용하는 고분자 OLED 소자는 발광 물질로 활용할 수 있는 물질을 저분자부터 고분자까지 다양하게 활용할 수 있다는 측면에서 의미가 있었으며, 증착 공정 뿐 아니라 용액 공정을 이용한 OLED 소자 제작이 가능하다는 것을 제시한 점에서 중요한 연구 성과였다. 이후 용액 공정 소자는 다양하게 개발되었으며, 고분자 OLED 뿐 아니라 저분자 용액 공정 OLED, 덴드리머 용액 공정 OLED, 올리고머 용액 공정 OLED 등이 개발되었다.

증착 공정과 용액 공정 OLED를 통하여 다양한 공정 및 소재를 이용하여 OLED 제작이 가능하다는 것을 검증한 이후, OLED 역사에서 중요한 전환점인 인광 OLED가 1998년 개발되었다. 프린스턴 대학의 Stephen R. Forrest 교수와 USC 대의 Mark E. Thompson 교수가 공동으로 Pt 귀금속을 포함하는 PtOEP 유기금속 화합물에서 인광 발광이 가능하다는 것을 보고하였다[5]. 초기의 효율 자체는

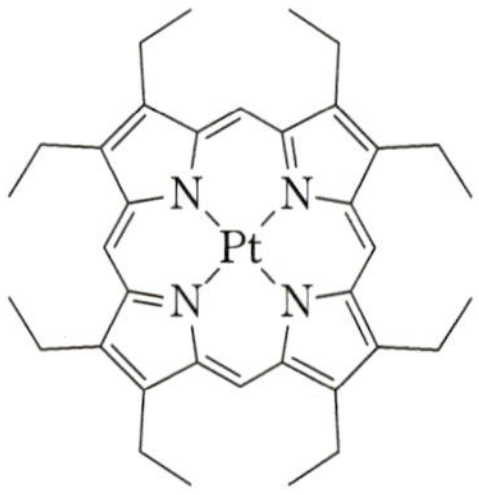

PtOEP

그림 3-2 최초로 개발된 PtOEP 인광 발광 물질[5]

4) Friend et al. Nature 345, 539 (1990)

5) Forrest et al. Nature 395, 151 (1998)

10% 미만으로 낮은 수준이었으나, 중금속을 포함하는 유기금속 화합물을 이용하여 인광 발광이 가능하다는 것을 처음으로 보고하였다. 초기 개발 이후 다양한 Ir 및 Pt 계열 발광 물질이 개발되고, 인광 발광 소자의 발광 효율을 최대화하기 위한 소자 구조 개발을 통하여 인광 소자에서 구현할 수 있는 이론적인 최대 효율을 구현하였으며, 이를 통하여 적색, 황색 및 녹색 인광 발광 재료가 제품에 적용되어 사용되고 있다. 그림 3-2에 초기에 사용한 PtOEP의 구조를 나타내었다.

제품화 측면에서 형광, 인광 및 고분자 OLED의 개발과 함께 소자적인 측면에서 중요한 기술 개발은 전면 발광 OLED 소자의 개발이다. 초기에 개발된 OLED 소자는 투명 전극으로서 anode로 사용하는 ITO쪽으로 발광하는 배면 발광 소자였으나, 이후 cathode쪽을 투명 또는 반투명 전극을 적용하는 전면 발광 소자가 개발되었다. 투명 또는 반투명 전극을 이용하여 처음 보고된 소자는 투명 OLED로서 반투명 전극으로 Mg : Ag/ITO의 이층 구조의 cathode 전극 구조를 적용하였다[6]. 투과도 70%의 전극 구조를 적용하였으며, ITO는 스퍼터링 공정을 적용하여 성막하였다. 비록 양자 효율 0.75%의 소자를 보고하였으나, 반투명 전극을 적용한 OLED 제작이 가능함을 보였으며, 전면 발광 소자를 개발하는 기초 데이터를 구축하였다. 전면 발광 소자가 개발됨으로써 현재 고해상도 소형 OLED의 제품화가 가능하게 되었다. 그림 3-3에 최초로 개발된 투명 OLED 소자의 구조를 나타내었다.

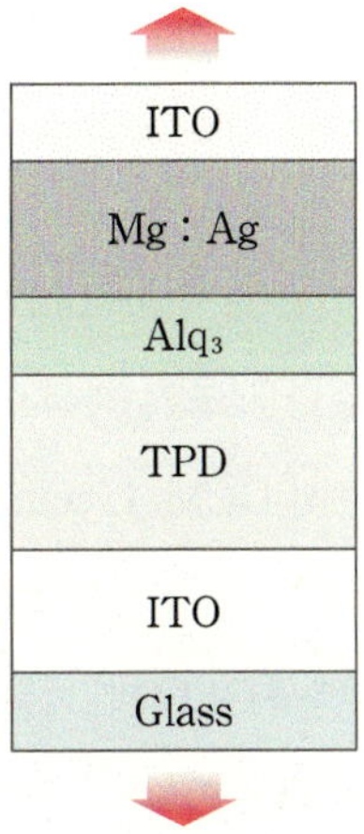

그림 3-3 최초로 개발된 투명 OLED 소자의 구조[6]

제품화 측면에서 또한 중요한 소자 기술은 탠덤 (tandem) 소자 기술이다. 탠덤 소자 기술은 일본 야마가타 대학의 Kido 교수가 처음으로 보고하였으며, 최초 보고 당시에는 multiphoton emission 소자라고 명명

6) Forrest et al. Nature 380, 29 (1996)

하였으나, 이후 탠덤 소자라는 이름이 더 널리 사용되게 되었다[7]. 초기 소자 구조는 C545T라고 불리는 녹색 형광 발광층을 두층 및 세층으로 적층한 탠덤 소자 구조였으며, 소자 적층 개수에 따라 효율이 증가하는 것을 검증하여, OLED 소자의 효율 개선 기술로 탠덤 소자 기술을 적용할 수 있음을 보고하였다. 이 후 다양한 탠덤 소자 기술이 개발되어 OLED 조명 및 OLED TV 에 적용되고 있다. 그림 3-4에 최초로 보고된 탠덤 소자 구조의 개략도를 나타내었다.

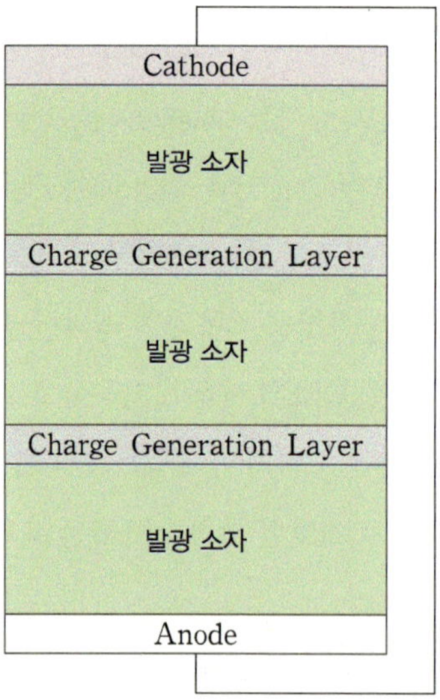

그림 3-4 탠덤 OLED 소자 개략도[7]

현재 OLED TV 제품화에 있어서 중요했던 기술은 백색 OLED 기술이다. 백색 OLED는 1994년 야마가타 대학의 Kido 교수에 의하여 처음 보고되었다[8]. 초기 백색 OLED는 고분자 물질인 PVK를 호스트로 사용하고, 적색, 녹색 및 청색 발광 물질로서 DCM-1, coumarin-6 및 TPB를 하나의 발광층에 같이 도핑한 구조를 이용하였다. 최대 휘도도 낮고 구동 전압도 높았지만 백색 발광이 OLED 소자에서 가능하다는 것을 처음으로 보고하였으며, 향후 백색 OLED 개발을 촉진하는 계기가 되었다. 이후 Kido 교수 연구 그룹은 세 개의 발광층을 적층하여 백색 OLED를 구현하는 적층형 백색 OLED 소자 구조도 보고하였다[9]. 그림 3-5에 발광 물질을 하나의 발광층에 혼합하는 구조의 백색 소자 및 유기물의 화학 구조를 나타내었고, 그림 3-6에 다층 발광층을 이용하여 구현한 백색 소자의 구조 및 사용한 물질의 화학 구조를 나타내었다.

7) Kido et al. SID Digest, 964 (2003)

8) Kido et al. Appl. Phys. Lett 64, 815 (1994)

9) Kido et al. Science 267, 1332 (1995)

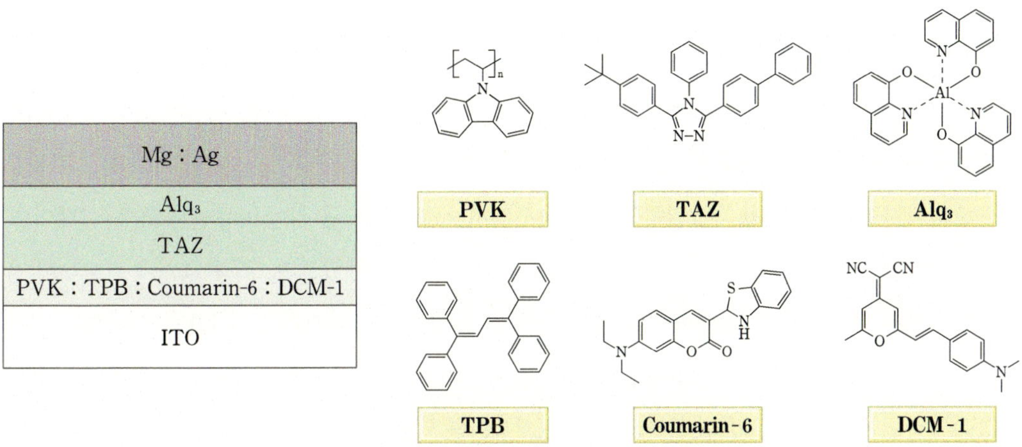

그림 3-5 여러 발광 물질을 한 층에 혼합한 구조의 백색 OLED 소자 구조[8)]

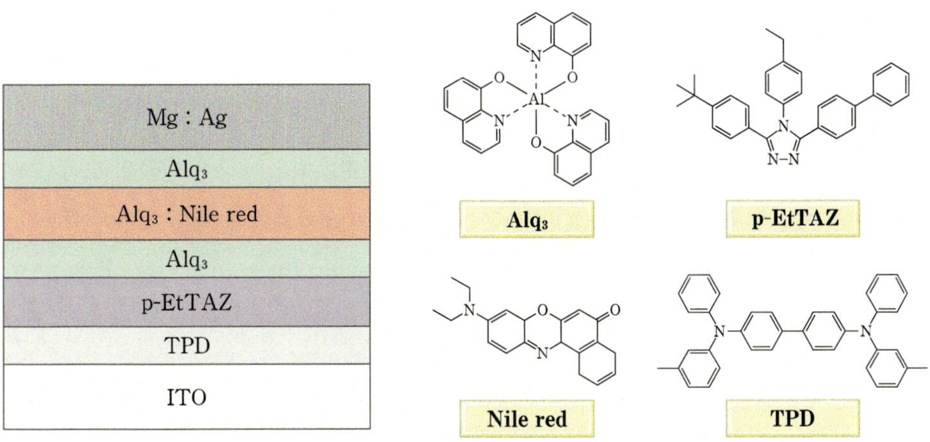

그림 3-6 여러 발광층을 적층한 구조의 백색 OLED 소자 구조[9)]

그림 3-7에 현재까지 OLED 개발에 있어서 중요한 개발 이력을 시기에 따라 순차적으로 나타내었다.

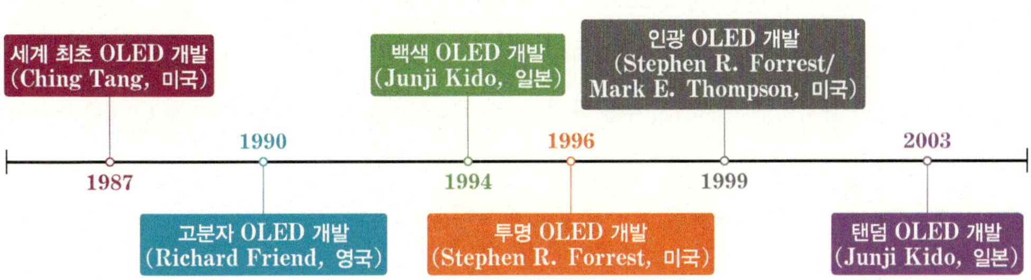

그림 3-7 OLED의 중요한 개발 이력

2 OLED 제품화 역사

코닥사에서 EL을 이용한 OLED 기술을 1987년 처음 발표한 이후 10년 후인 1997년 세계 최초로 일본 파이오니아사에서 OLED를 제품화하였다. 코닥사에서 발표한 기술을 기반으로 일본 회사 (이데미츠, 산요, 파이오니아 등)를 중심으로 재료 개발과 소자 개발을 진행하였으며, 그 중 초기에 기술 개발을 선도했던 파이오니아사가 cathode 전극의 전자 주입 특성을 향상시키기 위한 LiF를 이용하는 기술 및 PMOLED용 금속 전극 패터닝 기술 등을 활용하여 OLED 제품화에 성공하였다. 파이오니아의 OLED 제품화 성공 이후, 2001년 일본의 TDK가 제품화를 하였고, 국내에서는 삼성SDI가 SNMD 합작회사를 설립하여 PMOLED를 개발하여 2002년 상용화를 시작하였다. 이어 엘지에서도 PMOLED 제품화에 성공하였으며, 주로 휴대폰의 보조 화면 용도로 제품을 공급하였다. PMOLED의 경우 국내 업체들이 일본보다 기술 개발을 늦게 시작하여 제품화에서 상대적으로 늦었다.

그러나, 박막 트랜지스터를 이용하여 구동하는 AMOLED 분야에서는 국내 업체들이 기술을 선도하여 세계 최초로 본격적인 제품 양산화에 성공하였다. AMOLED 최초 제품은 미국의 코닥사와 일본의 산요가 공동으로 제품화한 소형 AMOLED로 2003년 디지털 카메라에 처음 적용하였다. 그러나, 생산 물량이 매우 적었기 때문에 본격적으로 양산화된 제품은 아니었다. 이후 삼성 SDI에서 2007년 2.2인치 qVGA 해상도를 가진 AMOLED를 MP3인 Clix라는 제품에 탑재하면서 본격적인 제품 양산이 시작되었다. 또한, 같은 시기에 삼성 SDI는 일본 교세라 휴대폰인 미디어 스킨이라는 제품에 2.4인치 qVGA 해상도를 가진 AMOLED를 양산 공급하였다. 비록 2007년에 AMOLED 양산을 시작하였고, 삼성전자의 애니콜 오리진 휴대폰에도 2008년 AMOLED가 적용되었지만 이때까지도 양산 물량이 많지 않았다. 이후 본격적인 AMOLED 제품 양산은 2009년 삼성전자에서 AMOLED를 장착한 스마트폰인 햅틱 AMOLED를 시판하면서 시작되었다. 손담비를 광고 모델로 내세우면서 아몰레드라는 이름이 사람들에게 알려지기 시작하였고, 이후 2010년부터 AMOLED 제품이 삼성전자의 갤럭시 시리즈 스마트폰 라인에 본격적으로 탑재되기 시작하면서, 양산 규모가 지속적으로 확대되었으며, 세계 시장 점유율 90% 이상을 차지하면서 시장을 주도하였다. 엘지디스플레이의 경우에는 소형 OLED 제품보다는 대형 OLED 제품 개발에 치중하였으며, 4.5세대 기판 기반의 제품 양산은 2011년부터 Nokia에 제품을 공급하면서 본격적으로 진행하였다. 그림 3-8에 소형 OLED 관련 중요 개발 이력을 나타내었다.

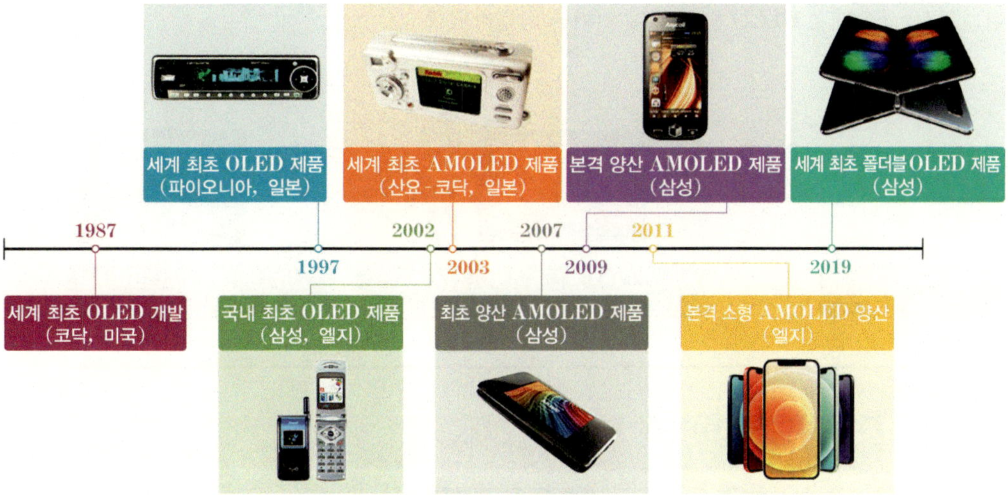

그림 3-8 소형 OLED 관련 주요 개발 이력

TV 적용을 위한 OLED 제품은 2000년대 초부터 개발하였으며, 다양한 시제품들이 개발된 이후 세계 최초로 2007년 일본 소니사에서 XEL-1이란 모델명을 가진 11인치 AMOLED TV를 소량 시판하였다. 생산 수율 문제로 실제 판매한 제품의 수는 극소량이었으며, 크기가 11인치로 TV라고 하기에는 작은 크기였다. 이후 AMOLED TV 개발에 적극적인 회사는 엘지디스플레이였다. 엘지디스플레이에서는 대형 OLED TV를 제품화하기 위한 기술로 백색 OLED를 활용하는 기술을 전략적으로 선택하였고, 이를 위해 2009년 백색 OLED와 관련된 많은 특허를 가지고 있던 코닥의 특허를 인수하면서 본격적으로 대형 AMOLED TV 양산화를 추진하였다. 이를 기반으로 2010년 엘지전자에서 15인치 AMOLED TV를 제품화하여 시장에 출시하였다. 물론 제품의 크기도 작았고, 물량도 소량이어서 양산 제품이라고 할 수 없으나, 백색 OLED 기술을 활용하여 AMOLED TV를 제품화하기 위한 기반을 구축하였다. 이를 기반으로 2012년 엘지전자는 55인치 AMOLED TV를 엘지디스플레이의 OLED 패널을 이용하여 세계 최초로 양산하는 성과를 거두었다. 이후 세계에서 유일하게 OLED TV 패널을 공급하면서 전세계 TV 업체에 AMOLED TV 용 패널을 100%의 시장 점유율로 공급하고 있다. 최근 엘지디스플레이에서는 대형 OLED 패널 분야에서 앞선 기술을 바탕으로 2020년 세계 최초로 두루마리형 OLED (rollable OLED) TV를 초고가 TV 제품으로서 제품화하기도 하는 등 OLED TV 관련 시장을 주도하고 있다. 삼성에서도 AMOLED TV를 잠시 양산한 적이 있으며, 2013년 엘지의 백색 OLED 기술에 대항하여 정밀 마스크를 이용하여 RGB를 패터닝하는 기술인 SMS (small mask scanning)이라는 기술을 활용하여 55인치 AMOLED를 제품화하였다. 그러나, 생산 수율 문제로 인하여 양산을 지속하지는 않았으며, 최근 QD-OLED라고 하는 AMOLED TV 기술을 이용하여 양산화를 시도하고 있다. 그림 3-9에 대형 OLED 관련 개발 이력을 정리하였다.

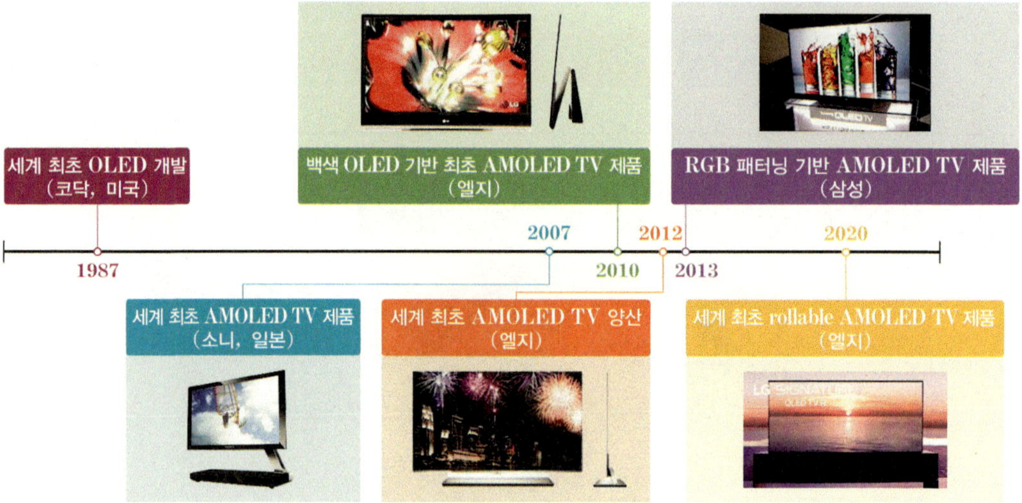

그림 3-9 대형 OLED 주요 개발 이력

제2절 OLED 특징

1 OLED와 LCD 비교

OLED는 평판 디스플레이로서 현재 가장 많이 사용되고 있는 LCD와 비교하여 다양한 장점을 가지고 있다. OLED 와 LCD의 가장 큰 차이는 OLED는 발광 물질을 포함하고 있는 자발광 디스플레이이며, LCD는 발광 물질 없이 백라이트에서 나오는 빛을 액정을 이용하여 투과 세기를 조절하고, 컬러 필터를 이용하여 색을 구현하는 수광 디스플레이 소자라는 점이다. 자발광 소자의 특징은 대비비(명암비)가 높다는 점이며, 자발광 소자의 경우 검은색을 표현할 때 모든 픽셀이 꺼져 있는 상태이기 때문에 진정한 검은색을 구현할 수 있는 반면에, 수광형 디스플레이인 LCD는 검은색일 경우에도 백라이트가 켜져 있기 때문에 일부 백라이트가 새어 나오면서 진정한 검은색을 구현하기가 어렵다. 디스플레이에서 검은색의 구현이 화질을 결정하게 되며, 자발광 소자인 OLED는 검은색일 때 밝기가 0 cd/m^{2}이기 때문에 무한대의 대비비를 구현할 수 있다. OLED와 LCD의 대비비를 그림 3-10에 비교하였다.

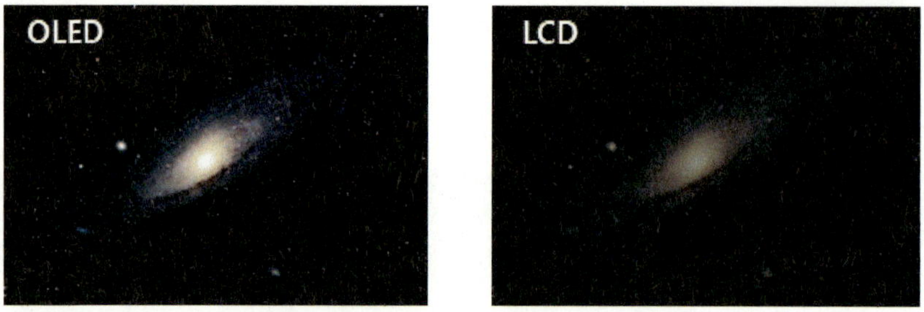

그림 3-10 OLED와 LCD의 대비비 비교

대비비의 장점 뿐 아니라 OLED는 LCD에 비하여 색특성 측면에서도 장점을 가지고 있다. 디스플레이에서 다양한 색을 표현하고, 색순도가 높은 RGB를 구현하기 위해서는 적색, 녹색 및 청색 발광의 색순도가 우수해야 한다. OLED는 현재 색순도를 개선할 수 있는 전면 발광 소자 구조를 적용하고 있으며, 발광 물질의 색순도 개선에 따라 디스플레이가 표현할 수 있는 색의 범위가 LCD에 비하여 넓은 장점을 가지고 있다. LCD의 경우에도 백라이트 단위와 컬러 필터의 개선, QD 적용 등을 통하여 최근 색순도를 개선하여 표현할 수 있는 색의 범위가 확대되었으나, OLED가 색특성 측면에서 LCD에 비하여 우위를 보인다. 그림 3-11에 OLED와 LCD의 색재현 범위를 비교하였다.

그림 3-11 OLED와 LCD의 색특성 비교

화질과 관련된 OLED와 LCD의 또 다른 차이는 시야각 특성이다. 시야각은 각도 변화에 따른 색특성과 밝기의 변화를 나타내며, OLED는 넓은 시야각을 갖는 반면에, LCD는 좁은 시야각을 갖는다.

OLED의 경우 자발광 소자로서 발광시 전방향으로 발광하기 때문에 정면에서 볼 때와 옆에서 볼 때 색특성의 차이가 나지 않는다. 반면에 LCD에서는 액정이 일정 방향으로 배향되어 있고, 전압에 의하여 재배열될 때 액정이 또한 일정 방향으로 배열되어 있기 때문에 보는 방향에 따라서 색특성이 달라지는 특징을 보인다. LCD에서 다양한 시야각 향상 기술을 통하여 최근 우수한 시야각 특성을 구현하고 있으나, 자발광 소자인 OLED 비해서는 시야각 특성이 좋지 못하다. 그림 3-12에 OLED와 LCD의 시야각 특성을 비교하였다.

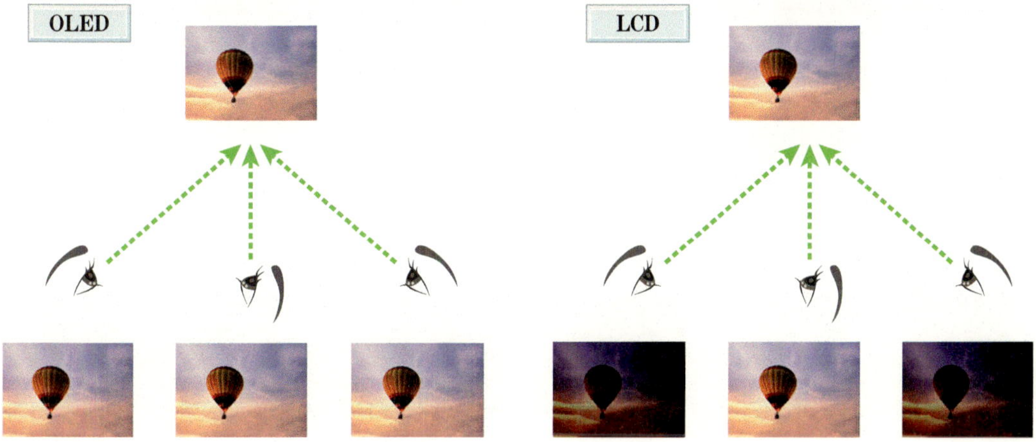

그림 3-12 OLED와 LCD의 시야각 특성 비교

OLED와 LCD의 또 다른 차이는 응답 속도이다. 응답 속도는 전기적인 신호가 가해졌을 때, 디스플레이가 얼마나 빠르게 반응해서 원하는 빛을 내는지를 나타내는 수치로서, OLED의 경우 μs 수준의 응답 속도를 갖는 반면에, LCD의 경우에는 ms 수준의 응답 속도를 갖는다. 응답 속도의 차이는 OLED와 LCD의 구동 방식 차이에 기인하며, OLED의 경우 전자 전이를 통한 발광이 유도되며, 전자 전이에 필요한 시간은 μs 이하이므로 빠른 응답속도를 갖는다. 반면 LCD는 전압에 반응하여 액정 분자의 재배열을 통하여 발광 특성을 제어하므로 액정 분자의 재배열을 위한 시간이 필요하며, ms의 범위에서 액정 재배열이 가능하기 때문에 상대적으로 긴 응답시간을 갖는다. 응답 시간의 차이는 일반 화면보다는 좀더 역동적인 화면인 스포츠 경기나 게임 등을 볼 때 차이가 명확하게 나타나며, 응답 속도가 느릴 경우에는 화면 전환이 느리기 때문에 화면에 이미지가 끌리는 현상이 나타나게 된다. 이러한 응답 속도의 차이는 외부 온도가 낮을 경우 보다 명확하게 나타나며, OLED의 전자 전이는 온도에 의한 영향이 크지 않기 때문에 낮은 온도에서도 상온에서와 유사하게 화면 전환 특성을 보이는 반면에, LCD의 액정 재배열은 낮은 온도에서의 높은 점도에 의하여 느려지기 때문에 화면 전환 특성이 현저하게 저하된다. 그림 3-13에 OLED와 LCD의 응답 속도 차이에 따른 동적 이미지 차이점을 나타내었다.

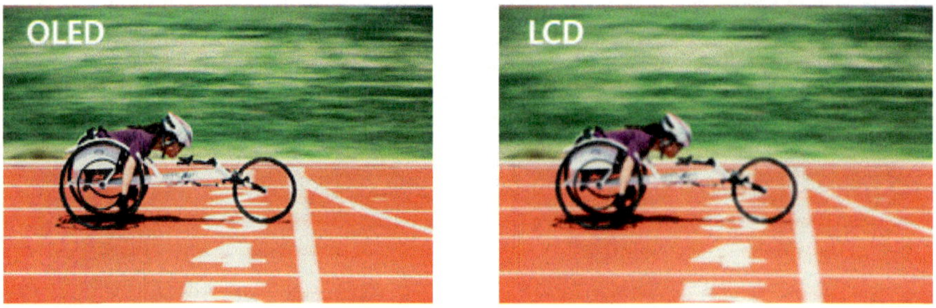

그림 3-13 OLED와 LCD의 응답 속도 차이에 따른 이미지

앞서 이야기한 온도에 따른 소자 구동 특성도 OLED와 LCD간에 차이를 보인다. 낮은 온도에서의 특성과 함께 높은 온도에서의 구동 특성도 중요하며, LCD의 경우에는 온도가 올라갈 경우 점도가 낮아지며, 배향막을 따라 배향하고 있는 액정 분자가 높은 온도에서 일정 배열에서 쉽게 벗어나기 때문에 화면의 왜곡이 생기게 된다. 즉 높은 온도에서는 액정 배열 제어가 어려워지면서 대비비가 떨어지고 화질이 저하된다. 반면, OLED의 경우에는 높은 온도에서도 전자의 이동과 전자 전이 과정에서 문제가 없기 때문에 화질 변화가 크게 생기지 않는다. 그림 3-14에 OLED와 LCD의 고온에서의 이미지 변화를 나타내었다.

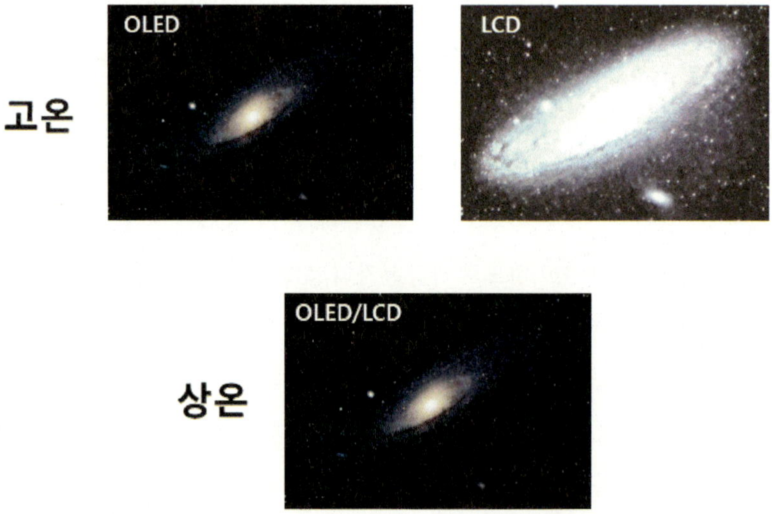

그림 3-14 OLED와 LCD의 상온과 고온에서의 이미지 변화

OLED와 LCD는 소자의 구성 부품에서 큰 차이를 보이며, 부품 차이에 따라 소자의 두께가 서로 다르다. OLED의 경우 기판 위에 TFT 및 OLED 소자를 형성하고, OLED 소자를 외부로부터 보호하기 위하여 봉지하는 단순한 구조로 되어 있다. 반면, LCD의 경우에는 핵심 부품으로서 TFT, 백라이트 단위, 2장의 편광판, 액정셀, 및 컬러 필터를 기본으로 포함하고 있으며, 여러 광학 필름을 추가적으로 포함하고 있기 때문에 소자 구조가 복잡하다. 따라서, OLED 소자는 얇은 박형으로 만들기 유리한 반면에, LCD의 경우 박형으로 만드는 것이 상대적으로 어려운 단점이 있다. 그림 3-15에 OLED와 LCD의 부품 구성의 차이점을 나타내었다.

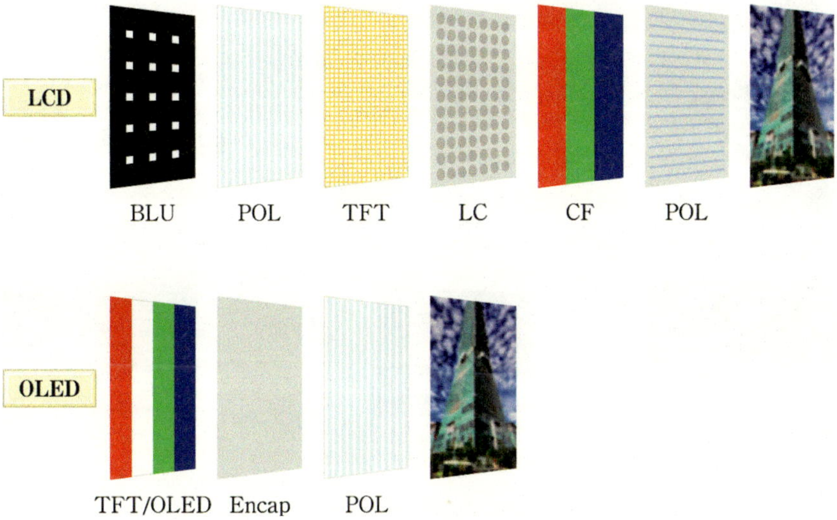

그림 3-15 OLED와 LCD의 주요 부품 구성의 차이점

투명 디스플레이를 제작하는 측면에서도 OLED와 LCD는 차이를 보이며, OLED의 경우 cathode 전극을 투명 또는 반투명하게 제작하거나, 소자의 일정 공간을 투명하게 만들어 쉽게 투명 OLED 소자를 제작할 수 있는 장점이 있다. OLED를 이용한 투명 디스플레이는 투과율이 40~50% 수준이다. 그러나, LCD의 경우에는 백라이트가 있기 때문에 투명한 LCD를 제작하기가 어려운 단점이 있기 때문에 투명 디스플레이 제작에 있어서 OLED에 비하여 상대적으로 불리하며, 투과율이 10~20% 수준으로 OLED에 비하여 낮은 투과율을 보인다.

투명화 및 박막화 등과 관련된 차이점 이외에 OLED가 LCD에 비하여 갖는 가장 큰 장점은 플렉시플 디스플레이로서의 제품화이다. 최근 플렉시블 디스플레이는 접는 디스플레이 (foldable display), 마는 디스플레이 (rollable display), 휘는 디스플레이 (bendable display) 등 다양한 형태로 개발되고 있으며,

플렉시블 디스플레이로서 가장 적합한 디스플레이는 OLED이다. LCD는 백라이트가 휘어지기 어렵고, 백라이트 단위가 휘어지더라도 전 디스플레이 화면에 걸쳐서 백라이트가 균일하게 발광하기 어렵기 때문에 플렉시블 디스플레이로서 적합하지 못하다. 반면 OLED의 경우에는 면발광 디스플레이로서 기판을 플렉시블 기판을 적용하면 원하는 형태로 자유롭게 휘거나 접는 등 형태를 변형하기가 용이하고, 변형된 상태에서도 안정적으로 발광 특성을 유지할 수 있기 때문에 플렉시블 디스플레이로서 가장 적합한 디스플레이이다. 이 부분이 OLED가 다른 디스플레이에 비하여 갖는 가장 큰 장점이라고 할 수 있으며, OLED 기술을 활용해야 다양한 플렉시블 디스플레이 제품을 개발할 수 있다. 그림 3-16에 다양한 플렉시블 OLED 제품을 나타내었다.

그림 3-16 다양한 플렉시블 OLED 제품

위와 같이 OLED는 LCD에 비하여 여러 장점을 가지고 있으나, 향후 극복해야 할 단점들도 있다. OLED 소자의 가장 취약한 부분은 소자의 수명이며, 발광 재료로서 기존 디스플레이에서 사용하는 무기물 대신 안정성이 약한 유기물을 사용하기 때문에 수명 측면에서 타 디스플레이에 비하여 단점을 가지고 있다. 유기물의 안정성 개선 및 유기물의 손상을 최소화할 수 있는 새로운 소자 구조의 개발 등을 통하여 매년 수명을 향상시키고 있으나, 제품의 고해상도 및 대형화에 대응하기 위해서는 지속적인 수명 개선이 요구된다.

또한, 소비 전력 측면에서도 향후 추가적인 개선이 필요하다. 현재 OLED의 소비 전력 수준은 LCD와 유사한 수준으로 볼 수 있으나, LCD의 소비 전력도 지속적으로 낮아지고 있으므로, 이에 대응할 수 있는 소비 전력 개선 기술이 필요하다. 현재 소비 전력에 가장 문제가 되고 있는 부분은 효율이 낮은 청색 형광 발광 재료의 사용이며, 소비 전력을 획기적으로 개선하기 위해서는 현재의 효율이 낮은 형광 청색 발광 재료를 대체하여 효율이 우수한 고효율 청색 발광 재료를 제품화해야 한다. 이 경우 소비 전력을 대폭 저감할 수 있으며, 소비 전력 측면에서도 LCD에 비하여 장점을 가질 수 있다.

2 OLED의 응용

OLED의 응용 분야는 크게 디스플레이 분야와 조명 분야로 나눌 수 있다. OLED는 주로 디스플레이 응용을 목적으로 개발되었으며, 초기 PMOLED는 자동차용 오디오의 디스플레이 및 폴더블 휴대폰의 외부 보조 화면으로 주로 사용되었다. 외부 보조 화면은 작은 크기로 기본 정보를 보여주는 화면과 휴대폰의 에지에서 간단한 정보만을 표시하는 용도로 활용하였다. 이후 PMOLED의 활용 영역은 휴대폰의 주화면으로까지 확대되어 주화면 및 보조 화면에 모두 PMOLED를 적용할 수 있게 되었다. 그러나, AMOLED가 개발되면서 휴대폰의 주화면은 AMOLED가 적용되었으며, 터치형의 스마트폰이 본격적으로 보급되면서, AMOLED가 스마트폰의 주력 디스플레이로서 사용되게 되었다. 유리기판 기반의 AMOLED가 주로 스마트폰에 사용되었으나, 이후 갤럭시 시리즈에 에지 화면을 적용하는 플렉시블 AMOLED가 적용되기 시작하면서 플렉시블 AMOLED가 휴대폰에 적용되기 시작하였다. 에지만을 곡면으로 적용한 플렉시블 AMOLED를 시작으로 다양한 디자인의 플렉시블 AMOLED가 적용되기 시작하였으며, 진정한 의미의 플렉시블 AMOLED는 갤럭시 폴드 모델에 적용된 접는 AMOLED이다. 접는 AMOLED 기술은 스마트폰 디자인의 혁신을 가져 왔으며, 갤럭시 폴드를 시작으로 갤럭시 Z 폴드 및 갤럭시 폴드 2 등 접는 AMOLED를 적용한 제품군이 점차적으로 확대되고 있다. 소형 AMOLED는 주로 스마트폰에 적용되었으나, 이 외에도 MP3 제품 및 디지털 카메라의 스크린에도 적용되었다. 중형 크기로는 태블릿에 적용되는 OLED 제품도 있으며 노트북의 디스플레이로도 적용되기 시작하였다.

소형 뿐 아니라 대형 OLED도 개발되어, 대형 OLED는 TV용으로 주로 적용되고 있다. TV 제품으로서 4K 해상도를 가진 48인치, 55인치를 비롯하여, 65인치 및 77인치 제품이 개발되어 시판되고 있으며, 고해상도인 8K 해상도를 가진 77인치 및 88인치 OLED TV도 개발되어 있다. 또한, 2020년부터는 rollable OLED TV도 제품화하여 유리 기판상의 OLED TV부터 플렉시블 기판상의 플렉시블 OLED TV까지 다양한 제품군에 적용되고 있다.

OLED의 주력 응용 분야는 디스플레이 분야이지만 조명 분야도 OLED의 주요 응용 분야 중 하나이다. 조명으로서 OLED는 LED와 비교되며, 감성 조명으로서 우수한 색특성 및 디자인의 다양성 등으로 인하여 활발히 개발되었다. 조명 개발은 주로 미국, 유럽 및 일본을 중심으로 진행되었고, 초기에는 미국의 General Electric이 플렉시블 조명 등 다양한 OLED 조명을 개발하였으며, 유럽에서는 필립스와 오스람을 중심으로 조명 개발이 활발히 진행되었다. 일본에서는 루이오텍, 코니카미놀타, 카네카 등의 회사에서 조명 제품을 개발하였으며, 국내에서는 엘지화학에서 조명 사업을 시작하였고, 이후 엘지디스플레이로 사업을 이관하였으나, 현재는 사업을 중단한 상태이다. 여러 회사에서 스탠드 및 일반 조명으로서 OLED 제품을 출시하였으며, 일반 조명 용도 뿐 아니라 자동차의 후미등 및 방향지시등에 적색 및 황색 OLED 조명 제품을 적용하였다. OLED 조명 시장은 아직까지 LED에 비하여 가격 경쟁력이 확보되지 않아 시장 규모가 크지 않은 상황이나, OLED 조명만이 가진 투명한 조명 및 플렉시블 조명 응용이라는 장점으로 인하여 점진적으로 시장 확대가 기대되고 있다. 그림 3-17에 다양한 OLED 응용 제품을 나타내었다.

그림 3-17 다양한 OLED 응용 제품

3 OLED의 산업 현황

OLED의 기초 기술 개발은 미국 및 유럽을 중심으로 이루어졌으나, 제품의 산업화에서는 대한민국이 가장 앞섰으며, 전세계적으로 시장을 장악하고 있다. 초기 제품화에서는 일본 업체들이 PMOLED를 중심으로 앞서 있었으나, 고난이도의 양산 기술을 요구하는 AMOLED 분야에서는 대한민국의 삼성디스플레이와 엘지디스플레이가 독보적인 위치를 차지하고 있다. 삼성디스플레이는 소형 AMOLED에 사업을 집중하였으며, 엘지 디스플레이도 소형 AMOLED 양산을 시작하여, 2020년 현재 소형 AMOLED 시장에서 국내 업체가 시장 점유율 90% 이상을 차지하고 있다. 2007년 AMOLED 양산을 시작하면서부터 90% 이상의 전세계 시장 점유율을 유지해 오고 있다. 엘지디스플레이는 대형 AMOLED에 사업을 집중하였으며, 2012년 OLED TV 양산을 시작하면서부터 시장 점유율 100%를 유지하면서 시장을 독점하고 있다. 당분간도 경쟁 업체가 존재하지 않을 것으로 판단되며, 독점적인 위치를 공고히 하면서 전세계 TV 업체에 패널을 공급하고 있다. 이와 같이 OLED 산업 분야에서는 국내 업체들이 제품 개발을 선도하면서 시장을 주도하고 있다.

패널사들 뿐 아니라 소재, 부품 및 장비 회사들도 다른 산업 분야와는 달리 경쟁력을 유지하고 있다. OLED 소재 분야에서는 국내 업체로 삼성 SDI, 엘지화학, 덕산네오룩스, 솔루스첨단소재, 동진세미켐, 엘티소재, 피엔에이치테크 등 국내 업체가 해외 업체들과 경쟁하고 있으며, 국내 장비 업체로는 선익시스템, 야스, AP 시스템, 주성엔지니어링, 원익 IPS 등의 장비 업체들이 OLED 제품 양산을 위한 장비를 공급하고 있다.

제3절

OLED의 기본 원리

1 OLED의 구동 원리

OLED는 EL을 이용하여 발광하는 소자로서 빛에너지 흡수를 통하여 엑시톤을 형성하여 발광하는 PL과는 달리 엑시톤의 형성 과정이 전기적인 에너지를 공급하여 일어난다. 발광이 일어나기 위해서는 엑시톤의 형성이 필수적이며, 엑시톤을 형성하기 위해서는 HOMO에는 정공이 LUMO에는 전자가 쌍으로 존재해야 한다. LUMO에 있는 전자는 높은 에너지 상태에 있는 전자이므로 엑시톤 형성을 위해서는 에너지가 공급되어야 하며, LUMO에 전자를 형성시키기 위해서 전압을 가하여 전기적인 에너지를 통하여 LUMO에 전자를 공급한다.

EL을 통한 발광 과정은 PL을 통한 발광 과정을 통하여 보다 쉽게 이해할 수 있다. PL 발광 과정에서는 그림 3-18에서 볼 수 있듯이, 엑시톤 형성시 광에너지를 흡수하고 HOMO에 있던 전자가 LUMO로 전이하면서 엑시톤을 형성된다. 엑시톤 형성 후 여기 상태에 있던 전자는 바닥 상태로 내려오면서 발광한다. 이 과정에서 필수적인 과정은 엑시톤 형성 과정이며, EL에서는 엑시톤 형성을 위하여 전극을 이용하여 LUMO로 전자를 공급하고, 전극을 이용하여 HOMO로부터 전자를 빼내어 정공과 전자의 쌍인 엑시톤을 형성한다 (그림 3-19). LUMO로 전자를 주입하는 전극은 cathode라고 하며,

HOMO로부터 전자를 빼내어 정공을 주입하기 위한 전극은 anode라고 한다. 전자가 HOMO로부터 anode로 이동하게 되면, HOMO에 정공이 생성되기 때문에, 일반적으로는 anode로부터 HOMO로 정공이 주입된다고 설명한다. 전극에서 전자 주입 및 전자 제거를 용이하게 하기 위해서는 전극의 일함수를 유기물의 HOMO와 LUMO 에너지 준위와 맞게 조절해야 한다. Cathode의 일함수를 유기물의 LUMO와 유사하게 조절하여 전자 주입을 원활하게 해 주며, anode의 일함수를 유기물의 HOMO와 유사하게 조절하여 전자 제거를 원활하게 한다. 일반적인 유기 발광 물질의 HOMO 에너지 준위는 −5.0~−6.0 eV이며, LUMO 에너지 준위는 −2.5~−3.0 eV이다. Anode 전극의 일함수는 일반적으로 −5.0 eV 정도 수준이며, cathode 전극의 일함수는 −3.0 eV 정도 수준이다. 따라서, EL 발광 소자의 구조는 cathode의 일함수가 얕고, anode의 일함수가 깊은 구조로 되어 있으며, 전자의 흐름은 항상 높은 에너지 상태인 cathode로부터 낮은 에너지 상태인 anode로 이동하는 다이오드의 특성을 보인다. 전자의 이동 과정을 보면, 전압에 의하여 cathode로부터 유기물의 LUMO로 주입되고, LUMO로 주입된 전자는 엑시톤을 형성하고 HOMO에 전자가 비어 있는 공간인 정공으로 전이하며 발광하고, HOMO로 내려온 전자는 anode로 흘러 나간다 (그림 3-20). 이와 같이 전자의 경로는 다이오드 구조를 통하여 cathode, LUMO, HOMO를 거쳐서 anode로 나가는 경로를 따라 발광이 일어나게 된다. 따라서, 소자의 구조가 전자의 흐름이 한 방향인 다이오드 (diode) 구조이며, 발광 물질로 유기 물질 (organic)을 사용하고, 발광 (light-emitting)하는 소자이기 때문에 유기 발광 다이오드 (organic light-emitting diode)라고 한다.

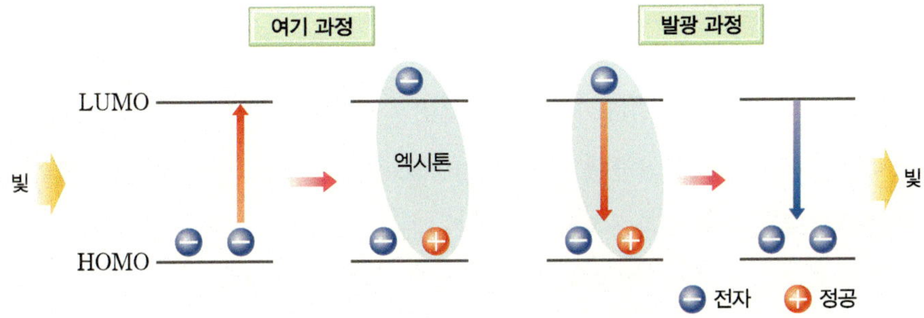

그림 3-18 PL 과정을 통한 여기 및 발광 과정

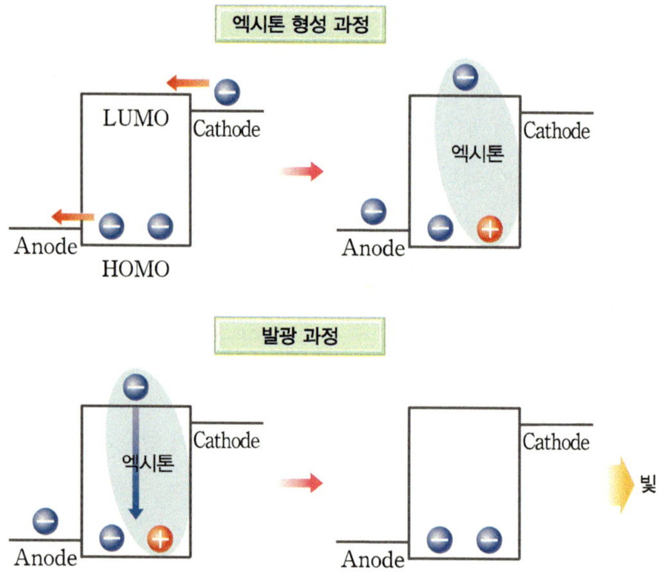

그림 3-19 EL 과정을 통한 엑시톤 형성 및 발광 과정

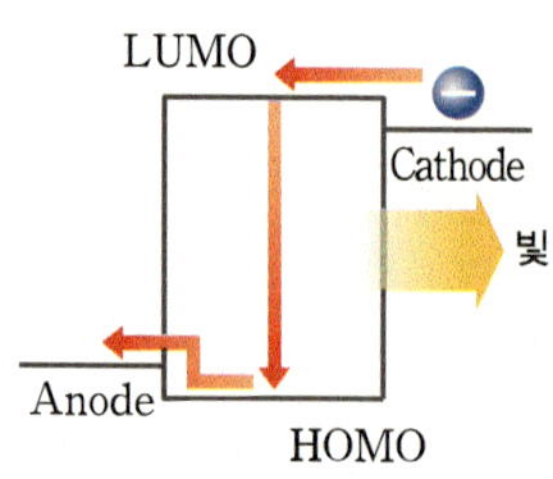

그림 3-20 OLED 소자에서 EL 과정을 통한 전자의 흐름 경로

이와 같은 전자의 흐름을 갖는 OLED 소자에서는 가장 중요한 것이 엑시톤을 효율적으로 형성하는 것이며, 효율적인 엑시톤 형성을 위한 가장 중요한 조건은 발광 물질에서 정공과 전자의 균형을 정확하게 맞추는 것이다. 일반적으로 전하 균형 (charge balance)이라고 하며, 정공과 전자의 개수를 정확히 맞추면 주입되는 모든 전자를 발광에 활용할 수 있기 때문에 OLED 소자에서 높은 발광 효율을 얻을 수 있다. 예를 들어, 주입된 정공과 전자가 외부로 누설되는 것이 없이 발광층에서 모두 엑시톤을 형성한다고 가정할 경우, 발광 분자의 LUMO로 주입되는 전자의 수가 100개이며, HOMO에서 나간 전자 즉 HOMO로 주입된 정공의 수가 100개라고 하면, 주입된 100개의 전자가 100개의 엑시톤을 형성할 수 있다. 그러나, LUMO로 주입된 전자의 수가 100개이며, HOMO로 주입된 정공의 수가 50개이면, 생성되는 엑시톤의 수가 50개이므로, 주입된 전자 중 50개만 발광에 활용할 수 있고, 50개의 전자는 손실된다 (그림 3-21). 따라서, 정공과 전자의 균형을 정확하게 맞추는 것이 소자 효율 측면에서 중요하다.

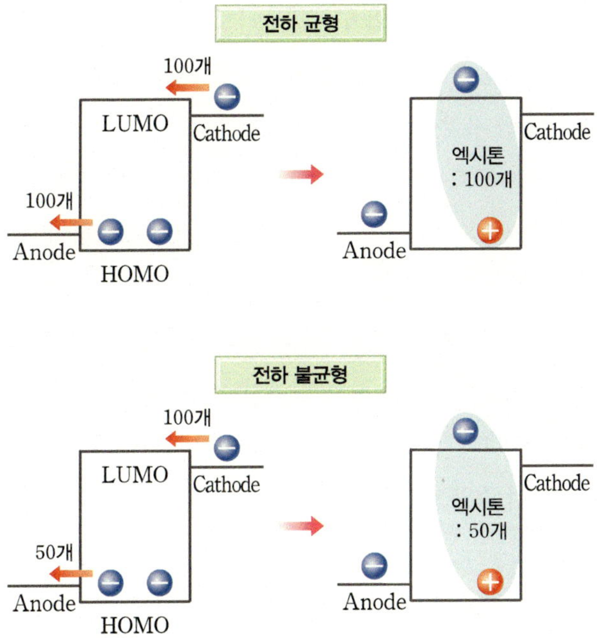

그림 3-21 OLED 소자에서의 전하의 균형을 통한 엑시톤 형성

2 OLED 소자 기본 구조

OLED 소자 구조는 anode와 cathode 전극 사이에 유기 발광 물질을 적층한 구조를 가지고 있으며, 기본적인 발광을 위해서는 두 전극 사이에 발광층만 있으면 발광이 가능하다. 그러나, 발광 물질에 따라, anode와 발광 물질의 HOMO, cathode와 발광 물질의 LUMO 사이에 에너지 장벽이 큰 경우가 있다. 특히, 발광 물질이 발광 에너지가 작아 HOMO-LUMO 에너지 준위 차이가 작은 적색 발광 물질보다는 발광 에너지가 커서 HOMO-LUMO 에너지 준위 차이가 큰 청색 발광 물질에서 전극과 유기물의 HOMO 및 LUMO 에너지 준위 사이에 차이가 크게 나타날 가능성이 커진다 (그림 3-22). 전극과 유기물 사이에 에너지 장벽이 존재할 경우에는 전하 주입을 위해 높은 전압을 가해 주어야 하며, 소자의 구동 전압 상승과 소비 전력 상승의 문제가 생기게 된다. 구동 전압을 낮추기 위해서는 에너지 장벽을 낮추어야 하며, 에너지 장벽을 낮추기 위한 방법은 anode와 발광 물질 사이에 anode의 일함수와 발광 물질의 HOMO 준위 사이의 HOMO 에너지 준위를 갖는 물질을 도입하고, cathode와 발광 물질의 LUMO 준위 사이의 LUMO 에너지 준위를 갖는 물질을 도입하는 것이다 (그림 3-23). 전자를 정공 수송층 (hole transport layer, HTL) 이라고 하며, 후자를 전자 수송층 (electron transport layer, ETL)이라고

한다. 정공 수송층 도입을 통하여, 정공 주입을 위한 에너지 장벽을 낮출 수 있으며, 전자 수송층을 통하여 전자 주입을 위한 에너지 장벽을 낮출 수 있다. 따라서, OLED 소자 구조는 두 전극 사이에 발광층을 포함하고, anode와 발광층 사이에 정공을 이동시키기 위한 정공 수송층을 도입하여 발광층으로의 정공 주입 (발광층의 HOMO로부터 정공 수송층의 HOMO로의 전자 주입)을 원활하게 하고, cathode와 발광층 사이에 전자를 이동시키기 위한 전자 수송층을 도입하여 발광층으로의 전자 주입을 원활하게 하는 소자 구조를 가지고 있다. 전자 수송층의 경우에는 cathode로부터 전자를 주입하는 역할과 함께 정공 수송층으로부터 발광층으로 주입된 정공이 발광층에서 속박되어 더 이상 이동하지 못하도록 막는 역할을 동시에 할 수 있어야 한다. 따라서, 전자 수송층은 LUMO 조절과 함께 HOMO 에너지 준위를 발광층의 HOMO 에너지 준위에 비하여 깊게 만들어야 한다. 유사하게 정공 수송층 물질의 경우에는 HOMO 에너지 준위 조절을 통하여 정공 주입을 용이하게 하는 동시에 전자 수송층으로부터 발광층으로 주입된 전자가 더 이상 이동하지 못하고 발광층 내에만 존재하게 만들기 위하여 LUMO 에너지 준위가 전자를 막을 수 있도록 조절해야 한다. 전자 누설을 막기 위해서는 정공 수송층의 LUMO가 발광층의 LUMO에 비하여 얕아야 한다 (그림 3-24). 이와 같이 전자 수송층 및 정공 수송층은 전하 전달과 함께 반대 전하 차단의 두 가지 기능을 동시에 할 수 있어야 한다.

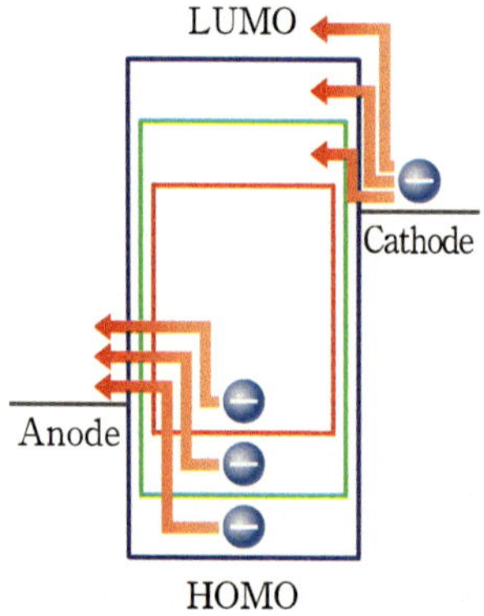

그림 3-22 발광 물질의 HOMO와 LUMO에 따른 전하 주입 장벽 형성

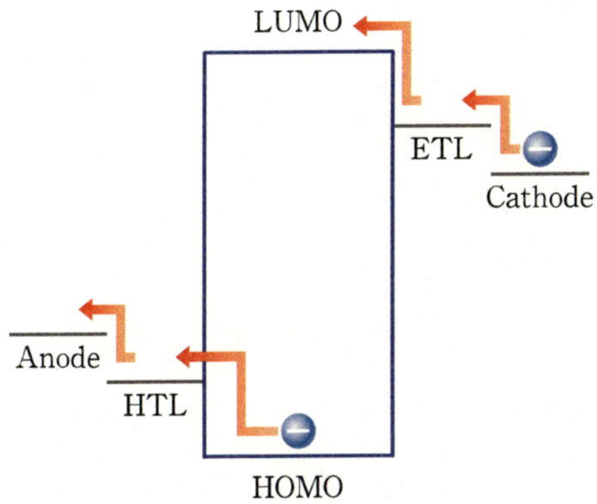

그림 3-23 정공 수송층과 전자 수송층을 이용한 전하 주입 특성 개선

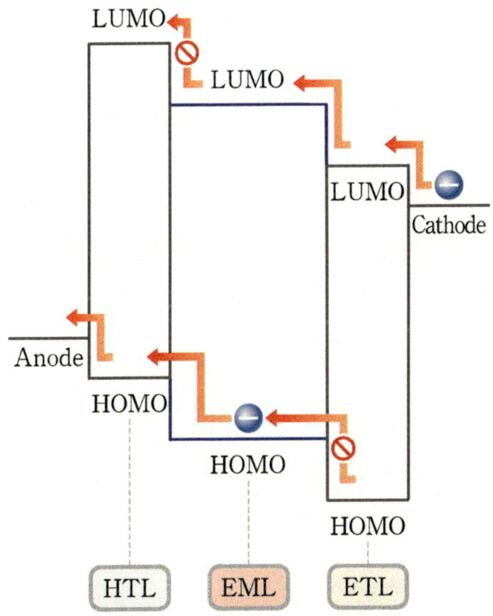

그림 3-24 전극으로부터 정공 수송층 및 전자 수송층을 통한 발광층으로의 전하 주입 특성 개선 및 전하 누설 방지

위와 같은 전하 수송층을 포함하고 있는 OLED는 anode/정공 수송층/발광층/전자 수송층/cathode의 기본적인 소자 구조를 가지고 있다. OLED 소자 구조에서 유기막층은 약 100~200 nm의 두께를 가지고 있으며 박막의 구조를 가지고 있다 (그림 3-25). OLED 소자가 박막으로 구성되어 있다는 점은 장점이지만, 유기막층의 두께가 얇기 때문에 일부 파티클 등이 있을 경우에는 전극 사이에서 불량이 발생하기가 쉽고 전류 누설이 생길 수 있는 가능성이 높은 단점이 있다. 따라서, 공정에서 생산 수율을 높이기 위해서는 공정상에서 파티클을 최소화해야 한다. 유기막의 두께를 늘릴 경우에는 파티클 등에 의한 불량 생성 확률을 줄일 수가 있으나, OLED 소자 내 유기물은 절연체로서 저항이 크기 때문에 유기막 두께를 늘릴 경우에는 저항 증가로 인하여 동일 전압에서 전류값이 감소하게 된다. 따라서, 유기막

두께를 두껍게 하기 어려우며, 얇은 두께로 유지해야 낮은 구동 전압을 유지할 수 있다.

OLED 소자의 총 유기막 두께는 구동 전압 문제 및 소자 내 불량 발생을 모두 고려하여 100~200 nm 범위의 두께를 적용하는 것이 일반적이며, 여러 층의 유기막의 두께를 전하 균형을 유지하고, 소자의 구동 전압을 최소화하고, 소자의 수명을 최대화할 수 있도록 설계한다. 유기막 두께 중에서 가장 먼저 고려해야 하는 부분은 발광층의 두께이다. 발광층의 경우 서로 다른 두가지 이상의 물질을 혼합하는 구조로 이루어져 있으며, 주된 기능이 발광 기능이기 때문에 소자 내 유기막층 중에서 가장 낮은 전하 이동도를 보인다. 따라서, 저항이 가장 큰 층이며, 소자의 구동 전압을 낮추기 위해서는 가장 이동도가 낮은 발광층의 두께를 최소화해야 한다. 그러나, 소자의 수명 등을 확보하기 위해서는 일정 두께 이상의 발광층을 적용해야 하며, 일반적으로는 20 nm 이상의 발광층을 사용한다. 소자 수명은 소자 두께를 증가시킴에 따라 증가하는 경향이 일반적이나, 소자 구동 전압 상승이 심하기 때문에 최대 두께는 약 40 nm 수준이다. 따라서, 발광층의 두께는 소자 특성을 모두 고려하여 20~40 nm 사이의 두께를 유지한다.

발광층의 두께를 정한 이후에는 발광층에서 전하 균형을 통하여 높은 효율을 얻기 위하여 정공 수송층과 전자 수송층의 두께를 선택한다. 두께 선정시 가장 중요한 고려 사항은 전하 균형으로 정공 수송층과 전자 수송층의 이동도를 고려하여 전하 균형을 최적화할 수 있는 두께를 선택한다. 일반적으로 정공 수송층의 정공 이동도가 전자 수송층의 전자 이동도에 비하여 크기 때문에 전하 균형을 위하여 정공 수송층의 두께는 두껍게 유지하고, 상대적으로 이동도가 낮은 전자 수송층의 두께는 얇게 만든

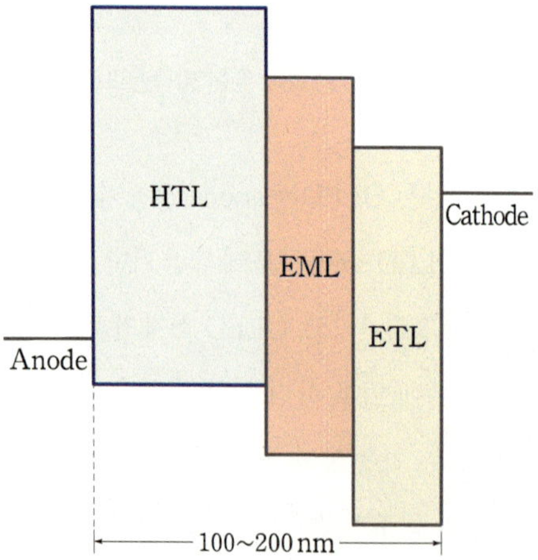

그림 3-25 OLED 소자의 기본 구조

다. 따라서, OLED 소자의 구조는 정공 수송층이 두껍고 20-40 nm 두께의 발광층이 가운데에 위치하며, 정공 수송층보다 얇은 전자 수송층이 소자 내부에 존재한다.

유기막층의 두께를 최적화한 OLED 소자에서는 발광층에서 발광한 빛이 외부로 나와야 하기 때문에 anode나 cathode 전극 두 전극 중 하나의 전극은 투명해야 한다. 초기에 개발된 OLED 소자는 anode로서 투명 전극인 ITO를 적용하였으며, cathode로서는 반사 전극으로서 Al을 기반으로 하는 전극을 사용하였다. 투명한 anode를 적용하는 소자 구조를 배면 발광 OLED (bottom-emitting OLED) 소자라고 한다. Cathode 전극이 투명할 수도 있으며, 이 때는 anode를 반사 전극으로 사용하고, cathode를 투명 또는 반투명 전극으로 적용한다. 발광 방향이 cathode 방향인 소자를 전면 발광 OLED (top-emitting OLED) 소자라고 한다. 이 외에도 cathode를 하부에 두고 anode를 상부에 두는 구조의 OLED 소자도 있으며, 이러한 소자를 역구조 OLED (inverted OLED) 소자라고 한다. Inverted OLED 소자의 경우에도 배면 발광 구조와 전면 발광 소자 구조가 가능하다. 그림 3-26에 소자 구조를 비교하였다. Anode 전극과 cathode 전극이 모두 투명할 경우에는 양 방향으로 발광이 이루어질 수 있으며, 이러한 소자는 투명 OLED가 된다.

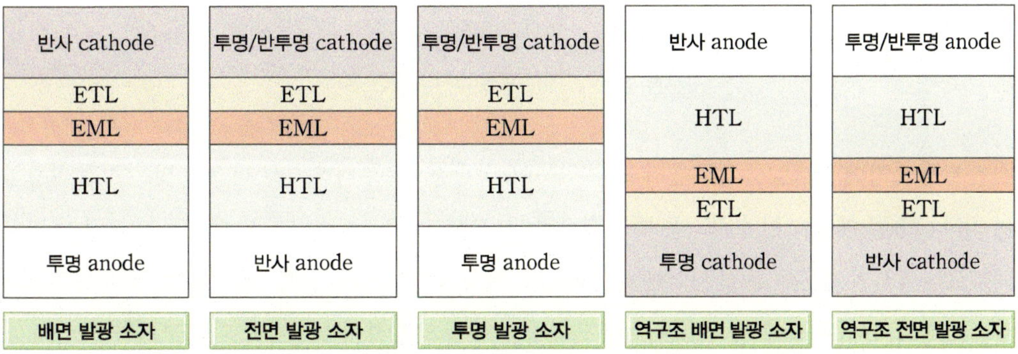

그림 3-26 OLED의 다양한 소자 구조

적어도 하나의 투명한 전극을 포함하는 OLED 소자에서 엑시톤의 형성과 엑시톤의 광자로의 전환을 통한 발광은 모두 발광층에서 일어나게 된다. 발광층에서 발광시 광자는 방향과 관계 없이 전방향으로 발광해서 나가게 되며, 배면 발광 소자 구조 가정시 발광은 발광층에서 전방향으로 광자가 진행하게 된다. 발생한 광자 중 일부는 직접 투명한 ITO 전극 쪽으로 진행하여 외부로 방출될 수 있으며, 일부는 반사 전극으로 사용하는 cathode에서 반사되어 다시 ITO 전극 쪽으로 진행한다. 그러나, 옆으로 진행하는 광자들은 굴절율 차이에 의한 전반사 또는 waveguide 효과에 의하여 옆으로 새어 나가고 소자 외부로 나가지 못하게 된다. 따라서, 실제로 외부로 빠져 나오는 광자의 비율은 20~30% 수준이다. 즉 생성된 광자 중 70~80%의 광자는 내부에서 손실되어 외부로 방출되지 않으며, OLED 소자의 효율이 LED에 비하여 상대적으로 낮은 이유는 바로 외부로 나오는 광자의 비율이 낮기 때문이다. 그림 3-27에 일반적인 배면 발광 OLED 소자의 빛의 발광 경로를 나타내었다.

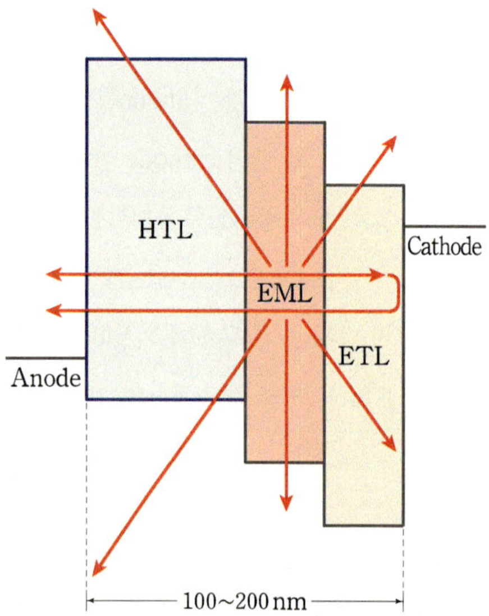

그림 3-27 배면 발광 소자의 발광 경로

배면 발광 소자에서의 발광 경로에서 볼 수 있듯이, 발광층으로부터 외부로 나오는 빛은 직접 발광하는 빛과 cathode에 의하여 반사되는 빛의 합으로 나타낼 수 있다. 서로 다른 발광 경로를 가진 두 빛이 외부로 발광하기 때문에 두 빛 사이에서 약한 간섭 현상이 발생하게 되며, 앞서 기술한 소자의 유기막 두께 결정시, 간섭 현상에 의한 빛의 손실 및 파장 변화 등의 광학적 특성도 동시에 고려한다. 따라서, OLED 소자에서의 유기막 두께는 전하 균형과 소자에서의 간섭 현상을 고려한 광학적 특성을 고려하여 결정한다.

CHAPTER

04

OLED 소자 분류

제1절
배면 발광 및 전면 발광 소자

1 배면 발광 OLED 소자 구조

초기 개발되어 널리 사용되고 있는 배면 발광 OLED 소자에서는 anode 전극으로서 투명 전극을 사용하고, cathode 전극으로서 반사 전극을 사용하며, 유기물이 두 전극 사이에 적층되어 있는 구조를 사용하고 있다. 배면 발광 소자에서 투명 전극은 기판상의 트랜지스터와 연결되어 있으며, 빛의 발광 방향은 기판 방향이다. 트랜지스터 기판 상에서 공정상으로 간단하게 제작할 수 있는 장점으로 인하여 AMOLED 개발 초기부터 널리 사용하고 있는 소자 구조이다. 현재 AMOLED TV에서 배면 발광 OLED 소자 구조를 사용하고 있다.

1 전극 구조

① Anode

배면 발광 OLED 소자에서는 anode로서 투명 전극을 사용하며, 투명 전극으로서 가장 널리 사용하는 전극은 ITO 전극이다. ITO 전극은 OLED 뿐 아니라 기존의 LCD에서도 전극으로서 널리 사용하는 전극이다.

Anode에 요구되는 주요 특성으로는 다음과 같은 특성이 있다.

- 작은 저항
- 낮은 표면 거칠기
- 높은 투과도
- 깊은 일함수

LCD와 OLED는 동일하게 ITO 전극을 사용하지만 LCD용 ITO 전극에 비하여 OLED용 ITO 전극은 표면 평탄도가 더 우수한 전극을 사용한다. LCD의 경우 두 ITO 전극 사이의 셀 갭이 μm 이상으로 크기 때문에 ITO의 표면 평탄도가 크게 문제가 되지 않지만, OLED의 경우 전극 사이의 유기물의 두께가 100~200 nm 정도 밖에 되지 않기 때문에 ITO 전극이 평탄하지 않을 경우 ITO 기판상에 튀어 나온 부분 (spike)에서 얇은 두께로 인하여 전기장이 집중되면서 단락 (short)이 발생하게 된다. 따라서, ITO 표면에서 spike를 제거한 평탄한 ITO의 사용이 중요하다.

표면 평탄도와 함께 ITO 전극에서 고려해야 하는 부분은 ITO의 일함수이다. 일반적인 ITO의 일함수는 −4.7 eV이며 유기막층으로 정공 주입을 원활하게 하기 위해서는 ITO의 일함수가 가능한 깊은 것이 유리하다. 따라서, ITO 전극의 일함수를 조절하기 위한 기술로 ITO 표면처리 기술을 적용한다. 표면 처리를 위한 방법으로서 널리 사용하고 있는 방법은 산소 플라즈마 처리와 자외선/오존 (UV/O_3) 처리 방법이다. 산소 플라즈마 처리 방법은 ITO 표면을 화학적으로 개질하는 방법으로서, 산소 플라즈마 처리에 의한 표면 산화에 의하여 −OH 등과 같은 극성 기능기들이 형성되고, 표면 일함수가 −5.1 eV까지 이동한다[1]. 따라서, 유기물의 HOMO와의 에너지 준위 차이가 작아지고 정공 주입이 용이하게 된다. 산소 플라즈마 처리 방법은 이외에도 표면에 존재하는 불순물을 제거하는 세정 효과도 있다. UV/O_3 처리 방법도 산소 플라즈마 처리와 유사한 효과를 얻을 수 있는 방법이다. 이 방법은 200 nm 이하의 파장을 가진 단파장 UV를 이용하여 산소를 오존으로 변화시켜 표면 개질하는 방법이다. 그러나, 화학적 표면 처리 방법이 아닌 물리적 표면 처리 방법으로서 일함수의 변화는 −5.1 eV까지 유사하게 나타나지만, 표면 처리의 효과가 길게 지속되지 못한다. 산소 플라즈마의 경우에는 화학적 표면 처리 방법이기 때문에 수시간 이후에도 표면 처리 효과가 그대로 지속되지만 UV/O_3의 경우에는 표면 처리 효과가 1시간 이상 지속되기 어렵다.

1) A. Kahn et al. Appl. Phys. Lett. 70, 1348 (1997)

Anode 전극은 전극으로 트랜지스터와 직접 연결되기 때문에 작은 저항을 가지고 있어야 하며, ITO의 경우 면저항으로 10옴 정도의 저항을 가질 수 있기 때문에 anode로서 사용할 수 있다. 또한, 발광 방향이 anode 쪽이기 때문에 90% 이상의 투과도를 요구하며, ITO 전극은 가시 광선 영역에서 90% 이상의 투과도를 보인다. 그러나, ITO의 경우 400 nm 초반 파장대에서는 투과도가 저하되는 문제가 있으므로, 청색 소자에서 고효율을 위해서는 ITO의 두께를 얇게 사용하는 것이 유리하다.

② cathode

Cathode에 요구되는 주요 특성으로는 다음과 같은 특성이 있다.

- 높은 반사율
- 낮은 흡수율
- 얕은 일함수
- 작은 저항

Cathode 전극으로는 흡수율이 낮고 반사도가 높으며 저항이 낮은 금속 기반 반사 전극을 주로 사용한다. 이러한 특성을 만족할 수 있는 반사 전극으로 사용하기에 가장 적합한 금속은 Ag와 Al이기 때문에 두 금속을 기반으로 하는 전극 구조를 cathode 구조로서 사용한다. 그러나, Ag와 Al 모두 −4.3 eV의 일함수를 가지고 있기 때문에 전자 수송층으로 사용되는 유기물의 LUMO (−2.5~−3.0 eV)로 전자를 주입하기 위해서는 1.3 eV 이상의 에너지 장벽을 극복해야 한다. 따라서, Ag 또는 Al을 전극으로 사용할 경우에는 소자의 구동 전압이 상승하는 문제가 발생하게 되며, 이를 극복하기 위해서는 Ag 또는 Al의 일함수를 조절해야 한다. Cathode의 일함수는 전자 주입을 원활하게 하기 위해서 −3.0 eV 수준까지 조절해야 하며, 이를 위해서는 일함수가 −3.0 eV 수준인 금속을 이용하는 것이 가장 효과적이다. 알칼리 금속들이 −3.0 eV 수준의 일함수를 가질 수 있으므로, Ag 또는 Al을 알칼리 금속을 이용하여 개질하는 방법을 주로 사용한다. 알칼리 금속은 Li, K, Cs 등이 있으며, 알칼리 금속을 Ag 또는 Al과 합금 형태로 혼합해서 사용하는 방법과 전자 수송층과 반사 전극 사이에 알칼리 금속을 계면에 사용하는 방법이 있다[2]. 두 가지 방법 모두 cathode 전극의 일함수를 알칼리 금속 수준으로 낮추어 줄 수 있으며, 전자 주입을 용이하게 할 수 있다.

2) A. J. Heeger et al. J. Appl. Phys. 88, 3618 (2000)

그러나, 알칼리 금속의 경우 수분과 산소에 민감하여 공기중에서 다루기 어려우며, 증착 공정에서도 공정 안정성이 저하되어 실제적으로는 사용하기 어려운 단점을 가지고 있다. 알칼리 금속을 외부로부터 보호하기 위하여 알칼리 금속을 낮은 온도에서 증착되는 물질에 분산하여 공정 중에서 보호 물질은 낮은 온도에서 휘발시키고, 알칼리 금속만을 증착하는 게터(getter) 방식의 증착 방법도 개발되었다. 이 방법은 낮은 온도에서 증착되는 물질이 알칼리 금속을 감싸고 있기 때문에 공기 중에서 다루기도 용이한 장점이 있다. 그러나, 이 방법도 게터 물질을 사용해야만 하는 불편함이 있다.

간편하게 증착 공정에서 적용하기 위한 방법으로서 알칼리 금속과 동일한 전자 주입 특성을 구현하면서, 공기 중에서 안정하고, 공정 안정성이 우수한 물질로서 LiF 물질이 개발되었다[3)]. LiF는 이온 결합성 물질이며 절연체의 특징을 갖기 때문에 물질 자체로서는 전자를 주입하기 어려운 물질이다. 그러나, LiF는 전자 수송층 위에 증착 후 cathode인 Al을 증착하게 되면 LiF가 Li과 F_2로 분리되는 특성을 가지기 때문에 계면에는 Li이 존재하여 마치 Li을 전자 수송층과 Al 사이에 증착한 것과 동일한 효과를 갖게 된다. LiF의 경우에는 이온성 화합물이기 때문에 증착 온도가 높지만 안정적인 증착이 가능하며, 수분과 산소에 영향을 받지 않기 때문에 공기중에서도 안정하다는 장점을 가지고 있다. 그러나, LiF는 절연성 물질이며, 모든 LiF가 Li과 F_2로 해리되는 것이 아니기 때문에, 두께를 두껍게 증착할 수 없으며, 일반적으로 사용하는 두께는 1 nm 수준이다. 일반적으로 절연체를 통하여 터널링에 의하여 전자가 주입될 수 있는 두께가 3 nm 이하 수준이기 때문에 이보다 얇은 두께를 사용한다. LiF 층의 두께를 증가시키게 되면 전자 주입 특성이 현저하게 감소하며, 구동 전압이 상승하는 문제가 나타나게 된다. 1 nm 수준의 두께로 LiF를 증착하게 되면 실제로는 1 nm 두께에 해당되는 무게의 LiF를 증착했다는 의미이며, 열증착 공정을 이용한 증착막은 1 nm 수준에서는 연속막이 형성되지 않기 때문에 불연속적인 막이 형성된다. 일반적으로 열증착 공정을 통하여 성막할 경우에는 5 nm 정도의 두께의 막을 증착해야 연속막이 형성될 수 있다.

LiF의 개발 이후, 다양한 알칼리 금속 기반의 절연체들이 전자 주입을 위하여 사용되었으며, 알칼리 금속 계열로 NaF, KF, CsF 등이 알려져 있고, 알칼리 토금속 계열로는 CaF_2, BaF_2 등이 알려져 있다[4)5)6)]. 특히, 알칼리 토금속 계열의 물질들은 고분자 OLED 소자에서 전자 주입

3) C. W. Tang et al. Appl. Phys. Lett. 70, 152 (2000)

4) Y. Park et al. Appl. Phys. Lett. 79, 205 (2001)

5) J. Lee et al. Appl. Phys. Lett. 80, 3123 (2002)

6) J. Huang et al. Adv. Mater. 18, 114 (2006)

특성이 좋은 것으로 알려져 있다. 알칼리 및 알칼리 토금속 계열의 이온 결합성 절연체들을 이용하여 전자 주입 특성을 개선할 수 있다는 것이 보고된 이후, 다양한 알칼리 금속 계열의 물질들이 전자 주입 특성을 위한 물질로 개발되었고, 전자 주입층으로 명명되었다. 그러나, 전자 주입층 물질의 해리는 Al과 같은 높은 증착 온도를 갖는 전극을 사용할 경우에만 가능하여, 증착 온도가 상대적으로 낮은 Ag를 전극으로 사용할 경우에는 LiF를 사용하더라도 전자 주입 특성 개선이 나타나지 않는다.

이온 결합성 물질들은 증착 온도가 높기 때문에 증착 온도를 낮추기 위하여 공유 결합성 전자 주입층 물질에 대한 연구가 진행되었고, 가장 널리 알려져 있는 물질은 Liq로 명명되어 있는 Li 계열의 유기금속 화합물이다[7]. Liq는 Li 금속이 퀴놀레이트 (quinolate)라고 하는 유기 단위와 결합하고 있는 화합물로서 LiF와 유사하게 전자 주입 특성을 개선할 수 있는 물질이다. 강한 이온 결합을 형성하는 LiF와 비교하여 결합의 세기가 약하기 때문에 해리가 보다 용이한 장점을 가지고 있기 때문에 전자 주입층으로 사용하기에 적합한 물질이다. Liq 개발 이후에도 다양한 유기금속 화합물이 개발되어 전자 주입층 물질로서 좋은 특성을 보였다. 표 4-1에 전극으로 적용 가능한 금속 원소들의 일함수를 나타내었고, 그림 4-1에 전자 주입층을 포함하는 cathode 전극 구조를 나타내었다.

표 4-1 전극으로 사용할 수 있는 금속의 일함수

전극	Li	Cs	Ca	Yb	Mg	Al	Ag	ITO
일함수(eV)	-2.90	-2.14	-2.87	-3.10	-3.66	-4.28	-4.26	-4.70

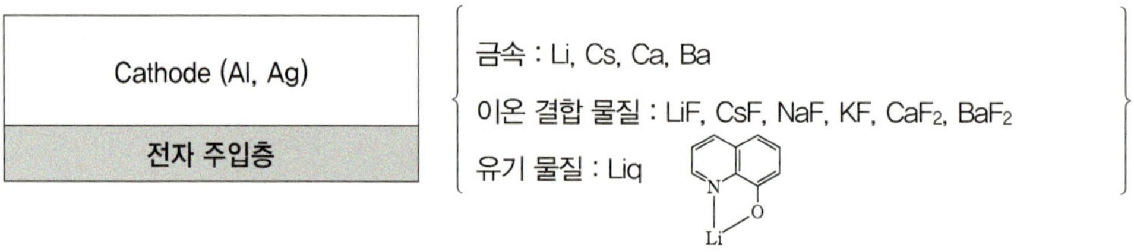

그림 4-1 전자 주입층을 포함하는 cathode 전극의 구조

7) C. Schmitz et al. Chem. Mater. 12, 3012 (2000)

2 유기막층 구조

Anode와 cathode를 포함하고 있는 OLED 소자의 기본 구조는 anode/정공 수송층/발광층/전자 수송층/cathode의 구조이다 (전자 주입층은 cathode 구조에 포함). 처음 개발된 OLED는 anode/정공 수송층/발광층/cathode의 구조를 가지고 있었으며, 이후 전자 수송층이 추가되어 anode/정공 수송층/발광층/전자 수송층/cathode의 구조가 널리 사용되었다. 세 층의 유기막층을 사용하는 OLED 소자 구조가 주로 사용되다가, 정공 주입 특성 개선을 위하여 정공 주입층이 추가적으로 도입된 네 개의 유기막층을 갖는 OLED 소자가 개발되었다. 정공 주입층의 도입으로 각 층간에 HOMO 에너지 준위 장벽을 줄일 수 있었으며, 이를 통하여 정공 주입 특성을 개선할 수 있었다. 이 후 인광 소자가 개발되면서 엑시톤 방지층 (exciton blocking layer)이라고 하는 층이 추가적으로 발광층과 전자 수송층 사이에 도입되어 엑시톤 소광을 억제하고 이를 통하여 인광 소자의 효율을 높일 수 있었다. 엑시톤 방지층은 전자 수송층 뿐 아니라 정공 수송층에도 도입되었으며, 발광층과 정공 수송층 사이에서 엑시톤 소광을 방지하여 소자의 효율 및 수명 특성을 개선할 수 있었다. 현재는 anode/정공 주입층/정공 수송층/엑시톤 방지층(전자 방지층)/발광층/엑시톤 방지층 (정공 방지층)/전자 수송층/cathode의 구조가 널리 활용되고 있다. OLED 소자 구조의 변화를 그림 4-2에 나타내었다.

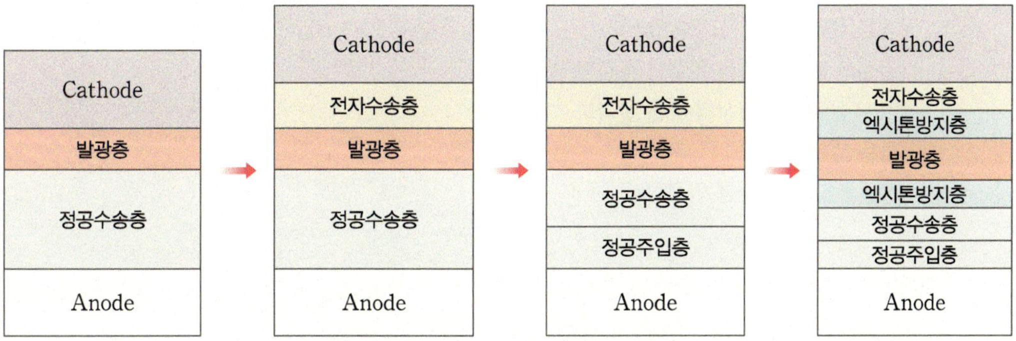

그림 4-2 OLED 소자의 유기막층 구조의 변화

3 유기막층의 역할

① 정공 주입층

정공 주입층의 역할은 다음과 같이 정리할 수 있다.

- anode로부터 정공 수송층으로의 정공 주입
- anode 전극의 평탄화

정공 주입층이 도입된 가장 큰 이유는 anode 전극으로부터 정공 수송층으로 직접 정공 주입시 anode의 일함수와 정공 수송층의 HOMO 준위 사이의 에너지 준위 차이기 크기 때문에 소자의 구동 전압이 높아지는 문제가 생기는 것을 방지하기 위함이다. 이를 위하여 정공 주입층 물질은 anode의 일함수 (-4.7~-5.1 eV)와 정공 수송층 물질의 HOMO (~-5.5 eV) 사이의 HOMO 에너지 준위를 갖는 것이 일반적이다. 추가적인 기능은 anode 전극으로 사용하는 ITO 전극의 표면이 평탄하지 않기 때문에 정공 주입층 도입을 통하여 표면을 평탄하게 하는 기능이다.

OLED 소자 내에서 정공 주입층의 기능을 하기 위해서는 다음과 같은 조건을 만족해야 한다.

- 정공 주입에 적절한 HOMO 에너지 준위 (-5.1~-5.5 eV)
- 높은 정공 이동도
- 높은 유리 전이 온도 (>100 ℃)
- 결정화 방지를 통한 안정한 무정형 필름 형성
- 가시 광선 영역에서의 높은 투과도
- 높은 열분해 온도
- 정공에 대한 우수한 안정성

HOMO 에너지 준위에 대한 요건은 anode로부터 정공 수송층으로의 정공 주입을 위하여 요구되는 특성이며, 에너지 준위와 함께 정공 이동도가 높아야 소자의 전압을 낮출 수 있다. 막 특성도 중요하여, 결정화를 방지하고 무정형 막을 안정적으로 형성할 수 있어야 한다. 결정화가 일어날 경우 막의 표면 평탄도가 훼손되고, 이에 따른 전류 누설이 생기게 된다. 결정화를 방지하기 위해서는 정공 주입층 물질의 분자량이 작은 것보다는 큰 것이 유리하며, 유리 전이 온도가 100도 이상으로 높아야 한다. 유리 전이 온도가 낮을 경우에는 소자 내부 온도가 구동 중 상승할 경우 상승한 온도에 의하여 결정화가 유도될 수 있다.

위와 같은 특성 이외에도 소자 내부 발광층에서 발광된 빛이 정공 주입층을 통과하여 anode 쪽으로 나가게 되므로, 가시 광선 영역에서 흡수가 없어야 한다. 가시 광선 흡수가 있을 경우에는 발광된 빛의 효율이 떨어지는 문제가 생기므로 효율의 감소가 나타난다. 또한, 증착 공정에서 안정한 열증착을 위하여 분해 온도가 높아야 한다. 증착 공정시 유기물을 연속으로 일주일 이상 증착하는 공정을 사용하므로, 연속 증착 공정 동안 유기물이 분해되지 않아야 하며, 이를 위해서는 높은 분해 온도를 필요로 한다. 분해 온도가 낮을 경우에는 증착 공정 중 유기물이 분해되어 증착되므로 소자의 특성이 떨어지는 문제가 생긴다. 또한, 정공을 수송하는 주기능에 의하여 지속적으로 정공이 존재하는 상태로 있으므로, 정공이 존재할 때 물질이 안정해야 하며, 정공에 대한 안정성을 가지고 있어야 소자 구동시 장수명을 확보할 수 있다.

② 정공 수송층

정공 수송층의 역할은 다음과 같이 정리할 수 있다.

- 발광층 또는 엑시톤 방지층으로의 정공의 전달
- 발광층으로부터 누설되는 전자의 차단 (엑시톤 방지층이 없을 경우)
- 발광층으로부터 누설되는 엑시톤의 차단 (엑시톤 방지층이 없을 경우)

정공 수송층은 정공 주입층으로부터 주입된 정공을 발광층으로 전달하는 기능을 주로 하며, 엑시톤 방지층이 있을 경우에는 엑시톤 방지층을 통하여 정공을 전달한다. 엑시톤 방지층이 있을 경우에는 정공 전달의 기능만 있지만, 엑시톤 방지층이 없을 경우에는 발광층으로부터 전자 누설을 차단하는 기능도 해야 하며, 인광 발광층을 사용할 경우에는 확산 거리가 긴 발광층의 삼중항 엑시톤이 누설되지 않도록 삼중항 엑시톤을 속박하는 기능도 동시에 필요하다.

OLED 소자 내에서 정공 수송층 물질의 기능을 하기 위해서는 다음의 요구 조건을 만족해야 한다.

- 발광층으로의 정공 수송을 위한 HOMO 에너지 준위 (−5.5~−5.7 eV)
- 높은 정공 이동도
- 높은 유리 전이 온도 (>100 ℃)
- 결정화 방지를 통한 안정한 무정형 필름 형성
- 가시 광선 영역에서의 높은 투과도
- 높은 열분해 온도

- 정공에 대한 안정성
- 전자 누설 방지를 위한 얕은 LUMO 에너지 준위 (−2.0~−2.5 eV) (엑시톤 방지층이 없을 경우)
- 삼중항 엑시톤 누설을 방지하기 위한 발광 물질보다 높은 삼중항 에너지 (엑시톤 방지층이 없을 경우)
- 전자에 대한 안정성 (엑시톤 방지층이 없을 경우)

발광층 또는 엑시톤 방지층으로의 원활한 정공 주입을 위해서는 HOMO 에너지 준위의 조절이 중요하며, 정공 주입층과 발광층 또는 엑시톤 방지층의 중간 정도의 HOMO 에너지 준위를 가져야 한다. 발광 물질에 따라서 HOMO 에너지 준위가 다르기 때문에 정확한 값을 정할 수는 없으나, 발광층 물질의 HOMO 에너지 준위가 일반적으로 −6.0 eV 정도를 갖기 때문에 정공 수송층 물질은 HOMO 에너지 준위가 −5.5~−5.7 eV인 것이 적절하다. 에너지 준위와 함께 정공 수송이 주기능이기 때문에 높은 정공 이동도가 필수적으로 요구된다. 그 이외의 다른 요구 조건들은 정공 주입층의 요구 사항과 동일하다.

엑시톤 방지층이 있을 경우에는 위의 조건들을 만족하면 되지만, 엑시톤 방지층 없이 바로 발광층과 접해 있을 경우에는 발광층으로부터 전자 누설을 방지하는 기능을 해야 한다. 이를 위해서는 발광층 물질에 비하여 더 얕은 LUMO 에너지 준위를 가져야 하며, 발광층 물질의 LUMO 에너지 준위를 고려하면 LUMO 에너지 준위는 −2.0~−2.5 eV인 것이 적절하다. 엑시톤 방지층이 없을 경우에는 전자 누설 방지와 함께 삼중항 엑시톤 누설 방지 기능도 있어야 하며, 엑시톤 누설을 방지하기 위해서는 발광층 물질의 삼중항 에너지에 비하여 정공 수송층 물질의 삼중항 에너지가 더 커야 한다. 추가적으로 전자의 누설을 방지하기 위해서 LUMO 에너지 준위를 조절하더라도 전압이 높아져 전기장의 세기가 커질 경우에는 전자가 일부 누설될 수 있다. 따라서, 정공 수송층 물질은 전자 누설에 대해서 안정성을 가질 수 있어야 하며, 전자에 대한 안정성이 좋지 않을 경우에는 소자 수명이 감소하게 된다.

③ 엑시톤 방지층 (전자 방지층)

엑시톤 방지층의 역할은 다음과 같다.

- 발광층으로의 정공 주입
- 발광층으로부터 전자 누설 차단
- 발광층의 삼중항 엑시톤 누설 방지

엑시톤 방지층은 정공 수송층으로부터 발광층으로 정공을 전달하는 기능을 해야 하며, 발광층으로부터 누설될 수 있는 전자를 차단하여 발광층에서 모든 전자가 속박되어 정공과 결합하여 엑시톤을 형성할 수 있도록 해야 한다. 또한, 인광 소자의 경우 발광층에서 형성되는 삼중항 엑시톤이 엑시톤 확산 거리가 길기 때문에 정공 수송층으로 확산할 수 있으므로, 삼중항 엑시톤이 정공 수송층으로 확산하는 것을 막기 위해서 반드시 인광 도펀트에 비하여 높은 삼중항 에너지를 가져야 한다. 엑시톤 방지층의 삼중항 에너지가 인광 도펀트에 비하여 작을 경우에는 발광 물질의 삼중항 엑시톤 에너지가 엑시톤 방지층 물질로 전달되고, 삼중항 엑시톤이 비발광 엑시톤이 되는 유기 물질 기반의 엑시톤 방지층에서는 삼중항 엑시톤이 소멸되기 때문에 인광 소자의 효율이 감소하는 문제가 생긴다.

위의 기능을 위해서 엑시톤 방지층 물질은 다음의 조건을 만족해야 한다.

- 발광층으로의 정공 수송을 위한 HOMO 에너지 준위 (−5.7~−6.0 eV)
- 높은 정공 이동도
- 높은 유리 전이 온도 (>100 ℃)
- 결정화 방지를 통한 안정한 무정형 필름 형성
- 가시 광선 영역에서의 높은 투과도
- 높은 열분해 온도
- 정공에 대한 안정성
- 전자 누설 방지를 위한 얕은 LUMO 에너지 준위 (−2.0~−2.5 eV)
- 삼중항 엑시톤 누설을 방지하기 위한 발광 물질보다 높은 삼중항 에너지
- 전자에 대한 안정성

정공 수송층과 발광층 사이에 위치하는 엑시톤 방지층은 발광층으로 정공을 전달해야 하므로 정공 수송층으로부터 발광층까지 계단식으로 HOMO 에너지 준위를 맞출 수 있도록 발광층의 HOMO와 정공 수송층 물질 사이의 HOMO 에너지 준위를 가져야 한다. 일반적으로 적절한 HOMO 에너지 준위는 −5.7~−6.0 eV 범위이며, 다른 요구 조건들은 정공 수송층 물질의 요구 조건과 동일하다.

엑시톤 방지층의 주된 기능이 발광층으로부터 전자 누설을 방지하는 것이므로 전자 누설을 차단하기 위한 LUMO 에너지 준위를 가져야 하며, 적절한 LUMO 에너지 준위 범위는 −2.0~−2.5 eV이다. 그리고, 앞서 설명한 바와 같이 발광 물질보다 높은 삼중항 에너지와 전자 누설이 발생할 경우 안정성 확보를 통한 수명 확보를 위하여 전자에 대한 안정성도 좋아야 한다.

④ 발광층

발광층의 역할은 다음과 같이 정리할 수 있다.

- 엑시톤 형성
- 엑시톤 형성을 통한 발광

발광층에서는 정공 수송층으로부터 주입된 정공과 전자 수송층으로부터 주입된 전자가 결합하여 엑시톤을 형성하고, 엑시톤 형성 후 엑시톤의 광자로의 변환 과정을 통하여 빛을 내는 기능을 한다. OLED 소자의 발광 특성인 효율, 수명, 색좌표 등의 특성이 주로 발광층에 의하여 결정되기 때문에 발광층이 소자 특성에 있어서 가장 중요한 역할을 한다.

발광층의 기능을 위해서 요구되는 특성으로는 다음과 같은 것들이 있다.

- 정공과 전자 이동 특성
- 정공과 전자 주입을 위한 HOMO 및 LUMO 에너지 준위
- 우수한 발광 효율
- 발광 파장 제어
- 정공과 전자에 대한 안정성
- 엑시톤에 대한 안정성
- 높은 유리 전이 온도 (>100 ℃)
- 결정화 방지를 통한 안정한 무정형 필름 형성
- 높은 열분해 온도

발광층에서는 엑시톤 형성을 통한 발광이 주된 기능이기 때문에 엑시톤을 효율적으로 형성하기 위하여 정공과 전자가 잘 주입되어야 한다. 정공과 전자 주입을 위해서는 HOMO와 LUMO에너지 준위가 전하 수송층 물질들과 맞아야 한다. 일반적으로 전하 주입을 위하여 발광층의 HOMO 에너지 준위는 −5.5~−6.0 eV 정도 수준이 적절하며, LUMO 에너지 준위는 −2.7~−3.3 eV 정도 수준이 적절하다. 전하 주입과 함께 전하 수송 특성이 우수해야 정공과 전자가 발광층 전 영역에 걸쳐서 재결합하여 엑시톤을 형성할 수 있으며, 정공과 전자의 균형을 맞출 수 있다. 정공 또는 전자에 대한 수송 특성이 좋지 않을 경우에는 정공과 전자의 균형이 맞지 않아 높은 효율 구현이 어렵고 발광층의 일부 영역에서만 엑시톤이 생성되기 때문에 소자 특성 측면에서 불리하다. 정공과 전자 주입 및 이동을 통하여 엑시톤을 생성한 후에는 엑시톤을 모두 광자로 변환할 수 있어야 하며, 이를 위해서는 발광층 물질이 높은 발광 효율을 가져

야 한다. 높은 발광 효율과 함께 발광 파장의 조절도 중요한 특성으로서, 가시 광선 영역의 다양한 발광을 위해서는 발광 물질을 통하여 발광 파장을 제어하는 것이 중요하다. 또한, 발광층에서는 정공과 전자가 모두 주입되어 엑시톤을 형성하기 때문에 발광층 물질은 정공과 전자에 대해서 모두 안정성을 가져야 하며, 엑시톤 형성 조건하에서도 안정성을 가져야 소자에서 장수명을 구현할 수 있다. 그 이외의 다른 조건들은 전하 수송층 물질들과 동일하다.

⑤ 엑시톤 방지층 (정공 방지층)

발광층과 전자 수송층 사이에도 엑시톤 방지층이 도입되며, 정공 방지층 역할도 동시에 하는 엑시톤 방지층의 역할은 다음과 같다.

- 발광층으로의 전자 주입
- 발광층으로부터 정공 누설 차단
- 발광층의 삼중항 엑시톤 누설 방지

정공 방지층 역할을 하는 엑시톤 방지층은 전자 방지층 역할을 하는 엑시톤 방지층과 역할이 유사하며, 정공 대신 발광층으로 전자를 전달하는 측면과 전자 누설 방지 기능 대신 정공 누설 방지 기능을 한다는 측면에서 차이점이 있다.

위의 기능을 위해서 정공 방지층 기능을 가진 엑시톤 방지층 물질은 다음의 조건을 만족해야 한다.

- 발광층으로의 전자 수송을 위한 LUMO 에너지 준위 (−2.7∼−3.3 eV)
- 높은 전자 이동도
- 높은 유리 전이 온도 (>100 ℃)
- 결정화 방지를 통한 안정한 무정형 필름 형성
- 가시 광선 영역에서의 높은 투과도
- 높은 열분해 온도
- 전자에 대한 안정성
- 정공 누설 방지를 위한 깊은 HOMO 에너지 준위 (−6.3∼−7.0 eV)
- 삼중항 엑시톤 누설을 방지하기 위한 발광 물질보다 높은 삼중항 에너지
- 정공에 대한 안정성

기본적인 요구 사항들은 전자 누설 방지를 위한 엑시톤 방지층과 유사하며, 발광층으로의 전자 수송을 위하여 -2.7~-3.3 eV의 LUMO 에너지 준위를 가져야 하며, 정공 누설을 방지하기 위

해서 HOMO 에너지 준위가 -6.3~-7.0 eV 수준의 에너지 준위를 가져야 한다. 발광층의 HOMO 에너지 준위와 비교하여 가능하면 큰 HOMO 에너지 준위 차이를 가질수록 정공 누설 방지 특성이 우수하게 된다. 발광층으로 전자 수송 기능을 해야 하므로 전자에 대한 안정성을 가져야 하며, 정공 누설시 소자의 수명을 확보할 수 있도록 정공에 대한 안정성을 갖는 것도 요구된다. 다른 요구 사항들은 전자 방지층 기능을 갖는 엑시톤 방지층의 요구 사항들과 유사하다.

⑥ 전자 수송층

전자 수송층의 역할은 다음과 같이 정리할 수 있다.

- 발광층 또는 엑시톤 방지층으로의 전자의 전달
- 발광층으로부터 누설되는 정공의 차단 (엑시톤 방지층이 없을 경우)
- 발광층으로부터 누설되는 엑시톤의 차단 (엑시톤 방지층이 없을 경우)

전자 수송층은 전자 주입층 또는 cathode로부터 주입된 전자를 발광층으로 전달하는 기능을 주로 하며, 엑시톤 방지층이 있을 경우에는 엑시톤 방지층을 통하여 전자를 전달한다. 엑시톤 방지층이 있을 경우에는 전자 전달의 기능만 있지만, 엑시톤 방지층이 없을 경우에는 발광층으로부터 정공 누설을 차단하는 기능도 해야 하며, 인광 발광층을 사용할 경우에는 삼중항 엑시톤이 누설되지 않도록 삼중항 엑시톤을 속박하는 기능도 동시에 필요하다.

OLED 소자 내에서 전자 수송층 물질의 기능을 하기 위해서는 다음의 요구 조건을 만족해야 한다.

- 발광층으로의 전자 수송을 위한 LUMO 에너지 준위 (-2.7~-3.3 eV)
- 높은 전자 이동도
- 높은 유리 전이 온도 (>100 ℃)
- 결정화 방지를 통한 안정한 무정형 필름 형성
- 가시 광선 영역에서의 높은 투과도
- 높은 열분해 온도
- 전자에 대한 안정성
- 정공 누설 방지를 위한 깊은 HOMO 에너지 준위 (-6.3~-7.0 eV) (엑시톤 방지층이 없을 경우)
- 삼중항 엑시톤 누설을 방지하기 위한 발광 물질보다 높은 삼중항 에너지 (엑시톤 방지층이 없을 경우)
- 정공에 대한 안정성 (엑시톤 방지층이 없을 경우)

발광층 또는 엑시톤 방지층으로의 원할한 전자 주입을 위해서는 LUMO 에너지 준위의 조절이 중요하며, 전자 주입층 또는 cathode와 발광층 또는 엑시톤 방지층의 중간 정도의 LUMO 에너지 준위를 가져야 한다. LUMO 에너지 준위는 −2.7~−3.3 eV인 것이 적절하다. 에너지 준위와 함께 전자 수송이 주기능이기 때문에 높은 전자 이동도가 필수적으로 요구된다. 그 이외의 다른 요구 조건들은 정공 수송층의 요구 사항과 동일하다.

엑시톤 방지층이 있을 경우에는 위의 조건들을 만족하면 되지만, 엑시톤 방지층 없이 바로 발광층과 접해 있을 경우에는 발광층으로부터 정공 누설을 방지하는 기능을 해야 한다. 이를 위해서는 발광층 물질에 비하여 더 깊은 HOMO 에너지 준위를 가져야 하며, HOMO 에너지 준위는 −6.3~−7.0 eV인 것이 적절하다. 엑시톤 방지층이 없을 경우에는 정공 누설 방지와 함께 삼중항 엑시톤 누설 방지 기능도 있어야 하며, 엑시톤 누설을 방지하기 위해서는 발광층 물질의 삼중항 에너지에 비하여 전자 수송층 물질의 삼중항 에너지가 더 커야 한다. 추가적으로 정공의 누설을 방지하기 위해서 HOMO 에너지 준위를 조절하더라도 전압이 높아져 전기장의 세기가 커질 경우에는 정공이 일부 누설될 수 있다. 따라서, 전자 수송층 물질은 정공 누설에 대해서 안정성을 가질 수 있어야 하며, 정공에 대한 안정성이 좋지 않을 경우에는 소자 수명이 감소하게 된다.

2 전면 발광 OLED 소자 구조

전면 발광 OLED 소자는 박막 트랜지스터 위에 형성되는 OLED 소자의 구조가 anode는 반사 전극으로 구성되고 cathode는 투명 또는 반투명 전극으로 구성되어 발광 방향이 cathode 쪽인 소자이다. OLED 소자는 배면 발광 소자 구조를 기본으로 개발되었으나 전류 구동인 OLED 소자의 특성상 전류값을 일정하게 유지하기 위하여 여러개의 보조 트랜지스터를 필요로 하며, 트랜지스터가 여러개 포함되면 개구율이 확보되지 않기 때문에 배면 발광 소자 구조를 사용하기 어렵다. 트랜지스터의 경우 불투명하기 때문에 트랜지스터를 여러개 사용하면 개구율이 현저하게 감소하며, 특히 해상도가 증가하게 되면 개구율이 급격하게 낮아진다. 따라서, 전면 발광 소자 구조가 개발되었으며, 발광 방향이 기판의 반대 방향이므로 트랜지스터가 여러 개 있더라도 개구율의 제약 없이 OLED 소자를 제작할 수 있다. 특히, 해상도가 높아지면서 픽셀 크기가 줄어들게 되었고, 이에 따라 개구율을 확보하기 위해서는 전면 발광 OLED 소자 구조를 사용할 수 밖에 없게 되었다. 현재 고해상도 AMOLED를 사용하는 소형 OLED에서 전면 발광 OLED 소자 구조를 채택하고 있다. 그림 4-3에 배면 발광 OLED와 전면 발광 OLED의 소자 구조를 비교하였다.

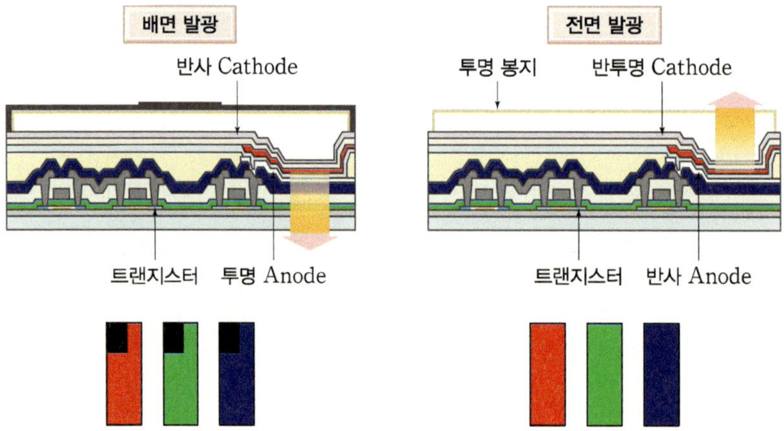

그림 4-3 배면 발광 소자와 전면 발광 소자의 소자 구조와 픽셀의 발광 모양

1 전극 구조

① Anode

전면 발광 소자의 anode에 요구되는 특성들은 다음과 같다.

- 높은 반사율
- 낮은 흡수율
- 효율적인 정공 주입을 위한 일함수
- 낮은 저항
- 산소 및 수분에 대한 안정성
- 우수한 표면 평탄도
- Photolithography 패턴 공정에서의 안정성

전면 발광 소자 구조에서는 anode로서 반사 전극을 사용해야 한다. 반사 전극으로서 사용할 수 있는 금속으로는 Ag 및 Al가 높은 반사율과 낮은 흡수율로 인하여 가장 적합하다. 그러나, Ag 및 Al은 일함수가 -4.3 eV로 ITO의 일함수 -4.7 eV에 비하여 얕기 때문에 anode로 사용하기에는 부적절하다. 따라서, 가장 일반적인 방법은 Ag 또는 Al과 정공 주입층 물질 사이에 일함수

를 조절하기 위하여 ITO층을 도입하는 방법으로 금속과 도체인 ITO 사이에는 전자 이동이 원활하게 일어나고, 유기물로 정공의 직접 주입은 ITO에서 정공 주입층으로 일어나게 되므로 배면 발광과 동일한 정공 주입 특성을 얻을 수 있다. 따라서, Ag/ITO 또는 Al/ITO의 이층 구조의 전극 구조를 활용하면, 높은 반사율, 낮은 흡수율 및 우수한 정공 주입 특성을 구현할 수 있다. 또한, Ag 또는 Al 반사 전극의 두께를 두껍게 하면 저항도 낮출 수 있다. 그러나, ITO의 두께는 ITO가 단파장에서 흡수가 있기 때문에 가능한 얇게 유지하는 것이 유리하다. ITO의 두께가 두꺼울 경우에는 청색 발광을 일부 흡수할 수 있으며, 청색 발광 소자의 효율이 떨어지는 문제가 발생한다. 일반적으로 ITO의 두께는 연속적인 막을 형성할 수 있는 최소 두께에 해당하는 약 5 nm 정도를 사용한다.

Ag/ITO 또는 Al/ITO를 anode 전극으로 사용할 수 있으나, 실제 공정에서는 Ag/ITO를 주로 사용한다. AMOLED 소자에서는 픽셀을 패터닝하여 서브픽셀을 형성해야 하며, 이때 픽셀의 위치는 anode를 포토리소그래피를 이용하여 원하는 크기 및 위치로 패터닝하여 결정한다. 따라서, anode는 포토리소그래피 공정에서도 안정성을 그대로 유지할 수 있어야 하며, 특히 이층 구조로 되어 있는 anode 구조를 한번의 포토리소그래피 공정으로 패터닝해야 한다. 두 번 패터닝하여 anode를 형성할 수도 있으나, 패터닝 공정이 늘어나게 되면 생산 단가가 높아지기 때문에 실제 공정에서는 두 층의 anode 구조를 한번의 패터닝 공정을 이용하여 패턴을 형성한다. 이 때 Al/ITO의 경우에는 공정 진행시 에칭 공정에서 Al과 ITO 계면 사이에서 갈바닉 현상이 관찰되면서 두 층의 계면에서 부식이 발생하기 때문에 공정에 적용하기 어렵다. 따라서, Ag/ITO의 이층 구조의 전극이 전면 발광 OLED 소자의 anode로서 적합하며, 공정 안정성을 추가적으로 개선한 ITO/Ag/ITO가 전면 발광 OLED 소자의 anode 구조로서 가장 널리 사용된다.

Ag 또는 Al을 ITO와 조합해서 사용하는 방법 이외에 Ag 또는 Al을 직접적으로 anode로 사용하는 것도 가능하다. 이 때는 반사 전극 위에 정공 주입을 원활하게 할 수 있는 정공 주입층을 사용해야 하며, 일함수 차이를 극복하고, 정공 주입이 가능한 정공 주입층을 사용한다. 대표적인 방법은 전도도가 우수하고 전하 주입 장벽을 낮추는 p-doping 기술이 적용된 정공 주입층을 사용하는 방법이며[8], 자세한 내용은 7장에서 설명한다. 유사하게 산화물인 MoO_3, V_2O_5, WO_3 등을 사용할 경우에도 정공 주입에 문제가 없으며[9], 유기물인 HAT-CN의 경우에도 정공

8) C. W. Chen et al. Appl. Phys. Lett. 85, 2469 (2004)

9) Q. Wang et al. Opt. Exp. 17, 17269 (2009)

주입을 개선하는 역할을 한다[10].

② Cathode

전면 발광 소자의 cathode에 요구되는 주요 사항들은 다음과 같다.

- 높은 투과율
- 낮은 저항
- 전자 주입에 맞는 일함수

전면 발광 소자에서는 cathode 쪽으로 빛이 나가야 하기 때문에 투명 또는 반투명 cathode 전극을 필요로 한다. 현재 가장 널리 적용하고 있는 전극은 투명 전극 개발의 어려움으로 인하여 얇은 금속막을 이용하는 반투명 전극이다. 금속의 경우 투과율이 낮기 때문에 투명 전극으로 사용하기는 어렵지만 15 nm 이하 두께의 얇은 박막으로 만들 경우에는 약 40~50% 수준의 투과율을 얻을 수 있다. 금속 가운데 투과율이 높은 금속으로는 Ag, Au 등이 있으나, Au의 경우에는 흡수율이 높아 전극으로 사용하기에는 부적절하며, Ag가 투과율은 높으며 흡수가 적기 때문에 투과형 cathode 로 사용하기에 적합하다. 따라서, Ag를 투과형 전극의 기본 전극으로 사용하는 것이 일반적이다. 그러나, Ag의 경우 일함수가 −4.3 eV이며, LiF나 Liq와 같은 전자 주입층을 사용하더라도 전자 주입 특성이 개선되지 않기 때문에 Ag 만을 단독으로 cathode로 사용하기 어려운 문제점이 있다. 따라서 Ag를 Mg와 혼합하여 Mg : Ag 합금 형태로 만들거나[11], Yb : Ag 합금 형태, Mg/Ag 또는 Ca/Ag의 이중층 및 LiF/Al/Ag의 삼중층으로 만든 전극을 사용한다[12][13][14]. Mg의 경우에는 증착 온도가 약 1100도로 850도 정도의 Ag에 비하여 높은 증착 온도를 가지고 있으므로, Mg에 의하여 LiF 또는 Liq의 해리가 가능하며, −3.7 eV의 일함수를 가지고 있으므로 Ag에 비하여 전극으로 사용하기에 유리하며, 투과율도 우수하여 cathode 전극으로 사용하기에 적합하다. 이층 구조의 전극보다는 Mg : Ag 전극을 사용하는 것이 일반적이며, LiF/Mg : Ag 전극 구조를 통하여 전자 주입이 가능하고, 투과율도 확보할 수 있다. 다만, 얇은 두께의 전극 구조를 사용하기 때문에 면저항이 40옴 정도 수준으로 비교적 높은 편이므로, 패널의 크기가 클 경우에는 저항을 낮추기 위한 보조 전극을 필요로 한다.

10) E. Najafabadi et al. Org. Electron. 14, 1271 (2013)
11) V. Bulovic et al. Nature 380, 29 (1996)
12) J. W. Huh et al. Nanoscale 6, 10727 (2014)
13) R. B. Pode et al. Appl. Phys. Lett. 84, 4614 (2004)
14) M. Y. Chan et al. Appl. Phys. Lett. 82, 1784 (2003)

고해상도 소형 AMOLED와 같은 경우에는 크기가 작기 때문에 보조 전극이 없이도 사용 가능하다.

얇은 금속 전극과 함께 투명 전극으로 사용할 수 있는 전극은 ITO 또는 indium zinc oxide (IZO)가 가능하며 ITO 또는 IZO를 투명 cathode 전극으로 사용하기 위하여 많은 개발이 진행되었다. 그러나, ITO 전극의 경우 일함수가 -4.7 eV로서 cathode 전극으로 사용하기에는 일함수가 깊기 때문에 ITO 전극과 함께 전자 주입을 용이하게 할 수 있는 Mg : Ag를 동시에 사용하는 전극 구조가 주로 개발되었다.

일반 금속 전극의 경우 열증착을 통하여 증착할 수 있는 반면에 ITO 또는 IZO의 경우에는 스퍼터링 공정을 사용해야 하는 차이점이 있으며, 스퍼터링 공정은 열증착 공정에 비하여 높은 에너지로 성막하는 공정이다. 이로 인하여, 스퍼터링 공정에서 하부 유기막이 공정중에 손상되는 문제가 발생하여 소자 제작시 암점 등의 불량이 다수 생성되는 문제가 있다. 이를 해결하기 위한 방법으로 낮은 에너지 조건으로 투명 전극인 IZO를 스퍼터링하는 공정이 개발되었으며, 불량 등의 문제를 해결하고, 전면 발광 소자에서 우수한 특성을 보인다. 전극 구조로는 전자 주입을 위하여 LiF/Mg : Ag (10 : 1)/IZO의 구조를 사용하였으며, Mg : Ag 층의 두께는 15 nm, IZO 층의 두께는 100 nm였다. 투과율은 85%로서 높은 투과율과 면저항 42.6옴의 저항을 나타내었다[15].

투명 전극으로 개발된 cathode는 이외에도 Ag 자체를 금속 전극으로 적용하고, 하부 유기막 등을 제어하여 Ag 전극의 투과도를 높이고 저항을 낮추는 전극 구조도 보고되어 있으며, Ag를 산화물 사이에 적층하여 산화막/Ag/산화막의 삼층 구조를 이용하여 투과율을 80% 이상으로 높이는 전극 구조들도 알려져 있다[16]. 또 다른 투명 전극 구조로는 Ag 기반의 금속 전극을 전면에 성막하는 대신 금속 메시 (metal mesh) 형태로 성막하여 투과율을 높이는 방법도 보고되어 있다[17].

15) H. Kim et al. Appl. Phys. Lett. 88, 012103 (2006)
16) J. Y. Lee et al. Appl. Phys. Lett. 93, 013301 (2008)
17) M. -G. Kang et al. Adv. Mater. 20, 4408 (2008)

3 역구조 OLED (inverted OLED) 소자 구조

일반적인 OLED 소자 구조는 AMOLED 패널에서 p형 트랜지스터를 주로 사용하기 때문에 anode가 트랜지스터에 연결되어 있고, cathode를 공통 전극으로 사용하는 소자 구조이다. 그러나, 트랜지스터가 n형 트랜지스터가 될 경우에는 cathode가 트랜지스터에 연결되어야 하며, 이를 위하여 inverted OLED 소자 구조가 개발되었다. 일반 OLED 소자와의 차이점은 anode와 cathode의 위치이며, 소자 구조가 달라짐에 따라 소자 구조 측면에서도 새로운 소자 구조를 필요로 한다.

Inverted OLED에서는 배면 발광 OLED와 전면 발광 OLED의 형태로 소자 제작이 가능하다. 배면 발광 형태의 inverted OLED를 제작하기 위해서는 cathode가 투명 또는 반투명 전극이어야 하며, anode는 반사 전극을 사용해야 한다. Inverted OLED에서 cathode 전극을 구성하는 간단한 방법은 ITO 전극을 사용하고, ITO 전극 위에 Mg 또는 Ca과 같은 전극을 일함수를 조절하기 위한 전극으로 사용하는 방법이다[18][19]. 전면 발광 OLED에서는 ITO 전극 형성시 유기막의 손상이 생길 수 있기 때문에 ITO 전극 적용에 제한이 있는 반면, inverted OLED에서는 기판위에 ITO를 성막하고 그 위에 유기막을 형성하기 때문에 유기막 손상의 문제가 생기지 않는다. 전극 형성 후에는 전자 수송층부터 정공 주입층까지 순차적으로 적층하며 anode로는 반사 전극을 사용한다. 반사 전극으로서는 Ag 및 Al을 사용할 수 있으며, 금속 전극으로부터 정공 주입을 원활하게 하기 위하여 p-doping을 적용한 정공 주입층이나, 산화물 계열의 MoO_3나 WO_3 및 유기물로서는 HAT-CN 등을 적용한 정공 주입층을 주로 사용한다[20][21]. ITO 전극의 경우에는 스퍼터링 공정에서의 유기물 손상 문제로 인하여 많이 사용하지 않는다.

전면 발광 구조의 inverted OLED도 제작 가능하며, 이 경우에는 cathode 전극으로 반사 전극을 사용해야 한다[22]. 반사 전극으로 Ag 또는 Al을 전극으로 사용할 수 있으며, 전자 주입 특성을 구현하기 위하여 Mg 또는 Ca을 반사 전극 위에 형성하여 일함수를 조절할 수 있다. 일반적으로 cathode 구조로 사용하는 LiF/Al의 전극 구조와 같이 Al 위에 LiF를 형성하는 전극 구조를 고려할 수도 있으나, LiF의 해리가 Al 증착 공정에 의하여 가능하기 때문에 Al 전극 위에 LiF를 형성할 경우에는 전자 주입 특성이 나오지 않는다. LiF를 사용하기 위해서는 LiF 층 증착 후 얇은 Al 층을 추가적으로 증착해서

18) C. H. Chen et al. Appl. Phys. Lett. 89, 053518 (2006)
19) C. H. Chen et al. Appl. Phys. Lett. 89, 053503 (2006)
20) F. So et al. Adv. Funct. Mater. 22, 3261 (2012)
21) Kim et al. Appl. Phys. Lett. 104, 073301 (2014)
22) B. Kippelen et al. Org. Electron. 14, 2418 (2013)

cathode로 사용해야 한다. Ag 또는 Al을 직접 반사 전극으로 사용할 수도 있으며, 이 경우에는 전자 주입 장벽 제거를 위하여 전도성을 갖는 n-doping 전자 수송층을 적용하면 우수한 전자 주입 특성을 얻을 수 있다. Cathode 전극 위에는 유기막층을 전자 수송층부터 정공 주입층까지 순차적으로 증착하며, 투명 또는 반투명 anode 전극을 성막한다. 투명 전극으로 ITO 전극을 anode로 적용할 수 있으나, 스퍼터링 공정에 의한 유기물 손상 문제가 생기며, 반투명 전극으로 Ag를 사용하면 유기물 손상 없이 anode를 형성할 수 있다. Ag를 anode로 적용할 경우에는 정공 주입층으로서 HAT-CN, WO_3, MoO_3 또는 p-doping 정공 주입층을 적용해야 한다.

위와 같이 다양한 inverted 구조를 갖는 OLED 소자가 개발되었으나, inverted OLED의 가장 큰 단점은 공기 중에서 안정한 cathode 구조의 개발이다. Cathode가 트랜지스터와 연결되면 cathode를 이용하여 픽셀을 패터닝해야 하므로, 포토리소그래피를 이용하여 cathode 패터닝시 전극이 산화되지 않고 안정적으로 특성을 유지해야 한다. 그러나, cathode 전극들은 대부분 알칼리 또는 알칼리 토금속을 포함하고 있으므로, cathode 패터닝 공정시 공기 중의 수분과 산소에 의하여 산화가 일어나게 되므로 안정적으로 공정을 진행하기 어려운 문제점이 있다. 따라서, 실제 패널 공정 적용시에는 공정적인 측면에서 여러 가지 변수를 제어해야 한다.

4 투명 OLED 소자

투명 OLED 소자는 anode와 cathode 방향으로 모두 발광할 수 있는 소자로서 양방향으로 빛을 낼 수 있는 소자이며, 응용 분야로서는 물품의 정보를 알려 주는 쇼윈도우 디스플레이, 사이니지 디스플레이, 양방향으로 빛을 비출 수 있는 조명, 자동차용 전면 유리 디스플레이, 창문형 디스플레이 등이 있다 (그림 4-4).

그림 4-4 다양한 투명 OLED

OLED를 이용하여 투명 OLED를 제작할 수 있는 방식에는 두 가지 방식이 있다. 한 가지 방식은 anode와 cathode를 모두 투명 또는 반투명 전극을 사용하는 방식이며, 다른 한 가지 방식은 OLED 패널의 일부 영역을 빛이 투과될 수 있는 영역으로 사용하고 일부 영역을 발광하는데 사용하는 방식이다. 두 전극을 모두 투명 전극으로 사용하는 방식은 앞뒤로 모두 발광할 수 있는 투명 OLED가 되며, 앞에서 보는 이미지와 뒤에서 보는 이미지는 서로 거울상의 이미지를 갖는다. 픽셀의 일부 영역을 투명하게 만드는 방법은 이미지는 한쪽에서만 구현하고 배경이 투명한 부분을 통하여 배경이 보이도록 하는 투명 OLED이다 (그림 4-5).

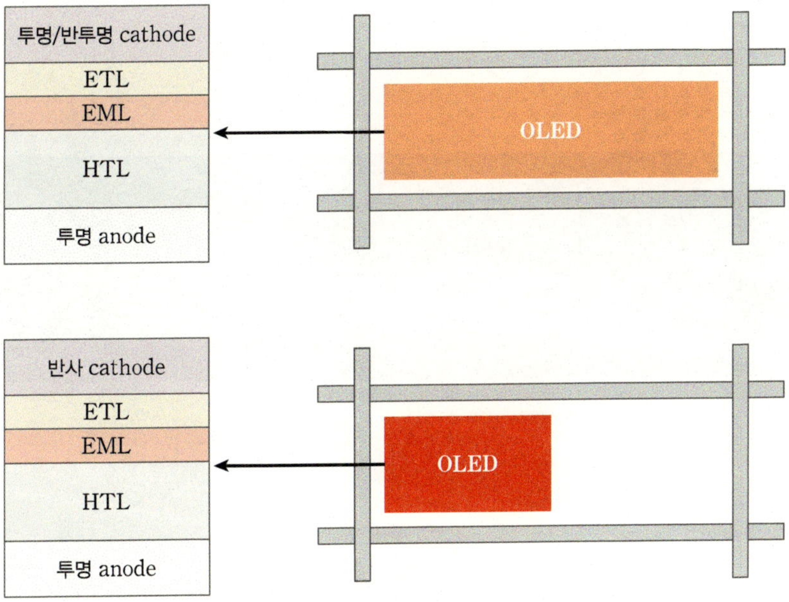

그림 4-5 투명 OLED의 두가지 소자 구조

초기에 개발된 투명 OLED는 두 전극을 모두 투명 또는 반투명 전극을 사용한 OLED이다. Anode 전극으로는 ITO 투명 전극을 사용하고, cathode 전극으로는 Mg : Ag/ITO 전극을 사용하여 투과율 70% 수준의 투명 OLED를 구현하였다[23]. 이 방법과 유사하게 anode 전극을 ITO를 사용하고, cathode 전극으로는 Ag를 기반으로 하는 다양한 반투과 전극을 이용하여 투명 OLED를 제작하는 방법들이 알려져 있다. 그러나, 이 방법은 양쪽에서 보는 이미지가 서로 반대되는 거울상 이미지를 갖는 단점이 있다. 이 방식은 투명도를 이용하여 평소에는 유리처럼 사용하다가, 필요할 경우 양쪽으로 조명을 사용하는 등의 용도에 적합한 방법이다.

일반적인 사물의 정보를 나타내는 쇼윈도나 사이니지 등의 용도로 투명 OLED를 사용할 경우에는 배경이 잘 보이고 필요한 정보를 한쪽에서만 보여 주면 되기 때문에 픽셀의 일부 영역은 투명하게 사용하고, 일부분만 발광하게 만들어서 빛이 한쪽 방향으로만 발광하게 만든 소자를 사용한다. 이 구조에서는 개구율이 감소하는 단점은 있으나, 응용 제품들이 고해상도를 요구하는 제품이 아니기 때문에 제품 적용이 가능하다.

23) S. R. Forrest et al. Nature 380, 29 (1996)

제2절

OLED 소자의 분류

OLED 소자는 크게 발광 재료, 구동 방식, 및 제작 공정에 따라 다양하게 분류할 수 있다. 발광 재료에 따라서는 형광 OLED, 인광 OLED 및 지연 형광 OLED로 구분할 수 있다. 구동 방식에 따라서는 트랜지스터를 사용하지 않는 단순한 구조의 passive matrix OLED (PMOLED)및 트랜지스터를 사용하는 active matrix OLED (AMOLED)로 구분할 수 있다. 또한, 제작 공정에 따라서는 진공상에서 유기물 증착을 사용하는 진공 증착 OLED와 잉크를 사용하는 용액 공정 OLED로 구분할 수 있다.

1 발광 재료에 따른 분류

유기 발광 재료는 발광 메커니즘에 따라, 형광 OLED, 인광 OLED 및 지연 형광 OLED로 구분한다.

형광 OLED는 순수 유기물 또는 유기-금속 계열의 발광 물질을 이용하며, 일중항 여기 상태에 형성된 일중항 엑시톤을 이용하여 발광하는 소자로서 이론적인 최대 효율은 EL 과정에서 일중항 엑시톤 생성 비율에 해당하는 25%이다. 형광 OLED의 특징은 일중항 엑시톤 생성 비율이 낮기 때문에 효율이 낮은 반면, 일중항 엑시톤이 바닥 상태로 떨어지는 시간이 ns 정도로 짧기 때문에 높은 에너지를 가진 전자가 높은 에너지 상태에서 오래 머물지 않아 소자의 안정성이 우수하여 소자 수명이 긴 장점을 가지고 있다. 발광 재료 중 가장 먼저 제품화된 발광 재료로서 적색, 녹색 및 청색 발광 소자에서 사용되었으나, 현재는 적색 및 녹색 발광 재료는 인광 발광 재료로 대체되었으며, 청색 발광 소자의 경우에는 P-type 지연 형광 발광 재료로 대체되었다. P-type 지연 형광 청색 발광 소자는 일반 형광 소자 또는 TTF 형광 소자로 부르기도 하여 혼용되어 사용되고 있다.

인광 OLED는 중금속인 Ir 또는 Pt를 포함하고 있는 유기-금속 발광 재료를 사용하여, 삼중항 여기 상태로부터의 인광 발광을 이용하여 빛을 내는 OLED 소자로서 이론적인 최대 효율은 일중항 엑시톤 및 삼중항 엑시톤을 모두 발광에 활용하기 때문에 100%이다[24]. 일중항 엑시톤과 삼중항 엑시톤이 25 : 75의 비율로 생성되고, 강한 SOC에 의하여 일중항 엑시톤과 삼중항 엑시톤이 혼합되는 singlet-triplet mixing 현상이 생기기 때문에, 모든 발광은 삼중항 여기 상태로부터 삼중항 엑시톤에 의한 인광 발광으로 관찰된다. 인광 OLED의 특징은 EL 과정에 의해서 생성되는 모든 엑시톤을 발광에 활용할 수 있기 때문에 효율이 높은 반면, 삼중항 엑시톤이 바닥 상태로 전이하기 위해서는 스핀 변환이 일어나야 하기 때문에 전자가 삼중항 여기 상태에서 머무르는 시간이 μs 정도로 길다. 긴 삼중항 엑시톤 수명으로 인하여 전자가 삼중항 여기 상태에서 오래 머무르기 때문에 발광 과정에서 발광 물질이 손상될 가능성이 커지며, 이에 따라 소자의 수명이 짧아지는 문제가 있다. 특히, 발광 에너지가 큰 청색 인광 소자의 경우에는 높은 에너지와 긴 엑시톤 수명에 의하여 소자 수명이 형광 청색 발광 소자에 비하여 많이 저하된다. 청색 인광 소자의 소자 수명은 짧지만 적색 및 녹색 인광 소자의 수명은 낮은 발광 에너지에 의하여 제품화 수준까지 도달하였으며, 현재 적색 인광 발광 재료는 모든 OLED 소자에 적용되고 있으며, 상대적으로 수명이 짧은 녹색 인광 소자는 소형 OLED에만 적용되고 있다. 대형 OLED 에서는 수명 요구 조건이 더 길기 때문에 녹색 인광 발광 재료가 적용되지 못하고 있으며, 황녹색 인광

24) S. R. Forrest et al. Nature 395, 151 (1998)

재료가 적용되고 있다. 인광 발광 재료는 수명 문제와 함께 귀금속을 사용하기 때문에 재료 가격이 높다는 단점을 가지고 있으며, 귀금속과 결합하는 유기물 단위의 화학 구조를 제어하는데 제한이 있기 때문에 물질 설계에 있어서 다양성이 일반 형광 재료보다는 떨어진다.

지연 형광 OLED는 TTF 형태의 지연 형광 OLED (P-type 지연 형광 OLED)와 TADF OLED (E-type 지연 형광 OLED)로 구분할 수 있다. 두 방식 모두 발광은 일중항 여기 상태로부터 일어나며, 발광에 기여하는 일중항 엑시톤 중 일부는 삼중항 엑시톤의 일중항 엑시톤으로의 전환 과정에 의하여 생성된다. 지연 형광 발광 재료는 일반적으로 유기물 기반의 발광 재료이며, 이론적인 최대 효율은 TTF 지연 형광 소자의 경우 62.5%, TADF 소자의 경우 100%이다. TTF 지연 형광 소자는 25%의 효율은 EL 과정에 의하여 생성된 25%의 일중항 엑시톤에 의한 것이며, 37.5%는 75%의 비율로 생성된 삼중항 엑시톤 중 두 개의 삼중항 엑시톤이 충돌하여 하나의 삼중항 엑시톤이 소멸하고 다른 하나의 삼중항 엑시톤이 일중항 엑시톤으로 전환되어 얻을 수 있다. TADF 소자는 75%로 생성된 삼중항 엑시톤이 모두 일중항 엑시톤으로 전환되어 형광 발광을 나타낼 수 있기 때문에, 25%의 일중항 엑시톤과 함께 100%의 효율을 얻을 수 있다[25). 25%의 비율로 생성된 일중항 엑시톤은 일반 형광 과정으로 ns 범위에서 빠르게 발광하며, 삼중항 엑시톤의 변환으로 인하여 생성된 일중항 엑시톤은 삼중항 여기 상태에서 오래 머무른 이후 일중항 여기 상태에서 발광하므로 발광 시간이 μs 범위로 길다. 형광 발광이지만 엑시톤의 수명이 길어 일반 형광보다 늦게 발광하기 때문에 지연 형광이라고 한다. 지연 형광 OLED는 일반 형광 소자에 비하여 효율이 높은 장점을 가지고 있으나, 지연 형광 성분이 μs 범위의 긴 엑시톤 수명을 가지고 있기 때문에 수명 측면에서는 일반 형광 소자에 비하여 불리하다. TTF 형의 지연 형광 소자는 TADF 소자에 비하여 효율은 저하되지만, 삼중항 엑시톤의 발광 기여도가 작기 때문에 수명 측면에서는 더 유리하다. 반면 TADF형 지연 형광 소자는 효율은 높지만 삼중항 엑시톤 기여도가 높기 때문에 수명이 짧은 단점을 가지고 있다. TTF 지연 형광 소자의 경우 일반 형광 소자에 비하여 효율이 높고, 수명은 다소 저하되지만 제품화 가능 수준의 수명까지는 구현 가능하기 때문에 현재 청색 발광 소자로 적용되고 있다. 반면, TADF 형의 지연 형광 소자는 짧은 수명으로 인하여 상용화되지 못하고 있는 상황이다. 일반적으로 지연 형광 OLED는 TTF 형의 소자보다는 TADF형의 지연 형광 소자를 의미하며, TTF 형의 지연 형광 소자는 주로 일반 형광 OLED로 분류한다.

각 소자의 발광 메커니즘을 그림 4-6에 표시하였고, 세 발광 재료의 비교를 표 4-2에 나타내었다. 그림 및 표에서의 지연 형광은 TADF형의 지연 형광을 나타낸다.

25) C. Adachi et al. Nature 492, 234 (2012)

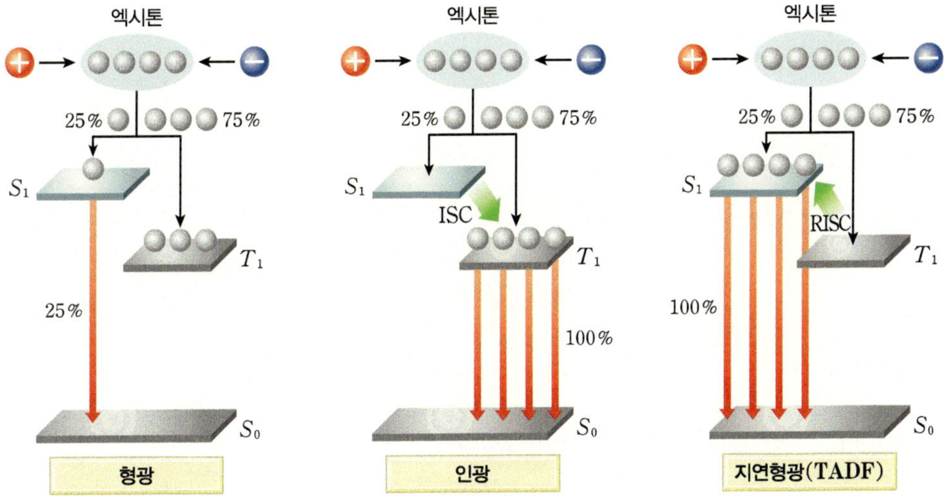

그림 4-6 형광, 인광, 지연 형광의 발광 메커니즘

표 4-2 형광, 인광, 지연 형광의 비교

	형광	인광	지연 형광 (TADF)
최대 내부 양자 효율	25%	100%	100%
여기 상태 시간	ns	~μs	~μs
발광 기여 여기 상태 (엑시톤)	일중항 여기 상태 (일중항 엑시톤)	삼중항 여기 상태 (삼중항 엑시톤)	일중항 여기 상태 (일중항 엑시톤)
발광 제어 주요 인자	-	Spin-orbit coupling	일중항-삼중항 에너지 차이
발광 물질	유기물/유기-금속 화합물	중금속 (Ir, Pt)포함 유기-금속 화합물	유기물
장점	긴 소자 수명 낮은 가격	높은 발광 효율	높은 발광 효율 낮은 가격
단점	낮은 발광 효율	짧은 소자 수명 높은 가격 고휘도 효율 감소	짧은 소자 수명 고휘도 효율 감소

2 구동 방식에 따른 분류

구동 방식에 따라 OLED는 PMOLED와 AMOLED로 구분할 수 있다. 두 방식의 차이는 트랜지스터의 유무로서 AMOLED는 트랜지스터를 구동 단위로 포함하고 있는 반면에, PMOLED는 트랜지스터를 사용하지 않고 구동하는 방식이다.

1 PMOLED

PMOLED에서는 트랜지스터 없이 이미지를 표현하기 위해서 duty 구동 방식을 이용하는 방식이다. Duty 구동 방식은 순차적인 라인 스캔 및 시간 분할을 통하여 이미지를 표현하는 방식이다. 그림으로 예를 들어 설명한다.

Anode와 cathode 전극 라인 각각 3개씩으로 이루어져 9개의 픽셀을 가지고 있다고 가정한다. 픽셀에서 발광을 하기 위해서는 anode와 cathode를 필요로 하므로 anode와 cathode가 교차되는 부분에서 픽셀이 만들어지고 발광한다. Cathode 라인을 스캔 라인이라고 하고, anode line을 데이터 라인이라고 한다. 9 개의 픽셀을 이용하여 "ㄷ"이라고 하는 글자를 만든다고 가정한다 (그림 4-7). 스캔 라인과 데이터 라인에 동시에 신호를 가할 경우에는 9개의 픽셀이 동시에 켜지기 때문에 원하는 "ㄷ" 이미지를 만드는 것이 불가능하다. 선택적으로 일부 픽셀이 켜지고 꺼지게 만들기 위해서는 직접적으로 신호를 가하는 방법 대신 다른 구동 방법을 선택해야 하며 duty 구동 방식을 사용하면 가능하다.

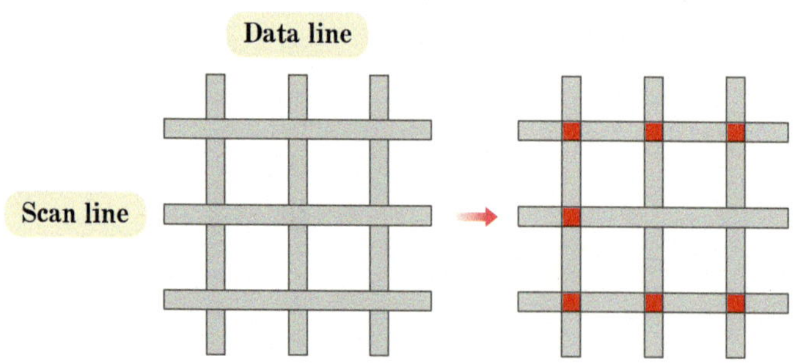

그림 4-7 PM 구동을 이용하는 이미지의 예

Duty 구동에서는 스캔 라인을 동시에 켜는 것이 아니라 순차적으로 켜는 방법을 이용하여 구동한다. 예를 들어 1초의 시간이 주어진다고 하면, 처음 1/3초 동안에는 첫 번째 스캔 라인에만 신호가 가해진다. 두 번째 및 세 번째 라인에는 신호가 들어가지 않기 때문에 꺼진 상태로 있게 된다. 이때 3개의 데이터 라인에 모두 신호가 가해지면 첫 번째 라인의 세 개의 픽셀은 모두 켜지게 된다. 처음 1/3초가 지나면, 첫 번째 라인 및 세 번째 라인에는 신호가 꺼지고, 두 번째 라인에만 신호가 가해진다. 이 때 세 개의 데이터 라인 중 첫 번째 데이터 라인에만 신호가 가해지면 두 번째 라인에 있는 픽셀 중 첫 번째 픽셀만 켜지고, 다른 두 픽셀은 꺼지게 된다. 2/3초가 지나면, 첫 번째 스캔 라인과 두 번째 스캔 라인은 꺼진 상태이고, 세 번째 라인에만 신호가 가해진다. 이때 세 데이터 라인에 모두 신호가 가해지게 되면 세 번째 스캔 라인에 있는 세 개의 픽셀이 모두 켜지게 된다. 이와 같이 세 개의 스캔 라인을 이용하여 라인별로 순차적으로 픽셀을 조절할 수 있다. 그러나, 이와 같은 픽셀 구동에서는 세 개의 스캔 라인이 순차적으로 켜지기 때문에 "ㄷ"이라는 이미지를 한번에 볼 수는 없다. "ㄷ"이라는 이미지를 한번에 볼 수 있는 방법은 스캔 라인에 할당되는 시간을 줄이는 방법이며, 원리는 사람의 눈이 60 Hz 이상의 주파수를 구분해 내지 못하는 사실에 근거한다. 즉, 세 개의 스캔 라인을 스캔하는 전체 시간을 1/60초 이하로 줄이게 되면 사람의 눈은 1/60초 이내에 일어나는 일들은 순차적으로 발생하는 것으로 인식하지 못하고 동시에 일어나는 것으로 인식하게 된다. 따라서, 세 개의 스캔 라인이 실제로는 순차적으로 켜지지만 이미지를 보는 사람의 눈에는 동시에 켜진 것으로 인식하게 되며, 우리 눈에서는 "ㄷ"자의 화면을 인지한다. 이와 같이, 1/60초 이하의 시간에서 스캔 라인수에 따라 시간을 분할하여 구동하여 화면을 구현하는 방식을 duty 구동 방식이라 한다. 각 라인에 할당된 시간은 60 Hz 구동이며 라인수가 3개일 경우에는 1/180초가 된다. 라인수가 늘어날 경우에는 각 라인에 할당되는 시간이 줄어들며, 예를 들어 라인수가 100개일 경우에는 각 라인에 할당되는 시간이 1/6000초가 된다. 그림 4-8에 duty 구동을 이용하여 구동하는 방법을 나타내었다.

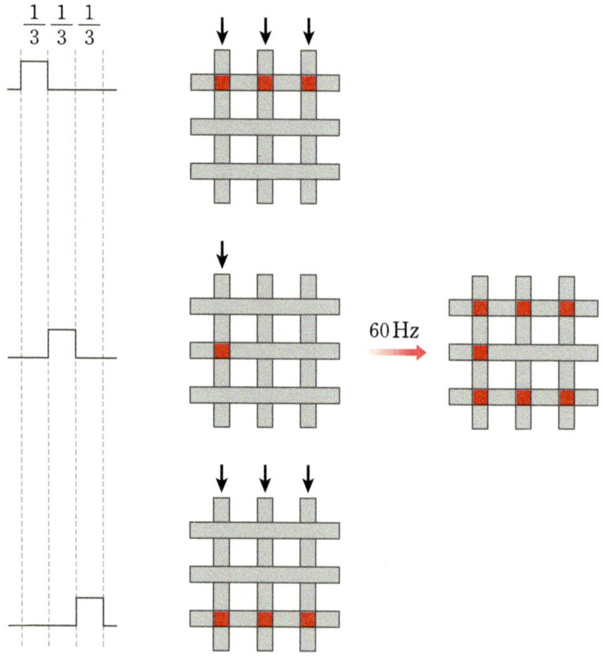

그림 4-8 Duty 구동을 이용하여 이미지를 구현하는 방법

Duty 구동 방식을 사용하는 PMOLED의 장점은 트랜지스터와 같은 복잡한 구동 단위 없이 단순하게 이미지를 구현할 수 있다는 것이다. 그러나, 단점도 존재하며 가장 큰 단점은 라인수에 제한이 있다는 것이다. 각 라인에 할당하는 시간이 라인수가 증가함에 따라 짧아지게 되며, 구동에서 가능한 최소 시간이 정해져 있기 때문에 duty 구동으로 가능한 라인수는 약 120개 정도이다. 물론, duty 구동으로 구동하는 영역을 두 부분으로 나누게 되면 240라인의 디스플레이도 만들 수 있지만 근본적으로 라인수가 늘어나게 되면 디스플레이 제작이 어렵다는 단점을 가지고 있다. 또한, 라인수가 증가하여 각 픽셀이 발광하는 시간이 줄어들게 되면 동일 밝기를 구현하기 위하여 픽셀에서 순간적으로 내야 하는 밝기가 증가하기 때문에, 높은 휘도에서 수명이 급격하게 감소하는 OLED의 특성상 소자 수명이 짧아지며, 구동 전압이 높아지기 때문에 소비 전력도 상승한다. 예를 들어, PMOLED의 휘도가 100 cd/m^{2}이라고 하면, 100 라인을 가지고 있는 경우, 픽셀에서 내야 하는 순간적인 휘도는 100 × 100 = 10,000 cd/m^{2}이 된다. 따라서, PMOLED는 저가로 생산할 수 있는 단순한 디스플레이용으로 적합하며, 고해상도 OLED로 제작하기는 어려운 문제점이 있다.

PMOLED의 소자 구조에서는 anode와 cathode가 모두 패터닝이 되어 있어야 하며, anode의 경우에는 포토리소그래피를 이용하여 간단하게 패터닝할 수 있으며, 패터닝되어 있는 anode 라인 사이에는 서로 전기적인 간섭을 막기 위해서 절연체가 위치한다. 패터닝되어 있는 anode 위에 유기막을 증착하며, 유기막 증착 후 cathode를 증착한다. 이때 cathode도 패터닝이 필요한데, cathode는 마스크를 이용하여 패터닝할 경우 금속이 서로 강하게 응집하는 성질로 인하여 미세 마스크 패터닝이 어려운 문제가 있다. 따라서, cathode 패터닝을 위하여 기판상에 cathode separator라고 불리는 패턴을 형성하여 cathode를 anode와 수직으로 패터닝한다. Cathode separator는 역사다리꼴 구조의 패턴 형태를 가지고 있는 절연체 패턴으로서 역사다리꼴 구조에 의하여 금속을 증착할 경우 금속이 separator 상부와 기판 상부에 증착되며, 두 증착된 금속막은 서로 연결되지 않고 끊어진 상태로 존재하게 된다. 따라서, cathode 가 서로 전기적으로 분리되어 있는 상태로 패턴을 만드는 것이 가능하며, 이 방법이 널리 사용된다. PMOLED 소자의 단면 구조를 그림 4-9에 나타내었다. Cathode 형성 후에는 소자를 외부로부터 보호하기 위하여 봉지 구조를 적용한다.

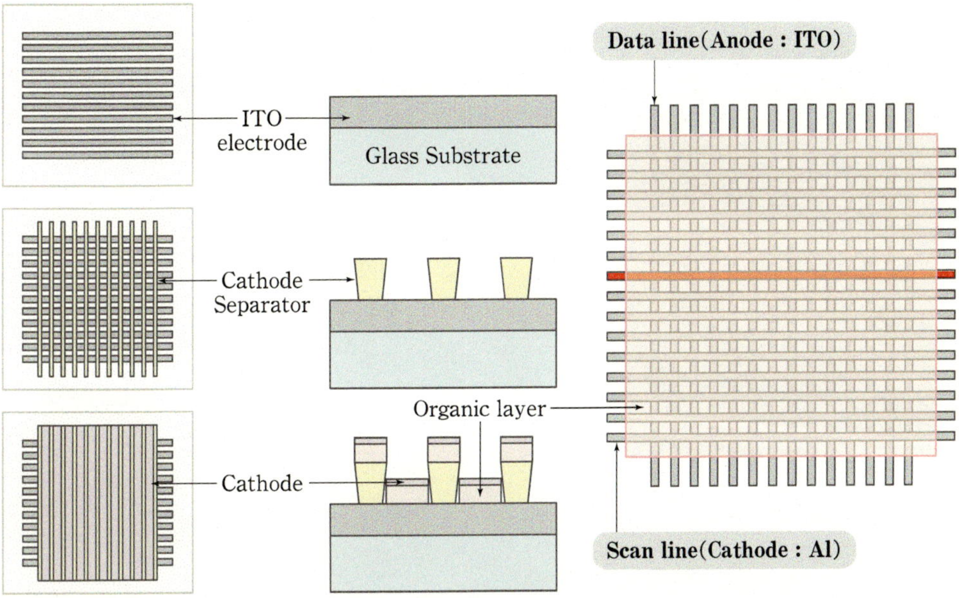

그림 4-9 PMOLED 소자의 구조

PMOLED의 제작 공정을 그림 4-10에 정리하였다. 기판 공정에서는 기판 위에 anode로서 ITO를 형성하고, 포토리소그래피를 이용한 패터닝을 통하여 ITO anode 패턴을 만든다. ITO 패터닝 후, ITO 전극간 전기적인 절연을 위하여 절연체를 패터닝한다. 절연체는 포토리지스트로서 휘발성 기체의 발생이 없는 고온에서 안정한 포토리지스트를 사용한다. 절연체에서 휘발성 기체가 발생할 경우에는 픽셀 가장자리부터 OLED 소자가 손상이 되어 픽셀 면적이 구동에 따라 줄어드는 픽셀 수축 (shrinkage) 현상이 발생하게 되므로, 이를 피해야 한다. ITO간 절연체 패터닝 후 cathode를 패터닝하기 위하여 cathode separator를 형성한다. Cathode separator는 역사다리꼴의 구조를 가지고 있기 때문에 빛을 받은 부분이 경화되어 불용성 절연막을 형성하는 네거티브 포토리지스트 (negative photoresist)를 이용하여 형성한다. 네거티브 포토리지스트를 이용하면 상부는 경화가 많이 되어 불용성이 되지만, 하부는 경화도가 상부에 비하여 낮기 때문에 식각시 에칭액이 침투하여 경화되지 않은 부분이 제거되어 역사다리꼴 형태의 패턴 형성이 가능하다. Cathode separator 형성으로 기판 준비가 완료되며, 이후 기판 세정 및 산소 플라즈마 처리를 실시한 이후 정공 주입층, 정공 수송층, 발광층, 전자 수송층 순으로 증착한다. 풀컬러 소자일 경우 발광층은 마스크를 이용하여 패터닝한다. 유기막 증착 후 cathode를 증착하며, cathode는 cathode separator를 통하여 패터닝되기 때문에 전면으로 증착한다. Cathode 증착 후 흡습제를 포함한 봉지 유리를 이용하여 소자를 봉지하면 모든 제작 공정이 완료된다.

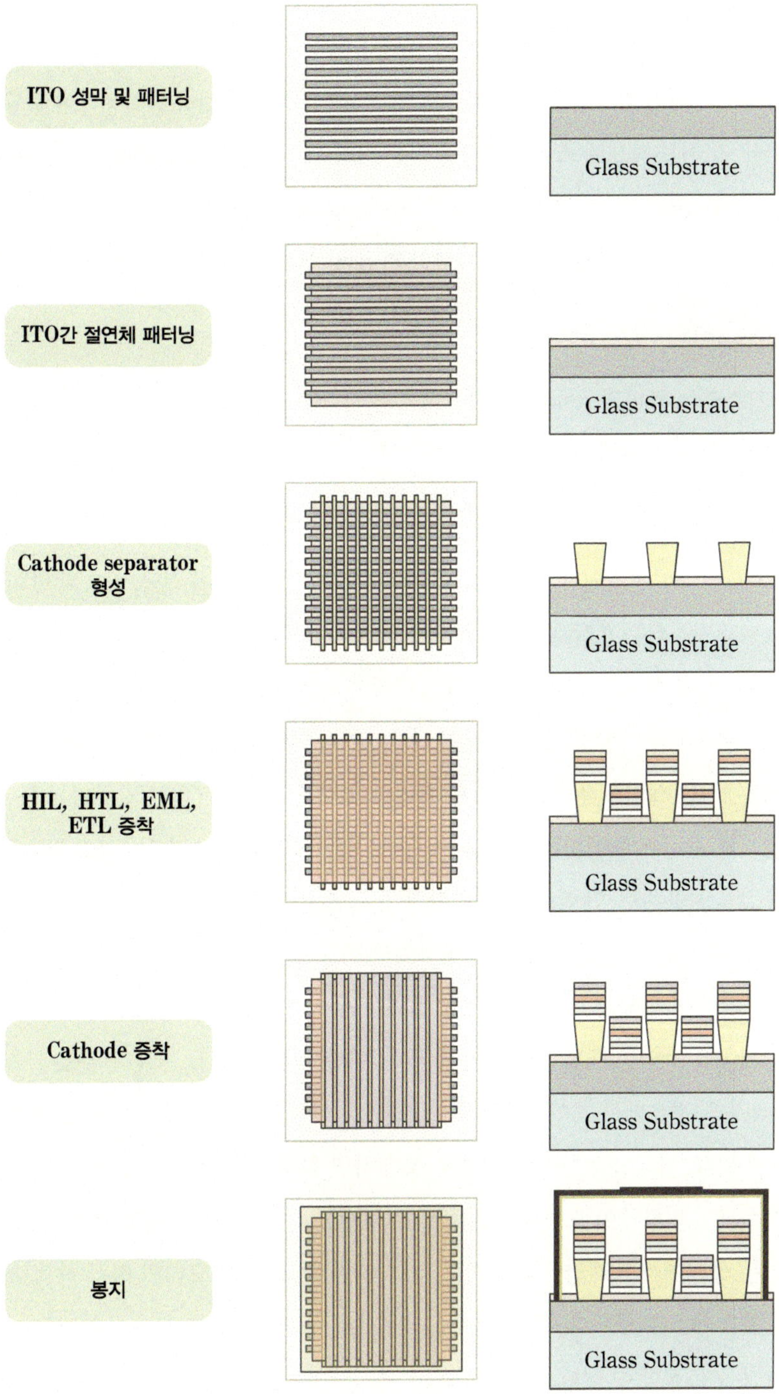

그림 4-10 PMOLED의 제작 공정

2 AMOLED

AMOLED는 각 픽셀을 구동하기 위해서 서브 픽셀마다 트랜지스터를 이용하여 구동하는 방식의 OLED이다. 각 서브 픽셀에 스위칭 역할을 하는 박막 트랜지스터 (thin film transistor, TFT)와 전류 조절 역할을 하는 박막 트랜지스터 및 축전기 (capacitor)가 있으므로, 각 서브 픽셀에 흐르는 전류를 독립적으로 제어할 수 있으며, 각 픽셀의 켜짐 및 꺼짐을 제어할 수 있는 방식이다.

① 트랜지스터의 기본 원리

트랜지스터는 trans와 resistor의 합성어로서 저항을 변화시킬 수 있는 소자의 의미이다. 저항을 변화시키면 전류를 변화시킬 수 있으므로, 트랜지스터를 이용하여 전류를 제어할 수 있으며, 전류의 흐름을 차단하거나 흐르게 만들 수 있으므로 스위칭 기능을 할 수 있다.

트랜지스터의 기본적인 구성은 게이트 전극, 소스 전극, 드레인 전극, 반도체 및 게이트 절연층이다. 트랜지스터는 흔히 물이 흐르는 수도에서의 물의 흐름으로 설명하여, 게이트 전극은 수도꼭지의 역할을 하고, 반도체는 수도관의 역할을 하고, 소스 전극은 물의 공급원, 그리고 드레인 전극은 배수구의 역할을 한다. 트랜지스터의 기본적인 구조를 그림 4-11에 나타내었다. 트랜지스터에서는 게이트 전극과 게이트 절연층이 수도관에 해당하는 전류가 흐를 수 있는 채널을 반도체 물질에 형성하는 역할을 한다. 게이트 절연층은 유전 상수 (dielectric constant)가 큰 물질을 사용하며, 게이트 전압을 가하게 되면 유전 상수가 큰 게이트 절연층 물질에 분극이 생기게 된다. 높은 유전 상수로 인하여 게이트 절연층에는 게이트 전압에 의한 전기장에 의하여 분극이 쉽게 유도되며, 게이트 절연층에 생성된 분극에 의하여 반도체층에 있는 전하들은 게이트 절연층 표면으로 모이게 된다. 예를 들어, 정공을 자유 전하로 가지고 있는 p형 반도체층의 경우에는 게이트 전압을 (-) 전압을 가하게 되면 정공이 게이트 절연층 표면으로 모이게 된다. 이러한 현상은 게이트에 크게 하면 할수록 쉽게 유도되며, 일정 전압이 되면 표면으로 모인 전하들이 모여 하나의 채널을 형성할 수 있게 된다. 채널 형성 후, 소스가 접지되어 있는 상태에서 드레인에 (-) 전압을 가하게 되면, 정공이 드레인 전극 쪽으로 이동하게 되면서 전류가 흐르게 된다. 즉, 트랜지스터에서는 게이트 전압과 드레인 전압을 이용하여 전류의 흐름을 조절할 수 있다.

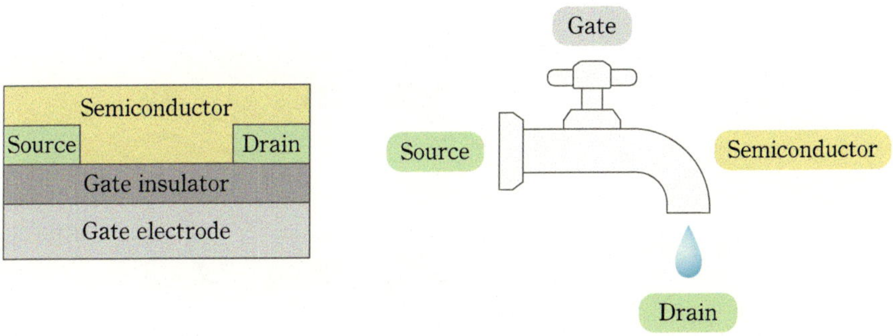

그림 4-11 트랜지스터의 기본 구조

트랜지스터에 있어서 조절해야 하는 주요 인자는 게이트 전압과 드레인 전압이다. 게이트 전압은 채널 형성을 결정하는 인자로서, 일정 이상의 게이트 전압을 인가해야 채널 형성이 가능하다. 채널 형성을 위한 게이트와 소스 전극 사이의 최소 전압을 임계 전압 (threshold voltage)이라고 한다. 임계 전압 이상의 전압을 가해야 채널 형성이 가능하며, 임계 전압 이상에서는 게이트와 소스 사이의 전압을 증가시키면 채널의 폭이 커지게 된다. 그러나, 반도체층에 있는 전하가 모두 절연체층 표면으로 모이게 되면 더 이상 채널의 폭이 증가하지 않게 되고, 채널의 폭이 일정하게 유지된다. 이러한 영역을 포화 영역 (saturation region)이라고 한다 (그림 4-12).

채널 형성 후 소스와 드레인 전극 사이에 전압을 가하게 되면 드레인 전극 쪽으로 이동하면서 전류가 흐르게 되며, 드레인 전극을 높이게 되면 전류가 더 많이 흐르게 된다. 그러나, 일정 전압 이상으로 드레인 전압을 높이게 되면, 채널에 있던 전하들이 모두 드레인 전극 쪽으로 이동하여 더 이상 전류값이 증가하지 않고 일정하게 유지된다. 이러한 영역을 역시 포화 영역이라고 한다. 게이트 전극 전압과 소스 전극-드레인 전극 사이의 전압에 따른 전류값의 변화를 그림 4-13에 나타내었다.

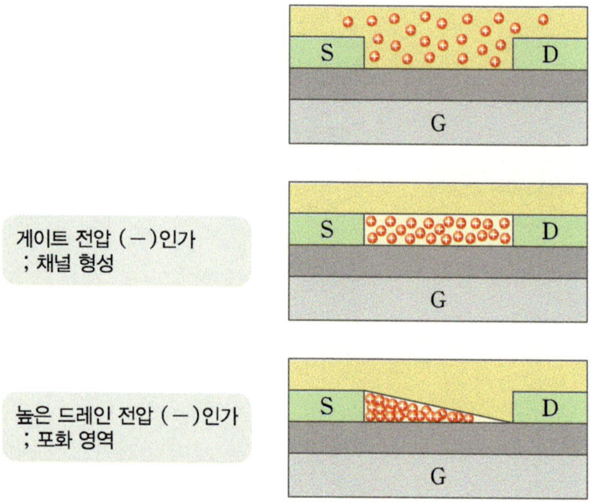

그림 4-12 트랜지스터의 게이트 및 드레인 전압에 따른 채널 형성

일반적으로 트랜지스터를 이용하여 전류를 제어할 경우에는 소스 전극-드레인 전극 사이의 전압은 전류값이 더 이상 변하지 않는 포화 영역에 해당하는 전압을 인가한 상태에서 채널의 폭을 조절하는 게이트 전극 전압을 조절하여 전류를 조절한다. 픽셀을 켜고 끄는 스위칭 기능을 위해서는 게이트 전극 전압을 채널 형성이 되지 않는 전압과 채널 형성이 되어 소스 전극-드레인 전극 전압에 따라 드레인 전류가 증가하는 전압으로 설정하면, 스위칭 기능을 수행할 수 있다.

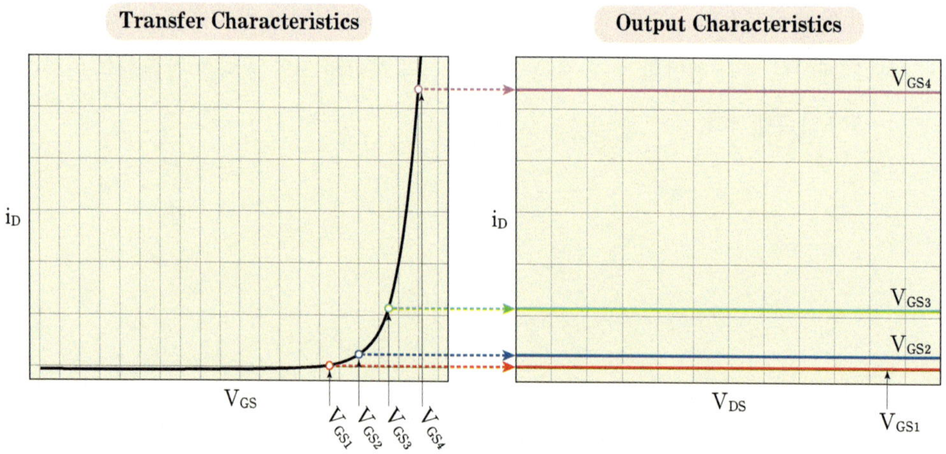

그림 4-13 게이트 전압 및 드레인 전압에 따른 트랜지스터의 전류 특성

② AMOLED용 박막 트랜지스터

AMOLED용 트랜지스터로서는 트랜지스터에서 전류의 흐름을 조절하는 가장 중요한 역할을 하는 반도체 물질로서 결정성 실리콘 (polycrystalline silicon)을 사용하는 트랜지스터와 산화물 (oxide)를 사용하는 트랜지스터를 사용한다. 전압 구동 방식을 사용하는 LCD에서는 무정형 실리콘 (amorphous silicon)을 반도체 물질로 적용하여 트랜지스터를 적용하였으나, 전류 구동 방식을 사용하는 OLED에서는 무정형 실리콘은 안정성 문제로 인하여 사용하지 못하며, 안정성이 우수한 결정성 실리콘을 사용하거나, 공유 결합으로 되어 있는 실리콘과는 달리 이온 결합을 통하여 안정한 결합을 형성할 수 있는 산화물을 사용한 트랜지스터를 적용한다.

다결정의 실리콘을 이용하는 결정성 실리콘 기반의 트랜지스터는 무정형 실리콘을 결정화하여 제작할 수 있으며, 무정형 실리콘을 적용하는 트랜지스터 형성 공정에 비하여 결정화 공정이 추가적으로 요구되며, 공정이 복잡한 단점을 가지고 있다. 특히, 마스크를 이용한 패터닝 공정이 무정형 실리콘에 비하여 2-3단계 추가되므로 이에 따른 공정 단가의 상승 등의 단점을 가지고 있다. 그러나, 이에 비하여 결정성 실리콘의 우수한 이동도 특성으로 인하여 회로를 기판 내에 내장할 수 있으므로 사용하는 구동 집적 회로의 수를 감소시킬 수 있고 이에 따른 원가 절감 효과도 기대할 수 있다.

무정형 실리콘으로부터 결정성 실리콘을 결정화하는 방법으로 가장 널리 사용되고 있는 방법은 엑사이머 레이저를 이용하여 결정화하는 레이저 결정화 방법이다. 레이저 결정화 공정은 저온에서 결정화 공정을 진행할 수 있으며, 이미 양산화되어 사용되고 있는 공정으로 박막 트랜지스터의 특성이 우수한 장점이 있다. 그러나 레이저 빔의 길이 제한으로 대형 기판에 적용이 어려우며, 설비비 및 유지비가 높은 단점이 있다. 또한 생산성이 저하되며 공정을 진행할 수 있는 공정 조건의 설정이 까다롭고 결정성 실리콘의 표면 거칠기가 커서 신뢰성 측면에서 불량이 발생할 가능성이 높은 문제점이 있다. 특히 AMOLED에 적용시 빔의 스캔 방향으로 줄무늬 얼룩이 발생하기 쉽기 때문에 이를 잘 제어해야 한다. 소형 OLED 패널의 경우에는 레이저 결정화를 적용하는데 있어서 큰 문제점이 없으나 OLED 패널의 크기가 커질수록 적용하기 어려운 문제점이 있다.

산화물 박막 트랜지스터는 기존에 AMOLED용으로 주로 개발되어 오던 결정성 실리콘 박막 트랜지스터의 대형 AMOLED TV 적용의 한계점으로 인하여 개발된 트랜지스터 기술이다.

결정화 공정과 도핑 공정을 필요로 하는 결정성 실리콘 기술과 비교하여 별도의 결정화 공정과 도핑 공정을 필요로 하지 않기 때문에 기판 대형화 측면에서 기존의 폴리실리콘과 비교하여 매우 유리한 장점을 가지고 있으며, 8세대 기판으로 대형화가 가능한 기술이다. 기존의 무정형 실리콘 공정과 유사하게 포토 공정에서 사용하는 마스크의 수가 4-5개로 기존의 무정형 실리콘 생산 공정과 동일한 공정으로 공정 진행이 가능하다는 장점을 가지고 있다.

산화물 박막 트랜지스터의 재료로서는 주로 무정형의 ZnO 계열의 산화물이 사용되고 있으며, 박막 트랜지스터의 특성 조절을 위하여 인듐이나 갈륨 등을 도핑하여 적용하고 있다. 현재 가장 널리 사용되고 있는 산화물은 인듐 및 갈륨을 도핑한 ZnO 산화물이다. 기존의 Si이 결정성 상태와 무정형 상태에서의 이동도 차이가 크게 나타나는데 비하여 ZnO의 경우에는 이온 결합으로 원자들이 연결되어 있기 때문에, 결합의 안정성이 크고 분자 배열이 무정형 상태에서도 일정하게 유지된다. 따라서 결정성 상태와 무정형 상태에서 이동도 차이가 거의 나타나지 않는 특징을 가지고 있으므로 무정형 상태에서 사용이 가능하다는 특징을 갖는다. ZnO와 Si의 결정성 상태와 무정형 상태에서의 결합을 그림 4-14에 나타내었다.

	InGaZnO	Si
Crystalline		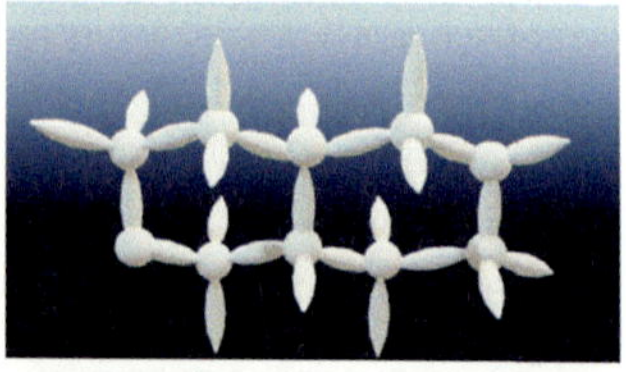
Amorphous		

그림 4-14 트랜지스터에 사용하는 실리콘과 산화물의 무정형 및 결정 구조[26)]

산화물 박막 트랜지스터의 이동도는 기존의 비정질 실리콘 박막 트랜지스터와 결정성 실리콘 박막 트랜지스터의 중간 정도에 해당하는 약 10 cm^2/Vs 수준의 이동도를 갖는 것으로 알려져 있다. 현재 가장 널리 알려져 있는 산화물 박막 트랜지스터는 안정성과 이동도가 가장 뛰어난

26) H. Hosono et al. J. Non-Crystalline Solids, 203, 334 (1996)

InGaZnO 계열의 산화물을 이용한 박막 트랜지스터이며[27], In 및 Ga의 자원 고갈 문제에 따라 최근에는 이들 재료가 포함되지 않은 대체 산화물 재료의 개발에도 집중하고 있다. 산화물 박막 트랜지스터의 장점은 스퍼터링으로 형성된 산화물 반도체 박막이 별도의 도핑 공정 없이 높은 전하 농도를 갖는다는 것이며, 이를 통하여 n형 반도체의 특성을 가지게 된다. 그러나, 이로 인하여 전극과 산화물 사이에 접촉 저항이 유도되는 문제점을 가지고 있으며, 이를 해결하기 위한 다양한 기술들이 개발되고 있다. 현재 주로 개발되고 있는 기술로서는 플라즈마 처리를 통한 전자농도의 증가 또는 산화물 반도체의 도펀트로서 수소를 주입하는 방법 등이 개발되고 있다. 산화물 박막 트랜지스터는 그동안의 많은 개발을 통하여 비약적으로 발전하여 이동도와 공정 측면에서 제품 요구 사항을 만족하여 대형 AMOLED에 적용되고 있다.

이상에 설명한 산화물 박막 트랜지스터를 폴리실리콘 박막 트랜지스터와 비교하여 표 4-3에 나타내었다.

표 4-3 폴리실리콘 TFT와 산화물 TFT의 비교

	폴리실리콘 TFT	산화물 TFT
기판 세대	6세대	10세대
반도체	폴리실리콘(다결정 실리콘)	무정형 IGZO
TFT 특성 균일도	보통	우수
픽셀 TFT 구성	TFT 4개 이상	2개 TFT
TFT 안정성	우수	보통
제작 공정	복잡	단순
생산 비용	높음	낮음

AMOLED 서브 픽셀 구동에 있어서 가장 간단한 구조는 두 개의 트랜지스터와 하나의 capacitor를 사용하는 방식이다. 스위칭 트랜지스터와 구동 트랜지스터가 각각 서브 픽셀의 외곽부에 위치하고, 중간에 capacitor가 포함되어 있는 구조로 되어 있으며, 트랜지스터와 capacitor가 포함된 픽셀의 단면 구조는 그림 4-15와 같다. 트랜지스터는 OLED 소자의 anode와 연결되어 있으며, 드레인 전극을 통하여 OLED 소자와 연결된다. 각 서브 픽셀에 트랜지스터가 있기 때문에 서브 픽셀 모양으로 패터닝되어 있는 anode를 통하여 스위칭 기능과

27) H. Hosono et al. Nature, 432, 488 (2004)

전류 공급 기능을 구현한다. 따라서, PMOLED와는 달리 cathode를 패터닝할 필요가 없으며, 전면 cathode 구조를 적용한다. OLED 구조를 형성한 이후에는 소자를 외부의 수분과 산소로부터 보호하기 위하여 봉지 구조를 적용한다.

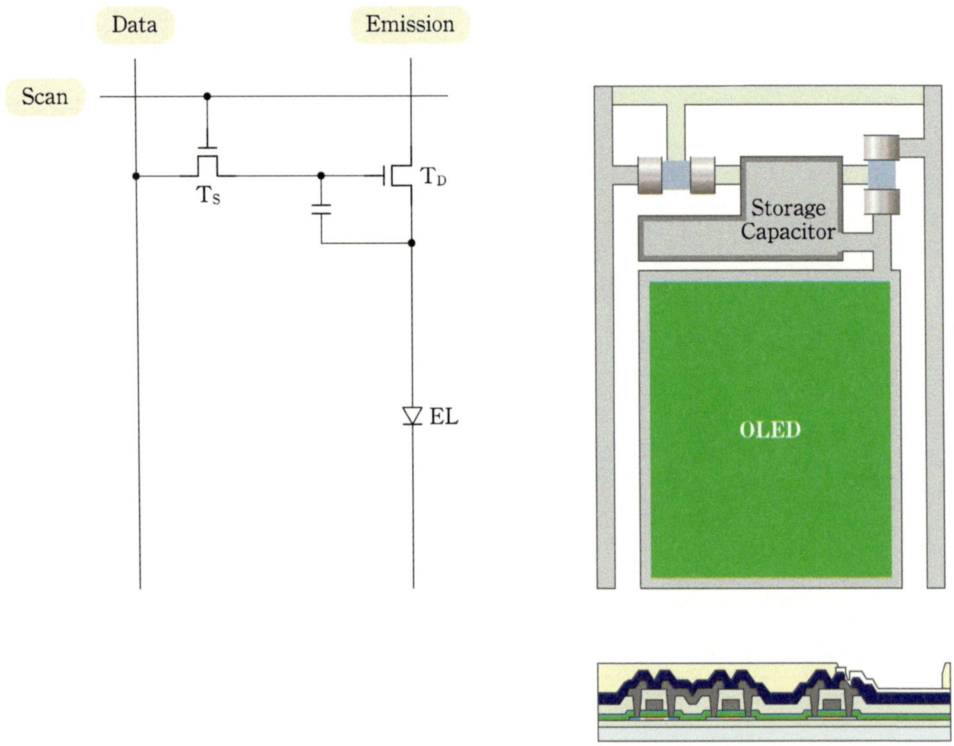

그림 4-15 서브 픽셀 트랜지스터의 구조 개략도

③ AMOLED 제작 공정

AMOLED를 제작하는 공정은 TFT 형성 공정과 OLED 패널부 형성 공정으로 구분하여 생각할 수 있다. TFT 형성 공정에서는 기판 위에 버퍼층을 형성하는 공정으로부터 시작한다. 버퍼층으로서 SiO_2 층을 증착하며, 버퍼층의 기능은 유리 기판으로부터 이온들이 TFT 쪽으로 확산하는 것을 방지하는 역할을 한다. 유리 기판에는 여러 이온 성분들이 포함되어 있으며, 버퍼층이 없을 경우 유리 기판의 이온 성분들은 TFT 공정 후 결정성 Si 층으로 확산하여 TFT 성능을 저하시킬 수 있기 때문에 버퍼층을 통하여 TFT 의 성능 저하를 방지한다. 버퍼층 형성 후 TFT의 반도체 층으로 사용되는 폴리실리콘막을 형성한다. 그러나, 폴리실리콘을 직접 형성할 수 없기 때문에 먼저 무정형 실리콘막을 SiH_4 기체를 이용한 화학기상증착법 (chemical vapor deposition, CVD) 방법을 이용하여 고온 성막한다. 무정형 실리콘막 형성 후 결정성 실리콘을 만들기 위하여 결정화 공정을 거치며, 엑사이머 레이저 결정화 공정을 통하여 결정화를 유도한다. 결정화 공정 진행 후 포토리소그래피 공정을 통하여 폴리실리콘 반도체층을 패터닝한다. 이후 폴리실리콘과 게이트 전극 사이의 게이트 절연막을 형성하고, 게이트 절연막 위에 게이트 전극을 패터닝하여 형성한다. 게이트 전극과 소스 및 드레인 전극을 분리하기 위하여 절연막 (interlayer)을 형성하고, 절연막 형성 후 소스와 드레인 전극을 성막하고, 전극 형성 후 평탄화 절연막을 형성한다. 평탄화막은 표면을 평탄화하여 OLED 발광부 형성시 전류 누설을 막고, anode 전극과 TFT 소자와 절연 특성을 유지하기 위하여 성막한다. 평탄화막 성막 후 anode 전극을 성막하고, anode 전극은 홀을 통하여 드레인 전극과 연결된다. Anode 형성 후에는 anode 사이에 PDL을 성막하며, PDL의 역할은 픽셀간의 절연 특성을 유도하고, anode 전극에서 전류 누설을 막는 역할을 한다 (그림 4-16). PDL이 없는 경우에는 anode 전극 가장자리에서 유기물막이 얇아지면서 전기장이 집중되어 소자가 쉽게 손상되며, 전류 누설이 발생하게 된다.

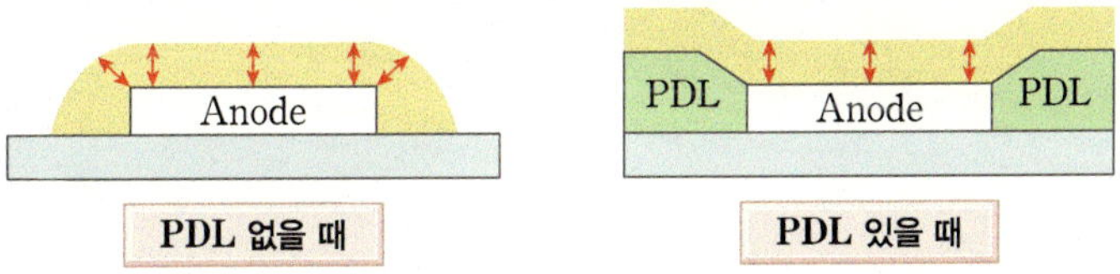

그림 4-16 PDL이 포함될 때와 없을 때 픽셀의 유기막 형성

PDL은 포토리지스트를 이용하며, 주로 고온에서 휘발성 기체의 발생이 없고, 고온 안정성이 우수한 폴리이미드계 포토리지스트를 활용한다. PDL 형성 후에는 산소 플라즈마 처리 후 정공 주입층, 정공 수송층, 발광층, 전자 수송층 물질을 차례대로 증착하며, 유기물 증착 완료 후 cathode 전극을 증착한다. AMOLED에서는 TFT 가 각 서브픽셀의 켜짐/꺼짐 및 전류 밀도를 제어하기 때문에 cathode는 패터닝 없이 공통 전극으로 사용한다. Cathode 전극 성막 후에는 봉지를 통하여 OLED 소자를 보호한다. AMOLED의 제작 공정을 그림 4-17에 나타내었다.

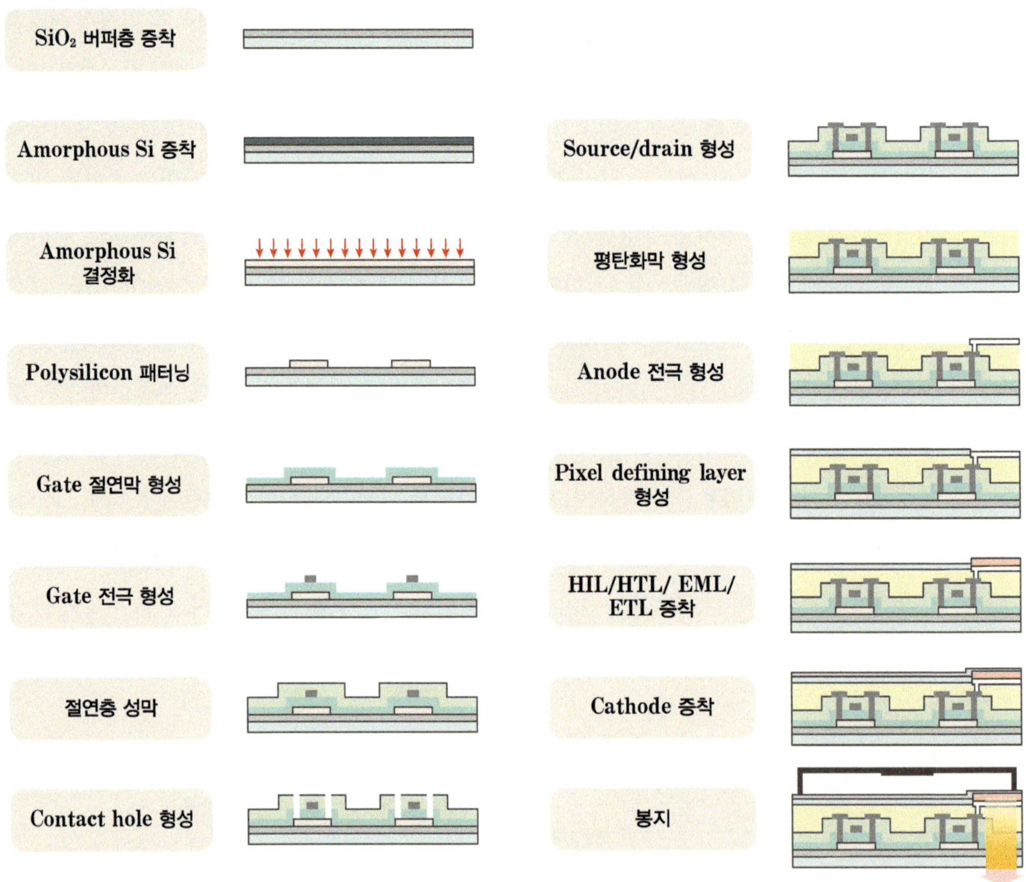

그림 4-17 AMOLED 제작 공정

3 공정에 따른 분류

OLED 소자는 제작하는 공정 방법에 따라 증착 공정을 이용하는 OLED와 용액 공정을 이용하는 OLED로 구분할 수 있다. 증착 공정 OLED의 경우에는 진공상에서 유기물을 기화 또는 승화시켜 기판 위에 열증착하는 공정을 이용하여 제작하는 OLED 제작 방식이며, 용액 공정 OLED는 유기물을 잉크화하고, 잉크를 용액 코팅 방식인 잉크젯 프린팅 또는 스핀 코팅 공정 등의 방법으로 박막을 형성하여 OLED를 제작하는 방식이다.

1 진공 증착 OLED

진공 증착 OLED에서는 물리적인 증착 공정인 진공 열증착 공정을 이용하여 OLED를 제작한다. 진공 열증착 공정은 10^{-7} torr 수준의 고진공 상에서 유기물에 열을 가하여 유기물을 기화 또는 승화시키고 온도가 낮은 기판상에서 기체 상태의 유기물이 다시 박막 필름을 형성하는 방법이다. 유기물 중 기화 또는 승화가 가능한 유기물만 진공 증착 공정에 활용할 수 있으며, 진공열증착 공정은 유기물의 화학적인 변화가 없는 물리적인 박막 형성 공정이다.

일반적으로 기화 또는 승화가 가능하기 위해서는 분자량이 1,000 이하인 저분자 물질인 것이 바람직하다. 유기물의 기화 온도는 분자간의 힘인 상호 작용력에 의하여 결정되며, 분자간의 힘은 반데르발스 힘이 주된 상호 작용으로, 극성-극성 상호 작용, 극성-비극성 상호 작용 및 비극성-비극성 상호 작용이 있다. 극성 분자들은 비극성 분자들에 비하여 강한 극성-극성 상호 작용으로 인하여 증착 온도가 높으며, 비극성 분자들은 비극성 분자 사이의 힘인 분산력이 주된 상호 작용으로 분산력은 분자의 전자 개수에 의하여 주로 결정된다. 따라서, 분자의 분자량이 커지면 커질수록 분산력이 증가하여 증착 온도가 상승한다. 증착 온도가 높아지면 유기 분자가 분해될 가능성이 커지므로 1,000 이하의 분자량을 가진 유기물이 증착 공정에 적합하며, 대부분의 증착 공정용 유기물의 분자량은 800 이하이다.

저분자 유기물을 이용하는 진공 증착 OLED의 가장 큰 장점은 소자의 수명이 우수하다는 점이다. OLED 소자에서 수명은 유기물의 특성에 크게 의존하며, 특히 유기물의 순도에 따라서 소자 수명이 영향을 크게 받는다. 진공 증착용 유기물의 경우에는 최종적으로 유기물의 순도를 확보하기 위하여 승화 정제 공정을 적용하고 있으며, 현재 유기물의 순도를 높이기 위한 정제법으로는 승화 정제 방법이 가장 우수하다. 따라서, 높은 순도의 유기물을 이용하여 소자를 제작할 수 있으며, 이에 따라 소자의 수명이 뛰어난 장점을 가지고 있다. 그러나, 증착 공정의 특성상 유기물의 사용 효율이 낮다는 단점을 가지고 있으며, 공정에 따라 차이가 있으나, 대략 10~30%의 유기 재료 사용 효율을 보이고 있다. 재료 사용 효율이 낮은 단점이 있으므로 생산 공정에서는 증착 후 진공 챔버 내에 부착되어 있는 유기물을 재활용하기도 한다.

증착 공정은 현재 거의 대부분의 제품 생산 공정에 적용되고 있으며, RGB 픽셀 형성을 위하여 미세 마스크 (fine metal mask, FMM)를 이용하여 패터닝하는 공정을 소형 OLED에 적용하고 있다. 대형 OLED의 경우에는 FMM의 대형화 기술이 확보되어 있지 못하며, FMM을 이용한 RGB 픽셀 공정시 불량 발생에 의한 수율 확보가 어렵기 때문에 FMM 공정을 적용하지 못하고 있다. 소형 OLED의 경우 유리 기판 1장에 수백개의 패널이 있기 때문에 불량점이 한 개가 있으면 수백 개의 패널 중 하나의 패널만 불량이 되지만, 대형 OLED의 경우에는 유리 기판 1장에 두 개 또는 세 개의 패널만 있기 때문에 불량점이 한 개만 있어도 수율이 급격하게 떨어지게 된다. 또한, 기판이 대형화되면 큰 유리 기판 고정시 기판의 가운데 부분이 처지는 현상이 생기기 때문에 마스크와 기판을 픽셀을 기준으로 정렬할 때 정렬 오차가 생기게 되어 불량 발생 가능성이 커지게 된다. 따라서, 현재 RGB 픽셀 형성을 위한 기술로 백색 OLED와 컬러 필터를 적용하는 방식을 대형 OLED에서 활용하고 있다. 백색 OLED와 컬러 필터를 조합하는 기술은 픽셀 패터닝 공정이 포함되지 않기 때문에 불량 발생이 적으므로 생산 수율을 높이는데 유리하다. 증착 공정을 이용하는 OLED의 제작 공정을 간단하게 그림 4-18에 나타내었다.

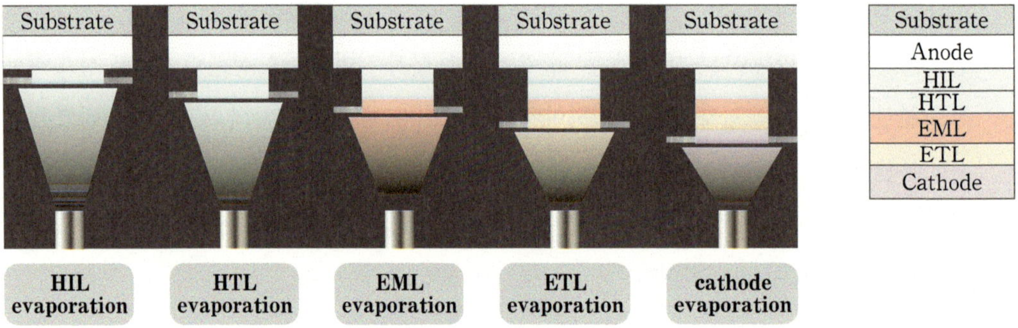

그림 4-18 증착 공정을 이용하는 OLED 제작 공정

2 용액 공정 OLED

용액 공정 OLED는 진공 증착 OLED 공정을 이용한 대형 OLED의 RGB 픽셀 패터닝 공정이 어려운 점을 해결하기 위하여 개발되고 있다. 용액 공정 OLED에서는 RGB 픽셀 패터닝 공정으로서 잉크젯 프린팅 공정을 적용할 수 있으며, 잉크젯 공정의 대형화가 미세 마스크의 대형화에 비하여 상대적으로 쉽기 때문에 대형 OLED 제작 공정으로 개발하고 있다.

용액 공정을 적용하기 위해서는 유기 발광 물질을 잉크화할 수 있어야 한다. 스핀 코팅 및 잉크젯 프린팅을 비롯한 용액 공정에서는 잉크화한 유기물을 코팅하는 공정을 적용하므로, 유기물을 용매에 용해하여 잉크를 만드는 것이 중요하다. 용액 공정에서는 유기물이 용매에 용해되면 저분자 유기물, 고분자 유기물, 올리고머 (수천의 분자량을 가진 유기물), 덴드리머 등의 모든 유기물을 적용할 수 있다. 현재 주로 사용하는 것은 저분자 물질과 고분자 물질이다.

용액 공정에서는 RGB를 패터닝하기 위한 기술로 잉크젯 프린팅 기술을 적용하고 있다. 잉크젯 프린팅 방식은 유기물 잉크를 프린팅 노즐을 통하여 분사하여 서브 픽셀에 유기 박막을 형성하는 방식이다. RGB 픽셀을 패터닝하는 것이 목적이므로 OLED 소자 구조에서 정공 주입층, 정공 수송층 및 발광층까지를 잉크젯 프린팅 방식을 이용하여 공정을 진행하며, 전자 수송층 및 cathode는 증착 방식을 이용하여 적용한다. 잉크젯 방식은 증착 방식에 비하여 재료 사용 효율이 90% 이상으로 우수하고 대형 OLED 컬러 패터닝이 가능한 장점을 가지고 있다. 그러나, 증착 공정에 비하여 용매를 사용하기 때문에 용매에 포함된 불순물에 의하여 소자 수명이 감소하는 문제점이 있으며, 용액 공정용 소재 중 고분자 물질은 고순도 확보가 상대적으로 어려워 소자 특성이 저하될 수 있다는 단점을 가지고 있다.

잉크젯 프린팅 방식의 OLED는 현재 일부 제품에 사용되고 있으나, 제품 적용을 위해서는 소자 특성의 개선과 대형 프린팅 공정의 안정화가 필요한 상황이다. 용액 공정 OLED 소자의 자세한 내용은 14장에서 설명하고, 용액공정을 이용한 소자 제작 공정을 간략하게 그림 4-19에 나타내었다. 증착 공정 방식과 용액 공정을 이용한 프린팅 방식을 표 4-4에 비교하였다.

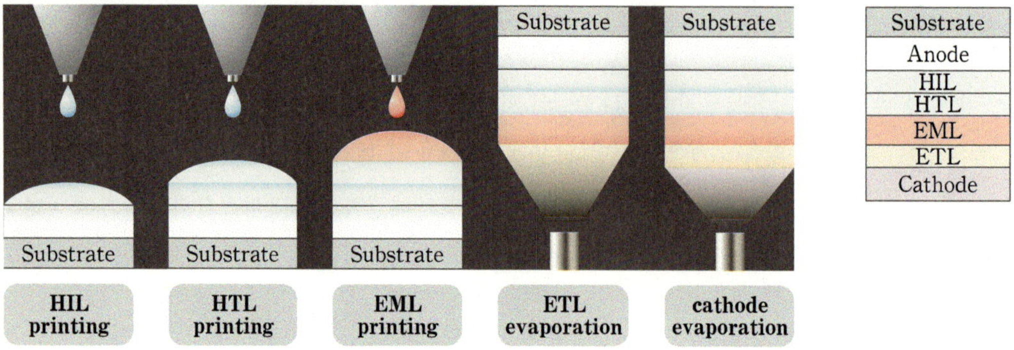

그림 4-19 용액 공정을 이용한 OLED 소자 제작 공정

표 4-4 증착 공정과 용액 공정의 비교

	증착 공정	용액 공정
발광 물질	저분자	저분자/올리고머/덴드리머/고분자
박막 형성 기술	진공 증착	스핀 코팅/프린팅
컬러 패터닝 방식	미세 마스크(fine metal mask)	잉크젯 프린팅
장점	효율/수명 우수 다층막 소자 구조 제어 용이	대면적 패터닝 높은 재료 사용 효율
단점	대면적 패터닝 어려움 낮은 재료 사용 효율	효율/수명 불리 다층막 소자 구조 제어 어려움

05

풀컬러 OLED 소자

OLED 소자를 패널에 사용하기 위해서는 RGB 픽셀을 형성해야 하며, 자발광 소자인 OLED는 RGB 픽셀을 형성하기 위한 방법으로 세가지 방법을 사용하고 있다. 첫 번째 방법은 픽셀 패터닝 공정을 이용하는 RGB 독립 패터닝 형태의 OLED가 있으며, 픽셀 패터닝 공정으로 FMM을 이용한 패터닝이나 잉크젯 프린팅을 이용하여 RGB 픽셀을 독립적으로 패터닝 공정을 사용하여 형성한다. 두 번째 방법은 백색 OLED와 컬러 필터를 이용하여 픽셀을 형성하는 방법으로 RGB 발광을 모두 포함하고 있는 백색 OLED를 제작하고, RGB 컬러 필터를 이용하여 색을 필터링하여 RGB를 구현하는 방법이다. 세 번째 방법은 청색 OLED를 형성하고 색변환층을 이용하여 RGB 픽셀을 형성하는 방법으로 청색 OLED를 통하여 색변환 방식을 활용하여 RG를 형성하고 청색 OLED에서 발광하는 청색은 그대로 활용하여 RGB를 구현하는 방식이다. RGB 독립 패터닝 방식의 OLED는 세가지 방식 중 소자 특성 측면에서는 가장 우수한 장점을 가지고 있으나, 생산 수율 측면에서 단점을 가지고 있다. RGB 독립 패터닝 방식의 낮은 수율의 문제점을 극복하고자 개발된 방식이 청색 OLED/색변환층 및 백색 OLED/컬러 필터 방식이며, 이 방식은 높은 수율의 장점을 가지고 있으나, 소자 효율 및 수명 측면에서 단점을 가지고 있으며, 생산 단가도 높은 문제점을 가지고 있다. 그림 5-1에 세가지 방식의 풀컬러 OLED 소자 구조를 나타내었고, 표 5-1에 각 방식의 장단점을 비교하였다.

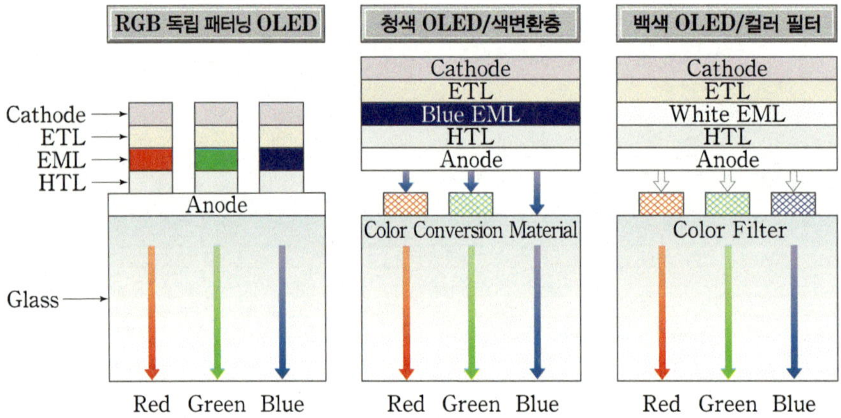

그림 5-1 풀컬러 OLED 소자 제작 방식

표 5-1 풀컬러 OLED 소자의 장단점 비교

	RGB 독립 패터닝	청색 OLED/색변환층	백색 OLED/컬러 필터
장점	높은 효율 장수명	대면적 적용 용이	대면적 적용 용이
단점	대면적 생산 수율 저하	낮은 효율 짧은 수명 높은 색변환층 가격	낮은 효율 짧은 수명 높은 컬러 필터 가격

제1절
RGB 독립 패터닝 OLED

RGB 독립 패터닝 OLED는 OLED 패널의 RGB 픽셀에 각각 RGB 발광 물질을 포함하고 있는 풀컬러 OLED이다. 각 픽셀에서 발광 물질을 통하여 색을 구현하기 때문에 RGB 픽셀에 각각의 색을 구현하기 위한 발광 물질의 패터닝 공정을 필요로 한다. 현재 진공 증착 공정에서는 미세 마스크를 이용하여 패터닝하는 공정을 이용하며, 용액 공정에서는 잉크젯 프린팅 공정을 이용하여 RGB 픽셀에 각각 해당하는 발광 물질을 패터닝한다. 이 방식은 다른 방식에 비하여 패터닝 공정이 필요하기 때문에 제작 공정이 복잡하다는 단점을 가지고 있으며, 픽셀 패터닝 공정에서 불량이 발생할 수 있기 때문에 생산 공정에서 수율이 감소할 수 있는 단점이 있다.

RGB 독립 패터닝 OLED는 각각 패터닝되어 있는 픽셀을 통하여 RGB를 구현하기 때문에 발광의 손실이 없어 OLED 방식 중 OLED 소자의 특성을 최대로 구현할 수 있는 방식이다. RGB 픽셀을 독립적으로 형성하기 때문에 각 픽셀의 특성을 용이하게 최적화할 수 있는 장점이 있다. 일반적인 소자 구조는 정공 주입층, 정공 수송층, 및 전자 수송층은 공통층으로 RGB 픽셀에 모두 동일하게 적용하고 발광층만 패터닝하는 구조를 사용한다. 각 픽셀의 특성을 최적화하기 위해서는 RGB 픽셀에서 공통층의 두께 및 공통층 재료의 최적화가 필요하기 때문에 정공 수송층 등을 RGB 픽셀에서 다르게 사용하기도 한다. 특히, 적색 및 녹색은 인광 발광 재료를 사용하고 청색의 경우에는 형광 재료를 사용하기 때문에, 엑시톤 방지층을 도입할 경우에는 컬러별로 다른 엑시톤 방지층을 사용하기도 한다.

현재 사용하고 있는 소형 OLED는 모두 RGB 독립 패터닝 형태의 패터닝 공정을 기반으로 하는 픽셀 구조를 사용하고 있으며, 픽셀 패터닝이 가능하면 RGB 독립 패터닝 OLED 구조를 사용하는 것이 가장 바람직하다. 잉크젯 프린팅을 이용하는 OLED도 RGB 독립 패터닝 OLED 구조를 사용한다.

제2절
백색 OLED/컬러 필터

백색 OLED와 컬러 필터를 이용하는 풀컬러 OLED 구현 방식은 현재 대형 OLED TV에 적용하고 있는 방식으로, RGB 픽셀 패터닝 공정 없이 풀컬러 OLED를 제작할 수 있는 방식이다. 픽셀 패터닝 공정 없이 RGB 픽셀을 만들 수 있기 때문에, 공정에서 생산 수율이 우수한 장점을 가지고 있으므로 대형 OLED 제작에 적합한 기술이다.

백색 OLED와 컬러 필터를 이용하는 기술에서는 백색 OLED 소자를 제작하고, 컬러 필터를 통하여 색을 필터링하여 RGB 컬러를 구현한다. 백색 OLED는 적색/황색 또는 적색/녹색/청색의 발광 물질을 포함하여 백색 발광을 구현할 수 있으며, 컬러 필터는 백색 발광 성분 중 특정 성분만 통과시키고 다른 성분을 흡수하여 색을 구현할 수 있다. 예를 적어 적색 컬러 필터는 백색 성분 중 청색 및 녹색 성분은 흡수하고 적색 성분만 투과시키므로 적색 컬러 필터를 통과한 백색광은 적색을 구현할 수 있다. 동일한 방식으로 녹색 및 청색 컬러 필터를 통과한 빛은 녹색 및 청색을 구현할 수 있다. 그림 5-2에 백색광을 통하여 RGB를 구현하는 방식을 도식화하여 나타내었다.

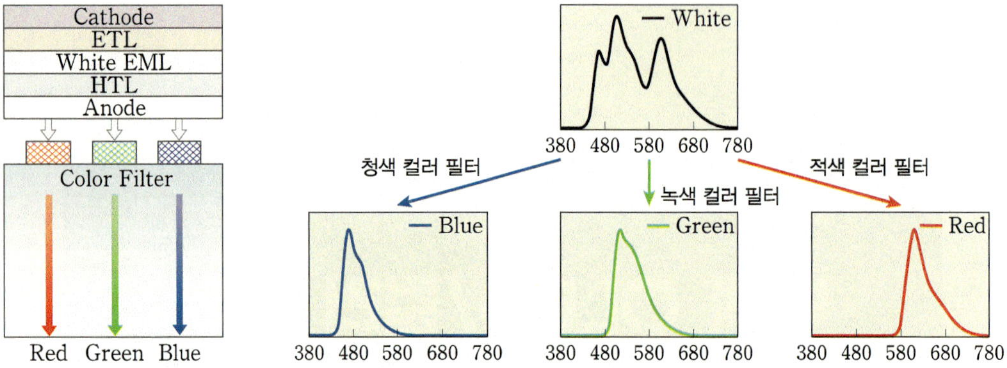

그림 5-2 백색 OLED와 컬러 필터를 이용하는 방식의 소자 구조 모식도 및 발광 스펙트럼

백색 OLED를 구현하는 방법은 하나의 발광층에 여러 개의 발광 물질을 혼합하는 방법[1], 하나의 소자 내에 여러 개의 발광층을 적층하여 사용하는 방법[2)3)], 청색 OLED를 이용하고 색변환층을 이용하여 색변환하는 방법[4] 및 여러 개의 소자를 직렬로 연결하여 여러 개의 소자로부터 나오는 빛을 이용하여 백색을 구현하는 방법 (탠덤 소자 구조)[5]이 있다. 현재 OLED TV 공정에 사용하는 방법은 탠덤 소자 구조를 이용하는 방법이다. 백색 OLED와 컬러 필터를 이용하는 방식은 수율 측면에서 유리한 장점이 있는 반면에 컬러 필터의 사용으로 인하여 효율 및 수명이 저하되는 단점을 가지고 있다. 컬러 필터가 백색광 성분 중에서 RGB 컬러에 해당하는 한 성분만을 통과시키므로 산술적으로 컬러 필터를 통과하게 되면 빛의 세기가 1/3로 줄어들게 되며, 효율이 1/3로 감소하게 된다. 따라서, 동일한 휘도를 얻기 위해서는 백색 소자의 휘도가 요구하는 휘도의 3배가 되어야 하며, 휘도 증가에 의하여 소자의 수명이 감소하는 문제점을 가지고 있다. 따라서, 하나의 발광층을 사용하거나, 여러개의 발광층을 적층한 구조의 단일 소자 구조를 적용하게 되면, RGB 독립 패터닝 OLED 에 비하여 효율이 1/3로 감소하고, 소비전력이 상승하게 되며, 수명이 3배 이상으로 감소하게 된다. 이를 해결하기 위해서는 컬러 필터에 의한 효율 감소를 보완하기 위하여 효율을 다시 3배로 증가시키고, 소자의 휘도를 기존 수준으로 낮추어 RGB 독립 패터닝 OLED와 동등 이상의 특성을 확보할 수 있는 소자 기술이 요구되며, 탠덤 소자 구조를 사용할 경우 OLED 소자에서 요구하는 특성을 만족할 수 있다. 현재는 탠덤 소자 구조 중 세 개의 소자를 적층하는 탠덤 소자 구조를 적용하고 있다. 탠덤 소자 구조의 자세한 내용은 제 5 절에서 설명

1) J. Kido et al. Appl. Phys. Lett. 64, 815 (1994)
2) Y. Sun et al. Nature 440 908 (2006)
3) K. Leo et al. Adv. Funct. Mater. 19, 1319 (2009)
4) A. R. Duggal et al. Appl. Phys. Lett. 80, 3470 (2002)
5) S. R. Forrest et al J. Appl. Phys. 93, 1933206 (2008)

하며, 백색 OLED의 자세한 내용은 12장에서 설명한다.

초기에 사용한 백색 OLED 소자 구조는 두 개의 소자를 직렬로 연결한 탠덤 소자이며, 황색 소자와 청색 소자를 적층하여 소자를 구현하였다. 황색을 통하여 적색과 녹색을 구현하기 때문에 적색과 녹색의 효율이 낮은 단점을 가지고 있다. 현재 사용하고 있는 백색 OLED 소자 구조는 세 개의 소자를 직렬로 연결한 탠덤 소자 구조이며, 첫 번째 소자와 세 번째 소자는 청색 소자이며, 두 번째 소자는 적색/녹황색 소자이다. 청색 소자의 경우 형광 발광 물질을 사용하기 때문에 소자의 효율이 낮고, 높은 발광 에너지로 인하여 소자 수명이 짧은 문제점이 있기 때문에, 이를 극복하기 위해서 2개의 청색 소자를 활용하고, 적색/녹황색 소자는 인광 소재를 활용하여 고효율을 구현한다. 적색/녹색의 인광 발광층을 사용해야 하지만, 녹색 인광 소자의 짧은 수명으로 인하여 녹색 인광 소재 대신 녹황색 인광 소재를 적용하여 수명 문제를 개선하고 있다. 이와 같은 탠덤 소자 구조의 적용으로 소자 특성을 개선할 수 있으나, 소자 제작 공정은 복잡해지는 단점을 가지고 있다. 초기에 사용한 황색과 청색을 이용한 백색 탠덤 소자의 구조와 최근에 사용하고 있는 적색, 황록색 및 청색 재료 기반의 백색 탠덤 소자의 구조를 그림 5-3에 나타내었다.

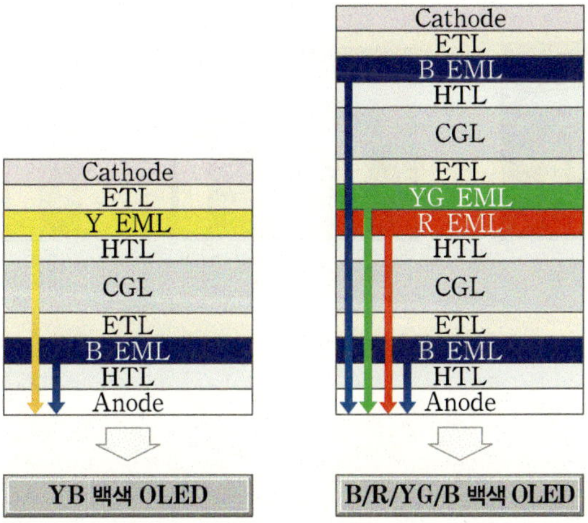

그림 5-3 황색/청색 방식의 탠덤 백색 소자와 청색/적색/황록색/청색 방식의 탠덤 백색 소자

백색 OLED와 컬러 필터를 사용하는 방식에서는 기존의 RGB 픽셀 방식과는 달리 RGBW 픽셀 구조를 사용하고 있다. RGBW 픽셀 구조를 사용하는 장점은 풀컬러 OLED 소자의 효율을 높일 수 있다는 점이다. 일반적으로 이미지를 표시할 때 이미지의 색은 순수한 적색, 녹색, 및 청색의 컬러를 가지고 있는 경우보다 여러 가지 색이 혼합된 색을 가지고 있는 경우가 더 많다. 예를 들면 순수한 적색만으

로 표현되는 이미지는 상대적으로 적으며, 적색과 녹색 또는 청색 등이 혼합된 색으로 표현되는 이미지가 더 많다. 이때, 여러 가지 색이 혼합된 이미지는 적색, 녹색, 및 청색 뿐 아니라 적색/녹색/청색을 모두 혼합하면 백색이 되므로 백색과 다른 색의 조합으로도 표현할 수 있다. 예를 들어 적색 100, 녹색 50, 청색 50의 혼합으로 표현되는 이미지가 있다고 하면, 이 이미지는 적색 50과 백색 50의 합으로 나타낼 수도 있다. 이와 같이 순수한 적색, 녹색 및 청색이 아니라면, 백색과 다른 색의 조합으로 이미지를 표현할 수 있다. RGBW를 사용할 경우 W 픽셀은 다른 픽셀과 달리 컬러 필터를 포함하고 있지 않아 빛의 손실이 생기지 않으므로, 이미지 표현시 W 픽셀을 활용하면 일반 RGB 픽셀 구조에 비하여 빛의 손실이 적기 때문에 효율 손실을 줄일 수 있고, 소비 전력 및 수명에서도 우수한 특성을 보일 수 있다. 백색 OLED 소자에서만 구현 가능한 픽셀 구조로서 RGBW 픽셀 구조 도입을 통하여 백색 OLED/컬러 필터 기반의 소자 특성을 개선할 수 있다. RGBW 픽셀 구조는 그림 5-4에 나타내었듯이 서브 픽셀 구조가 세 개의 서브 픽셀로 되어 있는 구조이며, 픽셀은 RGB, WRG, BWR, GBW와 같은 순서로 배치되어 있다. RG/BW의 펜타일 방식의 픽셀 구조도 알려져 있으며, 이 방식에서는 두 개의 서브픽셀이 하나의 픽셀을 구성한다. 따라서 픽셀의 수가 동일하더라도 서브 픽셀의 수는 RG/BW 방식의 펜타일 구조에서 RGB 방식에 비하여 2/3 수준이다.

그림 5-4 RGB, RGBW 및 RG/BW 픽셀 구조

제3절
청색 OLED/색변환층

대형 OLED를 제작하기 위한 방식으로 청색 OLED와 색변환층을 이용하는 방식이 있다[6)7)]. 이 방식도 백색 OLED/컬러 필터 방식과 유사하게 RGB 픽셀 패터닝 공정 없이 풀컬러 OLED 제작이 가능한 방식으로, 대형 OLED 제작에 있어서 생산 수율이 높다는 장점을 가지고 있다.

백색 OLED/컬러 필터 방식이 백색 발광 성분을 컬러 필터를 통하여 일정 파장만 통과시켜 색을 구현하는 방식인데 반하여, 청색 OLED/색변환층 방식은 청색 OLED를 이용하여 청색을 구현하고 적색 및 녹색은 청색 OLED의 발광을 색변환 물질을 이용하여 적색 및 녹색으로 변환시켜서 구현하는 방식이다. 적색 및 녹색의 색변환 물질은 청색 발광을 흡수하여 PL 발광을 통하여 적색 및 녹색을 발광할 수 있는 물질로부터 선택한다. 초기에 색변환 물질은 무기 형광체 물질을 사용하였으나, 이후 유기 발광 물질을 색변환 물질로 사용하기도 하였으며, 최근에는 양자점 (quantum dot, QD)을 색변환 물질로 널리 사용하고 있다.

색변환 방식을 이용하여 풀컬러 소자를 구현하는 방법으로는 두 가지 방법을 사용할 수 있다. 청색 OLED를 사용하고, 적색 및 녹색 발광 물질을 혼합한 필름을 이용하여 청색을 적색과 녹색으로 변환

6) T. Zhou et al. SID Digest 47, 1469 (2016)

7) H. J. Kim et al. J. Disp. Technol. 12, 526 (2016)

하고, 이를 다시 컬러 필터를 통과하여 RGB 픽셀을 구현하는 방법이다. 청색 OLED의 발광 중 일부는 색변환 물질에 흡수되지 않고 청색 발광을 하며, 색변환 물질에 흡수된 청색 발광은 색변환 필름에 의하여 적색 및 녹색으로 변환되어 전체적으로는 백색 발광을 하게 된다. 백색 발광은 백색 OLED/컬러 필터 방식과 유사하게 컬러 필터를 통과하여 RGB 픽셀을 구현할 수 있다. 다른 방법은 색변환 물질을 이용한 컬러 필터를 제작하고 이를 통하여 RGB를 구현하는 방식이다. 이 방식에서는 청색 OLED에서 발생한 빛이 컬러 필터를 통과하게 되며, 적색 및 녹색 컬러 필터에는 색변환 물질이 컬러 필터에 혼합되거나, 컬러 필터 층 위에 코팅되어, 청색 발광의 색변환이 일어난 후 컬러 필터를 통과하게 된다. 이 방식에서 청색 발광이 색변환층에 완전하게 흡수되면 컬러 필터층이 필요하지 않을 수 있으나, 일부 흡수가 되지 않는 청색광이 생기기 때문에 컬러 필터를 사용해야 한다. 이와 같이 청색 OLED/색변환층을 이용하는 방식은 이론적으로는 컬러 필터 없이 풀컬러 RGB 픽셀을 구현할 수 있으나, 실제로는 색변환이 완벽하지 않기 때문에 그림 5-5와 같이 컬러 필터를 사용하여 RGB 픽셀을 구현해야 한다.

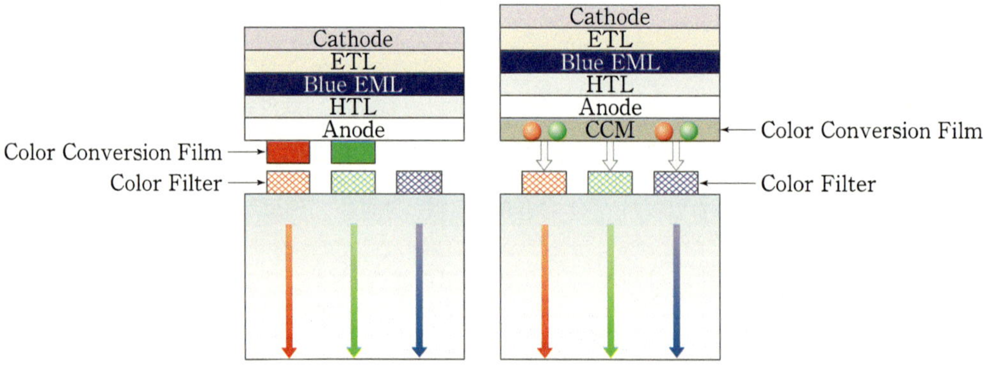

그림 5-5 색변환 방식을 이용하는 풀컬러 OLED 소자 구조

청색 OLED와 색변환층을 이용하는 방식에서는 발광 에너지가 큰 청색을 이용하여 적색과 녹색을 구현하는 방식이기 때문에, 높은 발광 에너지를 가진 청색 발광 소자의 짧은 수명으로 인하여 수명이 짧아질 수 있는 문제점이 있으며, 현재 사용하고 있는 청색 OLED 소자가 형광 소자이기 때문에 효율이 낮은 단점이 있다. 청색 발광 소자의 효율이 낮을 경우 적색과 녹색 소자의 효율이 저하될 수 밖에 없으며, 이에 따라 풀컬러 OLED 소자의 효율이 낮아지고 소비 전력이 높아지는 문제가 있다. 특히, 색변환 물질의 색변환 효율이 좋지 않을 경우에는 적색과 녹색의 효율이 현저하게 저하되는 문제점을 가지고 있다. 이러한 문제점을 해결하기 위해서는 청색 소자 자체의 효율과 수명을 개선하는 방법

을 활용해야 하며, 현재 적용하는 방식은 탠덤 소자 구조를 사용하는 것이다. 백색 OLED/컬러 필터 방식에서도 탠덤 소자 구조를 이용하여 백색 OLED를 구현한 것과 같이 청색 OLED에서도 여러개의 청색 소자를 적층하여 탠덤 소자 구조를 적용할 경우 효율을 높일 수 있으며, 수명 또한 개선할 수 있다. 다만, 단점은 탠덤 소자 제작 공정이 길기 때문에 소자 제작 공정이 복잡해지고 생산 단가가 높아지는 점이다.

현재 가장 널리 개발되고 있는 청색 OLED/색변환층 기술은 색변환층으로 양자점을 이용하고 탠덤 구조의 청색 OLED 소자 구조를 적용하는 기술이다. 양자점은 무기 반도체 기반 나노 입자로서 입자의 크기 조절을 이용하여 밴드갭을 조절하여 발광 파장을 조절할 수 있는 물질이다[8]. 양자점은 2~10 nm의 크기를 가지고 있으며, 크기가 커지면 발광 파장이 적색으로 이동하며, 크기가 작아지면 발광 파장이 청색으로 이동하는 특징을 갖는다. 양자점은 크기가 작기 때문에 벌크 물질의 특성과 원자 하나의 특성 사이의 중간 특성을 갖게 되며, 크기가 작으면 원자의 에너지갭 특성을 가지며, 크기가 클 경우에는 벌크 물질의 에너지갭 특성을 갖는다. 무기 반도체 나노 결정으로서 양자점은 크기 조절을 통한 파장 조절과 무기 입자의 좁은 스펙트럼을 갖는 발광 특성을 보인다. 따라서, 다른 발광 물질에 비하여 우수한 색순도를 갖는 장점을 가지고 있으며, 색변환 물질로 적용시 높은 PL 발광 효율 및 높은 색순도를 구현할 수 있다.

색변환 QD-OLED 의 구조를 좀더 상세하게 그림 5-6에 나타내었다. 유리 기판상에 OLED를 제작할 경우 하부 기판에는 TFT가 있으며, TFT 상부에 청색 OLED를 탠덤 구조로 형성한다. 탠덤 구조의 청색 OLED 상부는 박막 봉지 방법을 이용하여 봉지한다. 소자 구조가 전면 발광 소자 구조이기 때문에 투명한 봉지 기술을 적용해야 하며, 투명 봉지 기술로서는 박막 봉지 방식이 가장 적합한 방식이다. 상부 기판의 경우에는 컬러 필터와 색변환 QD 층을 형성해야 하며 컬러 필터를 형성하고 상부에 QD를 프린팅하는 방식을 적용할 수 있다. 상부 기판에서 서브 픽셀의 컬러 필터 사이에는 빛의 누설에 의한 혼색 및 대비비를 증가시키기 위하여 검은색의 포토리지스트를 사용하여 패턴을 형성하고 검은색 포토리지스트 사이에 컬러 필터를 형성한다. 이때 절연성을 갖는 포토리지스트층은 QD층을 프린팅할 때 옆으로 잉크가 새어나가지 않도록 둑의 역할도 동시에 해야 한다. 컬러 필터 상부에는 QD층을 코팅해야 하며, 컬러 필터와 QD 층 사이에는 보호층을 형성하여 QD 층과 컬러 필터가 서로 영향을 받지 않도록 만든다. QD를 형성하는 가장 널리 알려져 있는 방법은 잉크젯 프린팅을 이용하는 방법이며, QD층에서 청색 발광을 충분히 흡수할 수 있도록 QD 층의 두께를 약 10~20 μm 정도의 두꺼운 두께

8) S. Coe et al. Nature 420, 800 (2002)

로 코팅한다. QD가 광흡수 특성이 우수하고 PL 발광 효율은 80% 이상으로 높지만 실질적으로 청색 OLED의 발광을 변환하는 변환 효율은 50% 미만으로 높지 않으며, QD 층에서 청색 OLED로부터의 발광을 최대한 흡수하여 QD가 발광하고 청색이 누설되지 않을 수 있도록 산란 역할을 하는 TiO_2 산란 물질이 포함된다. 산란 물질이 포함될 경우 빛이 옆으로 퍼지면서 QD 층에서의 흡수가 증가하게 된다. QD 층 형성 후에는 보호막을 도입하며, 최종적으로 상부 기판과 하부 기판을 합착하여 QD-OLED 패널을 제작할 수 있다. 현재 TV 용으로 개발되고 있는 QD-OLED 패널은 고해상도 구현을 위하여 전면 발광 구조의 OLED를 적용하고 있다.

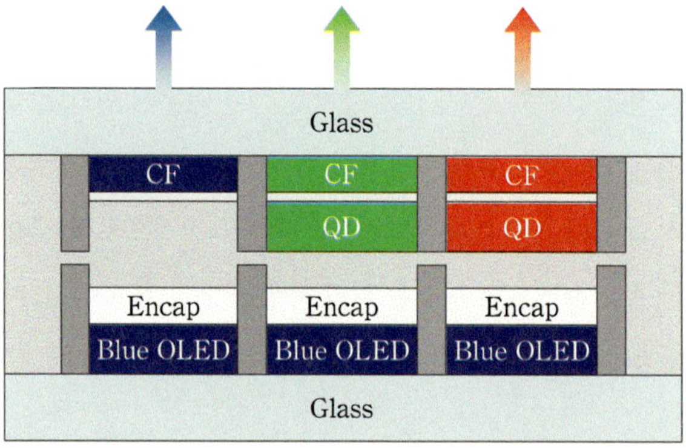

그림 5-6 청색 OLED와 색변환 방식을 이용한 전면 발광 OLED 소자의 단면 구조

제4절

풀컬러 전면 발광 OLED

전면 발광 OLED는 AMOLED 소자에서 배면 발광 OLED의 낮은 개구율의 문제점을 개선하기 위하여 개발된 소자 구조로서 TFT 기판의 반대쪽으로 발광하기 때문에 TFT에 관계 없이 개구율을 확보할 수 있는 장점을 가지고 있다. 픽셀의 크기가 큰 대형 OLED와 같은 경우에는 배면 발광 구조 적용시 TFT 가 차지하는 면적을 제외하더라도 개구율의 확보가 가능하지만, 픽셀의 크기가 작은 소형 OLED의 경우에는 배면 발광 구조 적용시 개구율 확보가 어려우며, 전면 발광 구조를 적용해야 개구율을 확보할 수 있다. 앞서 설명한 바와 같이 발광 방향이 기판의 반대 방향이기 때문에 anode 전극은 반사 전극을 사용하고, cathode는 투명 또는 반투명 전극을 사용해야 하며, 현재 주로 사용하는 것은 반투명 전극이다. 배면 발광과 전면 발광 소자는 빛의 발광 방향에 따른 전극 차이와 함께, 봉지 기술 측면에서도 차이를 보인다. 배면 발광에서는 빛의 발광 방향이 기판 쪽이기 때문에 봉지 방식 적용에 있어서 큰 제약이 없으나, 전면 발광 소자는 빛이 cathode를 거쳐 봉지 기판 쪽으로 나가기 때문에 투명한 봉지 방식만 적용이 가능하다. 추가적으로 전면 발광 소자는 소자 내부에서 일어나는 다중 반사 현상에 의하여 간섭 현상이 강하게 나타나며 이를 조절하기 위해서 유기막 두께를 배면 발광 소자에 비하여 더 정밀하게 제어해야 하며, 소자 구조 또한 복잡해지는 단점을 가지고 있다. 그에 반하여, 간섭 현상에 의하여 색순도가 개선되는 장점도 가지고 있다. 자세한 내용은 뒤에 설명한다. 배면 발광 소자와 전면 발광 소자의 차이점을 표 5-2에 비교하였다.

표 5-2 배면 발광 소자와 전면 발광 소자의 비교

	배면 발광	전면 발광
Anode	투명 anode	반사 anode
Cathode	반사 Cathode	투명/반투명 Cathode
봉지	불투명 봉지	투명 봉지
개구율	낮은 개구율	높은 개구율
색순도	낮은 색순도	높은 색순도
광학계	이중빛 간섭	이중빛 간섭/다중빛 간섭
시야각	넓은 시야각	좁은 시야각
공정	단순	복잡

전면 발광 OLED 소자는 반사 anode 전극과 반투과 cathode 전극을 사용한다. 반투과 전극은 주로 Ag 기반의 전극이며, Ag는 일부의 빛은 투과시키고 일부는 반사하는 특성을 갖는다. 따라서, 소자의 구조가 두 반사 전극 사이에 발광층이 있는 구조로서 발광층에서 발생한 빛은 두 전극에 의하여 반사되는 과정을 거쳐 외부로 나가게 된다. 두 전극에 의하여 다중 반사가 일어나게 되고, 이에 의하여 전면 발광에서의 발광 과정은 복잡한 과정을 거치게 된다. 발광원으로부터 발생한 빛의 경로를 그림 5-7에 나타내었다. 발광층에서 생성된 빛의 경로를 편의상 cathode 방향으로 이동하는 경로와 anode 방향으로 이동하는 경로로 구분하여 표시하였다. Anode쪽으로 진행하는 빛은 anode에 의하여 반사되고, cathode쪽으로 이동하고, cathode에 의하여 일부의 빛은 반사되고 일부 빛은 투과하여 외부로 나가게 된다. 반사된 빛은 다시 anode쪽으로 이동하고 anode에서 반사된 후 다시 cathode쪽으로 이동한다. Cathode로 일부 빛은 투과하고 나머지 빛은 다시 반사되어 anode로 이동한다. 이와 같은 과정이 지속적으로 반복되면서 빛은 cathode를 통하여 외부로 나가게 된다. Cathode로 진행하는 빛도 유사하게 일부는 cathode를 통하여 투과하고, 나머지 빛은 anode 쪽으로 이동한 후, anode에 의하여 반사되어 cathode쪽으로 이동하고, 일부는 투과하고 나머지 빛은 다시 반사되어 anode 쪽으로 이동하여 반사되어 다시 cathode 쪽으로 투과된다. 이와 같은 과정이 지속적으로 반복되면서 빛이 cathode로 투과되어 나가게 된다. 만일, cathode의 투과도가 50%이고 cathode에 의한 흡수와 anode에 의한 흡수가 없다고 가정하면, 처음 cathode로 이동한 빛은 50%는 투과하고 50%는 반사된다. 반사된 빛은 다시 anode에 의하여 반사되어 cathode를 통하여 25%가 투과하고 나머지 25%는 다시 반사된다. 반사된 빛의 50%가 다시 anode에 의하여 반사된 후 cathode를 통하여 투과하므로 12.5%의 빛이 다시 cathode로 투과한다. 이와 같은 과정이 반복되면서 빛이 외부로 나가게 되고 발광층에서 생성된 빛 중 외부로 나가는 빛의 총량은 50 +

25 + 12.5 + 6.25 + ... 과 같이 무한 급수가 되어 발생한 빛 모두가 외부로 방출된다. 이와 같이 전면 발광 소자에서는 cathode의 투과도가 낮더라도 이론적으로 다중 반사를 통하여 발광층에서 발생한 모든 빛이 외부로 방출될 수 있으며, 빛이 두 반사 전극에 갇혀 다중 반사를 일으키는 구조를 캐비티(cavity) 구조 또는 공진 구조라고 한다. OLED 소자에서의 캐비티 구조는 두 전극 사이의 거리가 수백 nm 이하로 작기 때문에 마이크로캐비티 (microcavity)라고 한다. 물론, 실제로는 전극에서의 흡수에 의한 손실 등으로 인하여 일부 빛이 손실되어 외부로 방출된다.

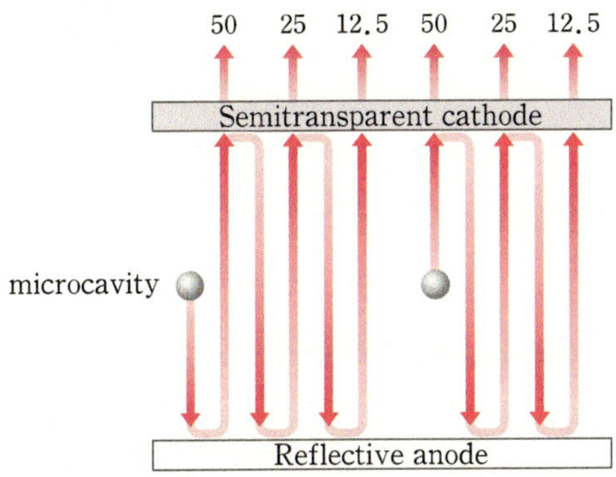

그림 5-7 캐비티 구조에서 빛의 발광 경로

크게 전면 발광 소자에서의 다중 반사를 통한 발광 과정은 두 가지로 나눌 수 있다. 하나의 발광 과정은 Fabry-Perot 다중빔 간섭 (Fabry-Perot multiple beam interference) 기반의 발광 과정이고, 다른 하나의 발광 과정은 이중빔 간섭 (two beam interference) 기반의 발광 과정이다. 두 발광 과정을 그림 5-8에 나타내었다. 이중빔 간섭에 의한 발광 과정은 배면 발광 소자와 전면 발광 소자에 모두 해당하는

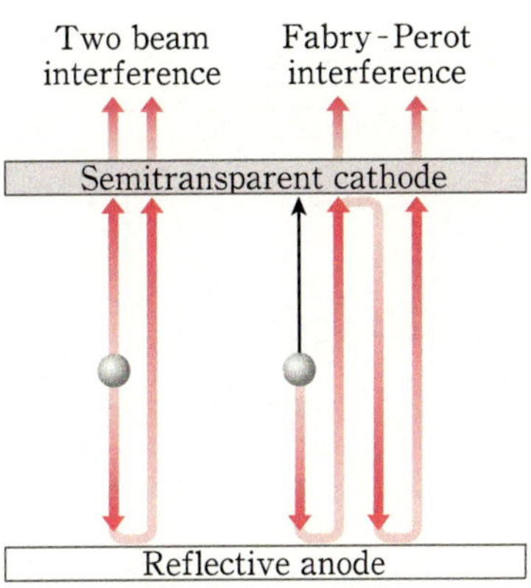

그림 5-8 전면 발광 소자에서의 Fabry-Perot 다중빔 간섭 및 이중빔 간섭

발광 과정이며, Fabry-Perot 다중빔 간섭에 의한 발광 과정은 전면 발광 소자에만 해당하는 발광 과정이다.

이중빔 간섭에 의한 발광 과정은 발광층으로부터 cathode로 직접 발광하는 빛과 anode에 의하여 반사된 빛에 의한 간섭을 통한 발광 과정이다. 두 빛에 의한 간섭 현상이므로 두 빔 사이에는 발광층과 anode 사이의 거리의 2배에 해당하는 만큼 위상차가 생기게 되며, 발광층과 anode 사이의 거리에 따라 간섭 현상이 달라지게 된다. 일반적으로 두 빛의 위상차가 파장의 정수에 비례할 경우 보강 간섭이 생기게 되므로 발광층내 발광 위치와 anode 사이의 거리 조절을 통하여 보강 간섭이 일어나는 파장을 조절할 수 있다.

Fabry-Perot 다중빔 간섭에 의한 발광 과정은 두 개의 거울에 해당하는 anode와 cathode 사이에서 다중반사를 통하여 나오는 빛들간의 간섭에 의한 발광 과정이다. 간섭을 일으키는 빛들 사이의 위상차는 그림 5-9와 같이 두 전극간의 간격을 t라고 하면 $2t$ 만큼의 위상차를 갖게 된다. 광의 진행방향이 수직방향과 θ의 각을 이루고 있을 경우 위상차는 $2t/\cos\theta$가 된다. 이 경우에도 위상차가 파장의 정수배가 될 경우 보강 간섭이 일어날 수 있으므로, 두 전극 사이의 간격 t를 조절하여 보강 간섭이 일어나는 파장을 조절할 수 있다.

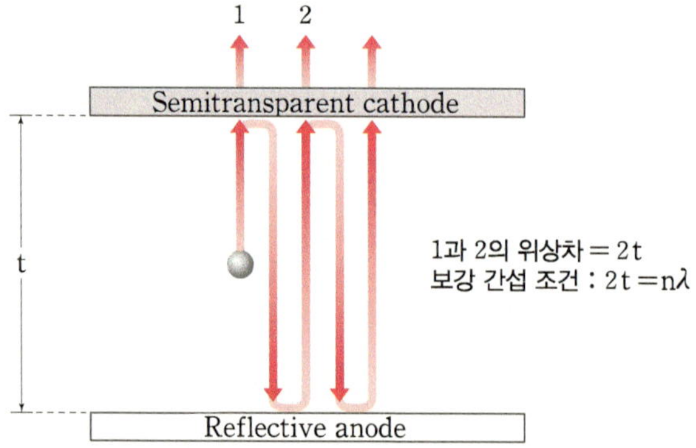

그림 5-9 전면 발광 소자에서의 Fabry-Perot 다중빔 간섭에 의한 간섭

위와 같이 두 간섭 현상이 전면 발광 소자에서 일어나게 되므로, anode와 발광층 사이의 거리와 두 전극 사이의 유기막의 두께를 제어함으로써 특정 파장의 보강 간섭을 유도하는 것이 가능하며, 보강 간섭을 통하여 특정 파장을 증폭하고, 다른 파장은 상쇄 간섭을 통하여 약하게 만들어 발광 스펙트럼의 폭이 좁은 스펙트럼을 구현할 수 있다. 특히, Fabry-Perot 다중빔 간섭 현상이 전면 발광 소자의 스펙트럼에 크게 영향을 미치며, 배면 발광 소자에 비하여 매우 작은 반치폭을 갖는 스펙트럼을 구현할 수 있

다 (그림 5-10).

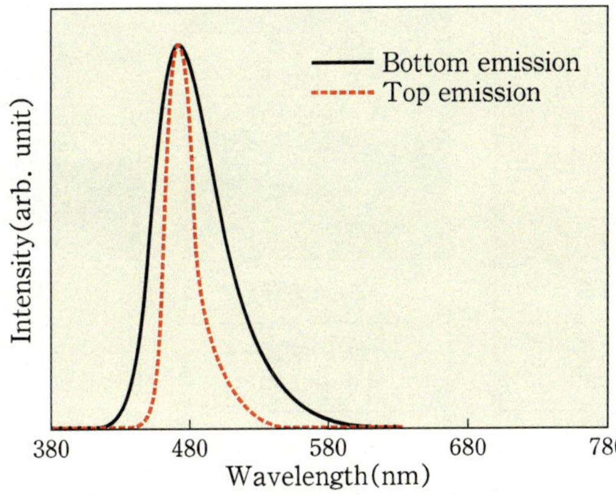

그림 5-10 배면 발광 소자와 전면 발광 소자의 스펙트럼 비교

강한 간섭 현상에 의하여 발광 스펙트럼을 조절할 수 있고, 이를 통하여 높은 색순도를 구현할 수 있는 전면 발광 소자에서는 빛의 발광 파장에 따라 캐비티의 구조를 다르게 맞추어야 한다. 예를 들어 Fabry-Perot 다중빔 간섭을 일으키는 두 빛의 위상차가 $2t$이면, $2t = n\lambda$에 해당하는 파장의 빛이 증폭되며, n이 1이라고 가정하면 $2t$에 해당하는 파장의 빛이 증폭된다. 따라서, 파장이 다른 빛을 증폭시키기 위해서는 파장에 맞게 t를 조절해야 원하는 파장의 빛을 증폭할 수 있다. 청색의 경우 파장이 짧기 때문에 작은 t에 해당하는 두께를 사용하여 청색 파장을 증폭할 수 있으며, 적색의 경우에는 파장이 크기 때문에 큰 t에 해당하는 두께를 사용해야 한다. 따라서, 풀컬러 OLED 제작시 적색, 녹색 및 청색에 대해서 각각 캐비티 효과를 최대화하기 위해서는 각 컬러에 대해서 유기막층의 두께가 달라져야 한다. 적색 픽셀은 유기막층의 총두께가 커야 하며, 청색 픽셀은 유기막층의 총두께가 작아야 한다.

유기막층의 두께를 조절하여 캐비티 효과를 각 컬러에 맞게 최적화하기 위해서는 유기막층 중 특정층의 두께를 다르게 조절해야 한다. 일반적으로는 정공 수송층의 두께를 조절하여 각 컬러에 맞게 캐비티를 조절하며, 그 이유는 두께를 두껍게 하더라도 구동 전압 상승이 최소화되는 층이 정공 수송층이기 때문이다. OLED 소자 내에 사용되는 유기막층에서 전하 이동도가 가장 큰 것이 정공 수송층의 정공 이동도이며 전하 이동도가 큰 유기막층 두께를 늘리는 것이 구동 전압 상승을 최소화할 수 있는 방법이므로 정공 수송층 두께를 조절한다. 따라서, 적색 픽셀에서 정공 수송층의 두께가 가장 두꺼우며, 청색 픽셀에서의 정공 수송층의 두께가 가장 얇다. 녹색 발광층은 적색과 청색의 중간에 해당하는 정공 수송층 두께를 갖는다. 풀컬러 전면 발광 소자의 단면도를 그림 5-11에 표시하였다.

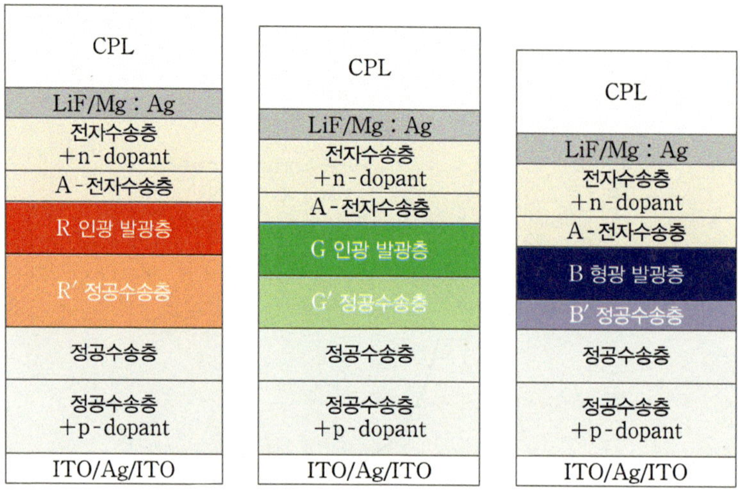

그림 5-11 풀컬러 전면 발광 OLED 소자의 단면 구조

풀컬러 전면 발광 소자를 제작하기 위해서는 anode 전극 위에 정공 주입층을 공통층으로 형성하고, 정공 수송층은 각 컬러의 캐비티 구조에 맞는 두께로 형성한다. 정공 주입층 형성시에는 패터닝 공정을 필요로 하지 않으나, 정공 수송층을 RGB 픽셀에 서로 다른 두께로 형성하기 위해서는 패터닝 공정을 필요로 한다. 진공 증착 공정에서는 마스크 패터닝 공정을 사용하므로, FMM을 이용한 패터닝 공정을 통하여 RGB 픽셀에 서로 다른 두께의 정공 수송층을 형성한다. 일반적으로 적용할 수 있는 방법은 청색 픽셀에 해당하는 두께의 정공 수송층을 공통층으로 RGB 픽셀에 모두 증착한 후, 추가적으로 필요한 두께의 정공 수송층을 녹색 픽셀만 미세 마스크를 이용하여 패터닝하여 형성하고, 적색 픽셀도 동일하게 추가적으로 필요한 두께의 정공 수송층을 FMM을 이용하여 패터닝한다. 이후, 적색, 녹색 및 청색 발광층을 FMM을 이용하여 형성한 후 전자 수송층을 공통층으로 패터닝 없이 RGB 픽셀에 공통적으로 형성한다. 이후 cathode를 증착하여 전면 발광 소자를 제작한다. 전면 발광 소자의 경우 cathode까지만 증착하면 소자 구조가 완성되지만, 추가적으로 cathode 상부에 배면 발광 OLED에서는 사용하지 않는 capping layer (CPL)라고 부르는 층을 추가로 사용한다[9]. CPL 물질은 무기물 또는 유기물을 사용할 수 있으며, 주된 기능은 cathode의 투과율 조절을 통하여 외부로 투과되는 빛의 양을 증가시키고, 전면 발광 소자의 문제점 중의 하나인 시야각 문제를 개선하기 위한 것이다. 자세한 내용은 뒤에 설명한다.

최근에는 정공 수송층 구조에 FMM 패터닝 공정을 적용하기 때문에 적색, 녹색 및 청색 픽셀에 각각 다른 정공 수송층 재료를 적용하고 있다. 일반적으로 적색 픽셀의 경우에는 캐비티 구조 제어를 위하

9) C. C. Wu et al. Appl. Phys. Lett. 84, 3966 (2004)

여 추가적으로 증착해야 하는 정공 수송층의 두께가 두껍기 때문에 정공 이동 특성이 우수한 물질을 추가적으로 증착하는 물질로서 활용한다. 녹색 소자의 경우에는 녹색 인광 재료의 삼중항 엑시톤의 발광 에너지가 크기 때문에, 녹색 인광 물질의 삼중항 엑시톤의 소광을 방지하고 장수명을 확보할 수 있는 삼중항 에너지가 높은 물질을 사용한다. 청색 소자의 경우에는 형광 소자를 사용하기 때문에, 형광 소자에서 고효율 및 장수명을 확보하기 위하여 전자 누설을 방지하고 TTF 현상을 최대화할 수 있는 물질을 정공 수송층으로 적용한다. 이 구조에서는 전자 수송층의 경우에도 2층 구조를 적용하며, 주로 청색 형광 소자의 성능을 최대화하기 위한 보조 전자 수송층 (A-전자 수송층)을 사용하고, 구동 전압을 조절하기 위한 n-doping 전자 수송층을 활용한다.

마이크로캐비티 현상을 활용하는 전면 발광 소자는 높은 색순도를 얻을 수 있다는 장점을 가지고 있으나, 앞서 설명한 바와 같이 여러 번의 마스크 패터닝 공정이 추가적으로 필요하기 때문에 공정이 복잡해지는 단점을 가지고 있다. 마스크 공정이 추가될수록 생산 공정에서 수율이 감소하기 때문에 생산 수율 측면에서는 불리한 단점을 갖는다. 또한, 강한 간섭 현상을 이용하기 때문에 유기막층 두께의 오차가 생기면 보강 간섭을 일으키는 파장이 달라지게 되며 이에 따라, 스펙트럼이 변하게 되어 색불량이 쉽게 생기게 된다. 따라서, 배면 발광 소자의 제작 공정에 비하여 두께 균일도에 대한 요구 조건이 보다 엄격하다. 일반적으로 배면 발광 소자 제작 공정에서 두께 균일도는 약 3% 수준이면 충분하지만, 전면 발광 소자 제작 공정에서 두께 균일도는 1% 미만의 수준으로 유지해야 한다.

전면 발광 소자에서의 또 다른 문제점은 시야각 특성이다. 일반적으로 OLED 소자는 시야각이 우수한 것으로 알려져 있지만, 전면 발광 소자의 경우에는 시야각에 따른 보강 간섭을 일으키는 파장 변화에 의한 시야각 문제가 발생하게 된다. 전면 발광 소자의 시야각에 따른 특성의 변화는 그림 5-12를 통하여 이해할 수 있다. 예를 들어 정면으로 향하는 빛과 θ도의 각도로 향하는 빛의 간섭 특성을 비교하도록 한다. 정면으로 향하는 빛이 보강 간섭을 일으키는 파장을 $\lambda(=2t)$라고 한다면 θ도의 각도로 향하는 빛이 보강 간섭을 일으키는 파장은 빛의 경로차이의 2배인 $2t/\cos\theta$도로서 더 긴 파장에서 보강 간섭을 일으키게 된다. 따라서, 정면에서 볼 때 증폭되는 파장과 θ도 각도에서 증폭되는 파장이 달라지게 되며, 각도에 따른 색특성의 변화가 생기게 된다. 또한, 시야각은 각도에 따른 휘도의 차이로도 나타나게 된다. 일반적인 배면 발광 소자에서는 각도에 따른 휘도 특성의 변화가 cosine에 의존하는 Lambertian 특성을 보이지만 전면 발광 소자에서는 캐비티 현상이 정면으로 가장 강하게 나타나고 각도에 따라 캐비티 현상이 약화되고 굴절율 차이에 의한 전반사 현상이 강하게 나타나게 되므로 휘도가 시야각에 따라 급격하게 감소한다 (그림 5-13). 따라서, 시야각에 따른 휘도 감소와 색특성 변화에 의한 시야각 문제가 전면 발광 소자에서는 심하게 나타난다.

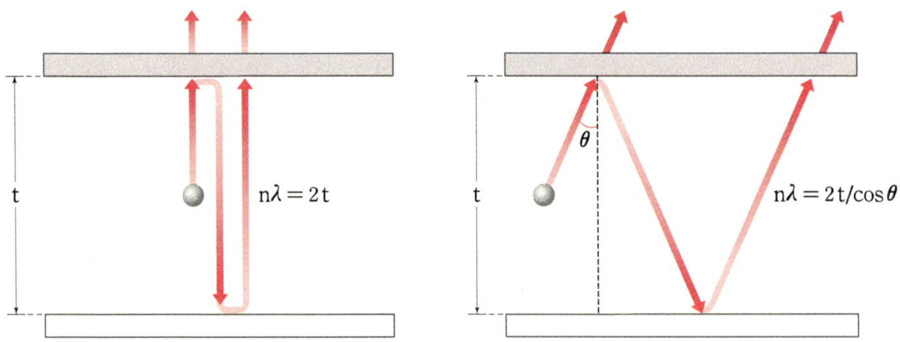

그림 5-12 정면과 옆에서 볼 때의 빛의 경로차

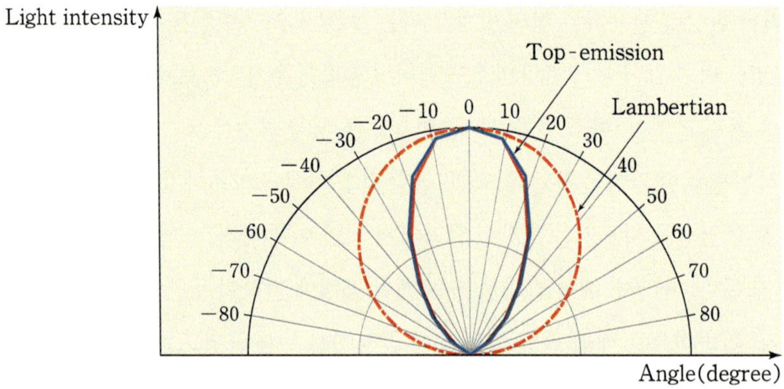

그림 5-13 Lambertian 발광 분포와 전면 발광 소자의 발광 분포

전면 발광 소자에서 시야각 문제를 개선하기 위한 방법은 CPL을 사용하는 것이다. CPL 층은 반투명 cathode 위에 도입하는 층으로서 높은 굴절율을 통하여 전극과 공기 계면 사이에서 전반사를 제어할 수 있는 특징을 갖는다. CPL 층은 굴절율에 따라 cathode 전극의 투과율을 조절할 수 있으며, 높은 굴절율을 갖는 CPL 층을 사용할수록 투과율이 증가하는 특성을 보인다[10]. 따라서, 전면 발광 소자에서 나타나는 시야각의 문제를 개선할 수 있으며, CPL의 두께 조절을 통하여 외부로 나가는 빛의 효율도 개선할 수 있다. CPL 층의 굴절율이 클수록 투과율이 개선되는 장점을 가지고 있으나, 투과율이 너무 커지게 되면 캐비티 효과에 의한 색순도 개선 효과가 저하되기 때문에 1.7~1.9 정도의 굴절율을 갖는 CPL 물질을 주로 적용한다. CPL로 사용할 수 있는 물질의 굴절율과 CPL 적용시 투과율의 변화를 표 5-3에 나타내었다.

10) L. S. Hung et al. Appl. Phys. Lett. 78, 546 (2001)

표 5-3 CPL 재료의 굴절율 및 CPL 적용시 투과율 변화예[6]

CPL 재료	굴절율	투과율(%)
CPL 없을 때	-	30.4
MgF_2	1.38	49.2
SiO_2	1.46	52.0
MgO	1.70	60.1
Alq_3	1.70	60.1
ITO	1.95	66.6
ZnO	2.10	70.0
TiO_2	2.39	75.0

위에 설명한 전면 발광 소자 구조는 소형 OLED에서 사용하고 있는 RGB 독립 패터닝 OLED에 가장 적합한 기술이며, 탠덤 구조의 소자 구조를 적용하고 있는 대형 OLED에서 적용하기에는 쉽지 않은 기술이다. RGB 독립 패터닝 OLED의 경우에는 RGB 픽셀의 구조를 독립적으로 제어할 수 있기 때문에 캐비티 구조를 각 컬러에 맞게 제어할 수 있지만, 탠덤 구조의 백색 OLED를 적용하고 있는 백색 OLED/컬러 필터 구조에서는 RGB 발광 물질이 탠덤 소자 구조 내에 모두 포함되어 있기 때문에, 캐비티를 각 발광 재료의 위치에 맞게 조절하는데 상당한 어려움이 따른다. 백색 소자 구조 내에서 RGB 모두에 대해서 동시에 Fabry-Perot 다중빔 반사를 맞추는 것이 어렵기 때문에 캐비티 구조를 이용한 백색 OLED 제작에는 한계가 있다. 대형 OLED의 경우 해상도가 4K 이하인 패널의 경우에는 배면 발광 구조를 적용해도 픽셀의 크기가 크기 때문에 배면 발광 구조를 적용해도 무방하지만, 해상도가 8K인 대형 패널에서 패널 크기가 크지 않은 경우에는 작은 픽셀 크기에 의하여 개구율 확보가 어려운 문제가 생긴다. 이 경우에는 대형 OLED의 경우에도 개구율 확보를 위하여 전면 발광 소자 구조를 적용해야 한다. 그러나, 백색 OLED/컬러 필터의 경우에는 캐비티 구조를 RGB에 모두 최적화하기 어렵기 때문에, 캐비티 효과를 줄이기 위하여 투과율이 높은 cathode를 적용하여 전면 발광 소자를 제작하는 것이 유리하다. 청색 OLED/색변환층 소자의 경우에는 청색 OLED로서 탠덤 소자 구조의 OLED를 적용하지만, 모든 발광층으로부터 청색만 발광하기 때문에 Fabry-Perot 다중빔 간섭을 통한 캐비티 효과 제어는 용이하지만, 이중빔 간섭에 의한 캐비티 효과를 최적화하기 어려운 단점이 있어서 일반 탠덤 소자의 효율 개선 효과를 구현하기는 어려운 단점이 있다. 그러나, 백색 OLED와 비교해서는 캐비티 효과 제어가 상대적으로 쉽기 때문에 현재 개발 중인 청색 OLED/색변환층 방식의 OLED는 전면 발광 소자 구조를 이용하여 개발되고 있다. 대형 OLED에서 전면발광 구조를 적용하기 위해서는 저항이 낮고 투과율이 높은 전극의 개발이 필요하며, 이를 통하여 높은 개구율을 확보할 수 있고, 전극의 높은 저항 및 공진효과에 의한 화상 불균일 문제를 개선할 수 있다.

제5절
탠덤 소자 구조

1 탠덤 OLED 소자 개요

일반 OLED 소자는 anode와 cathode 사이에 하나의 발광층 및 전하 수송층을 갖는 소자 구조를 가지고 있으며, 소자 구조 내의 유기막 종류, 유기막 두께, 도핑 농도 등의 인자 등을 조절하여 소자 특성을 최적화한다. 그러나, OLED 소자의 소재 및 소자 구조의 개발을 통하여 소자 구조를 최적화하더라도 단일 OLED 소자를 통하여 구현할 수 있는 소자 특성에는 한계가 있는 상황이다.

단일 소자로는 특성 개선의 한계가 있기 때문에 연구자들이 고안한 방법은 하나의 소자가 아닌 여러 개의 소자를 통하여 발광하는 구조의 OLED를 제작하는 방법이었으며, 처음 개발된 소자는 적층형 OLED (stacked OLED)였다[11]. SOLED라고도 부르는 적층형 OLED는 독립적으로 구동하는 소자를 쌓아서 만든 소자 구조로서 세 개의 소자를 쌓을 경우 세 개의 소자로부터 빛이 나오기 때문에 총 나오는 빛의 양이 3배로 된다 (그림 5-14). 즉 원하는 휘도로 소자를 구동시 각 소자가 내는 휘도는 하나의 단일 OLED 소자가 내는 휘도의 1/3이 되며, 이에 따라 소자의 안정성이 크게 증가할 수 있는 장점

11) S. R. Forrest et al. Syn. Metals 91, 9 (1997)

이 있다. SOLED를 구현하기 위해서는 세 개의 소자로부터 빛이 동시에 나와야 하기 때문에 세 개의 소자를 적층시 전극이 모두 투명해야 한다. Anode와 cathode를 모두 투명한 전극으로 적용해야 세 소자로부터 나오는 빛이 모두 외부로 방출되어 원하는 휘도를 구현할 수 있다. 그러나, 투과율이 높은 cathode 전극 구조를 구현하기 어려우며, 세 소자를 독립적으로 구동해야 하는 번거로움으로 인하여 SOLED 구조를 이용하여 소자 특성을 개선하는데는 일정 부분 한계가 있다.

SOLED 소자의 단점이 전극을 모두 투명 전극을 사용해야 한다는 것과 여러 개의 소자를 각각 독립적으로 구동해야 한다는 점이므로, 이를 개선하기 위한 소자 구조로서 탠덤 OLED (tandem OLED) 또는 multiphoton OLED로 부르는 소자 구조가 개발되었다[12)13)]. SOLED와 탠덤 OLED의 유사점은 여러 개의 OLED 소자를 직렬로 연결하여 하나의 소자처럼 사용한다는 점이다. 두 소자의 차이점은 SOLED는 여러개의 소자를 각각 구동하는데 반하여, 탠덤 OLED는 여러 개의 소자를 한번에 동시에 구동한다는 점이다. 또 다른 차이점은 전극 구조이며, SOLED는 각각의 소자가 anode와 cathode 전극을 갖지만, 탠덤 OLED 소자는 anode와 cathode는 하나이며, 소자의 연결 단위마다 anode와 cathode의 역할을 하는 전하 생성층 (charge generation layer)이라고 부르는 층을 갖는다. SOLED와 탠덤 OLED의 소자 구조를 그림 5-14에 비교하였다.

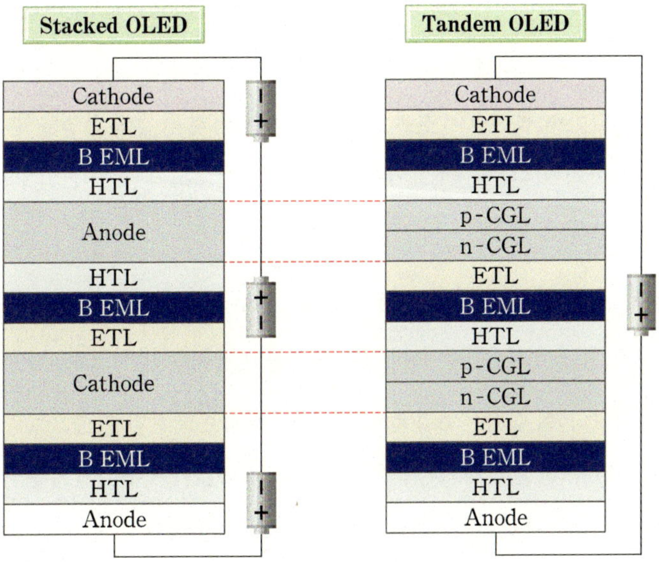

그림 5-14 SOLED와 탠덤 OLED의 비교

12) J. Kido et al. SID Digest 964 (2003)

13) L. Liao et al. Appl. Phys. lett. 84, 167 (2004)

탠덤 OLED 소자 구조의 핵심은 전극 역할을 하는 전하 생성층 구조이며, 전극의 역할이 정공과 전자의 주입이므로, 전하 생성층은 정공과 전자를 생성하고, 탠덤 소자 구조의 발광층으로 주입하는 역할을 한다. 전하 생성층에 요구되는 요구 조건들은 다음과 같다.

- 효율적인 정공과 전자의 생성
- 공통층으로의 효율적인 정공과 전자의 주입
- 최대한 높은 투과도
- 물질 안정성
- 공정 적용 용이성

전하생성층을 구성하는 방법으로는 세 가지 방법이 있다. 첫 번째 방법은 anode 전극과 cathode 전극을 접합하여 전하생성층으로 사용하는 방법이며[14], 두 번째 방법은 p-doping 정공 수송층과 n-doping 전자 수송층의 계면에서의 전하 분리를 이용하는 방법이며[9], 세 번째 방법은 정공 수송층 물질과 정공 수송층 물질과 유사한 LUMO를 갖는 물질을 통한 전하 분리[15]를 이용하는 방법이다.

초기에는 전하생성층 구조로서 cathode와 anode를 연결한 구조의 전하생성층 구조가 개발되었다. 대표적인 구조로서는 LiF/Ca/Ag, LiF/Al/Au, LiF/Al/ITO 등이 있다[14]. 이 구조에서는 투과율을 확보하기 위해서 금속막의 두께를 얇게 만들어야 하지만, 전하 주입을 위해서는 일정 두께의 금속막을 적층해야 한다. 그러나, 금속 전극의 두께를 늘리게 되면 투과율이 저하되고 풀컬러 OLED 소자에서 금속 전극의 높은 전도도에 의하여 픽셀간에 전류 누설로 인하여 옆의 픽셀이 간섭을 받는 현상 (crosstalk)이 생기기 때문에 적용하기 어려운 문제점이 있다. 따라서, 전도도가 높은 전도체를 전하생성층으로 사용하는 방법을 사용할 수 없다.

전극을 대체하여 개발된 전하생성층 구조는 p-doping층과 n-doping 층의 접합 구조를 이용하는 방식이다[13]. 이 방식은 반도체에서 사용하는 P/N 접합 구조를 이용하는 방식으로서 P/N 접합에서의 전하 분리에 기반한 방식이다. P/N 접합은 p-doping 물질/n-doping 물질의 이층으로 이루어진 구조로서 두 물질을 접합하게 되면 두 물질의 페르미 준위를 기준으로 정렬이 이루어지게 된다. 일반적인 유기물은 HOMO와 LUMO 중간에 해당하는 에너지 준위에서 페르미 에너지 준위를 갖는다. 그러나, 전자를 강하게 받는 특성을 갖는 p-dopant를 이용하여 p-doping을 하게 되면, p-dopant에 의하여 전자 밀도

14) H. S. Kwok et al. Appl. Phys. Lett. 87, 093504 (2005)

15) L. Liao et al. Adv. Mater. 20, 324 (2008)

가 낮아지게 되면서 물의 수위가 물양이 줄어들면 낮아지는 것처럼 페르미 에너지 준위가 낮아져서 HOMO쪽으로 이동하게 된다. 반대로 전자를 잘 주는 특성을 가진 n-dopant를 이용하여 n-doping을 하게 되면, 물의 수위가 물을 공급하면 늘어나게 되는 것처럼 페르미 에너지 준위가 높아져서 LUMO 쪽으로 이동하게 된다. P-doping 유기물층과 n-doping 유기물층을 접합하게 되면, 두 물통을 연결하면 수위가 맞추어지는 것처럼 페르미 준위가 서로 맞추어지게 되면서 전자가 이동하게 된다. 페르미 에너지 준위가 높은 n-doping 층으로부터 전자가 페르미 에너지 준위가 낮은 p-doping 층으로 이동하게 되며, 이에 따라 접합시 에너지 준위는 그림 5-15과 같이 된다. 접합에 의한 전자의 이동에 의하여 P/N 접합 사이에는 정공과 전자가 만나서 소멸되게 되므로 전하가 존재하지 않는 공핍 영역 (depletion region) 또는 공간 전하 영역 (space charge region)이 생성되게 된다. P/N 접합에서 p-doping층에 - 전압을 가하고, n-doping 층에 + 전압을 가하게 되면 두 접합 사이에서 에너지 장벽이 커지면서 접합 사이에서는 전류가 흐르지 않고 전자는 n-doping 층을 통하여 발광층 쪽으로 주입되고, 정공은 p-doping 층을 통하여 발광층 쪽으로 주입되게 된다. 즉 P/N 접합을 통하여 정공과 전자가 분리되어 발광층으로 그림 5-16과 같이 주입되게 되므로 각각 anode의 역할과 cathode의 역할을 할 수 있게 되며, 전하생성층으로 사용할 수 있게 된다.

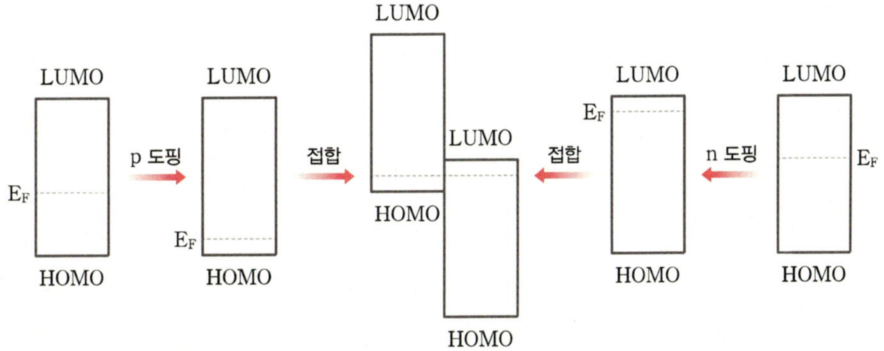

그림 5-15 p 도핑층과 n 도핑층을 이용한 P/N 접합 형성

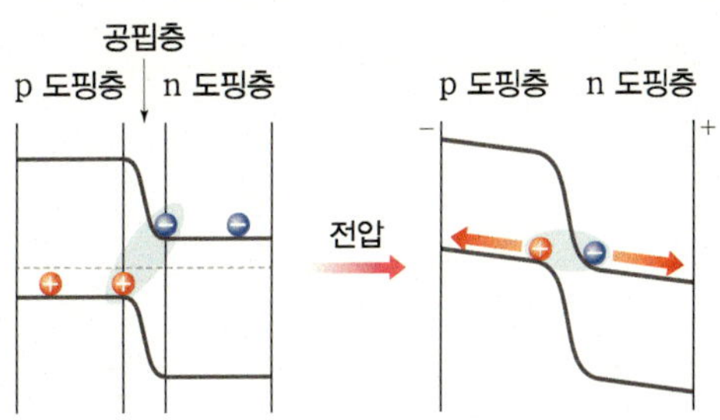

그림 5-16 전압에 의한 P/N 접합으로부터의 전하의 분리

P/N 접합을 통한 전하 생성층으로는 정공 수송층 물질에 p-dopant를 도핑한 층과 전자 수송층 물질에 n-dopant를 도핑한 층의 접합을 주로 사용한다. 대표적인 p-dopant 물질로서는 $FeCl_3$, F_4-TCNQ, WO_3, MoO_3, ReO_3, V_2O_5 등이 있으며, n-dopant 물질로서는 알칼리 또는 알칼리 토금속 물질로서 Li, Rb, Cs, Mg 등이 있으며, 이 외에도 유도체로서 $CsCO_3$, LiN_3 등도 n-dopant 물질로서 알려져 있다. P-dopant 물질은 잘 알려진 정공 수송층 물질인 NPB, TCTA, mTDATA, 2-TNATA 등의 정공 수송층 물질에 도핑하여 p-doping 층을 구성하며, n-dopant 물질은 BCP, BPhen, Alq_3 등의 전자 수송층 물질에 도핑하여 n-doping 층을 구성한다. 위와 같은 p-doping 및 n-doping 층을 이용한 다양한 P/N 접합 구조가 알려져 있다.

기존 전극 구조를 사용하는 방식에 비하여 P/N 접합 구조는 투과도가 우수한 장점을 가지고 있으며, 전도도가 상대적으로 낮기 때문에 픽셀간에 crosstalk이 발생할 확률이 낮으며, P/N 접합을 통한 효율적인 전하 분리를 통하여 전하 균형을 맞출 수 있으며, 금속 전극을 사용하지 않기 때문에 표면 플라즈몬 현상에 의한 효율 손실을 억제할 수 있다. 또한, P/N 접합 구조는 전하 생성 효율이 뛰어나며, 전하생성층 구조 자체가 안정성이 우수한 장점으로 인하여 널리 사용되었다.

P/N 접합을 이용하는 방식은 우수한 전하생성층으로의 기능을 가지고 있지만, 이 방식의 단점은 도핑 구조를 사용하기 때문에 공정 조절이 상대적으로 어렵다는 점이다. 이러한 점을 개선하기 위하여, 개발된 전하생성층 구조는 p-dopant와 같이 정공 수송층 물질로부터 전자를 받을 수 있는 물질과 정공 수송층의 이층 구조이다[15)]. 이 구조에서는 그림 5-17에 나타낸 것과 같이, 정공 수송층의 HOMO와 전자 받게 물질의 LUMO가 유사하여, 정공 수송층 물질의 전자가 전자 받게 물질로 이동하여 정공 수송층 물질에는 정공이 생성되고, 전자 받게 물질에는 전자가 생성되게 된다. 전기장 하에서 정공은 정공 수송층 물질로부터 발광층으로 주입되고, 전자는 전자 받게 물질을 통하여 발광층으로 주입된다. 이때 전자 받게 물질의 LUMO가 깊기 때문에, 전자 수송층으로의 전자 주입이 어려워지는 문제점이 있기 때문에, 전자 수송층으로서는 n-doping 전자 수송층을 적용해야 한다. 전자 받게 물질로 가장 널리 알려져 있는 물질은 HAT-CN이며[16)], 이 외에도 MoO_3, WO_3 등의 산화물도 사용된다. 이 방식에서도 정공과 전자가 같은 개수로 분리되기 때문에 전하 균형을 맞추기가 용이하며, 투과도도 우수하고 공정이 단순화되는 장점이 있다.

16) L. S. Liao et al. Appl. Phys. Lett. 92, 223311 (2008)

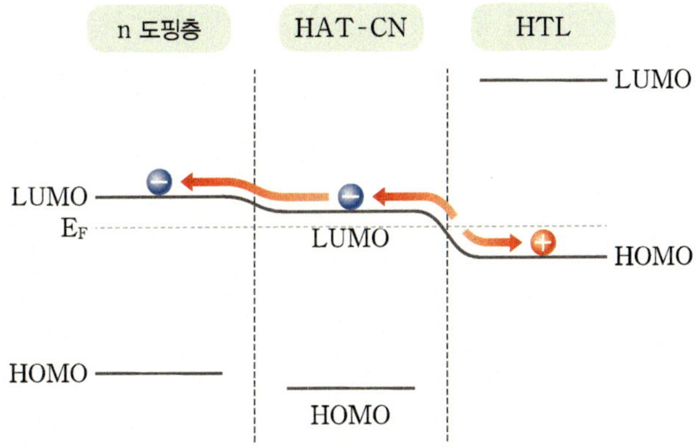

그림 5-17 HAT-CN과 정공 수송층 물질을 이용한 CGL의 전하 생성 및 이동

세가지 방식의 CGL 구조를 포함하는 탠덤 소자의 구조를 그림 5-18에 나타내었다.

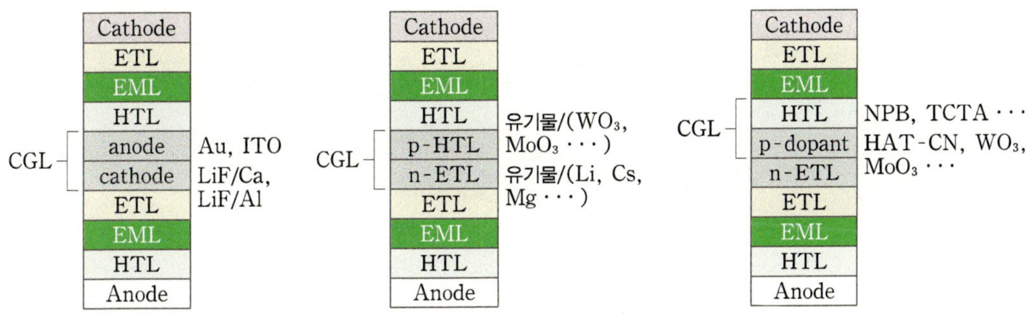

그림 5-18 CGL 구조에 따른 탠덤 소자 구조

탠덤 소자 구조의 장점은 앞서 설명한 바와 같이 직렬로 연결한 단위의 개수에 따라서 전류 효율이 비례적으로 증가하는 점이다. 그림 5-19에 나타낸 바와 같이 두 개의 소자를 직렬로 연결할 경우 효율이 두 배가 되며, 세 개의 소자를 직렬로 연결할 경우 효율이 세 배가 된다. 전류 효율 증가에 따라 양자 효율 또한 같이 증가하게 된다. 또 다른 장점은 소자의 수명이 급격하게 증가한다는 점이다. 각 소자에서 발광하는 휘도가 직렬로 연결한 소자 개수에 비례해서 감소하게 되므로, 각 소자가 받는 스트레스가 감소하여 소자 수명이 증가한다. 일반적으로 소자 수명과 휘도는 소자 수명 = (기준 휘도/구동 휘도)^n × 기준 휘도 수명 의 관계를 갖는다. 이때 n은 가속 계수이며, 1.3~1.9 사이의 값을 갖는다. 따라서, 소자를 2개를 연결할 경우에는 n을 1.8로 가정할 경우, 각 소자의 요구 휘도가 50%로 줄기 때문에 수명은 약 3.5배 증가하며, 소자 3개를 연결할 경우에는 7.2배로 증가하게 된다. 따라서, 소자 수명 개선에 있어서 탠덤 소자가 매우 큰 장점을 갖는다. 이 외에도 탠덤 소자의 경우에는 소자의 총 유기막 두께가

두껍기 때문에 소자 공정 중에 파티클 등이 있더라도 두 전극 사이에 단락이 생길 가능성이 대폭 감소하므로 생산 공정에서 생산 수율을 높일 수 있는 장점이 있으며, OLED 소자의 효율 손실 과정 중 하나인 금속 전극에 의한 표면 플라즈몬 현상이 cathode를 포함하고 있는 소자에서만 발생하고, 다른 소자에서는 생기지 않으므로, 효율 손실 원인이 줄어들어 효율이 개선된다. 추가적으로 전하생성층에서는 정공과 전자가 항상 같은 개수로 생성되므로 전체 소자에서의 전하 균형을 유지하는데도 유리하여 역시 효율 측면에서 개선 효과가 있다.

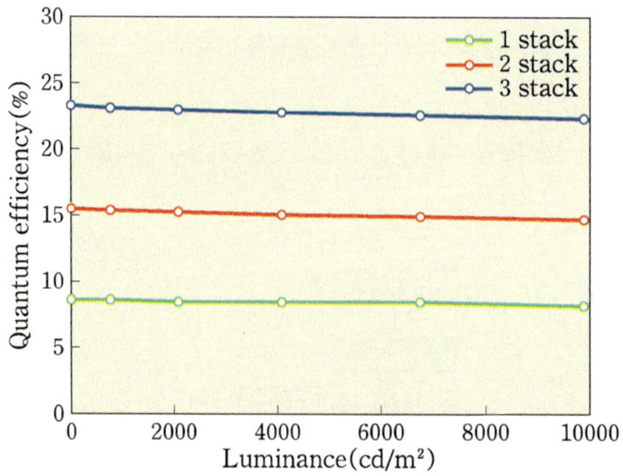

그림 5-19 탠덤 OLED의 적층 소자 개수에 따른 양자 효율

그러나, 전력 효율면에서는 큰 개선 효과를 보이지 않으며, 그 이유는 소자 두께가 두꺼워짐에 따라 동일 전압을 가하더라도 전기장의 세기가 약해지기 때문이며, 동일한 전기장을 구현하기 위해서는 소자의 두께가 3배가 되면 구동 전압도 3배가 되어야 하기 때문에 전력 효율 측면에서는 개선 효과가 크게 나타나지 않는다. 또한, 소자 두께가 두껍기 때문에 불량 방지 측면에서는 유리하지만, 생산 공정이 복잡해지는 단점이 있으며, 생산 라인 투자비가 많이 들어가게 된다.

2 백색 OLED용 탠덤 OLED 소자

탠덤 OLED 소자에서의 발광 과정을 다음 그림 5-20에 표시하였다. 전압이 가해지게 되면 정공과 전자가 각 전극으로부터 주입되며, 전하생성층으로부터 전하가 분리되면서 정공과 전자가 발광층으로 주입되어 엑시톤을 형성하게 된다. 전극으로부터 10개의 전자가 주입된다고 가정하면, 전하생성층에서 10개의 정공과 전자가 생성되고, 상부 발광층에서 10개의 엑시톤이 형성되고, 하부 발광층에서는 전하생성층에서 생성된 10개의 전자와 anode에서 주입된 10개의 정공이 결합하여 10개의 엑시톤이 생성된다. 따라서, 10개의 전자 주입을 통하여 20개의 엑시톤을 형성할 수 있으며, 단일 소자가 10개의 전자 주입을 통하여 최대 10개의 엑시톤을 형성하는 것에 비하여 엑시톤 생성 개수가 2배로 증가하게 되며, 효율이 2배로 증가한다.

탠덤 소자는 여러 개의 소자를 직렬로 연결한 구조로 되어 있기 때문에, 각 소자에 흐르는 전류값이 동일한 특성을 보인다. 전류값이 모든 소자에 동일하기 때문에 각 소자에서 나오는 휘도는 각 소자의 전류 효율 (cd/A) 에 의존한다. 즉 전류가 동일하므로 휘도는 전류 효율에 비례하여 증가하는 값을 갖는다. 2개의 소자를 적층한 탠덤 소자가 있을 때 상부 소자의 전류 효율이 10 cd/A이고 하부 소자의 전류 효율이 20 cd/A 일 경우 두 소자에서 나오는 휘도의 비율은 1 : 2의 값을 갖는다. 이러한 특성은 특히 백색 OLED 소자에 있어서 중요하다. 백색을 구현하기 위해서는 적색 : 녹색 : 청색의 비율을 맞추어야 하며, 적색, 녹색 및 청색 소자로 이루어진 탠덤 소자를 통하여 백색을 구현할 경우에는 백색 컬러를 조절하기 위해서 적색, 녹색 및 청색의 전류 효율을 조절해야 한다. 예를 들어, 백색 구현을 위한 적색 : 녹색 : 청색의 휘도 비율이 3 : 6 : 1이라고 가정하면, 적색 : 녹색 : 청색의 전류 효율 비율을 3 : 6 : 1로 조절해야 한다. 청색의 전류 효율이 5 cd/A라고 한다면, 적색은 15 cd/A, 녹색은 30 cd/A로 조절해야 한다. 실제 소자에서는 적색과 녹색의 경우 인광 발광 재료를 사용하기 때문에 위의 효율보다 더 높은 효율을 구현할 수 있지만, 청색의 경우 형광 소자를 사용하기 때문에 효율이 낮으므로, 백색 OLED에서 백색을 구현하기 위해서는 인광 소자의 효율을 낮추어야 한다. 따라서, 백색 탠덤 OLED 소자에서는 인광 소자를 사용하더라도 최대로 낼 수 있는 효율을 구현하지 못할 수 있다. 현재는 백색 OLED에서 청색 OLED를 기준으로 효율을 조절하고 있으며, 청색 OLED의 낮은 효율 문제로 인하여 청색 소자를 2개 사용하고, 적색과 황녹색을 하나의 소자에 같이 사용하는 구조를 통하여 컬러를 조절하고 있다. 백색 탠덤 OLED 소자 구조는 OLED TV 용 백색 OLED와 조명용 백색 OLED 소자에 사용되고 있다.

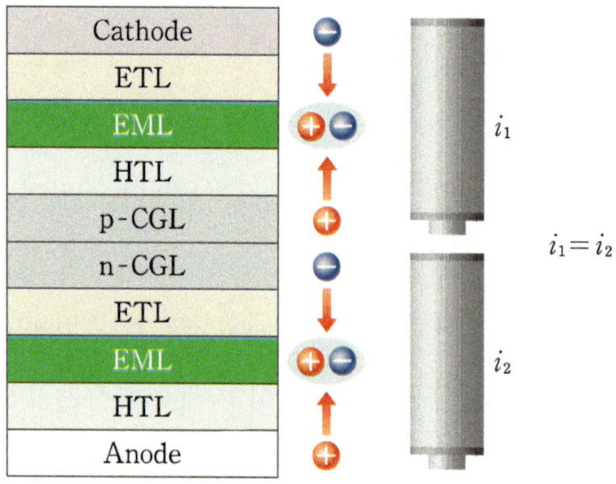

그림 5-20 탠덤 OLED 소자의 엑시톤 생성

3 전면 발광 탠덤 OLED 소자

탠덤 OLED 소자 구조는 배면 발광 OLED 소자에 주로 사용하고 있으나, 대형 OLED의 해상도가 높을 경우에는 개구율 문제로 인하여 전면 발광 OLED 소자 구조에도 적용하기도 한다. 전면 발광 소자의 경우 여러 발광층에 대해서 캐비티 구조를 모두 만족시켜야 하기 때문에 배면 발광 소자에 비하여 소자의 광학 구조를 최적화하기가 상대적으로 어렵다. 전면 발광 소자 구조의 청색 탠덤 소자 구조를 적용하는 청색 OLED/색변환층 구조의 OLED 소자에서는 발광층에 대해서 캐비티 구조를 만족할 수 있도록 소자를 구성해야 한다. 이중빔 간섭과 Fabry-Perot 다중빔 간섭을 모두 이용하는 전면 발광 소자에서 Fabry-Perot 다중빔 간섭에 의한 캐비티 구조는 발광 파장을 고려하여 anode와 cathode 사이의 거리를 파장에 정수배에 해당하는 두께로 조절하여 최적화할 수 있다. 이중빔 간섭에 의한 캐비티 구조는 발광층으로부터 anode 사이의 거리를 조절하여 각 발광층이 발광 파장에서 보강 간섭을 유도할 수 있도록 구성한다. 소자의 개수가 2개가 적층될 경우에는 캐비티 구조 제어가 상대적으로 용이하지만 소자의 개수가 증가하게 되면, 발광 효율 및 캐비티 구조를 모두 만족시킬 수 있는 캐비티 구조 제어가 어려워진다. 따라서, 전면 발광 소자 구조로 탠덤 OLED를 제작할 경우에는 효율 개선 효과가 배면 발광에 비해서는 상대적으로 저하되는 결과를 보인다. 실제적으로 청색 OLED를 3개 연결한 탠덤 OLED 소자의 경우 배면 발광 구조에서는 효율이 3배 개선될 수 있으나, 전면 발광 구조에서는 2.0~2.5배 정도만 개선되는 것으로 알려져 있다. 백색 OLED의 경우에도 전면 발광 소자 구조를 적용하는 것이 가능하지만 각 컬러에 맞는 캐비티 구조 제어가 어려운 단점이 있다.

06

OLED 소자 평가

제1절
단위 소자 평가

OLED 소자는 두 개의 전극인 anode와 cathode 사이에 발광층이 위치하고 있으며, 전계의 의하여 발광하는 소자 구조를 가지고 있기 때문에 전계를 유도하는 전압을 가하여 소자의 전기적인 특성 및 발광 특성을 평가하게 된다. 일반적으로 측정하는 항목들은 전압에 따른 전류 밀도, 전압에 따른 휘도, 전류 밀도에 따른 휘도, 휘도 또는 전류 밀도에 따른 소자 효율, 휘도 또는 전류 밀도에 따른 스펙트럼, 일정 전류 밀도에서의 소자 수명 등이 있다. 전압 및 전류 밀도 제어 및 측정을 위한 전류 및 전압 공급 및 측정 장치가 필요하며, 발광 특성을 평가하기 위해서는 spectroradiometer 또는 photodiode 등을 필요로 한다.

1 기본 용어 정의

OLED 소자에서는 발광 특성을 나타내기 위하여 여러 용어들을 사용하게 되며, OLED 소자에서 사용하는 기본 용어를 먼저 정의하기로 한다.

1 광도 (luminous intensity)

사람눈의 시감도를 반영하여 광원의 세기를 나타내는 단위로서 일정 방향 (입체각, 측정단위 steradian) 으로의 가시광의 빛의 양을 나타내며, 단위로는 Candela(cd)를 사용한다. 사람의 시감도를 반영하기 때문에 같은 광자수에 대하여 파장에 따라 다른 값을 나타낸다.

2 광속 (luminous flux)

눈의 시감도를 반영하여 광원으로부터 방출되어 눈에 감지되는 전체 빛의 양을 나타내며, 단위로는 Lumen(lm)을 사용한다. 광도가 단위 입체각인 1 steradian에서의 광원의 빛의 양을 나타내는데 반하여 광속은 광원에서 모든 방향으로 방출되는 전체 빛의 양을 나타낸다.

3 휘도 (luminance)

휘도는 단위 면적당 광도를 나타내며, 단위로는 cd/m^2을 사용한다. 눈이 느끼는 광원의 밝기를 표현하는 단위로서 광도는 광원으로부터 거리에 관계없이 일정한데 반하여 밝기는 광원으로부터의 거리에 의존하기 때문에 광원으로부터의 거리를 반영하여 빛의 세기인 광도를 단위 입체각에서의 넓이로 나눈 값으로 휘도를 나타낸다.

2 전류 밀도-전압-휘도 특성

OLED 소자의 특성을 측정하기 위해서는 전압을 변화시켜 가면서 소자 특성을 측정하는 방법 (voltage sweep)과 전류 밀도를 변화시켜 가면서 소자 특성을 측정하는 방법 (current sweep)의 두 가지 방법이 있다. 전계에 따른 특성 변화를 분석하고자 할 때는 voltage sweep 방법을 사용하고, 전류 구동 소자인 OLED 소자에서 전류량에 따른 특성 변화를 관찰하고자 하는 경우에는 current sweep 방법을 사용한다. 실제 OLED 패널에서는 전류를 이용하여 휘도를 제어하기 때문에 패널 특성을 평가할 경우에는 current sweep 방법을 주로 사용한다.

전압을 변화시켜 가면서 측정하는 경우 기본 특성은 전압에 따른 전류 밀도와 전압에 따른 휘도 특성이다. OLED 소자의 일반적인 전압에 따른 전류 밀도 특성을 그림 6-1에 표시하였다. 전압-전류 밀도 특성 측정시에는 OLED 소자가 다이오드 소자이기 때문에 다이오드 특성을 평가하기 위하여 음전압에서부터 양전압까지 전압을 변화시켜 가면서 측정한다. 다이오드 소자에서는 음전압에서는 전류가 흐르지 않아야 하며, 양전압에서만 전류가 흘러야 하기 때문에 전압-전류밀도 특성을 통하여 다이오드 성능을 평가할 수 있다. 다이오드 특성을 나타내는 수치로는 정류비 (rectification ratio)를 사용하며, 정류비는 양전압에서의 전류 밀도/음전압에서의 전류 밀도의 비율로 나타낸다. 예를 들어 −6V에서의 전류 밀도가 1.0×10^{-5} mA/cm^{2}이고 구동 전압 6V에서의 전류 밀도가 10 mA/cm^{2}일 경우 정류비의 값은 1.0×10^6이 된다. 정류비가 높을수록 다이오드 특성이 우수하다는 것을 나타내며, OLED 소자가 정상적으로 구동된다는 것을 나타낸다. 정류비가 낮을 경우 (일반적으로 1.0×10^6 미만) 소자 내에서 전류의 누설이 나타나고 있다는 것을 의미하며, 향후 소자 내에서 불량이 발생할 가능성이 높은 것으로 판단할 수 있다.

전압-전류 밀도 데이터를 통하여 정류비와 함께 소자의 켜짐 (turn-on) 전압을 평가할 수 있다. 켜짐 전압은 전압-전류 밀도에서 전류 밀도가 급격하게 증가하기 시작하는 전압으로 전류 밀도가 증가하기 시작하는 전압에서 접선을 통한 변곡점에서의 전압으로 정의할 수 있다. 켜짐 전압은 OLED 소자에서 전극 및 유기막층들 사이에서 존재하는 에너지 장벽에 의하여 결정되게 되며, 낮은 켜짐 전압을 구현하기 위해서는 각 층들 사이에 전하 주입을 위한 에너지 장벽을 최소화해야 한다. 켜짐 전압과 함께 전압에 따른 전류 밀도의 증가 특성도 중요하며, 구동 전압을 낮추기 위해서는 전압에 따른 전류 밀도의 증가 특성이 우수해야 한다. 켜짐 전압이 주로 에너지 장벽에 의존하는 반면에 구동 전압은 소자에 사용되는 유기물의 전하 이동 특성에 의하여 주로 좌우된다. 전하 이동도가 우수한 유기물을 사용할 경우 계면 및 유기 물질 내에서의 전하의 축적을 방지할 수 있기 때문에 낮은 구동 전압을 구현할 수 있으며, 전도도가 높은 유기물 사용시에도 소자의 저항을 낮출 수 있으므로 낮은 구동 전압을 구현할 수 있다.

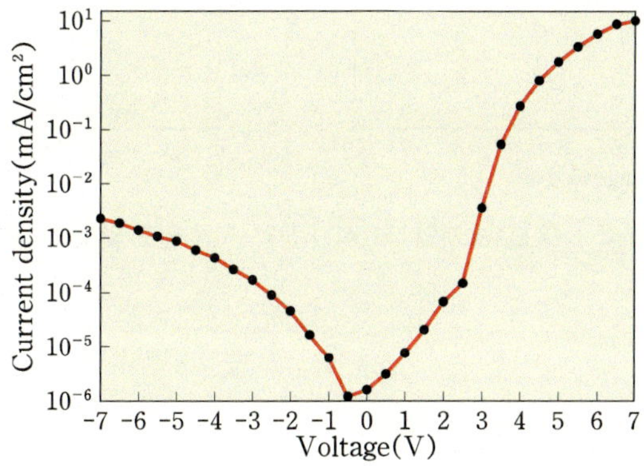

그림 6-1 OLED 소자의 전류 밀도-전압 특성 곡선

전압-전류 밀도 특성과 함께 전압-휘도 특성도 중요한 소자 특성이며, 전압-휘도 특성을 통하여 전압에 따른 소자의 휘도 변화를 관찰할 수 있다. 소자의 휘도는 주입되는 전하의 양과, 주입되는 전하의 재결합 효율에 의존하는 특성이며, 전하의 양이 많을수록 휘도는 증가하게 되며, 재결합 효율이 높을수록 동일 전압에서 휘도가 증가하는 경향을 보인다. 전압-휘도 특성으로부터 켜짐 전압을 결정할 수 있으며, 휘도가 증가하기 시작하는 전압이 켜짐 전압으로 정의된다. 전압에 따른 휘도 변화 곡선을 외삽하여 켜짐 전압을 결정할 수 있다. 켜짐 전압과 함께 구동 전압도 전압-휘도 특성을 통하여 결정할 수 있으며, 구동 전압은 원하는 휘도를 구현하기 위한 전압으로 정의된다. 예를 들어, 소자를 구동하는 휘도가 1,000 cd/m^2이라면, 이 휘도를 구현하기 위하여 필요한 전압이 구동 전압이 된다.

전압-전류 밀도, 전압-휘도 특성으로부터 전류 밀도-휘도 특성을 파악할 수 있으며, OLED 패널의 경우에는 전류 구동을 통하여 휘도를 제어하기 때문에 전류 밀도-휘도 특성이 중요하다. 이상적인 OLED 소자에서는 전류 밀도와 휘도가 선형적으로 증가하는 경향을 보이며, 선형적인 의존성을 보일 경우 전류 밀도 조절을 통한 휘도 제어가 용이하게 된다. 전류 밀도-휘도 곡선의 기울기는 소자의 전류 효율이며, 소자의 효율은 모든 전류 밀도 범위에서 일정하게 유지되어야 OLED 소자 구동시 계조를 제어하는데 유리하다. 대표적인 전압-전류 밀도, 전압-휘도 곡선을 그림 6-2에 나타내었다.

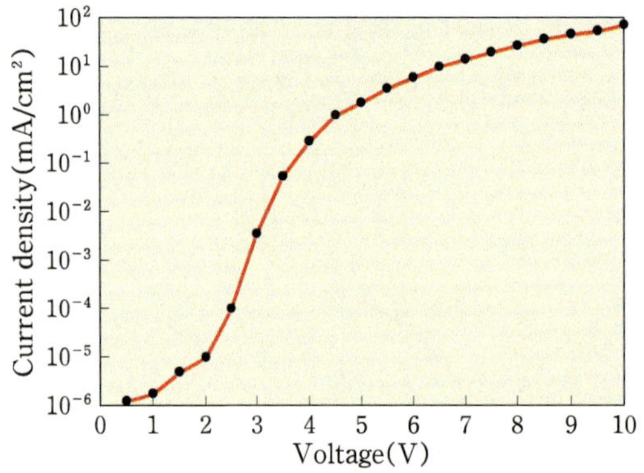

그림 6-2 OLED 소자의 대표적인 전압-전류 밀도 및 전압-휘도 특성

3 효율 특성

OLED 소자의 효율은 전류 밀도 및 휘도 특성으로부터 결정할 수 있으며, OLED 소자의 효율은 크게 양자효율, 전류 효율 및 전력 효율로 나타낸다. 이 중 전류 효율 및 전력 효율은 사람의 시감을 고려한 효율이며, 양자 효율은 시감을 고려하지 않은 효율이다.

1 양자 효율

양자 효율은 주입된 전자의 광자로의 전환 비율을 나타내는 효율이다. 주입된 전자가 모두 광자로 전환된 경우 양자 효율은 100%가 되며, 전자의 손실이 발생할 경우 효율은 100%보다 작은 값을 갖는다. 양자 효율은 내부 양자 효율 및 외부 양자 효율로 구분할 수 있다. 내부 양자 효율은 소자 내부에서 전자가 광자로 전환되는 효율로서 0~100% 사이의 값을 갖는다. 외부 양자 효율은 소자 외부에서 측정하는 양자 효율로서 내부에서 발생한 광자가 외부로 나오는 비율에 의하여 결정된다. 예를 들어 내부 양자 효율이 100%이고, 외부로 나오는 빛의 비율이 25%일 경우 외부 양자 효율은 25%의 값을 갖는다. 양자 효율 측정을 위해서는 주입된 전자의 수와 발광하는 광자의 수를 측정해야 한다. 주입된 전자의 수는 전류값을 통하여 계산할 수 있으며, 광자의 수는 spectroradiometer 또는 photodiode를 통하여 얻은 발광 파장에 따른 빛의 세기 및 시감도 계수로부터 계산할 수 있다. 소자 내부로부터 외부로 나오는 빛의 비율은 정확하게 알기 어렵기 때문에 내부 양자 효율의 측정은 어렵고 외부 양자 효율의 측정만 가능하다. 양자효율은 식 6-1을 이용하여 계산할 수 있다[1].

$$\eta_\epsilon(ext) = \frac{\pi \mathrm{Le}}{KmhcJ} \frac{\int_{\lambda L}^{\lambda U} \frac{F(\lambda)}{\lambda} d\lambda}{\int_{\lambda L}^{\lambda U} \frac{F(\lambda)}{\lambda} y(\lambda) d\lambda} \quad \text{(식 6-1)}$$

$F(\lambda)$는 시감도 계수와 EL spectrum으로부터 얻은 photon count number의 곱으로 표시되는 파장에 따른 함수이며, $y(\lambda)$는 시감도 계수/파장(λ)으로 표시되는 파장에 따른 함수이다. Km은 상수로서 683 lm/W (시감도 최대 파장인 555 nm에서 양자 효율 100%일 때 얻을 수 있는 최대 전력 효율)이며, L은 휘도, J는 전류밀도이다. 위식에서 h는 Planck 상수 (6.63×10^{-34}J・sec), c는 빛의 속도 (2.99×10^{8} m/sec), 그리고 e는 단위 전하량 (1.602×10^{-19} C)이다. 양자 효율은 파장과 무관한 값이기 때문에 일반적으로 발광 소자의 효율을 나타내는데 가장 널리 사용된다. OLED 소자는 면발광 소자이며, 각도에 따른 발광 효율이 코사인에 의존하는 것이 일반적이다. 따라서, 일반적인 양자 효율 계산에서는 각도에 따른 효율이 코사인에 의존하는 Lambertian 발광 분포를 가정하고, 정면으로 나오는 빛의 효율을 측정한다. 그러나, 소자 구조에 따라 발광 분포가 Lambertian 분포에서 벗어나는 경우가 있기 때문에 정확한 양자 효율 측정을 위해서는 각도에 따른 발광 효율을 모두 측정하거나, 적분구를 이용하여 양자 효율을 측정해야 한다.

2 전류 효율

단위 전류당 나오는 빛의 세기로 나타내는 효율로서 휘도(cd/m^2)를 전류 밀도 (mA/cm^2)로 나눈 값으로 표시된다. 휘도를 이용하여 얻는 효율이기 때문에 눈의 시감 특성이 반영되어 있는 효율이며, cd 단위를 사용하기 때문에 일정 방향으로의 전류당 빛의 세기를 나타낸다. 일반적으로 디스플레이에서는 사람의 시감 특성을 고려한 효율 특성이 중요하므로 디스플레이 제품 특성을 나타낼 때 주로 효율로 사용하게 되며, 빛의 세기 단위로서 cd를 사용하기 때문에 정면에서의 광특성이 중요한 디스플레이의 효율로 사용하기에 적합하다. 단위로서는 cd/A를 사용한다. 전류 효율의 계산은 간단히 휘도를 전류밀도로 나누어 계산한다.

1) S. R. Forrest et al. Adv. Mater. 15, 1043 (2003)

3 전력 효율

단위 방향으로의 효율을 나타내는 전류 효율과 달리 전력 효율은 전방향으로 발광하는 빛의 총합에 해당하는 소자의 효율을 나타낸다. 전력 효율은 lm/W의 단위를 사용하며 소자에 주입된 전력당 전방향으로 나오는 빛의 세기를 나타내는 광속 lm으로 나타낸다. Lm은 면광원일 경우에 cd에 π를 곱해서 나타내며, 점광원일 경우에는 cd에 4π를 곱해서 나타낸다. 광속이 전방향으로 방출되는 광의 세기를 나타내기 때문에 빛의 총량이 중요한 조명 소자에서 주로 사용하는 효율이다.

4 효율 특성

효율은 일반적으로 휘도 또는 전류 밀도에 따라서 나타내게 되며, 이상적으로 전류 밀도 또는 휘도 변화에 따라서 효율은 일정한 값을 유지해야 한다. 휘도 또는 전류 밀도 변화에 따라 효율이 변화할 경우 디스플레이 소자에서 전류 제어를 통한 휘도 조절을 통하여 구현하는 계조를 제어하기가 어려워지는 문제점이 있다. 일반적으로 형광 소자에서는 휘도에 따른 효율값이 일정한 값을 유지하지만, 인광 소자에서는 고휘도에서 여기 상태에서 오래 머무르는 삼중항 엑시톤이 서로 충돌에 의하여 소광되는 현상이 생기기 때문에 효율이 감소하는 경향을 보인다. 형광 및 인광 소자의 대표적인 양자 효율 곡선을 그림 6-3에 나타내었다.

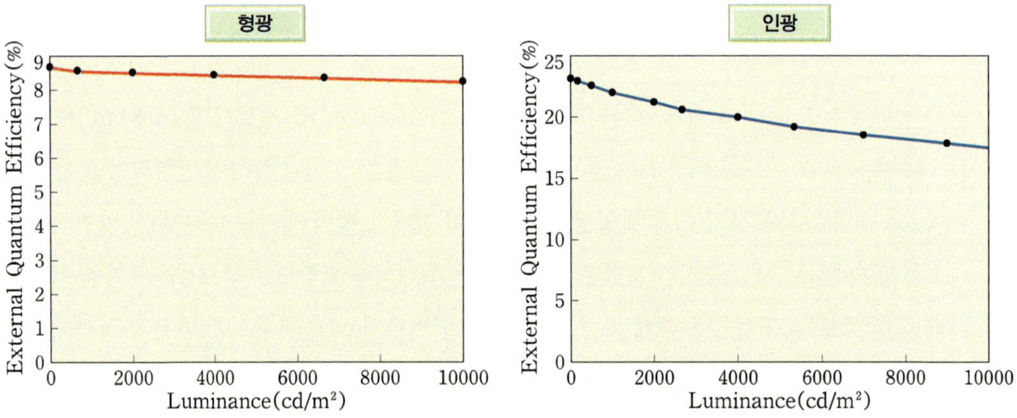

그림 6-3 형광 소자 및 인광 소자의 효율 곡선

4 발광 스펙트럼 및 색좌표

OLED 소자의 발광 스펙트럼은 spectroradiometer로 측정하며, 발광 스펙트럼은 파장에서의 광자수와 눈의 시감 곡선의 곱으로서 얻어진다. 스펙트럼은 시감 특성을 반영한 물리적 특성이기 때문에 같은 광자수에 대해서 적색 및 청색 영역보다는 민감도가 큰 황색 및 녹색 영역에서 강하게 나타난다. 시감곡선은 spectral sensitivity로 나타내며 그림 6-4에 spectral sensitivity 곡선을 나타내었다.

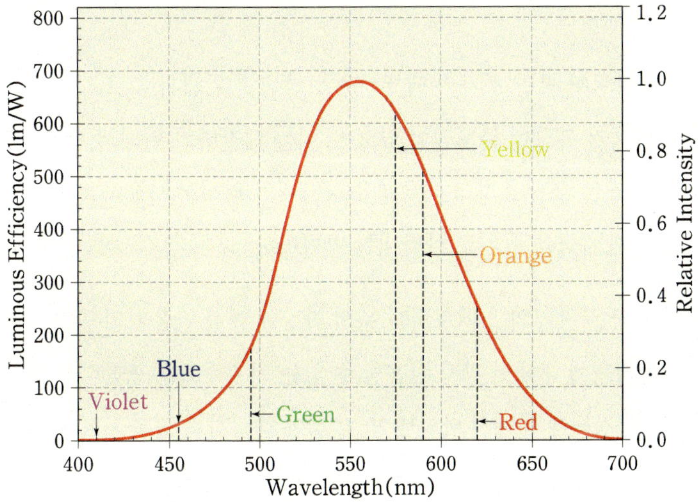

그림 6-4 사람 눈의 파장에 따른 sensitivity 특성

대표적인 적색, 녹색 및 청색 스펙트럼을 그림 6-5에 나타내었으며, 일반적으로 적색 발광은 600–630, 녹색 발광은 500–530, 청색 발광은 450–480 nm 영역대의 피크 파장을 갖는다. 발광 스펙트럼에서는 최대 세기를 갖는 파장에 해당하는 피크 파장과 스펙트럼의 폭을 나타내는 반치폭을 이용하여 발광 특성을 나타낸다.

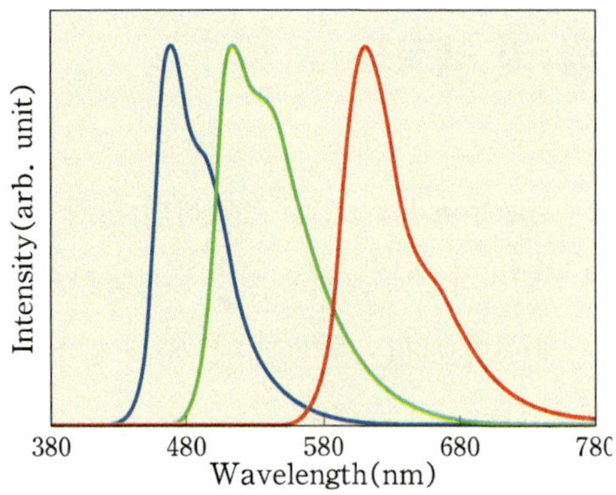

그림 6-5 대표적인 적색, 녹색 및 청색 발광 스펙트럼

일반적으로 발광 스펙트럼이 발광 소자의 색특성을 나타내기 위해서 주로 사용되나, 발광 스펙트럼으로 소자의 색을 나타내기 복잡한 문제점이 있으며, 이를 해결하기 위해서 색좌표 시스템이 개발되어 사용되고 있다. 색좌표는 발광 소자의 색특성을 나타내기 위해서 사용하는 좌표로서 눈의 시감 특성을 반영하여 눈의 색채 자극을 수치로 나타내는 방법이다.

광원에 대해서 색체 자극은 광원의 스펙트럼과 눈의 파장에 대한 반응기의 곱으로서 표시된다. 사람의 눈은 적색, 녹색 및 청색에 대해서 각각 반응할 수 있는 원추세포를 포함하고 있기 때문에 색체 자극은 각각 적색, 녹색 및 청색에 대해서 나타내며, 각 색에 해당하는 성분을 X, Y, 및 Z로서 표시한다. 적색, 녹색 및 청색에 대해서 color matching function을 사용하여 발광 소자의 스펙트럼과 적분을 이용하여 X, Y, Z에 해당하는 색자극치 값을 얻는다. Color matching function은 사람의 적색, 녹색 및 청색에 해당하는 원추세포의 파장에 따른 반응 정도를 나타내는 함수이다. 그러나, 세 색자극치 값을 이용하여 좌표로서 색특성을 나타내기 복잡하기 때문에 X, Y, Z의 색자극치값을 x와 y의 좌표값으로 단순화한다. x값은 X에 주로 의존하며, 적색 성분이 많이 포함되면 x값이 커지게 된다. y값은 Y에 주로 의존하는 값으로서, 녹색 성분이 많이 포함되면 y값은 증가한다. 반면, 청색은 적색 및 녹색을 포함하고 있지 않으므로 x 와 y의 값이 작은 값을 갖게 된다. 발광 소자의 스펙트럼으로부터 x 및 y의 좌표값을 얻기 위한 color matching function과 X, Y, Z 계산을 그림 6-6에 나타내었다.

$$X = k\int_{380}^{780} S(\lambda)\cdot\bar{x}(\lambda)\cdot d\lambda$$
$$Y = k\int_{380}^{780} S(\lambda)\cdot\bar{y}(\lambda)\cdot d\lambda$$
$$Z = k\int_{380}^{780} S(\lambda)\cdot\bar{z}(\lambda)\cdot d\lambda$$

$$x = X/(X+Y+Z)$$
$$y = Y/(X+Y+Z)$$

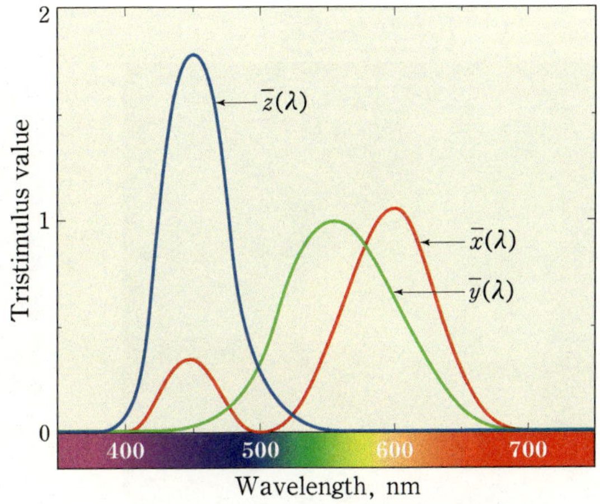

그림 6-6 색좌표를 얻기 위한 color matching function과 X, Y, Z 적분 함수

(x, y)로서 표시되는 색좌표계는 1931년에 처음 제정되었으며, 1931 색좌표계라고 부른다. 가장 널리 사용되고 있는 색좌표계로서 발광 소자의 색특성을 간단하게 나타낼 수 있는 장점이 있다. 그러나, 색좌표의 변화에 따른 색특성 변화를 눈으로 구별하기 어려운 녹색 영역의 색좌표 영역 넓이가 너무 넓어 사람 눈이 인식하는 색특성을 제대로 보여 주지 못하는 단점이 있다. 또한 사람 눈이 색의 차이를 구별할 수 있는 적색 및 청색 영역은 너무 면적이 좁아 색의 차이를 제대로 반영하지 못하는 문제점이 있다. 1931 좌표계의 문제점을 해결하기 위한 색좌표계는 1976년 새롭게 도입되었으며, 기존 좌표계에 비하여 녹색 영역의 넓이는 줄이고 청색 영역과 적색 영역의 넓이를 넓힌 특징을 갖는다. 1976 색좌표계에서는 1931 색좌표계와 구분하기 위하여 u'와 v'를 사용하며, u' 및 u'도 삼자극치인 X, Y, Z로부터 계산한다. 앞서 계산한 x,y를 이용하여 u' 및 v' 색좌표를 얻을 수 있으며, $u' = 4x/(-2x+12y+3)$, $v' = 9y/(-2x+12y+3)$로부터 계산할 수 있다[2]. 1976 좌표계는 실제 사람 눈이 인지하는 색특성의 차이를 그대로 반영할 수 있는 장점으로 인하여 최근에는 1931 색좌표계에 비하여 널리 사용된다. 1931 및 1976 색좌표계를 그림 6-7에 나타내었다.

2) Colorimetry, 2nd Ed. CIE Publication (1986)

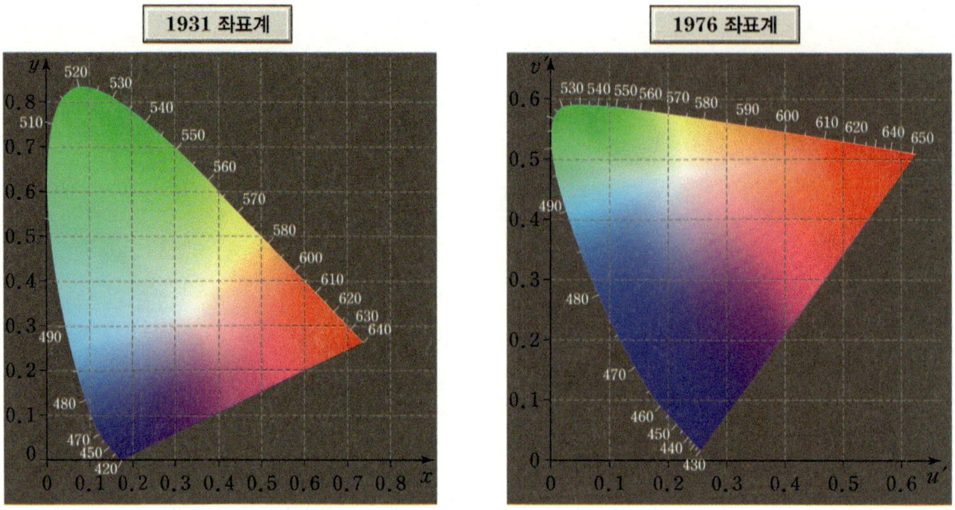

그림 6-7 1931 및 1976 색좌표계의 비교

색좌표계에서는 발광 소자의 색좌표 뿐 아니라 발광 소자의 다양한 색특성을 표시할 수 있다. 디스플레이 소자의 중요한 색특성 중 하나는 색재현 범위이며, 색재현 범위는 디스플레이 소자가 표현할 수 있는 색의 범위를 나타낸다. 두가지 색을 가지는 빛을 혼합하게 되면 두 색의 색좌표를 연결한 선상에 있는 색을 구현할 수 있으며, 세가지 색을 혼합하게 되면 세가지 색의 색좌표의 삼각형으로 이루어지는 삼각형 내의 색을 표현할 수 있다. 표준 적색, 녹색 및 청색의 색좌표가 이루는 삼각형에 비하여 디스플레이 소자가 구현하는 삼각형의 넓이의 비율을 색재현 범위로 정의하며, %의 단위를 갖는다(그림 6-8). 디스플레이 소자의 삼각형의 넓이가 표준 좌표계에 비하여 더 넓을 경우에는 색재현 범위가 100% 이상이며 더 작을 경우에는 색재현 범위가 100% 미만이 된다. 표준 색좌표계로서는 NTSC, PAL sRGB, DCP, Rec 2020 (BT2020) 등이 있으며, 표준 색좌표는 표 6-1에 나타내었다. NTSC는 가장 널리 사용하고 있는 색좌표계로서 미국, 한국 및 일본에서 가장 널리 사용하고 있는 표준 색좌표이며 PAL은 북유럽, 중국에서 주로 사용하는 중심 기준 좌표이며, sRGB는 인터넷 환경을 위한 표준좌표이다. 최근에는 TV용 표준 색좌표계로서 DCP, BT2020 등이 사용된다.

표 6-1 표준색좌표계에 따른 색좌표

색좌표계	적색	녹색	청색
sRGB	(0.64,0.33)	(0.30,0.60)	(0.15,0.05)
NTSC	(0.67,0.33)	(0.21,0.71)	(0.14,0.08)
DCP	(0.68,0.32)	(0.265,0.69)	(0.15,0.06)
REC2020 (BT2020)	(0.708,0.292)	(0.17,0.797)	(0.131,0.046)

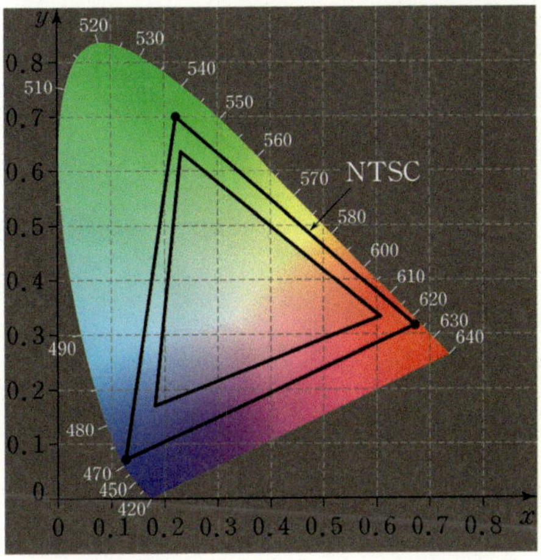

그림 6-8 색좌표계에서의 색재현 범위

5 수명

수명 특성은 OLED 소자의 중요 특성 중의 하나로서, 자발광 소자에서는 장시간 구동에 의하여 발광 물질의 특성 감소가 나타나므로 수명이 매우 중요한 소자 특성이다. 수명은 시간에 따른 휘도 감소를 나타내며, 일반적으로는 정전류 구동 조건에서 초기 휘도의 50%까지 감소하는 시간으로서 정의하는 것이 일반적이다. 정전류 조건에서의 휘도 변화이기 때문에, 결국은 시간에 따른 효율의 변화라고도 할 수 있다. 최근에는, 잔상 문제와 연관하여 사람의 눈이 잔상을 인지하기 시작하는 휘도인 초기 휘도의 97%까지 수명을 널리 사용한다. 반감 수명의 경우에는 수명 측정 시간이 수만시간 또는 수십만시간 등으로 매우 긴 시간이 요구되므로, 가속 수명 테스트를 진행하게 되며, 수명 측정 휘도를 높은 휘도에서 측정하거나, 높은 온도에서 수명 측정하는 방식으로 가속 테스트를 진행한다. 가속 평가의 경우 높은 휘도 또는 고온에서 평가 결과와 가속 계수를 이용하여 평가하고자 하는 휘도에서의 수명을 예측하는 방법을 사용한다. 휘도 가속의 경우 가속 휘도 및 평가 휘도와 수명간의 관계는 $t/t_0 = (L_0/L)^n$으로 나타낼 수 있다. t는 평가하고자 하는 휘도에서의 수명, t_0는 가속 휘도에서의 수명, L은 평가 휘도, L_0는 가속 조건에서의 휘도이며, n은 가속 계수이다. 일반적인 소자의 수명 특성 곡선을 그림 6-9에 나타내었다.

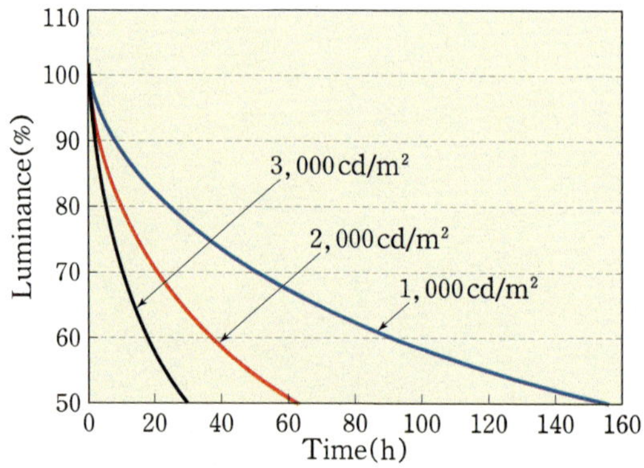

그림 6-9 OLED 소자의 시간에 따른 수명 특성

제2절

패널 평가

단일 소자를 이용한 소자 평가와 함께 디스플레이 패널에서는 평가 항목을 추가하여 패널 평가를 진행하게 되며, 주요 평가 항목으로는 휘도 (균일도), 대비비, 색좌표 (균일도), 소비전력 및 수명 등이 있다.

1 휘도 평가

디스플레이 패널에서는 패널의 휘도 평가와 휘도 균일도 평가를 진행한다. 휘도는 피크 휘도와 최대 휘도를 측정하며, 휘도 균일도 평가는 패널에서 9개의 위치를 선택하여, 백색, 적색, 녹색, 청색에 대해서 휘도 균일도를 평가한다. 휘도 불균일도는 그림 6-10처럼 나타낸다.

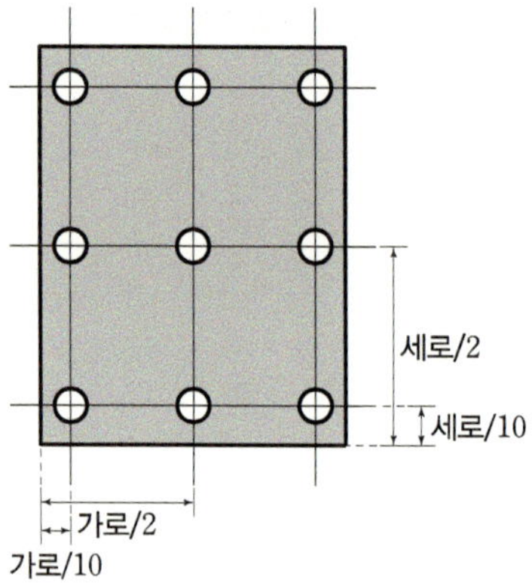

휘도 불균일도 (%)

(최대 휘도–최소 휘도)/최대 휘도

그림 6-10 OLED 소자의 휘도 불균일도 평가

2 소비전력

소비전력은 패널 구동을 위해서 공급되는 전류와 전압에 의하여 결정되는 소자 특성으로서 낮은 구동 전압과 높은 효율에 의한 전류 감소를 통하여 소비 전력을 낮출 수 있다. OLED 소자는 소자가 꺼진 상태에서 검은색을 표현하고, 모든 픽셀을 모두 켠 상태에서 백색을 표현하기 때문에 패널에 표시되는 화면에 따라서 소비 전력이 달라지게 된다. 검은색을 표현할 경우 소비전력은 0인 상태가 되며, 어두운 화면을 나타내는 경우에는 낮은 소비전력을 보이게 되며 밝은 화면을 나타내는 경우에는 높은 소비전력을 보이게 된다. 따라서 OLED 패널의 평균 소비전력은 백색 화면의 소비전력을 기준으로 30~40% 수준으로 결정한다. LCD의 경우에는 백색과 검은색 모두 백라이트가 켜져 있는 상태이기 때문에 소비전력이 화면에 관계 없이 동일하다.

동영상을 구현할 경우 소비전력은 백색 기준 30% 이하인 수준이며, 웹등에서의 그래픽을 사용할 경우 평균 60% 수준의 소비전력을 나타내고, 밝은 바탕에서 텍스트를 사용할 경우 소비전력은 80%, 반대로 어두운 바탕에서의 밝은 텍스트 작업은 20% 수준이다. 이미지에 따른 소비전력을 그림 6-11에 나타내었다.

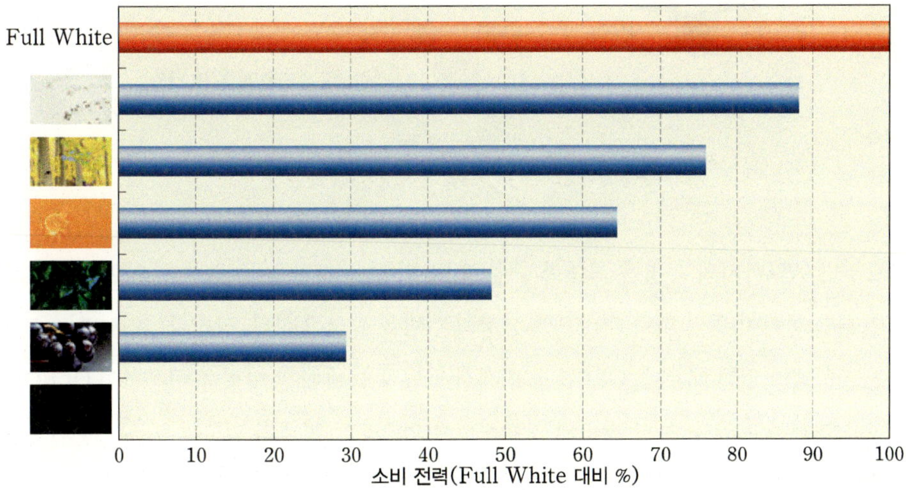

그림 6-11 OLED 소자의 화면 이미지에 따른 소비 전력 특성

3 Image sticking

OLED 소자는 각 픽셀마다 발광 물질을 포함하고 있으며, 소자 구동에 따라 발광 물질의 노화가 진행되기 때문에 구동에 따른 발광 물질의 성능 감소에 의하여, 구동 부분의 휘도가 패널 사용에 따라 지속적으로 감소되는 특성을 보인다. 이러한 문제로 인하여 OLED 소자는 구동부와 비구동부의 휘도가 패널 사용 시간이 증가함에 따라 차이가 나는 문제점이 존재한다.

장시간 구동시 구동부와 비구동부 사이에 휘도 차이가 생기는 현상을 image sticking 또는 burn-in 이라고 하며, image sticking에 의하여 잔상이 생기는 문제가 발생하게 된다. 일반적으로 사람의 눈은 화면을 두 부분으로 나누어 졌을 때 두 부분의 휘도 차이가 3% 이상이 될 경우 두 부분 사이에 휘도 차이를 인식하게 되며, 이에 의하여 image sticking이 인식된다. 따라서 OLED 소자에서는 초기 휘도부터 3% 휘도 감소가 나타나는 시간이 중요하며, 소자 수명 평가시 초기 휘도부터 97%까지 휘도가 감소하는 시간을 기준으로 수명을 나타낸다. Image sticking 평가를 그림 6-12에 나타내었다.

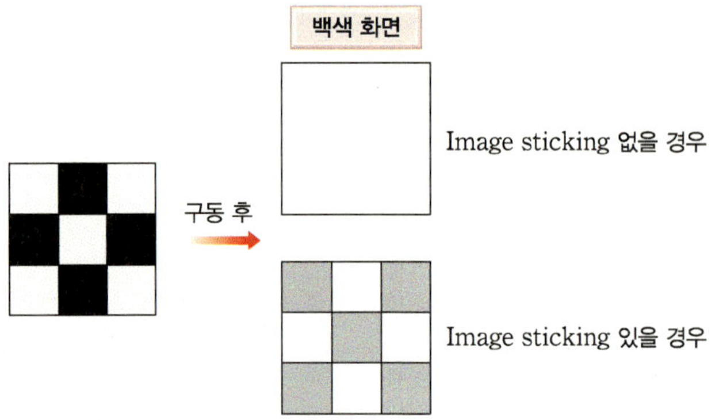

그림 6-12 OLED 패널의 image sticking 평가

초기 휘도부터 97%까지의 수명을 최대화해야 OLED의 사용 시간을 늘릴 수 있으므로, OLED 소자의 수명 개선을 통하여 초기 휘도 대비 97%까지의 수명을 늘려야 한다. 그러나, 재료 또는 소자의 수명 개선에는 한계가 있기 때문에, OLED 수명 개선 방법과 함께 보상 방법을 이용하여 OLED 패널의 97% 수명을 개선하고 있다. 보상 방법의 대표적인 방법으로는 픽셀의 휘도가 97% 수준까지 감소하면 구동 회로를 통하여 전류를 추가적으로 공급하여 휘도를 증가시키는 방법이 있다. 예를 들어 RGB 픽셀 구동을 통하여 백색을 구현할 경우 RGB 중 B의 휘도가 빨리 감소하여 97% 이하로 먼저 내려가게 되면, B 픽셀에 전류가 추가로 공급되어 B 픽셀의 휘도를 증가시키고 이를 통하여 백색의 색좌표를 동일하게 유지할 수 있다.

CHAPTER

07

OLED 소재

제1절 OLED 소재의 기본 원리

OLED 소자에서는 다양한 유기물을 필요로 하며, 사용하는 용도에 따라서 요구하는 특성들이 차별화된다. 전하 수송층에 사용하는 물질들은 전하 주입 및 전하 수송 특성이 중요하며, 발광층에 사용하는 물질들은 전하 주입, 전하 수송 및 발광 특성이 중요하다. 전하 주입과 관련된 주요 물질 특성은 HOMO/LUMO와 관련된 에너지 준위이며, 전하 수송과 관련된 특성은 전하 이동도, 발광 특성과 관련된 특성은 PL 발광 효율 및 발광 파장이다. 따라서, 각 물질의 용도에 맞게 물질 특성을 제어하는 것이 중요하다.

1 에너지 준위 제어

OLED에 적용되는 유기 소재는 소자 구동을 위하여 전하 주입 및 이동 특성이 우수해야 하며 이를 위해서는 HOMO와 LUMO 에너지 준위를 조절하기 위한 분자 설계 기술이 요구된다. 특히 전하 수송 기능을 담당하는 정공 주입층, 정공 수송층 및 전자 수송층 물질 및 발광층에 사용되는 호스트 재료의 경우 HOMO 및 LUMO 에너지 준위를 적절히 조절해야 한다.

유기 소재의 HOMO와 LUMO를 제어하기 위한 방법으로 가장 널리 사용하는 방법은 도너와 억셉터 단위체를 이용하는 방법이다. 도너와 억셉터 단위는 방향족 단위로 주로 이루어지는 유기물의 전자 밀도를 조절하고 이를 통하여 HOMO와 LUMO를 조절할 수 있다. 도너 단위의 역할은 방향족 단위의 전자 밀도를 높여 HOMO 에너지 준위를 진공 준위쪽으로 이동시키고 정공 생성 특성을 개선하는 역할이며, 억셉터의 역할은 방향족 단위의 전자 밀도를 낮추어, LUMO를 안정화하고 전자를 받는 특성을 개선하는 역할이다.

도너 단위를 분자 구조에 도입하면 분자 전체에 걸쳐서 전자 밀도가 증가하게 되므로 HOMO의 이동이 크게 나타나며, HOMO의 이동과 함께 전자 밀도 증가에 의하여 전자를 받는 특성도 저하되면서 LUMO도 진공 준위쪽으로 이동하게 된다. 분자마다 HOMO와 LUMO의 분포가 다르기 때문에 HOMO와 LUMO의 이동 정도는 분자에 따라 다르게 나타나지만 주로 HOMO의 이동이 더 크게 나타난다. HOMO 에너지 준위를 조절하는 방법은 도너의 세기를 통하여 조절하는 방법과 도너의 개수를 통하여 조절하는 방법이 있다. 도너 단위체로서 여러 단위체들이 알려져 있으며, 단위체들에 따라서 도너 세기가 다르기 때문에 도너 종류에 따라서 HOMO 이동 정도가 다르며 강한 도너가 도입될수록 HOMO 이동이 크게 나타난다. 대표적인 도너와 도너에 따른 HOMO 이동 정도를 계산한 결과를 그림 7-1에 나타내었다. 도너로서 주로 사용되는 것은 아민 및 카바졸 단위이며, 방향족 아민 단위가 주로 사용된다. 방향족 아민 단위의 경우에는 질소에 존재하는 비공유 전자쌍에 의해서 전자가 풍부하기 때문에 강한 도너 특성을 갖는 단위체이다. 도너의 개수를 통해서도 HOMO 에너지 준위를 조절할 수 있으며, 도너의 개수가 증가하면 증가할수록 HOMO 에너지 준위는 진공 에너지 준위 쪽으로 이동한다. 도너로서 널리 사용되는 카바졸의 경우에는 아민 단위에 비해서는 약한 도너 세기를 갖는다. 또한, 같은 분자 구조에서 도너의 개수가 증가하게 되면 HOMO 에너지 준위는 진공 준위 쪽으로 이동하게 된다.

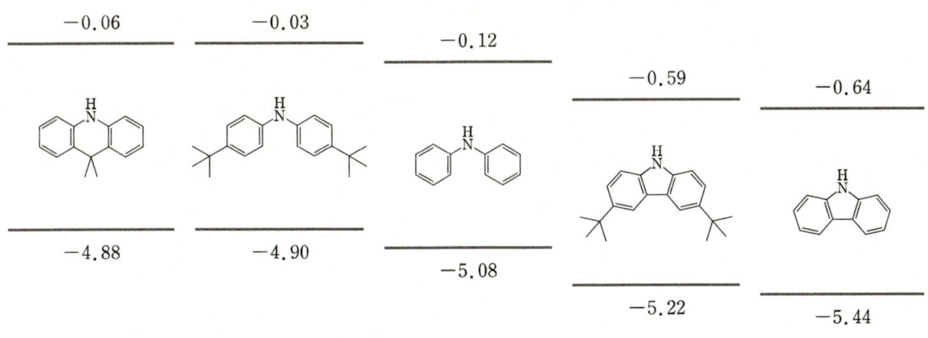

그림 7-1 대표적인 도너 구조에 따른 HOMO 및 LUMO 에너지 준위 변화 (계산 결과)

억셉터 단위를 사용할 경우에도 도너 단위와 유사한 특성 변화가 나타나게 되며, 억셉터 단위에 의하여 주로 LUMO 에너지 준위가 안정화되어 깊어지는 효과가 나타나고, 전자를 받는 특성이 개선된다. 억셉터 단위로서 작용하여 전자 밀도를 낮추는 단위로는 F, C≡N 등의 단위들이 알려져 있다. 현재 가장 많이 사용하는 방법은 억셉터 역할을 할 수 있는 sp^2 질소를 포함하는 방향족 단위를 이용하는 방법과 C≡N 단위를 이용하는 방법이다. 질소의 경우 sp^3 질소일 경우 비공유 전자쌍을 통하여 전자를 잘 주는 특성을 가지고 있는 반면에, sp^2 질소의 경우에는 질소가 탄소에 비하여 전기 음성도가 크기 때문에 탄소의 전자 밀도를 감소시키는 역할을 한다. sp^2 질소의 경우에도 비공유 전자쌍을 가지고 있지만, 비공유 전자쌍이 방향족 구조의 p 오비탈과 수직으로 배치되어 있기 때문에 방향족 구조에 전자를 공여하지 못하며, 전기 음성도에 의하여 전자를 잡아 당기는 특성이 강하게 나타난다. 따라서, sp^2 질소, 즉 이중 결합으로 연결되어 있는 질소가 분자 구조 내에 포함되게 되면 LUMO가 안정화되며 전자를 받는 특성이 개선된다. sp^2 질소를 포함하는 방향족 단위를 헤테로 방향족 단위라고 하며, 다양한 헤테로 방향족 단위가 LUMO를 제어하기 위한 단위로서 사용되고 있다. 그림 7-2에서와 같이 벤젠 구조에 도입되는 sp^2 질소의 개수가 증가할수록 LUMO가 점점 깊어지게 된다. C≡N 단위의 경우에도 개수가 증가하게 되면 LUMO가 깊어지는 경향을 보인다.

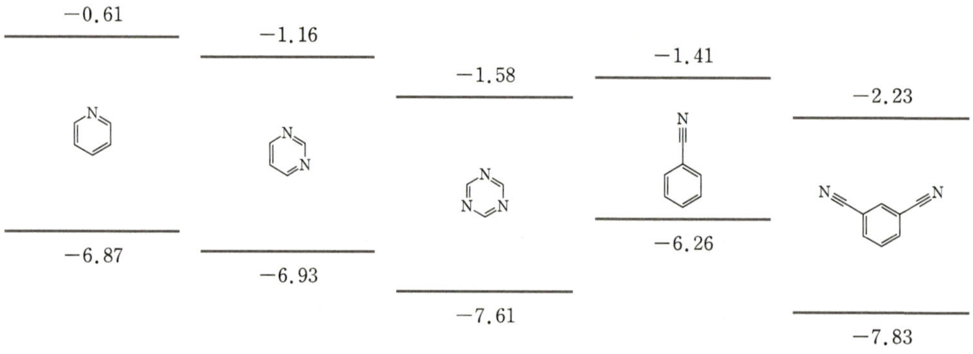

그림 7-2 다양한 억셉터 단위체의 HOMO 및 LUMO (계산 결과)

정공 주입층, 정공 수송층 및 전자 수송층 물질의 경우에는 하나의 전하만을 주입하고 이동시키지만, 발광층 물질의 경우 (특히, 호스트)에는 정공과 전자를 모두 주입하고 이동시키기 위한 특성이 요구된다. 따라서, 정공 특성을 위한 얕은 HOMO와 전자 특성을 위한 깊은 LUMO 에너지 준위가 동시에 필요하다. 앞서 설명한 바와 같이 HOMO 에너지 준위는 도너 단위체를 통해서 조절 가능하며, LUMO 에너지 준위는 억셉터 단위체를 통하여 조절 가능하므로, 정공과 전자에 대한 주입 및 이동 특성을 모두 확보하기 위해서는 두 단위체를 모두 포함해야 한다. 일반적으로 사용하는 방법은 도너 단위를 포함하는 방향족 단위체와 억셉터 단위를 포함하는 방향족 단위체를 서로 연결하는 방법으로서, 정공과 전자에 대한 우수한 특성을 동시에 구현할 수 있다 (그림 7-3). mCBP-1CN은 카바졸 도너 단위와 벤조나이트릴 엑셉터 단위체를 포함하고 있으며[1], CzT는 바이카바졸 도너와 트리아진 엑셉터를 가지고 있으며[2], 35DCzPPy는 카바졸 도너와 피리딘 억셉터를 통하여 전자와 정공을 모두 이동시키는 바이폴라 (bipolar) 특성을 구현한다[3].

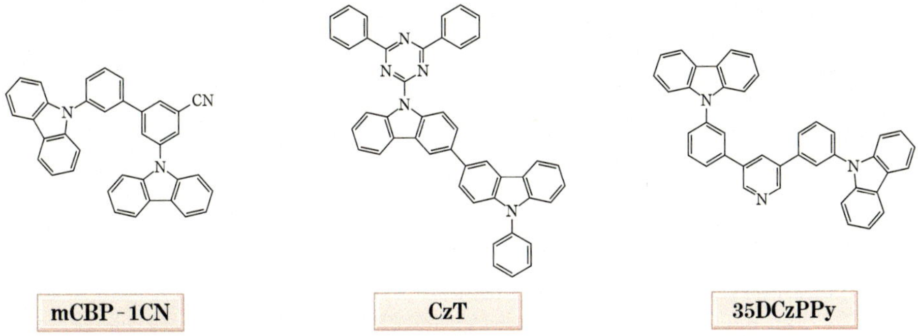

그림 7-3 정공과 전자 수송 단위를 모두 포함하고 있는 호스트 재료

2 발광 특성 제어

유기 소재에서 발광 특성 제어를 통하여 높은 발광 효율을 얻기 위해서는 여기 상태에서 바닥 상태로의 전자 전이 과정에서 파동 함수의 중첩이 최대화되어야 한다. 파동 함수의 중첩에 의한 발광 전이는 전이 쌍극자 모멘트의 제곱에 비례하는 oscillator strength로 나타낼 수 있으며, oscillator strength 값을 최대화하면 발광 전이의 확률이 높아진다. 파동 함수의 중첩을 크게 하기 위해서는 분자 내에서의 HOMO와 LUMO의 분포의 중첩을 크게 하고 전자 전이 과정에서의 분자 입체 구조의 변화를 최소화하여 재배열 에너지를 줄여야 한다. 분자 구조 내에서의 HOMO와 LUMO의 중첩은 효율적인 발광을 위한 기본 요건으로서 중첩도가 크면 클수록 여기 상태의 전자가 바닥 상태로 전이하는데 유리하다. HOMO와 LUMO의 중첩이 작게 되면 파동 함수의 중첩이 감소하고 전자 전이가 일어날 확률이 감소하기 때문에 발광 효율 측면에서 불리하다. 파동 함수의 중첩과 연관하여, 바닥 상태와 여기 상태에서

1) J. Y. Lee et al. J. Mater. Chem. C 6, 10308 (2018)
2) C. Adachi et al. Phys. Chem. Chem. Phys. 15, 15850 (2013)
3) J. Kido et al. Chem. Mater. 20, 1691 (2008)

의 재배열 에너지의 차이가 작을수록 파동 함수 중첩이 커지게 되며, 전이 확률은 증가하며 발광 효율이 최대화될 수 있다. 따라서, 여기 상태에서 분자 구조 변화가 작은 강직한 구조의 분자 구조와 HOMO와 LUMO의 중첩이 큰 분자 구조를 활용하면, 발광 효율을 높일 수 있다. 또한, 강직한 분자 구조를 적용할 경우 분자의 진동 운동이 감소하기 때문에 발광 스펙트럼도 좁아지는 장점을 가지고 있다.

제2절

OLED용 전하수송 재료

전하 수송 재료로서는 정공 주입층, 정공 수송층 및 전자 수송층 재료가 있으며, 주된 기능은 전하를 전달하고 반대되는 전하는 누설을 방지하여 발광층에 전하를 속박하는 역할이다. 또한, 전하 속박의 기능과 함께 발광층에서 형성된 엑시톤의 누설도 동시에 방지하여 발광층에 엑시톤을 속박하고 이를 통하여 OLED 소자에서 고효율을 구현할 수 있도록 돕는 역할을 한다.

1 정공 주입층 재료

정공 주입층은 anode 전극 바로 위에 성막하는 층으로서 anode 전극 표면을 평탄화하고 anode로부터 정공 수송층으로 정공의 주입을 원활하게 하는 역할을 한다. 평탄화 특성을 위하여 무정형막을 형성해야 하며, −5.1 eV의 일함수를 갖는 ITO 전극과 −5.5 eV 근처의 HOMO를 갖는 정공 수송층 물질의 중간에 해당하는 HOMO 준위를 가져야 한다. HOMO 에너지 준위를 얕게 조절하기 위해서 방향족 아민 단위를 여러 개 도입한 구조를 활용하며, 일반적으로 4개의 방향족 아민 단위를 도입하여 에너지 준위를 제어한다. 방향족 아민 기반의 대표적인 정공 주입층 물질을 그림 7-4에 나타내었다.

DNTPD는 선형 구조에 4개의 방향족 아민으로 이루어져 있으며[4], mTDATA는 방사형으로 4개의 방향족 아민을 갖는 구조로 이루어져 있다[5].

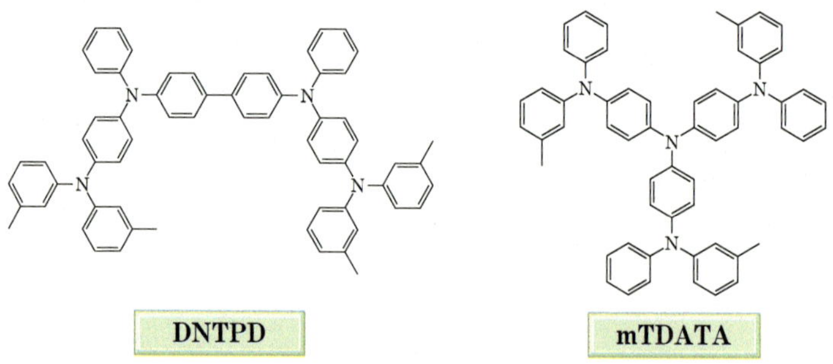

그림 7-4 대표적인 정공 주입층 물질의 구조

정공 주입층 물질로서 방향족 아민 구조의 유기물이 일반적으로 사용되지만, 방향족 아민 이외에 매우 깊은 HOMO와 LUMO 준위를 갖는 물질도 정공 주입층으로 사용할 수 있다. 대표적인 물질로서는 HAT-CN으로 알려져 있는 물질이 있으며[6][7], HAT-CN은 −9.5 eV의 HOMO와 −5.5 eV의 LUMO를 갖는다. 일반적인 정공 주입층 물질의 정공 주입 과정이 정공 수송층의 HOMO로부터 정공 주입층의 HOMO를 통하여 anode로의 전자 이동을 통한 정공 주입인데 반하여 HAT-CN을 사용하는 경우에는 정공 수송층의 HOMO로부터 HAT-CN의 LUMO를 통하여 anode 전극으로 전자가 이동하는 과정을 거쳐서 정공이 생성된다. (그림 7-5) HAT-CN과 정공 수송층 계면에서의 전자 이동에 의한 전자와 정공 생성 과정은 탠덤 소자의 전하 생성층에도 활용된다.

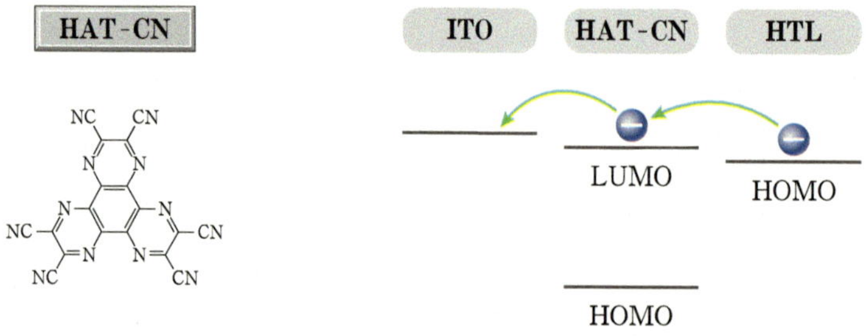

그림 7-5 HAT-CN의 구조 및 전하 이동 경로

4) J. Y. Lee et al. Adv. Mater. 23, 1436 (2011)
5) T. Tsuboi et al. Appl. Phys. Lett. 92, 053304 (2008)
6) C. C. Wu et al. Appl. Phys. Lett. 115, 124510 (2014)
7) N. Koch et al. Phys. Rev. B 84, 165302 (2011)

2 정공 수송층 재료

정공 수송층 재료는 정공 주입층과 발광층 사이에 위치하며, 발광층으로의 정공 주입을 원활하게 하는 역할을 하며, 발광층의 호스트 물질의 HOMO와 정공 주입층 물질의 HOMO 사이의 HOMO 값을 갖는다. 정공 주입층 물질에 비하여 깊은 HOMO를 가져야 하기 때문에, 방향족 아민의 개수가 정공 주입층 물질에 비하여 적으며, 일반적으로 2개의 방향족 아민 단위를 포함하는 경우가 많다. 2개의 방향족 아민 단위를 도입할 경우 HOMO 에너지 준위는 약 −5.5 eV 수준의 값을 갖는다. 정공 수송층은 정공을 수송하는 기능과 함께 발광층과 직접적으로 계면을 형성하고 있기 때문에 발광층으로부터 전자가 누설되는 것을 막는 기능을 해야 하며, 이를 위하여 LUMO 에너지 준위가 −2.5 eV에 비하여 얕은 것이 바람직하다. 대표적인 정공 수송층 물질의 구조를 그림 7-6에 나타내었다. NPB는 가장 널리 알려져 있는 정공 수송층 물질이며[8], TAPC는 정공 이동도가 큰 정공 수송층 물질이다[9]. TCTA는 하나의 방향족 아민 단위와 카바졸로 구성되어 HOMO 준위가 상대적으로 깊은 (−5.7 eV) 정공 수송

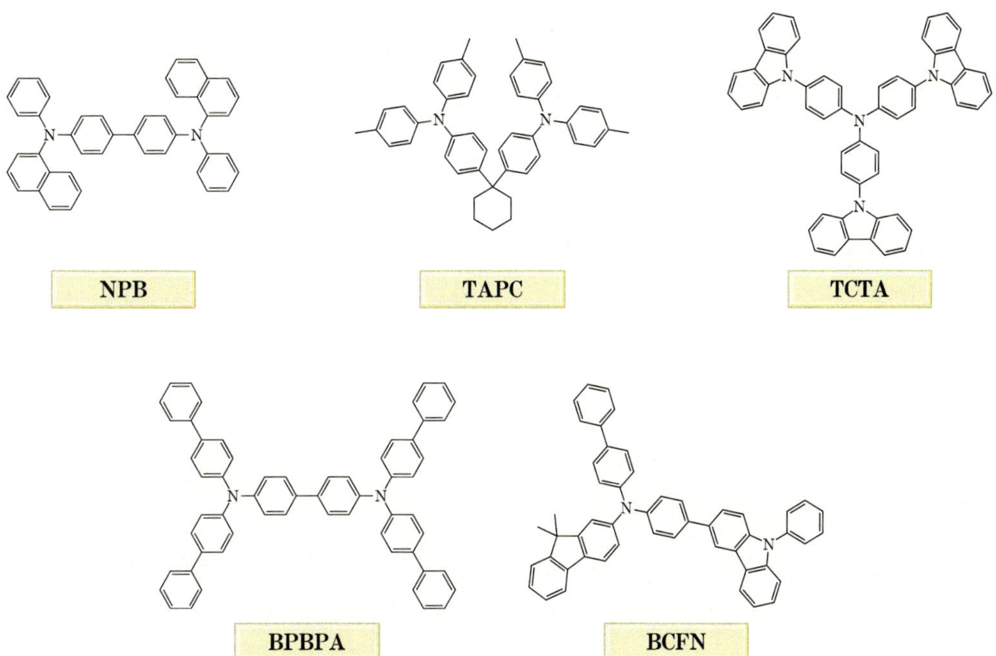

그림 7-6 대표적인 정공 수송층 물질

8) C. W. Tang et al. Appl. Phys. Lett. 69, 2160 (1996)

9) C. W. Tang et al. Appl. Phys. Lett. 51, 913 (1987)

층 물질이며[10], BPBPA와 BCFN은 안정성이 우수한 정공 수송층 재료로 알려져 있다[11][12]. BCFN은 우수한 안정성과 함께 정공 이동도도 우수한 장점을 갖는다.

정공수송을 위한 HOMO와 전자 누설 방지를 위한 LUMO 요구 조건과 함께 정공 수송층은 엑시톤의 누설을 방지하는 기능을 동시에 가져야 한다. 엑시톤 누설 방지를 위해서는 발광 물질의 발광 에너지에 비하여 정공 수송층 물질의 엑시톤 에너지가 커야 하며, 발광 물질이 일중항 상태에서 발광하는 형광 물질일 경우에는 정공 수송층 물질의 일중항 에너지가 발광 물질보다 커야 하며, 발광 물질이 삼중항 상태에서 발광하는 인광 물질일 경우에는 정공 수송층 물질의 삼중항 에너지가 발광 물질의 삼중항 에너지에 비하여 커야 한다. 특히 여기 상태에서 오래 머무는 삼중항 엑시톤의 경우에는 엑시톤의 확산이 최대 100 nm에 해당하는 먼 거리까지 가능하기 때문에 삼중항 엑시톤의 누설을 방지하기 위하여 높은 삼중항 에너지를 갖는 것이 중요하다. 일중항 엑시톤의 경우에는 발광 시간이 짧고 엑시톤 확산 거리가 최대 10 nm 수준이기 때문에 일중항 엑시톤의 누설 및 소광 확률은 삼중항 엑시톤에 비하여 현저하게 낮다. 인광 또는 지연 형광 소자에서 정공 수송층의 삼중항 에너지가 발광층의 삼중항 에너지에 비하여 작을 경우에는 삼중항 엑시톤 소광 현상에 의하여 효율이 감소한다.

정공 수송층의 주된 기능인 정공 수송 이외에 전자 누설 차단 및 엑시톤 소광 방지 등의 기능이 요구된다. 그러나, 하나의 화합물을 통하여 모든 기능을 동시에 만족하는 것이 어렵기 때문에 최근에는 정공 수송층은 정공 수송의 기능만 하고, 전자 누설 방지와 엑시톤 방지를 위한 엑시톤 방지층 또는 전자 방지층을 추가로 사용하고 있다. 엑시톤 방지층 또는 전자 방지층은 정공의 이동도보다는 전자 누설 방지와 엑시톤 소광 방지를 위하여 설계한 물질이기 때문에 정공 이동도는 일반 정공 수송층에 비하여 작지만, 전자 누설 방지 특성이 우수하고, 높은 발광 에너지를 통하여 엑시톤 소광을 억제하는 능력이 우수하다. 또한, 정공 수송층 물질이 전자에 대하여 매우 불안정하기 때문에, 일부 발광층으로부터 누설되는 전자에 대하여 안정성을 확보할 수 있도록 분자 구조를 설계한다. 일반적으로 엑시톤 방지층 물질은 정공 수송층의 HOMO와 발광층의 HOMO 사이의 HOMO 에너지 준위를 가져 정공 주입이 발광층으로 원활하게 될 수 있도록 설계하며, HOMO 에너지 준위 조절을 위하여 방향족 아민 단위가 1개 정도가 포함되는 것이 일반적이다. 엑시톤 방지가 주기능인 엑시톤 방지층은 일중항 엑시톤 소광보다는 삼중항 엑시톤 소광을 억제하는 것이 주목적이기 때문에 형광 소자보다는 인광이나 지연 형광 소자에 주로 사용되며, 높은 삼중항 에너지를 얻기 위하여 정공 수송층에 주로 적용하는

10) Y. Shirota et al. Adv. Mater. 6, 677 (1994)
11) J. Y. Lee et al. J. Mater. Chem. C 3, 4640 (2015)
12) Y. Cao et al. J. Mater. Chem. C 5, 5096 (2017)

방향족 아민 구조보다는 삼중항 에너지가 큰 카바졸 단위체 (삼중항 에너지 : 3.10 eV)를 주로 이용한다. 엑시톤 방지와 함께 전자 누설 방지 기능 및 전자 누설시 분해되지 않고 안정성을 유지하기 위한 분자 구조 설계가 필요하며, 방향족 아민 구조가 전자 누설에 취약하기 때문에, 전자 누설에 안정한 단위체인 다이벤조퓨란, 다이벤조싸이오펜, 플로렌 등의 단위체 등이 분자 구조에 포함될 수 있다. 전자 누설을 방지할 수 있는 엑시톤 방지층의 대표적인 구조를 그림 7-7에 나타내었다. TNPA는 나프탈렌 단위를 통하여 전자를 안정화할 수 있는 구조이며[13], PCZAc는 카바졸을 통하여 전자를 안정화할 수 있는 구조이다[11].

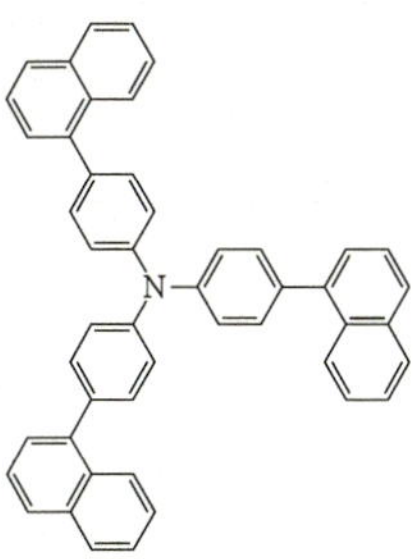

TNPA

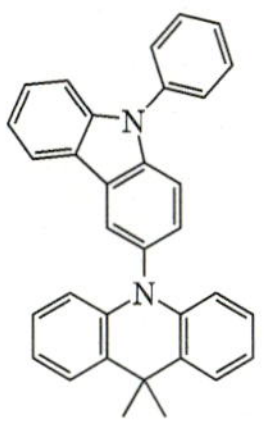

PCZAc

그림 7-7 대표적인 정공 수송 특성을 갖는 엑시톤 방지층 물질

정공 수송층의 주 기능은 정공 전달이기 때문에 정공 이동도를 높이기 위한 다양한 구조의 정공 수송층 물질이 개발되었다. 그러나, 유기물의 전하 이동 메커니즘이 분자간의 p 오비탈 중첩을 통한 hopping 과정이기 때문에 이동도의 개선에는 한계가 있다. 정공 수송층 물질의 이동도 개선의 한계로 인하여 소자의 구동 전압 개선에도 한계가 있으므로 저항을 낮추어 소자의 구동 전압을 개선하기 위한 방법으로 정공 수송층에 p-dopant를 도입하여 p-doping하는 기술을 사용한다. P-dopant를 정공 수송층에 도핑하면, 자유 전하로서 정공이 생성되며, 정공 수송층은 이동할 수 있는 자유 전하에 의하여 전도도를 갖게 된다. P-doping에 의한 전도도 증가는 정공 수송층의 저항을 낮추는 역할을 하므로 동일 전압에 대해서 전류 밀도가 증가하며, 소자의 구동 전압은 낮아지게 된다. 유기물의 경우에는 무기물과 다르게 p-doping 시 도펀트의 농도가 상대적으로 높으며 (수% 수준) 최대 전도도를 위한 최적 농도를 갖는다. P-dopant는 유기물의 HOMO로부터 전자를 빼앗아 유기물에 정공이 생성되도록 해야 하기 때문에 p-dopant의 LUMO는 정공 수송층의 HOMO와 유사해야 한다. P-dopant로서는 산

13) J. Hong et al. Org. Electron. 11, 1288 (2010)

화물 및 유기물이 널리 사용되고 있다. 산화물로서는 MoO_3, V_2O_5, WO_3 등이 있으며[14], 유기물로서는 F_4-TCNQ[15], NDP, CN6-CP[16] 등이 있다. P-dopant의 구조와 도핑에 의한 정공 생성 과정을 그림 7-8에 나타내었다. F_4-TCNQ는 p-dopant로서 가장 널리 알려져 있는 물질로서, 강하게 전자를 잡아 당기는 4개의 F 단위와 4개의 C≡N 단위를 이용하여 강하게 전자를 받는 p-dopant의 특성을 갖는 물질이며, 유사한 물질로 F_6-TCNNQ가 있다. NDP 및 CN6-CP는 사이클로프로페인 코어 구조와 강한 전자 당김 단위인 C≡N으로 이루어진 구조로 이루어져 있으며, C≡N 단위의 강한 전자 당김 특성을 통하여 p-dopant의 성격을 갖는 물질이며, 최근 널리 사용되고 있는 p-dopant 계열 물질이다.

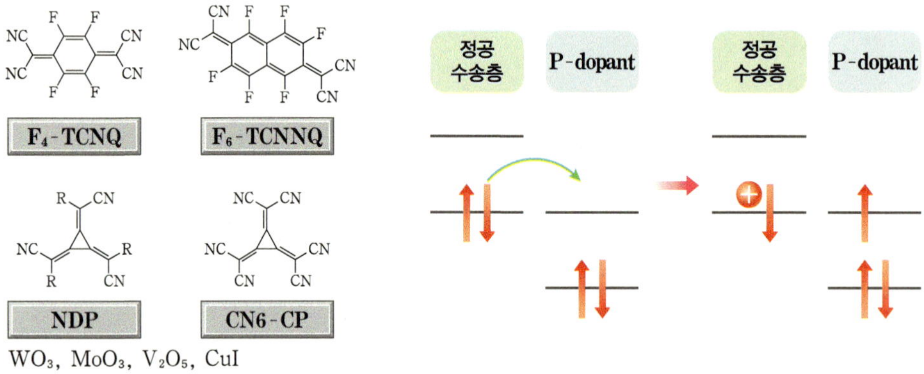

그림 7-8 P-dopant 물질 구조와 도핑 과정에 의한 정공 생성

P-doping을 적용한 정공 수송층은 전도도 개선을 통한 낮은 구동 전압 구현이 가능하기 때문에 현재 널리 사용되고 있으며, 기존의 정공 주입층을 대신하여 사용된다. 기존에는 정공 주입층을 사용하였으나, p-doping 정공 수송층이 자체 전도도가 높고, anode와의 계면을 통한 에너지 준위 재배열이 일어나면서 에너지 장벽이 감소하므로 정공 주입 특성이 우수하기 때문에 일반 정공 주입층을 대신하여 적용하고 있다 (그림 7-9). 전극과 p-doping 정공 수송층을 사용할 경우에는 페르미 에너지 준위의 정렬에 의하여 정공 수송층의 HOMO로부터 전극으로의 전자의 이동이 용이해지므로 정공 주입 특성이 향상된다. 그러나, p-doping 정공 수송층의 p-dopant가 강한 전자 받개 특성을 가지고 있기 때문에 발광층과 직접 접해 있을 경우에는 발광층의 엑시톤을 소광시키게 되어 효율이 감소하게 된다. 따라서, p-doping 정공 수송층을 소자에 적용할 경우에는 반드시 발광층과의 사이에 도핑하지 않은 정공 수송층 또는 엑시톤 방지층이 있어야 한다.

14) K. Leo et al. Phys. Status Solidi A 210, 9 (2013)

15) K. Leo et al. J. Appl. Phys. 106, 103711 (2009)

16) S. Reineke et al. ACS Appl. Mater. Interfaces 11, 11660 (2019)

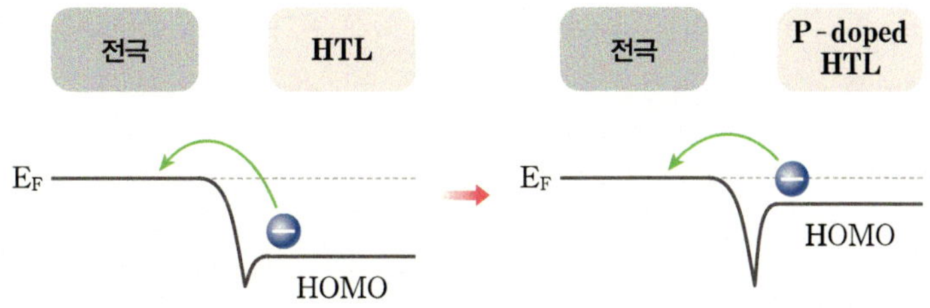

그림 7-9 P-doping 정공 수송층에 의한 전하 주입 특성 개선

3 전자 수송층 재료

전자 수송층 재료는 cathode와 발광층 사이에 위치하며, 발광층으로의 전자 주입을 원활하게 하는 역할을 하며, 발광층의 호스트 물질의 LUMO와 cathode 전극의 일함수 사이의 LUMO 값을 갖는다. 전자 주입을 위하여 깊은 LUMO를 가져야 하기 때문에, 전자 당김 단위 또는 전자 밀도가 낮은 sp^2 질소를 포함하는 헤테로 방향족 단위체를 포함하는 화학 구조를 갖는다. 헤테로 방향족 단위체들이 널리 사용되며, 헤테로 방향족 단위체의 질소 개수가 증가할수록 LUMO는 깊어지는 경향을 보인다. 일반적인 전자 수송층 재료의 LUMO는 -3.0 eV 근처의 값이다. 전자 수송층은 전자를 수송하는 기능과 함께 발광층과 직접적으로 계면을 형성하고 있기 때문에 발광층으로부터 정공이 누설되는 것을 막는 기능을 해야 하며, 이를 위하여 HOMO 에너지 준위가 -6.0 eV에 비하여 깊은 것이 바람직하다.

전자수송을 위한 LUMO와 정공 누설 방지를 위한 HOMO 요구 조건과 함께 전자 수송층은 엑시톤의 누설을 방지하는 기능을 동시에 가져야 한다. 엑시톤 누설 방지를 위해서는 발광 물질의 발광 에너지에 비하여 전자 수송층 물질의 엑시톤 에너지가 커야 하며, 특히, 발광 물질이 삼중항 상태에서 발광하는 인광 물질일 경우 전자 수송층 물질의 삼중항 에너지가 발광 물질의 삼중항 에너지에 비하여 커야 한다. 인광 또는 지연 형광 소자에서 전자 수송층의 삼중항 에너지가 발광층의 삼중항 에너지에 비하여 작을 경우에는 삼중항 엑시톤 소광 현상에 의하여 효율이 감소한다. 대표적인 전자 수송층 물질의 구조를 그림 7-10에 표시하였다. Alq_3는 초기에는 발광 재료와 전자 수송층 재료로 동시에 사용했던 물질로[9], 우수한 전자 수송 특성을 보이는 물질이며, TAZ는 트리아졸 구조에 의하여 전자 수송 특성을 갖는 물질이다[17]. BPhen은 전자 이동도가 높은 물질이며, TPBI는 안정성이 우수한 전자 수송 물질

17) J. Kido et al. Appl. Phys. Lett. 64, 815 (1994)

이다[18]. BmPyPb는 피리딘 계열의 전자 수송 물질로서 높은 전자 이동도를 가지고 있으며[19], ZADN은 높은 전자 이동도와 우수한 안정성을 가진 전자 수송 물질이다[20]. PO-T2T는 최근에 알려진 물질로서 깊은 LUMO를 갖는 전자 수송 물질이다[21].

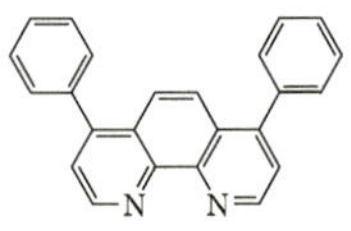

BPhen

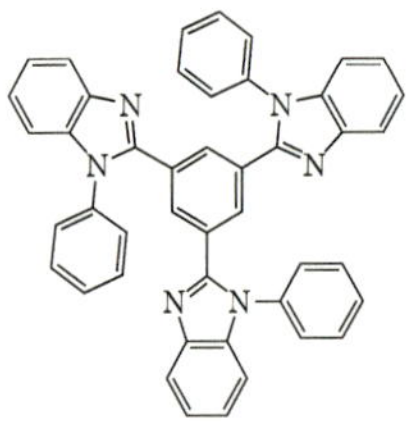

TPBI

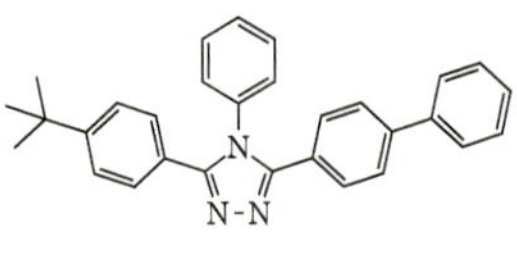

TAZ

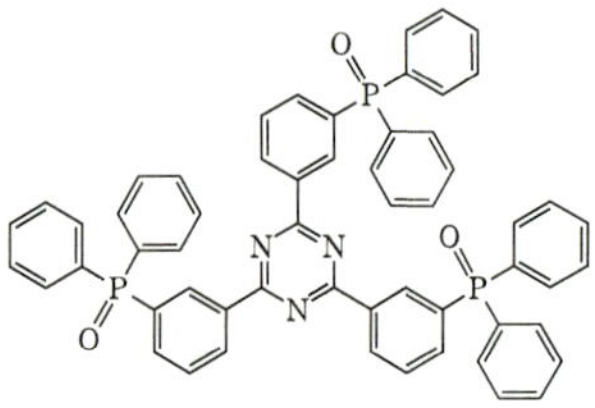

PO-T2T

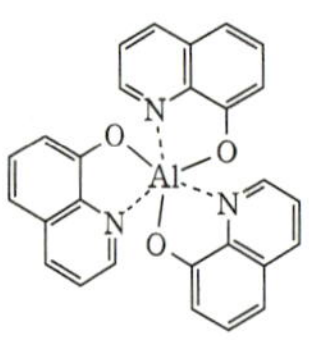

Alq₃

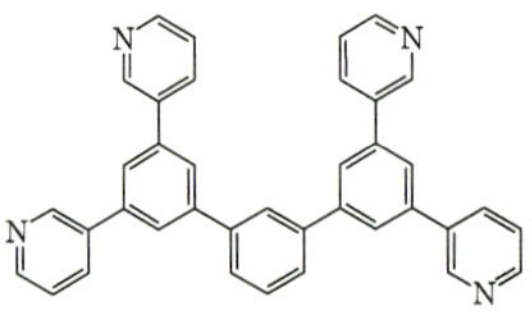

BmPyPb

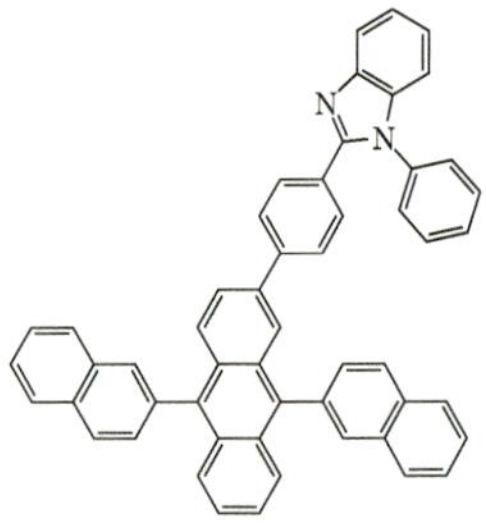

ZADN

그림 7-10 대표적인 전자 수송층 물질

하나의 전자 수송층을 사용하는 것이 일반적이지만, 하나의 물질을 이용하여 우수한 전자 이동 특성과 엑시톤 소광 방지 특성을 동시에 구현하는 것이 어렵기 때문에, 우수한 전자 이동을 위한 전자 수송층과 엑시톤 방지층 기능을 하는 전자 수송층을 두 층으로 사용하기도 한다. 특히, 인광 또는 지연 형광 소자에서 정공 누설 방지 특성을 갖는 엑시톤 방지층을 필요로 한다. 엑시톤 방지층의 경우에는 일부 정공의 누설이 발광층으로부터 생길 수 있기 때문에 정공에 대하여 안정성을 보이는 단위체를 도입하여 안정성을 개선한다. 대표적인 단위체들로는 다이벤조퓨란, 트리아진, 포스핀 옥사이드 등이 있으며, 대표적인 엑시톤 방지층 물질의 구조를 그림 7-11에 나타내었다. BCP는 주로 적색 및 녹색 인광

18) S. A. Jenekhe, Chem. Mater. 16, 4556 (2004)

19) J. Kido et al. Chem. Mater. 20, 5951 (2008)

20) J. Y. Lee et al. Mater. Horiz. 7, 559 (2020)

21) K. Wong et al. Sci. Rep. 4, 5161 (2014)

소자에 사용 가능한 엑시톤 방지층 물질이며[22], TSPO1[4]과 DBFTrz[23]는 적색, 녹색 및 청색 인광 소자 모두에 사용 가능하며, BAlq는 적색 인광 소자에서 우수한 특성을 보이는 정공 방지층 재료이다[24].

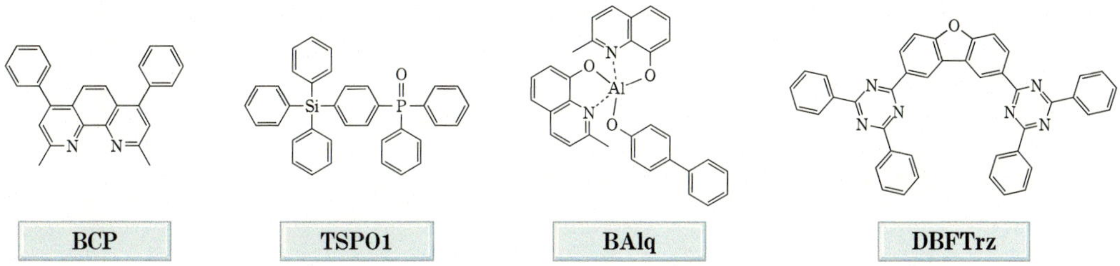

그림 7-11 대표적인 정공방지 및 엑시톤 방지층 물질

전자 수송층의 경우 높은 전자 이동도를 요구하지만 유기물 자체로는 높은 전자 이동도를 얻기가 어렵기 때문에 전자 수송층의 전도도를 개선하여 낮은 저항을 통한 구동 전압 개선을 위하여 n-doping 전자 수송층 기술이 개발되었다. N-doping 기술의 효과는 p-doping 기술의 효과와 유사하게 자유 전자를 형성하여 전도도를 높이는 것이며, 도핑 물질로는 주로 알칼리 및 알칼리 토금속 기반의 재료들이 사용된다. Li, Cs, Liq, Cs_2CO_3, Li_2CO_3, CsN_3 등이 n-doping 효과를 나타내는 물질로서 알려져 있다[14]. 일부 유기 도핑 물질도 알려져 있으나, 알칼리 금속 계열의 물질에 비하여 특성이 좋지 않은 단점을 가진다. N-dopant 물질들은 일함수가 전자 수송층 물질의 LUMO와 유사하여 전자를 전자 수송층에 공여하여 n-doping 효과를 유도할 수 있다. P-doping 기술과 유사하게 도핑된 전자 수송층은 발광층과 직접 접하는 층으로는 사용할 수 없으며, 반드시 n-doping 전자 수송층과 발광층 사이에 도핑하지 않은 전자 수송층 또는 엑시톤 방지층이 있어야 한다. N-dopant로 사용되는 물질 및 n-doping 과정을 그림 7-12에 나타내었다. N-doping 전자 수송층을 사용할 경우에는 전도도 증가에 의한 저항 감소 효과에 의하여 구동 전압을 낮출 수 있으며, n-doping에 의한 페르미 에너지 준위 변화에 의하여 전극과 n-doping 전자 수송층 사이의 전자 주입 장벽 감소에 의해서도 구동 전압을 낮출 수 있다 (그림 7-13).

22) Y. Q. Li et al. Adv. Mater. 14, 1317 (2002)

23) J. Y. Lee et al. Adv. Sci. 5, 1700608 (2018)

24) S. R. Forrest, Adv. Mater. 16, 624 (2004)

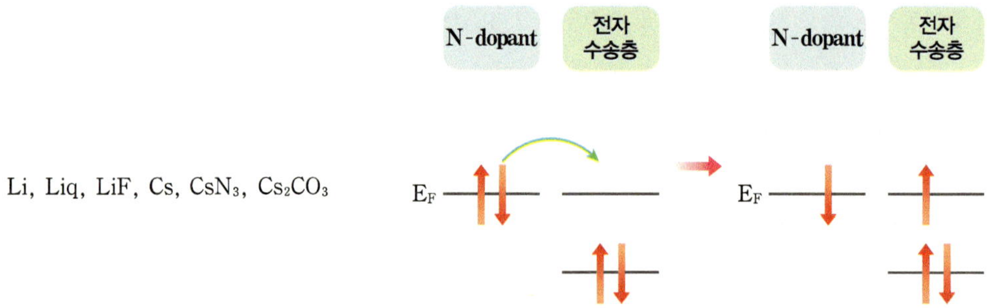

그림 7-12 대표적인 n-dopant 물질 및 n-doping에 의한 자유 전자 생성 과정

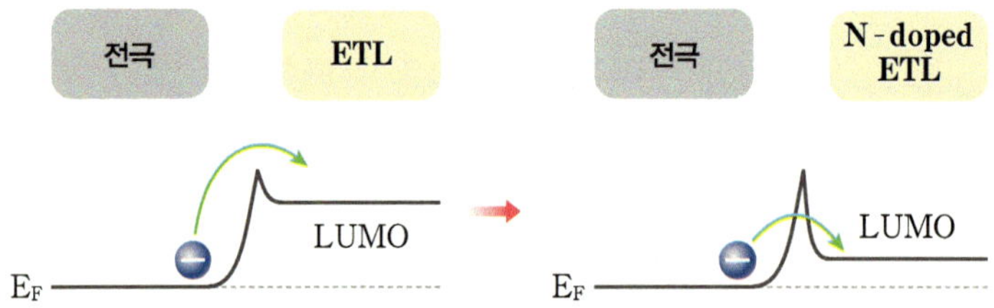

그림 7-13 n-doping층에 의한 전자 주입 특성 개선

정공 수송층에서 설명한 p-doping 정공 수송층 기술과 함께 n-doping 전자 수송층 기술을 OLED 소자에 적용하며 이러한 소자 구조를 간단하게 PIN 구조라고 한다. 가운데 발광층은 자유 전하를 가지고 있지 않기 때문에 절연체 (insulator)이며 p-doping 층과 n-doping 층을 각각 P, N으로 명명하여 PIN 구조라고 한다. PIN 구조는 현재 제품에도 적용하고 있는 소자 구조이며, 이를 통하여 구동 전압과 소비 전력 개선 효과를 얻을 수 있다. PIN 소자 구조의 개략도와 PIN 구조에 의한 구동 전압 개선 특성을 그림 7-14에 나타내었다.

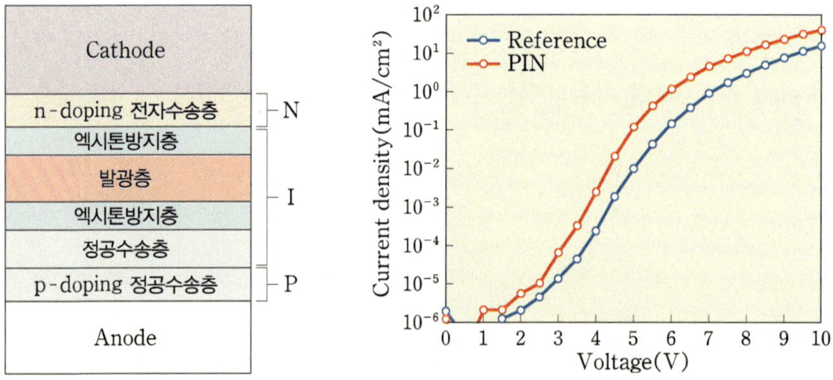

그림 7-14 PIN 소자 구조 및 PIN 구조에 의한 구동 전압 개선

제3절
OLED용 발광층 재료

발광층 재료는 OLED 소자에서 중요한 발광 특성인 발광 효율, 발광 파장, 색좌표, 소자 수명 등을 결정하는 가장 중요한 재료이다. 발광층 재료는 일반적으로 최종적으로 발광하는 발광 재료와 발광 재료의 발광을 보조하기 위한 호스트 재료로 구성된다. 발광층에서 발광을 위해서는 전하 수송층으로부터 정공과 전자가 발광층으로 주입되고, 전하 주입을 통하여 형성된 엑시톤이 최종적으로 발광 전이를 통하여 광자로 전환되어 발광해야 한다. 전하 주입을 통한 엑시톤 형성을 위해서는 발광층 재료가 우수한 전하 주입 특성 및 전하 수송 특성을 가져야 하며, 최종적으로 우수한 발광 특성을 얻기 위해서는 발광 재료의 엑시톤을 광자로 전환하는 발광 효율이 우수해야 한다. 그러나, 하나의 물질을 통하여 우수한 전하 주입/수송 특성 및 발광 특성을 구현하기 어렵기 때문에 전하 주입 및 수송을 통하여 엑시톤을 형성하는 호스트 재료와 최종적으로 우수한 발광 특성을 보이는 도펀트로 불리는 발광 재료를 혼합하여 사용한다. 일반적인 발광층 구조는 전하 주입 및 수송 역할을 하는 호스트가 매트릭스 물질이며, 발광 역할을 하는 도펀트가 호스트에 분산되어 있는 구조이다. 도펀트의 경우 도펀트 분자 사이의 거리가 가까울 경우에는 분자간의 상호 작용이 커지고, 엑시톤 생성시 엑시톤간의 상호 작용에 의한 엑시톤 소광 현상도 생기기 때문에, 낮은 농도로 호스트에 분산하며, 일반적인 도핑 농도 범위는 0.5~20%이다.

1 호스트

호스트 물질의 가장 중요한 기능은 정공과 전자의 주입을 원활하게 하고, 주입된 정공과 전자를 발광층 내에서 잘 이동시키고, 최종적으로 정공과 전자가 만나서 엑시톤을 잘 형성할 수 있도록 하는 기능이다. 정공과 전자의 원활한 주입을 위해서는 HOMO 에너지 준위와 LUMO 에너지 준위를 각각 정공 수송층 재료의 HOMO 및 전자 수송층 재료의 LUMO와 적절하게 맞도록 조절해야 한다. HOMO 준위를 정공 수송층 재료와 맞도록 조절하기 위해서는 전자 밀도가 높은 단위체 (아민, 카바졸 등)를 포함해야 하며, LUMO 준위를 전자 수송층 재료와 맞도록 조절하기 위해서는 전자 밀도가 낮은 단위체 (헤테로 방향족 등)를 포함해야 한다. 따라서 정공과 전자의 주입이 모두 원활하게 일어나게 하기 위해서 전자 밀도가 높은 단위체와 전자밀도가 낮은 단위체를 분자 내에 동시에 포함하는 화학 구조를 갖는 호스트 물질을 널리 사용한다. 전자밀도가 높은 단위체만으로 분자 구조가 이루어지면 전자 주입 특성이 저하되어 엑시톤 생성 효율이 저하되며, 전자 밀도가 낮은 단위체만으로 분자 구조가 이루어지면 정공 주입 특성이 저하되어 엑시톤 생성 효율이 저하된다. HOMO 및 LUMO를 제어하기 위하여 도입된 단위체들은 각각 정공 수송 특성 및 전자 수송 특성을 개선하는 역할도 하기 때문에 호스트의 전하 주입 특성과 전자 수송 특성을 모두 개선할 수 있다. 정공과 전자를 모두 이동하는 특성을 바이폴라 특성이라 한다. 반면, 정공과 전자 중 하나의 전하만 잘 이동시키는 특성을 유니폴라 (unipolar) 특성이라 한다. 높은 효율과 장수명을 위해서는 바이폴라 호스트를 사용하는 것이 유리하다.

바이폴라 호스트를 통하여 정공과 전자의 균형을 조절하여 엑시톤 생성을 효율적으로 제어할 수 있지만, 단위체 선택에 따라 정공과 전자의 특성이 달라지기 때문에, 하나의 물질을 통하여 정공과 전자에 대한 특성을 최적화하기 어려운 문제점을 가지고 있다. 또한, 하나의 분자 구조 내에 정공 수송 단위와 전자 수송 단위가 모두 포함되어 있기 때문에, 동시에 정공과 전자 수송 특성을 최대화하기에는 한계를 가지고 있다. 이를 해결할 수 있는 방법은 정공 수송 특성을 갖는 호스트와 전자 수송 특성을 갖는 호스트를 혼합하는 혼합 호스트를 이용하는 방법이다. 혼합 호스트의 장점은 정공 수송성 호스트와 전자 수송성 호스트의 비율 조절을 통하여 발광층 내의 정공의 개수와 전자의 개수를 균형적으로 조절할 수 있다는 점이다. 비율 조절을 통한 전하 밀도 조절이 가능하기 때문에 다양한 정공 수송성 호스트와 전자 수송성 호스트의 조합이 가능하며, 이를 통하여 많은 혼합 호스트 시스템을 개발할 수 있다. 최근에는, 바이폴라 호스트보다는 혼합 호스트를 이용하여 높은 효율 뿐 아니라 우수한 수명도 동시에 구현하고 있다.

호스트는 전하의 주입 및 수송의 기능 이외에도 전하 주입 및 수송을 통하여 형성한 엑시톤 에너지를 도펀트로 잘 전달할 수 있어야 한다. 따라서, 높은 에너지 전달 효율을 가져야 하며, 호스트에서 형성되는 일중항 엑시톤 및 삼중항 엑시톤의 발광 에너지를 Föster 및 Dexter 에너지 전이 과정을 통하여 도펀트로 효율적으로 전달해야 한다. 이를 위해서 호스트 물질은 도펀트 물질에 비하여 형광 도펀트를 사용할 경우에는 일중항 발광 에너지가 커야 하며, 인광 도펀트를 사용할 경우에는 삼중항 발광 에너지가 커야 한다. 이 외에도, 호스트는 발광층의 매트릭스 물질이기 때문에, 막 안정성이 우수하여 결정화를 억제해야 하며, 높은 온도에서도 막 안정성을 유지할 수 있어야 한다.

2 도펀트

도펀트 물질은 발광층에서 최종적으로 발광하는 물질로서 일반적으로 호스트에 분산하여 사용한다. 도핑하지 않고 도펀트 물질을 호스트 없이 단독막으로 사용하는 경우도 있으나, 대부분의 경우에는 높은 효율과 수명 구현을 위하여 호스트에 도핑해서 사용한다. 발광 물질인 도펀트 물질을 단독으로 사용하지 않고, 호스트에 분산해서 사용하는 이유는 단독으로 사용시 엑시톤 소광에 의하여 효율이 감소하기 때문이다. 도펀트 물질에 엑시톤이 생성될 경우 엑시톤은 바로 발광하지 않고 일정 시간 동안 전자가 여기 상태에서 머무르며, 높은 에너지를 가진 엑시톤은 이 시간 동안 서로 충돌하거나, 폴라론과 충돌하는 현상들이 생기게 된다. 도펀트 분자 사이의 거리가 가까울수록 충돌에 의한 엑시톤 소광 현상이 심해지게 되므로, 도펀트를 낮은 농도로 도핑하여 호스트에 분산하는 것이 엑시톤 소광을 억제할 수 있는 방법이다. 낮은 농도로 분산할수록, 소광 현상을 억제할 수 있으나, 호스트로부터 에너지 전달 효율이 떨어지기 때문에 에너지 전달 효율 100%가 가능한 농도 범위에서 최소 도핑 농도를 적용할 경우 엑시톤 소광 현상을 최소화하여 고효율을 구현할 수 있다. 또한, 발광층에서 발광을 위하여 필요한 기능인 전하 수송 기능과 발광 기능을 도펀트 물질 하나로만 구현하기 어렵기 때문에 전하 수송 기능을 하는 호스트와 발광 기능을 하는 도펀트를 각각 사용한다.

도펀트의 가장 중요한 특성은 발광 파장과 발광 효율이다. 발광 효율은 PL 효율로 판단할 수 있으며, 100%의 PL 발광 효율을 갖는 것이 바람직하다. 발광 파장은 원하는 색좌표를 구현할 수 있는 발광 파장 범위 내에 있어야 하며, 가능한 높은 색순도를 위하여 좁은 스펙트럼을 갖는 것이 유리하다. 스펙트럼의 폭은 반치폭으로 나타내며, 가능한 작은 반치폭을 갖는 것이 바람직하다. 반치폭과 함께 작은 Stokes

이동을 가져야 한다. 호스트로부터 도펀트로 에너지를 전달할 때 도펀트의 Stokes 이동이 작아야 호스트의 발광 에너지가 작아질 수 있으며, 이를 통하여 호스트의 선택 범위를 넓힐 수 있고, 소자의 안정성도 개선할 수 있다. 이 외에도 응집을 방지하여 높은 효율을 구현하기 위해서 호스트에 대한 우수한 분산성이 요구되며, 소량 도핑되기 때문에 막특성은 크게 중요하지 않다.

3 발광 메커니즘

호스트와 도펀트로 구성되는 발광층에서 발광 과정은 그림 7-15에 나타낸 것과 같이 크게 호스트로부터의 에너지 전이를 통한 도펀트의 발광과 도펀트로의 직접 전하 주입을 통한 전하 trapping에 의한 도펀트의 발광으로 구분할 수 있다.

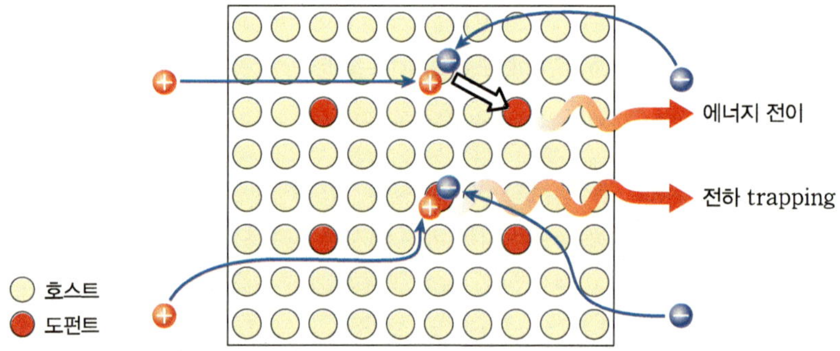

그림 7-15 발광층 내에서 에너지 전이 및 전하 trapping을 통한 발광 과정

전하수송층으로부터 전하가 발광층으로 주입되면, 호스트가 매트릭스 물질이기 때문에 대부분의 전하는 호스트로 주입되고 호스트를 통하여 이동한다. 호스트를 통하여 이동한 정공과 전자는 호스트에서 엑시톤을 형성하며, 이때 일중항 엑시톤과 삼중항 엑시톤이 25 : 75의 비율로 형성된다. 호스트에서 형성된 엑시톤의 에너지는 도펀트로 전달되고, 최종적으로는 도펀트가 발광한다. 호스트에서 생성된 일중항 엑시톤의 경우에는 Förster 에너지 전이 또는 Dexter 에너지 전이를 통하여 엑시톤 에너지를 도펀트에 전달한다. 주된 에너지 전달 과정은 Förster 에너지 전이이다. 호스트의 엑시톤이 일중항 엑시톤이기 때문에 에너지 전달 과정과 관계 없이 도펀트에서는 일중항 엑시톤만 형성된다. 따라서, 도펀트가 형광 물질이던 인광 물질이던 관계 없이 손실 과정이 없다고 가정하면, 호스트의 일중

항 엑시톤을 모두 도펀트 발광에 활용할 수 있다. 호스트에서 생성된 삼중항 엑시톤의 경우에는 호스트 물질이 주로 형광 물질이기 때문에 Förster 에너지 전이로는 활용할 수 없으며, Dexter 에너지 전이를 통해서만 도펀트로의 에너지 전달이 가능하다. 삼중항 엑시톤의 Dexter 에너지 전이 과정을 통해서는 도펀트에 삼중항 엑시톤만이 생성된다. 따라서, 도펀트가 형광 물질일 경우에는 삼중항 엑시톤을 발광에 활용할 수 없기 때문에, 모든 삼중항 엑시톤은 손실된다. 반면, 도펀트가 인광 물질일 경우에는 삼중항 엑시톤도 발광에 활용할 수 있기 때문에, 손실 과정이 없을 경우 모든 삼중항 엑시톤을 발광에 활용할 수 있다. 따라서, 형광 발광 물질은 에너지 전달 과정을 통하여 발광할 경우 호스트의 일중항 엑시톤만 발광에 활용할 수 있기 때문에 최대 내부 양자 효율은 25%이다. 인광 발광 물질은 호스트의 일중항 및 삼중항 엑시톤을 모두 에너지 전달 과정을 통하여 활용할 수 있기 때문에 최대 내부 양자 효율은 100%이다. 그림 7-16에 형광 발광 물질과 인광 발광 물질의 에너지 전이 과정을 표시하였다.

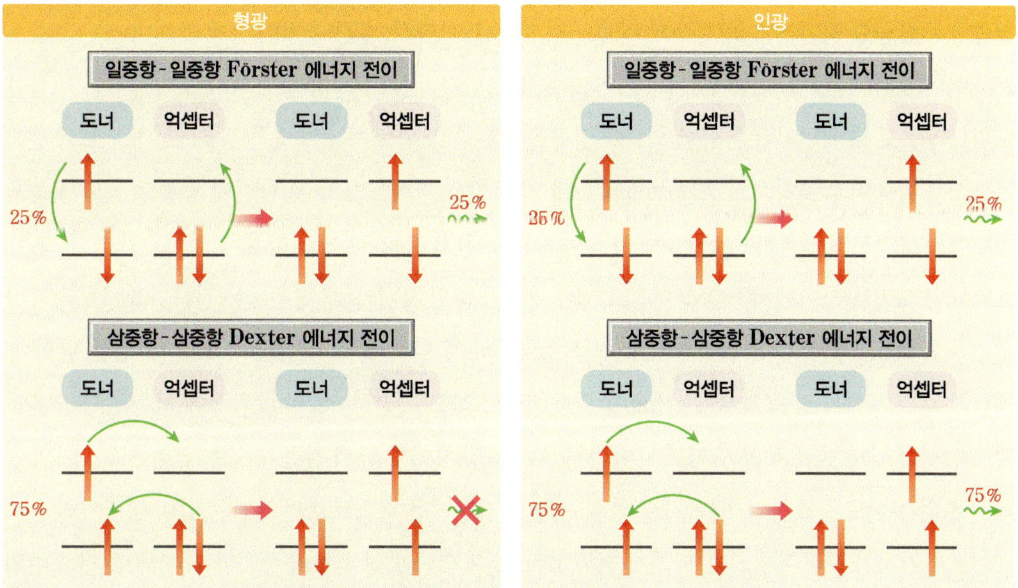

그림 7-16 형광 및 인광 발광 과정에서 에너지 전이 과정

에너지 전달 과정을 통하여 발광이 유도될 때 Förster 에너지 전이에 의하여 주로 발광하는 형광 도펀트의 경우에는 에너지 전달 거리가 길기 때문에 호스트와 도펀트 사이의 거리가 멀어도 에너지 전이가 잘 일어날 수 있으며, 도핑 농도가 높지 않더라도 호스트로부터의 에너지 전이가 효과적으로 일어난다. 따라서, 형광 소자의 도핑 농도 범위는 0.5~5% 범위로 낮은 도핑 농도 범위로 사용할 수 있다.

인광 발광 물질을 사용할 경우에는 75%의 비율로 형성되는 삼중항 엑시톤이 에너지 전달 거리가 짧은 Dexter 에너지 전이를 통하여 도펀트에서 활용되므로 오비탈 중첩이 일어날 수 있도록 호스트와 도펀트의 거리가 짧아야 한다. 즉 도펀트의 도핑 농도가 높아야 에너지 전이가 효율적으로 일어날 수 있다. 일반적으로 최소 도핑 농도는 2~3% 수준이며, 이 농도 이상으로 도핑해야 높은 효율을 구현할 수 있다. 그러나, 농도가 증가하면 엑시톤 소광 현상이 나타나기 때문에 에너지 전달이 효율적으로 일어나는 농도 범위에서 낮은 도핑 농도를 사용하는 것이 바람직하다.

발광층으로 주입된 정공과 전자는 주로 호스트에서 재결합하여 엑시톤을 형성하지만, 일부 정공과 전자는 호스트를 통하여 이동하는 과정에서 도펀트로 주입될 수 있다. 특히 도펀트의 HOMO 에너지 준위가 호스트에 비하여 얕고, LUMO 준위가 호스트에 비하여 깊을 경우, 호스트를 통하여 이동하던 전하가 도펀트에 쉽게 갇힐 수 있다. 정공과 전자가 모두 도펀트에 갇힐 경우 도펀트에서 엑시톤이 생성될 수 있으며, 도펀트에서 형성된 엑시톤은 직접 발광할 수 있다. 이러한 발광 과정을 전하 trapping이라 한다. 전하 trapping에 의한 발광 과정은 전하 주입에 의한 발광 과정이므로, 도펀트에서 엑시톤은 일중항과 삼중항 엑시톤이 25 : 75의 비율로 형성된다. 따라서, 발광 물질이 형광 물질이 경우 효율은 25%이며, 인광 물질일 경우에는 100%의 효율을 보인다. 전하 trapping에 의하여 발광하는 비율은 도펀트의 농도 및 에너지 준위 등에 의하여 영향을 받는다. 도펀트 농도가 낮을 경우에는 도펀트에 전하가 trap될 확률이 감소하므로, 전하 trapping에 의한 발광 기여도가 낮은 반면에 도펀트 농도가 높을 경우에는 도펀트에 전하가 trap될 확률이 높아지므로, 전하 trapping에 의한 발광 기여도가 높다. 또한, 호스트와 도펀트 사이에서 HOMO 및 LUMO 에너지 준위 차이가 클 경우에는 전하가 trap될 확률이 증가하고 detrap될 확률이 감소하므로, 전하 trapping에 의한 발광이 쉽게 유도될 수 있는 반면에, 에너지 준위 차이가 작을 경우에는 trap될 확률이 감소하므로 전하 trapping 과정에 의한 발광이 유도될 가능성이 낮다. 호스트와 도펀트 사이의 에너지 준위 차이와 함께 전하 수송층과 호스트 사이의 에너지 준위 차이도 중요하다. 에너지 준위 차이가 클 경우에는 호스트로의 전하 주입이 어렵기 때문에 도펀트로 전하가 직접 주입되며, 따라서 전하 trapping에 의한 발광 확률이 증가한다. 반대로, 전하 주입의 에너지 장벽이 작을 경우에는 전하가 호스트로 주입되기 때문에 호스트에서 엑시톤 생성 확률이 커지며, 도펀트는 최종적으로 에너지 전이에 의하여 발광할 확률이 커진다. 그림 7-17에 호스트, 도펀트 및 전하수송층 에너지 준위에 따른 발광 과정 차이를 나타내었다.

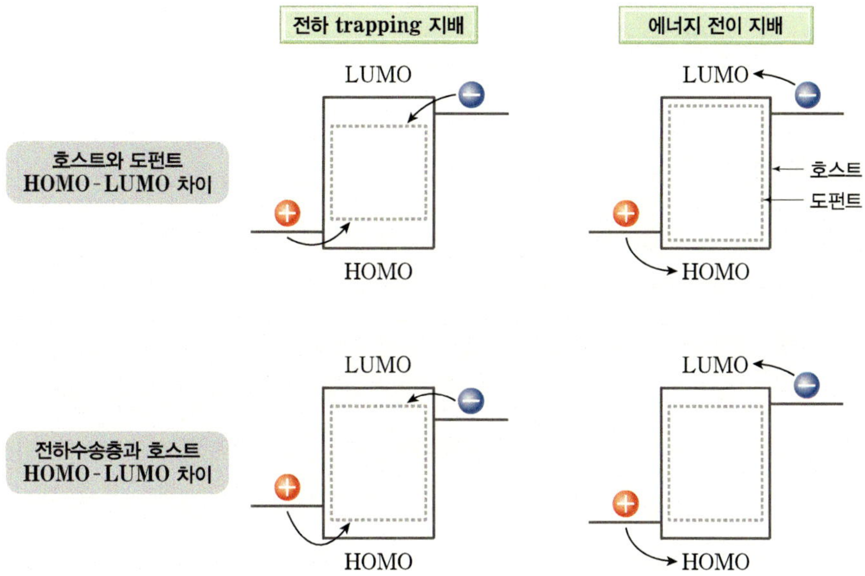

그림 7-17 호스트, 도펀트 및 전하 수송층 에너지 준위에 따른 발광 메커니즘 변화

두 발광 과정인 에너지 전이와 전하 trapping은 항상 경쟁하는 발광 과정으로서 모든 발광층에서 두 과정에 의하여 발광이 유도된다. 그러나, 에너지 전이와 전하 trapping의 전체 발광에 대한 기여도는 다르며, 앞서 설명한 바와 같이 에너지 전이와 전하 trapping에 영향을 미치는 다양한 인자들에 따라서 상대 비율이 결정된다. 어느 과정에 의하여 발광이 유도되는지와 관계 없이 소자의 최대 효율은 동일하다. 형광 도펀트의 경우 25%의 내부 양자 효율을 얻을 수 있으며, 인광 도펀트의 경우 100%의 내부 양자 효율을 얻을 수 있다. 그러나, 전하 trapping 보다는 에너지 전이에 의하여 발광하는 것이 소자 특성 측면에서 유리하다. 전하 trapping의 경우 호스트를 통하여 이동하던 전하가 도펀트에 의하여 갇히기 때문에 전하 이동 특성이 저하되며, 이에 의하여 구동 전압이 높아지고 소비 전력이 증가하는 단점이 있다. 또한, 전하 trapping이 될 경우에는 도펀트에서 폴라론의 생성이 증가하게 되고, 폴라론은 엑시톤과의 상호 작용에 의하여 엑시톤을 소광시키는 역할을 하기 때문에 효율과 수명 측면에서 에너지 전이 과정에 비하여 불리하다. 따라서, 발광층은 에너지 전이 과정이 지배적으로 일어날 수 있도록 설계하는 것이 소자 특성 측면에서 유리하다.

4 발광 재료의 종류

1 형광 발광 재료

형광 발광 재료는 일중항으로부터의 전자 전이를 이용하여 발광하는 발광 재료로서 일반적으로 ns 시간대에서 빠르게 발광하는 특징을 갖는다. 전하 주입에 의하여 엑시톤 생성시 일중항 엑시톤의 생성 비율이 25%이기 때문에 형광재료는 최대 내부 양자 효율 25%를 가지며 효율이 낮은 단점을 가지고 있다. 형광 발광 재료는 순수 유기물 또는 유기-금속 화합물로 이루어져 있으며, 공액 구조를 형성하는 유기 단위의 공액 길이 및 도너-억셉터 구조에서 도너와 억셉터의 세기를 이용하여 파장을 제어한다. 전하 주입에 의하여 형광 발광 재료가 유도될 경우에는 형광 발광 재료의 최대 내부 양자 효율이 25%이지만, 에너지 흡수에 의하여 형광 물질에서 전자가 여기되어 발광할 경우에는 형광 발광 재료도 최대 100%의 내부 양자 효율을 가질 수 있다.

가장 먼저 알려진 형광 발광 재료는 Alq_3로서 녹색 발광을 하는 형광 물질이다[9]. Al과 유기 리간드가 결합을 형성하고 있는 유기-금속 화합물로서 많은 연구에서 녹색 발광 물질로 활용하였다. 일반적으로는 단독 발광층으로서 도핑하지 않고 사용되었으며, 다양한 형광 발광 물질이 개발되면서 호스트 물질로도 사용되었다. Alq_3 재료가 알려진 이후 다양한 발광 물질이 개발되고, 소자 구조 개발을 통하여 호스트-도펀트 구조의 발광 시스템이 우수한 효율을 나타내면서 형광 도펀트 물질에 대한 개발이 활발히 이루어졌다. 형광 도펀트 물질 설계에서는 높은 효율을 구현하기 위하여 공액 구조가 확장된 형광 재료와 발색단과 조색단을 동시에 포함하는 형광 재료를 활용한다. 공액 구조가 확장되어 있는 형태로서 높은 효율을 구현하는 대표적인 재료로서는 rubrene[25], DBP[26] 및 TBPe[27] 등이 있다 (그림 7-18). 초기에는 공액 구조로만 되어 있는 형광 재료가 개발되었으나, 이후에는 발색단과 조색단을 포함하는 형광 재료들이 주로 개발되었다. 대표적인 재료로는 발색단으로 anthracene 구조를 활용하고, 조색단으로 방향족 아민 구조를 사용하는 녹색 발광 재료가 있다. Anthracene 구조의 우수한 발광 특성 및 안정성을 활용하고, 조색단인 아민 구조를 도입함으로써 고효율의 녹색 발광 재료를 개발하였다. 유사한 재료 설계를 활용한 발광 재료로는 pyrene 코어 구조를 활용하고 아민 단위를 치환한 발광 재료가 있다. 이 구조에서는 pyrene이

25) T. -H. Liu et al. Thin Solid Films 441, 223 (2003)
26) K. Okumoto et al. Appl. Phys. Lett. 89, 013502 (2006)
27) H. Nakaotani et al. Nat. Commun. 5, 4016 (2014)

발색단의 역할을 하며, 아민 단위가 조색단의 역할을 하고, 청색 형광 발광 재료로서 우수한 특성을 나타내었다. 발색단과 조색단을 활용하는 또 다른 구조는 조색단으로서 아민 단위를 포함하고 발색단으로서 전자가 부족한 단위를 활용하는 도너-억셉터 구조이다. 초기 개발된 형광 도펀트들이 이 설계 개념에 근거하여 개발되었으며, 아민 단위를 도너 단위로, quinacridone, pyran 등과 같은 단위를 억셉터 단위로 포함하여 우수한 발광 특성을 나타내었다. 대표적인 재료들로는 DCJTB[28], C545T[29], DMQA[30] 등이 있다 (그림 7-19).

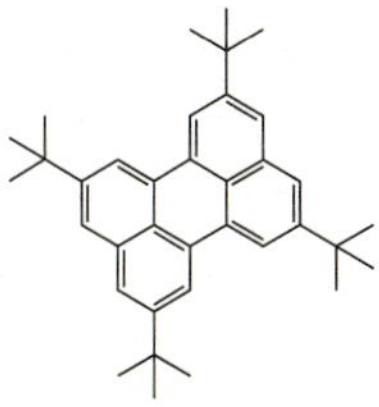

TBPe

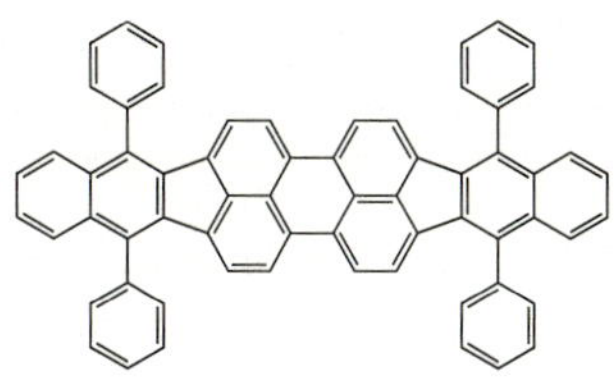

DBP

Rubrene

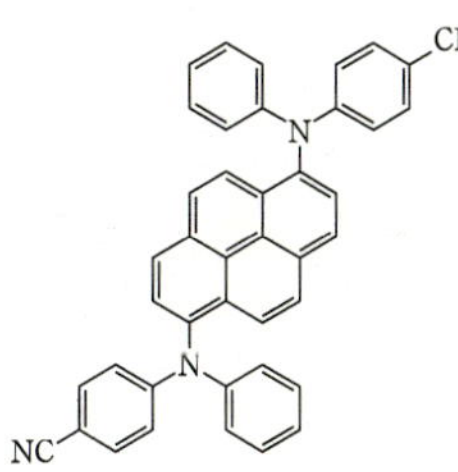

PyCN

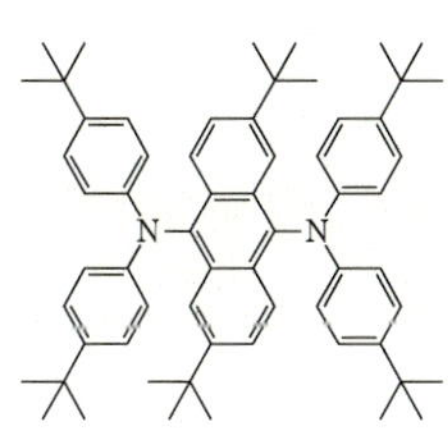

6tBPA

그림 7-18 발색단 및 조색단을 포함하는 형광 발광 재료

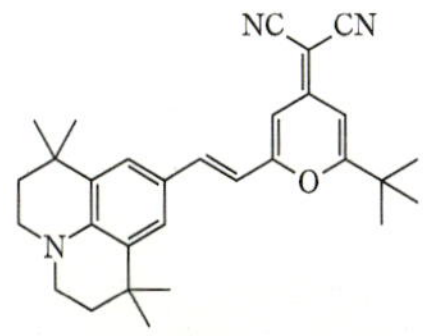

DCJTB

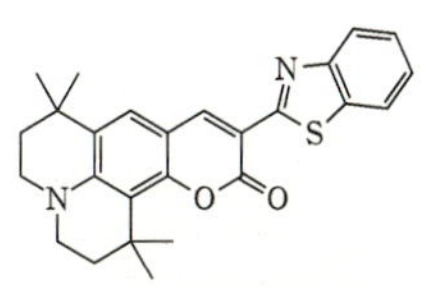

C545T

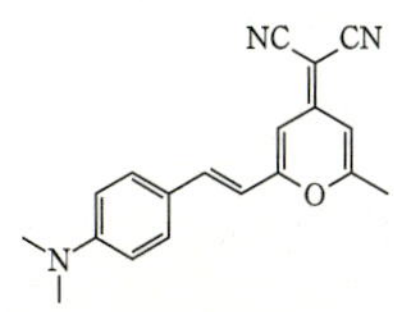

DCM

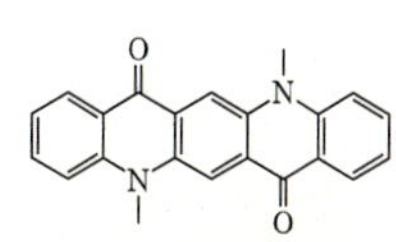

DMQA

그림 7-19 도너 및 억셉터 구조를 포함하는 형광 발광 재료

28) S. S. Yoon et al. Bull. Korean Chem. Soc. 31, 2884 (2010)

29) K. Okumono et al. Appl. Phys. Lett. 89, 063504 (2006)

30) C. W. Tang et al. Appl. Phys. Lett. 70, 1665 (1997)

OLED 개발 초기에는 적색, 녹색 및 청색 형광 재료를 사용했기 때문에 다양한 형광 발광 재료들이 개발되었으나, 최근에는 적색 및 녹색 발광 재료가 모두 인광 발광 재료로 대체되었기 때문에 청색 형광 발광 재료가 주로 개발되고 있다.

2 인광 발광 재료

인광 발광 재료는 강한 SOC를 유도하기 위하여 중금속을 포함하고 있으며, 강한 SOC에 의하여 일중항 엑시톤과 삼중항 엑시톤의 혼합이 일어나게 된다. 일중항과 삼중항 혼합시 삼중항 여기 상태의 에너지가 낮기 때문에 에너지가 낮은 삼중항 여기 상태로부터 바닥 상태로 전이하면서 발광하게 된다. 인광 발광 재료의 구조는 발광을 위하여 공액 구조를 갖는 발색단인 리간드라고 불리는 유기 단위가 포함되어 있으며, 유기 단위체인 리간드는 중금속인 Ir 또는 Pt와 화학 결합을 형성하고 있다.

인광 발광 재료의 경우 발광 전이가 일어나기 위해서는 일중항과 삼중항의 혼합 현상이 요구되며, 그에 따른 스핀 변환 과정이 요구된다. 이 과정에서 시간이 필요하기 때문에 여기 상태에서 μs 정도 머물게 되며, 형광 발광 물질에 비하여 에너지를 흡수한 높은 에너지 상태에서 오래동안 머무르기 때문에 형광 발광 재료에 비하여 안정성이 저하되는 단점을 갖는다. 그러나, 일중항과 삼중항 엑시톤을 모두 발광에 활용할 수 있기 때문에 최대 100%의 내부 양자 효율을 가질 수 있다.

인광 도펀트에 사용되는 Ir이나 Pt는 전이 금속 원소로서 d 오비탈을 포함하고 있으며, 전이 금속 화합물의 화학 결합은 d 오비탈을 통하여 가능하다 (그림 7-20). 다섯 개의 d 오비탈이 있으며, 두 개의 d 오비탈은 축방향으로 위치하고 있으며, 세 개의 d 오비탈은 평면에 위치하고 있다. Ir의 경우 축 방향으로 있는 d 오비탈은 화학 결합시 e_g 오비탈을 형성하며, z 축으로 위치한 d_{z2}와 x 축 및 y 축으로 위치한 $d_{x2\text{-}y2}$가 e_g 오비탈에 존재한다. 평면으로 위치하고 있는 d 오비탈은 화학 결합시 t_{2g} 오비탈을 형성하며, d_{xy}, d_{yz}, d_{xz} 오비탈이 해당한다.

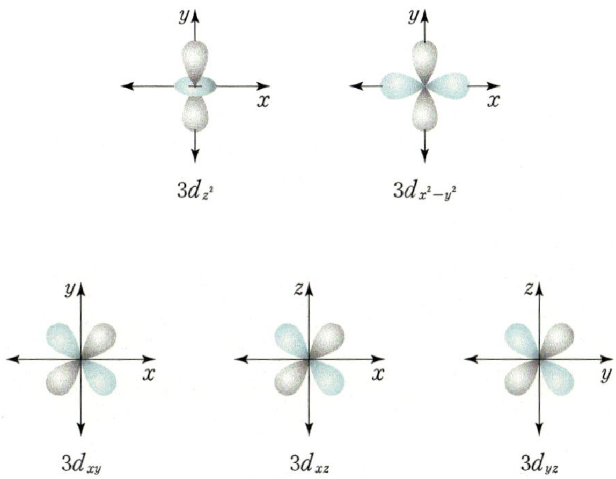

그림 7-20 전이 금속의 d 오비탈

d 오비탈을 갖는 전이 금속 화합물이 유기 단위체와 결합을 형성할 때에는 d 오비탈을 통하여 결합을 형성하는데 유기 리간드와 결합하기 전에는 다섯 개의 d 오비탈의 에너지가 동일하다. 그러나, 유기 리간드와 결합을 형성할 때에는 d 오비탈 중 축방향으로 위치해 있는 e_g 오비탈이 화학 결합을 형성하는 리간드의 전자와 반발력에 의해서 화학결합 형성시 상대적으로 에너지가 높고, t_{2g} 오비탈은 반발력이 작기 때문에 에너지가 낮은 특징을 보인다. 그림 7-21에 나타낸 것과 같이 리간드와 결합을 하게 될 경우 각 축으로 리간드의 오비탈과 중첩이 일어나면서 결합이 형성되며, 이 때 오비탈 사이의 반발력에 의하여 d 오비탈의 에너지가 변하게 된다.

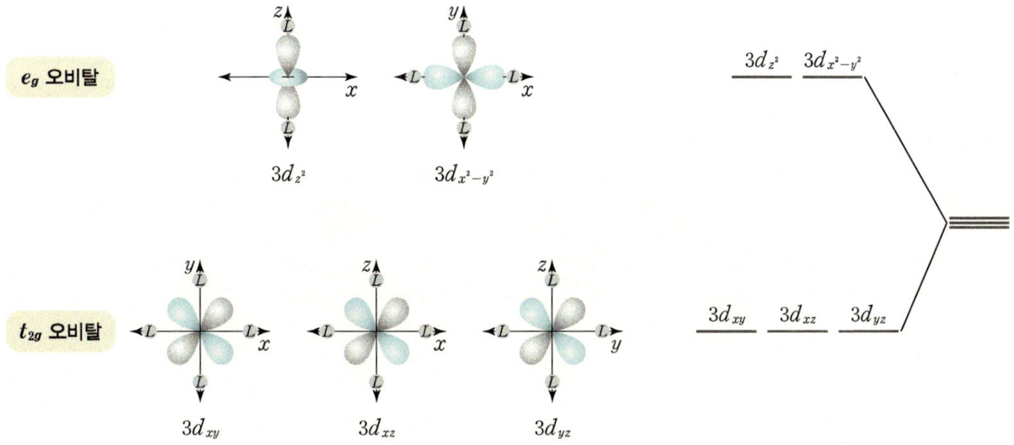

그림 7-21 리간드와 화학 결합 형성에 의한 d 오비탈의 에너지 준위 변화

대표적으로 가장 널리 사용되는 Ir의 경우에도 d 오비탈을 통한 화학 결합을 형성하며, 팔면체 구조를 통하여 축방향으로 리간드가 위치하면서 결합이 형성된다. 리간드는 이중 결합 화합물로서 파이 결합에 전자를 포함하고 있으며, Ir 금속과 시그마 결합 및 파이 역결합을 통하여 파이 결합에 전자가 전이 금속인 Ir과 결합을 형성한다.

Ir 화합물의 경우 팔면체 구조를 통하여 리간드와 6개의 결합을 형성할 수 있으며, 이배위(bidentate) 리간드를 주로 사용하여 3개의 리간드가 Ir과 결합하는 구조를 가지며, Ir은 주로 산화수 +3인 상태를 갖는다. 삼배위 (tridentate) 리간드를 사용할 경우에는 두개의 리간드가 Ir과 결합한다. Pt를 중금속으로 사용할 경우에는 평면 사각형 구조를 통하여 4개의 결합이 가능하여, 이배위 리간드를 이용할 경우 2개의 리간드가 Pt와 결합을 형성하고 삼배위 리간드를 사용하게 되면 하나의 삼배위 리간드와 하나의 일배위 (monodentate) 리간드가 결합을 형성한다. Pt는 +2인 산화수 상태를 주로 갖는다. 최근에는 사배위 (tetradentate) 리간드를 많이 활용하고 있으며, 사배위 리간드를 사용하게 되면, 입체 구조가 평면 구조에서 벗어나게 되어 피라미드 형태의 입체 구조를 갖게 된다. 평면 구조에서는 Pt 분자간의 상호 작용이 크게 나타나기 때문에 엑사이머 형성이 많이 보고되어 있으나 사배위 형태의 Pt 화합물은 피라미드 구조로 분자간 상호 작용이 적은 것으로 알려져 있다. 리간드는 중금속인 Ir 또는 Pt와 결합을 형성하고 금속으로부터 리간드로의 전하 전달 (metal to ligand charge transfer, MLCT)을 통하여 발광하는 메카니즘을 갖는다.

인광 도펀트는 입체 구조에 따라서 meridional과 facial 형태로 구분한다. 팔면체 구조를 가지고 있는 Ir 인광 도펀트의 경우 두 개의 구조적 이성질체를 가지고 있으며, 두 개의 결합을 형성하는 이배위 리간드를 가지고 있을 경우 같은 리간드 단위가 같은 평면에 존재하는 경우를 meridional (mer–) 이성질체라고 하며, 같은 리간드 단위가 같은 평면에 존재하지 않을 경우 facial (fac–) 이성질체라고 한다 (그림 7-22).

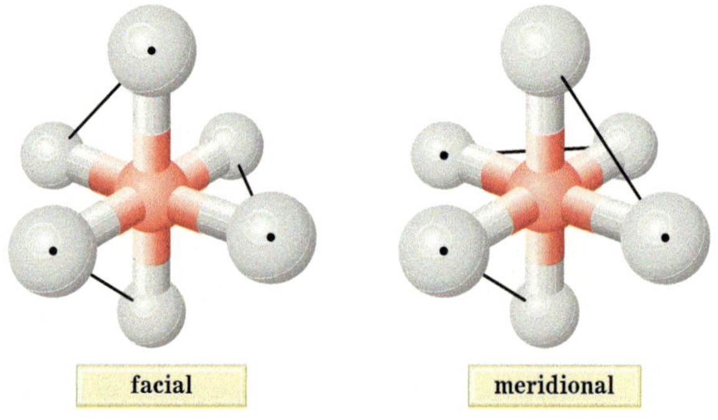

그림 7-22 Ir 계 인광 발광 물질의 meridional 및 facial 입체 구조

인광 도펀트는 전이 금속에 리간드가 결합되어 있는 구조를 가지고 있으며, 리간드는 주 리간드(main ligand)와 보조 리간드 (ancillary ligand)로 구분된다. 주 리간드는 인광 도펀트의 발광 파장, 발광 효율 및 에너지 준위를 결정하는 리간드로서, 주 리간드에 따라서 인광 도펀트의 발광 특성이 주로 결정된다. 현재 주로 사용하는 주리간드는 방향족 단위로서 탄소와 질소 또는 탄소와 카벤 단위의 탄소를 통하여 결합하는 유기 방향족 단위체이다. 보조 리간드는 주 리간드에 의한 발광 특성을 미세하게 추가적으로 제어하기 위한 단위로서 발광 파장을 미세하게 조절하거나 발광 효율을 미세하게 조절하기 위해서 사용한다. 또한, 주 리간드의 크기가 너무 커서 입체적으로 주 리간드만으로 이루어진 구조를 만들기 어려운 경우, 보조 리간드를 이용하여 입체 장애 효과를 완화하기 위한 목적으로 사용한다. 반대로, 크기가 큰 보조 리간드를 이용하여 주 리간드에 입체 장애 효과를 통하여 발광 파장을 조절하기 위해서 사용하기도 한다. 또한, 최근에는 보조 리간드를 이용하여 전이 쌍극자를 조절할 경우 인광 발광 분자의 수평 쌍극자 배향이 가능하고, 이에 따라 효율을 증가시킬 수 있는 것으로 알려져 있다. 그러나, 보조 리간드의 경우 화학 결합이 주 리간드에 비하여 약하기 때문에 소자 수명에는 좋지 않은 영향을 미친다.

인광 도펀트는 결합하는 리간드에 따라서 주된 발광을 하는 같은 주 리간드 단위만 분자 내에 존재하는 경우 homoleptic 화합물이라고 하며 주 리간드 이외에 보조 역할을 하는 보조 리간드를 포함하는 경우 heteroleptic 화합물이라고 한다. Homoleptic 인광 도펀트는 주로 탄소와 질소를 통하여 시그마 결합과 파이 역결합을 형성하며, 강한 결합력을 가지고 있는 주 리간드로만 화학 구조가 이루어져 있다. Heteroleptic 화합물은 서로 다른 두 종류 이상의 리간드를 포함하고 있으며, 일반적으로는 주 리간드와 보조 리간드로 이루어져 있으나, 두 종류 이상의 주 리간드를 포함하는 경우도 있다. 두 종류 이상의 주 리간드를 포함하고 있을 경우에는 분자 자체 내에서 에너지 전이를 통하여 발광할 수 있다. Homoleptic 인광 재료와 heteroleptic 인광 재료의 구조를 그림 7-23에 나타내었다.

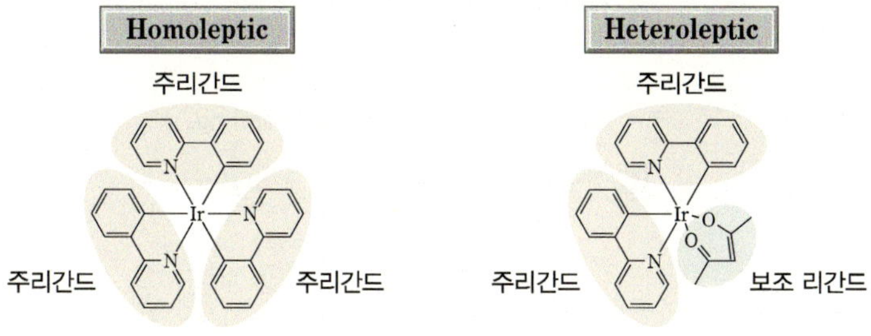

그림 7-23 Homoleptic 및 heteroleptic 인광 도펀트의 구조

인광 발광 재료에서 발광 과정은 그림 7-24에 나타내었다. 유기 발광 단위인 리간드와 중금속을 포함하고 있는 인광 발광 재료는 주 리간드에 의한 흡수 (ligand centered, LC)와 리간드와 금속 간의 전하 이동에 의한 MLCT 흡수 과정을 통하여 여기된다. Ir 발광 물질에서 MLCT는 π 역결합 (backbonding)을 통하여 일어나게 되며, π 역결합은 리간드에 주로 포함되어 있는 N을 포함하는 헤테로 방향족 단위와 Ir 금속 사이에서 일어난다. 헤테로 방향족 단위에 포함되어 있는 N은 비공유 전자쌍을 가지고 있으며, 비공유 전자쌍을 통하여 Ir과 시그마 결합을 형성한다. Ir은 여섯 개의 전자를 t_{2g} 오비탈에 포함하고 있으며, 이때 Ir의 t_{2g} 오비탈에 있는 전자가 Ir의 t_{2g} 오비탈로부터 리간드의 π^*로 이동하면서 π 역결합을 형성한다 (그림 7-25). 이때 전자가 금속으로부터 리간드로 이동하기 때문에 MLCT라고 한다. MLCT 과정을 가지고 있는 Ir 화합물은 LC 흡수와 MLCT 흡수를 통하여 각각 LC 엑시톤과 MLCT 엑시톤을 형성한다. LC 엑시톤은 CT 특성에 의하여 에너지가 작아지는 MLCT 엑시톤에 비하여 발광 에너지가 크며 강한 SOC에 의하여 계간 전이가 빠르게 일어나기 때문에 MLCT 엑시톤으로 전환된다. MLCT 상태에서도 일중항과 삼중항 사이에서 SOC가 강하기 때문에 모든 엑시톤의 MLCT 삼중항 상태에서 발광하게 되며, 인광 발광 재료에서의 발광은 MLCT 삼중항 상태로부터의 발광이다.

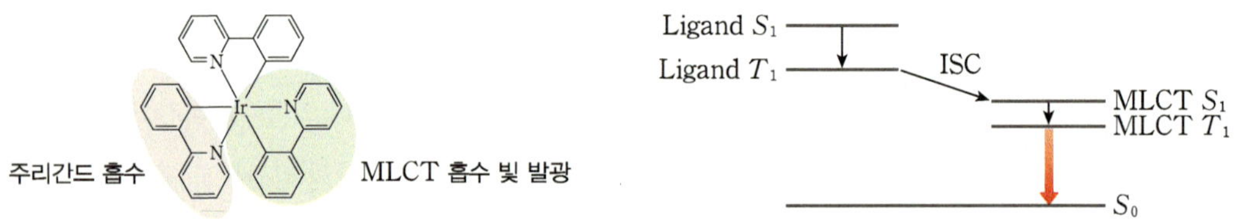

그림 7-24 리간드 및 MLCT 흡수를 통한 인광 발광 물질의 발광

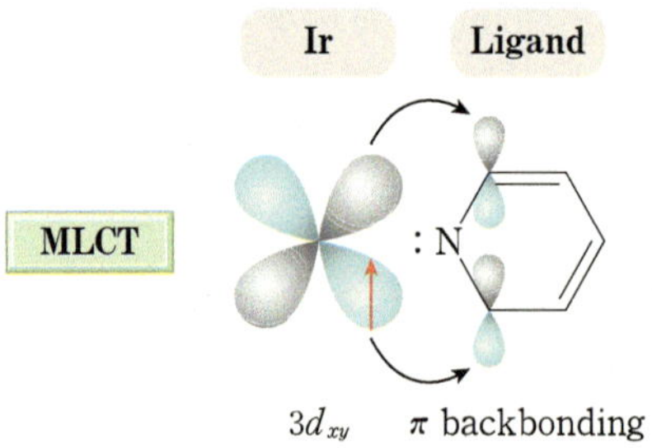

그림 7-25 Ir 계 인광 도펀트의 π 역결합

인광 도펀트에서 발광 파장의 조절은 주 리간드의 공액 구조 제어를 통하여 파장을 조절하는 방법과 인광 도펀트의 HOMO와 LUMO 제어를 통하여 파장을 조절하는 방법이 있다. 공액 구조의 제어는 다른 발광 물질과 동일하게 공액 길이가 늘어나면 발광 파장은 장파장으로 이동하며, 공액 길이가 짧아지면 발광 파장은 단파장으로 이동한다. 따라서, 적색 인광 도펀트는 공액 길이가 긴 주 리간드를 포함하고 있다. 두 번째 방법은 주 리간드를 이용하여 HOMO와 LUMO를 조절하는 방법이다. 인광 발광 재료에서 HOMO는 중금속과 결합을 형성하고 있는 리간드 단위체 중 전자 밀도가 높은 단위체에 의해서 결정되며, LUMO는 중금속과 결합을 형성하고 있는 단위체 중 전자 밀도가 낮은 단위체에 의하여 결정된다. 예를 들어 가장 널리 알려져 있는 $Ir(ppy)_3$ 인광 발광 재료의 경우 페닐피리딘 리간드 구조에서 HOMO는 전자 밀도가 높은 페닐 단위에 의하여 결정되며, LUMO는 전자 밀도가 낮은 피리딘 단위에 의하여 결정된다. HOMO의 경우에는 페닐 단위와 Ir 금속에 걸쳐서 분포하기 때문에 Ir 금속도 기여하게 된다. HOMO와 LUMO가 리간드의 다른 단위체에 존재하기 때문에 HOMO와 LUMO를 독립적으로 제어할 수 있으며, 페닐 단위에 전자를 당기는 단위를 도입하게 되면 HOMO 준위가 깊어지게 되며, 반대로 전자를 주는 단위체를 도입하면 HOMO가 위로 상승하게 된다. 유사하게, 피리딘 단위에 전자를 당기는 단위체를 도입하게 되면 LUMO가 깊어지게 되며, 전자를 주는 단위체를 도입하게 되면 LUMO가 위로 상승하여 얕아지게 된다. 따라서 전자를 주는 단위체와 전자를 당기는 단위체를 이용하여 인광 발광 재료의 HOMO, LUMO 및 HOMO-LUMO 차이를 제어할 수 있다. 청색 인광 도펀트 설계시 주로 HOMO와 LUMO를 조절하는 방법을 이용하며, HOMO-LUMO 차이를 크게 만들어 단파장 발광을 유도한다. 그림 7-26에 리간드 제어를 통하여 파장을 조절하는 방법을 나타내었다.

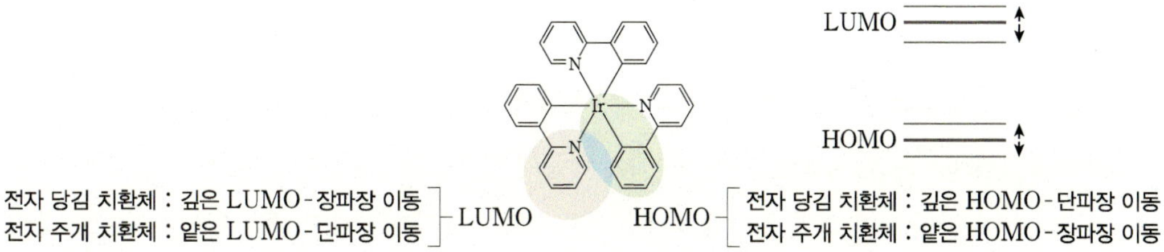

그림 7-26 인광 도펀트의 치환체를 이용한 HOMO 및 LUMO 조절

3 지연 형광 발광 재료

일반적으로 일중항만을 이용하여 발광하는 형광 재료와 달리 삼중항 엑시톤을 전환하여 일중항 여기 상태로부터 바닥 상태로 전이하는 과정을 추가적으로 활용하여 발광하는 형광 재료를 지연 형광 발광 재료라고 한다. 삼중항을 일중항으로 전환하는 과정이 필요하므로, ns 수준에서 빠르게 발광하는 성분과 μs 수준에서 느리게 발광하는 두 발광 성분을 갖게 된다.

지연 형광 발광 재료는 TADF형의 E-type 지연 형광과 TTF형의 P-type 지연 형광 재료가 있으며, P-type 지연 형광은 안트라센, 파이렌 등을 코어 구조로 포함하고 있는 형광 발광 물질에서 주로 관찰된다. 안트라센 및 파이렌 계열의 재료들은 삼중항 에너지가 일중항 에너지에 비하여 매우 작은 특징을 가지며, 삼중항 여기 상태의 전자가 서로 충돌하면서 일부 삼중항 상태의 전자가 일중항 여기 상태로 전환되면서 형광 발광에 추가적으로 기여한다. P-type 지연 형광의 경우에는 PL 과정을 통해서는 삼중항 엑시톤이 형성되지 않기 때문에 PL로는 분석할 수 없으며, 삼중항 엑시톤이 생성되는 OLED 소자에서 느린 발광 성분이 관찰되는 것을 이용하여 확인할 수 있다. 그림 7-27에 P-type 지연 형광 특성을 보이는 대표적인 화합물을 나타내었다.

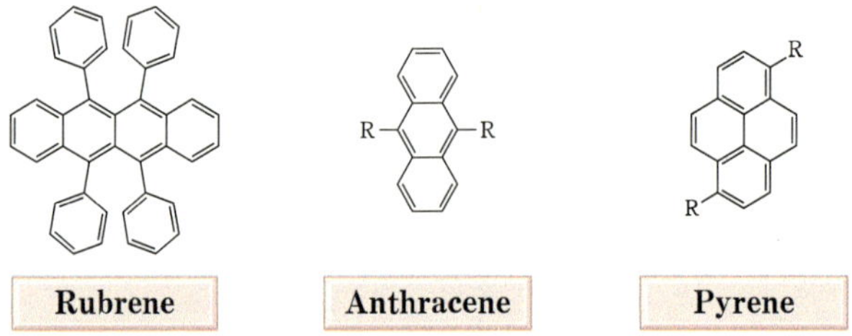

그림 7-27 P-type 지연 형광 특성을 보이는 대표적인 화합물

E-type 지연 형광의 경우에는 삼중항 상태에서 일중항 상태로 직접적으로 엑시톤이 전환되는 과정을 이용하며, up-conversion이 일어나야 하기 때문에 일중항과 삼중항 에너지의 차이가 작은 물질을 활용해야 한다. 일반적인 유기 물질에서는 일중항 에너지가 삼중항 에너지보다 크며, 일중항 에너지의 경우 같은 오비탈에 존재하는 두 전자의 거리가 가깝고 이에 의하여 반발력이 증가하게 되므로 서로 다른 오비탈에 두 전자가 존재하는 삼중항 여기 상태의 에너지에 비하여 큰 값을 갖게 된다. 따라서, 일중항 에너지와 삼중항 에너지의 차이를 줄이기 위해서는 일중항 여기 상태와 바닥 상태에 존재하는 두 개의 전자 사이의 반발력을 최소화해야 하며, 두 전자가 여기 상태에서 각각 HOMO와 LUMO 상태에 존재하게 되므로 HOMO와 LUMO가 서로 최대한 멀리 떨어져

있는 분자 구조를 활용하게 되면 일중항 에너지를 낮출 수 있다. 삼중항 여기 상태로부터 일중항 여기 상태로의 역계간 전이가 일어나기 위해서는 일중항과 삼중항 에너지의 차이를 최소화해야 하므로 E-type 지연 형광 발광 재료는 HOMO와 LUMO가 서로 분리되어 있는 분자 구조를 가지고 있으며, 두 오비탈의 분리는 도너-억셉터 구조를 적용하게 되면 용이하게 유도할 수 있다. 따라서, E-type 지연 형광 발광 재료들은 분자 구조 내에 도너와 억셉터를 포함하고 있는 구조를 가지고 있으며, 이를 통하여 역계간 전이를 유도하여 최대 내부 양자 효율 100%를 구현할 수 있다.

지연 형광 발광 소자에서 우수한 발광 특성을 구현하기 위해서는 삼중항 여기 상태로부터 일중항 여기 상태로의 역계간 전이를 제어해야 하고, 일중항 여기 상태로부터 바닥 상태로의 발광 전이를 최대화해야 한다. 일반적으로 역계간 전이 특성은 일중항과 삼중항 에너지의 차이 (ΔE_{ST})와 SOC에 의존한다. 일중항과 삼중항의 에너지 차이가 작을수록 역계간 전이가 효율적으로 일어나며, SOC가 클수록 역계간 전이가 촉진된다. 일중항과 삼중항 에너지 차이는 도너-억셉터 구조로 이루어지는 TADF형 지연 형광 분자에서 HOMO와 LUMO의 분리가 크면 클수록 작아지는 경향을 보이며, HOMO와 LUMO의 분리는 도너 단위와 억셉터 단위의 제어와 도너-억셉터 구조의 입체 구조 제어를 통하여 조절할 수 있다. 도너 단위와 억셉터 단위는 각각 도너 세기와 억셉터 세기를 크게 만들수록 일중항과 삼중항 에너지 차이가 감소하며, 도너 개수 또는 억셉터 개수를 증가시키는 것도 동일한 효과를 나타낸다. 도너-억셉터 분자 구조의 입체 구조 제어를 통한 에너지 조절도 가능하며, 도너와 억셉터 단위의 뒤틀림이 커질수록 일중항과 삼중항의 에너지 차이는 감소한다. HOMO-LUMO 분리를 통하여 일중항과 삼중항 에너지 차이를 줄일 수 있기 때문에 역계간 전이에는 유리하지만 HOMO와 LUMO가 크게 분리되어 있을 경우에는 일중항 여기 상태로부터 바닥 상태로의 발광 전이 효율이 저하된다. 일반적으로 흡수가 강하게 일어나기 위해서는 HOMO와 LUMO의 중첩이 중요하며, 분자 내에서 HOMO와 LUMO의 중첩이 클수록 흡수 특성이 우수하고, 발광 특성도 좋아진다. HOMO와 LUMO의 중첩과 관련되어 있는 인자는 oscillator strength이며, oscillator strength는 흡수가 일어날 때 흡수가 일어나는 정도를 확률로 나타낸 값으로 0과 1 사이의 값을 갖는다. 따라서, HOMO와 LUMO의 중첩이 커질수록 oscillator strength는 1에 가까운 값을 보인다. 위와 같이 TADF 재료에서는 역계간 전이를 위해서는 HOMO와 LUMO가 분리되어야 하고, 높은 발광 효율을 위해서는 HOMO와 LUMO가 중첩되어야 하기 때문에 전체적으로는 HOMO와 LUMO가 분리되고, 일부분 HOMO와 LUMO가 중첩되는 오비탈 분포를 보이는 것이 바람직하다. 그림 7-28에 이상적인 TADF형 지연 형광 발광 재료의 오비탈 분포를 나타내었다.

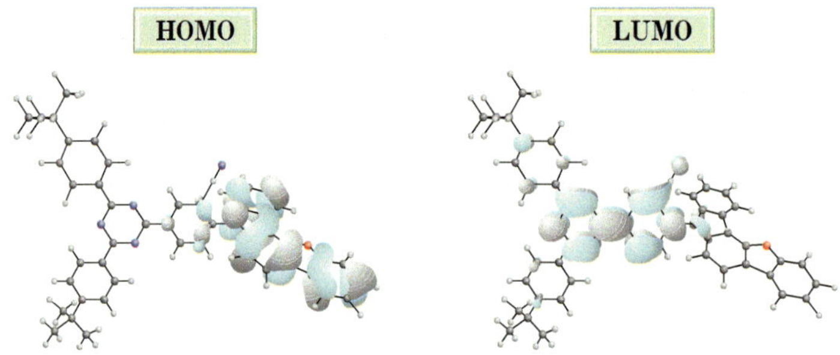

그림 7-28 이상적인 E-type 지연 형광 발광 재료 (TADF 발광 재료)의 오비탈 분포

일중항과 삼중항 에너지 차이와 함께 역계간 전이에 영향을 미치는 또 다른 인자는 SOC이다. SOC가 크면 클수록 역계간 전이가 촉진되며, SOC에 가장 크게 영향을 미치는 인자는 여기 상태의 특성이다. SOC 정도는 El-Sayed 규칙에 근거한 것으로 일중항 여기 상태와 삼중항 여기 상태가 서로 다른 오비탈을 가질 때 SOC가 크게 나타난다. El-Sayed 규칙은 일중항과 삼중항 사이에서 전자 이동시 스핀 각운동량의 변화가 일어나기 때문에 스핀 각운동량 보존을 위해서 스핀 각운동량의 변화를 상쇄할 수 있는 오비탈의 변화가 있어야 한다는 규칙이다. 도너-억셉터 구조를 가지고 있는 TADF 발광 재료는 일중항 여기 상태와 삼중항 여기 상태가 분자 단위체에 의한 local 여기 상태 (LE)와 도너와 억셉터 사이의 전하 이동에 의한 CT 여기 상태를 가질 수 있으며, LE 상태와 CT 상태 사이에서의 역계간 전이가 효율적으로 일어날 수 있다. 일반적으로 일중항 여기 상태는 억셉터로부터 도너 쪽으로 전자 전이가 일어나면서 발광이 이루어지기 때문에 CT 에너지가 도너 단위 자체 또는 억셉터 단위 자체에 의한 LE 에너지에 비하여 낮은 에너지를 갖는다. LE 에너지가 CT 에너지에 비하여 크기 때문에 일중항 발광은 CT 상태에서 나타나게 된다. 삼중항 여기 상태의 경우 가장 낮은 에너지 상태로 LE 상태 및 CT 상태를 가질 수 있으며, 역계간 전이에 LE 상태가 기여할 경우 SOC가 커지고 역계간 전이가 효율적으로 일어난다. 삼중항 여기 상태가 CT와 LE의 특성을 동시에 가질 경우 LE 삼중항 상태로부터 CT 일중항 상태로 역계간 전이가 가능하며, 일중항 상태와 삼중항 상태가 모두 CT 특성을 가질 경우에는 El-Sayed 규칙에 의하여 전이가 일어날 확률이 낮아진다. 따라서, 분자 구조 제어를 통하여 삼중항 여기 상태의 CT와 LE 에너지를 조절하게 되면 SOC 증가를 통하여 역계간 전이를 촉진할 수 있다. 그림 7-29에 El-Sayed 규칙에 따른 역계간 전이 확률을 나타내었다[31]. LE 삼중항 에너지가 CT 삼중항 에너지보다 낮은 경우에는 삼중항 CT 상태로부터 일중항 CT 상태로의 전이가 El-Sayed 규칙에 의하여 제한되기 때문에 역계간 전이가 일어나기 어렵다. 반면에 LE 삼중항 에너지가 CT 삼중항 에너지에

31) Y. Im et al. Chem. Mater. 29, 1946 (2017)

비하여 클 경우에는 LE 상태로부터 CT 상태로 역계간 전이가 일어날 가능성이 커진다. 단 LE 삼중항 에너지와 CT 삼중항 에너지의 차이는 열에너지에 의하여 CT 삼중항 상태로부터 LE 삼중항 상태로 전이가 일어날 수 있도록 작아야 한다. 또한, LE 삼중항 상태와 CT 삼중항 상태의 에너지가 유사하여 삼중항 여기 상태가 LE와 CT의 혼합 여기 상태를 가질 경우에도 삼중항 여기 상태의 LE 특성에 의하여 역계간전이가 효율적으로 잘 일어날 수 있다.

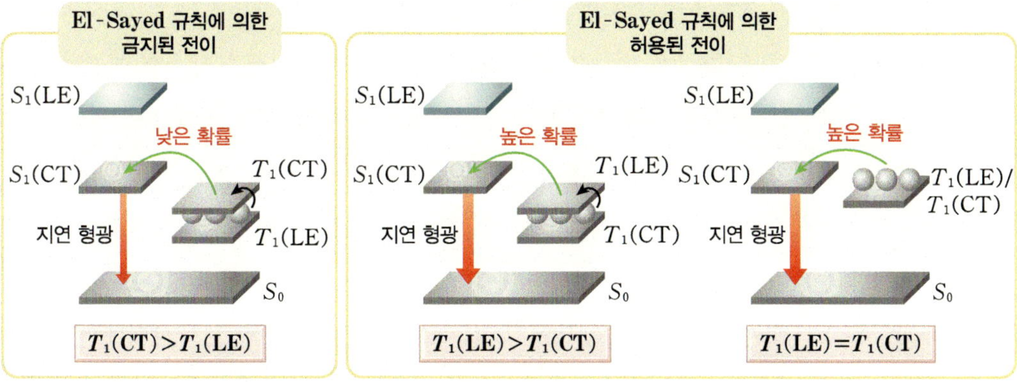

그림 7-29 CT 및 LE 삼중항 에너지에 따른 역계간 전이 특성

TADF 발광 재료에서 고려해야 할 주요 특성으로는 역계간전이 속도, PL 발광 효율, 색순도, 소자 수명 등이 있다. 역계간전이 속도는 소자의 효율 roll-off 및 소자 수명과 관련이 되어 있으며, 큰 역계간 전이 속도를 가질수록 효율 roll-off가 감소하고 소자 수명에 유리하다. PL 발광 효율은 높아야 소자에서 높은 양자 효율을 얻을 수 있다. 색순도 또한 디스플레이 응용을 위해서는 중요한 인자이며, 색순도는 발광 스펙트럼과 관련되어 있다. 좁은 발광 스펙트럼을 가질수록 색순도가 높아지며, TADF 발광 재료의 경우에는 도너-억셉터 구조에 의한 CT 발광으로 인하여, 넓은 스펙트럼을 갖는 단점을 갖는다. 따라서, 분자 구조 조절을 통하여 좁은 스펙트럼을 가질 수 있도록 해야 한다. 소자 수명도 중요한 특성이며, 소자 수명을 위해서는 큰 역계간 전이 속도를 가지며, 분자 구조가 안정적인 분자 구조이어야 한다.

TADF 발광 과정에서 각 속도 상수는 다음의 식 (7-1 ~ 7-6)으로 표시할 수 있다[32].

32) C. Adachi et al. Nature 492, 234 (2012)

$$
\begin{aligned}
&\tau_p = 1/k_p \\
&\tau_d = 1/k_d \\
&k_{ISC} = (1-\Phi_F)k_p \\
&k_{RISC} = \frac{k_p k_d}{k_{ISC}} \frac{\Phi_{TADF}}{\Phi_F} \\
&k_r^S = \Phi_F/\tau_p \\
&k_{nr}^T = k_d - \Phi_F k_{RISC}
\end{aligned}
\qquad (식\ 7\text{-}1 \sim 7\text{-}6)
$$

k_p는 초기 형광 속도 상수, k_d는 지연 형광 속도 상수, k_{ISC}는 계간 전이 속도 상수, k_{RISC}는 역계간 전이 속도 상수, τ_P는 초기 형광 여기 상태 시간, τ_d는 지연 형광 여기 상태 시간, k_r^S는 일중항 발광 속도 상수, k_{nr}^T는 삼중항 비발광 속도 상수, Φ_F는 형광 발광 PL 양자 효율, Φ_{TADF}는 TADF 발광 PL 양자 효율이다. 역계간전이 속도는 삼중항 엑시톤의 여기 상태 시간과 비발광 전이 속도에 의존한다. 역계간 전이 과정을 보면 삼중항 여기 상태에 있던 전자가 일중항 여기 상태로 이동해야 하며, 이 때 삼중항 여기 상태에 전자가 머무르는 시간이 짧아야 한다. 또한, 역계간 전이 과정은 계간 전이 상태와 평형을 이루고 있는 상태이므로, 삼중항 여기 상태에서 삼중항 엑시톤의 비발광 과정이 커질 경우에는 역계간 전이 속도도 작아지게 된다. 따라서, 높은 역계간 전이 속도를 위해서는 삼중항 엑시톤의 여기 상태 시간을 최소화해야 하고, 삼중항 엑시톤의 비발광 전이 속도를 줄여야 한다. 역계간 전이 속도가 빨라지게 되면 삼중항 엑시톤이 삼중항 상태에 머무르는 시간이 짧아지고, 높은 전류에서 엑시톤의 밀도가 높더라도 엑시톤 사이의 소광 현상 등이 일어날 확률이 낮아진다. 따라서 고전류에서 엑시톤 소광에 의한 효율 손실이 줄어 들어 효율 roll-off를 줄일 수 있다. 또한 수명 감소를 유발하는 삼중항 엑시톤과 관련된 엑시톤 충돌 또는 폴라론과의 충돌 현상이 적게 생기기 때문에 수명 개선에도 유리하다. 역계간 전이 속도가 소자 수명 및 효율 roll-off에 미치는 영향에 대해서는 여러 연구 결과들을 통하여 검증되었으며, 역계간 전이 속도는 $1.0 \times 10^7 s^{-1}$ 이상이 보고되었다[33].

PL 발광 효율은 oscillator strength와 연관되어 있으며, 비발광 전이 과정과도 연관되어 있다. TADF 발광 재료의 PL 발광 효율은 일반적인 형광 과정과 동일하게 여기 후 직접적으로 바닥 상태로 전이하면서 발광하는 형광 (prompt fluorescence) 과정을 통한 PL 효율과 계간 전이를 통하여 삼중항 여기 상태로 이동한 후 다시 역계간 전이를 통하여 일중항 상태로 이동하여 일중항 상태에서 발광하는 TADF 과정을 통한 PL 효율로 구분할 수 있다. Oscillator strength가 클 경우에는 직접적으로 발광하는 형광 효율 측면에서 유리하며 일중항 상태에서의 엑시톤 손실이 적다.

33) H. Kaji et al. Nat. Photon. 14, 643 (2020)

TADF 효율은 삼중항 여기 상태에서의 비발광 손실, 삼중항 여기 상태 시간 및 역계간 전이 효율에 영향을 받으며, 역계간 전이 효율이 높을 경우 TADF 과정에 의한 PL 효율이 높다. PL 과정과 같이 계간 전이가 크게 나타나지 않는 경우에는 직접적으로 발광하는 형광 효율이 전체 PL 효율을 결정하지만, EL 과정에서는 삼중항 엑시톤의 생성 비율이 75%이기 때문에 TADF를 통한 지연 형광 과정의 PL 효율이 더 큰 영향을 미치게 된다. 따라서 EL 소자에서 높은 효율을 얻기 위해서는 역계간 전이를 통한 발광 효율이 중요하다. 따라서, PL 효율 자체는 높지만 EL 소자에서는 PL 효율만큼 소자 효율이 나오지 않는 경우가 있으며, 이 경우는 역계간 전이 효율이 떨어지는 원인에 기인한다. 현재 TADF 발광 재료는 손실 없이 PL이나 EL 과정에서 100%의 효율을 갖는 재료들이 보고되어 있다. 일반적으로 녹색과 청색 영역에서 높은 효율이 보고되어 있으며, 적색으로 파장이 이동할 경우에는 energy gap 법칙에 의하여 효율이 감소한다[34]. Energy gap 법칙은 발광 재료의 비발광 손실이 전자 전이가 일어나는 두 에너지 준위 사이의 에너지 차이가 줄어들면 줄어들수록 증가한다는 것으로써 좁은 에너지 차이를 갖게 되면 작은 에너지 차이에 의하여 비발광 과정이 활성화되어 효율이 감소한다.

TADF 발광 재료는 발광이 CT 일중항 여기 상태로부터 관찰되기 때문에 CT 발광의 특성상 넓은 스펙트럼의 문제점을 가지고 있다. CT 발광의 경우 도너와 억셉터 사이의 틀어지는 각도가 다른 여러 형태를 분자가 가질 수 있으며, CT 정도가 다를 경우 발광 파장이 다르기 때문에 전체적인 발광 스펙트럼이 넓어지게 된다. 따라서, TADF 발광 재료의 스펙트럼을 좁게 만들기 위해서는 CT 특성을 약하게 만드는 것이 가장 좋은 방법이다. 일반적인 TADF 발광 재료는 반치폭 기준으로 60~100 nm 정도의 값을 가지고 있으며, 강한 도너 및 강한 억셉터의 사용으로 CT 특성이 강한 적색 발광 물질에서 큰 반치폭을 가지며, 상대적으로 약한 도너 및 억셉터가 포함되어 있는 녹색 및 청색 발광 물질에서 상대적으로 작은 반치폭을 갖는다. 반치폭을 줄이는데 효과가 있는 방법으로서는 강직한 구조의 도너 및 억셉터 단위체를 도입하는 방법 및 분자의 움직임을 입체 장애 효과를 이용하여 억제하는 방법 등이 알려져 있으며, 이런 방법들을 이용하여 50 nm 수준까지 반치폭을 줄일 수 있다. 그러나, 일반 형광 물질과 같은 수준까지 반치폭을 줄이기에는 한계가 있다.

TADF 발광 물질의 넓은 스펙트럼의 문제를 근본적으로 해결하기 위하여 개발된 방법은 보론과 질소가 포함되어 있는 다중 공명 구조의 발광 단위를 이용하는 방법이다[35][36]. CT 특성이 강할

34) J. Y. Lee et al. Chem. Mater. 29, 1946 (2017)
35) T. Hatakeyama et al. Adv. Mater. 28, 2777 (2016)
36) T. Hatakeyama et al. Nat. Photon. 13, 678 (2019)

경우에는 좁은 스펙트럼을 얻을 수 없기 때문에, CT 특성을 분자 단위에서 구현하지 않고 분자를 구성하는 단위체 내에서 구현하는 접근법이다. 전자를 주는 도너 단위로서는 질소가 포함되어 있고, 전자를 받는 억셉터 단위로서는 보론이 포함되어 있다. 보론과 질소는 방향족 단위를 통하여 연결되어 있으며, 보론과 질소 원자로 인하여 방향족 단위 내에서 HOMO와 LUMO 가 교대로 반복되는 구조가 형성된다. 단위체 내에서 국부적인 CT가 형성되므로 일반적인 도너-억셉터 구조의 CT 화합물과는 달리 분자 구조의 변형이 억제되며, 공명 구조가 여러 단위체에 결쳐서 퍼져 있기 때문에 안정적인 구조를 형성한다. 따라서, 분자의 진동 운동이 억제되고 좁은 스펙트럼을 갖는다. 청색 발광 재료가 처음 개발되었으며, 30 nm 수준의 반치폭과 20% 수준의 외부 양자 효율을 통하여 좁은 스펙트럼을 갖는 청색 발광 재료로의 가능성을 보였다. 최근에는 공액 구조의 확장을 통하여 녹색 발광 재료도 개발되었으며[37], 다중 공명 구조의 보론과 질소의 배치와 개수를 제어함으로써 적색 발광 재료도 개발 가능함이 확인되었다[38]. 이러한 다중 공명 구조 기반의 보론과 질소 유도체 화합물은 좁은 스펙트럼의 장점과 함께 단위체 내에 HOMO와 LUMO가 모두 분포하고 있으므로 높은 oscillator strength를 가지며, 이에 따라 높은 효율을 나타낸다. 이와 같이 다중 공명 화합물은 좁은 스펙트럼과 높은 효율의 장점을 보이고 있으나, 여기 상태 시간이 수 μs 이상으로 길기 때문에 고휘도에서의 효율 감소 문제와 짧은 소자 수명의 문제점을 갖는다. 따라서, 좁은 스펙트럼을 갖는 TADF 발광 물질을 삼중항 엑시톤의 사용 없이 일중항 엑시톤만을 이용하여 형광 발광 재료로 사용할 수 있으며, 형광 발광 재료로서 높은 효율, 좁은 스펙트럼 및 장수명을 나타낸다. 대표적인 보론과 질소를 포함하는 다중 공명 구조 화합물을 그림 7-30에 나타내었다.

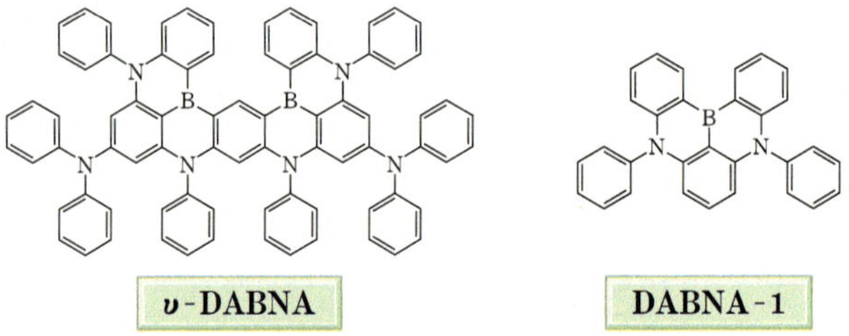

그림 7-30 대표적인 다중 공명 구조의 보론계 화합물

37) L. Duan et al. Angew. Chem., Int. Ed. 58, 16912 (2019)

38) T. Yasuda et al. J. Am. Chem. Soc. 142, 19468 (2020)

소자 수명도 TADF 발광 재료의 중요한 특성 중의 하나이다. 소자 수명은 발광 재료의 광물리학적 인자와 물질의 화학 구조의 안정성에 의하여 영향을 받는다. 물질 특성과 관련된 인자로서는 삼중항 여기 상태 시간이 대표적이며, 삼중항 엑시톤 수명을 최소화하여 삼중항 엑시톤에 기인하는 소자 수명 감소 과정을 억제해야 한다. 삼중항 엑시톤의 경우 삼중항 엑시톤 사이의 충돌 또는 폴라론과의 충돌에 의하여 핫 엑시톤 또는 핫 폴라론을 생성하고 이를 통하여 소자의 안정성을 저하시키므로, 삼중항 엑시톤이 여기 상태에서 머무는 소자 수명을 줄여 시간을 개선할 수 있다. 분자 구조의 안정성도 중요한 영향을 미치며 도너-억셉터 구조를 갖는 TADF 발광 재료는 도너와 억셉터 사이의 결합의 회전 및 뒤틀림으로 인하여 결합 에너지가 감소하여 안정성이 저하되고, 분자 내에서 전하가 크게 분리되어 있기 때문에 안정성 측면에서 불리하다. 따라서, 분자의 움직임을 최소화할 수 있는 분자 구조와 폴라론 및 엑시톤 존재하에서 높은 결합에너지를 갖는 단위체를 사용하는 것이 수명 측면에서 유리하다. 수명을 확보할 수 있는 대표적인 도너 및 억셉터 단위체로서는 카바졸, 트리아진, 벤조나이트릴, 아이소프탈로나이트릴 등이 있다. TADF 발광 물질의 재료 특성과 소자 특성과의 관계를 그림 7-31에 정리하였다.

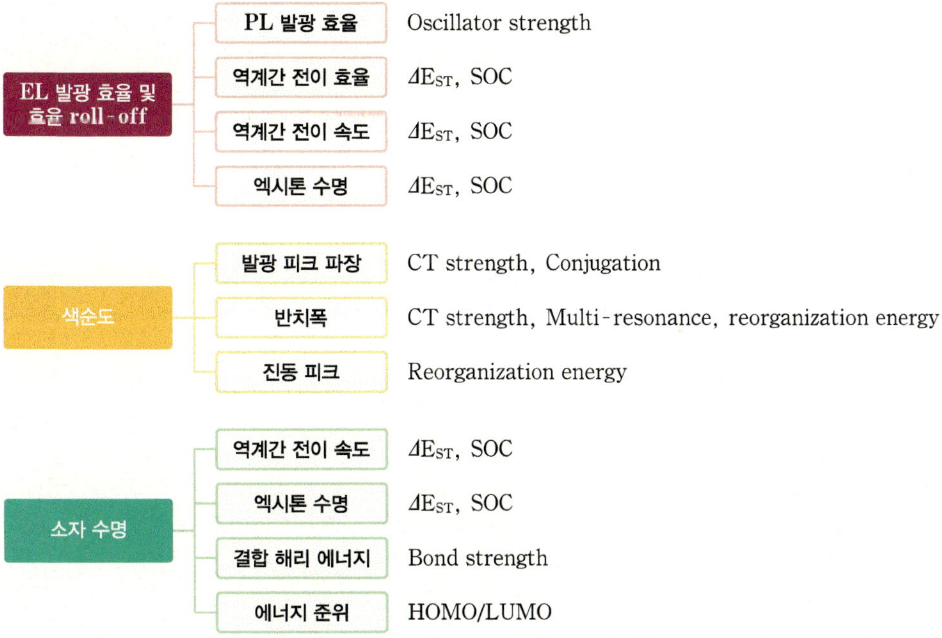

그림 7-31 TADF 소재의 특성과 소자 특성 상관 관계

5 컬러별 발광 재료

1 적색 발광 재료

적색 발광 재료는 초기에는 형광 발광 재료가 사용되었으며, 낮은 효율 문제로 인하여 현재는 효율이 우수한 인광 발광 재료가 주로 사용되고 있다. 인광 발광 재료의 경우에는 초기에는 효율은 높지만 수명이 짧은 문제점을 가지고 있었으나, 적색 인광 도펀트의 리간드를 다양하게 개발하면서 장수명화가 가능하여 제품에 적용되었다. TADF 발광 재료는 아직까지 개발 단계이나, 인광과 동등한 효율 특성을 보이고 있으며, 최근에는 수명도 크게 개선되었다.

적색 형광 발광 재료는 장파장 발광을 위하여 공액 구조의 길이를 확장하는 분자 구조를 활용하거나, 강한 도너 (전자 주개) 및 억셉터 (전자 받개) 단위를 도입하는 분자 구조를 활용한다. 공액 구조의 길이 조절을 통하여 개발한 적색 형광 재료의 대표적인 재료로서는 DBP가 있으며[26], 청색 발광 재료인 TBPe의 코어 구조인 perylene 구조의 양쪽에 방향족 단위를 확장하여 공액 구조 확장을 통하여 적색을 구현하였다. DBP는 효율도 우수하고, 수명도 우수한 적색 발광 재료로 알려져 있다. 적색 계열의 재료로서 황색 영역의 발광을 하는 rubrene도 널리 알려져 있으며[25], 청색 발광을 하는 안트라센 구조에 하나의 방향족 단위가 확장된 테트라센 코어 구조를 가지고 있으며, 공액 구조의 확장을 통하여 장파장 발광을 하는 물질이다. 코어 구조에 추가적인 페닐기를 치환하여 평면 구조인 테트라센 구조의 분자간 상호 작용을 억제하고 이를 통하여 고효율을 구현하였다. Rubrene 구조에 t-butyl 단위체를 치환한 TBRb라는 물질도 알려져 있으며, 이 물질은 추가적인 t-butyl 단위를 통하여 분자간 상호작용을 추가적으로 제어하기 위하여 개발한 물질이다. TBRb는 rubrene에 비하여 분자간 상호작용 억제 효과가 크므로 특히 TADF 또는 인광 감응 형광 소자에서 널리 사용된다[27].

도너-억셉터를 이용하는 발광 재료로서 대표적인 재료는 DCM[39]과 DCJTB[28]가 있다. DCM은 개발 초기에 보고된 재료로서 도너 단위로 메틸을 치환한 단위를 포함하고 있으며, 억셉터 단위로 강한 전자 당김 단위인 CN을 2개 포함하는 피란 단위를 포함하고 있는 화합물이다. 도너 단위에 의한 얕은 HOMO와 강한 억셉터 단위에 의한 깊은 LUMO로 인하여 HOMO-LUMO 차이가

39) C. W. Tang et al. J. Appl. Phys. 65, 3610 (1989)

작고 이에 의하여 적색 발광이 가능한 물질이다. 유사한 물질로서는 DCJTB가 있으며, 도너-억셉터 구조에 의하여 장파장 발광을 한다. 이와 함께 보론을 기반으로 하는 형광 재료도 개발되었으며, 비교적 좁은 스펙트럼을 갖고 우수한 수명을 갖는 적색 형광 재료로 효율적으로 사용된다.

적색 인광 발광 재료는 장파장 발광을 위하여 리간드 구조에 공액 구조가 확장된 리간드를 도입하는 방식을 일반적으로 적용한다. 일반적으로 동일한 리간드를 도입하여 분자를 구성하는 homoleptic 구조를 적용하는 녹색 인광 발광 재료에 비하여 bulky한 구조의 리간드로 인하여 보조 리간드를 도입하는 heteroleptic 구조의 발광 재료도 많이 사용한다. 가장 널리 알려져 있는 적색 인광 도펀트는 공액 구조 확장을 통한 장파장 이동을 위하여 녹색 인광 재료에서 주로 사용하는 페닐 또는 피리딘 구조를 대체하여 리간드 구조에 나프탈렌 또는 퀴놀린 구조를 포함하는 인광 도펀트이다. Homoleptic 구조와 heteroleptic 구조의 적색 인광 도펀트로서 $Ir(pq)_3$, $Ir(pq)_2acac$, $Ir(piq)_3$, $Ir(piq)_2acac$ 등이 알려져 있다[40)41)42)]. $Ir(pq)_3$ 계열 인광 도펀트는 주황색 계열의 발광을 하며, $Ir(piq)_3$ 계열의 물질은 적색 발광을 보인다. Ir 계열의 인광 도펀트와 함께 Pt 계열의 적색 인광 도펀트도 알려져 있다[43)]. Pt 계열도 Ir 계열과 유사하게 퀴놀린 계열의 리간드 구조를 적용한 bidentate 및 tridentate 구조의 Pt 화합물이 적색 발광을 보이며, PtN3N-ptb 인광 재료가 적색 발광 재료로서 높은 효율과 장수명을 보이는 재료로서 알려져 있다.

최근에는 TADF 방식의 적색 발광 재료도 개발되었으며, 도너 구조로서 카바졸 계열의 도너 구조를 적용하고 억셉터 구조로서 공액 구조가 확장된 헤테로 방향족 또는 CN 치환된 방향족 구조를 갖는 TADF 발광 재료가 우수한 특성을 보이고 있다[31)]. 가장 먼저 알려진 적색 TADF 발광 재료는 1,4-dicyanobenzene을 강한 억셉터로 포함하고, 도너로서 네 개의 카바졸 단위를 포함하고 있는 4CzTPN 이다. 높은 효율과 장수명을 보이는 특징을 가지고 있으나, 고휘도 및 고농도 도핑에서 소광 현상으로 인하여 효율 roll-off가 심하고, 고농도에서 소광 현상에 의하여 효율이 급격하게 감소한다. TADF 감응 형광 소자에서 TADF 재료로서 높은 효율과 수명을 보이는 장점을 갖는다. 4CzTPN 이외에 heptazine 코어를 이용한 적색 재료인 HAP-3TPA[44)], 나프틸이미드 억셉터를 갖는 NAI-DMAC 및 CN 치환 다중환 기반 방향족 억셉터를 이용한 적색 TADF 재료도 보고

40) H. Kanno et al. Appl. Phys. Lett. 90, 123509 (2007)
41) J. Kido et al. Adv. Mater. 23, 926 (2011)
42) U. S. Schubert, Adv. Mater. 21, 4418 (2009)
43) J. Li et al. ACS Appl. Mater. INterfaces 7, 16240 (2015)
44) C. Adachi et al. Adv. Mater. 25, 3319 (2013)

되었다[45]. 최근에는 보론과 질소를 포함하는 다중 공명 구조의 적색 TADF 재료도 개발되었으며, 높은 양자 효율과 함께 40 nm 미만의 좁은 반치폭을 구현하였다[37].

적색 형광 물질의 호스트 물질로서는 Alq_3와 같은 구조의 물질이 널리 알려져 있으며, 인광 물질 및 TADF 발광 재료의 호스트 물질로서는 우수한 바이폴라 특성을 갖는 카바졸-트리아진계 물질이 알려져 있다. 인광 물질 및 TADF 발광 재료의 호스트 재료는 적색 인광이나 TADF 발광 물질의 삼중항 에너지가 2.0~2.2 eV 수준이기 때문에 2.2 eV 이상의 삼중항 에너지를 가져야 한다. 대표적인 적색 발광 물질을 그림 7-32에 표시하였다.

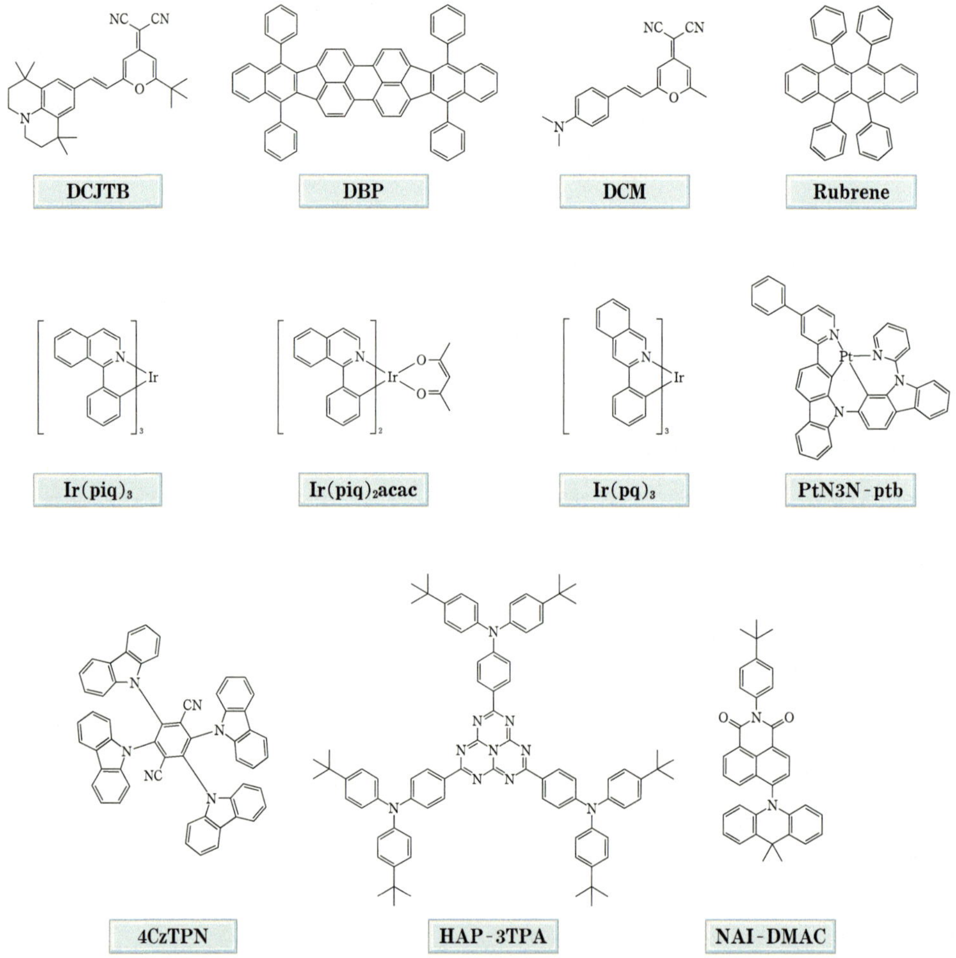

그림 7-32 대표적인 적색 발광 물질

45) T. Yasuda et al. Adv. Funct. Mater. 26, 1813 (2016)

2 녹색 발광 재료

녹색 발광 재료도 개발 초기에는 형광 발광 재료를 사용하였으나, 최근에는 효율이 우수한 인광 발광 재료를 사용하고 있다. 녹색 형광 발광 재료는 적색 형광 발광 재료에 비하여 공액 구조의 길이가 짧은 분자 구조를 활용하고, 도너 및 억셉터를 이용하여 발광 파장 조절시에는 약한 도너 및 억셉터 특성을 가지고 있는 물질을 활용하여 사용한다. 대표적으로 녹색 형광 발광 물질들은 적색 발광 물질인 DBP에 비하여 공액 길이가 짧은 구조로 이루어져 있으며, C545T는 DCJTB에 비하여 도너는 유사하지만 억셉터의 세기가 약한 구조로 이루어져 있다[29]. 또한, 널리 알려져 있는 녹색 형광 발광 물질은 청색 발광 물질 구조로 알려져 있는 안트라센 코어에 방향족 아민 단위체를 치환한 안트라센 계열의 물질로서 높은 발광 효율과 우수한 수명을 나타내는 것으로 알려져 있다. 초기에는 C545T 계열의 물질이 널리 사용되었으나, 안트라센 계열의 물질이 개발되면서, 안트라센 계열이 녹색 형광 물질로서 주로 사용된다.

인광 발광 물질의 경우에는 가장 많이 알려져 있는 구조가 페닐피리딘 리간드를 사용하는 $Ir(ppy)_3$ 발광 물질이며[46], $Ir(mppy)_3$와 같이 페닐피리딘 리간드를 메틸 또는 페닐과 같이 다양하게 치환한 인광 발광 물질이 알려져 있다[41]. 녹색 인광 물질은 보조 리간드를 사용하지 않고 하나의 리간드만을 활용하는 homoleptic 구조의 인광 발광 물질이 일반적으로 사용된다. 페닐피리딘 구조를 기반으로 페닐 단위에 메틸, 페닐과 같은 치환체를 도입하여 발광 특성을 조절할 수 있다. 일반적으로는 homoleptic 구조의 녹색 인광 도펀트를 사용하지만, 보조 리간드의 구조 조절을 통해서, 분자 배향을 제어할 수 있기 때문에 다양한 보조 리간드를 갖는 녹색 인광 도펀트들이 보고되었다. 보조 리간드를 포함하는 $Ir(ppy)_2acac$의 경우에는 발광 파장은 $Ir(ppy)_3$와 유사하지만 보조 리간드에 의한 분자 쌍극자 배향에 의하여 높은 효율을 구현할 수 있다. 페닐피리딘 리간드를 포함하는 다양한 녹색 인광 발광 재료에서 보조 리간드 사용에 의하여 분자 쌍극자 배향이 유도될 수 있으며, 발광 효율을 높이는 데 효과적이다. 녹색 인광 발광 물질의 경우에도 Pt를 기반으로 하는 발광 재료가 알려져 있으며, bidentate, tridentate 및 tetradentate 기반의 Pt 발광 물질(Pt(bp-2))이 녹색 인광 발광 물질로 보고되어 있다[47].

녹색 TADF 물질로서는 CN 치환 방향족 단위를 억셉터 단위로 적용하고 카바졸 단위를 도너 구조로서 활용하는 4CzIPN 발광 재료가 우수한 특성을 보인다[31]. 초기 녹색 TADF 재료로서 20% 이상

46) M. A. Baldo Appl. Phys. Lett. 75, 4 (1999)

47) J. Li et al. Adv. Mater. 29, 1601861 (2017)

의 외부 양자 효율을 보였으며, 이후 추가적인 소자 구조 개발을 통하여 30% 이상의 양자 효율을 구현하였다. 비교적 우수한 소자 수명과 짧은 여기 상태 수명으로 인하여 널리 사용되고 있다. CN 치환 방향족 기반의 억셉터 구조와 함께 트리아진 계열의 억셉터가 녹색 TADF 발광 재료 개발을 위해서 널리 사용되며, 카바졸 및 아민 계열의 도너를 활용하는 다양한 녹색 TADF 발광 재료들이 알려져 있다[33]. CzDBA는 보론 기반의 억셉터 구조를 포함하는 녹색 TADF 발광 재료이며, 알려져 있는 녹색 TADF 물질 중 가장 높은 효율을 구현할 수 있는 발광 재료이다. 녹색 계열의 TADF 발광 재료들은 많은 재료들이 20% 이상의 높은 양자 효율을 구현하였다. 그러나, 발광 스펙트럼이 넓은 문제점을 가지고 있으며, 넓은 스펙트럼의 문제를 극복하기 위하여 보론과 질소를 기반으로 하는 다중 공명 구조의 녹색 발광 재료로서 DtBuPhCzB가 개발되었고, 30 nm 수준의 좁은 반치폭과 20% 이상의 높은 양자 효율을 보였다[36]. 그러나, 아직까지 여기 상태 시간이 긴 상태로 여기 상태에서 머무르는 시간을 추가적으로 줄이는 것이 요구된다.

녹색 형광 재료의 호스트 재료로서는 안트라센 계열의 호스트가 널리 사용되며, 이외에도 Alq_3 등의 물질도 사용된다. 안트라센 계열 호스트 재료가 재료의 안정성 측면에서 우수하고, TTF 과정을 통하여 녹색 형광 발광 물질의 효율을 최대화할 수 있기 때문에 초기에 사용하던 Alq_3를 대신하여 널리 사용한다. 인광 발광 물질 및 TADF 발광 물질의 호스트 재료로서는 녹색 인광 및 TADF 발광 물질의 삼중항 에너지가 2.3~2.5 eV 수준이기 때문에 2.5 eV 이상의 삼중항 에너지를 갖는 호스트 물질이 사용되며, 카바졸 계열 기반의 단위체가 정공 수송 단위로 사용되고, 트리아진 등의 단위체가 전자 수송 단위체로 사용된다. 바이폴라 호스트 계열의 물질을 단일 호스트로 사용하기도 하나, 최근에는 정공 수송성 호스트와 전자 수송성 호스트를 혼합 호스트로 적용하는 구조를 널리 사용한다. 혼합 호스트 중 특히 엑시플렉스 호스트가 우수한 특성을 보이는 것으로 알려져 있으며, 다양한 엑시플렉스 호스트들이 녹색 인광 및 TADF 소자에 적용되었다. 대표적인 녹색 발광 물질을 그림 7-33에 표시하였다.

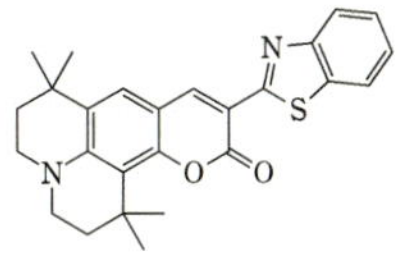

C545T

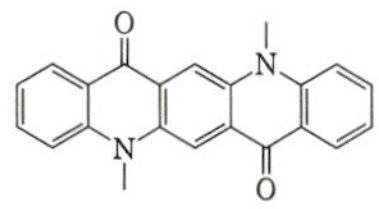

DMQA

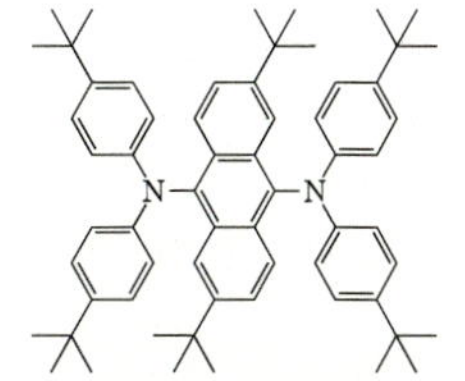

6tBPA

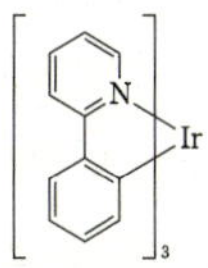

Ir(ppy)$_3$

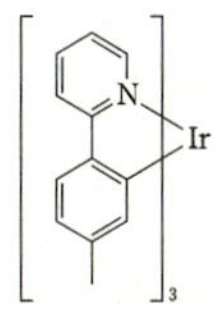

Ir(mppy)$_3$

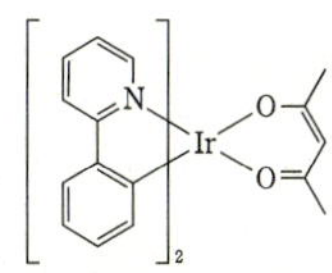

Ir(ppy)$_2$acac

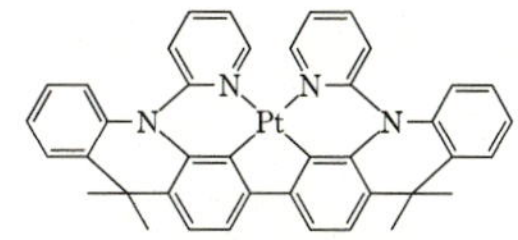

Pt(bp-2)

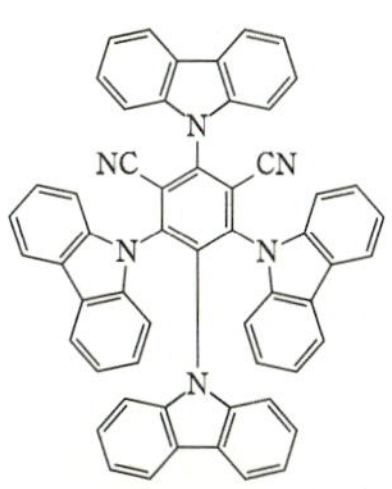

4CzIPN

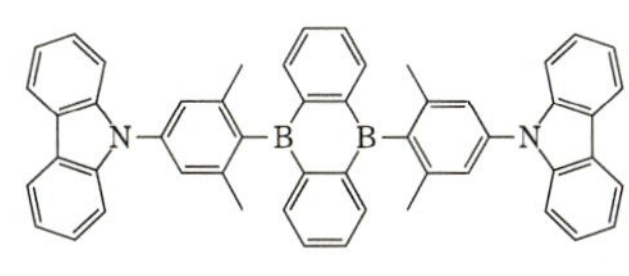

CzDBA

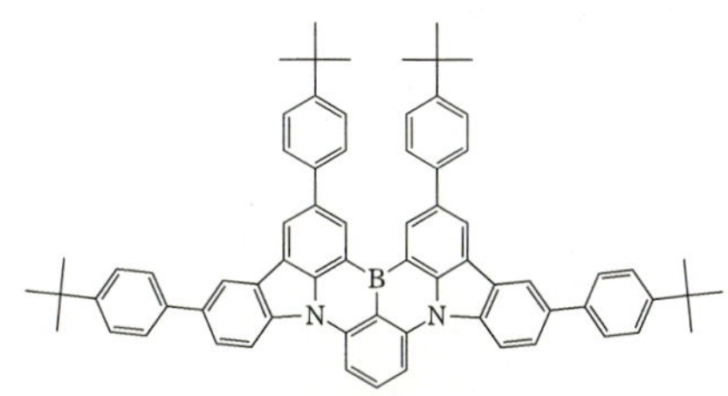

DtBuphCzB

그림 7-33 대표적인 녹색 발광 물질

3 청색 발광 재료

청색 발광 재료는 적색 및 녹색 발광 재료와는 달리 청색 인광 발광 재료의 소자 수명이 짧기 때문에 형광 발광 재료를 현재까지 사용하고 있다. 청색 발광을 구현하기 위해서는 높은 발광 에너지를 구현하기 위하여 적색 및 녹색에 비하여 공액 구조의 길이가 짧은 분자 구조를 적용해야 한다. 적색 DBP와 청색 TBPe 발광 재료를 비교해 보면 공액 구조의 길이가 짧아짐에 따라 발광 파장이 청색으로 이동하는 것을 확인할 수 있다. 청색 발광 재료의 발광 단위로 가장 널리 사용되는 단위는 파이렌 단위로서 우수한 효율 특성과 수명 특성을 구현할 수 있으며[48], 다양한 방향족 아민 단위를 치환한 발광 재료로서 PyCN과 같은 발광 재료들이 개발되었다. 파이렌 계열 재료 이외에 최근에는 보론을 기반으로 하는 형광 발광 재료들로서 t-DABNA와 같은 발광 재료도 개발되었다[34].

특히 보론 계열의 화합물은 좁은 스펙트럼으로 인하여 색순도가 좋은 장점을 가지고 있다. 원래

48) J. Park et al. ACS Appl. Mater. Interfaces 10, 30022 (2018)

보론 재료들은 TADF 발광 재료로 개발되었지만, 긴 여기 상태 시간으로 인하여 소자 수명이 짧은 문제점이 있기 때문에, 삼중항 에너지가 낮은 안트라센 계열 호스트를 이용하여 삼중항 엑시톤을 모두 소광시키고 일중항 엑시톤만을 활용하여 형광 재료로 사용한다. 좁은 스펙트럼으로 인하여 배면 발광 소자에서도 우수한 색특성을 나타내지만, 전면 발광 소자에서 공진 구조에 의한 스펙트럼 손실이 매우 적게 일어나기 때문에, 고효율 및 우수한 색순도를 구현할 수 있다. 또한, 백색 OLED와 컬러 필터를 적용하는 소자 구조에서도, 컬러 필터에 의한 스펙트럼 손실이 최소화되기 때문에 높은 효율 구현이 가능하다. 높은 효율 뿐 아니라 다중 공명 구조를 통한 분자 안정화 효과에 의하여 수명도 우수한 특성을 갖는다. 이외에도 플로렌 계열의 CN-SBAF 및 안트라센 계열의 BD3 및 페릴렌 계열의 발광 재료들도 청색 형광 발광 재료로 알려져 있다. 그림 7-34에 대표적인 청색 형광 발광 물질을 나타내었다.

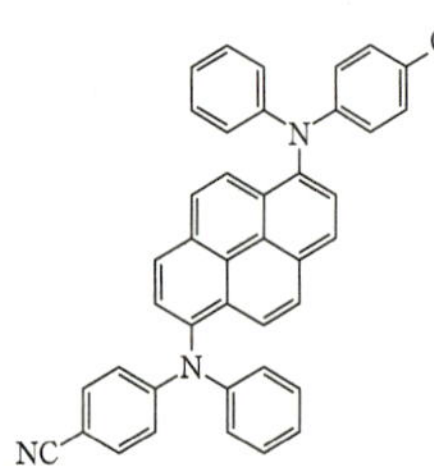

PyCN

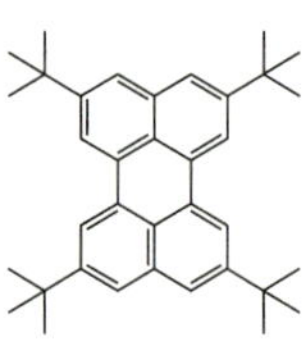

TBPe

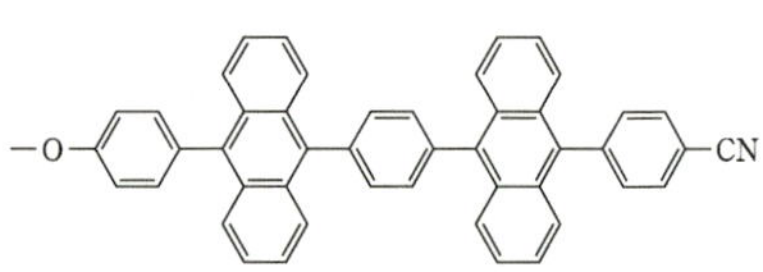

BD3

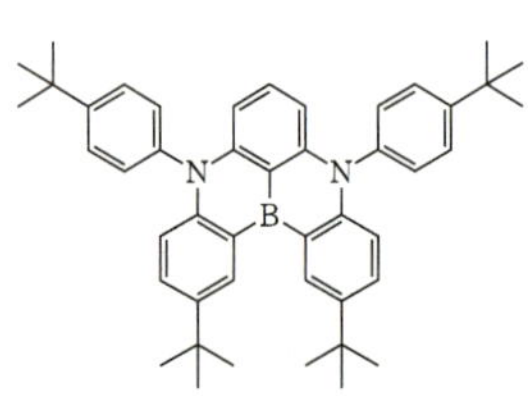

t-DABNA

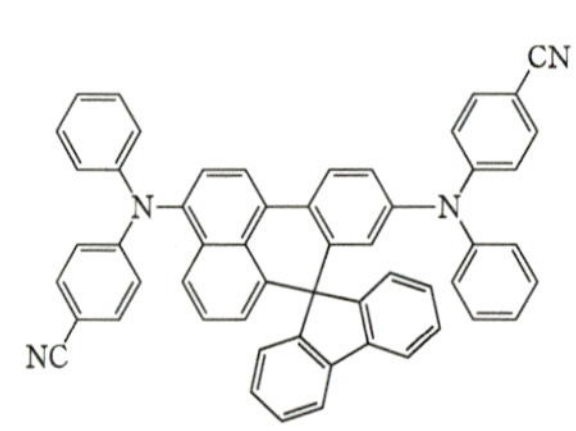

CN-SBAF

그림 7-34 대표적인 청색 형광 발광 재료

수명 문제로 인하여 형광 발광 재료가 현재 청색 재료로 주로 사용되고 있으나, 청색 형광 발광 재료의 낮은 효율의 문제점을 극복하기 위해서 청색 인광 발광 재료도 개발되고 있다. 효율은 형광에 비하여 월등히 우수한 효율이 구현되고 있으나, 수명 측면에서 짧은 수명을 보이는 문제점을 가지고 있으며, 현재 청색 인광 재료의 개발은 주로 수명을 개선하는 방향으로 진행되고 있다. 초기 청색 인광 발광 재료는 페닐피리딘 리간드를 사용하고, HOMO 및 LUMO 에너지 준위를 조절하여 발광 파장을 단파장으로 이동시키기 위하여 페닐 단위에는 전자를 당기는 단위를 도입하고, 피리딘 단위에는 전자를 주는 단위를 도입하는 구조를 활용하였다. 대표적으로 알려져 있는 구조는 HOMO 에너지 준위를 조절하기 위하여 페닐 단위에 F 또는 CN과 같은 강한 전자 당김 단위를 도입한 구조로서, FIrpic 및 FCNIr 등이 알려져 있다[41,49,50]. 그러나, 페닐피리딘 계열의 리간드를 포함하고 있는 Ir 도펀트들은 안정성이 좋지 않아 매우 짧은 수명을 갖는 문제점이 있다. 페닐피리딘계 인광 재료를 대체하기 위하여 개발된 리간드 구조는 페닐이미다졸 및 페닐카벤계 리간드이다[51,52,53]. 피리딘 구조를 대체하여 이미다졸 및 카벤 구조를 도입함으로써 전자 밀도가 피리딘에 비하여 높아지기 때문에 LUMO를 얕게 이동시킬 수 있으며, 파장을 단파장으로 이동할 수 있다. 특히, 카벤 구조를 리간드 구조에 도입하여 LUMO 이동을 크게 유도할 수 있으며, 이를 통하여 진청색의 인광 발광을 구현할 수 있다. 카벤 계열의 대표적인 청색 인광 물질로는 $Ir(cb)_3$가 있으며, 색순도가 우수하고, 20% 이상의 높은 외부 양자 효율 및 페닐피리딘계에 비하여 장수명을 구현할 수 있다. $Ir(pmp)_3$는 색순도가 매우 우수한 카벤계 발광 재료이다. 이미다졸 계열의 대표적인 인광 발광 물질로는 $Ir(dmp)_3$가 있으며, 우수한 수명 특성을 보이나, 색순도가 좋지 않은 단점을 가진다. $Ir(dmp)_3$의 색순도를 개선한 물질로 CNIr이 있으며, HOMO를 조절하는 페닐 단위에 전자 당김 단위체인 CN 단위 도입을 통하여 색순도가 우수하고, 장수명 및 고효율 특성을 동시에 구현할 수 있는 재료이다. 이미다졸계 인광 도펀트와 카벤계 인광 도펀트를 비교하면 색순도는 카벤 계열이 우수하고, 수명은 이미다졸 계열이 우수한 특성을 보인다. 페닐피리딘, 페닐이미다졸, 및 페닐카벤계 Ir 발광 재료를 그림 7-35에 나타내었다.

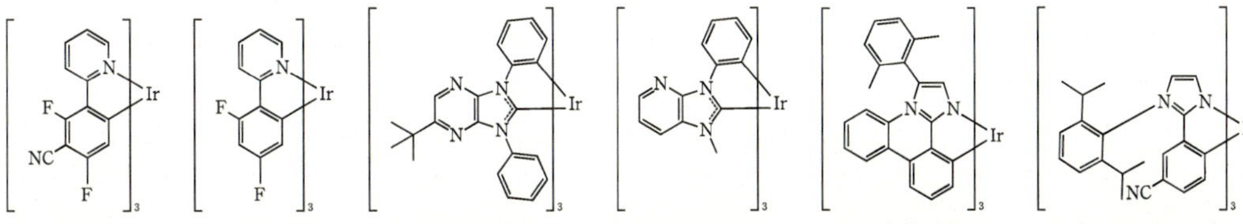

FCNIr | FIrpic | $Ir(cb)_3$ | $Ir(pmp)_3$ | $Ir(dmp)_3$ | CNIr

그림 7-35 Ir 기반의 청색 인광 발광 재료

49) S. R. Forrest et al. Appl. Phys. Lett. 79, 2082 (2001)
50) J. Y. Lee et al. Adv. Funct. Mater. 19, 3644 (2009)
51) J. Y. Lee et al. Adv. Funct. Mater. 17, 1603007 (2017)
52) J. Kido et al. Adv. Mater. 26, 5062 (2014)
53) R. J. Holmes et al. Appl. Phys. Lett. 87, 243507 (2005)

Ir 계열의 발광 재료가 효율은 우수한 특성을 보이지만, 수명이 짧고 발광 스펙트럼이 넓은 문제점을 갖기 때문에 좁은 스펙트럼을 구현할 수 있는 Pt 계열의 청색 재료가 활발히 개발되고 있다. 리간드로 tetradentate 기반의 리간드를 사용할 경우 진동 운동을 억제하여 Pt 계열의 청색 인광 도펀트에서 좁은 스펙트럼을 얻을 수 있으며, Pt 계열의 발광 재료에서 문제가 되는 장파장에서의 엑사이머에 의한 발광을 억제할 수 있다[54]. Tetradentate 기반의 다양한 Pt 발광 재료들이 보고되어 있으며, 높은 효율과 좁은 반치폭을 얻을 수 있다. 그림 7-36에 대표적인 Pt 계열의 발광 재료를 나타내었다. PtNON은 피리딘과 카바졸을 기반으로 구성된 청색 Pt 발광 재료로서 진청색 발광 특성 구현은 어렵지만, 우수한 발광 특성을 보이는 발광 재료이다. PtON7-dtb는 현재 개발되어 있는 Pt 발광 재료 중에서는 가장 높은 양자 효율과 색순도 특성을 보이는 청색 인광 도펀트로서 tert-butyl 단위를 분자간 상호 작용을 억제하는 단위체로 사용하여 높은 효율을 구현할 수 있으며, 카벤 단위 도입을 통하여 진청색을 구현할 수 있다. PtON1-tBu는 피라졸 계열의 리간드를 통하여 진청색을 구현할 수 있는 인광 도펀트로서 우수한 색순도를 구현할 수 있으나, 효율이 낮은 특징을 갖는다. Pt 발광 재료의 경우 청색 발광을 위해서는 tetradentate 계열의 리간드를 활용하지만, bidentate 리간드를 사용할 경우에는 엑사이머 형성에 의한 적색 발광을 동시에 유도할 수 있기 때문에 하나의 도펀트 물질을 이용하여 백색 발광을 구현하는 용도로 사용할 수 있다[46]. 대표적인 백색 발광 유도 물질로 Pt-16, FPt, Pt-4와 같은 재료가 알려져 있으며, 효율적인 청색

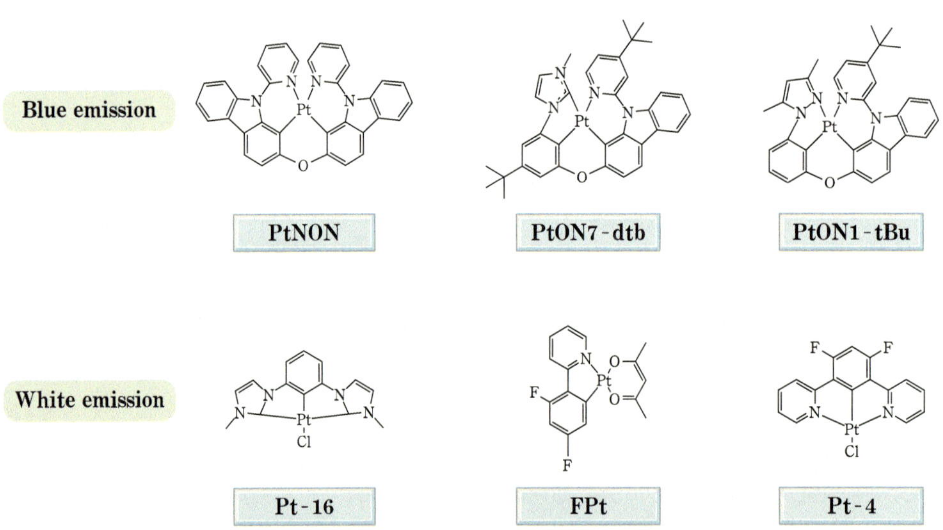

그림 7-36 Pt 기반의 청색 인광 발광 재료 및 백색 발광 재료

54) J. Li et al. Adv. Mater. 26, 7116 (2014)

발광과 적색 발광의 조합에 의하여 높은 양자 효율을 갖는 백색 발광 소자를 구현하였다.

청색 TADF 발광 재료로서는 CN치환 방향족 억셉터를 기반으로 하는 2CzPN 등의 발광 재료가 초기에 개발되었으며, 20% 이상의 높은 효율을 보였다[31]. 이와 함께 diphenylsulfone 억셉터와 아크리딘 도너를 기반으로 하는 DMAC-DPS TADF 재료가 청색 재료로서 짧은 여기 상태 수명, 높은 효율 및 진청색 발광 스펙트럼을 보여 TADF 재료의 청색 발광 재료로서의 가능성을 보였다[55]. 이 외에도 트리아진 계열의 억셉터를 이용한 청색 TADF 발광 재료로서 여러 개의 도너 도입을 통하여 높은 효율을 구현할 수 있는 TCzTrz 및 아크리딘 도너 도입을 통하여 높은 효율 구현이 가능한 DMAC-Trz가 있다. 최근, 보론 계열 억셉터를 이용한 TADF 발광 재료를 이용하여 30% 이상의 높은 양자 효율을 구현하였으며 (TDBA-Ac), CN 포함 억셉터 구조를 이용하여 장수명 특성을 구현할 수 있는 5tCzBN 등도 알려져 있다[56]. 그러나, 대부분의 TADF 발광 재료들은 넓은

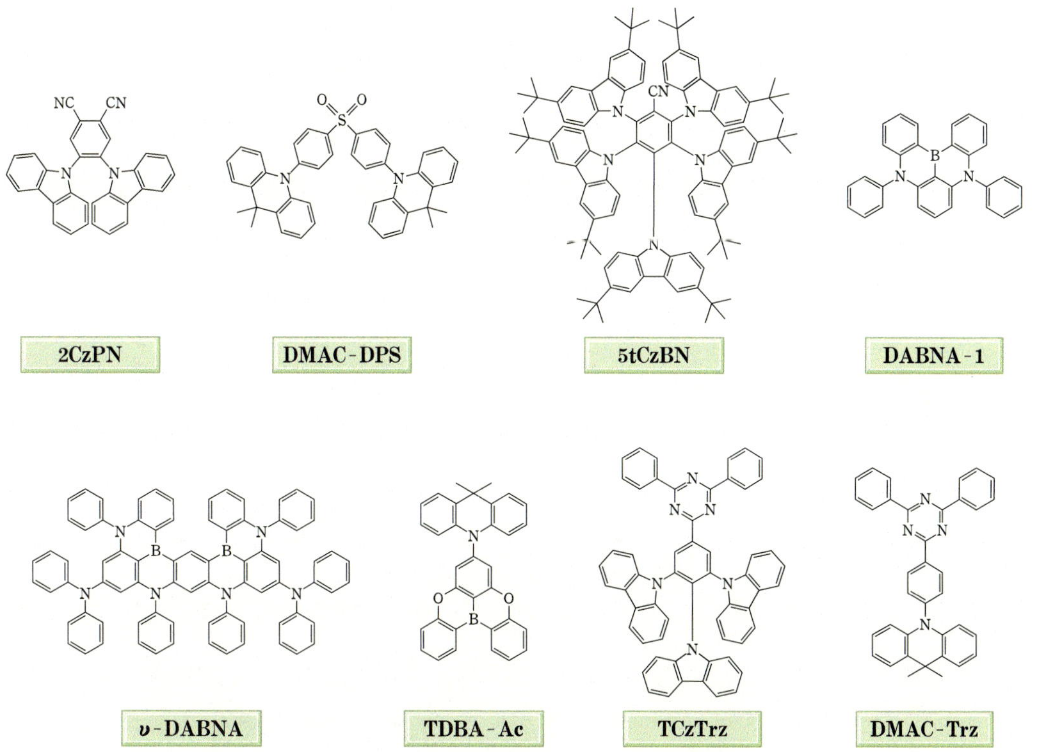

그림 7-37 대표적인 청색 TADF 발광 재료

55) C. Adachi et al. Nat. Photon. 8, 326 (2014)

56) J. H. Kwon et al. Nat. Photon. 13, 540 (2019)

발광 스펙트럼을 보이는 문제점이 있으며, 좁은 스펙트럼을 구현하기 위하여 보론과 질소를 기반으로 하는 다중 공명 청색 TADF 발광 재료가 개발되었다. 다중 공명 구조로 인하여 30 nm 이하의 좁은 반치폭을 얻을 수 있으며, 색좌표도 y 좌표 0.10 이하의 진청색에 해당하는 색좌표를 구현하였다[34]. 분자 구조 제어를 통하여 20 nm 이하의 반치폭도 구현할 수 있었고, 30% 이상의 양자효율과 작은 효율 roll-off 특성도 구현 가능함을 확인하였다[35]. 현재 가장 우수한 특성을 보이는 보론계 청색 도펀트는 ν-DABNA이다. 다양한 TADF 청색 발광 재료를 그림 7-37에 나타내었다.

청색 형광 발광 물질의 호스트 재료로서는 안트라센을 기반으로 하는 호스트 재료가 가장 널리 사용된다. 안트라센 계열의 물질들은 전자 이동 특성이 상대적으로 큰 전자 수송 특성을 가진 물질이며, 전자 수송 특성으로 인하여 발광층에서 발광 영역을 정공 수송층 근처로 제어할 수 있으며, 우수한 TTF 특성으로 인하여 청색 형광 소자의 효율을 높일 수 있다. 안트라센 구조의 우수한 열적 및 화학적 안정성으로 인하여 장수명 구현에 적합한 청색 호스트 물질로서 현재 오랫 동안 사용되고 있다. α-ADN은 가장 널리 사용되는 청색 형광 호스트로서 두 개의 나프틸 단위가 입체적으로 안트라센 평면의 위와 아래에 존재하며, 우수한 필름 안정성을 갖는다. MADN은 코어 구조의 상호 작용을 억제하기 위하여 메틸 단위를 포함하는 구조를 가지고 있으며, TAT는 전이 쌍극자의 수평 배향에 의하여 고효율 구현이 가능한 안트라센계 호스트 물질이다. 대표적인 안트라센 계열의 호스트 구조를 그림 7-38에 나타내었다.

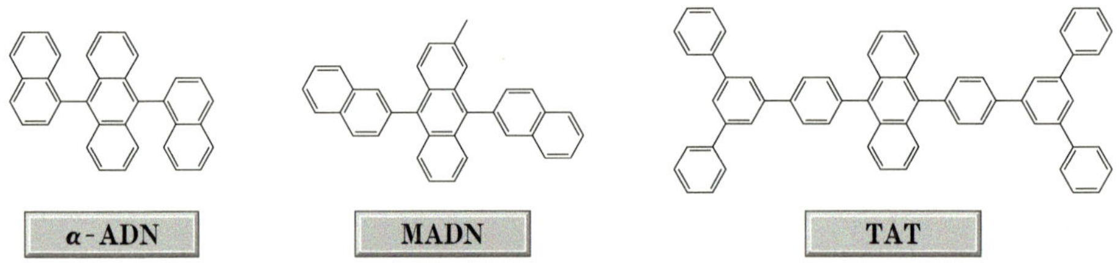

그림 7-38 안트라센 계열 화합물

청색 인광 및 지연 형광 발광 소자의 호스트 재료로는 청색 재료의 삼중항 에너지가 2.6~2.8 eV 수준이므로, 2.9 eV 이상의 삼중항 에너지를 갖는 호스트를 사용한다. 삼중항 에너지 조건을 만족하는 호스트로는 카바졸 계열의 호스트로서 mCP, mCBP, oCBP, CDBP, TAPC, TCTA 등이 정공 수송성 호스트로 사용된다[57]. 전자 수송성 호스트로는 B3PYMPM, PO-T2T, PO15, DBFTrz,

57) J. Y. Lee et al. Adv. Funct. Mater. 31, 2008332 (2021)

26DCzPPy, mCBP-1CN, CNmCBPCN, TSPO1, DPEPO, 및 SiCzTrz 등이 있다. 발광층에서의 전하 균형과 소자 수명을 확보하기 위하여 정공수송성 호스트와 전자 수송성 호스트를 혼합하는 혼합 호스트 구조를 주로 적용한다. 다양한 호스트 조합을 통하여 혼합 호스트 구조를 구현할 수 있으며, 수명 특성이 우수한 호스트로 벤조나이트릴 계열의 CNmCBPCN이 대표적으로 알려져 있고, 트리아진 계열로는 triphenylsilyl 단위 등을 치환한 SiCzTrz 호스트가 알려져 있다[58]. 강한 전자 수송 특성을 보이는 호스트로는 B3PYMPM 및 PO-T2T 등이 있으며, 약한 전자 수송 특성을 보이는 호스트로는 TSPO1, DPEPO, PO15, mCBP-1CN, 26DCzPPY 등이 있다. 정공 수송성 호스트 중에서는 TAPC와 TCTA가 강한 정공 수송성 호스트이여, 카바졸계 호스트 중에서는 oCBP와 CDBP가 카바졸 단위가 뒤틀어진 구조를 가지고 있기 때문에 강한 정공 특성을 갖는다.

혼합 호스트로서는 엑시플렉스 호스트들이 우수한 특성을 보이고 있으나, 녹색에 비하여 청색 엑시플렉스를 구현하기가 상대적으로 어렵기 때문에, 청색 엑시플렉스 호스트는 많이 알려져 있지 않다. 대표적으로 청색 인광 및 TADF 발광 재료에 사용 가능한 호스트 재료를 그림 7-39에 나타내었다.

58) M. Jung et al. Mater. Horizons 7, 559 (2020)

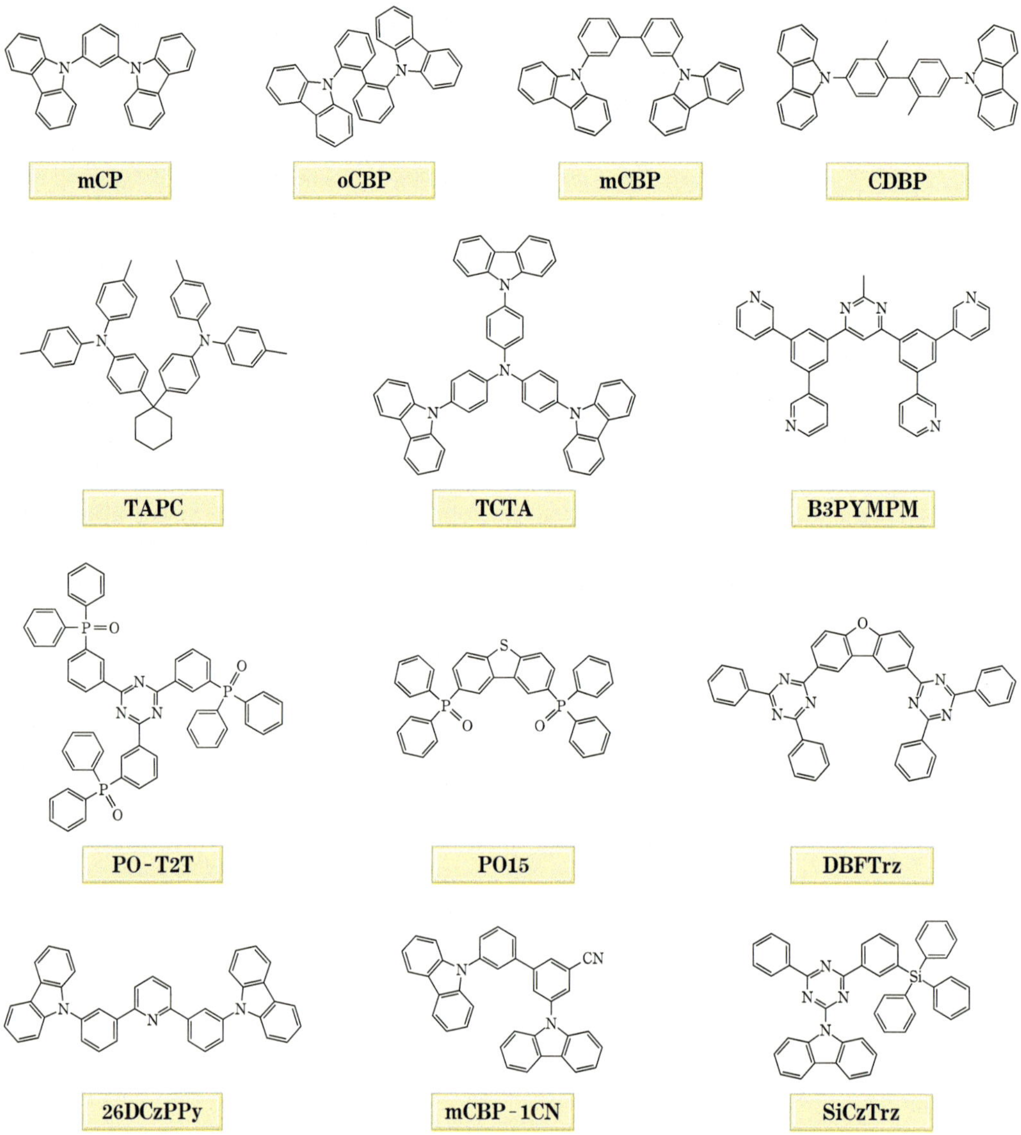

그림 7-39 대표적인 청색 인광 및 TADF 도펀트용 호스트 물질

4 기타 발광 재료

가시 광선 영역의 적색, 녹색 및 청색 발광 재료를 사용하는 것이 일반적이나, 최근에는 센서 응용 등을 위해서 근적외선 및 적외선 영역의 발광 재료도 개발되고 있다. 기존 가시 광선 영역의 발광 재료에 비하여 장파장에서 발광하기 때문에 분자 구조 내에 강한 도너-억셉터 구조를 포함하거나, 공액 구조가 확장된 분자 구조를 이용하여 근적외선 및 적외선 발광 재료를 설계한다.

근적외선 및 적외선 발광 재료는 energy gap 법칙에 의하여 발광 에너지가 작을 경우 에너지 손실이 증가하기 때문에 고효율 구현이 가시 광선 영역의 발광 재료에 비하여 상대적으로 어렵다. 강한 도너-억셉터 구조를 이용하여 장파장 이동을 유도할 경우 강한 도너-억셉터 구조에 의하여 HOMO-LUMO 분리가 증가하게 되며 장파장 이동은 가능하지만, HOMO-LUMO 중첩 감소로 인하여 효율이 떨어진다. 대표적인 고효율 근적외선 발광 재료는 TADF 특성을 가지고 있는 APDC-DTPA로서 도핑된 발광층 구조에서 63%의 PL 양자 효율과 소자에서 10.2%의 높은 외부 양자 효율을 보였다[59]. 최대 파장은 693 nm로서 고효율 근적외선 발광 재료로서의 가능성을 보였다. 도핑하지 않은 발광층 적용시에는 PL 양자 효율 17%, 최대 발광 파장 777 nm, 최대 외부 양자 효율 2.2%를 나타내었다. 유사한 분자 설계를 포함하고 있는 TPA-DCPP도 근적외선 발광 특성을 갖는 TADF 발광 재료이다. 이 외에도 acetylacetonate boron difluoride 계열의 억셉터를 이용하여 700 nm 이상의 발광 파장과 10% 수준의 양자 효율을 갖는 근적외선 발광 재료도 보고되었다[60].

발광 재료를 도핑하는 방법과 함께 도핑 없이 발광 물질을 단독 발광층으로 이용하는 방법이 근적외선 구현을 위하여 많이 사용되고 있다. 단독 발광층으로 도핑 없이 사용할 경우 분자간의 강한 상호작용에 의하여 발광 파장이 장파장으로 이동하게 되어 근적외선 발광을 구현하는데 유리하다. TPA-QCN 발광 재료는 강한 아민 도너와 강한 퀴녹살린 계열 억셉터를 이용하여 733 nm 발광 파장과 3.9%의 양자 효율을 보였다. 이 외에도 안트라퀴논 계열 등의 재료를 통하여 근적외선 및 적외선 발광을 구현하였다[61].

순수 유기 재료 이외에 근적외선 및 적외선 인광 발광 재료도 보고되었다. 근적외선 재료의 경우 장파장 이동이 상대적으로 쉬운 Pt 계열의 인광 재료가 널리 알려져 있다. Pt 계열 재료의 경우 평면

59) S. T. Lee et al. Adv. Funct. Mater. 27, 1700986 (2017)

60) C. Adachi et al. Nat. Photonics 12, 98 (2018)

61) C. Li et al. Angew. Chem., Int. Ed. 56, 11525 (2017)

구조에 의하여 분자간 상호작용 및 엑사이머 형성이 용이한 특성을 가지고 있다. Pt 인광 발광 재료에서 엑사이머의 형성은 발광 파장을 700 nm 이상의 장파장으로 이동시킬 수 있으며, 안정한 다이머 구조 형성에 의하여 낮은 발광 에너지를 가짐에도 불구하고 발광 효율을 높일 수 있는 장점을 가지고 있다. 대표적인 Pt 계열의 발광 재료로서 bidentate 형태의 2-pyrazinyl pyrazolate 계열의 리간드를 갖는 $Pt(fprpz)_2$ 발광 재료가 있으며, 740 nm의 발광 파장과 24%의 양자 효율을 보인다[62]. 이 외에도 다양한 Pt 계열의 근적외선 발광 재료들이 개발되어 있다. 대표적인 근적외선 및 적외선 발광 재료를 그림 7-40에 정리하였다.

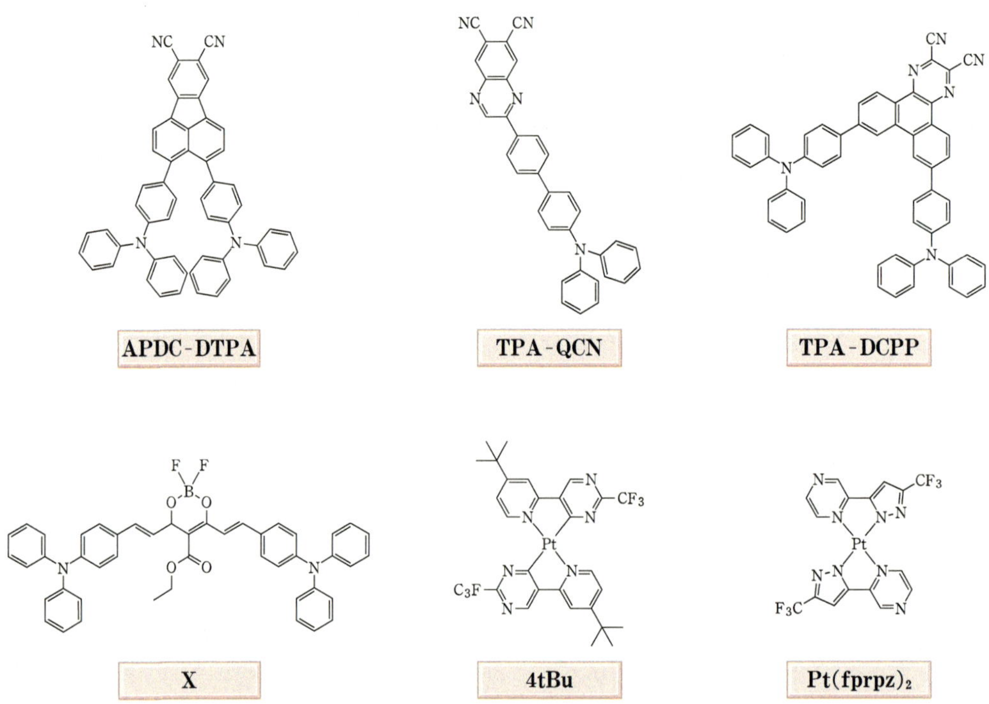

그림 7-40 대표적인 근적외선 및 적외선 발광 재료

62) Y. Chi et al. Nat. Photonics 11, 63 (2016)

제4절

습식 및 승화 정제

OLED 소재는 각 사용 용도에 맞는 특성을 기본적으로 갖추어야 하며, OLED 소자의 수명이 유기 소재 내에 포함되어 있는 불순물에 크게 영향을 받기 때문에 고순도가 필요하며, 일반적으로는 99.9% 이상의 순도를 요구한다. 따라서, 유기 소재를 정제하기 위한 기술이 중요하며, 유기 소재의 정제는 습식 정제 방법과 건식 정제 방법을 사용한다.

습식 정제 방법으로서는 일반적으로 널리 알려져 있는 컬럼 크로마토그래피 및 재결정 등의 방법을 사용하여 고순도를 확보한다. 컬럼 크로마토그래피는 고정상으로 사용하는 충진 물질과 분리하고자 하는 물질 사이의 상호 작용 차이에 의하여 물질을 분리하는 방식으로서 여러 가지 물질이 혼합되어 있을 경우 혼합물 분리에 유용한 방법이다. 그러나, 습식 정제 방법으로는 불순물 제거와 고순도 확보에 한계가 있기 때문에 건식 정제 방법인 승화 정제 방법을 반드시 사용해야 한다. 습식 정제만을 이용할 경우에는 습식 정제시 사용한 용매 등에 의한 불순물 혼입으로 인하여 불순물 제거에 한계가 있다.

승화 정제 방법은 유기물을 가열하여 기체화시킨 후 서로 다른 물질이 기체 상태에서 고체 상태로 변화되는 온도가 다른 점을 이용하여 긴 관을 온도가 서로 다른 여러 영역으로 나눈 후 각 영역에서 물질을 고체 상태로 수득하여 물질을 분리하는 방식이다. 일반적으로 진공상에서 승화 정제를 진행하며, 고진공일수록 승화 온도가 낮아지기 때문에 고진공상에서 승화 정제를 진행한다. 관의 길이가 길어지면 길어질수록 물질 분리 능력이 향상되며, 각 영역마다 적절하게 온도를 설정해야 물질 분리가 가능하다. 승화 정제를 통하여 99.9% 이상의 순도 확보가 가능하며, 한번의 승화 정제를 통하여 고순도 확보가 어려울 경우에는 두 번 또는 세 번의 승화 정제 과정을 거치기도 한다. OLED 소자에서 장수명을 구현하고 안정적인 증착 공정을 진행하기 위해서는 반드시 승화 정제를 진행해야 한다.

승화 정제기의 구성은 보트, 외부관, 내부관으로 구성되어 있다. 외부관을 가열로를 이용하여 가열하며, 외부관 안쪽에 있는 보트와 내부관도 외부관을 통하여 가열된다. 샘플은 보트에 넣어서 승화 정제를 진행하며, 내부관은 샘플 수득을 쉽게 하기 위하여 각 온도 영역별로 관을 분리하여 사용한다. 온도는 샘플을 기준으로 샘플보다 멀어질수록 순차적으로 낮게 설정하고 샘플은 일반적으로 두 번째 영역에서 고체화되도록 설정하고, 불순물은 마지막 영역에서 고체화되도록 설정한다. 승화 정제기의 개략도를 그림 7-41에 나타내었다.

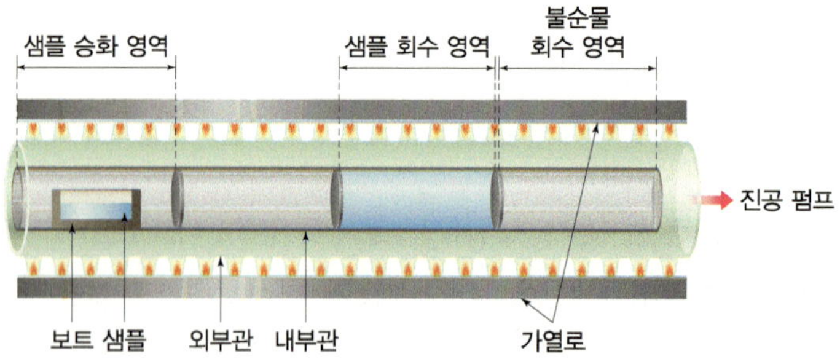

그림 7-41 승화 정제기의 개략도

CHAPTER

08

OLED 소재 평가

OLED 소자에 사용되는 유기 재료에 요구되는 주요 특성으로는 HOMO/LUMO 에너지 준위, 정공/전자 이동도, 발광 파장, 발광 효율, 여기 상태 시간, 유리 전이 온도 및 분해 온도 등이 있으며, 소자 적용을 위해서는 소재 요구 특성을 만족해야 한다.

제1절

HOMO/LUMO 에너지 준위

HOMO/LUMO 에너지 준위는 OLED 소재의 가장 중요한 특성 중 하나로서, 전하의 주입 특성을 결정하고, 소자 특성 중 켜짐 전압이 HOMO와 LUMO에 크게 의존한다. HOMO와 LUMO를 측정하기 위한 방법으로서는 HOMO를 측정하고 HOMO-LUMO 차이를 측정해서 LUMO를 계산하는 방법과 HOMO와 LUMO를 동시에 측정하는 방법이 있다.

1 Ultraviolet Photoelectron spectroscopy (UPS)

UPS는 광전 현상 (photoelectric effect)을 이용하여 고체 샘플의 HOMO를 측정하는 방법이다. 유기 재료에서 UV를 조사할 경우 가장 높은 에너지 준위인 HOMO에 있는 전자를 떼어낼 수 있으며, UV 조사시 샘플에 강한 전압이 걸려 있으면, 전자가 가속되어 검침기로 이동하게 된다. 이때 조사한 UV의 에너지는 알 수 있고, 검침기로 가속되어 나온 전자의 에너지를 측정하면 전자가 속박되어 있는 에너지를 알 수 있다 (그림 8-1). HOMO 준위에 있는 전자가 튀어 나갈 때 전자가 속박되어 있는 에너지가 가장 작으므로, UPS 측정 결과로부터 HOMO를 결정할 수 있다. UPS 측정은 샘플로부터 튀어 나온 전자의 운동 에너지를 측정하는 방법이기 때문에 측정 시스템 내에 불순물이나 입자 등이 있을 경우에는 운동 에너지의 정확한 측정이 어렵다. 따라서, 고진공 상태 ($10^{-8} \sim 10^{-10}$ torr)에서 측정을 진행하며 필름 샘플을 이용하여 측정한다. 고체 샘플을 이용하여 측정하는 방법이기 때문에 실제 소자에서 사용하는 환경에서 에너지 준위를 제공하는 방법으로서 HOMO 측정 방법으로서 가장 정확한 방법이다. 그러나, 고진공하에서 측정해야 하는 번거로움이 있으며, 측정 난이도가 높다는 단점이 있고, HOMO 만 측정 가능하다. LUMO를 알기 위해서는 UPS를 이용하여 측정한 HOMO와 UV-Vis 흡수를 이용하여 측정한 HOMO-LUMO 갭을 이용해야 한다. UPS 분석법에서는 UV에 의하여 튀어 나오는 전자 중에서 결속 에너지 (binding energy)가 가장 작은 전자의 에너지를 이용하여 HOMO 에너지 준위를 결정할 수 있다.

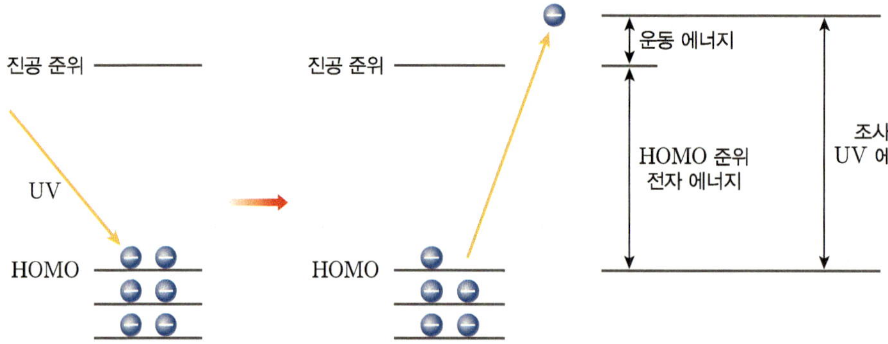

그림 8-1 UPS 분석의 HOMO 에너지 준위 측정 원리

2 Surface analyzer

UPS를 이용하여 HOMO를 측정하는 방법이 고체 필름상 샘플의 에너지 준위를 측정하기에 적합한 방법이나, 측정에 어려움이 있기 때문에 surface analyzer 방법이 개발되었다. 이 방법은 UV 광원을 사용하여 HOMO에 있는 전자가 속박되어 있는 에너지를 측정하는 측면에서 UPS와 유사한 방법이나 측정 원리는 상이하다. Surface analyzer에서는 UV 광원의 에너지를 변화시켜 가면서 고체 필름에 조사하여 샘플에서 전자가 튀어나오기 시작하는 광원의 에너지를 측정하여 HOMO를 결정한다. 가장 작은 에너지로 속박되어 있는 전자가 HOMO 준위에 있는 전자이므로 전자가 튀어 나오는 가장 작은 에너지를 이용하여 HOMO를 측정할 수 있다. 이 방법에서는 UPS와는 달리 튀어 나오는 전자의 운동 에너지를 측정하지 않기 때문에 진공상이 아니고 상압에서 측정할 수 있다는 장점을 가지고 있다. UV 광원의 투과 깊이가 약 20 nm 정도이기 때문에 20 nm 이상 두께의 샘플을 사용해야 하며, 기판은 전자 발생에 의한 charging 현상이 생길 수 있기 때문에 전도성 기판을 사용하는 것이 바람직하다. 이 방법에서도 HOMO 만을 측정하기 때문에 LUMO 결정을 위해서는 HOMO-LUMO 갭이 필요하다. 그림 8-2에 surface analyzer의 개략도와 측정 데이터를 나타내었다.

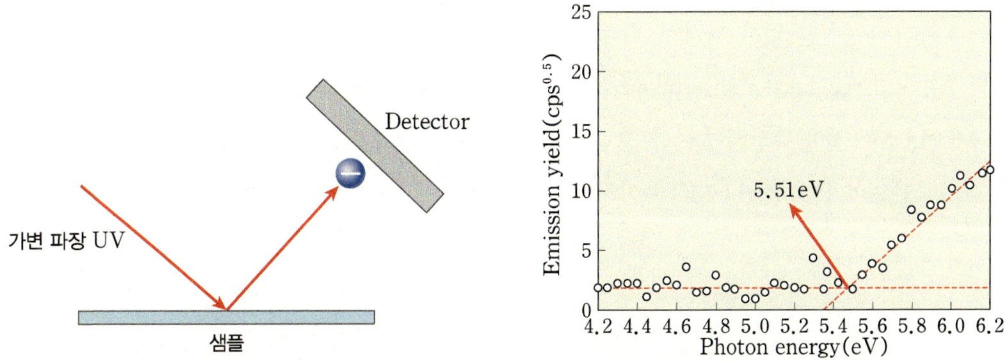

그림 8-2 Surface analyzer를 이용한 에너지 준위 측정

3 Ultraviolet-visible spectroscopy (UV-vis)

UV-vis 측정 방법은 광흡수를 이용하여 HOMO-LUMO 갭을 측정할 수 있는 방법으로서, 광흡수의 가장 작은 에너지가 HOMO에 있는 전자가 LUMO로 전자 전이하는 과정에 해당하는 것을 이용하여 HOMO-LUMO 갭을 측정한다. 흡수 스펙트럼의 외삽을 통하여 HOMO-LUMO 갭을 간단히 결정할 수 있기 때문에 가장 널리 사용한다. 또한, 용액상에서나 고체상에서 흡수 에너지의 차이가 크지 않기 때문에 쉽게 적용 가능한 방법이다. UV-vis 흡수 측정에서는 바닥 상태에 있는 화합물의 전자 전이 특성을 측정하는 방법이기 때문에 여기 상태에서의 전자 전이 특성을 측정하는 PL과는 달리 측정 용매나 매트릭스 물질의 특성에 크게 영향을 받지 않는다.

UV-vis 방법을 이용하여 HOMO-LUMO 갭을 결정하는 방법은 일반적으로 사용할 수 있는 방법이기는 하나, 본 방법은 도너-억셉터 구조를 갖는 화합물 적용시에는 주의해서 사용해야 한다. 도너와 억셉터 단위를 모두 갖는 화합물에서는 HOMO로부터 LUMO로의 전이가 도너 단위로부터 억셉터 단위로 일어나게 되는데 강한 도너와 억셉터 단위가 분자 구조 내에 포함되지 않을 때에는 도너 단위 자체에 의한 흡수 (local absorption) 또는 억셉터 단위 자체에 의한 흡수 (local absorption) 만이 관찰되고 도너로부터 억셉터 단위로의 전자 전이에 의한 흡수가 측정되지 않기 때문에 HOMO-LUMO 갭을 정확히 측정할 수 없다. 따라서, 도너 구조와 억셉터 구조를 동시에 포함하며 도너로부터 억셉터로의 흡수 (charge transfer absorption)가 관찰되지 않은 경우에는 전기 화학적인 방법을 이용하여 HOMO-LUMO 갭을 측정해야 한다. 그림 8-3에 일반 유기물과 CT 화합물의 UV-vis 흡수 스펙트럼을 나타내었으며, HOMO-LUMO 차이는 흡수 스펙트럼의 시작 파장으로 계산한다.

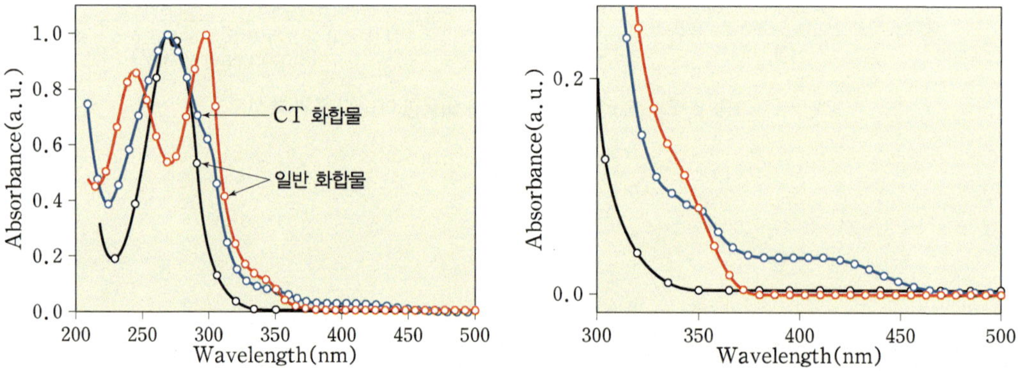

그림 8-3 일반 유기 화합물과 CT 화합물의 UV-vis 흡수 스펙트럼

4 Cyclic Voltammetry (CV)

HOMO와 LUMO를 동시에 측정할 수 있는 방법으로는 전기화학적으로 이온화 에너지 (ionization energy)와 전자친화도 (electron affinity)를 결정하는 CV 방법이 있다. CV 방법으로는 전기화학적인 산화를 이용하여 산화 전위와 환원을 이용하여 환원 전위를 측정할 수 있으며, 산화 전위와 환원 전위를 이용하여 HOMO와 LUMO를 결정할 수 있다 (그림 8-4). HOMO와 LUMO를 결정하기 위하여 표준 물질로서 HOMO 준위 -4.80 eV 갖는 ferrocene을 사용하며, ferrocene 물질의 산화 준위로부터 이동한 정도를 이용하여 HOMO와 LUMO를 계산한다. 산화 전위와 환원 전위를 측정하는 방법은 전해질 내에서 3개의 전극 (기준 전극 (reference electrode), 상대 전극 (counter electrode) 및 작업 전극 (working electrode))으로 이루어지는 CV 측정 시스템에서 샘플을 작업 전극에 코팅하고, 기준 전극에 전압을 스캔하면서 상대 전극에서 전류를 읽는다. 측정시 전해질은 공기 중 산소에 의한 환원 전류가 관찰될 수 있기 때문에 질소 주입을 통하여 산소를 완벽하게 제거한 상태에서 측정해야 한다.

CV 방법은 전해질이 포함된 용액상에서 측정하는 방법으로서 고체상에서 에너지 준위를 측정하는 UPS 방법으로 측정한 에너지 준위와는 다른 에너지 준위값을 보인다. 간단하게 HOMO와 LUMO를 측정할 수 있는 방법으로서 장점을 가지고 있으며, 도너-억셉터 구조를 가지는 유기 소재의 HOMO-LUMO 갭도 측정할 수 있는 방법으로 장점을 가지고 있다. 그러나, 고체상으로 사용하는 OLED 소자 유기물의 특성을 용액상에서 측정하기 때문에 고체상에서 사용하는 유기물의 정확한 에너지 준위값을 얻기 어려운 단점이 있다. 따라서, UPS 또는 surface analyzer를 이용하여 HOMO 준위를 측정하고, CV를 이용하여 HOMO-LUMO 갭을 측정하여 같이 활용할 수 있다. 그리고, CV 측정 방법은 산화와 환원 특성을 이용하여 에너지 준위를 측정하기 때문에 산화나 환원 특성이 좋지 않은 경우에는 HOMO 또는 LUMO 중 하나의 에너지 준위만 측정 가능하다. 예를 들어, 정공 수송층 물질의 경우에는 산화는 잘 되지만, 환원이 잘 되지 않기 때문에 LUMO 측정이 어려우며, 전자 수송층 물질의 경우에는 환원은 잘 되지만 산화가 잘 되지 않기 때문에 HOMO 측정이 어렵다. CV 방법으로서 최근에는 differential pulse voltammetry (DPV) 방법도 널리 사용된다.

CV는 에너지 준위를 측정하기 위하여 주로 사용하지만, 물질의 전기화학적인 안정성을 분석하기 위한 용도로서도 사용한다. CV 측정 과정에서는 산화와 환원이 지속적으로 일어나게 되며, 같은 물질에 대해서 반복적으로 CV를 측정하게 되면 산화와 환원에 대한 안정성을 측정할 수 있다. 산화에 대해서 안정한 물질은 반복적인 CV 스캔을 통하여 전압에 따른 전류 특성을 분석할 때 전류값이 안정적인 값을 보이는 반면에 산화에 대해서 불안정한 물질은 여러번 측정시 전류값이 변화되는 특성을 보인다. 동일하게 환원에 대해서도 평가할 수 있으며, 반복적인 측정에 따른 CV 곡선의 변화를 통하여 물질의 산화와 환원에 대한 안정성을 평가할 수 있다. 산화와 환원에 대한 안정성 평가는 OLED 소자 내에서 지속적으로 정공과 전자가 주입되면서 양성 폴라론과 음성 폴라론이 형성되기 때문에 폴라론에 대한 안정성을 파악하기 위한 보조 분석 방법으로서 유용하게 사용할 수 있다.

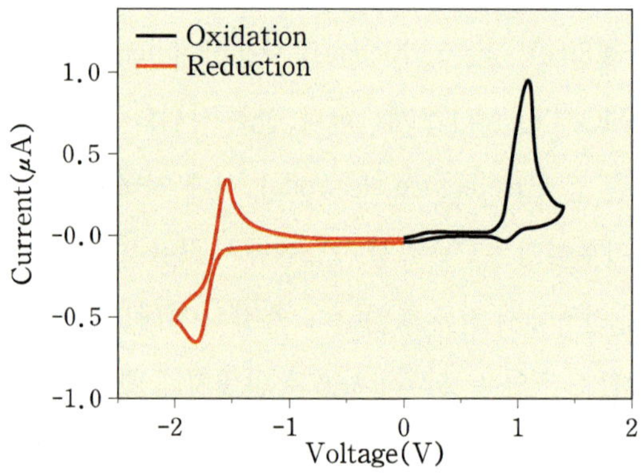

그림 8-4 유기물의 CV 산화 및 환원 스캔 데이터

제2절

전하 이동도 (mobility)

전하 이동도는 정공 이동도와 전자 이동도가 있으며, 소자의 구동 전압에 가장 크게 영향을 미친다. 전하 이동도는 가능한 높은 수준을 유지하는 것이 소자 구동 전압 및 소비 전력에 유리하다.

1 Time of flight (TOF) 측정법

TOF 측정 방법은 전하 이동도 측정을 위해서 널리 사용하는 방법으로서 강한 전기장을 인가한 상태에서 UV-vis 영역의 빛을 조사하여 전자를 여기시키고, 전기장에 의하여 정공과 전자로 분리된 전하가 전극으로 이동하는 시간을 통하여 이동도를 측정하는 방식이다. 예를 들어 전자의 이동도를 측정한다고 하면, 투명 전극인 ITO와 반사전극인 Al 사이에 측정하고자 하는 유기막을 성막한 후 Al 전극에는 +를 인가하고 ITO 전극은 접지된 상태를 유지한다. 이 샘플에 UV-vis을 조사하게 되면 샘플에서 전자가 여기되어 전자와 정공이 생성된다. 강한 전기장에 의하여 생성된 정공과 전자 중 전자는 + 전압이 인가된 Al 전극쪽으로 이동하게 되고, Al 전극 가까이에 있는 전자는 Al 전극에 빠르게 도달하게 되며, ITO 전극 가까이에 생성된 전자는 Al 전극에 가장 느리게 도달하게 된다. Al 전극에 전자가 도달하게 되면 전류가 측정되게 되며 ITO 전극 근처에 있던 전자가 Al 전극에 도달하면 더 이상 전류가 흐르지 않게 된다 (그림 8-5). 전류가 급격히 감소되는 지점의 변곡점을 통하여 전자의 이동 시간을 결정할 수 있으며, 샘플의 두께 (d)와 전압 (V), 이동 시간 (t)으로부터 이동도를 d/((V/d) × t)을 이용하여 결정할 수 있다. 이동도는 단위 시간당, 단위 전기장에서 전하가 이동한 거리로 정의된다.

TOF 방법을 이용하여 이동도를 측정할 때는 이동 시간을 정확하게 측정하기 위해서 샘플의 두께를 두껍게 해야 하는 단점이 있다. 샘플의 두께가 얇을 경우에는 이동 시간이 너무 짧아지기 때문에 이동 시간을 정확히 측정하기 어려우므로 최소 1 μm 이상 두께의 유기막을 사용해야 한다. 두꺼운 유기막을 사용하기 때문에 샘플 내에 trap이 존재할 가능성이 커지게 되어 trap의 영향이 크게 나타나는 단점이 있으며, 특히 전자 이동도를 측정시 trap에 의하여 정확한 데이터를 얻기 어렵다는 한계가 있다. 샘플 두께가 두껍기 때문에 100 nm 이하의 얇은 박막을 주로 사용하는 OLED 소자의 전하 이동 특성을 완전하게 반영하기 어렵다는 문제를 가지고 있다.

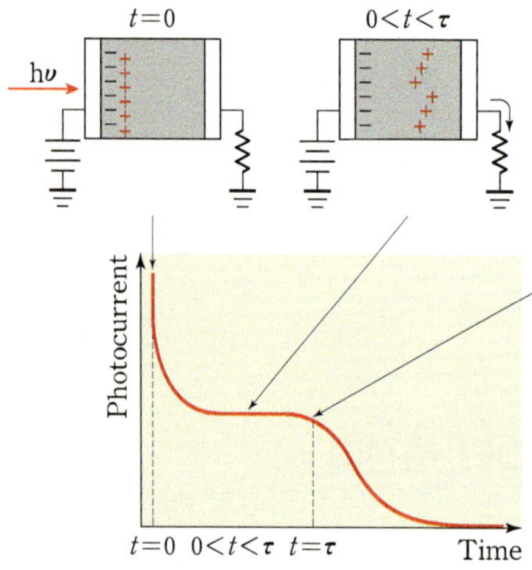

그림 8-5 TOF 측정 방법을 이용한 이동도 측정시 전하 이동 및 시간에 따른 전류 특성

2 SCLC 측정 방법

SCLC를 이용하여 이동도를 측정하는 방식은 상대적으로 간단히 사용할 수 있다는 장점으로 인하여 널리 사용된다. 이 방법은 trap free SCLC 영역에서 전류 밀도가 전압의 제곱에 비례하고 log 전류 밀도-log 전압의 관계에서 절편으로부터 이동도를 계산할 수 있기 때문에 이동도 계산에 쉽게 적용할 수 있는 방법이다. SCLC 방법을 사용하여 이동도를 측정하기 위해서는 전극과 측정하고자 하는 샘플 사이에서 오믹 접촉 특성을 보여야 이동도를 신뢰도 있게 얻을 수 있다. 오믹 접촉 특성이 나오지 않을 경우에는 계면에 의한 전자 주입 특성이 영향을 미치기 때문에 SCLC 특성이 정확이 구현되지 않으므로 이동도를 정확하게 측정하기 어렵다. 그림 8-6에 대표적인 SCLC 곡선을 나타내었다.

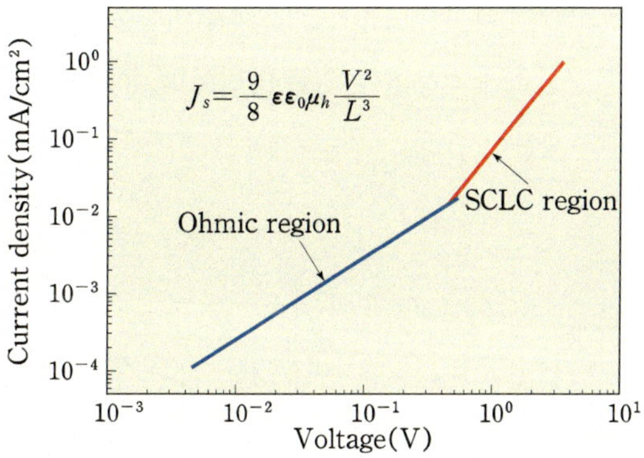

그림 8-6 SCLC 특성을 이용한 유기물의 전하 이동도 측정 및 계산

3 Transient EL

Transient EL 측정 방법은 펄스 전압을 인가하고 전압 인가 후 발광하기까지 걸리는 시간을 측정하여 이동도를 계산하는 방법으로서 정공과 전자 중 하나의 전하만 이동시키는 unipolar 특성을 가진 유기물의 이동도 측정에 사용하는 방법이다. Transient EL 측정 방법을 이용하여 얻은 데이터를 기반으로 이동도를 계산하는 방법을 그림 8-7에 나타내었다. 유기물이 정공 이동 특성은 우수하고 전자 이동 특성은 좋지 않을 경우, 전압을 인가하게 되면 정공이 anode로부터 cathode쪽으로 이동하게 되고, 전자는 cathode 근처에 머물러 있게 된다. 따라서, 엑시톤의 생성은 cathode 근처에서 이루어지게 되며, 정공이 anode로부터 cathode까지 이동한 후에 발광이 관찰된다. 따라서, 전압을 인가한 후 발광할 때까지 걸리는 시간을 측정하면, 이 시간이 정공이 유기물을 이동하는데 걸린 시간이 되며, 유기물의 두께를 알고 있으므로, 이동 시간, 전기장의 세기, 유기물 두께를 이용하여 TOF 방법과 동일하게 이동도를 계산할 수 있다. 이 방법은 간단하게 적용할 수 있는 방법이나, 유기물이 강한 unipolar 특성을 나타낼 경우에만 적용할 수 있다는 제한이 있다.

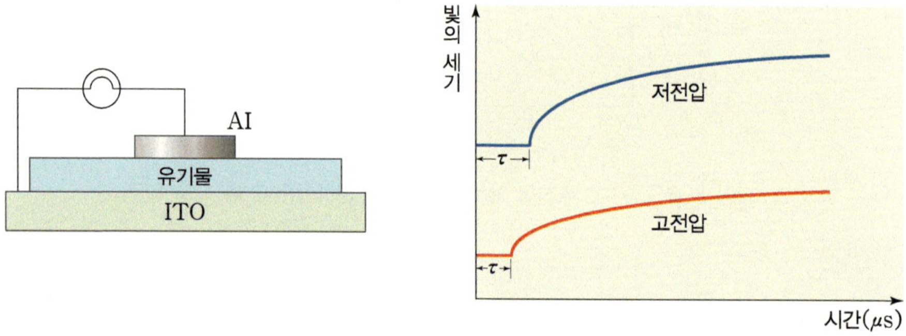

그림 8-7 Transient EL을 이용한 전하 이동 시간 측정

4 Impedance analyzer

Transient EL 측정 방법의 경우 정공과 전자 중 하나의 캐리어에 대한 이동 특성이 아주 우수할 경우에만 적용할 수 있기 때문에, 적용에 한계가 있다. 두 캐리어에 대해서 모두 이동도를 측정할 수 있는 방법으로는 임피던스 분석기를 이용하는 방법이 있다[1]. 임피던스는 교류 상태에서의 저항에 해당하며, OLED 소자 내에서의 임피던스는 저항과 capacitance에 의해서 결정된다. 복소수로 표시되는 임피던스의 실수부는 저항에 해당하며, 허수부는 capacitance에 해당된다. 일정 주파수로 전압을 가하면서 소자의 임피던스를 측정하게 되면, capacitance에 해당하는 허수부는 주파수에 따라서 달라지게 되며, 주파수에 따라서 전하가 동일한 속도로 이동할 경우에는 capacitance가 최소값을 보이며, 허수부의 값이 최대를 보이게 된다. 반면 주파수가 낮거나 클 경우에는 주파수에 동일하게 반응하지 못하는 전하에 의하여 capacitance값이 관찰되며, 임피던스의 허수부는 감소하게 된다. 따라서, 임피던스의 허수부는 일정 주파수에서 최대값을 보이게 되며, 주파수는 시간의 역수이기 때문에, 주파수를 통하여 시간을 알 수 있다 (그림 8-8). 이때 시간은 전하가 한 전극에서 다른 전극으로 이동하는 시간에 해당하므로 유기물 내에서 전극과 전극 사이에서 이동하는데 걸린 시간으로 해석할 수 있다. 임피던스 분석 샘플의 두께, 가해준 전압 및 전하의 이동 시간을 통하여 이동도인 $d/((V/d) \times t)$를 계산할 수 있다. 이 방법은 정공 또는 전자만 존재하는 단일 전하 소자를 제작하여 실제 소자 두께와 유사한 조건에서 분석할 수 있는 분석 방법으로 간편하게 사용할 수 있는 장점이 있다.

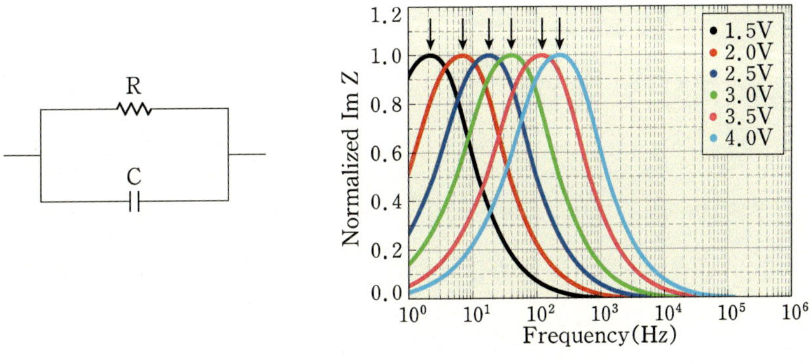

그림 8-8 전압에 따른 capacitance 데이터

1) T. Okachi et al. Jap. J. Appl. Phys. 47, 8965 (2008)

제3절

흡수 및 발광 특성

발광층에 사용하는 호스트 및 도펀트 물질의 경우에는 흡수 및 발광 파장을 측정해야 하며, 흡수 파장의 측정은 UV-vis 스펙트로미터를 이용하여 측정하며, 발광 파장의 경우에는 형광 스펙트로미터를 이용하여 측정한다.

1 흡수 파장 및 흡광도

흡수 파장의 측정은 UV-vis 스펙트로미터를 이용하여 측정하며, 파장을 변화시켜 가면서 파장에 따른 흡광도를 측정한다. 흡광도는 유기물의 흡광 계수와 A (흡광도) = ϵ (흡광 계수) × b (샘플 농도) × l (흡광 거리)으로 표시할 수 있으며, 흡광 계수를 통하여 유기물의 흡수 정도와 흡수 파장을 결정할 수 있다. 용액을 이용하여 측정하는 방법과 고체 필름을 이용하여 측정하는 방법이 있으며, 물질의 고유 흡수 특성을 측정할 경우에는 희박 용액 (~1.0×10^{-5} M)을 사용하고, 발광층에서의 흡수 거동을 확인하기 위해서는 고체 필름을 이용하여 측정한다. 흡수 과정은 바닥 상태에서 가장 안정한 상태에서 전자 전이를 통하여 일어나는 과정이므로, 용매에 따른 흡수 특성의 변화는 크게 나타나지 않는다. 고체 필름상으로 흡수 특성을 분석할 경우에는 흡수 파장이 일부 장파장으로 이동하는 경향을 보이지만, 용액상 샘플의 흡수 특성과는 큰 차이를 보이지 않는다. 흡수 과정에서는 분자 구조 내의 이중 결합을 포함하는 단위에 의한 $\pi-\pi^*$ 전이가 단파장에서 관찰되며, $n-\pi^*$ 전이는 장파장으로 이동하고, 전하 이동 흡수의 경우 가장 장파장에서 관찰된다. 흡수 스펙트럼의 흡수 시작 파장으로부터 HOMO-LUMO 갭을 측정할 수 있으며, 도펀트 물질의 경우에는 흡수 스펙트럼과 호스트의 발광 스펙트럼과의 중첩 정도를 이용하여 에너지 전이에 대한 정보를 분석할 수 있다.

2 발광 파장

발광 물질의 가장 중요한 특성 중 하나는 발광 파장이며, 발광 파장은 형광 스펙트로미터를 이용한 PL 특성을 통하여 분석한다. 발광 파장의 측정은 용액상 샘플 및 고체 필름상 샘플을 이용하여 측정할 수 있다. 용액상 희박 용액 (~1.0×10^{-5} M) 샘플을 이용하여 발광 파장을 분석할 경우에는 물질 고유의 특성을 파악할 수 있으며, 고체상 샘플의 경우에는 실제 소자에서의 발광 특성과 유사한 정보를 얻을 수 있다. 발광 특성은 전자가 여기된 여기 상태로부터 바닥 상태로 내려오면서 에너지를 방출하는 과정을 통하여 구현되기 때문에, 정공과 전자가 존재하는 여기 상태의 특성을 반영한다. 따라서 발광 물질의 주변 환경에 영향을 받게 되며, 용액상에서 발광 특성을 측정할 경우에는 용매에 따라서 발광 특성이 달라지게 되고, 고체 필름상에서 발광 특성을 측정할 경우에는 발광 물질을 분산한 매트릭스 물질에 따라서 특성이 달라진다. 특히, 용액상에서 측정할 경우에는 분자의 움직임이 자유롭기 때문에 용매의 극성에 따른 파장 변화가 크게 나타나며, 상대적으로 고체상에서는 분자의 움직임이 억제되기 때문에 매트릭스 물질의 극성에 따른 파장 변화가 적게 나타난다.

도너와 억셉터를 모두 포함하여 CT 여기 상태로부터 발광하는 물질은 용매의 극성 변화에 따른 파장 변화가 크게 나타나며, 비극성 용매에서는 단파장으로 발광 파장이 이동하고, 극성 용매에서는 장파장으로 발광 파장이 이동한다. 이러한 현상을 solvatochromic 효과라고 한다. 용매의 극성 변화에 따른 파장 변화의 예를 그림 8-9에 나타내었다. 용매에 따른 파장 이동은 Lippert-Mataga 관계식 (식 8-1)을 이용해서 나타낼 수 있으며 용매에 따른 Stokes 이동을 용매의 굴절율과 유전 상수를 이용하여 나타내면 기울기 값으로부터 바닥 상태와 여기 상태의 전이 쌍극자 차이에 대한 정보를 얻을 수가 있다[2)]. Lippert-Mataga 관계식을 이용하면 발광 물질의 발광 특성이 LE 상태로부터의 발광인지

CT 상태로부터의 발광인지를 파악할 수 있다. 일반적으로 흡수는 바닥 상태에서 일어나는 전이이기 때문에 용매 극성에 크게 의존하지 않는 반면 발광은 여기 상태에서 일어나는 전이이기 때문에 여기 상태가 LE 상태인지 CT 상태인지에 따라서 용매 의존성이 달라지게 된다. 용매 극성에 따라서 Stokes 이동을 보면 LE로부터의 발광일 경우에는 Stokes 이동이 용매 극성에 따라 일정한 반면 CT로부터의 발광일 경우에는 Stokes 이동이 용매 극성에 따라 커지는 경향을 보인다 (그림 8-10). CT와 LE가 혼합되어 있을 경우에는 용매 극성에 따라 일정한 발광 파장과 용매 극성 증가에 따라 큰 Stokes 이동을 보이는 발광 파장을 모두 보인다.

$$\bar{v}_A - \bar{v}_E = \frac{2}{hc}\left(\frac{\epsilon-1}{2\epsilon+1} - \frac{n^2-1}{2n^2+1}\right)\frac{(\mu_G-\mu_E)^2}{a^3} + const. \quad \text{(식 8-1)}$$

$\bar{v}_A$: the wavelength of the absorption

$\bar{v}_E$: the wavelength of the emission

h : Planck constant

c : the speed of light

ϵ : dielectric constant

n : reflective index

a : the radius of the fluorophore

μ_G : dipole moment in ground state

μ_E : dipole moment in excited state

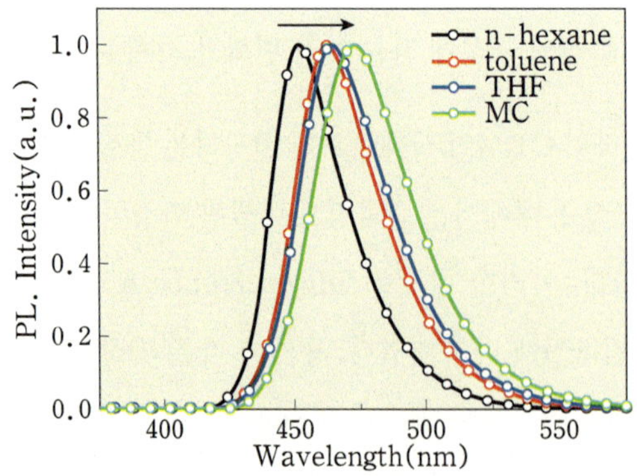

그림 8-9 용매의 극성 변화에 따른 발광 스펙트럼의 이동

2) A. Kawaki, Z. Naturforsch, 57a, 255 (2002)

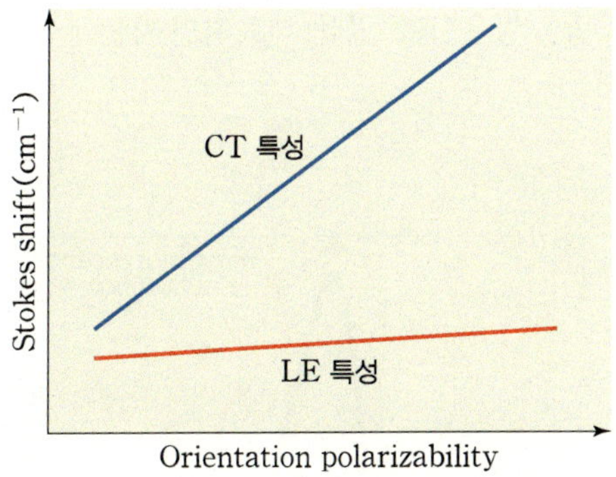

그림 8-10 LE 및 CT 특성에 따른 Lippert-Mataga 그래프

발광 스펙트럼으로부터 얻을 수 있는 중요한 정보는 최대 발광 파장 및 반치폭이다. 반치폭은 발광의 세기가 최대 발광 세기의 50%가 될 때 발광 스펙트럼의 폭으로 정의된다. 반치폭이 좁을수록 색순도가 좋아지는 효과를 기대할 수 있으므로 반치폭은 가능한 작을수록 유리하다.

일반적인 PL 방법을 통하여 발광 파장을 측정할 수 있고, 발광 파장을 통하여 일중항 상태에서 바닥 상태로 전이할 때의 에너지인 일중항 에너지를 얻을 수 있다. 그러나, 일반 유기물에서는 삼중항 여기 상태로부터 바닥 상태로의 발광 전이가 금지된 전이이기 때문에 인광 발광을 관찰하기 어렵고 삼중항 에너지를 알기 어렵다. 삼중항 에너지를 구하기 위해서는 인광 발광을 관찰해야 하며, 인광 발광은 상온에서는 활발한 분자 운동에 의하여 여기 상태의 전자가 비발광 과정으로 열에너지 및 진동에너지를 방출하면서 소멸되기 때문에 관찰하기 어렵다. 그러나, 77 K 이하의 낮은 온도에서는 분자의 진동 운동이 억제되기 때문에 비발광 과정들이 억제되며, 일부 전자들이 발광 과정을 통하여 바닥 상태로 전이한다. 따라서, 인광을 관찰하기 위해서는 77 K 이하로 온도를 낮춘 상태에서 샘플을 고체화하여 PL을 측정해야 하며, 인광이 형광에 비하여 매우 약하기 때문에 PL 분석시 지연 시간 (delay time)을 가하여, 형광 성분을 제거하고 스펙트럼을 얻어야 한다. 이 방법에서는 유기 물질에서 계간 전이를 통하여 일중항 여기 상태의 전자가 삼중항 여기 상태로 일부 이동하는 것을 활용한다. 인광 발광을 통하여 유기 물질의 삼중항 에너지를 측정할 수 있다. 그러나, 인광 측정 방법은 삼중항 엑시톤이 계간 전이를 통하여 잘 형성되지 못하는 유기 물질은 측정하기 어려운 단점이 있으며, 삼중항 에너지가 낮은 (< 2.0 eV) 유기물의 경우에는 에너지갭 법칙에 의하여 비발광 손실이 낮은 온도에서도 크기 때문에 측정하기 어렵다. 이런 경우에는 삼중항 여기 상태에 삼중항 엑시톤을 형성하기 위하여 삼중항 에너지가 측정하고자 하는 물질보다 크고, 삼중항 엑시톤을 용이하게 형성하는 삼중항 감광 물질 (sensitizer)로 인광 발광 물질을 측정하고자 하는 물질과 혼합하여 삼중항 에너지 전이를 통하여 측정 물질에

삼중항 엑시톤을 형성하는 방법을 활용할 수 있다. 대표적인 저온에서의 형광과 인광 스펙트럼을 그림 8-11에 나타내었다.

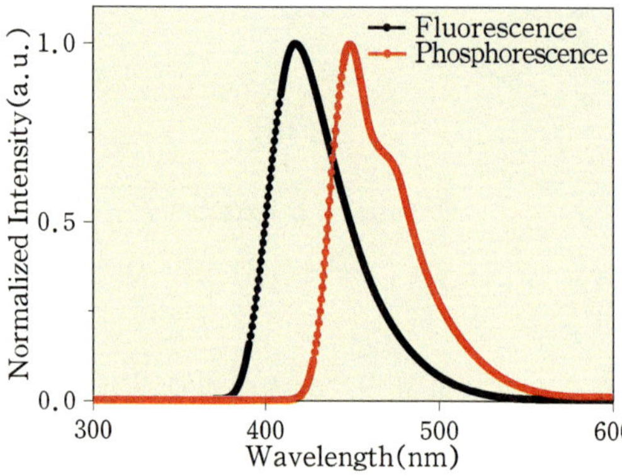

그림 8-11 저온에서의 형광 및 인광 발광 스펙트럼

3 발광 효율

발광 효율은 절대 발광 효율과 상대 발광 효율로 나타낼 수 있다. 절대 발광 효율은 물질의 절대적인 발광 효율값으로 발광 효율의 측정은 적분구를 이용하는 것이 일반적인 방법이다. 적분구를 이용한 절대 발광 효율 측정 방법은 흡수가 최소화된 적분구 내에 용액 또는 석영에 코팅한 고체 필름 샘플을 넣은 후 샘플의 흡수 및 발광을 이용하여 발광 효율을 측정하는 방법이다. 광원으로부터 샘플이 흡수한 광자 대비 발광하는 광자의 개수 비율이 절대 발광 효율에 해당하므로 절대 양자 효율을 계산할 수 있다.

상대 발광 효율은 양자 효율을 알고 있는 표준 물질을 이용하여 표준 물질의 PL 세기와 측정하고자 하는 샘플의 PL 세기를 이용하여 양자 효율을 계산하는 방법이다. 이 방법에서는 스펙트럼이 서로 일치할 경우에는 문제가 없으나, 스펙트럼이 달라질 경우에는 파장에 따라서 spectral sensitivity가 다르기 때문에 정확하게 양자 효율을 계산할 수 없는 문제점이 있다.

그러므로, 양자 효율 측정시에는 적분구를 이용하여 절대 양자 효율을 측정하는 것이 바람직하다. OLED의 경우 발광 물질이 고체 필름상으로 소자에 존재하므로 필름을 이용하여 절대 양자 효율을 측정하는 것이 바람직하다.

4 여기 상태 시간 (excited state lifetime)

여기 상태 시간은 발광 물질의 특성 중 가장 중요한 특성 중 하나로서 여기 상태 시간에 따라 OLED 소자의 수명 특성 및 효율 roll-off 특성 등이 결정된다. 일반적으로 전자가 여기된 후 전자가 소멸되는 과정은 크게 세 과정으로 구분할 수 있다. 첫 번째 과정은 발광 과정으로서 여기 상태의 전자가 바닥 상태로 전이하면서 광자로 변환되어 발광하는 과정이다. 두 번째 과정은 비발광 과정으로서 여기 상태의 전자가 비발광 전이 과정을 통하여 열에너지 또는 진동에너지 등으로 손실되는 과정이다. 세 번째 과정은 계간 전이 과정으로서 일중항 여기 상태에 존재하는 전자가 계간 전이를 통하여 에너지가 낮은 삼중항 여기 상태로 이동하는 과정이다. 삼중항 여기 상태로 이동한 전자는 발광 과정 (인광)을 통하여 광자로 변환될 수 있으며, 비발광 과정을 통하여 손실될 수 있다. 일반 유기물에서는 삼중항 여기 상태로부터 일중항 바닥 상태로의 전이는 금지된 전이이며 SOC가 작기 때문에 계간 전이 과정은 모두 비발광 과정이 된다. SOC가 큰 물질의 경우에는 인광 발광이 가능하기 때문에 계간 전이 과정도 발광 전이에 기여할 수 있다. 따라서, 여기 상태에 존재하는 전자는 앞서 언급한 세 과정을 통하여 소멸되며, 여기 상태 전자의 시간에 따른 소멸 특성을 통하여 전자가 일중항 여기 상태에서 머무르는 시간을 측정할 수 있으며, 여기 상태 전자의 수는 시간에 따라 지수함수 (exponential function)적으로 감소하게 된다. 따라서, 시간에 따른 발광 세기의 감소를 지수함수를 통하여 모델링하여 여기 상태 시간을 구할 수 있다.

여기 상태 시간을 구하기 위해서는 시간에 따른 발광 세기의 감소를 측정해야 하며, transient PL 방식을 이용하여 분석한다. Transient PL 측정 방법은 펄스 광원을 이용하여 유기물을 여기시킨 후 시간에 따른 발광 세기를 측정하는 방법이다.

Transient PL은 여기 상태 시간 측정 이외에 에너지 전이 및 발광층의 소광 현상 분석 등에도 활용할 수 있다. 호스트와 도펀트간의 에너지 전이가 일어날 경우에는 도펀트에서의 발광만 일어나기 때문에 호스트와 도펀트로 구성되는 발광층에서의 발광 세기 감소가 도펀트 물질 고유의 발광 세기 감소 특성과 동일하게 나타나게 된다. 반면 에너지 전이가 되지 않을 경우에는 호스트와 도펀트가 모두 발광하기 때문에 발광 세기의 감소 특성은 호스트와 도펀트의 발광 세기 감소 특성이 혼합되어 나타난다. 또한, 발광 과정 이외에 전자가 손실되는 소광 과정 등이 발광층 내에 존재할 경우에는 엑시톤이 빠르게 소멸되어, 발광 세기의 감소가 빠르게 일어나므로, transient PL에서의 발광 세기의 감소가 빠르게 나타날 경우에는 발광 물질의 소광 현상이 일어나고 있다는 것을 알 수 있다. 대표적인 transient

PL 데이터를 그림 8-12에 나타내었다.

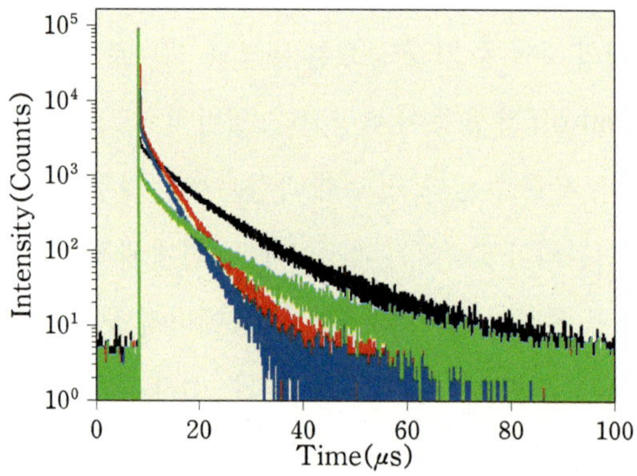

그림 8-12 시간에 따른 PL 세기의 감소를 나타내는 대표적인 transient PL 데이터

제4절
열특성

유기물의 열안정성은 소자 구동시 소자 내부의 온도 상승 및 고온 구동시 안정적인 구동을 위한 열안정성과 관련되어 있는 유리전이온도(T_g)와 소자 제작시 증착 공정에서 열안정성과 관련되어 있는 분해온도 (T_d)로 평가할 수 있다.

1 유리전이 온도

유리전이는 분자 내부의 국부적인 운동에 의한 2차 전이로서 분자의 운동이 활발해지면서 딱딱한 특성을 가지고 있던 분자가 유연해지는 현상이다. 유리전이 온도를 기준으로 유기물의 물리적인 특성인 비열, 전기저항, 열팽창계수 등이 변하고 유리전이 온도 이상에서는 결정화 (cold crystallization)가 유도되어 막특성이 변하기 때문에 유기물은 유리전이 온도 이하에서 사용해야 한다. 따라서, OLED 소자에서는 실제 사용 온도 범위에 비하여 약 20도 정도 높은 유리전이 온도를 갖는 유기물을 사용해야 한다.

유리전이 온도의 측정은 differential scanning calorimeter (DSC)를 이용하며, 온도를 일정한 속도

(5~10 ℃/min)로 승온하면서 유리전이에 의한 열량의 변화가 나타나는 온도를 통하여 유리전이 온도를 결정한다. 유리전이에 의해서는 비열의 변화가 생기기 때문에 온도에 따른 열량 변화 곡선에서 기울기의 변화가 나타나게 되며, 이를 통하여 유리전이 온도를 결정한다. 유리전이 현상은 결정성 영역보다 무정형 영역에서 쉽게 관찰되므로 유리전이 온도 측정시에는 유기물을 녹는점 이상으로 녹인 후 급냉한 샘플을 이용하여 측정하는 것이 바람직하다. 유리전이 온도가 관찰되는 대표적인 DSC 데이터를 그림 8-13에 나타내었다.

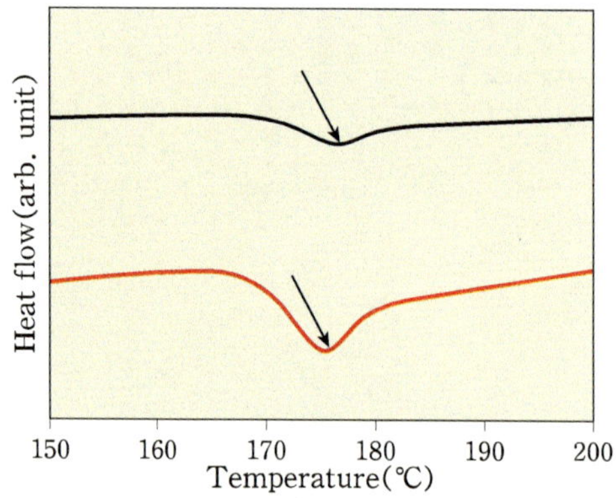

그림 8-13 유리전이온도를 나타내는 대표적인 DSC 데이터

2 분해 온도

분해 온도는 유기물의 분해가 시작되는 온도를 의미하며, 증착공정에서는 유기물을 높은 온도에서 기화 또는 승화하면서 공정을 진행하기 때문에, 공정 온도에서 유기물이 분해되지 않고 안정성을 유지해야 한다. 분해 온도의 측정은 thermogravimetric analyzer (TGA)를 이용하여 측정하며, 일정 온도로 승온하면서 무게의 감소를 측정한다. 분해온도는 초기 무게의 5% 무게 감소가 나타나는 온도로 표시하는 것이 일반적이다. 분해 온도는 증착 온도에 비하여 약 50도 정도 높은 것이 바람직하다. 일반적인 TGA 분석은 상압에서 실시하나, 진공상에서 실시하는 증착 공정과 동일한 환경에서 분석하는 진공 TGA를 사용할 경우 실제 공정과 동일한 환경에서 열분해 온도를 측정할 수 있기 때문에 최근에는 진공 TGA가 널리 사용되고 있다. 대표적인 TGA 데이터를 그림 8-14에 나타내었다.

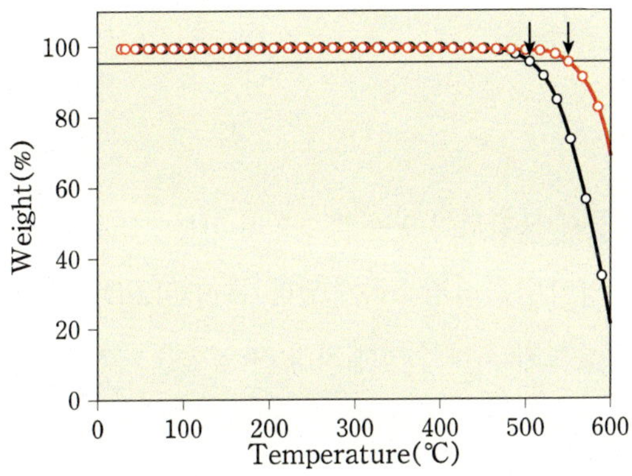

그림 8-14 열분해 온도를 나타내는 대표적인 TGA 데이터

제5절
물질의 순도

OLED 소자의 수명은 유기물에 포함되어 있는 불순물에 의하여 크게 영향을 받으며, 불순물이 유기물에 포함될 경우 소자의 수명이 급격히 감소하게 된다. 특히 OLED 소자 내의 유기물 중 발광층에 사용되는 호스트 및 도펀트의 순도가 소자 수명에 가장 큰 영향을 미친다. 반면, 공통층 물질의 경우에는 발광층 물질에 비해서는 상대적으로 소자 특성에 미치는 영향이 적기는 하지만 순도가 높을수록 소자 수명에 유리하다. 유기 물질 내에 포함될 수 있는 불순물로서는 물질 합성 과정을 통하여 유입되는 금속 불순물과 유기물 합성을 통하여 생성되는 부산물이 불순물로 포함될 수 있다. 일반적으로 물질의 순도는 99.9% 이상의 순도를 확보해야 하며, 금속 원소의 경우에는 최소 ppm 수준에서 검출되지 않아야 소자 수명에 영향을 미치지 않는다.

1 유기물의 순도 분석

유기 물질의 순도를 측정하는 방법으로서 가장 널리 사용하는 방법은 고성능 액체 크로마토그래피 (high performance liquid chromatography, HPLC) 방법이다. HPLC는 액체 크로마토그래피의 일종으로서 충진재가 충진되어 있는 관 (column)을 통해 샘플을 녹인 용액을 통과시키고, 샘플과 충진재의 상호 작용에 의하여 샘플이 관을 통과하는 시간이 달라지는 현상을 이용하여 물질을 분리하고 물질의 순도를 정량화하는 방법이다. 사용하는 관이 비극성 물질로 충진된 관일 경우에는 극성 물질이 먼저 나오게 되며, 극성 물질로 충진된 관의 경우에는 비극성 물질이 먼저 나오게 된다. 순도 분석을 위한 대표적인 HPLC 데이터를 그림 8-15에 나타내었다. HPLC 분석 방법은 검지기의 신호를 통하여 물질의 정량 분석이 가능하기 때문에 순도 분석 용도로 널리 사용하고 있다. 그러나, 용매에 용해되지 않는 물질의 경우에는 분석하기 어려운 단점이 있다.

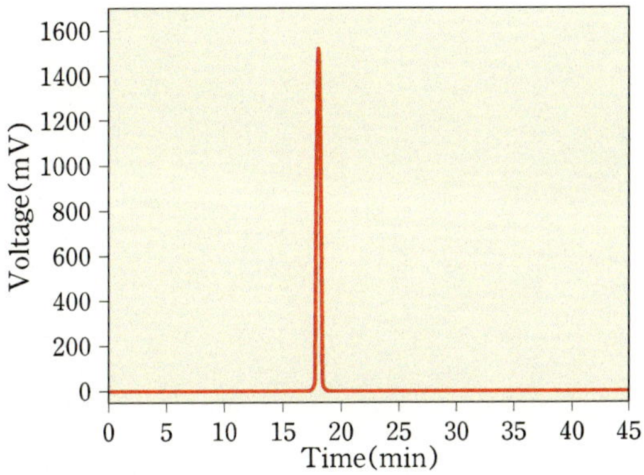

그림 8-15 고순도 유기물의 대표적인 HPLC 데이터

2 Inductively Coupled Plasma (ICP) 분석

ICP 분석은 주로 무기 원소를 분석하기 위하여 활용하는 측정법으로서 유기물에 포함되어 있는 금속 불순물을 분석하기 위해서 사용한다. 금속 불순물이 포함되어 있는 유기물을 플라즈마 시스템을 이용하여 가열하면 온도가 6000~8000도 정도로 상승하게 되며, 열에너지에 의하여 유기물 내에 포함된 무기 원소들은 높은 에너지 상태로 여기된다. 여기 상태로 전이된 원소들은 다시 낮은 에너지 상태로 돌아가게 되며, 이때 방출되는 에너지를 전류로 전환하여 측정한다. 측정되는 전류값은 샘플의 농도에 비례하고, 원소에 따라 방출되는 에너지가 다르기 때문에 물질 내에 포함된 원소의 종류와 양을 측정할 수 있다. 측정 가능한 농도 범위는 ppb (part per billion)로서 십억분의 일 수준의 미량의 샘플까지 분석 가능하다. 플라즈마 상태의 이온의 질량을 측정하는 방식도 있으며 (ICP-Mass), 파장을 측정하는 분광 방식에 비하여 검출 한계가 ppt (part per trillion)로 더 높은 것으로 알려져 있다. 샘플 분석시에는 수용액 형태의 샘플을 주로 사용한다.

CHAPTER

09

OLED 소자의 효율

OLED 소자의 효율은 수명과 함께 소자에 있어서 가장 중요한 특성이다. OLED 소자의 효율은 소자의 소비 전력에 큰 영향을 미치고, 소자의 계조 표현 및 수명 특성에도 영향을 미치므로 소자의 효율을 최적화하는 것이 중요하다.

제1절

OLED 소자의 효율 인자

1 내부 및 외부 양자 효율

OLED 소자 효율에 영향을 미치는 인자는 소자 내부에서의 효율에 영향을 미치는 인자와 내부에서 발생한 빛이 외부로 발광할 때 효율에 영향을 미치는 인자로 구분할 수 있다. 소자 내부에서 효율에 영향을 미치는 주요 인자로는 전하 균형, 발광 재료 종류 및 엑시톤 발광 전이 비율 등이 있다.

전하 균형은 소자 내부에서의 정공과 전자 개수의 균형을 의미하며, 소자 내부에서 최대 효율을 얻기 위해서는 주입된 전자가 모두 엑시톤으로 전환되어야 하기 때문에 정공과 전자의 개수는 항상 같아야 하며, 주입된 전자와 정공은 발광층에서 외부로 누설되지 않아야 한다. 이 경우 전자의 손실 없이 모든 전자가 엑시톤으로 전환될 수 있다. 전하 균형을 통하여 최대로 엑시톤을 형성한 경우, 엑시톤은 일중항 엑시톤이 25% 삼중항 엑시톤이 75%의 비율로 형성된다. 발광 물질이 형광 물질인 경우에는 일중항 엑시톤 25%만을 발광에 이용할 수 있기 때문에, 내부에서의 최대 발광 효율은 25%이다. 발광 물질이 인광 물질인 경우에는 일중항 엑시톤과 삼중항 엑시톤을 모두 발광에 이용할 수 있기 때문에 내부에서의 최대 발광 효율은 100%이다. TADF 발광 물질의 경우에도 일중항과 삼중항 엑시톤을 모두 발광에 활용 가능하기 때문에 최대 발광 효율은 100%이다. 엑시톤 형성 후에는 모든 엑시톤이 발광 전이로 광자로 전환되어야 한다. 다른 손실 과정 없이 모든 엑시톤을 광자로 전환하게 되면 형광 발광 물질은 내부에서 전자의 광자 전환 효율이 최대 25%가 가능하며, 인광이나 TADF 발광 물질은 내부에서 전자의 광자 전환 효율이 최대 100%가 가능하다. 즉 전하 균형을 맞추고, TADF 또는 인광 발광 물질을 사용하고, 모든 엑시톤을 광자로 전환하면 소자 내부에서 최대 100%의 내부 양자 효율(internal quantum efficiency)을 구현할 수 있다. OLED 소자의 내부 양자 효율 인자를 그림 9-1에 나타내었다.

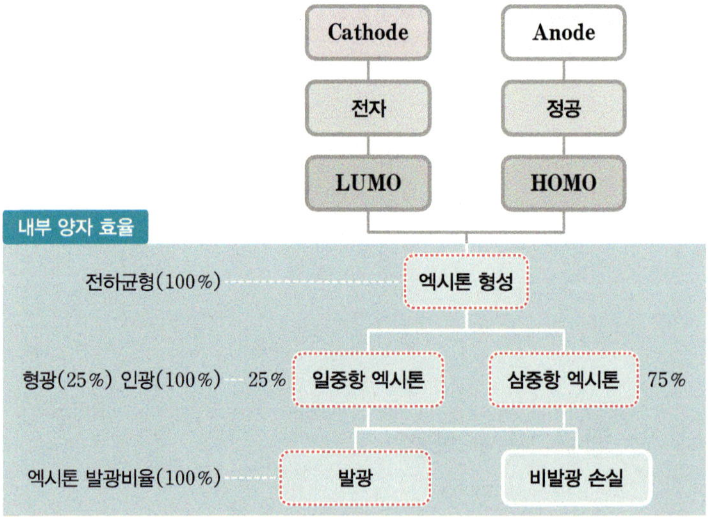

그림 9-1 소자 내부에서의 내부 양자 효율 인자

소자 내부에서 효율과 함께 내부에서 발생한 광자가 외부로 나오는 외광 효율이 중요하다. 평평한 유리 기판 사용시 소자 내부에서 손실 없이 모든 전자를 광자로 전환하게 되면, Lambertian 발광 가정시에는 외광 효율을 $1/2n^2$으로 나타낼 수 있으며, 유리의 굴절율이 1.5이기 때문에 외부로 나오는 빛의 비율인 외광 효율은 20%가 된다[1]). 일반적인 배면 발광 소자 구조에서 내부에서 발생한 광자가 외부로 발광하여 나오는 비율은 약 20~30%이다. 나머지 70~80%의 빛은 소자 내부에서 다양한 손실 과정을 통하여 소멸한다. 손실 과정으로는 전반사 (total internal reflection), waveguide mode 및 표면 플라즈몬(surface plasmon) 등이 있다. 전반사는 굴절율이 큰 매질로부터 굴절율이 작은 매질로 입사시 임계각 이상의 각도로 입사하게 되면 빛이 모두 반사되는 현상으로 굴절율이 큰 유기물에서 유리 기판으로 입사시, 유리에서 굴절율이 작은 공기 중으로 입사시 전반사 현상이 나타나게 되어 빛이 내부에 갇히

1) N. C. Greenham et al. Adv. Mater. 6, 491 (1994)

는 현상이 발생하게 된다. Waveguide mode 도 외부로 빛이 나가지 못하는 과정이며, 전극과 전극 사이에서 빛이 반복해서 반사되면서 빛이 옆으로 새어 나가는 과정이다. 발광층에서 빛이 발생하게 되면 등방성으로 빛이 진행하게 되며, 정면으로 향하는 빛이 아닌 옆으로 향하는 빛의 경우에는 전극과 전극 사이에서 waveguide 효과에 의하여 새어 나가게 된다. 표면 플라즈몬 현상도 엑시톤의 손실 과정으로서 표면 플라즈몬 현상은 금속 도체에 전자기파의 입사에 의하여 전자 분포의 집단적인 변화가 나타나게 되고, 이에 의하여 금속 전극과 가까운 엑시톤의 소광이 나타나는 현상이다. OLED 소자의 경우 cathode 전극으로 금속 전극을 사용하며 발광층으로부터 발생한 전자기파인 빛이 금속 전극에 입사하여 표면 플라즈몬 현상을 유발하게 되며 발광층과 금속 전극 사이의 거리가 가까울 경우 (~20 nm) 표면 플라즈몬 손실이 나타난다. 표면 플라즈몬 현상을 줄이기 위해서는 전극과 발광층 사이의 거리를 크게 해야 한다. 이러한 손실 과정에 의하여 70~80%의 빛이 손실되어 실제로 외부로 나오는 빛의 비율이 20~30%로 제한된다. 따라서, OLED 소자의 최대 외부 양자 효율 (external quantum efficiency)은 20~30% 범위이다. OLED 소자 구조 내에서 외부로의 발광 경로를 그림 9-2에 나타내었다.

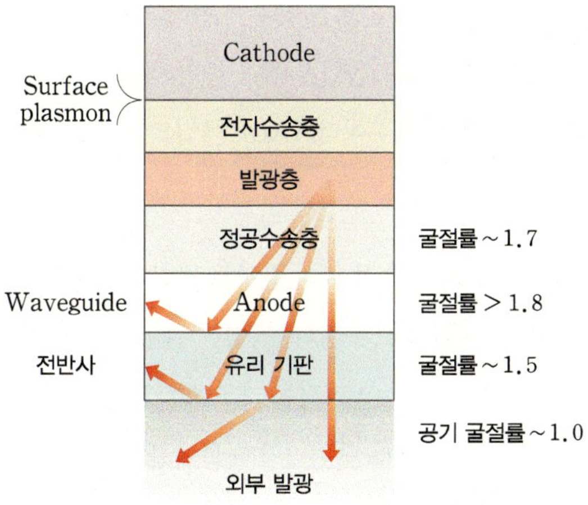

그림 9-2 OLED 소자 구조 내에서 외부로의 발광 경로

2 형광 및 인광 소자의 효율

OLED 소자 내부에서의 효율을 최대화하기 위해서는 전하 균형을 통하여 엑시톤을 손실 없이 형성하고, 형성된 엑시톤을 광자로 100% 전환하는 과정이 요구된다. 이를 위해서는 소자 구조를 구성하는데 있어서 각 층의 물리적 인자들을 최적화하는 과정이 필요하다. 첫 번째 조건은 정공과 전자의 균형을 맞추는 것이며, 정공과 전자의 균형을 맞추기 위해서는 anode부터 정공 주입 및 cathode로부터 전자 주입을 원활하게 해야 하며, 이를 위해서는 HOMO 에너지 준위 및 LUMO 에너지 준위를 전극으로부터 계단식으로 제어하여 발광층에서 전자와 정공의 균형을 확보해야 한다. 이와 함께 엑시톤의 형성은 발광층에서 이루어지기 때문에 전하 수송층을 통한 전하 주입 특성 제어와 함께 발광층 내에서의 정공과 전자의 균형을 유지해야 한다. 발광층에서의 정공과 전자의 균형을 유지하기 위해서는 발광층에서 전하를 이동하는 역할을 하는 호스트가 중요하며 호스트는 정공과 전자를 모두 잘 주입하고 이동시키는 바이폴라 특성을 보여야 한다.

첫 번째 조건을 만족할 경우 정공과 전자의 균형을 맞추어 전하 균형 인자를 1로 맞추어 전자 손실 없이 최대로 엑시톤을 형성할 수 있다. 두 번째 조건인 발광 가능한 엑시톤 형성은 발광 물질에 의하여 결정되는 인자로서 형광 물질일 경우 25%, 인광이나 TADF 물질의 경우 100%로 소재로 제어할 수 있는 변수로 소자적으로는 제어가 어렵다.

세 번째 조건은 형성된 엑시톤을 엑시톤 손실 없이 광자로 변환하기 위한 것으로서 엑시톤 손실 과정을 억제하기 위한 소자적인 변수 제어가 요구된다. 엑시톤 손실 과정은 다양하게 나타날 수 있으며, 형광 발광 소자와 인광 발광 소자에서의 손실 과정은 다르게 나타난다. 형광 발광 소자의 경우 전자가 발광 전에 여기 상태에서 머무르는 시간이 ns 단위이기 때문에 짧은 시간 동안 엑시톤 손실 과정이 나타날 확률이 낮은 반면, 인광 소자의 경우 발광시 전자가 여기 상태에서 머무르는 시간이 μs 단위이기 때문에 엑시톤 손실 과정이 나타날 확률이 훨씬 더 높다. 발광층에서 엑시톤을 형성하여 발광시 엑시톤의 손실 과정 중 대표적인 것은 공통층과 발광층의 계면에서 공통층에 의한 엑시톤 소광 현상이다. 정공 수송층 또는 전자 수송층에 의한 엑시톤 소광 현상은 공통층의 발광 에너지 (형광은 일중항 에너지, 인광은 삼중항 에너지)가 발광 물질의 발광 에너지에 비하여 작을 경우 에너지 전달 과정에 의하여 발생하며, 이를 제어하기 위해서는 항상 공통층의 발광 에너지가 발광 물질의 발광 에너지에 비하여 커야 한다. 특히, 인광 소자의 경우 삼중항 엑시톤이 여기 상태에서 머무르는 시간이 길기 때문에 엑시톤 확산이 크게 관찰되며, 엑시톤 확산 거리가 10~100 nm인 것으로 알려져 있다[2]. 따라서 공통층 물질의 삼중항 에너지가 발광층 물질의 삼중항 에너지에 비하여 낮을 경우에는 약 20~40 nm의 두께로 성막하는 발광층에서 형성되는 대부분의 삼중항 엑시톤이 공통층까지 확산해서 공통층으로의 에너지 전달에 의해서 소광될 가능성이 높아진다. 형광 소자의 경우에는 일중항 엑시톤이 여기 상태에서 머무르는 시간이 짧기 때문에 엑시톤 확산 거리가 10 nm 이하인 것으로 알려져 있으며, 상대적으로 공통층에 의한 소광 확률은 낮다[3].

공통층에 의한 엑시톤 소광과 함께 발광 물질의 호스트에 의한 엑시톤 소광도 중요한 인자이다. 발광층에서 호스트의 역할은 전하 이동과 함께 엑시톤을 형성하고 엑시톤 에너지를 도펀트로 전달하는 것이기 때문에 엑시톤 소광을 억제하기 위해서는 호스트는 반드시 도펀트에 비하여 발광 에너지가 커야 한다. 형광 호스트의 경우 도펀트에 비하여 일중항 에너지가 커야 하며, 인광 호스트의 경우 도펀트에 비하여 삼중항 에너지가 커야 한다.

1 혼합 호스트 (mixed host)를 통한 효율 개선

정공과 전자의 균형을 맞추기 위해서 전하수송층을 제어하여 정공과 전자의 수를 맞추어야 하며, 이와 함께 호스트의 역할이 중요하다. 호스트는 정공과 전자의 균형을 맞추기 위해서 정공과 전자의 이동 특성이 모두 우수해야 하며, 이를 위해서 바이폴라 특성을 갖는 호스트가 필요하다. 바이폴라 특성의 호스트를 구현하기 위해서는 정공 수송 단위와 전자 수송 단위를 분자 구조 내에 포함하는 바이폴라 단일 호스트를 사용하는 방법과 정공 수송 특성을 갖는 호스트와 전자 수송 특성을 갖는 호스트를 혼합해서 사용하는 혼합 호스트를 사용하는 방법이 있다[4] (그림 9-3). 바이폴라 호스트를 사용하는 방법과 혼합 호스트를 사용하는 방법 모두 정공과 전자의 균형을 맞추어 고효율을 구현할 수 있다. 그러나, 혼합 호스트를 사용하는 경우가 정공수송성 호스트와 전자수송성 호스트를 다양하게 활용할 수 있고, 호스트 조성 제어을 통하여 정공과 전자의 균형을 쉽게 제어할 수 있기 때문에 최근에는 혼합 호스트를 많이 사용한다.

2) S. R. Forrest et al. Adv. Mater. 14, 147 (2002)
3) K. Leo et al. Phys. Rev. B 85, 245209 (2012)
4) H. Aziz et al. Science 283 1900 (1999)

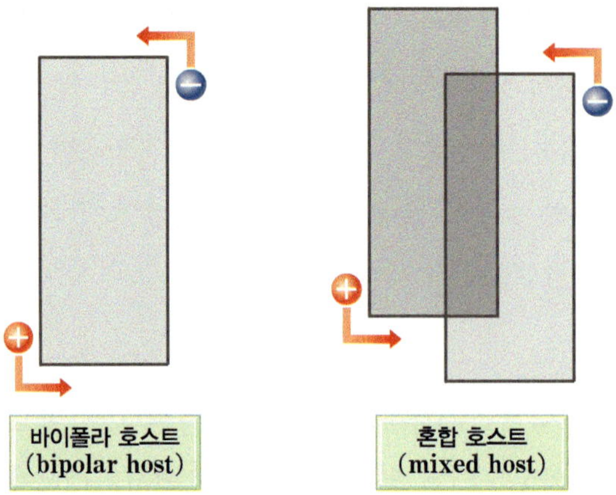

그림 9-3 바이폴라 호스트와 혼합 호스트를 통한 전하 주입 과정

혼합 호스트 시스템으로서는 다양한 혼합 호스트가 보고되어 있으며, 단순하게 정공 수송성 호스트와 전자 수송성 호스트를 사용하는 방법과 엑시플렉스를 형성하는 정공 수송성 호스트와 전자 수송성 호스트를 혼합하는 방법으로 크게 구분할 수 있다[5]. 일반적인 정공수송성 호스트와 전자수송성 호스트를 혼합하는 방법은 두 호스트 사이에 HOMO 및 LUMO 에너지 준위의 차이가 크지 않은 호스트를 사용하는 방법으로서 정공수송성 호스트의 HOMO가 얕고, 전자 수송성 호스트의 LUMO가 깊은 호스트의 혼합으로 구성된다. 정공은 주로 정공 수송성 호스트로 이동하고, 전자는 주로 전자 수송성 호스트를 통하여 이동하며, 각 호스트로 이동한 전하는 도펀트에 trap되어 주로 charge trapping 과정으로 도펀트가 발광한다 (그림 9-4). 에너지 전이에 의한 발광도 기여하지만 바이폴라 호스트를 사용하는 것보다는 charge trapping의 기여도가 월등하게 크게

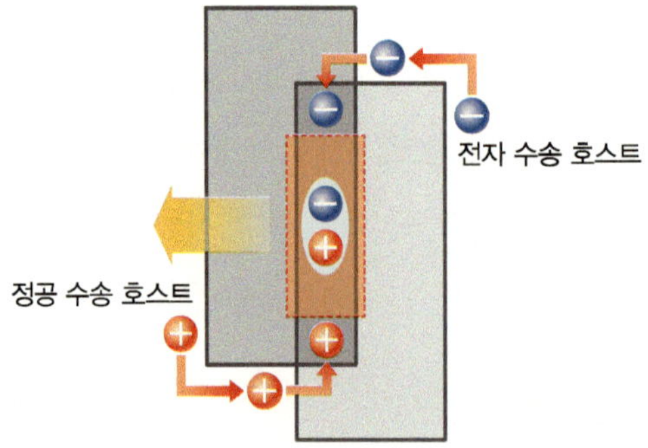

그림 9-4 혼합 호스트 기반 발광층에서의 도펀트의 전하 trapping을 통한 발광 과정

5) G. He et al. Appl. Phys. Lett. 85, 3911 (2004)

나타난다. 그러나, 사용하는 호스트의 정공 수송 특성 및 전자 수송 특성이 강하지 않고, charge trapping 이 강하게 나타나기 때문에 효율은 개선되지만 구동 전압 개선은 크게 나타나지 않는다.

혼합 호스트 시스템에서 구동 전압을 개선하기 위해서 정공 수송 특성 및 전자 수송 특성이 강한 호스트를 도입하는 방법이 개발되었고, 두 호스트 사이의 큰 HOMO와 LUMO 차이에 의하여 엑시톤이 두 호스트 사이에 생성되고, 여기 상태에서 전하 이동 컴플렉스를 형성하는 엑시플렉스 특성을 보인다 (그림 9-5)[6]. 강한 정공 및 전자 수송 특성에 의하여 구동 전압이 낮아지는 효과가 있으며, 두 호스트 사이에 엑시플렉스를 형성하기 때문에 발광 과정에서 에너지 전이 과정이 지배적으로 나타난다 (Langevin recombination). Charge trapping이 일어나기 전에 엑시플렉스의 발광 에너지를 도펀트로 전달하기 때문에 charge trapping의 확률이 낮아진다. 엑시플렉스 호스트 사용 시에는 전하 균형도 유지되고, 전자 주입 및 이동이 용이하기 때문에 높은 효율 및 낮은 구동 전압을 동시에 구현할 수 있다. 또한, 우수한 수명 특성도 구현할 수 있다.

그림 9-5 엑시플렉스 호스트를 이용한 발광층의 발광 과정

엑시플렉스 호스트는 정공 수송성 호스트와 전자 수송성 호스트가 강하게 CT 컴플렉스를 형성할 경우에는 일중항 에너지와 삼중항 에너지의 차이가 작아지게 되어 TADF 특성을 보이는 엑시플렉스가 되며, 엑시플렉스가 형성하는 CT가 약할 경우에는 일중항 에너지와 삼중항 에너지의 차이가 커지게 되어 TADF 특성을 보이지 않는다[7]. 일반적으로는 TADF 특성을 보일 경우 호스트의 삼중항 엑시톤 수명이 짧아지기 때문에 소자 특성 측면에서 유리하다.

6) J. J. Kim et al. J. Appl. Phys. 110, 124519 (2011)

7) C. Adachi et al. Nat. Photonics 6, 253 (2012)

2 엑시톤 방지층을 통한 효율 개선

엑시톤 소광이 일어나는 과정 중에 대표적인 과정은 공통층의 발광 에너지가 낮은 것에 의하여 엑시톤 소광이 일어나는 과정이다. 따라서, 엑시톤 소광을 방지할 수 있는 엑시톤 방지층이 필요하며, 엑시톤 수명이 긴 삼중항 엑시톤을 활용하는 인광 소자 및 TADF 소자에서는 엑시톤 방지층의 역할이 중요하다[8]. 엑시톤 방지층은 발광 물질에 비하여 삼중항 에너지가 큰 물질을 사용하여 삼중항 엑시톤이 확산되는 것을 막고, 공통층으로의 엑시톤 에너지 전이가 일어나는 것을 막는다. 엑시톤 방지층은 정공 수송층과 발광층 사이에 사용하는 정공 수송성 엑시톤 방지층 및 전자 수송층과 발광층 사이에 사용하는 전자 수송성 엑시톤 방지층이 있다. 정공 수송성 엑시톤 방지층은 엑시톤 방지 기능 및 발광층에서 정공 수송층으로의 전자의 누설을 동시에 막아야 하며, 전자수송성 엑시톤 방지층은 엑시톤 방지 기능 및 발광층에서 전자 수송층으로 정공이 누설되는 것을 동시에 막아야 한다. 따라서 정공수송성 엑시톤 방지층은 발광물질에 비하여 높은 삼중항 에너지와 얕은 LUMO 준위를 가져야 하며, 전자수송성 엑시톤 방지층은 발광 물질에 비하여 높은 삼중항 에너지와 깊은 HOMO 준위를 가져야 한다.

3 분자 배향

유기물의 발광 과정은 유기물에서 전자기파가 나오는 과정이며, 전자기파의 발생은 유기물의 전이 쌍극자에 의존한다. 이를 이해하기 위해서 유기물에서의 전자기파의 흡수 과정을 그림 9-6에 나타내었다. 유기물로 진행하는 전자기파는 진행 방향과 수직으로 전기적인 성분과 자기적인 성분을 갖는다. 반면 이중 결합을 통한 파이 전자를 갖는 유기물은 유기물 내에 전자 분포의 비등방성으로 인하여 전기 쌍극자를 갖게 된다. 전기 쌍극자의 방향은 이중 결합 구조 내에서 파이 전자의 분포가 가장 크게 나타나는 방향으로 정의할 수 있으며, 그림 9-6에서의 안트라센의 경우 분자 장축으로 파이 전자의 분포가 가장 크기 때문에 장축 방향이 전기 쌍극자의 방향이 된다.

유기물로 전자기파가 통과할 때 유기물은 전자기파의 성분 중 전기적인 성분을 흡수하게 되며, 유기물에서의 전기적인 성분의 흡수는 유기물의 전기쌍극자 방향과 전자기파의 전기장 성분의 방향이 일치할 경우 흡수가 일어나게 된다. 만일 전기쌍극자의 방향과 전기장 성분의 방향이 수직일 경우에는 유기물에서 흡수가 일어나지 않으며, 두 방향이 일치하면 최대 흡수를 일으킨다. 전기장 성분과 전기쌍극자가 θ의 각을 이루고 있을 경우에는 흡수의 상대적인 세기는 $\cos\theta$ 제곱에 비례한다.

8) M. A. Baldo et al. Appl. Phys. Lett. 75, 4 (1999)

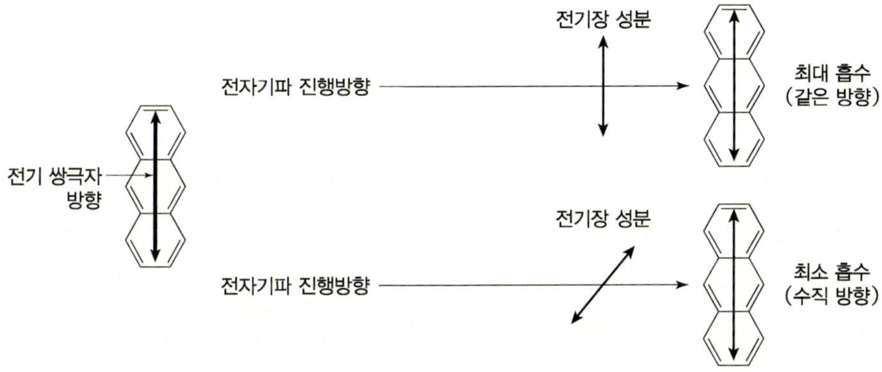

그림 9-6 전자기파의 방향과 안트라센 분자의 흡수

전자기파를 흡수한 유기물에서는 전자의 여기가 일어나게 되고 엑시톤이 형성되며, 엑시톤 형성 후에는 분자의 입체 구조가 엑시톤 형성된 상태에서 최적화된 구조로 변화하게 되며, 전자 분포의 재배열에 의하여 바닥 상태와는 달리 여기 상태에서 쌍극자가 달라지게 된다. 바닥상태와 여기 상태에서의 쌍극자의 변화를 전이 쌍극자 (transition dipole moment)라고 한다. 흡수의 경우에는 여기되기 전 바닥상태의 쌍극자에 의존하지만 발광의 경우에는 여기 상태에서의 쌍극자에 의존하게 된다. 전자기파의 진행 방향에 수직으로 전기 쌍극자가 배향될 때 최대로 흡수가 일어나는 것처럼, 발광 과정에서는 쌍극자의 수직 방향으로 전자기파가 최대로 발산된다. 쌍극자의 방향과 발광 방향의 각도를 γ라고 하면 발광의 상대적인 세기는sinγ 제곱에 의존한다. 수직 방향으로 가장 큰 세기의 발광을 보이며, 수평 방향으로는 발광의 세기가 분포하지 않는다. 유기물에서의 발광 분포를 그림 9-7에 나타내었다.

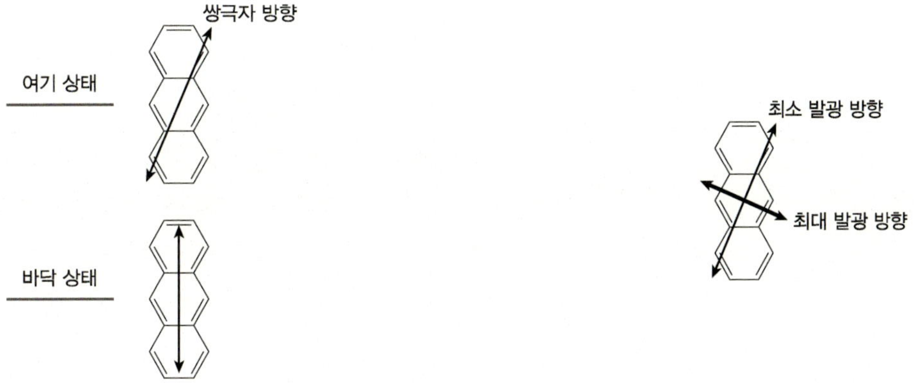

그림 9-7 분자의 쌍극자에 따른 발광의 분포

위와 같이 유기물로부터 발광은 확률적으로 유기물의 쌍극자에 수직 방향으로 나갈 가능성이 가장 높으며, 따라서 유기물의 여기 상태 쌍극자를 제어할 경우에는 유기물의 발광 방향을 제어할 수 있으며, 이에 따른 효율 제어가 가능하다. 일반적으로 유기물은 증착시 분자가 무작위로 배열되기 때문에 x, y, z 축 방향으로 쌍극자가 배향될 확률은 동일하다. 세 축 중 x, y 축은 평면에 평행하게 위치하고 z 축은 평면에 수직으로 위치한다. 따라서, 분자의 쌍극자는 평면에 대해서 수평으로 배향할 확률이 66.7%이며, 수직으로 배향할 확률이 33.3%이다. 면발광으로 발광하는 OLED 소자에서 발광층이 기판위에 증착될 경우 유기 분자의 쌍극자가 수평으로 배향할 경우 배향 방향에 수직으로 빛이 진행하기 때문에 기판 방향으로 진행하여 외부로 나오는 빛이 양이 증가하게 되며, 반대로 유기 분자의 여기 상태 쌍극자가 수직으로 배향할 경우에는 기판과 평행한 방향으로 진행하는 전자기파가 많아지기 때문에 waveguide 및 전반사 등에 의한 손실이 증가하게 된다. 따라서, 유기 분자의 여기 상태 쌍극자를 기판과 수평한 x, y 방향으로 제어하면 OLED 소자의 효율을 증가시킬 수 있다[9)10)]. 유기 분자의 쌍극자가 수평 및 수직으로 배향할 경우 전자기파의 진행 경로를 그림 9-8에 표시하였다.

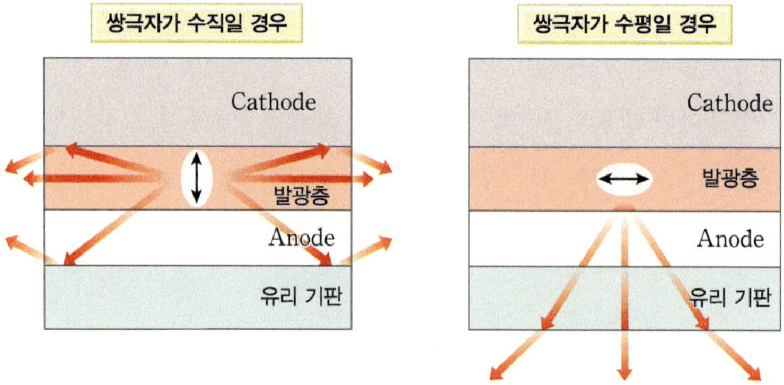

그림 9-8 여기 상태 쌍극자 방향에 따른 발광 경로

유기 분자의 배향도는 일반적으로 ellipsometer를 이용하여 수평 방향 (ordinary refracticve index)과 수직 방향 (extraordinary refractive index)의 굴절율을 측정함으로서 확인할 수 있으며, 복굴절을 이용하여 분자의 배향 여부를 확인할 수 있다[11)]. 분자의 배향 정도는 쌍극자의 방향에 의존하는 분자의 흡광 계수 (extinction coefficient)의 이방성을 이용하여 계산할 수 있으며 배향도

9) J. J. Kim et al. Adv. Mater. 26, 3844 (2014)
10) H. Becker et al. Phys. Rev. B 56, 1893 (1997)
11) J. A. Woollam, Proc. SPIE CR72, 3 (1999)

(order parameter)는 이방성 흡광 계수인 정상 광선 (ordinary light)의 흡광 계수 (k_o)와 이상광선 (extraordinary light)의 흡광 계수 (k_e)로부터 $(k_e - k_o)/(k_e + 2k_o)$로 계산된다. 배향도는 무작위로 배열될 경우에는 k_o와 k_e의 값이 같기 때문에 0의 값을 가지며 모두 수평 배향을 하고 있을 경우에는 k_e의 값이 0이 되므로 -0.5의 값을 갖게 된다. 값이 -0.5에 가까울수록 높은 배향도를 가지고 있음을 의미한다.

단일 유기물일 경우에는 ellipsometer를 이용한 배향도 측정이 가능하지만, 두 개 이상 물질(호스트와 도펀트)이 혼합된 발광층과 같은 경우에는 ellipsometer를 이용한 배향도 측정이 어렵기 때문에 편광된 빛을 이용하여 각도에 따른 PL 세기를 이용하여 배향 정도를 측정하는 방법을 이용한다[12]. 여기 상태 쌍극자의 배향에 따라 각도에 따른 PL 발광 세기의 변화가 생기는 원리를 이용하여, 측정한 각도에 따른 PL 세기를 광학적으로 계산한 값과 비교하여 배향도를 결정하는 방법이다. 이 방법을 이용하여 측정한 배향 시스템 및 측정값의 예를 그림 9-9에 나타내었다. 배향도에 영향을 미치는 인자들로는 여러 가지가 보고되어 있으며, 여기 상태 쌍극자가 평면으로 분포하는 분자에서 높은 배향도가 나오는 경향을 보인다. 따라서, 분자의 모양이 작은 형태로 되어 있는 경우보다는 평면형이나 선형으로 되어 있는 경우, 높은 배향도를 나타내게 된다[13].

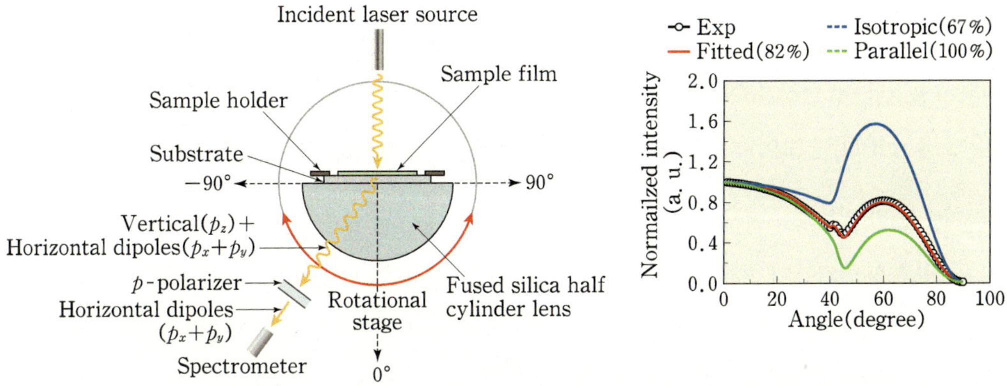

그림 9-9 쌍극자 배향을 측정하기 위한 측정 시스템 및 측정 데이터

12) J. Frischeisen et al. Appl. Phys. Lett. 96, 073302 (2010)

13) D. Yokoyama, J. Mater. Chem. 21, 19187 (2011)

4 탠덤 소자 구조

소자의 효율을 높이기 위해서 사용하는 방법 중 가장 효율적인 방법은 여러 개의 소자를 직렬로 연결하여 동일 전류에서 엑시톤 생성 개수를 늘려 효율을 개선하는 탠덤 소자이다. 탠덤 소자에서는 적층하는 소자의 개수에 비례하여 전류 효율 및 양자 효율이 증가하기 때문에 2개의 소자를 적층할 경우 2배의 효율, 3개의 소자를 적층할 경우 3배의 효율을 구현할 수 있다. 일반적으로 배면 발광 소자 구조를 적용할 경우에는 적층하는 소자의 개수에 해당하는 만큼 소자의 효율을 개선할 수 있으나, 전면 발광 소자에서는 각 발광층에서 캐비티 구조에 의한 공진 구조를 최적화하기 어려운 문제점으로 인하여 효율 개선 효과가 배면 발광에 비해서는 저하된다.

3 효율의 roll-off

OLED 패널에서는 계조를 용이하게 조절하기 위하여 전류 밀도 또는 휘도와 관계 없이 효율이 일정해야 한다. 휘도에 따라 효율이 달라지게 되면 계조 제어가 어렵기 때문에 패널 적용에 있어서 어려움이 있으며, 저휘도와 고휘도에서 동일한 효율을 보이는 것이 가장 이상적이다. 그러나, OLED 소자는 고휘도로 갈수록 효율이 저하되는 현상을 보이며 이러한 현상을 효율 roll-off (efficiency roll-off)라고 한다. 효율 roll-off 현상은 OLED 패널 적용을 위하여 최소화해야 하며, 일반적으로 형광 소자에서는 적은 효율 roll-off를 보이나 인광 및 TADF 소자에서는 큰 효율 roll-off가 관찰된다.

일반적으로 발광층에서 엑시톤을 형성하여 발광시 발광층에는 일중항 엑시톤, 삼중항 엑시톤, 양성 폴라론 및 음성 폴라론이 존재한다. 정공과 전자가 균형을 이루어 모두 엑시톤을 형성하게 되면 폴라론이 형성되지 않지만, 일반적으로는 완벽하게 정공과 전자의 균형을 이루기 어렵기 때문에 엑시톤과 함께 폴라론이 발광층에 존재하게 된다. 엑시톤을 형성하기 전의 폴라론과 발광하기 전의 엑시톤들은 발광층 내에서 상호간에 충돌할 수 있으며, 엑시톤과 폴라론들은 다양한 형태로 충돌하게 된다[14]. 첫 번째는 엑시톤과 엑시톤간의 충돌로서 일중항 엑시톤-일중항 엑시톤, 일중항 엑시톤-삼중항 엑시톤 및 삼중항 엑시톤-삼중항 엑시톤 간의 충돌이 있다. 엑시톤과 엑시톤이 충돌할 경우에는 에너지를 가지고 있는 두 엑시톤 중 하나의 엑시톤이 소멸되고 그 엑시톤의 에너지를 다른 엑시톤이 흡수하여 높은

14) C. Murawski et al. Adv. Mater. 25, 6801 (2013)

에너지 상태로 이동하는 핫 엑시톤 (hot exciton)이 형성된다[15]. 일중항 엑시톤과 삼중항 엑시톤 중 엑시톤 수명이 긴 삼중항 엑시톤이 엑시톤 수명이 짧은 일중항 엑시톤에 비하여 엑시톤의 전자가 여기 상태에서 오래 머무르기 때문에 엑시톤간의 충돌 현상을 유발할 확률이 월등하게 높다. 인광소자에서는 삼중항 엑시톤과 삼중항 엑시톤이 충돌하게 되면 하나의 삼중항 엑시톤은 에너지를 다른 삼중항 엑시톤에 전달하고 소멸되며, 에너지를 받은 삼중항 엑시톤은 핫 삼중항 엑시톤을 형성한다. 핫 삼중항 엑시톤은 다시 에너지를 내놓고 원래 에너지 상태의 삼중항 엑시톤으로 전환된다. 따라서, 두 개의 삼중항 엑시톤 충돌에 의하여 하나의 삼중항 엑시톤만이 살아남기 때문에 효율이 반으로 감소한다. 이와 같은 현상을 삼중항-삼중항 소멸 (triplet-triplet annihilation, TTA) 또는 삼중항-삼중항 융합 (triplet-triplet fusion, TTF) 이라고 한다. 형광 소자에서는 삼중항 엑시톤이 비발광 엑시톤이며, 삼중항 엑시톤간의 충돌이 일어날 경우 핫 엑시톤의 25%는 일중항 엑시톤으로 전환되고, 75%는 삼중항 엑시톤으로 다시 전환된다. 따라서, 삼중항 엑시톤 충돌이 생기게 되면 비발광 삼중항 엑시톤의 일부가 일중항 엑시톤으로 전환되며, 형광 소자의 효율이 증가하게 된다. 즉, TTA 현상은 인광 소자에서는 효율 감소 원인이 되지만, 형광 소자에서는 효율 증가 원인이 된다.

삼중항 엑시톤은 삼중항 엑시톤간의 충돌 뿐 아니라 일중항 엑시톤과의 충돌도 유발한다[16]. 일중항-삼중항 엑시톤 충돌에 의하여 일중항 엑시톤의 에너지가 삼중항 엑시톤으로 전달되고 일중항 엑시톤은 소멸하고 핫 삼중항 엑시톤이 생성된다. 핫 삼중항 엑시톤은 완화 과정을 거쳐서 다시 원 상태의 삼중항 엑시톤으로 전환된다. 이러한 현상을 일중항-삼중항 소멸 (singlet-triplet annihilation, STA) 라고 한다. 일중항 엑시톤이 소멸되기 때문에 소자의 효율이 저하되며, 이 현상은 주로 일중항 엑시톤을 활용하는 형광 소자에서 관찰된다. 따라서, 삼중항 엑시톤을 발광에 사용하지 않는 형광 소자에서도 일중항 엑시톤 소광을 억제하기 위해서는 삼중항 엑시톤의 제어가 중요하다.

삼중항 엑시톤에 비하여 엑시톤 수명이 1000배 정도 짧은 일중항 엑시톤들은 빠르게 광자로 전환되기 때문에 상호간에 충돌할 확률이 매우 낮으며, 일반적으로는 소자 효율에 크게 영향을 미치지 않는다. 그러나, 일중항 엑시톤간의 충돌에 의하여 하나의 일중항 엑시톤이 소멸되기 때문에 일중항-일중항 충돌이 일어날 경우에도 효율은 일부 감소하게 된다.

엑시톤은 엑시톤 사이의 충돌 뿐 아니라 폴라론과의 충돌을 통하여 에너지를 잃고 소멸된다[17]. 엑시톤 수명이 짧은 일중항 엑시톤에서는 이러한 현상이 거의 관찰되지 않으며, 엑시톤 수명이 긴 삼중항

15) M. A. Baldo et al. Phys. Rev. B 62, 10967 (2000)
16) N. Giebink et al. Rhys. Rev. B 79, 073302 (2009)
17) S. Reineke et al. Phys. Rev. B 75, 125328 (2007)

엑시톤에서 폴라론과의 충돌이 주로 관찰된다. 삼중항 엑시톤은 양성 폴라론 또는 음성 폴라론과의 충돌에 의해서 폴라론으로 에너지를 전달하여 삼중항 엑시톤은 소멸하고 핫 폴라론 (hot polaron)을 형성한다. 핫 폴라론 형성 과정에서 삼중항 엑시톤이 소멸되기 때문에 소자의 효율이 감소하게 된다. 이러한 현상을 삼중항–폴라론 소멸 (triplet–polaron annihilation, TPA)이라고 한다. 이 외에도 확률적으로 낮지만 일중항 엑시톤과 폴라론의 충돌 (singlet–polaron annihilation, SPA)도 효율 감소에 영향을 미친다. 발광층에서 생길 수 있는 엑시톤 및 폴라론의 충돌 과정을 그림 9–10에 표시하였다.

위에서 언급한 TTA, STA, TPA 등의 과정은 효율을 감소시키는 원인이 되며, 엑시톤 및 폴라론간의 충돌 확률에 비례한다. 따라서, 엑시톤 및 폴라론의 밀도가 높을 경우 TTA, STA 및 TPA 등이 생길 확률이 높아지며, 낮은 전류 밀도보다는 높은 전류 밀도에서 이러한 현상들이 주로 발생하게 된다. 따라서, OLED 소자에서는 고전류밀도 또는 고휘도로 갈수록 효율이 저하되는 효율 roll–off 현상이 관찰된다. 형광 소자에서 roll–off를 일으키는 주된 원인은 STA 과정이며, 추가적으로 일중항–일중항 엑시톤 소멸 및 일중항–폴라론 소멸이 영향을 미친다. 삼중항 엑시톤이 발광에 기여하는 인광 소자 및 TADF 발광 소자에서는 TTA가 효율 roll–off에 가장 크게 영향을 미치며, 추가적으로 TPA가 영향을 미친다. 일반적으로, 긴 엑시톤 수명으로 인하여 삼중항 엑시톤이 관여하는 인광 소자 및 TADF 소자에서의 효율 roll–off가 일중항 엑시톤을 이용하는 형광 소자에 비하여 크게 나타나는 경향을 보인다 (그림 9–11).

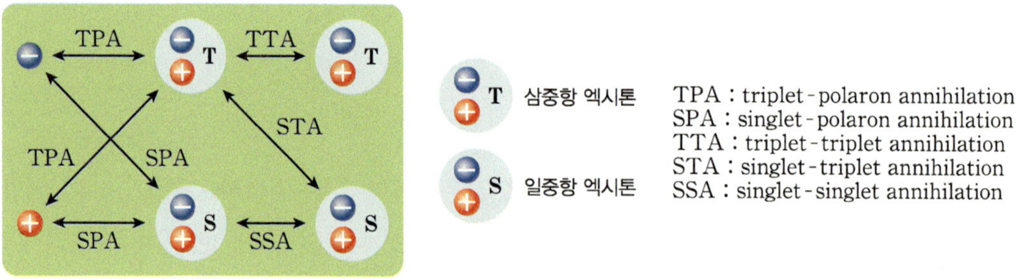

그림 9–10 발광층 내에서 일어나는 엑시톤 및 폴라론의 충돌 과정

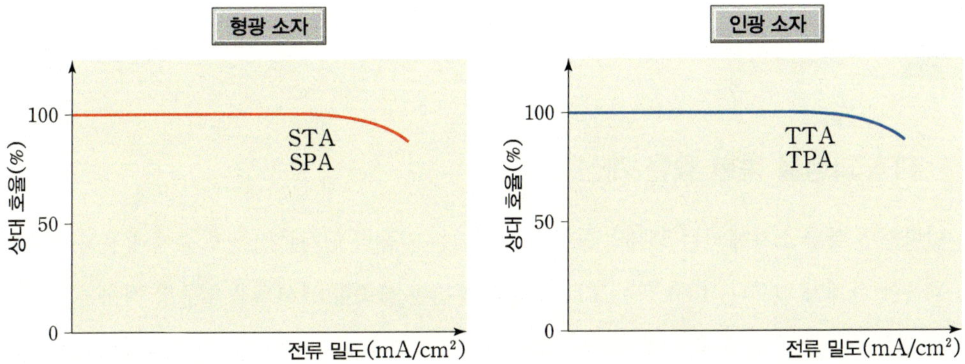

그림 9-11 형광 및 인광 소자의 전류 밀도에 따른 효율 roll-off 특성

효율 roll-off의 원인이 엑시톤 및 폴라론 간의 충돌에 기인하므로 효율 roll-off를 개선하기 위해서는 엑시톤 및 폴라론간의 충돌 확률을 낮추어야 한다. 가장 효율적인 방법은 엑시톤 수명을 줄이는 것이며 특히 삼중항 엑시톤의 수명을 줄일 경우 STA, TTA 및 TPA를 줄일 수 있기 때문에 효율 roll-off 개선에 효과적이다. 또 다른 방법은 엑시톤 및 폴라론의 밀도를 낮추는 방법으로서 발광층 내에서 발광 영역(recombination zone)을 넓혀 엑시톤 및 폴라론이 발광층 전체에 걸쳐 고르게 분포하게 만들면 동일한 수의 엑시톤이 존재하더라도 소광의 확률을 낮출 수 있다. 따라서 좁은 발광 영역보다는 넓은 발광 영역을 유지하는 것이 효율 roll-off 개선에 유리하다. 발광 영역이 좁을 경우에는 엑시톤 밀도 증가로 소광 확률이 증가하게 되어 고휘도에서의 효율 감소가 심하게 나타난다. 넓은 발광 영역을 유지하기 위한 방법으로는 혼합 호스트를 사용하는 것이 가장 효율적이다. 또한, 폴라론의 형성 자체를 억제하는 것도 TPA를 줄일 수 있는 방법이기 때문에 발광층 내에서 전하의 균형을 맞추어 잉여 전하 형성을 억제할 경우 효율 roll-off를 개선할 수 있다. 이 외에도 발광층 내에서 도펀트에 의한 전하 trapping을 억제하고 발광 과정이 에너지 전이에 의하여 지배되는 발광층 구조를 이용할 경우 TPA를 억제하여 효율 roll-off를 개선할 수 있다.

4 형광 소자의 효율

1 TTA 과정을 통한 효율 개선

일반적인 형광 소자에서는 25%의 확률로 형성되는 일중항 엑시톤만을 발광에 활용하기 때문에 효율에 한계가 있으나, TTA 또는 TTF 과정을 통하여 삼중항 엑시톤을 일중항 엑시톤으로 활용할 경우 이론적인 형광 효율에 비하여 추가적인 효율 개선이 가능하다. TTA 과정은 pyrene에서 처음 관찰되어 P-type형 지연 형광이라고 하는 과정으로서 삼중항 엑시톤 충돌에 의해서 삼중항 엑시톤 일부가 일중항 엑시톤으로 전환되어 형광 발광에 기여하는 과정이다. TTA 과정을 유도하는 유기물은 파이렌과 안트라센이 대표적으로 알려져 있으며, 안트라센 화합물들이 널리 활용되고 있다[18).

TTA 과정을 통하여 삼중항 엑시톤이 일중항 엑시톤으로 변환되는 과정은 크게 세 가지 경우로 구분할 수 있다[19)20)21). 첫 번째 경우는 삼중항 고차 여기 상태와 오중항 (quintet, Q) 여기 상태가 존재하는 상태에서 $S_1 < T_2 < Q_1 < 2T_1$인 조건이 만족될 경우이며, 이 경우에는 삼중항 엑시톤 충돌에 의하여 삼중항 엑시톤이 일중항, 삼중항, 오중항 상태로 여기될 수 있으며, 일중항, 삼중항, 오중항 엑시톤이 생성될 확률은 1/9, 3/9, 5/9가 되며, 이 경우 일중항 엑시톤의 생성 확률은 일중항 엑시톤 생성 확률 25%와 삼중항 엑시톤이 일중항 엑시톤으로 변환될 확률 5%를 더하면 30%의 확률로 일중항 엑시톤이 생성될 수 있다. 이때 삼중항 엑시톤 충돌에 의하여 생성된 오중항 엑시톤은 일중항 엑시톤으로 전환될 수 없기 때문에 모두 손실되며, 삼중항 엑시톤 충돌에 의하여 생성된 삼중항 엑시톤의 경우에는 다시 삼중항 여기 상태 (T_1)로 내부 완화 과정이 일어나면서 다시 삼중항 충돌을 유발한다. 일중항으로 변환된 엑시톤은 모두 형광 발광에 활용될 수 있다. 이와 같은 과정이 반복적으로 일어나게 되면 5%의 효율을 추가적으로 얻을 수 있으며, 총 30%의 효율이 가능하다 (그림 9-12).

18) D. Di et al. Adv. Mater. 29, 1605987 (2017)
19) B. H. Wallikewitz et al, Phys. Rev. B 85, 045209 (2012)
20) C. J. Chiang et al. Adv. Funct. Mater. 23, 739 (2013)
21) T. L. Keevers, Phys. Rev. B 93, 045210 (2016)

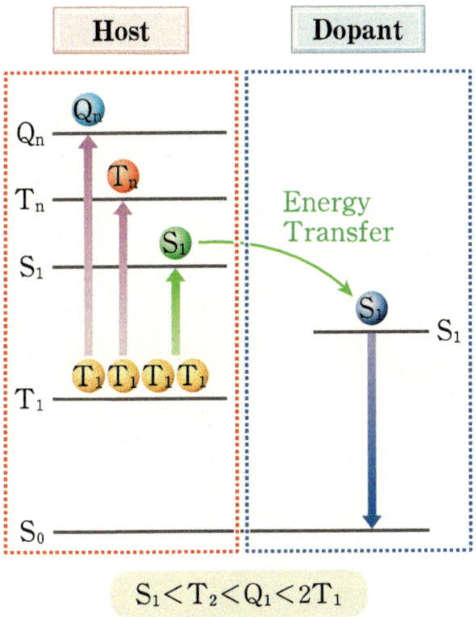

IQE 계산

$$25\% + 75\% \times \frac{1}{2} \times 1/9 + 75\% \times \frac{1}{2} \times 3/9 \times \frac{1}{2} \times 1/9 + \cdots\cdots$$

$$= 25\% + \left(75\% \times \frac{1}{2} \times 1/9\right) / \left(1 - 3/9 \times \frac{1}{2}\right)$$

$$= 25\% + 5\%$$

$$= 30\%$$

그림 9-12 $S_1 < T_2 < Q_1 < 2T_1$의 경우 TTA 과정을 통한 삼중항의 일중항 전환 과정

두 번째 경우는 $S_1 < T_2 < 2T_1 < Q_1$인 경우로서 이 경우에는 TTA 과정에서 삼중항 엑시톤이 오중항 상태로 여기될 수 없기 때문에 일중항과 삼중항 상태로만 삼중항 엑시톤이 이동한다. 따라서, 이 과정을 통해서는 삼중항 엑시톤 충돌이 일중항 엑시톤을 생성할 확률이 1/4, 삼중항 엑시톤을 생성할 확률이 3/4으로서 일중항 엑시톤 생성 확률 25%와 삼중항 엑시톤이 일중항 엑시톤으로 변환될 확률 15%를 더하면 40%의 확률로 일중항 엑시톤이 생성될 수 있다. 이 경우 삼중항 엑시톤의 전환 효율은 20%이다. 계산 과정은 첫 번째 경우와 유사하며, 삼중항 엑시톤 충돌에 의하여 생성된 일중항 엑시톤은 모두 형광 발광에 사용 가능하며 (75 × 1/2 × 1/4), 생성된 삼중항 엑시톤은 내부 완화 과정을 거쳐 다시 삼중항 충돌을 일으키게 된다 (그림 9-13). 이와 같은 과정이 반복적으로 일어나면서 삼중항 엑시톤이 일중항 엑시톤으로 전환되어 효율 증가를 유발한다.

세 번째 경우는 $S_1 < 2T_1 < T_2 < Q_1$인 조건을 만족하는 경우로서 삼중항 엑시톤의 충돌에 의해서 생성된 $2T_1$의 에너지를 가진 엑시톤이 오직 일중항 상태로만 갈 수 있게 된다. 따라서, 두 개의 삼중항 엑시톤 충돌에 의하여 하나의 일중항 엑시톤이 생성될 수 있으며, 일중항 엑시톤 생성 확률은 EL 과정에 의한 일중항 엑시톤 생성 확률 25%와 삼중항 엑시톤이 일중항 엑시톤으로 변환될 확률 37.5%를 합하여 62.5%의 효율이 가능하다. 이 경우 삼중항 엑시톤의 전환 효율은 50%이다 (그림 9-13).

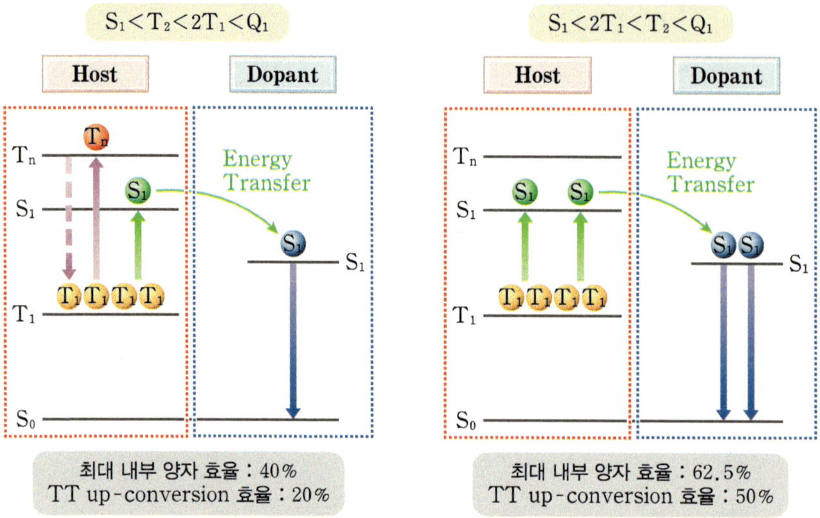

그림 9-13 일중항 및 삼중항 에너지에 따른 TTA 과정 및 삼중항 전환 효율

위와 같이 이상적인 경우 TTA 과정을 통하여 얻을 수 있는 형광 소자의 내부 양자 효율은 62.5%의 값이 가능하다. 다만, 이 계산은 유기물을 단독층으로 사용할 경우의 최대 효율로서, 단독 발광층 또는 호스트로서 사용할 경우 구현될 수 있는 효율이다. 도펀트 물질을 TTA 기반 유기 물질을 사용할 경우에는 삼중항 엑시톤의 밀도가 낮아지기 때문에 위와 같은 효율값을 구현하는 것이 어렵다.

TTA 과정을 이용하는 형광 발광 소자에서는 TTA 과정이 효율적으로 일어나야 하므로, 다른 소자와는 달리 발광 영역의 폭이 좁아야 한다. 발광 영역이 넓을 경우에는 TTA 확률이 떨어지게 되며, 삼중항 엑시톤의 일중항 엑시톤으로의 전환 효율이 감소하게 된다. TTA 기반의 대부분의 소자들은 전자 수송 특성이 강한 안트라센 계열의 호스트를 사용하고, 아민 계열의 도펀트를 사용하여, 정공이 도펀트에 trap되는 소자 구조를 가지고 있으므로, 정공 수송층에 치우친 좁은 발광 영역을 가지고 있다. 발광 영역이 정공 수송층 쪽으로 치우쳐져 있고, 삼중항 엑시톤이 발광에 관여하고 있으므로, 엑시톤 방지층의 역할이 중요하며, TTA 과정을 충분히 활용하기 위하여 정공 수송성 엑시톤 방지층은 높은 삼중항 에너지를 가져야 하고, 전자의 누설을 막아야 하고, 추가적으로 전자의 누설이 일부 발생할 수 있기 때문에 전자 누설시에도 분자가 안정성을 가질 수 있도록 약한 전자 수송 단위체들을 포함하는 것이 유리하다.

2 Hybrid local and charge transfer (HLCT) 여기 상태를 이용한 효율 개선

TTA 과정을 활용하여 삼중항 엑시톤을 활용하는 방법과 함께 고차 여기 상태를 이용하여 삼중항 엑시톤을 일중항 엑시톤으로 변환하여 형광 소자의 효율을 높이는 방법이 있다[22)23)]. 이 방법에서는 El-Sayed 법칙 (일중항과 삼중항 사이에서 계간 전이가 일어날 때 분자 오비탈의 변화가 생길 때 계간 전이 속도가 빨라진다. 예를 들어 $^1\pi\pi^*$와 $^1n\pi^*$ 사이의 계간 전이는 빠르고 $^1\pi\pi^*$와 $^3\pi\pi^*$ 사이의 계간 전이는 느리며, ^{1}CT과 $^1\pi\pi^*$ 사이의 계간 전이는 빠르고 ^{1}CT과 ^{3}CT 사이의 계간 전이는 느리다) 에 근거하여 단위체의 일중항 상태 (local singlet excited state, ^{1}LE ($^1\pi\pi^*$에 해당))와 고차 삼중항 여기 상태 중 CT 특성을 갖는 ^{3}CT 여기 상태를 이용하여 계간 전이를 유도하여 삼중항 엑시톤을 일중항 엑시톤으로 변환하는 방법이다. 이러한 과정을 hybrid local and charge transfer (HLCT) 과정 또는 hot exciton 과정이라고 한다 (그림 9-14). EL 과정을 통하여 엑시톤이 생성될 때 고차 삼중항 여기 상태와 일중항 여기 상태와의 에너지 차이가 작고 고차 삼중항 여기 상태와 T_1과의 에너지 차이가 클 경우에는 삼중항 엑시톤의 내부 완화 확률이 저하되며, 삼중항 여기상태로부터 일중항 여기상태로의 계간 전이 확률이 증가한다. 이 경우에도 고차 삼중항 여기 상태에 엑시톤이 존재해야 하므로 유기물을 단독으로 사용할 경우 삼중항 엑시톤 생성 확률이 높으며, 호스트로 적용시 형광 소자에서 높은 효율을 기대할 수 있다. HLCT 상태를 이용할 경우 10% 이상의 외부 양자 효율이 구현되는 것으로 보고되어 있다[24)].

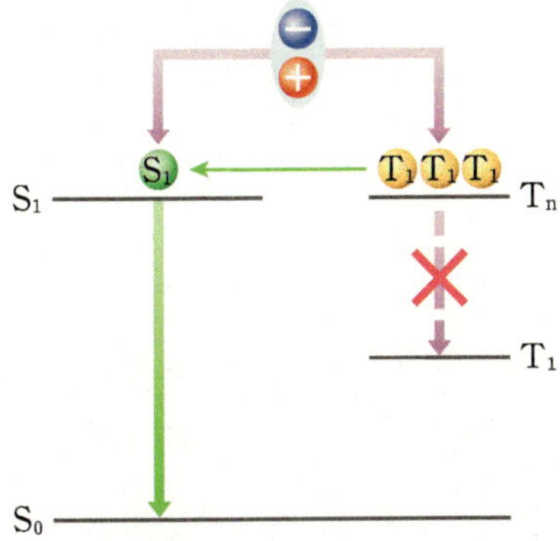

그림 9-14 HLCT 과정을 통한 hot exciton 채널 기반 형광 발광

22) Y. Ma et al. Adv. Funct. Mater. 22, 2797 (2012)
23) Y. Ma et al. Chem. Soc. Rev. 50, 1030 (2021)
24) Y. Ma et al. Adv. Mater. 31, 1807388 (2019)

3 인광 또는 TADF 감광 형광 발광을 통한 효율 개선

형광 소자의 낮은 효율은 EL 과정을 통한 발광 과정에서 일중항 엑시톤이 생성되는 확률이 25%인 것에 기인한다. 따라서 일중항 생성 비율을 높이면 형광 소자의 효율을 증가시킬 수 있으며, 일중항 생성 비율을 최대화하는 방법은 엑시톤의 생성을 전기적인 엑시톤 생성 방법 대신 PL과 같이 바닥 상태로부터 직접적으로 전자를 여기시켜 엑시톤을 생성하는 방법을 이용하는 것이다. 바닥 상태로부터 직접적으로 전자를 여기시키는 방법은 호스트와 도펀트로 구성되는 발광층에서 호스트로부터 도펀트로 Förster 에너지 전이를 이용하는 방법이다. 그러나, 일반적인 호스트와 도펀트로 구성되는 발광층에서는 호스트에서 생성되는 25%의 일중항 엑시톤만을 Förster 에너지 전이를 통하여 도펀트에 전달할 수 있으며, 75%의 삼중항 엑시톤은 Dexter 에너지 전이를 통하여 도펀트로 전달할 수 있기 때문에 25%보다 높은 Förster 에너지 전달 비율을 구현하기 어렵다. 그러나, 호스트 물질이 TADF 물질일 경우에는 TADF 호스트가 삼중항 엑시톤을 일중항 엑시톤으로 역계간 전이를 통하여 변환하고 일중항 엑시톤으로부터 형광 도펀트로의 Förster 에너지 전이를 통하여 형광에서 일중항 엑시톤을 생성할 수 있기 때문에 손실 과정이 없다고 가정할 경우 이론적으로 100%의 내부 양자 효율 구현이 가능하다[25]. 유사하게 인광 물질을 호스트로 사용할 경우에도 삼중항 엑시톤을 100% 형성한 후 Förster 에너지 전이를 통하여 형광 도펀트에서 일중항 엑시톤을 100% 형성할 수 있기 때문에 이론적으로는 100%의 양자 효율을 구현할 수 있다. 그러나, TADF나 인광 물질을 호스트로 사용할 경우 분자들 사이의 상호 작용으로 인한 소광 현상으로 인하여 호스트에서 100% 발광 엑시톤을 형성하는 것이 어려우며, 형광 도펀트와 호스트가 직접적으로 접해 있기 때문에 삼중항 엑시톤으로부터 형광 도펀트로의 Dexter 에너지 전이가 강하게 일어나므로 기존 형광 소자에 비하여 효율 개선은 가능하지만 100%의 내부 양자 효율 구현은 어렵다.

TADF나 인광 물질을 호스트로 사용시 발생하는 손실 과정을 억제하여 고효율을 구현하기 위한 방법은 분자 상호 작용에 의한 소광 현상을 막기 위해서 Förster 에너지 전이를 유발하는 TADF나 인광 물질을 서로 거리를 떨어뜨리고 Dexter 에너지 전이를 막기 위해서 형광 도펀트와 TADF나 인광 물질이 직접적으로 접촉하지 않도록 발광층을 구성하는 것이다. 이러한 발광층은 일반적인 호스트에 TADF나 인광 물질을 높은 농도 (10~50%)로 도핑하고, 형광 물질을 낮은 농도 (0.5~3%)로 도핑함으로써 구현할 수 있다. 호스트에서 일중항 엑시톤과 삼중항 엑시톤이 25 : 75의 비율

25) C. Adachi et al. Nat. Commun. 5, 4016 (2014)

로 형성되며, 일중항 엑시톤은 호스트로부터 TADF나 인광 물질로 Förster 에너지 전이를 통하여 전달되고, 삼중항 엑시톤은 Dexter 에너지 전이를 통하여 전달된다. 일중항 엑시톤 및 삼중항 엑시톤은 TADF 물질의 경우 일중항 엑시톤, 인광 물질의 경우 삼중항 엑시톤의 발광 가능한 엑시톤 형태로 존재하고, 이 엑시톤들은 형광 물질로의 Förster 에너지 전이를 통하여 형광 도펀트의 전자를 여기시켜 100% 형광 효율을 구현할 수 있다. 이 경우에도 호스트 및 TADF 또는 인광 물질로부터 형광 도펀트로의 Dexter 에너지 전이에 의한 손실 및 형광 도펀트에서의 직접적인 전하 trapping에 의한 효율 손실이 생길 수 있으나, 손실 과정은 호스트를 사용하지 않을 경우에 비하여 현저하게 감소한다. 이 시스템에서 사용하는 TADF 물질 또는 인광 물질을 감광 물질 (sensitizer) 또는 보조 도펀트 (assistant dopant)라고 하며, TADF를 사용하는 시스템은 특히 hyperfluorescence라고 한다. TADF 또는 인광 감광 형광 발광 시스템을 이용하여 현재 20% 이상의 외부 양자 효율이 보고되고 있다. Dexter 에너지 전이를 제어하기 위하여 감광 물질과 형광 도펀트에 큰 알킬기와 같은 블록킹 단위체를 도입할 경우 효율이 증가하는 것으로 보고되고 있다.

최근에는 최종 발광 물질로 형광 물질을 사용하지 않고, TADF 물질을 사용하는 발광 시스템도 개발되고 있으며, 형광을 발광 물질로 사용하는 것에 비하여 높은 효율을 구현할 수 있는 장점이 있다[26]. 최종 발광 물질이 TADF 물질일 경우에는 형광 물질 사용시 호스트 및 감광 물질로부터 형광 물질로의 Dexter 에너지 전이에 의하여 손실되는 삼중항 엑시톤을 발광에 활용할 수 있기 때문에 효율 측면에서 유리한 장점이 있다. Dexter 에너지 전이에 의해서 최종 발광 물질인 TADF 물질에 삼중항 엑시톤이 형성되더라도 역계간 전이를 통하여 형광 발광에 활용할 수 있기 때문에 엑시톤의 손실 과정 없이 모든 엑시톤을 발광에 활용할 수 있으며, 기존의 TADF 또는 인광 소자와 동등한 수준의 효율 구현이 가능하다. 그러나, TADF 물질을 최종 발광 물질로 사용할 경우에는 삼중항 엑시톤을 통한 발광의 기여분이 커지기 때문에 수명 측면에서는 불리한 단점을 가지고 있다. TADF 및 인광 물질을 감광 물질로 사용하는 경우와 발광 물질로 형광 및 TADF 물질을 사용할 경우의 발광 메커니즘을 그림 9-15에 표시하였다.

26) J. Y. Lee et al. Nat. Photonics 15, 208 (2021)

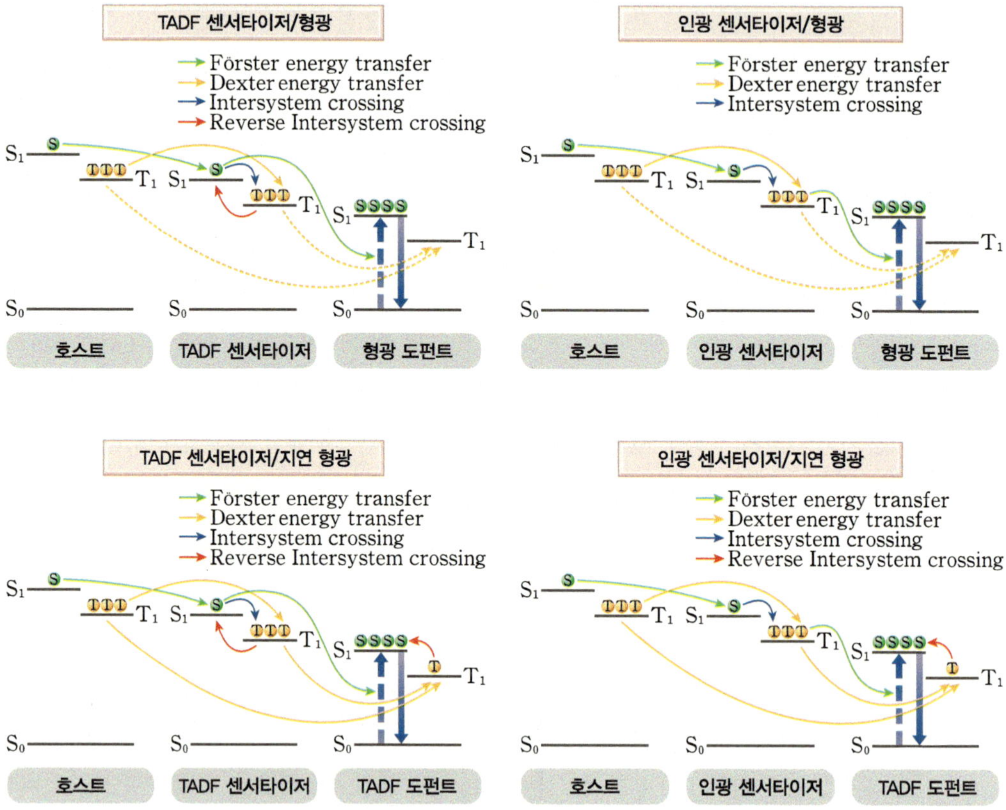

그림 9-15 센서타이저 물질과 최종 발광 물질에 따른 TADF 또는 인광 감응 발광 소자의 발광 과정

10

OLED 소자의 수명

OLED 소자에서는 효율과 함께 수명이 가장 중요한 특성 중의 하나이다. 소자의 수명은 구동 시간에 따른 소자의 효율 감소 (정전류 조건에서 휘도 감소)에 의하여 좌우되며, 장시간 구동시에도 효율 감소가 없는 소자를 개발해야 장수명을 구현할 수 있다. 일반적으로 유기물을 사용하는 OLED 소자는 무기물을 사용하는 LED에 비하여 수명 측면에서 단점이 있으며, 주된 이유는 유기물이 무기물보다 안정성이 저하되기 때문이다. 비록 유기물의 안정성이 무기물에 비하여 취약하고, 분해가 쉽게 일어나지만, 유기물의 설계를 강건하게 하고 소자 구조에서 유기물이 분해되는 과정들을 억제하여 구동 시간에 따른 효율 감소를 제어하게 되면 OLED 소자의 수명을 개선할 수 있으며, 현재 재료적인 측면에서의 접근과 소자 측면에서의 접근을 통하여 OLED 소자의 수명을 개선하고 있다.

제1절

OLED 소재 수명

OLED에 사용되는 유기 소재는 공유 결합 화합물이며, 공유 결합 자체의 결합 세기가 약하기 때문에 유기 소재를 OLED 소자에 적용할 경우 소자 구동시 유기물의 공유 결합을 해리시킬 수 있는 다양한 과정들에 의하여 유기물의 분해가 일어나게 된다.

1 발광 에너지 및 엑시톤 수명

유기물의 분해 과정 중 하나는 엑시톤 생성시 분자가 가진 엑시톤 에너지에 의한 분해 과정이다. 발광 과정에서 유기물 내에 일중항 엑시톤 및 삼중항 엑시톤이 생성될 경우 엑시톤은 에너지를 흡수하여 가지고 있는 상태이기 때문에 엑시톤이 존재하는 시간 동안 유기물은 엑시톤 에너지에 노출되어 손상을 입을 수 있으며, 결합 에너지가 엑시톤 에너지에 비하여 작을 경우에는 결합이 분해될 수 있다. 적색, 녹색 및 청색 발광 재료를 비교하면, 적색 발광 재료는 엑시톤 에너지가 작으며, 청색 발광 재료는 엑시톤의 에너지가 크기 때문에 청색 발광 재료가 엑시톤 에너지에 의하여 재료가 손상을 입을 가능성이 크므로 청색 발광 재료가 발광시 재료 안정성이 저하되며, 수명 측면에서 불리하다. 반면 적색 발광 재료는 엑시톤 에너지가 작으며, 대부분의 공유 결합 에너지가 적색 발광 에너지보다 크기 때문에 발광 시에도 재료 안정성이 우수하고, 장수명을 구현할 수 있다. 유사하게 재료 안정성은 발광 전 엑시톤이 존재하는 엑시톤 수명에 의해서도 영향을 받으며, 엑시톤 수명이 길 경우에는 공유 결합으로 구성된 유기물이 에너지를 오랜 시간 동안 가지고 있으므로, 결합이 손상을 받을 가능성이 커지기 때문에 소자 수명 측면에서 불리하다. 따라서, 재료 안정성을 확보하기 위해서는 엑시톤 수명을 최소화하는 것이 중요하다. 또한, 동일한 색좌표를 갖는 적색, 녹색, 및 청색 발광 재료라도, 단파장에서 발광하는 성분을 최소로 포함하는 발광 재료가 재료 안정성 측면에서 유리하다. 동일 색좌표에서 단파장 성분이 많을 경우에는 단파장 성분에 해당하는 엑시톤의 에너지가 크기 때문에 발광하기 전 엑시톤 상태에서 유기 소재가 손상을 입어 수명을 감소시키게 된다. 따라서 좁은 스펙트럼을 갖는 것이 단파장 성분을 최소화할 수 있기 때문에 수명 측면에서 유리하다.

발광 물질의 발광 에너지 뿐 아니라 호스트의 발광 에너지도 소자의 수명에 영향을 미친다. 발광층에서는 호스트로부터 도펀트로의 에너지 전이가 주된 발광 메커니즘이며, 에너지 전이 과정은 호스트의 발광과 도펀트의 흡수 사이의 중첩을 필요로 하는 Förster 에너지 전이를 포함한다. 도펀트의 발광 파장이 동일할 경우 도펀트의 Stokes 이동이 작을 경우와 클 경우를 비교해 보면 Stokes 이동이 클 경우에는 호스트의 발광 파장이 도펀트의 흡수 파장과의 중첩을 위하여 Stokes 이동이 작을 경우와 비교하여 더 단파장에 위치해야 한다. 따라서 호스트의 발광 에너지가 커지게 되며, 소자의 수명 측면에서 불리하다. 따라서, 도펀트의 경우 가능하면 작은 Stokes 이동을 갖는 것이 에너지 전이를 위한 호스트의 발광 에너지를 최소화할 수 있기 때문에 소자 수명 측면에서 유리하다.

2 결합 해리 에너지 (Bond dissociation energy, BDE)

OLED 소자 내의 유기물의 주요한 분해 과정은 소재의 반복적인 산화와 환원 과정에 의한 분해이다. OLED 소자 내부에서는 정공과 전자의 주입에 의하여 유기 재료에 양성 폴라론과 음성 폴라론이 반복적으로 생기고 사라지는 과정이 발생한다. 따라서, 산화 과정과 환원 과정에서 유기물이 손상 받지 않고 안정적으로 존재할 수 있어야 한다. 많은 유기물들이 폴라론이 존재하지 않는 상태에서는 우수한 안정성을 보이지만 폴라론 생성시에는 안정성이 떨어지는 경향을 보이므로, 폴라론 존재시 소재의 안정성을 확보해야 한다. 정공을 주로 이동시키는 정공수송 물질의 경우에는 양성 폴라론 존재시 안정성이 중요하며, 전자를 주로 이동시키는 전자수송 물질의 경우에는 음성 폴라론 존재시 안정성이 중요하다. 그러나, 소자 구동시에는 일부 전자가 정공 수송층으로 누설될 수 있으며, 정공이 전자 수송층으로 누설될 수도 있기 때문에 정공 수송층의 음성 폴라론 존재시 안정성 및 전자 수송층의 양성 폴라론 존재시 안정성도 중요하다. 호스트의 경우에는 양성 폴라론과 음성 폴라론이 모두 생성되므로, 두 환경 모두에서 우수한 안정성이 필요하다.

OLED용 유기 소재의 안정성을 확인하기 위해서 가장 많이 사용하는 방법은 유기 소재의 BDE를 계산하는 것이다[1]. BDE는 바닥상태, 양성 폴라론 상태, 음성 폴라론 상태, 일중항 여기 상태, 삼중항 여기 상태에서 각각 계산할 수 있으며, 각 층에 사용하는 소재의 종류에 따라 적절한 BDE를 계산하여 유기물의 안정성을 판단한다. 일반적으로 BDE의 계산은 유기물의 공유 결합 중 가장 약한 결합 세기를 가진 결합 위주로 실시한다.

정공 수송층에 대해서는 양성 폴라론이 존재하는 상태와 음성 폴라론이 존재하는 상태에서의 BDE 파악이 필요하다. 앞서 언급한 바와 같이 주로 정공을 이동시키기 때문에 양성 폴라론이 존재하는 상태에서의 BDE가 가장 중요하며, 일부 전자의 누설시에도 정공 수송층이 안정성을 유지해야 하므로 음성 폴라론이 존재하는 상태에서 BDE도 중요하다. 유사하게 전자 수송층의 경우에는 음성 폴라론이 존재하는 경우의 BDE와 양성 폴라론이 존재하는 경우의 BDE 값이 커야 소자 구동시에 전자 수송층 물질의 분해가 억제된다.

발광층에 사용하는 호스트와 발광 물질인 도펀트의 경우에는 폴라론과 엑시톤이 모두 존재할 수 있기 때문에 여러 환경에서 BDE를 고려해야 한다. 호스트와 도펀트 모두 양성 폴라론, 음성 폴라론, 일중항 엑시톤 및 삼중항 엑시톤이 모두 존재할 수 있다. 따라서 모든 조건에서 안정성을 확보하는 것이 필요하다. 각각의 BDE를 계산시에는 각각 전하가 주입되거나 엑시톤이 생성된 여기 상태에서의 안정된 입체 구조를 이용하여 BDE를 계산하여야 한다. 일반적으로 엑시톤이 존재하는 경우 BDE가 작은 경향을 보이게 되며, 특히 삼중항 엑시톤이 존재할 때 BDE값이 작으므로 삼중항 엑시톤 상태에서의 BDE 값을 높일 수 있는 분자 구조를 적용해야 유기 소재의 안정성을 확보할 수 있다. 인광 소자에서 삼중항 엑시톤을 주로 활용하므로 인광 소자의 수명을 확보하기 위해서는 삼중항 엑시톤이 존재하는 상태에서 BDE가 큰 물질을 활용해야 한다. 발광층 내에서 다양한 조건에서의 BDE를 그림 10-1에 나타내었다.

1) F. So et al. Adv. Mater. 22, 3762 (2010)

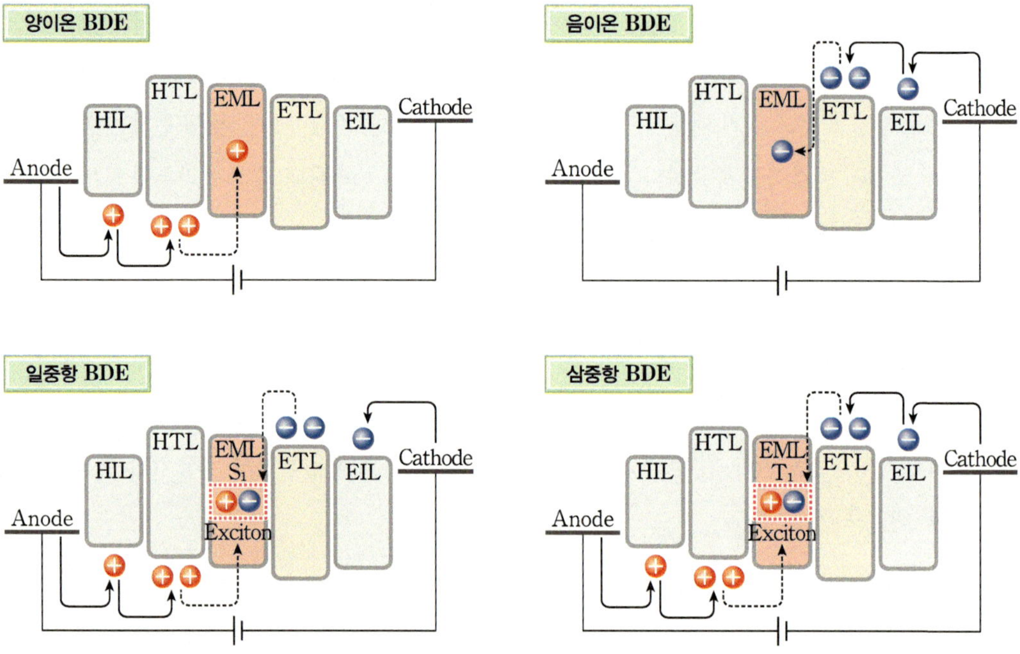

그림 10-1 발광층내 다양한 조건에서의 BDE

OLED 소자에 사용되는 유기물의 이상적인 조건은 유기물의 발광 에너지 중 가장 큰 일중항 에너지를 기준으로 BDE가 일중항 에너지보다 큰 조건이 가장 이상적인 조건이다 (그림 10-2).

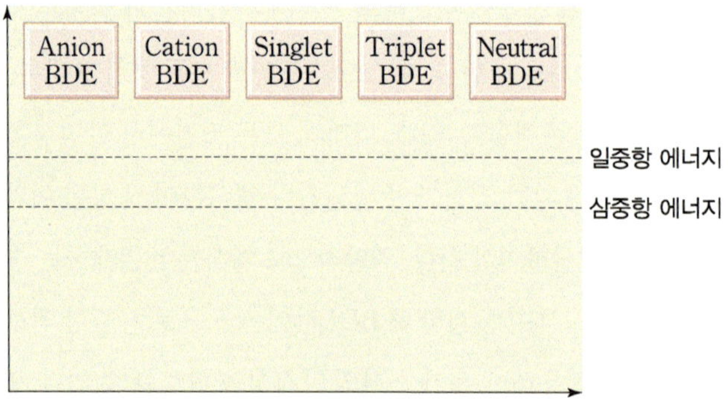

그림 10-2 이상적인 유기 물질의 BDE와 발광 에너지의 관계

3 정공 수송층의 분해

정공 수송층 물질은 대부분 아민 기반의 $C(sp^2) - N(sp^3)$ 결합을 기반으로 이루어져 있으며, 방향족 단위체들이 질소와 결합하고 있는 기본 구조를 가지고 있다. 정공 수송층 물질 구조에서 가장 취약한 부분은 $C-N$ 결합이며 주로 $C-N$ 결합의 분해가 정공 수송층 물질에서 관찰되는 것으로 알려져 있다 (그림 10-3)[2)3)4)]. 널리 사용되고 있는 TAPC의 경우 $C-N$ 결합의 분해에 의하여 라디칼 형태의 부산물이 생성되고 생성된 부산물들은 TAPC 분자 또는 부산물로 생성된 다른 단위체들과 추가적인 결합을 형성하기도 한다. 주로 $C-N$ 결합의 분해는 양성 폴라론 조건보다는 음성 폴라론 조건에서 BDE가 작기 때문에 심하게 나타나게 된다. 또한, 카바졸 단위를 포함하고 있는 정공 수송층 물질의 경우에도 카바졸의 질소와 방향족 단위의 탄소 사이의 $C(sp^2) - N(sp^2)$ 결합이 가장 취약한 결합으로 알려져 있으며, $C-N$ 결합의 분해에 의하여 다양한 부산물이 생성되는 것으로 알려져 있다. 따라서, 정공 수송층 물질은 안정성을 확보하기 위하여 OLED 소자에서 발광층으로부터 전자의 누설을 최대한 억제할 수 있어야 한다.

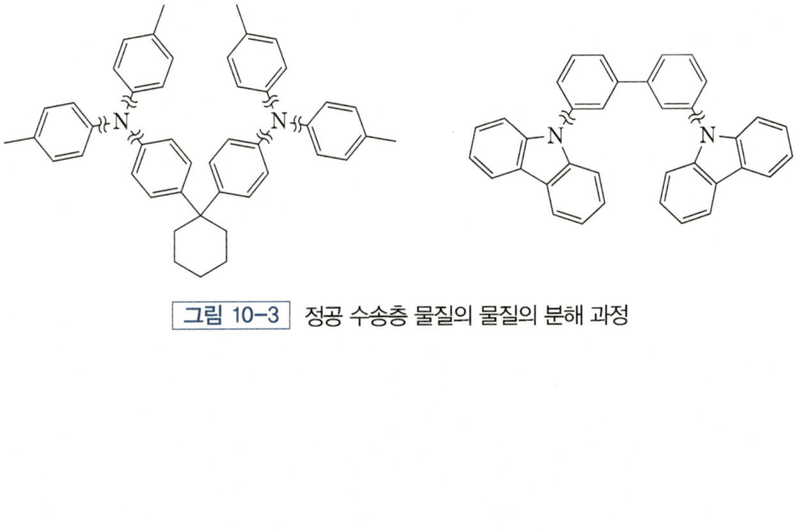

그림 10-3 정공 수송층 물질의 물질의 분해 과정

2) S. Dong et al. Org. Electron. 42, 379 (2017)

3) D. Y. Kondakov, J. Appl. Phys. 104, 084520 (2008)

4) N. Nakashima, J. Phys. Chem. 93, 7763 (1989)

4 전자 수송층의 분해

전자 수송 재료는 대부분 방향족 기반의 sp^2 질소를 포함하는 화학 구조를 가지고 있으며, 음성 폴라론 조건에서는 안정한 반면 양성 폴라론 조건에서는 불안정한 특징을 가지고 있다. 발광층과 접해 있지 않은 일반적인 전자 수송층의 경우에는 음성 폴라론만이 형성되기 때문에 안정성에 문제가 없으나, 발광층에 접하는 경우에는 정공 누설에 의하여 양성 폴라론이 생성될 수 있기 때문에 전자 수송층 구조에 양성 폴라론을 안정화할 수 있는 단위체 도입을 통하여 BDE를 개선하고 안정성을 향상시킨다.

5 호스트의 분해

호스트의 분해와 관련해서 가장 많이 연구된 재료들은 가장 일반적으로 사용하는 호스트 재료인 카바졸 단위를 기반으로 하는 CBP 및 mCBP 계열 호스트 재료이다. 카바졸 단위는 방향족 단위로서 안정한 단위체이지만, 방향족 sp^2 탄소와 카바졸의 sp^2 질소 사이의 결합이 약한 결합이기 때문에 분해는 주로 카바졸 단위와 방향족 단위 사이에서 일어난다[3]. 따라서, 카바졸을 기반으로 하는 호스트에서는 $C-N$ 결합을 안정화시켜야 하며, 대표적인 방법으로 알려져 있는 방법은 전자를 당기는 특성을 갖는 치환체를 도입하는 방법으로서 CN기와 같은 강한 전자 당김 특성을 갖는 치환기를 카바졸 단위체 또는 카바졸과 연결된 방향족 단위에 도입하면 BDE가 증가하고 이에 따라 수명이 증가하는 효과를 얻을 수 있다[5].

5) J. Y. Lee et al. J. Mater. Chem. C 8, 5131 (2020)

6 도펀트의 분해

인광 도펀트 물질도 결합이 해리되면서 분해가 일어나는 것으로 알려져 있으며, 가장 널리 사용되고 있는 인광 도펀트인 Ir 계열 도펀트의 경우 주리간드의 분해와 보조리간드의 분해가 일어날 수 있으며, 주리간드보다는 보조 리간드의 분해가 더 크게 나타난다 (그림 10-4)[6)7)]. 따라서, 인광 도펀트에서 우수한 안정성을 확보하기 위해서는 세 개의 리간드가 모두 주리간드로서 C와 N을 통하여 Ir 또는 Pt와 결합을 하는 것이 유리하다. 인광 도펀트에서는 주 리간드가 C와 N을 통한 결합을 하고 있으며, Ir은 C와 시그마 결합을 형성하고, N과는 시그마 결합과 파이 역결합을 형성한다. 시그마 결합이 파이 역결합에 비하여 안정한 결합이기 때문에 도펀트의 분해는 파이 역결합을 형성하는 N과 금속과의 결합에서 주로 나타나게 된다. 결론적으로, 보조 리간드의 도입을 피하고, 파이 역결합을 안정시켜 주면 인광 도펀트를 안정화시킬 수 있다.

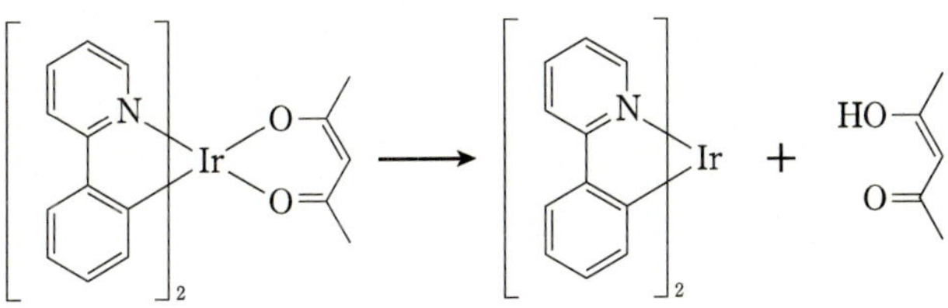

그림 10-4 보조 리간드를 포함하는 인광 물질의 분해

인광 도펀트의 분해에 대해서 많이 연구된 물질은 FIrpic이라고 널리 알려져 있는 청색 인광 물질이며, 보조 리간드의 결합이 약하기 때문에 보조 리간드 쪽에서 분해가 많이 일어나는 것으로 알려져 있다[8)]. 또한, 주리간드에 있는 F 단위도 강한 결합 에너지에도 불구하고 쉽게 분해되는 것으로 보고되어 있다. 이외의 다른 화합물에서도 보조 리간드에 의한 인광 도펀트 분해가 보고되었다.

파이 역결합의 불안정성에 대해서는 페닐피라졸 리간드를 갖는 청색 인광 도펀트 물질에 대해서 보고되어 있으며, 리간드 분해시 파이 역결합이 먼저 분해가 일어나는 것으로 알려져 있다 (그림 10-5)[9)]. 파이 역결합이 형성되게 되면 파이 결합의 반궤도 오비탈로 전자가 들어가기 때문에 전체적인 에너지

6) E. Baranoff et al. Inorg. Chem. 51, 215 (2011)
7) S. Schmidbauer et al. Adv. Mater. 25, 2114 (2013)
8) V. Sivasubramaniam et al. J. Fluorine Chem. 130, 640 (2009)
9) T. Sajoto et al. J. Am. Chem. Soc. 131, 9813 (2009)

가 높아지면서 결합이 불안정해지는 경향을 보인다.

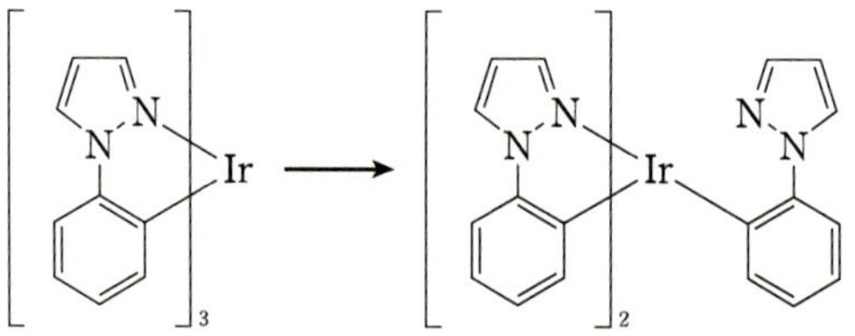

그림 10-5 Ir 계열 인광 도펀트의 파이 역결합에 의한 분해

제2절

OLED 소자 수명 감소 원인 및 수명 개선 기술

OLED 소재 자체의 불안정성에 기인하는 수명 감소와 함께 소자 구동시 소자 내부에서 발생하는 소자 분해 과정을 통한 수명 감소도 나타난다. 소자적인 관점에서 수명 감소 원인으로는 발광층으로부터 전하 누설, 전하 축적에 의한 저항 증가로 인한 전하 불균형 및 재결합 영역의 변화, 전극의 산화, 내부 온도 상승, 픽셀 축소, 발광층에서의 TTA, STA, TPA 등이 있다 (그림 10-6).

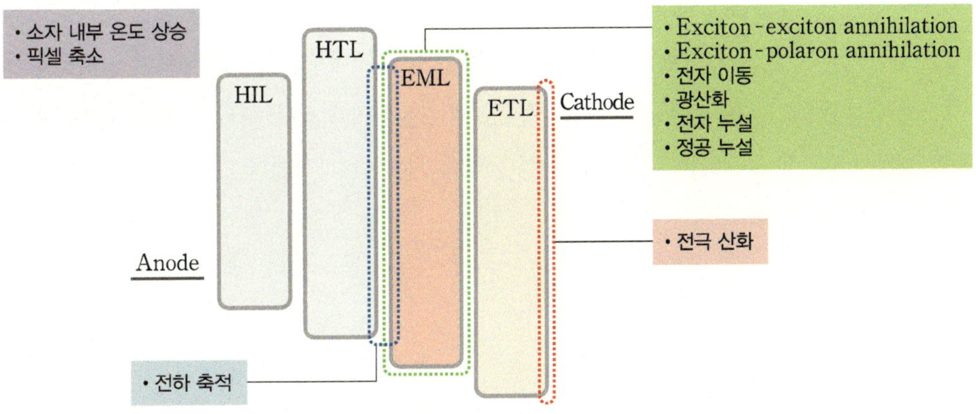

그림 10-6 OLED 소자 내부에서의 다양한 수명 감소 원인

1 전하 누설에 의한 분해

소자 구동시 정공과 전자는 발광층 내에만 존재하여 엑시톤을 형성하고 발광하는 것이 바람직하나, 정공과 전자가 발광층을 벗어나 공통층으로 누설되는 현상이 관찰된다[10]. 정공 수송층으로는 전자가 누설될 수 있으며, 전자 수송층으로는 정공이 누설될 수 있다. 소자 설계 자체가 발광층과 전자 수송층 사이에는 HOMO의 장벽이 크고, 발광층과 정공 수송층 사이에는 LUMO의 장벽이 크도록 되어 있으나, 높은 전압에서 구동시에는 전기장의 세기가 강해지면서 전하의 누설이 발생할 수 있다. 공통층으로 누설된 전하는 공통층 소재의 분해 과정을 유발하게 되며, 이에 따른 저항 증가, 엑시톤 소광 등이 발생하게 되어 소자 수명을 감소시키는 원인으로 작용한다. 특히 정공 수송층의 화학 구조는 정공 주입시에는 안정성을 유지할 수 있지만 전자 주입시에는 쉽게 분해될 수 있는 구조로 되어 있기 때문에 전하 누설은 소자 안정성에 치명적인 영향을 미친다. 전자 수송층의 화학 구조는 전자에는 안정하지만 정공 주입시에는 불안정한 구조로 되어 있다. 여러 연구에서 전하 누설에 의한 소자 수명 감소 현상을 보고하였으며, 전하 누설에 의한 수명 감소 문제를 해결하는 방법은 소재적인 측면에서는 정공 수송층의 경우 전자 누설시 전자를 안정화시켜 줄 수 있는 단위체를 정공 수송층 구조에 도입하는 방법이며, 다이벤조퓨란 (dibenzofuran), 스파이로바이플루오렌 (spirobifluorene), 다이메틸플루오렌 (dimethylfluorene) 등의 구조를 도입하는 것이 효율적이다. 전자 수송층의 경우에도 유사하며, 전자를 잘 이동시키는 단위체와 함께 다이벤조퓨란, 스파이로바이플루오렌, 다이메틸플루오렌 등을 도입하는 것이 효율적이다. 소자적으로는 발광층 내의 발광 영역을 정공 수송층이나 전자 수송층 쪽으로 치우치는 소자 구조보다는 발광층 전체에 걸쳐서 고르게 퍼질 수 있는 소자 구조를 적용하는 것이 유리하다. 발광 영역이 정공 수송층 쪽으로 치우칠 경우에는 발광층에서 정공이 잘 이동하지 못하면서 정공이 정공 수송층과 발광층 사이 및 정공 수송층과 인접한 발광층 내부에서 누적되고 발광층에서 전자는 잘 이동하기 때문에 전자가 정공 수송층으로 누설될 가능성이 커진다. 따라서, 발광 영역을 발광층 전체에 걸쳐서 고르게 유지하는 것이 전하 누설을 억제하는데 효과적이다.

10) H. Aziz et al. Science 283, 1900 (1999)

2 TTA, STA 및 TPA에 의한 수명 감소

OLED 소자의 효율 roll-off의 원인인 TTA, STA 및 TPA는 수명에도 크게 영향을 미치게 된다[11][12][13][14]. 효율에 영향을 미치는 과정과 수명에 영향을 미치는 과정은 서로 공통된 부분과 상이한 부분이 있다. 수명 감소가 효율 감소에 의하여 나타나기 때문에 효율을 감소시키는 TTA, STA 및 TPA 과정이 지속적으로 일어나게 되면 수명 감소를 유발한다. 이와 함께 TTA와 STA 과정에서는 핫 삼중항 엑시톤이 생성되고, 핫 엑시톤의 경우 다른 엑시톤의 에너지를 흡수한 엑시톤이기 때문에 원래의 엑시톤에 비하여 매우 큰 (TTA의 경우 2배) 엑시톤 에너지를 갖게 된다 (그림 10-7). 따라서, 핫 엑시톤을 가지고 있는 분자는 높은 에너지를 가지고 있는 상태이며, 핫 엑시톤이 존재하는 시간 동안 유기 분자는 심하게 손상을 받게 되고, 유기 분자의 분해는 소자의 급격한 수명 감소를 유발한다. TPA의 경우에는 폴라론이 삼중항 엑시톤의 에너지를 받아 핫 폴라론이 생성되며, 핫 폴라론의 경우에도 폴라론 자체의 에너지와 함께 삼중항 엑시톤의 에너지를 흡수한 상태이기 때문에 높은 에너지 상태에 존재하게 되고 핫 폴라론은 유기 분자의 손상을 유발하여 수명을 감소시키게 된다. 특히, 전자에 의하여 생성되는 음성 폴라론이 핫 폴라론 형성을 유도하기 때문에 음성 폴라론의 형성을 최대한 억제해야 한다. 그러므로, 장수명을 구현하기 위해서는 발광층 내에서 핫 엑시톤 및 핫 폴라론의 생성을 억제해야 하며, 소자적으로 가장 쉽게 제어할 수 있는 방법은 소자의 발광 영역을 넓게 만드는 것이다. 넓은

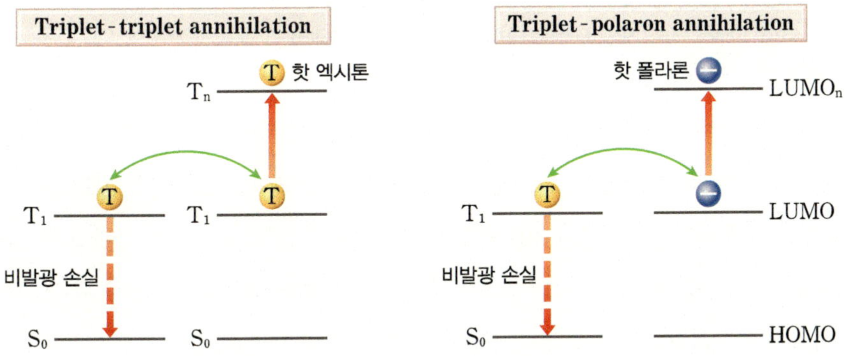

그림 10-7 TTA 및 TPA에 의한 핫 엑시톤 및 핫 폴라론 생성

11) N. C. Giebink et al. J. Appl. Phys. 105, 124514 (2009)
12) J. Lee et al. Nat. Commun. 8, 15566 (2017)
13) S. Song et al. Adv. Opt. Mater. 5, 1600091 (2017)
14) M. A. Baldo et al. Phys. Rev. B 62, 10967 (2000)

발광 영역을 가지게 되면 엑시톤 및 폴라론 간의 거리가 멀어지고 핫 엑시톤 및 핫 폴라론의 생성 확률이 낮아지게 된다.

여러 연구 결과에서 발광 영역을 넓히기 위한 소자 구조들이 수명 개선에 효과적이라는 것을 보고하였으며, 혼합 호스트를 이용하여 발광 영역을 넓히는 방법[15], 발광층의 도핑 농도를 순차적으로 변화시켜 가면서 발광 영역을 넓히는 방법[12] 등이 보고되었다 (그림 10-8). 혼합 호스트는 정공과 전자를 모두 용이하게 주입 및 이동시킴으로서 넓은 발광 영역을 확보할 수 있고, 발광층의 도핑 농도를 순차적으로 변화시키는 방법은 전하 주입 및 이동이 잘 되지 않는 쪽의 도핑 농도를 높여서 도펀트를 통하여 전하의 주입 및 이동이 이루어지도록 만들어 전하 이동 특성을 개선하고 발광층의 발광 영역을 넓히는 방법이다.

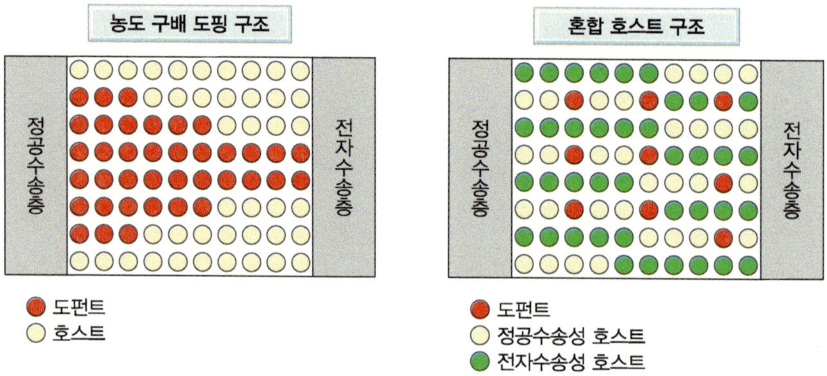

그림 10-8 넓은 발광 영역을 구현하기 위한 농도 구배 도핑 구조 및 혼합 호스트 구조

일반적으로는 넓은 발광 영역을 가질 경우 소자의 효율과 수명이 동시에 증가하는 경향을 보이지만 청색 형광의 경우에는 넓은 발광 영역을 가질 경우 수명은 개선되지만 효율은 저하되는 경향을 보인다. 청색 형광 소자의 발광 메커니즘은 TTF로 알려져 있으며, TTF 과정을 통한 발광 과정에서 고효율을 얻기 위해서는 삼중항 엑시톤 사이의 충돌이 효율적으로 일어나야 하므로 넓은 발광 영역을 가질 경우에는 효율이 감소하는 단점을 갖는다. 따라서, 발광 영역의 제어가 청색 형광 소자에서 중요하며, 효율과 수명 측면에서 모두 우수한 특성을 얻기 어려우며, 두 특성이 서로 반대의 경향을 보이므로 소자 구조의 적절한 최적화를 통하여 특성을 확보해야 한다.

발광 영역의 제어와 함께 발광 도펀트에서 엑시톤과 폴라론이 동시에 생성되지 않도록 만드는 소자

15) C. Hsiao et al. Appl. Phys. Lett. 89, 163511 (2006)

구조를 적용하여 TTA, STA 및 TPA를 제어하는 방법도 있다. 특히 TPA의 경우 도펀트 물질에서 엑시톤과 폴라론이 동시에 존재할 때 발생하므로, 도펀트에 전하가 trap되어 폴라론이 생성되는 것을 방지해야 TPA에 의한 수명 감소 과정을 통제할 수 있다. 그러므로, TPA에 의한 수명 감소를 막기 위해서는 호스트와 도펀트를 이용하여 발광층 구성시 전하 trap을 막을 수 있도록 HOMO와 LUMO를 조절해야 하며, 특히 가장 치명적인 영향을 미치는 전자에 의한 핫 폴라론의 생성을 억제할 수 있도록 호스트와 도펀트의 LUMO를 유사한 수준 또는 도펀트의 LUMO가 호스트의 LUMO보다 더 얕은 수준으로 유지하는 것이 바람직하다.

일반적으로 인광 소자의 경우에는 TTA 및 TPA 모델링을 통한 수명 감소 계산과 실제 측정한 수명 감소 특성이 거의 일치하는 경향을 보이며, 삼중항 엑시톤과 관련된 핫 엑시톤 형성과 핫 폴라론 형성이 수명에 지배적으로 영향을 미친다는 것을 확인할 수 있다.

3 전자 이동에 의한 수명 감소

발광층 내에서는 호스트와 도펀트가 존재하고 있으며, 호스트와 도펀트 사이의 전자 이동에 의한 라디칼 양이온 및 라디칼 음이온 생성에 의하여 소자의 효율이 감소하고 소자 수명이 감소할 수 있다[16]. 일반적으로는 호스트에서 엑시톤이 생성되고 호스트에서 생성된 엑시톤은 에너지 전이에 의하여 도펀트로 전달되는 과정으로 발광이 일어난다. 그러나, 도펀트의 HOMO가 호스트의 HOMO에 비하여 얕을 경우에는 도펀트의 HOMO에 있는 전자가 호스트로 이동하면서 엑시톤을 소광시키는 역할을 하게 된다. 전자 이동에 의하여 호스트에는 라디칼 음이온이 형성되며, 도펀트에는 라디칼 양이온이 형성된다. HOMO 에너지 준위 차이가 크면 클수록 이러한 현상은 가속화되며, 수명 감소가 크게 일어나게 된다. 유사하게 호스트와 도펀트 사이의 LUMO 차이가 크고, 도펀트의 LUMO가 더 깊을 경우에는 호스트의 LUMO에 생성된 전자가 도펀트의 LUMO로 이동하게 되며, 호스트에는 라디칼 양이온이 생성되며, 도펀트에는 라디칼 음이온이 생성된다 (그림 10-9). 이 과정에 의하여 발광층에서의 수명 감소가 나타나게 되며, 호스트와 도펀트 사이의 LUMO 차이가 작아야 수명 감소가 억제되게 된다.

16) Y. You et al., Nat. Commun. 9, 1211 (2018)

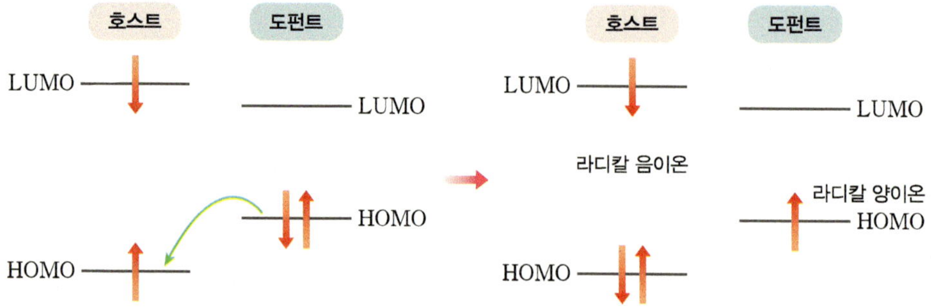

그림 10-9 호스트와 도펀트 사이의 전자 이동에 의한 라디칼 음이온 및 양이온 형성 과정

4 수분과 산소에 의한 수명 감소

OLED 소자에 사용되는 유기물과 cathode 전극은 수분과 산소에 의하여 산화가 일어날 수 있기 때문에 소자 내부에 수분과 산소가 유입될 경우에는 소자의 수명이 감소하게 된다[17]. 수분 및 산소하에서는 유기물의 광산화 과정이 일어나게 되며, 광산화 과정에 의하여 유기물의 전하 이동 특성 및 발광 특성이 감소하게 된다. 전극의 경우에도 산화에 의하여 절연막이 형성되면서 전극으로부터 유기물로의 전하 주입 특성이 저하되므로 계면 저항 형성에 의하여 구동 전압이 높아지게 되며 발광 특성이 저하된다. 또한, 전극 산화가 심하게 일어날 경우에는 전극이 박리되는 현상도 생기게 된다.

전극 뿐 아니라 OLED 소자 내의 유기물도 수분과 산소 존재시 광산화 반응에 의하여 물질의 분해가 가속화된다. 소자 내부에서 발광 현상이 지속적으로 일어나기 때문에 수분 및 산소가 빛에 의한 물질 분해를 촉진하고 수명 감소가 빨라지게 된다. 수분과 산소에 의한 수명 감소를 억제하기 위해서는 외부로부터 수분과 산소의 침투를 완벽하게 억제해야 하며, 봉지 기술을 이용하여 수분과 산소를 제어할 수 있다.

17) M. Murgia et al. Synth. Met. 102, 1095 (1999)

5 전극 계면에서의 산화

OLED 소자는 외부로부터 산소와 수분에 매우 민감하여 일부 산소와 수분에 의하여 소자 수명 감소가 매우 크게 나타나며, 픽셀의 경우 픽셀 바깥쪽부터 분해가 되면서 픽셀 면적이 감소하는 현상이 일어난다. 이러한 현상을 막기 위해서 소자에 봉지 구조를 적용하고 있다. 그러나, 미량의 산소와 수분이 소자 내부에 존재할 수 있으며, 소자 구동시 미량의 산소와 수분은 유기물 및 전극을 산화시키는 영향을 미치게 된다. Cathode 전극의 경우 수분 및 산소에 민감한 알칼리 (1족) 및 알칼리 토금속 (2족) 원소들을 사용하기 때문에 전극 산화에 의한 수명 감소를 유발한다[18]. 전극의 산화가 나타나게 되면 저항 증가가 생기게 되며 전자 주입 특성이 저하되기 때문에 발광층과 cathode 사이에서의 저항 증가로 인한 전자 주입 및 이동 특성이 감소한다. 전자 이동 특성의 변화는 발광층에서 전하 불균형과 발광 영역의 변화를 유발하고, 소자의 수명을 감소시키는 역할을 한다. Anode 쪽 계면 특성보다는 cathode 쪽의 계면 특성이 크게 영향을 받기 때문에 소자 봉지를 통하여 수분 및 산소를 완벽하게 차단하고, 진공 증착 공정 중에도 산소 및 수분이 소자에 유입될 수 있기 때문에 높은 진공도 상에서 공정을 진행해야 전극의 산화에 의한 수명 감소 원인을 제거할 수 있다.

6 소자 내부 온도 증가에 의한 수명 감소

OLED 소자 구동시 전하의 축적, 전극의 산화, 유기물의 분해 등에 의하여 소자 내부에 저항이 증가하게 되며, 저항 증가에 의하여 소자의 구동 전압이 지속적으로 상승하고, 이에 수반한 열발생으로 인하여 소자 내부의 온도가 상승하게 된다[19]. 소자 내부의 온도가 상승하게 되면, 높은 온도에서 열에너지에 의하여 분해 인자들이 가속화되며, 이에 따른 수명 감소 현상이 관찰된다. 또한, 유리전이 온도가 낮은 물질이 소자내에 포함되어 있을 경우에는 결정화 현상도 생길 수 있다. 따라서 소자 내부의 온도 상승을 억제해야 소자 수명을 확보할 수 있다. 소자 내부의 온도 상승을 막기 위해서는 저항 증가 요인들을 제거해야 하며, 계면에서의 전하 축적, 유기물들의 분해 과정 억제, 전극의 산화 등을 잘 제어해야 한다. 소자의 온도 상승 문제는 OLED 패널의 크기가 커지면 커질수록 열축적이 증가하게 되므로 큰

18) P. E. Burrows et al. Appl. Phys. Lett. 76, 2493 (1994)
19) P. A. Levermore, J. Photonics Energy 2, 021205 (2012)

문제가 되며, 특히 대형 OLED 패널에서는 소자 내부에서 발생하는 열을 외부로 발산하기 위한 방법들이 필요하다.

7 진공도에 따른 수명 감소

소자 제작시 주로 진공 증착 공정을 이용하여 유기물을 증착하며, 증착 공정에서의 진공도도 수명에 영향을 미치는 주요 인자 중의 하나이다[20]. 진공 챔버 내에서 진공도가 낮다는 의미는 공정 중에 불순물이 존재한다는 의미이며, 특히 수분의 농도가 수명에 큰 영향을 미치게 된다. 진공도가 높아질수록 공정 중에 존재하는 수분의 농도가 감소하게 되며, 수분이 소자 내부에 포함될 확률도 감소하게 되므로 진공도가 높아질수록 소자의 수명이 증가할 수 있게 된다.

챔버 내부에서의 수분 뿐 아니라 챔버로부터 발생할 수 있는 작은 분자량을 가진 휘발성 불순물들도 소자 수명에 영향을 미치기 때문에 진공 챔버 내부의 부품들로부터 휘발성 물질들이 발생하지 않도록 주의해야 한다.

8 소자 내부의 휘발성 물질에 의한 수명 감소

소자 구동시 소자 내부에서 발생하는 휘발성 물질도 소자 수명에 영향을 미친다. 널리 알려져 있는 수명 감소 원인은 anode를 분리시키기 위해서 사용하는 PDL 물질에 의한 휘발성 물질의 발생이며, PDL 물질이 일반적인 포토리지스트 물질이기 때문에 포토리지스트에 존재하는 휘발성 물질은 소자 수명을 감소시키는 원인이 된다. 따라서 PDL 물질 선택시 휘발성 물질 발생이 억제되는 물질을 선택해야 하며, 휘발성 물질 발생이 적은 PDL 물질로 주로 알려져 있는 물질은 폴리이미드이다. 따라서 폴리이미드 기반의 포토리지스트 물질을 PDL 물질로 적용하며 250도 이상의 고온 열처리를 통하여 휘발성 물질을 모두 제거한 후 소자 증착 공정을 진행한다. 일부 휘발성 물질이 PDL로부터 발생할 경우에는 휘발성 물질에 의하여 픽셀의 외부로부터 휘도 감소가 발생하여 픽셀 면적이 구동에 따라 지속적으로 줄어드는 픽셀 수축 현상이 나타나게 된다.

20) T. Ikeda et al. Chem. Phys. Lett. 426, 111 (2006)

제3절
소재 및 소자의 수명 감소 원인 분석

여러 원인들에 의하여 나타나는 소자의 수명 감소에 대해서 분석 방법들을 이용하여 중요하게 영향을 미치는 원인을 규명할 수 있으며, 이를 통하여 수명을 개선하기 위한 방향을 수립할 수 있다.

1 재료의 분해 분석

유기 재료는 소자 구동 과정 중에 물질의 분해가 나타날 수 있으므로 물질의 분해 과정을 분석하기 위한 분석 기술을 필요로 한다. 유기 재료의 분해 분석은 주로 질량 분석 방법을 이용하게 되며, 가장 널리 알려져 있는 방법은 laser desorption ionization–time of flight (LDI-TOF)를 이용하는 방식이다[21)22)]. LDI-TOF 방식은 유기물의 질량 분석 방법의 하나로서 분석하고자 하는 유기물의 분자 구조의 깨짐이 없이 분자의 질량을 분석할 수 있는 방법이다. 분자 단위의 분해가 없기 때문에 소자 구동 중에 생성된 소자 내에서의 분해 생성물에 대한 분석이 가능하다. 분석 감도가 좋기 때문에 소량의 샘플에 대해서도 분석 가능한 장점을 가지고 있으며, OLED 소자의 경우 유기막층의 두께가 수십 nm 수준으로

21) S. Scholz et al. Adv. Funct. Mater. 18, 2541 (2007)
22) R. Meerheim et al. J. Appl. Phys. 104, 014510 (2008)

샘플링할 수 있는 유기 재료의 양이 적기 때문에 LDI-TOF를 적용해야 분석 샘플에 대한 분석이 가능하다.

LDI-TOF를 이용한 소재의 분해 과정 분석을 위해서는 샘플링하는 과정이 중요하며, OLED 소자 구조 내에 여러 유기물들이 혼합되어 있기 때문에 소자 내에 포함되어 있는 물질들의 질량 정보에 대한 데이터를 미리 가지고 있어야 한다. 질량 분석 데이터 중 분석하고자 하는 물질 이외의 다른 물질에 의한 질량 정보는 다른 물질의 질량 데이터를 기반으로 제외하고 분석하고자 하는 물질에 대한 질량만 분석하여 분해 과정을 관찰한다. 물질이 양성 폴라론이나 음성 폴라론이 존재할 경우 분해 과정을 분석하고자 하면 hole only나 electron only 소자를 제작하여 소자를 구동시킨 후 분석하고자 하는 물질의 질량 분석을 통하여 분해 과정을 파악한다. 소자 구조가 복잡할 경우에는 여러 물질에 의한 질량 데이터가 혼합되어 분석이 어려워지므로 소자 구조를 단순화하여 분석하는 것이 분석에 용이하다.

2 폴라론 안정성 분석

전하수송층 및 발광층에는 구동 중에 폴라론이 존재하며, 폴라론에 의한 수명 감소가 일어나기 때문에 폴라론에 대한 안정성을 분석해야 한다. 폴라론에 대한 안정성을 분석하기 위해서는 정공만 존재하는 hole only 소자 또는 전자만 존재하는 electron only 소자를 이용하여 일정 전류 밀도에서 구동하면서 전압의 변화를 확인하는 방법을 사용한다[13]. 동일 전류 밀도에서 전압의 변화는 저항의 상승을 의미하게 되며, 동일 전류 밀도에서 전압 상승폭이 클수록 정공 또는 전자에 의한 물질의 변화 및 분해가 크게 나타난다는 것을 의미한다. 정공에 대해서는 hole only 소자를 이용하여 안정성을 분석하며, 전자에 대해서는 electron only 소자를 이용하여 안정성을 분석한다.

간접적인 방법으로 전기화학적인 분석 방법을 통하여 정공과 전자에 대한 안정성을 분석하는 방법도 있으며, CV를 이용하여 반복적인 산화와 환원에 대한 안정성을 통하여 정공과 전자에 대한 안정성을 간접적으로 평가한다. CV를 통한 산화 과정은 정공의 생성 과정과 동일하며, 반복적인 산화 과정은 정공에 의한 반복적인 스트레스를 받는 과정과 유사하므로 정공에 대한 안정성을 간접적으로 평가할 수 있다. 유사하게 CV를 통한 환원 과정은 전자의 생성 과정과 동일하며, 반복적인 환원 과정을 통하여 전자에 대한 안정성을 간접적으로 평가할 수 있다.

3 엑시톤 안정성 분석

발광 과정에서 발광층에는 엑시톤이 형성되며, 엑시톤 형성시 물질의 안정성에 대해서 분석해야 한다. 엑시톤 안정성 분석은 일반적으로 자외선을 이용하여 물질에 엑시톤을 형성시킨 후 물질의 PL을 통한 발광 특성의 변화를 통하여 확인할 수 있다. 자외선을 통한 엑시톤의 생성은 용액 내에서의 샘플을 이용한 엑시톤의 생성도 가능하며, 고체 필름 상태의 샘플을 이용한 엑시톤의 생성도 가능하기 때문에 두 방법을 사용할 수 있다. 자외선 조사시 지속적으로 엑시톤이 생성되며, 자외선 조사 시간에 따른 PL 세기의 변화를 이용하여 물질의 엑시톤의 안정성을 평가할 수 있다.

4 엑시톤-폴라론 안정성 분석

발광층의 경우에는 엑시톤과 폴라론이 동시에 존재할 수 있으며, 엑시톤과 폴라론이 동시에 존재할 경우 안정성에 대해서도 평가해야 한다. 특히, TPA가 삼중항 엑시톤을 활용하는 인광 및 지연 형광 소자에서 중요한 수명 감소 원인이므로 엑시톤과 폴라론이 동시에 존재할 때의 안정성에 대한 분석이 중요하다[23].

엑시톤-폴라론 안정성을 분석하기 위해서는 폴라론 형성을 위하여 단일 전하만을 생성하는 hole only 소자 또는 electron only 소자를 이용해야 하며, 엑시톤 생성을 위하여 자외선을 조사하고, 전류를 가하면서 분석하고자 하는 물질의 시간에 따른 PL 특성의 감소를 평가한다. 엑시톤과 양성 폴라론에 의한 수명 감소 분석을 위해서는 hole only 소자를 이용하며, 엑시톤과 음성 폴라론에 의한 수명 감소 분석을 위해서는 electron only 소자를 이용한다. 전류 주입에 의한 폴라론 형성에 의해서 시간에 따른 PL 특성의 감소가 나타나며, 자외선에 의해서도 시간에 따른 PL 감소가 나타난다. 만일, 엑시톤-폴라론 상호 작용에 의해서 물질 분해가 가속화될 경우에는 전류 밀도에 의한 PL 감소와 자외선에 의한 PL 감소의 합보다 PL 감소가 훨씬 더 크게 나타난다. 반면에 엑시톤-폴라론 상호 작용에 의하여 분해가 가속화되지 않을 경우에는 전류 밀도에 의한 PL 감소와 자외선에 의한 PL 감소의 합과 전류와 자외선을 동시에 가했을 때의 PL 감소가 유사하게 나타난다.

23) W. Song et al. Org. Electron. 43, 82 (2017)

엑시톤-폴라론 상호 작용에 의한 물질 분해 가속화는 소자를 이용하여 분석하는 것도 가능하며 용액을 이용하여 분석하는 것도 가능하다. 용액을 이용한 방법은 분석하고자 하는 물질이 용해되어 있는 샘플에 자외선을 조사한 상태에서 CV를 이용하여 산화 또는 환원을 시키면서 시간에 따른 PL 특성의 변화를 관찰하는 방법이다. 산화 과정을 통하여 엑시톤-양성 폴라론 상호 작용에 의한 특성 변화를 관찰할 수 있고, 환원 과정을 통하여 엑시톤-음성 폴라론 상호 작용에 의한 특성 변화를 관찰할 수 있다.

그림 10-10에 hole only 및 electron only 소자를 이용한 폴라론, 엑시톤, 폴라론-엑시톤 안정성 평가를 나타내었다.

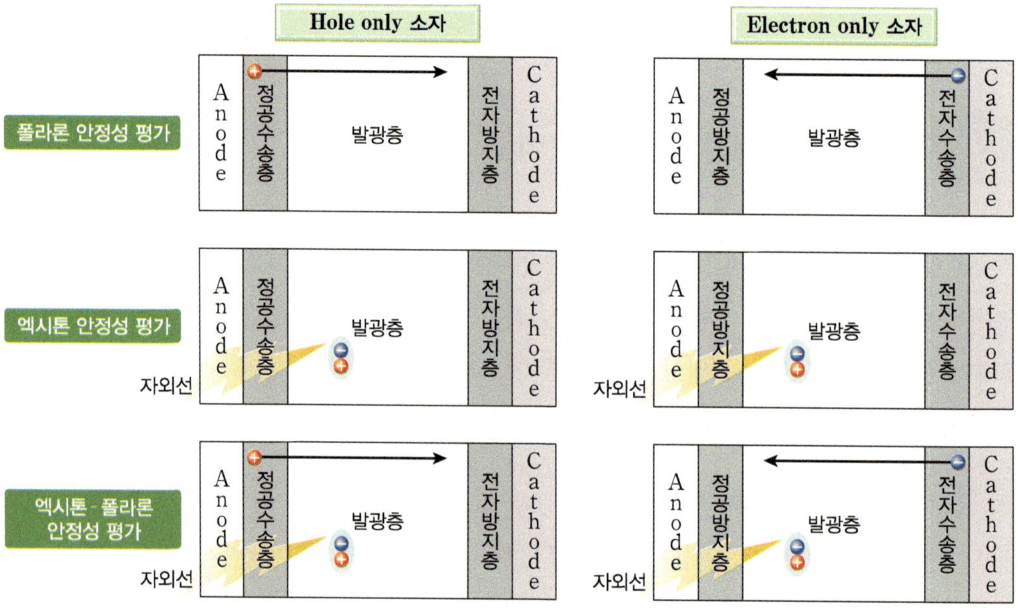

그림 10-10 Hole only 소자와 electron only 소자를 이용한 폴라론, 엑시톤 및 엑시톤-폴라론 안정성 평가

5 발광 영역 평가

소자의 수명은 발광 영역에 의존하므로 발광 영역의 평가가 중요하다. 발광 영역을 평가하기 위한 방법으로는 센싱층 (sensing layer)을 사용하는 방법이 가장 일반적이다[24]. 센싱층을 이용하는 방법은 발광 영역을 파악하기 위하여 발광층의 여러 위치에 발광층의 발광 파장과 다른 발광 파장을 갖는 층을 얇게 (0.5~1 nm) 도입하고 센싱층의 발광 세기를 통하여 발광 영역을 평가하는 방법이다. 센싱층은 주로 발광 물질에 비하여 장파장을 갖는 물질을 활용하는 것이 일반적이다. 그림 10-11에 센싱층을 이용하는 소자 구조와 센싱층에 따른 발광 스펙트럼을 나타내었다. 이 소자에서는 적색의 세기가 센싱층이 전자 수송층 근처에 위치할 때 강하게 나타나는 것을 확인할 수 있으며, 이를 통하여 발광 영역이 전자 수송층 근처라는 것을 확인할 수 있다. 센싱층이 정공 수송층 가까이에 있을 때는 적색의 세기가 약하며, 이를 통하여 엑시톤의 밀도가 발광층에서 정공 수송층 근처로부터 전자 수송층 근처까지 점진적으로 증가한다는 것을 확인할 수 있다.

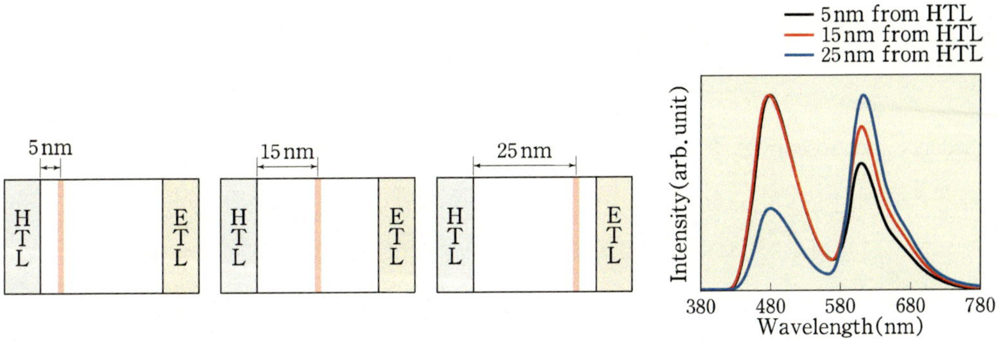

그림 10-11 발광 영역을 파악하기 위하여 센싱층을 도입하는 소자 구조에서 서로 다른 위치에 센싱층을 갖는 소자의 발광 스펙트럼

24) K. S. Yook et al. J. Ind. Eng. Chem. 16, 181 (2010)

6 소자의 엑시톤 수명 분석

발광 물질의 엑시톤 수명은 OLED 소자 수명에 가장 크게 영향을 미치는 인자 중 하나이며, 특히 삼중항 엑시톤의 수명이 중요하다. 엑시톤 수명의 분석은 transient PL 및 transient EL을 이용하여 분석할 수 있으며, 소자 내부에서의 엑시톤 수명이 중요하기 때문에 물질 자체의 엑시톤 수명을 분석하는 transient PL 보다는 transient EL을 이용하여 엑시톤 수명을 분석하는 것이 소자의 수명 특성 이해를 위해서 중요하다. 특히, 삼중항 엑시톤이 소자 수명에 있어서 중요하기 때문에 삼중항 엑시톤의 밀도가 높은 OLED 소자의 엑시톤 수명을 분석하는 것이 필요하다. Transient EL 분석은 소자에 펄스 전압을 가하면서 시간에 따른 소자의 EL 세기의 변화를 측정하는 방법으로서 소자의 시간에 따른 EL 세기의 감소를 통하여 소자 내에서의 엑시톤 수명을 평가할 수 있다. 엑시톤 수명이 짧아지게 되면 소자 수명 측면에서 유리하며, 엑시톤 수명이 길어지면 소자 수명 측면에서 불리하다.

7 소자 내의 전하 분포 분석

Impedance spectroscopy는 주로 소자 내의 정전 용량 분석을 통하여 소자 내에 축적된 전하 및 잉여 전하 등에 대해서 분석할 수 있는 방법이다. 전하 수송층과 발광층 계면에서의 전하 축적은 공간 전하 형성을 통하여 발광층으로부터의 전하 누설을 촉진하게 되며, 누설 전하에 의하여 소자의 수명 감소가 발생하게 된다. 정전 용량의 분석을 통하여 소자 내부에서의 축적 전하 및 잉여 전하에 대해서 분석할 수 있으며, 이를 통하여 소자의 수명 감소 원인에 대한 분석이 가능하다.

소재 내부에서의 전하 trapping 현상은 transient EL을 통하여 파악할 수 있다. Transient EL에서는 시간에 따른 EL 세기의 감소가 나타나게 되는데, 전하가 trap되어 있는 소자의 경우에는 EL 세기 감소 과정 초기에 trap된 전하에 의한 발광 과정에 의하여 EL의 세기가 순간적으로 증가하는 현상이 관찰되게 된다. 이를 통하여 수명 감소 원인이 되는 발광층 내에 전하 trap을 평가할 수 있다.

CHAPTER

11

용액 공정 OLED 소자

제1절
용액 공정 소자의 개요

용액 공정 소자는 기존 제품 생산에 사용되고 있는 진공 증착 공정 기반 소자와는 달리 유기물을 잉크로 만든 후 잉크젯 프린팅 또는 스핀 코팅 공정을 이용하여 제작하는 OLED 소자를 말한다. 실험실적으로는 스핀 코팅 방법을 널리 사용하지만 제품 생산 공정에서는 잉크젯 프린팅 공정을 사용한다.

용액 공정을 이용하여 OLED 소자를 제작하는 가장 큰 목적은 대형 OLED의 RGB 픽셀 패터닝이다. 진공 증착 방식으로는 대형 OLED의 픽셀 패터닝을 할 수 있는 기술이 아직 부족하기 때문에 대형 OLED의 픽셀 패터닝 기술로 잉크젯 프린팅을 이용한 패터닝 기술을 개발하고 있다. 잉크젯 기술의 경우 대형 잉크젯 기술이 8세대급으로 이미 개발되고 있으며, 다중 노즐을 통한 대형 프린팅이 가능하기 때문에 OLED의 픽셀 패터닝 기술로 적합한 기술이다. 아직까지 상용화된 제품은 일본에서 모니터에 적용한 제품만 있으나, 대형 잉크젯 공정 기술이 확립될 경우 대형 OLED에 적용 가능한 기술이다. 그러나, 해상도 측면에서는 기존의 FMM을 이용하는 진공 증착 기술에 비하여 떨어지기 때문에 소형 OLED 적용에는 한계가 있는 기술이다.

1 용액 공정 OLED 소자 구조

용액 공정을 이용하여 OLED 소자를 개발하는데 있어서 가장 어려운 점은 용액 공정을 이용하여 다층막 구조를 형성하는 기술이다. 용액 공정을 이용하여 다층막을 형성할 경우에는 하부에 코팅된 층이 상부층을 용액 공정으로 코팅하는 과정에서 손상을 받지 않아야 하기 때문에 물질 및 용매 선택이 매우 중요하다. 용액 공정을 적용하는 가장 큰 이유가 발광층을 패터닝하는 것이기 때문에 발광층 및 하부막들은 공정 용이성을 위하여 용액 공정으로 제작해야 하므로 용액 공정을 이용한 소자 제작시 하부층 손상 없이 다층막을 형성하는 기술이 중요하다. 현재 개발하고 있는 방식은 OLED 구조를 형성하는 물질 중 정공 주입층, 정공 수송층, 및 발광층은 잉크젯 프린팅 공정을 이용하고 발광층 상부의 전자 수송층 및 cathode는 진공 증착을 이용하여 제작하는 방식이다. 현재 적용하고 있는 용액 공정 기반 OLED 소자 구조를 그림 11-1에 나타내었다.

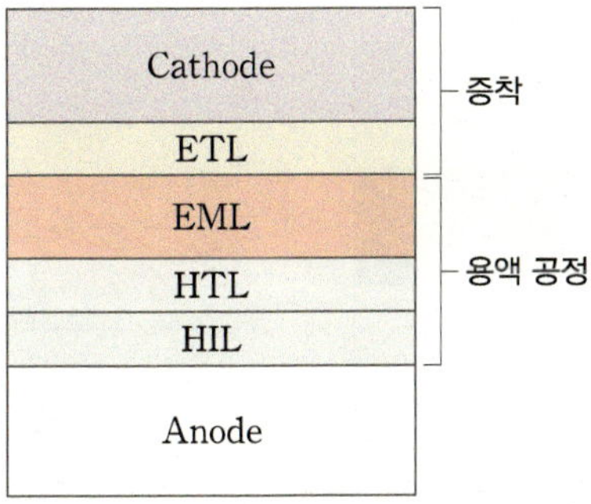

그림 11-1 용액 공정 OLED 소자 구조

풀컬러 용액 공정 OLED에서도 유사한 구조를 적용하고 있으며, 풀컬러 OLED 소자 구조는 초기에는 청색 발광층을 증착하고 적색 및 녹색 발광층은 잉크젯 프린팅하는 방식을 적용하다가, 최근에는 적색, 녹색 및 청색 발광층을 모두 잉크젯 프린팅하는 방법을 적용하고 있다[1]. 용액 공정 소자 개발 초기에는 프린팅 공정을 적용한 청색 발광 소자의 특성이 좋지 않았기 때문에 청색 발광층은 잉크젯 프린팅 대신 진공 증착 방법을 이용하여 증착하는 방식을 적용하였다. 그러나, FMM을 통한 청색 발광층 패터닝은 불가능하기 때문에 청색 발광층을 패터닝 없이 소자 전면에 증착하는 방식을 사용하였다. 이 방식에서는 청색 발광층이 적색 및 녹색 발광층 위에도 증착되는 구조를 갖는다. 이 소자의 구조에

1) P. Levermore, SID Digest, 47, 484 (2016)

서 적색 발광층을 보면 적색 발광층과 청색 발광층이 같은 픽셀에 위치하는 구조로 되어 있기 때문에 혼색의 가능성이 있으나, 청색 발광층이 강한 전자 수송 특성을 가지고 있기 때문에 전자 수송층의 역할을 할 수 있으므로, 대부분의 발광이 적색층에서 나오게 된다. 녹색 발광층의 경우에도 동일하게 주로 녹색 발광이 관찰된다. 따라서, 청색 발광층을 모든 픽셀에 공통적으로 증착하더라도 색특성 문제없이 풀컬러 용액 공정 소자를 제작할 수 있다. 이러한 소자 구조를 청색 공통층 구조 (Blue common layer structure)라고 한다 (그림 11-2). 그러나, 적색 및 녹색의 경우 인광 발광 물질을 적용하고 청색은 형광을 적용하기 때문에 적색 및 녹색 인광 발광물질로부터 나오는 인광 발광이 삼중항 에너지가 낮은 청색 발광 물질에 의하여 일부 소광되는 현상이 생기기 때문에 적색 및 녹색 소자의 효율 및 소자 특성이 영향을 받게 된다. 따라서 용액 공정을 기반으로 하는 청색 형광 소자의 효율 및 수명 특성이 개선된 이후에는 적색, 녹색 및 청색 발광층을 모두 잉크젯 프린팅을 이용하여 패터닝하는 방법을 적용하고 있다[2].

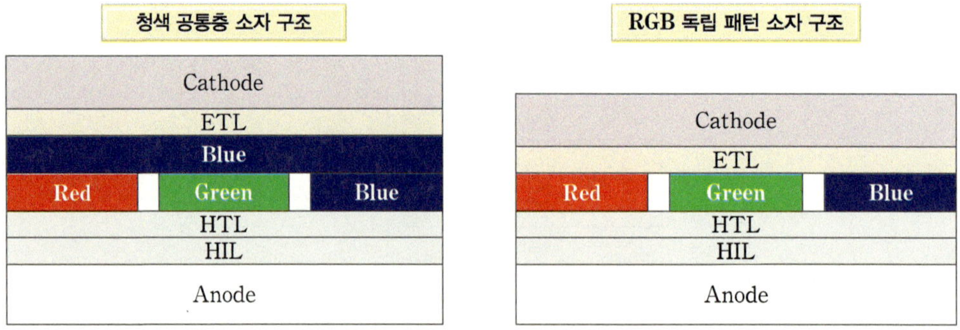

그림 11-2 용액 공정 OLED에 적용하는 청색 공통층 소자 구조 및 RGB 독립 패턴 소자 구조

앞서 언급한 바와 같이 용액 공정 소자에서는 용액 공정을 이용하여 다층막을 형성해야 하며, 정공 주입층, 정공 수송층 및 발광층의 삼층막을 형성하기 위해서는 소자 구조 측면에서 각 층의 혼합을 방지할 수 있는 소자 구조가 요구된다. 현재 주로 사용하고 있는 방식으로는 anode 전극 위에 바로 형성하는 정공 주입층의 경우에는 극성 용매인 물이나 알코올에 용해 또는 분산되며, 유기 용매에 대해서는 저항성을 가지고 있는 물질을 적용하고, 정공 수송층의 경우에는 정공 주입층에 영향을 주지 않는 유기 용매에 용해되는 특성을 가지며, 코팅 후 불용성 유기막을 형성하는 물질을 적용한다. 불용성 정공 수송층을 형성하는 방법으로는 정공 수송층 물질을 열 또는 광조사를 통하여 경화하는 방법 및 고분자 물질을 열처리를 통하여 안정화하여 불용성막을 형성하는 방법이 있다 (그림 11-3).

2) E. Bohm et al. SID Digest, 842 (2017)

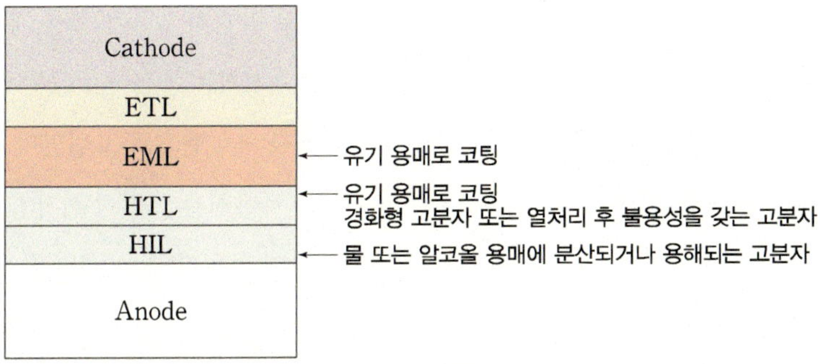

그림 11-3 용액 공정을 이용하여 다층막을 형성하기 위한 유기막층 구조

현재 적용하고 있는 전자 수송층 및 cathode 전극을 증착 방식을 이용하여 성막하는 방식과 함께 전자 수송층을 용액 공정을 이용하여 성막하여 모든 공정을 용액 공정을 적용하여 소자를 개발하고자 하는 연구들도 진행되고 있다[3]. 이 경우 전자 수송층 물질과 발광층 물질 사이에서 혼합이 일어나지 않아야 하기 때문에 유기용매에 용해되는 발광층 위에 물 또는 알코올 기반의 용매를 사용하여 전자 수송층을 코팅해야 한다. 대부분의 전자 수송층 물질들이 헤테로 방향족 단위체를 포함하고 있기 때문에 극성 용매에 대한 용해도가 좋으며, 이를 기반으로 용액 공정을 이용하여 전자 수송층을 성막할 수 있다. 그러나, 발광층 물질이 저분자 물질일 경우에는 저분자 물질을 이용하여 성막한 필름의 막밀도가 높지 않기 때문에 전자 수송층 물질이 발광층으로 침투하여 혼합되는 현상이 생길 수 있으며, 이를 제어하기 위해서는 분자량이 높은 발광층 물질을 이용하여야 한다. 분자량이 작은 물질에 비하여 분자량이 높은 물질을 사용할 경우 상부 코팅시 물질 확산을 억제할 수 있으며, 서로 혼합되지 않는 이층 구조의 유기막층을 형성할 수 있다[4][5]. Cathode의 경우에도 프린팅 공정을 이용하여 성막하는 기술이 보고되기도 하였으나, 증착 공정을 이용한 소자에 비해서는 소자 특성이 저하된다.

용액 공정을 이용한 소자에서는 다층막 형성 공정이 가장 어려운 부분이기 때문에 복잡한 소자 구조를 갖는 탠덤 소자 등의 개발은 진공 증착 공정 소자에 비하여 어렵다. 그러나, 용매와 소재를 적절히 선택할 경우에는 탠덤 소자의 제작도 가능한 것으로 보고되었다 (그림 11-4)[6][7][8]. 고분자 발광 물질을 기반으로 한 탠덤 소자의 구조를 보면, 하부 발광층은 ITO 전극 위에 물용매를 기반으로 PEDOT :

3) E. Ahmed et al., Adv. Funct. Mater. 21, 3889 (2011)
4) T. Chiba et al., Adv. Mater. 27, 4681 (2015)
5) N. Aizawa et al., Nat. Commun. 5, 5756 (2014)
6) S. Hofle et al., Adv. Mater. 26, 5155 (2014)
7) N. Aizawa et al., Adv. Mater. 26, 7543 (2014)
8) Y. -J. Pu et al., Adv. Mater. 27, 1327 (2015)

PSS를 정공 주입층으로 코팅하고, 정공 수송층 고분자 물질로 알려져 있는 TFB를 자일렌 유기 용매를 이용하여 코팅하였다. TFB는 열처리 후 불용성 고분자막을 형성하는 물질이기 때문에 상부에 발광층을 유기 용매로 코팅할 수 있으며, 고분자 발광 물질인 F8BT를 자일렌으로 코팅한다. 발광층 상부에 전자 수송층을 극성 용매로 코팅하여야 하부 F8BT에 손상을 가하지 않으면서 전자 수송층을 코팅할 수 있기 때문에, 산화물인 ZnO를 알코올 계열 용매를 이용하여 코팅한다. ZnO의 경우에도 산화물막 형성 후에는 용매에 안정한 특성을 보이기 때문에 전자 주입층 특성을 보이는 PEIE 물질을 알코올 용매를 이용하여 추가적으로 코팅한다. 탠덤 소자를 구현하기 위해서는 하부 소자의 상단에 전하생성층을 코팅해야 하며, 전하생성층으로 MoO_3의 전구체인 PMA 물질을 극성 용매인 아세토나이트릴을 이용하여 코팅하고, 정공 수송층으로 사용한 TFB를 자일렌 용매를 이용하여 코팅한다. PMA의 경우 코팅 후 열처리를 통하여 MoO_3를 형성하기 때문에 열처리 이후에는 불용성막을 형성한다. 전하의 생성은 PMA와 TFB 사이에서 TFB로부터 PMA 층으로 전자 이동에 의해서 가능하다. TFB 상부에 하부 소자와 동일하게 F8BT를 자일렌으로부터 코팅하고 Liq 전자 주입층을 알코올 용매로부터 코팅하고 최종적으로 Al을 증착하면 탠덤 소자를 구현할 수 있다. 고분자 발광 물질 뿐 아니라 저분자 발광 물질을 이용하여 탠덤 소자의 제작도 가능한 것으로 보고되었다.

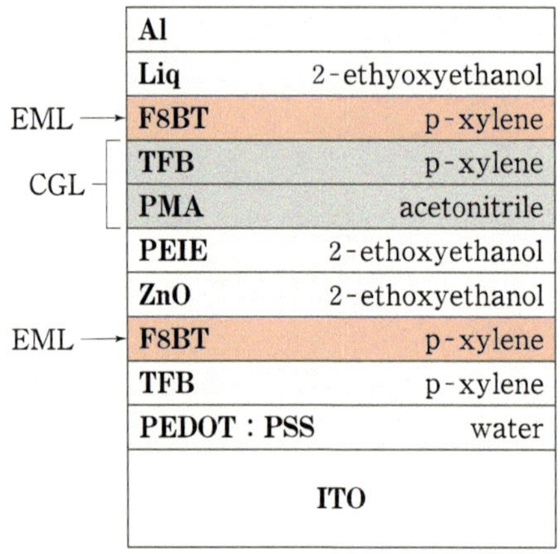

그림 11-4 용액 공정을 이용하여 제작한 탠덤 OLED 구조[7)]

2 용액 공정 소자용 소재

용액 공정 소자용 소재는 용매에 용해되어 안정된 필름을 형성하는 물질들은 분자량과 관계 없이 모두 사용 가능하다. 저분자 물질의 적용도 가능하며, 올리고머 및 덴드리머와 같은 수천의 분자량을 가진 물질도 사용 가능하며, 분자량이 큰 고분자 물질도 용매에 대한 용해도만 있으면 사용 가능하다. 현재는 저분자 물질과 고분자 물질이 주로 사용되고 있다. 개발 초창기에는 용액 공정용 물질로서 고분자 물질이 주로 사용되었으나, 최근에는 용액 공정에 적합한 저분자 물질들이 개발되면서, 상대적으로 정제가 쉬운 저분자 물질의 개발이 활발하게 진행되고 있다.

용액 공정에 적용하는 소재에 대해서 요구되는 특성으로는 높은 순도, 높은 용해도, 결정화 억제, 응집 억제, 상분리 억제, 표면과의 우수한 젖음 (wetting) 특성, 높은 유리전이온도 등이 있다. 순도는 OLED 소재에 필수적으로 요구되는 특성으로서 순도가 낮을 경우 소자의 효율 및 전압 특성 등은 크게 문제가 없으나, 구동 중 불순물에 의한 엑시톤 소광으로 인하여 소자 수명이 급격하게 감소한다[9]. 특히, 유기 재료의 합성 과정에서 사용되는 금속 불순물이 큰 영향을 미치는 것으로 알려져 있으며, 금속 촉매의 제거를 통하여 99.9% 이상의 높은 순도를 확보하는 것이 중요하다. 높은 용해도도 중요한 소재 요구 특성이며, 잉크젯 프린팅 공정을 위해서는 필름 두께 및 점도 등을 제어해야 하고, 이를 위해서는 용매에 녹이는 유기물의 농도를 원하는 수준으로 조절할 수 있어야 한다. 유기물의 용해도가 좋을 경우에는 원하는 농도로 용액을 만들 수 있기 때문에 필름 두께 및 공정 변수 제어가 용이하나, 용해도가 좋지 않을 경우에는 공정 적용에 제한이 생기기 때문에 높은 용해도를 갖는 것이 유리하다. 결정화 및 응집 억제도 중요하게 요구되는 특성 중의 하나이다. 일반적으로 결정화나 응집 현상은 용매에 용해되어 있는 유기 분자가 필름을 형성하면서 나타나는 현상이며, 분자간의 상호 작용이 클 경우에 나타난다. 결정화 및 응집 현상이 일어나면 필름의 균일도가 떨어지며, 소자 구동시 전류의 누설이 발생하게 되므로 결정화 및 응집 현상은 피해야 한다. 일반적으로 분자 구조를 제어하면 이러한 현상을 막을 수 있기 때문에 적절한 분자 구조 조절을 통하여 결정화 및 응집 현상을 억제해야 한다. 상분리 또한 용액 공정을 통한 필름 형성 공정에서 피해야 하며, 상분리는 호스트와 도펀트를 혼합하여 발광층을 형성할 경우 흔히 나타난다. 호스트와 도펀트가 균일한 필름을 형성하기 위해서는 도펀트가 호스트에 고르게 분산되어야 하나, 호스트와 도펀트 간에 친화성이 좋지 않으면, 두 분자가 고르게 혼합되지 못하고 서로 분리되어 상분리되어 있는 상태로 존재하게 된다. 상분리는 코팅 과정에서 발생할 수도

9) S. Scholz et al., Chem. Rev. 115, 8449 (2015)

있으며, 코팅 후 용매를 제거하기 위한 열처리 과정에서 나타날 수도 있다. 상분리가 일어나면 필름 균일도가 저하되며, 소자의 효율 및 수명 특성도 저하된다. 표면과의 젖음 특성 또한 균일한 필름 형성을 위해 중요하며, 젖음 특성은 주로 표면 에너지에 의존한다. 코팅하고자 하는 표면의 표면 에너지에 따라서 적절한 용매 및 유기물을 선택해야 우수한 젖음 특성을 얻을 수 있고, 균일한 코팅막을 얻을 수 있다.

용액 공정을 이용하여 코팅한 코팅막의 경우에는 코팅 후 최종적인 열처리 과정을 통해서 용매를 제거해야 한다. 용매 제거 과정에서는 진공 또는 상압에서 열처리를 하게 되며, 열처리 공정에서 코팅한 유기막 필름은 안정적인 필름을 형성하고 필름상에서 결정화 등이 일어나지 않아야 한다. 유기물의 분자 운동이 유리전이온도 이후로부터 활발하게 일어나 결정화와 같은 필름 특성의 변화가 생기므로, 유기물의 유리전이온도는 열처리 공정에서 안정적으로 필름 특성을 유지하기 위하여 열처리 온도보다 높은 것이 유리하다.

1 저분자 물질과 고분자 물질의 비교

용액 공정용 소재로서 저분자 물질 (일반적으로 분자량 1,500 이하)과 고분자 물질 (일반적으로 분자량 10,000 이상)을 적용할 수 있으나, 정공 주입층 및 정공 수송층 물질의 경우는 고분자 물질을 활용하고, 발광층 물질은 저분자와 고분자 물질을 모두 사용한다. 저분자 물질과 고분자 소재는 용액 공정 측면에서 각각 장단점을 가지고 있다. 공정성을 비교하면 고분자 물질이 저분자 물질보다 장점을 가지고 있다. 결정화가 쉽게 되는 저분자 물질에 비하여 고분자 물질은 고분자 사슬이 서로 얽혀 있는 구조로 되어 있기 때문에 결정화가 어렵고, 막의 밀도가 높으며, 표면 거칠기가 우수하며, 필름 안정성이 좋은 특징을 가지고 있다. 우수한 필름 특성으로 인하여 열처리 온도가 높더라도 필름 특성에 손상을 입지 않는 장점을 가지고 있다. 또한, 고분자 물질의 경우 호스트와 도펀트 역할을 하는 단위체가 고분자 분자 구조 내에 포함되어 있기 때문에 상분리가 일어날 가능성이 매우 낮다. 고분자의 또 다른 장점은 점도 조절이 용이하다는 것이다. 잉크젯 프린팅 공정에서는 필름 특성 및 두께 등을 제어하기 위하여 용액의 점도가 매우 중요한데 고분자 물질 사용시에는 고분자의 농도에 따라서 점도가 크게 변하기 때문에 공정에 적합한 점도 영역을 선택하기가 용이하다. 그러나, 저분자 물질의 경우에는 농도를 변화시키더라도 점도 변화가 크게 나타나지 않기 때문에 고분자에 비하여 상대적으로 공정 제어에 있어서 불리하다.

반면 소자 특성 제어 및 소자 특성에 있어서는 저분자 물질이 고분자 물질에 비하여 유리하다.

OLED 발광 소재에서 요구되는 가장 중요한 특성 중 하나는 물질의 순도이며, 저분자 물질 사용 시 고분자에 비하여 높은 순도를 얻을 수 있다. 고순도를 확보하기 위해서는 유기 물질의 정제 과정을 거치는데 일반적으로 사용하는 유기물의 정제 방법은 컬럼 크로마토그래피, 여과, 재결정 등의 습식 정제 방법과 승화 정제의 건식 정제 방법이다. 금속 불순물 등을 완벽하게 제거하기 위해서는 습식 정제 방법과 건식 정제 방법을 동시에 사용하는 것이 바람직하다. 저분자 물질의 경우에는 분자량이 크지 않으면 대부분 습식 및 건식 정제 방법을 적용할 수 있기 때문에 고순도 확보가 용이하다. 그러나, 고분자 물질의 경우에는 습식 정제는 가능하나, 높은 분자량에 의한 분자간 강한 상호 작용에 의하여 승화 정제를 이용한 건식 정제가 불가능하기 때문에 고순도 확보가 저분자에 비하여 어려운 단점을 갖는다. 소재 특성 중 고분자 물질의 또 다른 단점은 분자량 분포이다. 저분자 물질의 경우에는 물질의 분자량이 정확히 정해져 있기 때문에, 모든 분자가 동일한 분자량을 가지고 있으나, 고분자 물질의 경우에는 분자에 따라 분자량이 다른 분자량 분포를 가지고 있다. 유기물의 소재 특성은 분자량에 따라 달라지기 때문에 일정한 분자량을 가지고 있지 않은 고분자의 경우에는 분자량 분포에 의한 특성 변화가 생기게 된다. 또한, 고분자 합성시마다 평균 분자량은 동일하더라도 분자량 분포의 차이가 생기기 때문에 일정한 특성을 확보하기가 저분자에 비하여 어렵다는 단점을 가지고 있다. 저분자와 고분자 물질의 특성을 표 11-1에 정리하였다.

표 11-1 저분자 발광물질과 고분자 발광 물질의 비교

	저분자 발광 물질	고분자 발광 물질
분자량	1,500 이하	10,000 이상
장점	높은 순도 정제 용이 일정한 분자량 특성 재현성 우수	우수한 막 안정성 표면 평탄도 우수 결정화 억제 점도 조절 용이
단점	막안정성 낮음 결정화 발생 점도 제어 어려움	분자량 분포 발생 재료 특성 재현성 저하 재료 순도 낮음

저분자 물질과 고분자 물질 이외에도 저분자와 고분자의 중간 정도에 해당하는 수천 정도의 분자량을 갖는 올리고머 형태의 덴드리머 물질들도 개발되었으나, 저분자나 고분자 물질에 비하여 큰 장점이 없기 때문에 최근에는 개발이 미미하다.

2 용매

용액 공정 소자에서는 유기 소재를 용매에 용해하여 잉크를 프린팅하는 방식을 사용하고 있기 때문에 용매의 선정도 소자 특성 및 공정에 중요한 영향을 미친다. 용매 선정에 있어서 가장 중요한 인자는 용해도이다. 물질의 용해도는 용매와 용질의 상호 작용 정도에 의하여 영향을 받으며, 용매-용매 및 용질-용질간의 상호 작용에 비하여 용매와 용질의 상호 작용이 크면 클수록 물질의 용해도는 증가한다. 일반적으로 용질과 용질간의 상호 작용은 분자간 힘에 의존하게 되며, 분자간의 힘은 쌍극자-쌍극자 힘, 쌍극자-유도 쌍극자 힘, 분산력으로 대표되는 반데르발스 힘과 수소 결합이 있다. 분산력은 모든 분자에 존재하는 분자간 상호 작용이며, 분자량에 비례하여 증가하고, 분자간 접하고 있는 표면적이 크면 클수록 증가한다. 극성 분자들은 추가적으로 쌍극자-쌍극자 힘 및 쌍극자-유도 쌍극자 힘을 갖는다. 분자간 힘을 극복해야 용매가 용질 사이로 침투하여 용해도를 가질 수 있으며, 분자간 힘이 강한 분자들은 용해도가 낮은 특성을 갖는다. 따라서, 결정성이 증가하거나 분자량이 증가하게 되면 일반적으로 용해도가 떨어지는 경향을 보인다. 수소 결합은 분자간 힘 중에서 가장 강한 분자간 상호 작용으로서, -OH, -NH 등의 기능기를 갖는 화합물들에서 관찰되며, 이러한 화합물을 용해시키기 위해서는 용질 분자와 수소 결합을 형성할 수 있는 용매를 사용해야 용해도를 높일 수 있다.

용질의 용매에 대한 용해도를 예측하기 위한 방법으로서 가장 널리 사용하는 방법은 Hildebrand 용해도 인자 (Hildebrand solubility parameter)를 이용하는 것이다. 이 용해도 인자는 분자간 힘에 의존하는 값으로 표시되어 있으며, 동일 용매 부피에 대한 증발 에너지의 제곱근으로 표시된다. 증발 에너지는 분자간 힘의 크기에 의존하며, 분산력, 쌍극자 힘 및 수소 결합 에너지의 의하여 결정된다. 따라서, 강한 분자간 힘을 가질 경우에는 큰 용해도 인자값을 갖게 되며, 용해도 인자가 유사한 분자끼리 서로 강한 상호 작용을 갖게 되어 용해도가 증가한다고 판단할 수 있다. 용해도 인자의 차이가 크다는 의미는 분자간 힘의 차이가 크다는 의미이며, 특히 수소 결합과 쌍극자 힘이 증발 에너지에 크게 기여하므로, 극성과 서로 연관되어 있다. 즉 용해도 인자가 작은 분자는 비극성 분자에 해당하며, 용해도 인자가 큰 분자는 극성 분자에 해당한다. 대표적인 용매에 대한 용해도 인자를 표 11-2에 나타내었다.

표 11-2 대표적인 용매에 대한 용해도 인자

Hildebrand 용해도 인자			Hildebrand 용해도 인자		
용매	∂	∂(SI)	용매	∂	∂(SI)
n-Pentane	7	14.4	Trichloroethylene	9.28	18.7
n-Hexane	7.24	14.9	Methyl ethyl ketone	9.27	19.3
n-Heptane	7.4	15.3	Acetone	9.77	19.7
Diethyl ether	7.62	15.4	Ethylene dichloride	9.76	20.2
1,1,1-Trichloroethane	8.57	15.8	Methylene chloride	9.93	20.2
Cyclohexane	8.18	16.8	Pyridine	10.61	21.7
Amyl acetate	8.5	17.1	Dimethylformamide	12.14	24.7
Carbon tetrachloride	8.65	18	n-Propyl alcohol	11.97	24.9
Xylene	8.85	18.2	Ethyl alcohol	12.92	26.2
Ethyl acetate	9.1	18.2	dimethyl sulfoxide	12.93	26.4
Toluene	8.91	18.3	n-Butyl alcohol	11.3	28.7
Tetrahydrofuran	9.52	18.5	Methyl alcohol	14.28	29.7
Benzene	9.15	18.7	Water	23.5	48
Chloroform	9.21	18.7			

용매 선정에 있어서 고려해야 하는 특성 중 하나는 점도 (viscosity) 또는 점성도이다. 점도는 흐름에 대한 저항성이며, 액체가 얼마나 흐르기 어려운가를 나타내는 지표이다. 점성도는 용매와 용질에 모두 의존하며, 용매의 경우 용매 분자간의 힘이 크면 클수록 흐름에 대한 저항이 증가하므로 점도가 증가한다. 특히, 수소 결합 등의 강한 분자간 힘을 갖는 경우 점도가 매우 크게 나타난다. 또한, 비극성 용매보다는 극성 용매가 쌍극자 힘에 의한 강한 분자간 힘으로 인하여 높은 점도를 갖는다. 용질에 의해서도 점도가 달라지며, 분자량이 큰 물질들이 분자량이 작은 물질에 비하여 분자간 분산력이 크기 때문에 점도가 커지는 경향을 보인다.

표면 장력 및 표면 에너지도 용매에 의존하는 특성으로서 표면 장력은 액체를 단위면적만큼 늘이는데 필요한 힘이다. 표면 장력의 경우에도 용매에 의존하며, 분자간 힘이 클수록 분자간 힘을 극복하여 새로운 표면을 만들기 어렵기 때문에 큰 표면 장력을 보인다. 일반적으로 분자간 힘이 큰 물을 비롯한 극성 용매들이 높은 표면 장력을 보이며, 높은 표면 장력을 갖는 용매들은 표면에 있는 분자들과 강한 상호 작용을 통하여 에너지를 낮출 수 있는 표면에서 잘 퍼지는 성질을 보이며, 분자와 상호 작용이 약한 표면에서는 계면 형성을 통하여 분자들이 안정화되어 에너지를 낮출 수 없기 때문에 퍼지지 않는 특징을 보인다. 즉, 공기와 친화성이 좋지 않은 높은 표면 에너지를 갖는 극성 표면에서는 높은 표면 장력을 갖는 극성 용매와 극성 표면 사이에 서로 강한 상호 작용을 할 수 있으며, 전체 에너지를 낮출 수 있기 때문에 용매가 표면에 퍼지면서 우수한 젖음 특성을 보인다. 반면, 표면 에너지가 낮은 비극성 표면에서는 표면과 분자의 상호 작용이 분자간의 상호 작용에 비하여 약하기 때문에 계면 형성에 의하여 에너지가 오히려 높아지기 때문에 서로 계면을 형성하지 않으려고 하며, 이에 의하여 표면 젖음 특성이 좋지 않은 특징을 보인다. 따라서, 코팅하고자 하는 표면에 따라 적절한 표면 장력을 가진 용매를 선택하는 것이 중요하다.

끓는점도 용매의 중요한 특성 중의 하나이다. 끓는점은 용매가 증발할 때의 온도로서 잉크젯 프린팅 공정후 용매 제거 공정에서 중요한 인자이다. 끓는점이 높을 경우 용매 제거를 위하여 높은 온도와 높은 진공도 및 긴 시간을 필요로 하게 되므로 공정에 불리하다. 끓는점이 낮을 경우에는 용매 증발이 너무 빠르게 일어나게 되며, 이 경우에는 빠른 용매 증발에 의하여 균일한 코팅막 형성이 어렵다. 따라서, 적절한 온도와 증기압을 갖는 용매 선정을 통하여 우수한 막특성과 안정적인 공정을 확보해야 한다. 일반적으로는 용매의 끓는점이 80~150도 사이에서 나타나는 용매를 선정하는 것이 적절하다.

위와 같이 용매 선정에 있어서 여러 인자들을 고려해야 하며, 공정에서 요구되는 용매의 모든 특성을 동시에 만족하기 어렵기 때문에 하나의 용매를 사용하는 것보다는 두 개 이상의 용매를 혼합하여 사용하는 것이 유리하다. 대표적인 용매의 특성을 표 11-3에 정리하였다.

표 11-3 대표적인 용매의 끓는점, 쌍극자, 표면 장력 및 점도 데이터

용매	끓는점 (도)	쌍극자 (debye)	표면 장력 (dyn/cm)	점도 (mPa S)
Hexane	69	0	18.4	0.326
Cyclohexane	81	0	25.3	0.93
p-Xylene	138	0	28.3	0.648
Benzene	80	0.07	28.9	0.652
Toluene	110	0	28.5	0.550
Chloroform	61	0.36	26.7	0.563
Chlorobenzene	131	1.04	33	0.753
Tetrahydrofuran	66	1.54	26.4	0.456
Dichloromethane	40	1.75	26.5	0.41
Isopropyl alcohol	83	1.6	21.7	1.96
Acetone	56	1.66	23.7	0.308
Ethanol	78	2.88	22.3	1.144
Methanol	65	1.7	22.6	0.593
Dimethylsulfoxide	189	3.96	43	2.14
water	100	1.85	72	1

3 정공 주입층

정공 주입층 물질은 ITO 전극 상부에 용액 공정을 이용하여 적용하며, 가장 일반적인 방법은 물 또는 알코올 용매 기반의 전도성 고분자 분산 용액을 코팅하는 방법이다. 물 기반의 용매에 분산되는 전도성 고분자 물질을 통하여 ITO 전극과 오믹 접촉 특성을 갖도록 유도하여, 정공 주입 특성을 개선하고, 고분자 물질 적용을 통하여 표면이 거친 ITO 기판을 평탄화한다. 정공 주입층 물질은 정공주입 특성과 함께 균일한 막을 형성할 수 있어야 하며, 가시광선 영역에서 높은 투과도를 구현해야 하며, 상부에 유기 용매를 기반으로 하는 정공 수송층 코팅을 위하여 유기 용매에 대한 불용성 특성을 가져야 한다. 또한, 전도성 고분자를 사용시 높은 전도도를 가질 경우 옆 픽셀로 전류 누설 현상이 생길 수 있기 때문에 전도도를 적절히 조절하여 전류 누설을 막아야 하고 높은 정류비를 가져야 한다. 이 외에도 증기압이 낮은 물 기반 용매를 주로 사용하기 때문에 용매 제거를 위하여 높은 열처리 온도에서도 안정해야 한다.

이러한 특성을 만족하는 정공 주입층 물질로서 가장 대표적인 물질은 전도성 고분자로 알려져 있는 PEDOT : PSS이다[10]. PEDOT : PSS는 전도성 단위의 역할을 하는 PEDOT와 도펀트 역할을 하는 PSS의 혼합물이다. 강직한 공액 구조로 되어 있는 PEDOT 단위체가 정공을 이동하는 역할을 하며, PSS 단위는 도펀트로서 PEDOT에 전도성을 부여하는 역할을 한다. PEDOT의 경우는 분자량이 수천 수준이며, 물에는 녹지 않기 때문에 물에 분산되어 있다. PSS는 백만 정도의 큰 분자량을 가지고 있으며, 이온성 화합물이기 때문에 물에 잘 용해되는 특징을 가지고 있다. 또한, 큰 분자량으로 인하여 코팅시 균일한 필름을 형성할 수 있도록 도와주는 역할도 한다. 따라서, 물 용매 내에서 PEDOT : PSS는 PSS가 용매에 용해되어 있고, PEDOT는 나노 입자와 유사하게 응집되어 용매에 용해되지 않고 분산되어 도메인을 형성하고 있다 (그림 11-5). PEDOT의 좁은 밴드갭에 의하여 PEDOT : PSS 용액은 가시 광선을 흡수하여 검은색의 용액으로 존재한다. PEDOT : PSS는 막 형성 후 두께에 따라 투과도가 달라지지만 공정 적용 영역 두께인 100 nm 이하의 두께에서는 90% 수준의 투과도를 가지며, 1000 S/cm 이상의 높은 전도도를 가질 수 있다. 그러나, OLED 적용시에는 높은 전도도를 가질 경우 픽셀 사이에서 전류 누설이 생기기 때문에 전도도가 낮은 PEDOT : PSS가 더 바람직하다. 이 외에도 열안정성이 우수하고 우수한 화학적 안정성도 갖는다. 특히 이온성 화합물인 PSS와 강직한 구조의 PEDOT으로 구성되어 있기 때문에 일반 유기 용매에 용해되지 않는 성질을 갖는다. 물과 알코올 용매를 적절히 혼합할 경우 잉크젯 프린팅 공정에서 안정적으로 사용할 수 있는 장점을 가지고 있다. 그러나, PSS가 술포닉산 단위를 포함하기

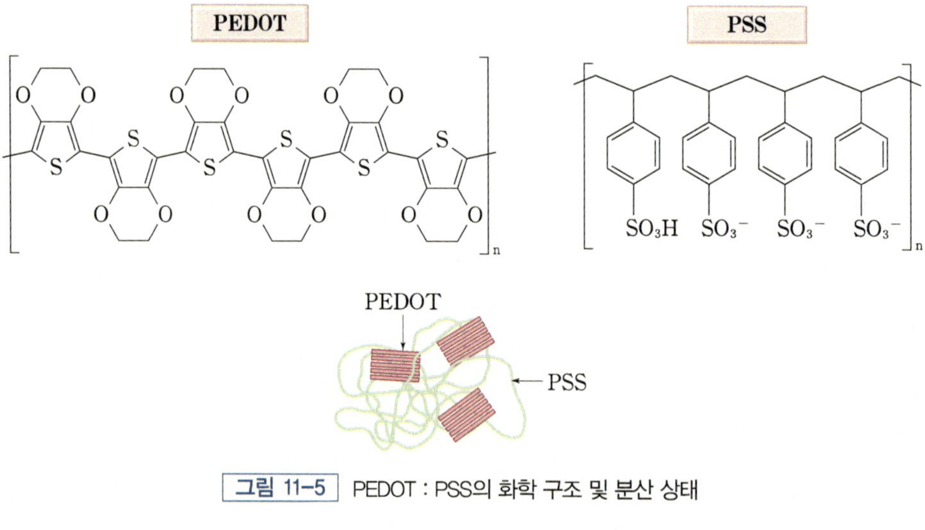

그림 11-5 PEDOT : PSS의 화학 구조 및 분산 상태

10) L. Gioenendaal et al., Adv. Mater. 12, 481 (2000)

때문에 pH 1.3 수준의 강한 산성을 가지고 있으며, 이에 의하여 ITO 상부 코팅시 ITO의 부식 및 이에 따른 소자 수명 감소가 일어날 수 있는 문제점이 있다.

PEDOT : PSS는 전도성 고분자로서 전도도를 다양하게 제어할 수 있으며, 전도도를 결정하는 인자로는 PEDOT 입자 크기 및 PEDOT 분자의 사슬 형태 등이 있다. 입자 크기에 따른 전도도 변화는 입자 내에서의 전자 이동은 매우 큰 이동도를 (1,000 cm^2/Vs) 가지고 일어날 수 있으나, 입자 간의 전자 이동이 hopping 과정으로 제한되는 것에 기인한다. 입자 크기가 작아질수록 hopping 확률이 높아지게 되며, 이에 따른 이동도 저하로 인하여 전도도가 낮아진다. PEDOT 분자의 사슬 형태도 전도도에 크게 영향을 미치며, PEDOT 분자가 굽혀져 있는 구조에서는 낮은 전도도를 보이는 반면 PEDOT 분자가 펴진 형태를 가질 경우에는 높은 전도도를 보이는 것으로 보고되어 있다. 분자 사슬 형태를 제어하는 방법으로 널리 알려져 있는 방법은 극성 용매를 이용한 처리 방법으로서 PEDOT : PSS 용액상에 극성 용매로서 dimethylsulfoxide (DMSO) 및 ethylene glycol (EG) 등을 첨가하거나, PEDOT : PSS 필름 형성 후 DMSO나 EG 용매 처리를 하면 전도도가 크게 증가한다[11)12)].

PEDOT : PSS는 정공 주입층 물질로서 여러 가지 장점을 가지고 있으나, 산성 문제로 인한 안정성 저하 문제가 있기 때문에, PEDOT : PSS의 안정성을 개선하기 위한 개질 기술이 개발되었다. 안정성을 개선하는 방법은 PEDOT : PSS의 산성 특성을 유발하는 PSS 도펀트에 염기 첨가제를 도입하여 중성 PEDOT을 개발하는 방법으로서 염기성의 이미다졸 등을 첨가제로서 추가하면 중성 PEDOT : PSS를 만들 수 있고, 이를 통하여 ITO 부식을 통하여 생성되는 인듐의 확산을 막아 소자의 안정성을 향상시킬 수 있다[13)].

PEDOT : PSS의 특성을 개선하는 또 다른 방법은 PEDOT : PSS에 첨가제로서 불소 계열의 물질을 도입하는 방법이다[14)]. PEDOT : PSS는 −5.1 eV에 해당하는 일함수를 가지고 있으며, 표면 에너지가 높은 특성을 가지고 있다. 따라서, 소수성의 용매를 이용하여 PEDOT : PSS 상부 코팅 시 젖음 특성 개선 및 표면 일함수를 선택적으로 제어하여 정공 주입을 원활하게 하기 위해서 불소 계열 물질인 perfluorinated 고분자 물질을 도입하는 방법이 개발되었다. 이 방법을 활용하게 되면 PEDOT : PSS의 일함수를 기존의 −5.1 eV 수준에서 −5.7 eV 수준까지 제어할 수 있으며, 이를 통

11) A. Laskarakis et al., Thin Solid Films 541, 102 (2013)
12) Y. H. Kim et al., Adv. Funct. Mater. 21, 1076 (2011)
13) S. Wu et al., Org. Electron. 12, 504 (2011)
14) T. W. Lee et al. Adv. Funct. Mater. 17, 390 (2007)

하여 정공 주입을 원활하게 할 수 있다.

PEDOT : PSS가 정공 주입층 물질로서 가장 널리 알려져 있으나, PEDOT : PSS 이외에도 정공 이동 특성이 우수한 싸이오펜 계열 물질을 이용하여 경화성 정공 주입층을 개발하는 방법 및 자체적으로 도핑이 가능한 고분자 물질을 사용하는 방법 등도 가능하다.

4 정공 수송층

정공 수송층 물질은 정공 주입층과 발광층 물질 사이에 위치하며, 정공 주입층으로부터 발광층으로 정공을 전달하는 역할을 한다. 정공을 수송하는 기능과 함께 공정적으로 정공 수송층 위에 발광층을 잉크젯 프린팅 공정을 이용하여 성막하기 위해서 유기 용매에 대한 안정성을 가져야 한다. 발광층 코팅시 하부막으로 발광층 분자가 확산할 수 있기 때문에 정공 수송층은 막의 밀도가 높아야 하며, 이를 위해서 저분자 물질보다는 고분자 물질을 정공 수송층 물질로 적용한다. 일반적인 정공 수송층 물질과 유사하게 HOMO 에너지 준위를 정공 주입층으로부터 발광층으로 정공주입이 원활하게 계단식으로 조절해야 하며, 높은 정공 이동도, 가시 광선 영역에서의 높은 투과도가 요구된다. 또한, 인광 소자 적용시에는 발광 물질에 비하여 삼중항 에너지가 더 커야 한다. 용액 공정을 이용하여 적용하는 정공 수송층에 별도로 요구되는 사항은 용매에 대한 안정성과 함께 용매 제거를 위하여 실시하는 열처리 공정에서 우수한 안정성 및 유기 용매에 대해서 높은 용해도이다.

용액 공정용 정공 수송층 물질에서 가장 중요한 사항은 발광층을 용액 공정을 이용하여 성막할 때 발광층과 혼합되지 않고 안정적인 막을 형성하는 것이다. 발광층을 주로 유기 용매를 이용하여 성막하기 때문에 유기 용매에 대한 안정성을 확보하는 것이 중요하며, 안정성 확보를 위해서 현재 두가지 방법을 주로 사용하고 있다.

가장 널리 알려져 있는 방법은 열경화 또는 광경화를 이용하여 정공 수송층 물질을 경화하는 방법이다[15]. 유기 물질이 경화 반응을 일으키게 되면 용매에 불용성인 분자가 서로 연결되어 있는 네트워크 구조의 유기막을 형성하게 되어 용매가 침투하기 어렵고 용매에 불용성인 막이 형성된다. 경화 방식을 적용하여 다양한 불용성 정공 수송층을 개발한 결과들이 보고되어 있다. 경화 방식으로는 온도를 높여 경화하는 방식과 광조사를 통하여 경화하는 방식이 있다. 일반적으로 광경화를 위해서는 감광 물질을 정공 수송층 물질과 혼합해야 하는데 이때 추가하는 감광 물질이 소자의

15) F. Huang et al., J. Mater. Chem. 18, 4495 (2008)

특성을 저하시킬 수 있기 때문에 광경화보다는 자체 열경화를 통하여 경화된 정공 수송층을 형성하는 방법을 주로 사용한다. 경화 과정을 통한 불용성 막 형성은 경화 후 용매를 이용하여 경화막을 씻어낸 후 경화전과 자외선-가시광선 영역의 흡수를 비교하여 경화막의 불용성막 형성 여부를 판단할 수 있다. 경화막이 형성될 경우에는 경화 후 용매를 이용하여 씻어내더라도 정공 수송층 물질이 용해되지 않기 때문에 경화전과 비교하여 동일한 자외선-가시광선 흡수를 보인다. 이 외에도 경화 과정의 확인은 경화 반응기의 변화 및 경화 과정을 통한 열량 변화 등을 이용해서도 가능하다.

경화형 정공 수송층 물질은 정공수송 역할을 담당하는 코어 구조에 경화 역할을 담당하는 경화기가 도입되어 있는 구조로 이루어져 있다. 코어 구조로서는 진공 증착에 활용되는 정공 수송층 코어 구조를 적용할 수 있으며, 경화기로서는 vinyl, oxetane, acrylate, siloxane, trifluorovinylether, benzocyclobutene, cinnamate 등이 있다. 경화기 종류 중 가장 많이 사용되는 경화기는 vinyl기와 oxetane 기로서 열경화와 광경화가 모두 가능한 장점이 있다[16)17)]. Vinyl기는 150~200도 범위에서 열경화가 가능한 경화기로서 열경화시 다른 경화기에 비하여 상대적으로 낮은 온도에서 경화할 수 있다는 장점을 가지고 있으며, 정공 수송층 단위에 간단한 반응을 통하여 도입하기 쉽다는 장점을 가지고 있다. 코어 구조로서는 진공 증착용 정공 수송층 물질로 잘 알려져 있는 TCTA, mCBP, triphenylamine 등이 알려져 있다. Acrylate 계열의 물질도 vinyl 기와 유사하게 이중 결합을 통한 경화 반응이 가능한 단위로서 경화 반응을 통하여 네트워크 구조를 형성할 수 있다. Vinyl기를 경화기로 포함하는 경화성 정공 수송층 물질을 그림 11-6에 나타내었다.

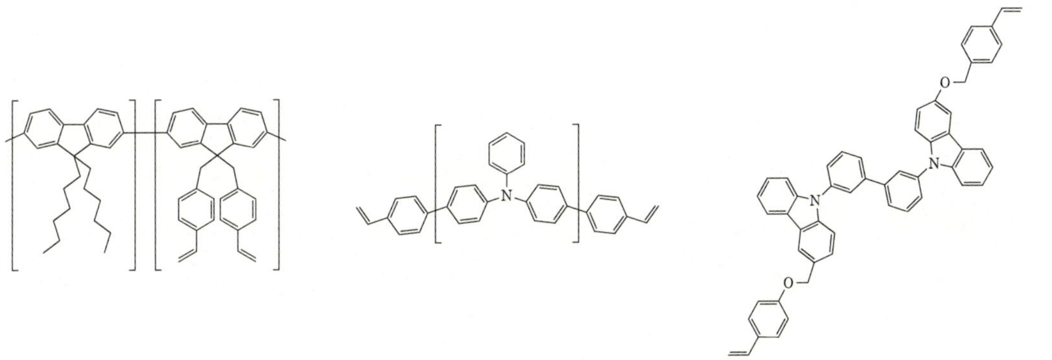

그림 11-6 Vinyl 경화 단위기를 포함하는 정공 수송층 재료

16) Y. -H. Niu et al., Adv. Mater. 19, 300 (2007)

17) Y. -J. Cheng et al., Chem. Mater. 20, 413 (2008)

Vinyl기와 함께 경화기로서 가장 널리 알려져 있는 단위는 oxetane기이다[18][19][20]. Oxetane기는 열경화를 통하여 약 200도 정도에서 경화가 가능하며, photoacid generator를 이용한 광경화를 통하여 cationic 경화 반응을 할 수 있다. Oxetane기를 기반으로 하는 다양한 정공 수송층 물질과 다양한 정공 수송층기와 oxetane기를 결합한 경화형 정공 수송층 물질을 그림 11-7에 나타내었다.

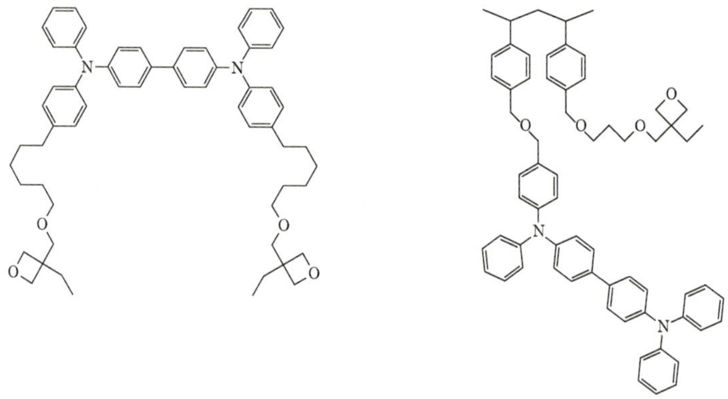

그림 11-7 Oxetane 경화기를 갖는 정공 수송층 물질

Cinnamate 계열과 trifluorovinylether 계열은 유사하게 ring closing 반응을 통하여 경화 구조를 형성하는 경화기로서 cinnamate는 주로 광경화제 없이 광경화가 가능한 물질이기 때문에 광경화를 주로 사용하며[21], trifluorovinylether의 경우에는 주로 열경화를 이용하여 경화하여 사용한다[22]. 이 외에 benzocyclobutene의 경우에도 열경화를 통하여 팔각링 형태의 경화된 구조를 형성할 수 있다[23].

위와 같이 대부분의 경화 방법들은 분자 구조 내에 경화기를 포함하고 있으며, 경화기를 통하여 경화된 네트워크 구조를 형성한다. 그러나, 경화기 없이도 경화 반응을 통하여 불용성의 네트워크를 형성하는 방법도 알려져 있으며, 카바졸의 3번 위치가 산화가 잘 되는 성질을 이용하여 극성 용매상에서 산화제를 이용하여 라디칼 양이온을 안정화시키고 코팅 후 열처리를 하면 카바졸 단위

18) X. Yang et al., Adv. Mater. 18, 948 (2006)
19) D. C. Muller et al., Nature 421, 829 (2003)
20) M. C. Gather et al., Adv. Funct. Mater. 17, 191 (2007)
21) Y. -D. Zhang et al., J. Mater. Chem. 12, 1703 (2002)
22) Y. -H. Niu et al., Chem. Mater. 17, 3532 (2005)
23) B. Ma et al., Chem. Mater. 19, 4827 (2007)

의 라디칼 양이온 사이의 반응으로 인하여 카바졸 단위가 서로 연결되어 네트워크 구조를 형성할 수 있다[24].

경화형 정공 수송층과 함께 열처리를 통하여 불용성막을 형성하는 고분자를 이용하는 방법이 있다. TFB와 같은 고분자가 대표적인 물질로서 PEDOT : PSS 상부에 형성된 TFB는 불용성막 형성이 가능하며 상부에 발광층 성막시에도 안정적인 막특성을 유지할 수 있다[25].

5 전자 수송층

전자 수송층 물질은 진공 증착 공정에 사용하는 전자 수송층 물질을 동일한 공정을 이용하여 적용할 수 있기 때문에 기존 전자 수송층 물질을 그대로 적용할 수 있다. 진공증착용 전자 수송층 물질이 다양하게 개발되어 있기 때문에 소자 구조에 최적화된 전자 수송층 물질을 적용하면 효율 및 수명이 우수한 용액 공정 소자의 제작이 가능하다.

진공증착을 이용하는 전자 수송층 물질 이외에도 용액 공정을 이용하여 발광층 위에 코팅하기 위한 용액 공정 기반 전자 수송층 물질도 보고되어 있다. 발광층을 주로 유기 용매를 이용하여 성막하기 때문에 전자 수송층 물질은 발광층에 손상을 주지 않도록 설계해야 하며, 주로 물 또는 알코올 용매에 용해될 수 있는 전자 수송층 물질을 이용한다. 극성 용매에 대한 용해도를 높이기 위해서는 수소와 강한 수소 결합을 형성할 수 있는 단위들을 포함해야 하며, 많이 알려져 있는 단위들은 sp^2 질소를 포함하는 헤테로링, 포스핀 옥사이드 (phosphine oxide) 등이 일반적이다[3]. 헤테로링을 포함하는 전자 수송층 물질은 헤테로링 구조에 포함되어 있는 sp^2 질소가 물 또는 알코올에 포함되어 있는 수소와 강한 수소 결합을 형성하기 때문에 극성 용매에 대한 용해도가 우수하며, 발광층과 섞이지 않으면서 용액 공정을 통하여 전자 수송층을 형성할 수 있다. 포스핀 옥사이드 단위의 경우에도 P=O 결합에 있는 산소 원자를 통하여 극성 용매와 강한 수소 결합이 가능하다[26]. 앞서 언급한 헤테로링 및 포스핀 옥사이드 등을 포함하는 전자 수송층 물질을 이용하여 높은 효율을 구현한 결과들이 보고되었다. 이외에도 산화물인 ZnO 계 물질들도 극성 용매로부터 공정이 가능하기 때문에 용액 공정용 전자 수송층으로 적용 가능하다.

24) N. Aizawa et al., Adv. Mater. 26, 7543 (2014)
25) J. S. Kim et al., Appl. Phys. Lett. 87, 023506 (2005)
26) K. S. Yook et al. Electrochem. Solid State Lett. 13, J122 (2010)

6 발광층

잉크젯 프린팅을 이용하여 프린팅하는 발광층은 용액 공정 소자에서 가장 중요한 유기막층이다. 증착용 발광층과 기본적인 구성 및 요구 사항은 유사하지만 용액 공정을 이용하여 유기막을 성막하기 때문에 추가적으로 안정적인 발광층을 형성하기 위한 요구 조건을 만족하여야 한다. 호스트와 도펀트로 구성되는 발광층 물질은 용액 공정 제어를 위하여 유기 용매에 대한 우수한 용해도가 필요하며, 코팅 공정에서 결정화나 상분리가 억제되고 균일한 필름을 형성할 수 있어야 하며, 높은 유리 전이 온도를 통하여 용매 제거를 위한 열처리 공정에서 안정해야 한다. 그 이외의 요구 조건은 일반적인 발광층에서 요구되는 조건과 유사하다. 발광층 물질로는 저분자 물질과 고분자 물질을 사용할 수 있다.

① 저분자 발광층

저분자 발광층은 일반적으로 호스트와 도펀트로 구성된다. 호스트의 가장 중요한 역할이 전하 주입, 이동 및 엑시톤 형성이므로, 정공과 전자에 대한 특성이 모두 우수한 호스트를 주로 사용한다. 바이폴라 호스트 계열이 초기에 널리 사용되었으며, 바이폴라 호스트 물질은 정공 수송성 단위와 전자 수송성 단위를 분자 내에 모두 포함하고 있기 때문에 우수한 전하 이동 특성을 가지고 있으며, 전하 균형을 조절하기에도 유리하다. 증착 공정용 바이폴라 호스트의 구조를 기반으로 용해도를 조절하기 위한 치환체들을 도입한 구조가 일반적이다[27]. 대표적인 용액 공정용 바이폴라 호스트 물질의 구조를 그림 11-8에 나타내었다.

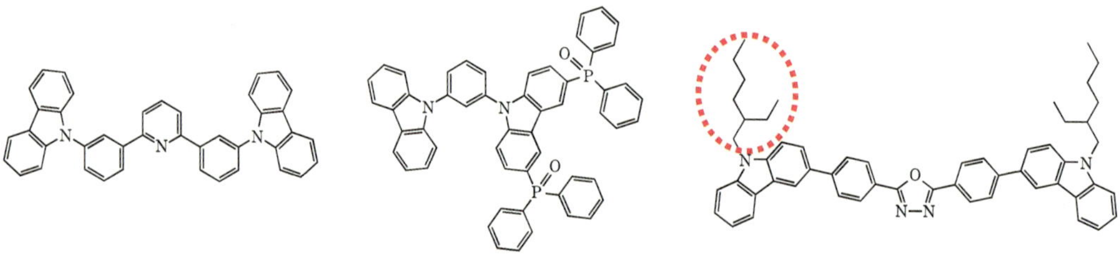

그림 11-8 대표적인 용액 공정용 바이폴라 호스트 물질

바이폴라 호스트와 함께 하나의 물질을 사용하는 바이폴라 호스트에 비하여 구동 전압, 효율 및 수명 측면에서 우수한 특성을 구현할 수 있는 혼합 호스트를 최근에는 더 일반적으로 사용

27) K. S. Yook et al., Adv. Mater. 26, 4218 (2014)

한다. 정공 수송성 호스트와 전자 수송성 호스트를 이용하여 호스트를 구성하여, 발광층에서 전하의 균형을 조절한다. 혼합 호스트는 용액 공정에서는 소자의 특성을 개선하는 역할과 함께 두 물질을 혼합함으로써 결정화가 억제되기 때문에 결정화 과정 없이 균일한 막특성을 확보하는 측면에서 단일 호스트를 사용하는 것에 비하여 유리하다. 또한, 진공 증착 공정에서는 여러 가지 물질을 동시에 성막하기 위해서 여러 증착원이 필요하고 기판상에서의 막 조성 균일도가 저하되는 문제가 있는 반면에, 용액 공정에서는 호스트의 개수와 상관없이 잉크 제조시 여러 호스트 물질을 혼합하여 잉크를 만들 수 있기 때문에 여러 호스트 물질을 발광층에 사용할 수 있다는 장점을 가지고 있다.

용액 공정용 호스트의 기본 구조는 진공 증착용 호스트와 유사한 특징을 가지고 있으며, 용액 공정을 위한 용해도 개선을 위하여 유연한 알킬 기반의 사슬 단위가 추가적으로 도입되어 있는 구조를 가지거나, 크기가 큰 단위체를 도입하여 분자간 거리를 멀게 하는 구조를 가지도록 설계한다. 알킬 기반의 치환기로서는 methoxy기, tert-butyl기, iso-butyl기, ethylhexyl기 등이 알려져 있으며, 크기가 큰 단위체로는 triphenylsilyl기, adamantyl기 등이 알려져 있다[27)]. 이러한 설계 원리를 기반으로 다양한 정공수송성 호스트와 전자수송성 호스트가 알려져 있으며, 대표적인 호스트 물질을 그림 11-9에 표시하였다.

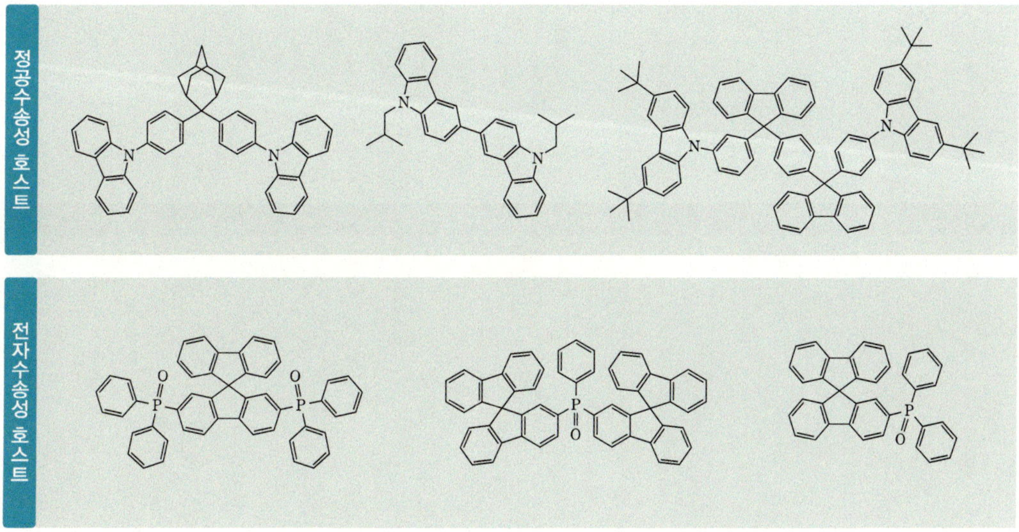

그림 11-9 용액 공정용 정공수송성 호스트 및 전자수송성 호스트

도펀트 물질의 경우에도 호스트 물질과 유사하게 증착 공정용 도펀트 물질 구조를 기반으로

용액 공정 적용을 위하여 용해도 개선을 위한 치환체로 알킬기 또는 방향족 치환체가 추가적으로 포함된 구조의 도펀트 물질을 사용한다[28]. 도펀트 물질의 경우에도 용액 공정 적용을 위하여 우수한 용해도를 가져야 하며, 용액 공정을 위한 코팅 공정에서 상분리가 일어나지 말아야 한다. 일반적으로 도펀트 물질은 하나의 물질을 사용하지만, 용액 공정에서는 잉크 제조 시 두 개 이상의 도펀트 물질을 간단히 혼합하여 잉크를 제조할 수 있기 때문에 필요한 경우 두 개 이상의 도펀트 물질을 혼합하여 사용할 수도 있다. 특히, 적색 인광 소자에 사용되는 적색 도펀트 물질들이 장파장 이동을 위하여 리간드 구조가 여러개의 방향족 단위가 도입된 구조를 가지고 있으며, 용해도가 상대적으로 좋지 않은 특성을 보이기 때문에 이를 해결하기 위한 방법으로 황색 또는 녹색 인광 도펀트와 적색 인광 도펀트를 동시에 사용하기도 한다. 이 경우 적색 인광 도펀트는 저농도로 도핑하고, 황색 또는 녹색 인광 도펀트를 고농도로 도핑하여 사용하고, 두 개의 도펀트가 포함되어 있지만 실제 발광은 에너지 전이를 통하여 적색 도펀트에서만 일어나기 때문에 발광 특성에서는 큰 문제가 생기지 않는다. 용액 공정용으로 개발된 대표적인 인광 도펀트의 구조를 그림 11-10에 나타내었다.

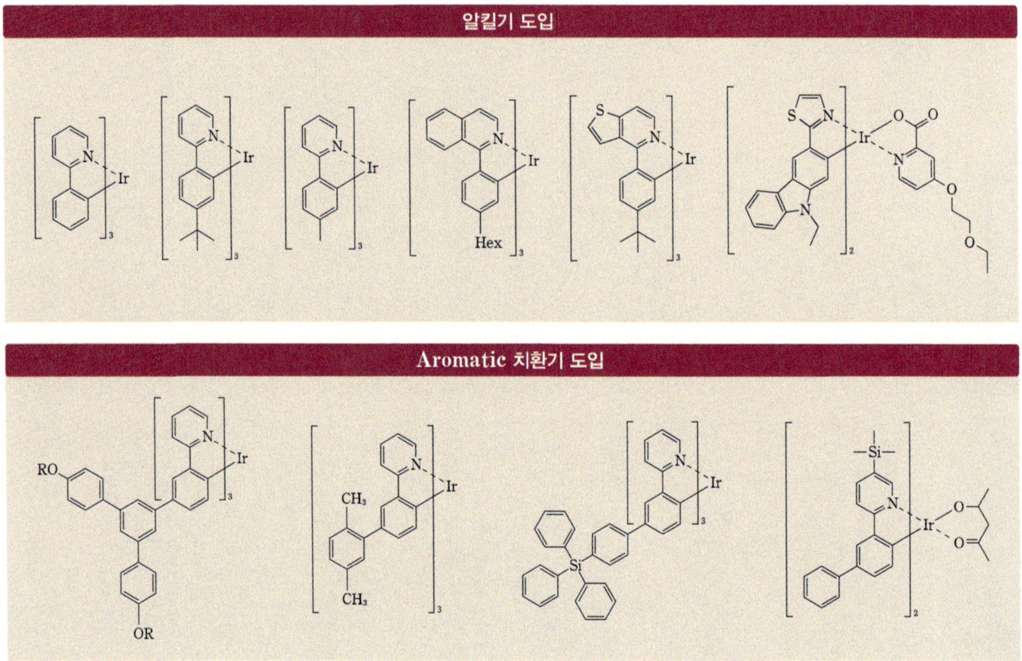

그림 11-10 알킬기 또는 방향족 치환기를 포함하는 용액 공정용 인광 도펀트

28) L. Duan et al., J. Mater. Chem. 20, 6392 (2010)

인광 도펀트 뿐 아니라 형광 도펀트도 용액 공정용으로 개발되어 있으며, 용액 공정용 도펀트를 개발하기 위한 방법으로서 입체 장애 효과를 이용하여 분자 구조를 뒤틀리게 함으로써 용해도를 향상하는 방법, F 치환체를 이용하여 용해도를 향상하는 방법, 알킬 치환체를 이용하여 용해도를 향상하는 방법 등이 보고되었다[28].

② 고분자 발광층

저분자 발광층과 함께 고분자 물질을 이용하는 발광층도 적용할 수 있다. 초기에는 고분자 물질을 단독으로 적용하는 형광 계열의 고분자 물질이 활용되었고[29], 이후 고분자 물질을 호스트로 사용하고 형광 또는 인광 도펀트 물질을 도핑하는 방법이 개발되었으며[30], 최근에는 고분자 물질 구조 내에 인광 발광 단위가 포함되어 있는 인광 고분자 물질이 개발되고 있다[31][32][33].

저분자 물질에서는 우수한 전하 이동 특성과 발광 특성을 만족시키기 위하여, 전하 이동 역할을 하는 호스트와 발광을 하는 도펀트 물질을 사용한다. 저분자 발광층에서 도펀트 물질을 낮은 농도로 도핑하여 사용하는 목적이 도펀트 분자를 서로 분리하여 분자간 상호 작용을 억제하는 것인데, 고분자에서는 분자 사슬 내에 발광 단위들이 포함되어 있으며, 고분자 사슬이 서로 얽혀 있는 구조로 되어 있기 때문에 발광 단위들을 인위적으로 서로 분리하는 것이 어렵다. 발광 단위들을 분리하는 방법은 분자 구조 내에 발광 단위와 호스트 역할을 하는 전하 수송 단위를 동시에 도입하여 전하 수송 단위 사이에 발광 단위가 위치하도록 만드는 것이다. 따라서, 고분자 물질은 분자 자체가 전하 수송 단위의 역할과 발광 단위의 역할을 동시에 할 수 있어야 하며, 전하 수송 단위와 발광 단위가 한 분자 내에 포함되어 있어야 한다 (그림 11-11). 즉, 높은 이동도와 우수한 발광 특성 구현을 위하여 전하 수송 특성이 우수한 단위와 발광 효율이 높은 단위를 조합하여 고분자 물질 시스템을 구현해야 한다.

29) J. H. Burroughes et al., Nature 345, 539 (1990)
30) S. Takizawa et al., Inorg. Chem. 46, 4308 (2007)
31) S. Tokito et al., Thin Solid Films 445, 353 (2003)
32) S. Tokito et al., Org. Electron. 4, 105 (2003)
33) H. Zhen et al., Chem. Eur. J., 11, 5007 (2005)

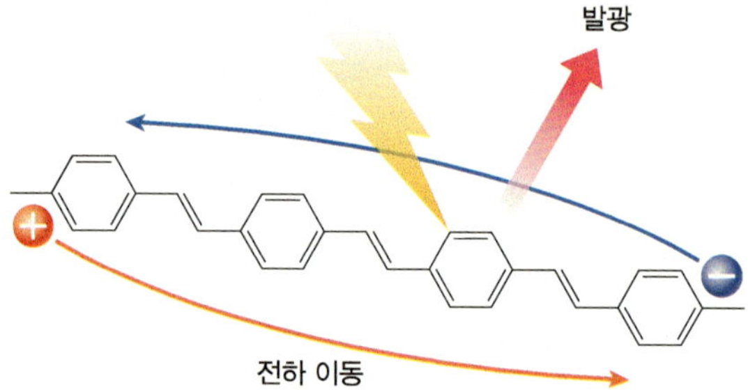

그림 11-11 고분자 물질의 전하 수송 및 발광 기능

고분자 물질 설계에 있어서는 발광 단위의 선정이 우선적으로 중요하며, 발광 단위로서 주로 사용되는 단위체로는 플로렌 (fluorene)[34] 및 페닐렌비닐렌 (phenylenevinylene)[35] 단위가 있다. 플로렌 계열의 발광 단위는 청색 발광을 할 수 있는 단위체로서 알려져 있으며, 고분자화한 폴리플로렌 (polyfluorene, PFO)도 청색 영역에서 발광한다[36]. 기본 PFO 구조가 청색 발광을 하기 때문에 다양한 치환체 또는 발광 단위를 도입함으로써 파장을 장파장으로 이동시킬 수 있으며, 적색부터 청색까지 가시 광선 전 영역에 걸쳐서 발광할 수 있는 PFO 발광 재료가 보고되어 있다. 발광파장을 제어하는 방법으로는 장파장에서 발광할 수 있는 발광 단위체를 추가적으로 도입하는 방법이 주로 사용되며, 예를 들어 안트라센 단위를 도입하면 청색 발광

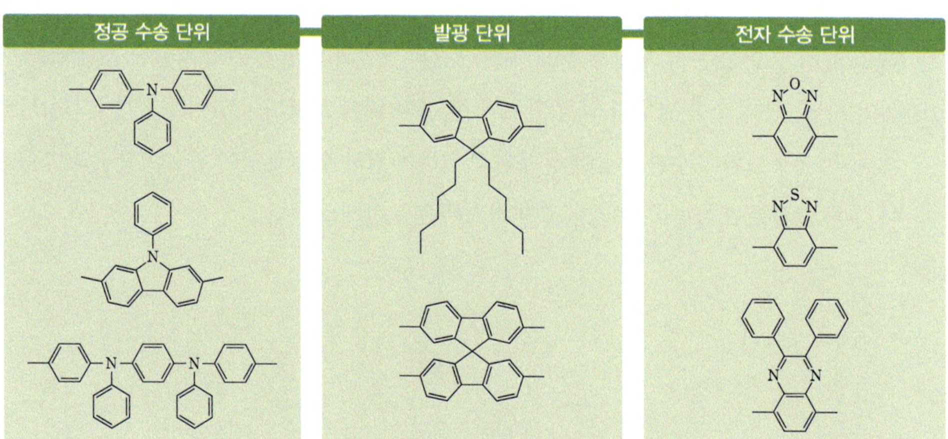

그림 11-12 PFO 계 고분자 발광 재료의 구조

34) Q. Hou et al., Macromolecules 37, 6229 (2004)

35) C. J. Tonzola et al., J. Am. Chem. Soc. 125, 13548 (2003)

36) M. Bernius et al., Adv. Mater. 12, 1737 (2000)

을 하고, 테트라센 단위를 도입하면 녹색 발광을 한다. PFO 고분자의 경우도 단위 자체로는 전하 수송 특성을 모두 만족할 수 없기 때문에 아민 계열과 같은 정공 수송 단위를 도입하거나 헤테로링 기반의 전자 수송 단위를 도입하여 전하 수송 특성을 조절한다. 그림 11-12에 대표적인 PFO 계열의 물질 구조를 나타내었다.

페닐렌비닐렌 단위체는 저분자 청색 발광 물질에 많이 활용하는 단위체이며, 고분자화한 폴리페닐렌비닐렌 (polyphenylenevinylene, PPV)은 녹색 발광을 하는 고분자 물질이다[37]. 주로 녹색, 황색 및 적색 고분자 발광 물질에 활용되는 기본 구조로서 효율 및 수명이 우수한 특성을 갖는다. 고분자 골격 구조 자체가 녹색 발광을 하는 고분자이지만, 분자 구조 내에 입체 장애 효과가 큰 단위체를 도입하면 골격 구조가 뒤틀리면서 발광 에너지가 커지기 때문에 청색 계열 고분자 물질도 보고되어 있다. PPV 고분자의 경우에도 단독으로 사용하기보다는 공중합체 형태로 추가적인 전하 수송 단위를 포함하는 구조로 주로 사용한다. 정공 수송 단위 또는 전자 수송 단위를 도입하여 고분자 물질의 전하 수송 특성을 제어한다. 대표적인 PPV 계열의 고분자 물질을 그림 11-13에 나타내었다.

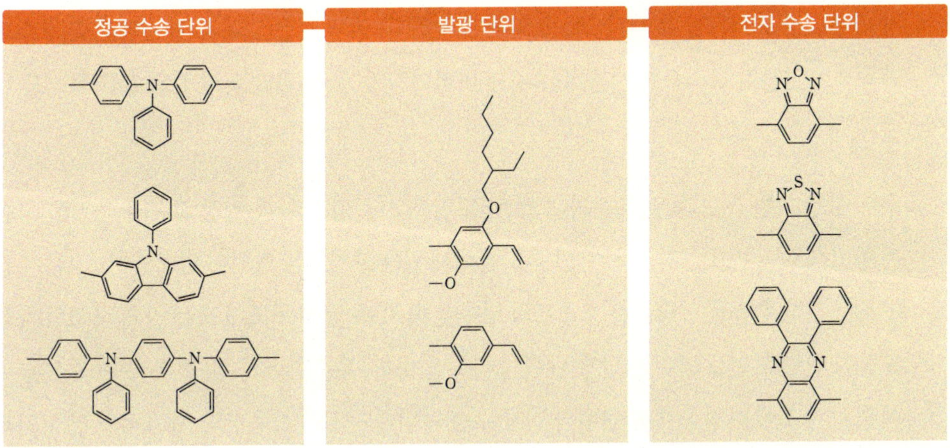

그림 11-13 PPV 계열 고분자 발광 재료의 구조

고분자 물질을 단독으로 호스트의 역할과 도펀트의 역할을 동시에 가질 수 있도록 개발하는 것과 함께, 고분자 물질을 호스트로 사용하는 발광층에 대한 연구도 진행되었다. 고분자 물질도 저분자 호스트 물질의 기능인 전하 전달 및 엑시톤 형성을 통한 에너지 전이가 가능하므로

37) N. C. Greenham et al., Nature 365, 628 (1993)

호스트로 적용할 수 있으며, 형광 또는 인광 도펀트 도핑을 통하여 저분자 발광층과 동일한 호스트-도펀트 시스템을 구성할 수 있다. 고분자 호스트 물질로서 가장 널리 알려져 있는 물질은 폴리비닐카바졸 (polyvinylcarbazole, PVK)이며[30][38], PVK는 정공 수송 특성이 우수한 고분자 물질이며, 삼중항 에너지가 2.9 eV로서 높기 때문에 대부분의 인광 도펀트 물질의 호스트로 적용 가능한 장점을 가지고 있다. 비록 구동 전압이 높고, 안정성이 좋지 않은 문제점을 가지고 있으나, 다양한 도펀트에 사용할 수 있다는 장점을 가지고 있다. PFO 계열의 고분자 물질은 PVK에 비하여 안정성이 우수한 특징을 가지고 있으며, 삼중항 에너지가 녹색 및 적색 인광 도펀트에 적합하기 때문에 주로 적색 및 녹색 인광 소자의 호스트로 적용한다[39][40].

PVK 및 PFO 계열의 고분자들이 호스트로서 인광 소자에서 널리 사용되고 있으나, 하나의 호스트로는 우수한 전하 전달 능력을 통한 낮은 구동 전압과 전하 균형을 통한 고효율 구현이 어렵기 때문에 고분자 계열 호스트 물질과 저분자 호스트 물질을 혼합하는 고분자 기반의 혼합 호스트도 개발되었다. PVK 의 경우 정공 수송 특성을 가지고 있기 때문에 다양한 저분자 계열의 호스트를 도입하여 혼합 호스트 시스템을 구현한다. 또한, PVK가 정공 수송 특성을 갖는 고분자이기는 하지만, 정공 이동도가 좋지 않기 때문에, 정공 이동도가 우수한 저분자 기반의 정공 수송성 호스트를 추가적으로 도입하기도 한다. 이와 같은 고분자 기반의 혼합 호스트는 단독으로 고분자 호스트를 사용하는 것에 비하여 낮은 구동 전압 및 개선된 효율 특성을 나타낸다.

순수 형광 기반 고분자 및 고분자 호스트-도펀트 시스템과 함께 인광 고분자 물질을 구현하는 방법으로 고분자 골격 단위에 인광 도펀트 단위를 도입하는 방법이 있다[41][42]. 고분자 골격 구조는 전하 수송을 담당하는 호스트의 역할을 하고 주 골격 구조내 또는 골격 구조의 측쇄에 도입한 인광 도펀트 단위는 발광 단위의 역할을 한다. 우수한 정공 및 전자 수송 특성을 위하여 골격 구조에는 정공 수송 단위와 전자 수송 단위를 동시에 사용한다. 대표적인 인광 고분자 물질의 골격 구조를 그림 11-14에 나타내었다.

38) R. H. Partrige, Polymer, 24, 733 (1983)
39) S. Gong et al., Chem. Soc. Rev. 41, 4797 (2012)
40) M. Sudhakar et al., J. Am. Chem. Soc. 125, 7796 (2003)
41) J. Jiang et al., Macromolecules 38, 4072 (2005)
42) G. L. Schulz et al., Macromolecules 39, 9157 (2006)

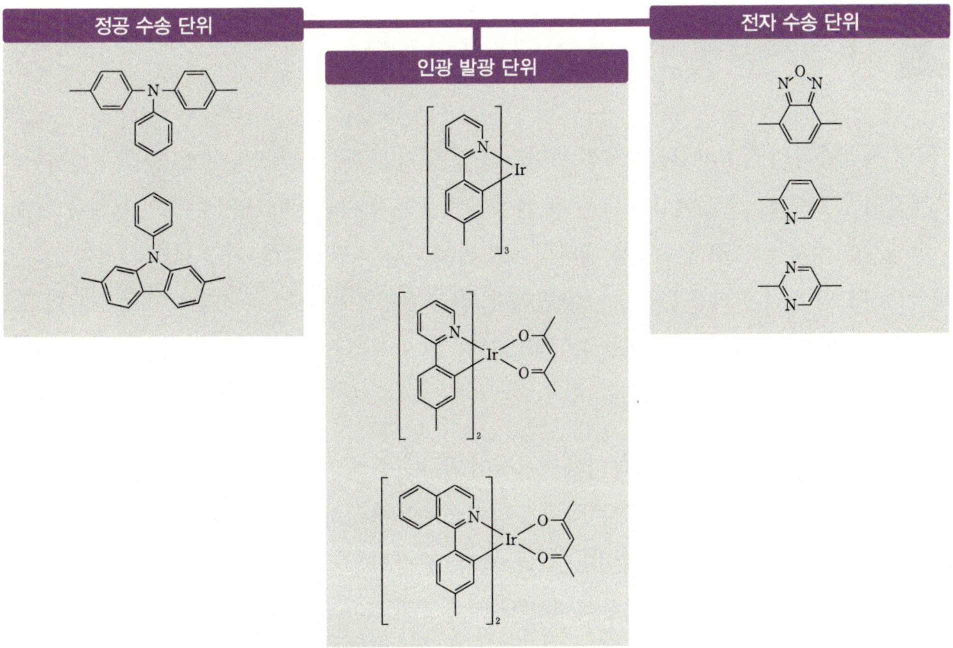

그림 11-14 인광 재료 기반 고분자 발광 재료의 골격 구조

주골격 구조에 고분자 단위를 포함하고 인광 단위를 측쇄로 포함하는 고분자들과 함께 주골격 구조에 리간드 단위를 포함하는 고분자 인광 발광 재료들도 알려져 있다. 주골격 구조에는 전하 수송 역할을 하는 단위체들이 포함되어 있으며, 리단드 단위도 주골격 구조에 같이 포함되어 있는 화학 구조를 가지고 있다. 주골격 구조에 있는 주리간드 또는 보조 리간드 단위를 통하여 Ir 금속이 결합하여 인광 발광 단위를 형성한다. 대표적인 고분자 인광 발광 물질의 구조를 그림 11-15에 나타내었다.

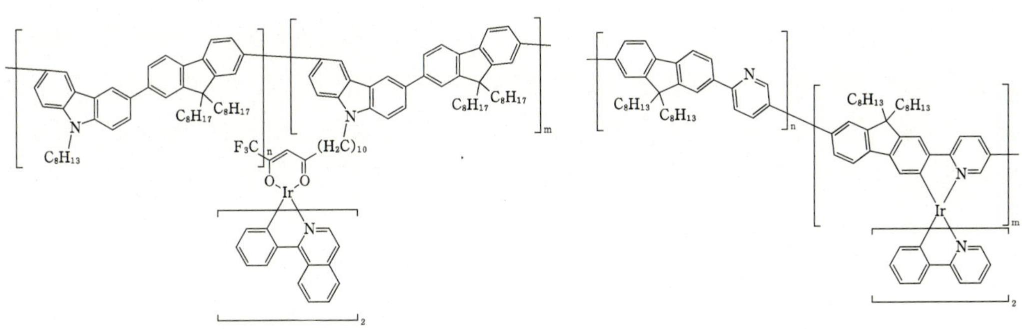

그림 11-15 대표적인 고분자 인광 발광 재료의 구조

3 용액 공정을 이용한 고해상도 OLED

일반적인 진공증착의 FMM이나 잉크젯 프린팅 공정을 사용하면, 고해상도 OLED를 구현하기 어려운 문제점이 있으므로, 가상 현실 또는 증강 현실에 적용하기 위한 4000 PPI 수준의 고해상도 OLED를 구현하기 위해서는 RGB 발광층을 패터닝하기 위한 기술이 필요하다. 가장 널리 알려져 있는 방법은 백색 OLED와 컬러 필터를 활용하는 방법이나, 컬러 필터 기반 소자 구조로 인하여 소자의 특성이 떨어진다는 문제점이 있다. 이를 극복하기 위해서 RGB 발광층을 고해상도로 패터닝하기 위한 기술들이 개발되었다.

가장 먼저 개발한 방법은 포토리소그래피를 이용하여 발광층을 패터닝하는 방법이다[43]. 포토리소그래피를 이용하는 방법은 발광층 물질을 기존의 포토리지스트와 유사하게 감광성 물질과 고분자 발광 물질을 혼합하여 발광층을 구성하는 방법이며, 적색, 녹색, 및 청색 발광층을 세 번의 노광 과정을 이용하여 패터닝해야 하므로, 노광 과정에 의하여 경화되는 특성을 갖는 negative 포토리지스트를 사용한다. 각 컬러를 패터닝하는 과정을 3번 진행하게 되면 고해상도로 RGB 패터닝이 가능하다. 기본적인 RGB 패터닝은 가능한 것으로 보고되어 있으나, 노광 과정에 의하여 발광 물질이 손상을 받으며, 패터닝 공정을 위하여 발광층에 포함되어 있는 감광성 물질에 의하여 발광 특성이 떨어지는 문제점을 갖는다.

발광층을 직접적으로 노광하는 방법이 가진 단점인 소자 특성 저하 문제를 해결하기 위하여 발광층을 직접 노광하지 않고, 발광층 상부에 보호층을 형성한 후 보호층 위에 포토리지스트를 도입하여 발광층을 패터닝하는 방법이 개발되었다[44]. 이 방법에서는 기존의 물 또는 유기 용매와 달리 불소 계열의 용매를 이용하는 방법으로서 불소계 용매는 일반 유기물을 녹이지 않고 불소 계열의 물질을 선택적으로 용해할 수 있는 특성을 가지고 있기 때문에 이를 이용하여 패터닝하는 방법이다. 예를 들면, 기판 상부에 불소 계열의 고분자 물질을 코팅하고, 불소 고분자 위에 일반 positive 포토리지스트를 코팅한다. 노광을 통하여 패턴을 형성한 후 에칭 공정을 통하여 패턴된 부분의 불소 고분자를 제거한다. 이후 전면에 발광층 물질을 진공 증착 공정을 이용하여 성막한다. 성막후 불소계 용매를 이용하여 잔류 불소계 고분자 상부의 유기막들을 제거할 수 있으며, 이를 통하여 발광층 패턴을 형성할 수 있다. 불소계 고분자 코팅 공정부터 다시 반복하게 되면 다른 컬러의 발광층 패턴도 가능하기 때문에 고해상도 RGB 패턴을 형성할 수 있다.

43) M. C. Gather et al. Adv. Funct. Mater. 17, 191 (2007)

44) S. Krotkus et al. Adv. Opt. Mater. 2, 1043 (2014)

CHAPTER

12

백색 OLED

백색 OLED는 현재 조명이나 백색 OLED와 컬러 필터를 조합하여 제작하는 OLED TV에 주로 사용하고 있으며, 적색/녹색/청색 발광 또는 황색/청색 발광을 통하여 구현할 수 있다. 백색 OLED는 초기에 조명 용도로서 주로 개발되었으며, 이후 대형 OLED에까지 적용되기 시작하여 현재는 대형 OLED TV가 백색 OLED를 활용하는 가장 큰 응용 분야이다. 조명용 백색 OLED는 일반 조명으로서 응용이 가능하며, 자동차 등의 실내 조명, 자동차의 후미등 등으로 응용도 가능하다. 자동차용 후미등의 경우에는 적색 OLED를 적용하며, 자동차의 경우 10년 이상 오랜 시간 사용하고, 자동차의 외부 조명의 경우 휘도가 높기 때문에 수명이 우수한 적색 OLED를 우선적으로 적용하고 있다. 백색 OLED 조명은 특히 기존 LED 조명에 비하여 면발광이기 때문에 빛이 고르게 나온다는 장점을 가지고 있으며, 플렉시블 백색 OLED를 통하여 조명을 다양한 디자인으로 만들 수 있는 이점이 있다.

조명으로서 백색 OLED의 장점은 높은 연색 지수 (color rendering index, CRI)를 가질 수 있으며, 높은 효율 구현이 가능하고, 기존 조명에 비하여 극단파장 성분이 적기 때문에 인체에 유해하지 않다는 점이다. 연색 지수는 광원의 광특성을 나타내는 인자로서 광원이 태양광 아래에서 물체의 색을 얼마나 잘 구현하는지를 나타내는 수치이다. 태양광 아래에서 물체의 색과 광원 아래에서 물체의 색이 같을 경우 연색지수 100으로 표시한다. 연색 지수가 높을수록 태양광의 특성을 그대로 반영하고 있는 조명이라는 의미로서, 높은 연색 지수를 가진 조명이 낮이나 밤이나 사람이 동일한 물체의 색을 느낄 수 있기 때문에 사람에 친화적인 조명이 된다. OLED는 유기물의 특성상 넓은 스펙트럼을 가지고 있기 때문에 태양광과 유사하게 가시 광선 영역에서 넓은 파장 범위에서 발광이 가능하여 높은 연색 지수를 가질 수 있다. 높은 효율 또한 OLED 조명의 장점이며, 일반적인 디스플레이용 OLED 소자의 효율은 양자 효율 기준 20~30% 수준 정도이나, 조명용 OLED 소자의 경우에는 기존 디스플레이 소자의 낮은 외광 효율을 개선할 수 있는 광효율 향상 기술의 도입을 통하여 외광 효율을 50% 이상으로 향상시킬 수 있다. 또한, 단파장 청색 LED를 이용하여 색변환을 통하여 백색을 구현하는 LED와는 달리 삼색의 물질을 각각 사용하는 OLED에서는 청색 발광이 단파장 성분을 포함하지 않기 때문에 인체에 유해한 극단파장 성분이 존재하지 않는다.

넓은 스펙트럼을 필요로 하는 조명용 OLED와 달리 디스플레이용 OLED의 경우에는 RGB 성분에 대해서 각각 좁은 스펙트럼을 필요로 한다. 명확한 RGB 성분을 포함해야 하며, 각 RGB발광이 좁은 스펙트럼을 가진 상태에서 컬러 필터를 통과시켜 RGB를 각각 구현한다. 발광 스펙트럼이 넓을 경우에는 컬러 필터에 의한 빛의 흡수가 커지기 때문에 효율 손실이 많이 발생하게 된다. 따라서 디스플레이용 백색 OLED 소자의 경우에는 각 RGB 성분이 좁은 스펙트럼을 가질 수 있도록 구성한다.

이와 같이 백색 OLED는 다양한 장점을 가지고 있으나, 기존 LED에 비하여 상대적으로 효율이 낮으며, 수명이 상대적으로 짧고, 아직까지는 생산 단가가 높다는 문제점을 가지고 있다. 특히, 가격적인 측면에서 LED에 비하여 비싸기 때문에 아직까지는 조명 부분에서는 시장 규모가 작은 상황이나, 지속적인 기술 개발과 시장 창출을 통하여 규모가 커질 경우에는 생산 단가도 떨어질 것으로 기대되며, 효율 및 수명이 추가적으로 개선된 경우 응용 분야가 확대될 것으로 예상된다. 백색 OLED와 LED를 표 12-1에 비교하였다.

표 12-1 조명 소자로서 백색 OLED와 LED의 비교

	백색 OLED	백색 LED
발광 방식	면발광	점발광
장점	유해 단파장 성분 적음 다양한 디자인 높은 연색 지수	높은 효율 장수명 낮은 가격
단점	낮은 효율 짧은 수명 높은 가격	유해 단파장 성분 포함 디자인 제한

1 백색 OLED 관련 기본 특성

백색 OLED를 구성하는 방법은 청색과 황색의 두가지 색을 혼합하는 방법이 있고, 적색, 녹색, 및 청색의 삼색을 혼합하는 방법이 있다. 청색과 황색을 혼합하는 방법은 간단하게 백색을 구현할 수 있는 방법이라는 장점으로 인하여 초기의 백색 OLED 개발에 주로 활용되었다. 그러나, 전 가시광선 영역을 발광에 활용하지 못하기 때문에 조명에 활용할 경우에는 연색지수가 낮으며, 백색 OLED/컬러필터 구조에 활용할 경우에는 적색과 녹색 영역의 효율이 떨어진다는 단점이 있다. 반면에 적색, 녹색, 및 청색을 이용하는 백색 OLED의 경우에는 소자 구조가 복잡하다는 단점이 있으나, 가시 광선 전 영역에 걸쳐서 발광할 수 있기 때문에 조명 소자로 활용시 연색 지수가 높으며, 백색 OLED/컬러필터 구조 적용시에 광손실이 적기 때문에 효율이 높은 장점을 가지고 있다. 두 컬러를 이용하는 백색 OLED와 세 컬러를 이용하는 백색 OLED의 색좌표계에서의 백색 구현을 그림 12-1에 표시하였다.

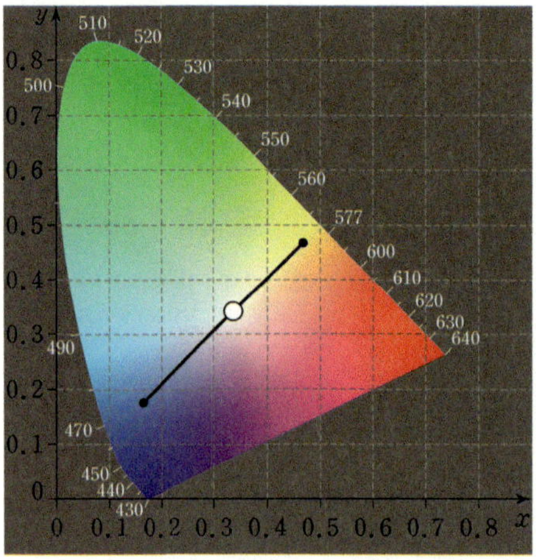

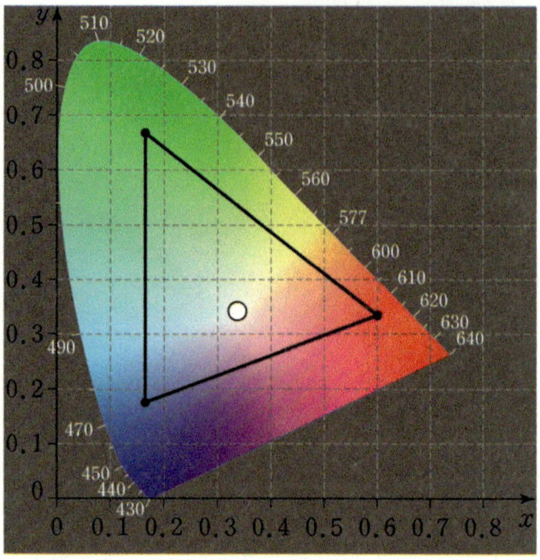

그림 12-1 청색/황색 및 청색/녹색/적색의 혼합으로 구성하는 백색 발광

백색 OLED 소자에서 백색 발광 특성을 표시하기 위하여 연색 지수와 함께 색온도 (color temperature)를 사용한다. 색온도는 발광하는 광원의 색을 절대 온도를 이용하여 표현한 것으로써 적색 쪽으로 가까워질수록 색온도가 낮고, 청색 쪽으로 가까워질수록 색온도가 높다. 같은 백색 발광이더라도 청색 성분이 늘어나면 색온도가 높은 백색이 되며, 적색 성분이 늘어나게 되면 색온도가 낮은 백색이 된다. 색온도를 그림 12-2에 나타내었다.

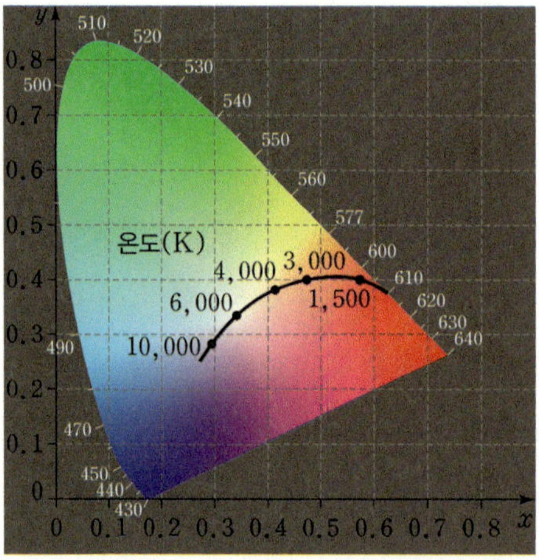

그림 12-2 색좌표계와 색온도

2 백색 OLED 소자 구조

백색 OLED 소자를 구현하는 방식으로는 여러 가지 발광 물질을 한 층에 같이 도핑하는 방법, 여러 개의 발광층을 적층하는 방법 및 여러 소자를 적층하는 탠덤 소자 구조를 활용하는 방법이 있다.

백색 발광을 가장 쉽게 구현할 수 있는 방법은 하나의 발광층 내에 여러 개의 도펀트 물질을 도핑하는 방법이다[1)2)]. 청색과 황색을 이용하는 백색 소자의 경우 하나의 호스트 물질에 청색 발광 물질과 황색 발광 물질을 동시에 도핑하면 각각의 도펀트 물질의 발광으로부터 백색을 구현할 수 있다 (그림 12-3). 이 때 하나의 발광층 내에 도핑되어 있는 청색 물질과 황색 물질 사이에서 에너지 전이가 일어나기 때문에 청색 도펀트는 높은 농도로 도핑하고 황색 도펀트는 낮은 농도로 도핑해야 청색 발광과 황색 발광을 동시에 구현할 수 있다. 황색 도펀트의 농도가 높으면 에너지 전이로 인하여 황색 발광만 관찰된다. 발광층에 활용하는 도펀트 물질은 형광 도펀트, 인광 도펀트 및 TADF 도펀트가 가능하고, 서로 다른 방식으로 발광하는 도펀트 물질을 혼합하는 방식도 가능하다. 예를 들어 청색 인광 도펀트와 황색 형광 도펀트를 같은 발광층 내에 도핑할 수도 있으며, 청색 TADF 발광 물질과 적색 인광 도펀트를 같은 발광층에 도핑하는 방식도 가능하다. 이 소자 구조에서는 전압과 크게 관계 없이 에너지 전이에 의한 발광이 지배적으로 나타나기 때문에 전압에 따른 스펙트럼의 변화가 크게 나타나지 않는다. 그러나, 청색 및 황색 도펀트와 같이 두 개의 도펀트를 도핑할 경우에는 공정이 크게 문제가 되지 않지만, 청색, 녹색 및 적색 도펀트와 같이 세 개의 도펀트를 도핑할 경우에는 공정이 복잡해지고, 백색 색좌표 구현을 위한 도핑 농도의 제어가 어렵다는 단점이 있다. 세 가지 도펀트가 발광층에 도핑되어 있을 경우에는 에너지 전이 과정이 청색으로부터 적색, 청색으로부터 녹색, 및 녹색으로부터 적색으로 복잡하기 때문에 최적의 백색 특성을 얻기 위한 도핑 농도 조건을 확립하기가 어렵다. 또한, 청색으로부터 에너지 전이에 의해서 발광하기 때문에 청색 발광 재료의 특성이 백색 소자의 특성을 좌우하게 되며, 특히 소자의 수명이 청색 발광 물질의 특성에 의존하는 경향을 보인다.

백색 발광을 확보하기 위해서 사용하는 또 다른 소자 구조는 여러 발광층을 적층하는 소자 구조이다[3)4)5)6)]. 청색 및 황색 발광을 통하여 백색 소자를 구현할 경우 하나의 소자 구조에서 발광층을 두 개

1) J. Kido et al. Appl. Phys. Lett. 64, 815 (1994)
2) Q. Wang et al. Adv. Funct. Mater. 19, 84 (2009)
3) J. Kido et al. Science 267, 1332 (1995)
4) Y. -L. Chang et al. Adv. Funct. Mater. 23, 705 (2013)
5) S. J. Su et al. Adv. Mater. 40, 4189 (2008)

를 사용하여 두 발광층을 상하로 적층하는 방법을 사용하면 두 개의 발광층으로부터 청색 및 황색 발광이 가능하므로 백색을 구현할 수 있다. 하나의 발광층에 여러 개의 도펀트 물질을 도핑하는 방법에 비하여 발광층을 적층하는 방법이 공정적으로 구현하기 간단한 장점을 가지고 있다. 또한, 두 발광층의 두께를 조절하면 쉽게 청색과 황색의 발광 비율을 조절할 수 있기 때문에 색특성 조절도 용이하다. 그러나, 이 방법에서는 전압이 변경되면, 소자 내의 전기장의 세기가 변화되고, 발광층 및 공통층에서 전하 이동도가 전기장에 따라 변화되는 정도가 다르기 때문에 전압에 따라 발광 영역이 달라지게 되며 이에 따라 전압에 따른 색좌표의 변화가 크게 나타나게 된다. 따라서 이를 조절하기 위해서 정공과 전자에 대한 전기장에 따른 이동 특성 변화를 유사하게 제어해야 전압에 무관하게 일정한 발광 스펙트럼을 구현할 수 있다.

여러 발광층을 이용하는 적층 구조에서 발광 물질은 형광 발광 물질, 인광 발광 물질 및 TADF 발광 물질을 적용할 수 있다. 같은 종류의 발광 물질을 활용할 경우에는 단순하게 적층하는 구조를 적용할 수 있으며, 발광 영역 제어를 위하여 청색과 황색 발광층 사이에서 전하 이동 조절을 위한 중간층을 사용하기도 한다. 서로 다른 종류의 발광층을 사용할 경우에는 발광층 사이에서의 엑시톤 소광 현상을 제어하기 위한 소자 구조가 요구된다. 특히, 인광이나 TADF 물질은 삼중항 엑시톤을 사용하기 때문에 삼중항 엑시톤을 활용하지 않는 형광 도펀트와 동시에 사용할 경우 삼중항 엑시톤 소광이 형광 도펀트에 의하여 일어나게 되므로 이를 제어할 수 있는 소자 구조를 적용해야 한다.

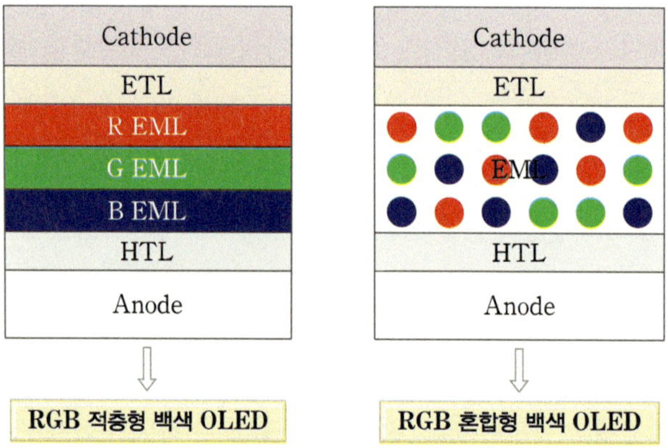

그림 12-3 적층형 구조 및 도펀트 혼합형 구조의 백색 OLED

6) R. Wang et al. Adv. Mater. 23, 2823 (2011)

적층 구조를 활용해서 간단하게 백색 OLED를 구현하기 위한 방법은 청색 및 황색 형광 발광층을 적층하는 방법이다. 형광 발광 물질의 낮은 효율 문제가 있으나, 안정성이 우수한 백색 OLED를 구현할 수 있다. 형광 발광층을 적층하는 백색 OLED 소자의 낮은 효율의 문제를 극복하기 위하여 발광층 도펀트 물질을 모두 인광 발광 물질 또는 TADF 물질로 적용하는 소자 구조가 개발되었다. 적색, 녹색 및 청색의 모든 발광 물질을 인광 또는 TADF 발광 물질을 이용하여 적용함으로써 높은 효율을 얻을 수 있는 장점이 있다. 다양한 방식으로 적층 순서를 변경할 수 있으며, 이를 통하여 발광 스펙트럼을 조절하고, 소자의 효율을 높일 수 있다. 그러나, 청색 물질을 인광 또는 TADF 물질을 적용할 경우에는 청색 발광층의 수명이 짧기 때문에 백색 소자의 수명이 짧아지는 문제점이 있다.

청색 인광이나 TADF 발광 소자는 수명이 짧기 때문에 장수명 백색 소자를 구현하기 위해서는 청색 형광 재료를 적용해야 한다. 장수명을 위하여 청색 형광 물질을 사용하고, 적색 및 녹색 발광 물질을 인광 또는 TADF 발광 물질을 적용해야 한다. 가장 널리 알려져 있는 조합은 청색 형광 도펀트와 적색/녹색 인광 도펀트를 조합하는 방법이다. 그러나, 청색 형광 소자는 효율이 낮은 문제가 있기 때문에 전체 백색 OLED 소자의 효율이 낮아지는 문제점이 생기게 된다. 따라서 효율 및 수명을 동시에 확보하기 위한 방법은 청색 발광 재료로서는 형광 발광 재료를 사용하고, 청색 형광 발광 소자에서 손실되는 삼중항 엑시톤을 황색 인광 발광 물질로 전달하여 인광 발광에 활용하는 방법이다[7]. 이 소자 구조를 적용하면 일중항 엑시톤은 형광 발광에 삼중항 엑시톤은 인광 발광에 사용할 수 있기 때문에 엑시톤 손실 없이 청색 인광 도펀트를 사용하는 경우와 유사한 효율을 구현할 수 있다. 이 시스템을 이용한 발광 메커니즘을 그림 12-4에 나타내었다.

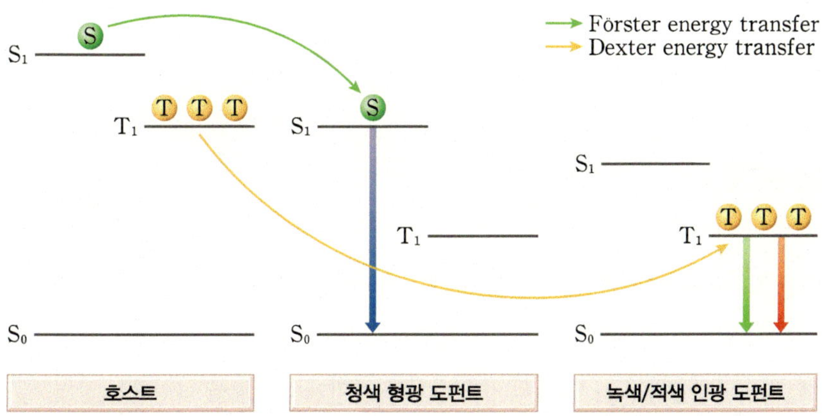

그림 12-4 청색 형광과 녹색 및 적색 인광 도펀트를 이용한 백색 OLED 발광 과정

7) Y. Sun et al. Nature 440, 908 (2006)

청색 형광 소자의 삼중항 엑시톤을 적색 및 녹색 인광 발광에 활용하는 방법으로서 가장 먼저 알려진 방법은 삼중항 에너지가 큰 호스트에 청색 형광 물질을 도핑하여 호스트의 일중항 엑시톤은 Förster 에너지 전이를 통하여 청색 형광 발광에 활용하고, 호스트의 삼중항 엑시톤은 적색과 녹색 인광 발광층으로 전달하여 엑시톤 활용 비율을 높이는 방법이다. 호스트로서 CBP를 사용하고 중간층으로도 CBP를 활용하여 청색 형광 발광 물질에 의한 인광 발광 물질의 삼중항 엑시톤 소광을 억제하고, 삼중항 엑시톤은 인광 도펀트로 확산하여 인광 발광에 활용한다. 이와 같은 과정을 활용하여 백색 발광을 구현할 수 있으며, 높은 양자 효율을 얻을 수 있다 (그림 12-5).

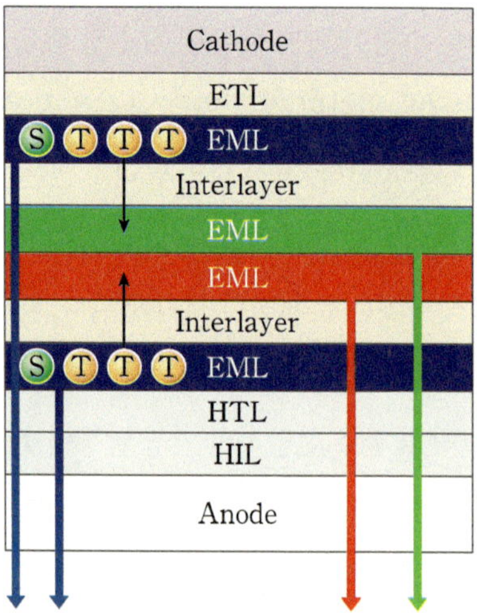

그림 12-5 청색 형광 발광층과 적색 및 녹색 인광 발광층을 이용한 소자 구조와 발광 과정

청색 형광 물질과 적색/녹색 인광 발광 물질을 조합하여 고효율을 구현하는 또 다른 방법은 청색 발광 물질을 청색 형광 발광체로 사용함과 동시에 청색 도펀트의 삼중항 엑시톤을 인광 도펀트로 엑시톤 손실 없이 전달하는 방법이다 (그림 12-6)[8]. 모든 엑시톤을 활용하기 위한 기본 요건은 청색 형광 물질은 청색 형광 발광을 하고, 청색 형광 도펀트의 삼중항 에너지가 에너지 전달을 위하여 적색/녹색 인광 도펀트에 비하여 커야 한다. 이 경우 인접한 청색 발광층과 적색 및 녹색 발광층 사이에서 Dexter 에너지 전이를 통하여 청색의 삼중항 엑시톤의 에너지가 전달되어 백색 발광이 가능하다. 그러나, 동시에 Förster 에너지 전이도 발생하게 되어 청색 발광이 약하게 나타난다. Förster 전이를 억제하기 위한 방법은 청색 형광 발광층과 적색 및 녹색 인광 발광층 사이에 중간층을 삽입하는 방법으로서 일중항 에너지는 청색 형광 물질에 비하여 크고, 삼중항 에너지는 청색 형광 물질에 비하여 같거나 작은 물질

8) K. Leo et al. Adv. Funct. Mater. 19, 1319 (2009)

을 사용하면 선택적으로 청색 발광 물질의 삼중항 엑시톤만 적색 및 녹색 발광층으로 전달할 수 있다(그림 12-7). 청색 형광층과 인광 발광층 사이에 중간층이 있더라도 확산 거리가 긴 삼중항 엑시톤의 특성으로 인하여 인광 발광이 가능하여 백색 발광이 가능하다. 그러나, 중간층의 두께가 두꺼울 경우에는 엑시톤 확산이 제한되기 때문에 에너지 전이 효율이 감소하게 되며 일반적인 중간층 두께의 범위는 2~10 nm 사이의 범위이다. 중간층은 엑시톤의 에너지 전달과 함께 전하 수송 특성을 제어하는 역할도 한다. 정공 수송 특성이 강한 중간층을 사용할 경우에는 정공 밀도를 높일 수 있으며, 전자 수송 특성이 강한 중간층을 사용할 경우에는 전자 밀도를 높일 수가 있다. 또한, 바이폴라 특성을 갖는 중간층을 사용할 경우에는 정공 및 전자의 이동을 모두 원활하게 할 수 있다.

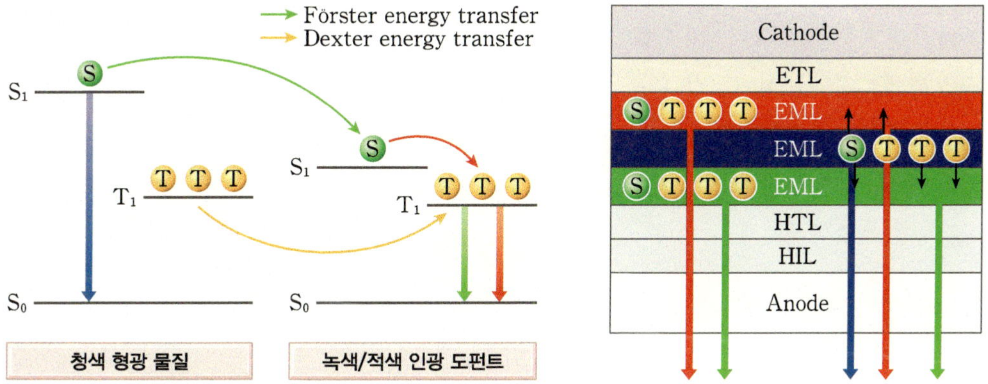

그림 12-6 삼중항 에너지가 큰 청색 형광 물질과 녹색 및 적색 인광 발광 물질로 이루어지는 소자 구조와 발광 과정 (중간층 미포함시)

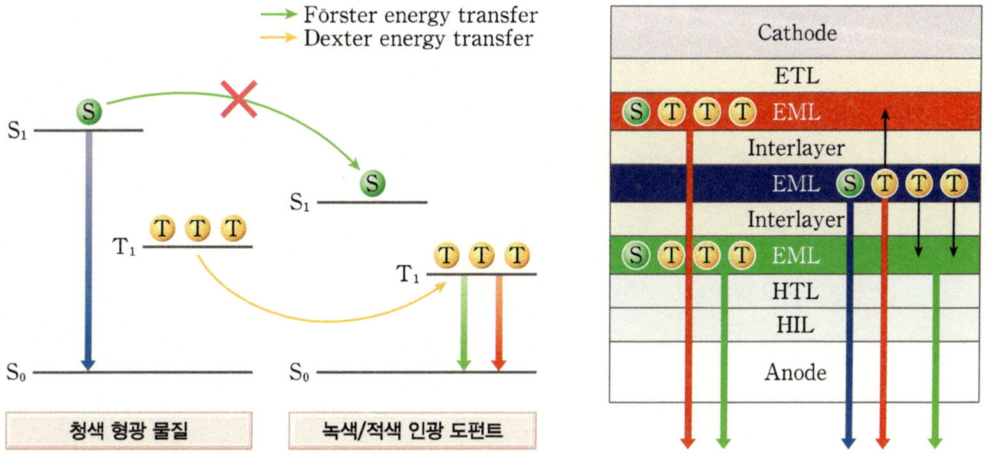

그림 12-7 삼중항 에너지가 큰 청색 형광 물질과 녹색 및 적색 인광 발광 물질로 이루어지는 소자 구조와 발광 과정 (중간층 포함시)

단일 발광층에 여러 개의 도펀트를 도핑하는 방법과 여러 개의 발광층을 적층하여 백색을 구현하는 방법은 높은 효율을 구현할 수 있으나, 장수명을 구현하기 어려운 방법이기 때문에 수명을 개선하기 위한 백색 소자 기술로 탠덤 OLED가 개발되었다[9][10][11]. 탠덤 OLED 소자 구조에서는 두 개의 소자를 적층할 경우 하나의 소자는 청색 소자로 다른 하나의 소자는 황색 소자로 구성하면 백색 발광이 가능하다. 탠덤 소자를 이용하여 백색 소자를 구성하면, 두 개의 소자를 적층한 구조이므로, 하나의 전자에 의하여 두 소자에서 모두 엑시톤이 형성되기 때문에 두 소자의 효율이 합쳐진 효율을 얻을 수 있으며, 전체 휘도가 두 개의 소자에 의하여 구현되기 때문에 각 소자가 내는 휘도가 낮아지게 되므로 수명이 증가하는 효과가 생기게 된다. 이상적인 탠덤 소자의 구조는 적색, 녹색 및 청색 발광 소자를 3개 적층하여 구성하는 탠덤 소자 구조이며 이를 통하여 적색, 녹색 및 청색을 모두 구현할 수 있다.

탠덤 소자 구조를 이용한 백색 소자는 두 개의 소자를 적층하는 탠덤 소자가 처음 개발되었으나, 청색 소자가 황색 소자에 비하여 낮은 효율 및 짧은 수명을 보이기 때문에 청색 소자의 단수명을 보완하고, 청색 소자의 낮은 효율 문제를 극복하기 위해서 두 개의 청색 소자를 적층하고, 적색 및 녹색 인광 발광층을 하나의 소자에 적층한 삼층 구조의 탠덤 백색 발광 소자를 개발하였다. 자세한 내용은 5장에서 설명하였다.

3 백색 OLED 소자 외광 효율 향상

백색 OLED 소자의 효율 향상을 위한 소자 구조로서 탠덤 소자 구조를 적용할 수 있으나, 탠덤 소자의 경우 효율은 향상되지만, 소자의 구동 전압이 상승하고, 공정이 복잡해지는 단점을 가지고 있다. 따라서 기존 소자 구조를 유지하면서 효율을 향상시키는 방법으로 OLED 소자의 가장 큰 단점인 낮은 외광 효율의 문제를 극복하기 위한 다양한 외광 효율 향상 기술이 개발되었다.

OLED 소자의 외광 효율은 20~30% 수준으로 알려져 있으며, 외광 효율이 낮은 이유는 waveguide, 전반사 및 표면 플라즈몬에 의하여 내부에서 생성된 빛이 외부로 나가지 못하기 때문이다. 따라서 손실 과정을 줄이면 외광 효율 향상이 가능하며, 효율 손실의 약 30%를 차지하는 전반사에 의한 손실을 줄

9) F. Guo et al. Appl. Phys. Lett. 87. 173510 (2005)
10) T. W. Lee et al. Appl. Phys. Lett. 92, 43301 (2008)
11) C. Shi et al. J. Mater. Chem. C 6, 767 (2018)

이기 위한 외광 효율 향상 방법이 주로 개발되었다. 가장 널리 알려져 있는 외광 효율 향상 방법은 마이크로렌즈 (micro lens array, MLA)를 사용하는 방법이다[12)13)14)]. 마이크로렌즈를 사용하게 되면 내부에서 외부로 나가는 빛의 광경로는 동일하지만 평면이 아닌 둥근 모양의 렌즈로 빛이 나가게 되므로 입사각이 커지는 효과를 얻을 수 있으며, 이를 통하여 전반사를 통하여 손실되는 빛의 양을 줄일 수 있고, 외광 효율이 향상되는 결과를 얻을 수 있다 (그림 12-8). 마이크로렌즈는 유리기판과 공기 사이에서의 전반사를 조절하기 위해서 주로 유리기판 상부에 도입되며, 약 1.5배 수준으로 소자의 효율을 향상시킬 수 있다. 만일, 마이크로렌즈의 굴절율과 기판의 굴절율을 유사하게 제작하면 소자 효율은 1.7~1.8배 수준으로 증가할 수 있는 것으로 보고되고 있다. 최대로 외광 효율을 개선하기 위해서는 렌즈의 크기 등을 조절해야 한다. 렌즈의 크기를 마이크로렌즈 크기가 아니라 반구 (half hemisphere)형태의 큰 렌즈 형태로 제작시에는 더 큰 외광 효율 향상을 구현할 수 있다. 마이크로렌즈 기술은 주로 조명용 OLED 소자에 적용할 수 있으며, 디스플레이의 경우에는 광경로의 변경으로 인하여 스펙트럼의 왜곡 현상 등이 생기기 때문에 적용이 어렵다. 마이크로렌즈와 유사하게 기판 표면에 나노 구조의 요철 등을 이용하여 외광 효율을 향상시키는 기술도 보고되어 있으며, 플라스틱 기판 표면에 플라즈마 에칭 등을 이용하여 나노 요철 구조를 형성시킬 경우 외광 효율을 증가시킬 수 있음을 보고하였다.

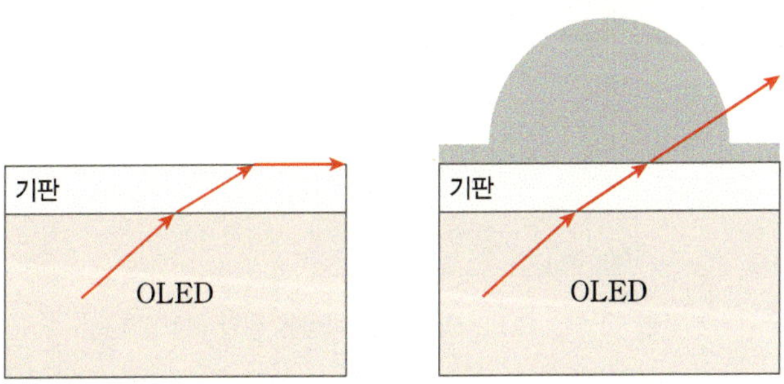

그림 12-8 렌즈가 없을 경우와 렌즈가 있을 경우 광경로 변화 및 외광 효율 개선

광산란층을 이용하는 외광 효율 향상 기술도 보고되어 있으며, 빛이 외부로 진행할 때 작은 입자에 의하여 광산란을 유도하고 이를 통하여 전반사 및 waveguide 형태로 진행하는 빛의 경로를 기판쪽으로 변경하여 외광 효율을 개선할 수 있다. 이 기술은 광산란층을 소자 내부에도 도입할 수 있고, 소자 외부에도 도입할 수 있기 때문에 여러 가지로 활용성이 높은 기술이다. 내부 및 외부에 광산란층을 도입하는

12) Brutting et al. Phys. Stat. Sol. 210, 44 (2013)

13) Y. Sun et al. Nat. Photonics 2, 483 (2008)

14) Y. Sun et al. J. Appl. Phys. 100, 073106 (2006)

기술은 실리카 입자를 이용한 기술이 보고되었으며, 소자 내부에 실리카 입자를 도입함으로써 waveguide 형태로 진행하는 빛의 방향을 산란을 통하여 기판 쪽으로 진행을 유도하고 이를 통하여 1.3~1.7배에 해당하는 외광 효율 향상 효과를 얻을 수 있었다[15]. 최근에는 전극 외부에 금속의 나노 결정을 이용하여 외광 효율을 향상시키는 결과가 보고되었다[16].

소자 외부를 통한 전반사 개선 뿐 아니라 소자 내부에서 나노 구조체를 형성하고 이를 통하여 waveguide 효과를 제어함으로써 외광 효율을 향상시킬 수 있는 방법도 보고되었다. 대표적인 방법으로는 광결정 (photonic crystal)을 이용하는 방법이 있으며, 광결정은 빛의 파장과 유사한 격자 주기를 갖는 나노 패턴으로 서로 다른 두 물질이 일정한 규칙을 가지고 nm나 μm 크기로 배열되어 특정 파장을 투과시키거나 반사시키는 구조로 이루어져 있다 (그림 12-9)[17]. 일정한 광결정 패턴을 이용하여 외광 효율이 향상될 수 있으나, 시야각에 따른 파장 변화 등이 나타나는 문제점이 있다.

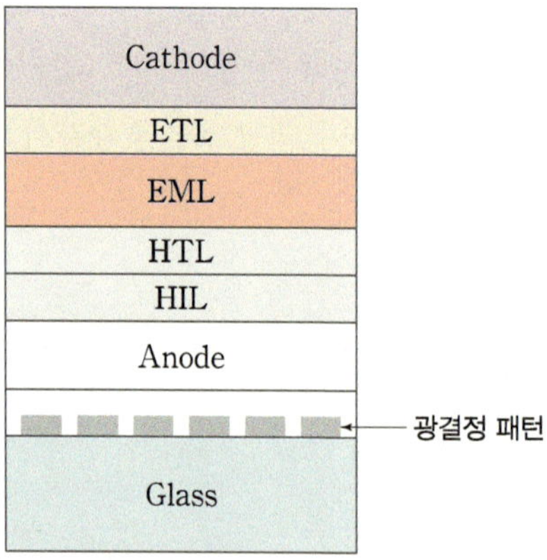

그림 12-9 OLED 외광 효율 향상을 위한 광결정 패턴

15) H. -W. Chang et al. J. Appl. Phys. 113, 204502 (2013)
16) M. A. Fusella et al. Nature 585, 379 (2020)
17) Y. R. Do et al. J. Appl. Phys. 96, 7629 (2004)

CHAPTER

13

OLED 봉지 기술

OLED 소자는 두 전극 사이에 유기물이 적층된 구조로 이루어져 있으며, 소자를 구성하는 유기물 및 금속 전극은 외부의 산소와 수분에 민감하여, 외부로부터 소자를 보호하지 못할 경우 소자의 특성이 저하되게 된다. 따라서 OLED 소자 제작시에는 소자를 외부와 차단하여 산소와 수분이 소자 내부로 침투하지 못하도록 봉지 구조를 적용해야 한다. 외부로부터 수분과 산소를 완벽하게 차단하지 못할 경우 소자의 수명이 짧아지고 효율이 감소하는 문제가 있으며, 전극 산화에 의한 암점 (dark spot) 발생 및 픽셀 수축 (pixel shrinkage)에 의해서 발광 면적이 감소하는 등의 문제점이 발생한다. 따라서 외부의 수분과 산소를 완벽하게 차단하기 위한 고성능 봉지 기술이 필수적으로 요구된다.

봉지 기술로는 다양한 기술이 개발되었으며, OLED 패널의 종류에 따라 다른 봉지 기술을 적용하고 있다. 전통적인 유리 기판 기반의 OLED 소자의 봉지 방식으로는 lid로 불리는 유리 봉지 기판을 frit과 함께 적용하는 방식이 있으며, 플렉시블 OLED 봉지 방식으로는 다층 유무기 박막을 적용하는 방식이 사용되고, 대형 OLED 봉지 방식으로는 금속 커버와 함께 유기 충진재를 사용하는 방식이 있다. 현재 적용되고 있는 봉지 방식을 표 13-1에 비교하였다.

표 13-1 OLED의 다양한 봉지 방식

	Frit 봉지 방식	박막 봉지 방식	Face seal 봉지 방식
적용 소자	유리 기판 OLED (전면/배면 소자)	플렉시블 OLED (전면/배면 소자)	대형 OLED (전면/배면 소자)
장점	봉지 특성 우수 공정 단순	유연성 우수 얇은 두께	충격에 강함
단점	유연성 없음 충격에 약함	복잡한 공정	유연성 없음
구조	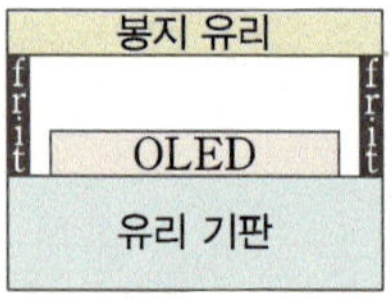	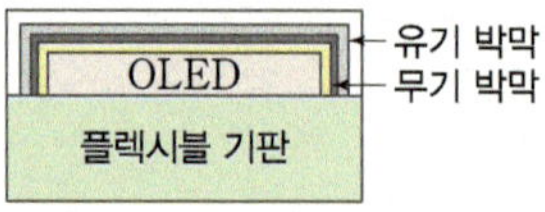	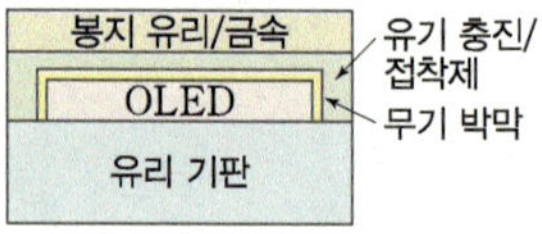

1 봉지 요구 조건

OLED 소자에 봉지 구조를 적용하는 가장 큰 목적은 외부로부터 수분과 산소의 차단이기 때문에 봉지 특성으로서 가장 중요한 특성은 수분 투과율 (water vapor transmission rate, WVTR)과 산소 투과율 (oxygen transmission rate, OTR)이다. OLED 소자에서 안정적인 소자 구동을 위하여 요구하는 수분 투과율은 10^{-6} g/m^2 · day 이하이며, 산소 투과율은 10^{-5} cm^3/m^2 · day 이하이다. 산소 및 수분 투과율이 이보다 클 경우에는 장기간 사용시 신뢰성이 저하되는 문제가 있기 때문에 소자에 적용하기 어려우므로 반드시 위에 제시한 값 이하의 수분 및 산소 투과율을 보여야 한다. 이와 같은 작은 산소 및 수분 투과율을 보이기 위해서는 봉지 구조에 핀홀 등의 결함이 없어야 한다.

봉지 구조는 배면 및 전면 발광 소자 구조에 적용되며, 배면 발광과 같은 경우에는 봉지 구조 반대 방향으로 빛이 나가기 때문에 봉지 구조에 제약이 없다. 그러나, 전면 발광 소자 구조의 경우에는 빛이 봉지 구조 방향으로 나가기 때문에 높은 투과도를 가져야 한다. 그리고, 플렉시블 OLED에 적용되는 봉지와 같은 경우에는 반복적인 기계적 변형 조건에서도 안정성을 유지할 수 있어야 한다. 이 외에도 OLED 소자가 열적인 안정성이 좋지 않기 때문에 봉지 구조 제작 공정의 제작 온도는 100도를 넘지 않아야 하며, 공정 시간이 짧아야 하고, 저가로 생산할 수 있는 봉지 구조가 요구된다.

2 봉지 방식

1 Lid 방식

유리 기판상에 제작하는 소형 OLED에 가장 널리 적용하는 봉지 방식으로서 유기 기판위에 OLED 제작 후 lid라고 하는 유리 또는 금속 커버를 이용하여 봉지하는 방식이다. 초기에는 금속 커버를 적용하였으나, 유리 기판과 금속 커버 사이의 접착력 문제로 인하여 봉지 특성을 완벽하기 구현하기 어려운 문제점으로 인하여, 유리 기판과 유리 봉지 커버를 적용하는 방식으로 대체되었다. 이 방식에서는 유리 기판과 커버를 밀봉해야 하며, 밀봉 방식으로 가장 널리 알려져 있는 방식은 유기 접착제를 이용하여 밀봉하는 방식이다. 접착제로서는 에폭시 또는 아크릴 계열의 접착제를 사용하며, 접착시 일정한 두께를 유지하기 위해서 스페이서가 포함되어 있는 접착제를 사용한다. 접착제를 이용하여 유리 기판과 봉지 기판을 접착할 수 있으나, 유기 접착제는 수분과 산소의 침투를 완벽하게 막을 수 없기 때문에 이 방식에서는 반드시 소자 내부에 게터 (getter)라고 불리는 흡습제를 넣어서 외부로부터 일부 침투한 수분과 산소를 제거해야 한다. 흡습제 물질로서는 수분 및 산소를 제거할 수 있는 CaO 또는 BaO 계열의 물질을 주로 사용한다. 이 방식은 초기 배면 발광 소자 구조를 사용하는 PMOLED에 주로 사용되었다 (그림 13-1).

PMOLED의 경우 배면 발광 소자 구조를 사용하기 때문에 봉지 구조에 관계 없이 소자를 제작할 수 있었다. 그러나, AMOLED가 개발되면서 개구율 문제로 인하여 전면 발광 소자 구조가 소자에 적용되었고, 전면 발광 소자의 경우 발광 방향이 기판쪽이 아닌 봉지 기판쪽이기 때문에 불투명한 흡습제를 적용하는 방식은 적용하기 어려운 문제점이 있다. 전면 발광 구조에서는 투명한 봉지 방식을 사용해야 하므로, 흡습제를 사용하지 않는 봉지 방식이 개발되었다. 흡습제를 사용하는 이유가 외부에서 수분과 산소가 접착제를 통하여 침투하는 것에 기인하므로 외부에서 수분과 산소를 완벽하게 차단하기 위한 봉지 방식이 전면 발광 소자 구조 적용을 위하여 개발되었다. 완벽한 수분 및 산소의 차단 특성 구현을 위해서는 접착제를 유기물 기반의 접착제가 아닌 무기물 기반의 접착제를 사용해야 하므로, 무기물 기반의 접착제가 개발되었고, frit이라고 부르는 낮은 녹는점을 가진 유리 성분의 무기 접착제를 접착제로 도입하였다[1)2)]. Frit은 유리와 유사한 성분을 가지면서 Na의 성분을 높여서 녹는점을 낮춘 물질이며, 유기 기판과 봉지 유리 기판 사이에서 레이저를 이용하여 용융시켜 두 기판을 접착하는 역할을 한다. Frit의 녹는점은 100도 정도로 낮지만 열을 이용할 경우에는 OLED 소자 특성이 저하되기 때문에 레이저를 이용한 접착 방식을 사용한다. 두께는 약 0.1 mm 수준으로 얇게 적용하며, 유리 성분을 가진 접착제이기 때문에 밀봉 후에는 수분과 산소가 침투할 수 없으며, 흡습제 없이도 외부의 수분과 산소를 완벽하게 차단할 수

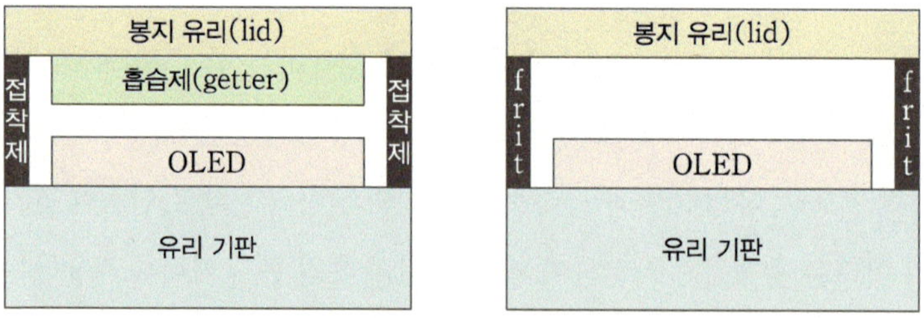

그림 13-1 흡습제와 접착제를 이용하는 봉지 방식과 frit을 이용하는 봉지 방식

1) R. Knechtel, Microsyst. Technol. 12, 63 (2005)
2) Y. Li et al. Opt. Eng. 56, 083103 (2017)

있다. 이 방식의 단점은 frit을 이용하여 균일하게 접착하기 어렵다는 점과 유리 성분이기 때문에 쉽게 깨져 충격에 약하다는 점이다. 봉지 유리 기판이 투명하기 때문에 전면 발광 소자 구조에 적합하고 유용한 봉지 방식이며, 유리 기판으로 제작하는 OLED는 frit 봉지 방식을 사용한다. 현재 소형 AMOLED 양산에 적용하고 있는 방식이다.

2 박막 봉지 방식

유기 또는 무기 접착제를 이용하여 유리 기판과 봉지 기판을 접착하는 방식은 봉지 기판이 플렉시블하지 않기 때문에 플렉시블 OLED에는 적용하기 어려운 봉지 방식이다. 플렉시블 OLED 적용을 위해서는 플렉시블 봉지 방식이 필요하며, 플렉시블 봉지 방식으로서 가장 널리 사용하는 방식은 유기 및 무기 복합 다층막을 적용하는 방식이다[3)4)]. 유기물과 무기물의 가장 큰 차이점은 막의 밀도와 유연성으로서 유기막은 유연성은 우수하나 막의 밀도가 낮기 때문에 수분과 산소 차단 특성이 취약하며, 무기물은 막의 밀도가 높아 수분과 산소 차단 특성은 우수하나, 유연성이 취약하여 잘 깨진다는 특징을 갖는다. 따라서 유연성을 가지면서 봉지 특성도 우수하게 하기 위한 방법은 유기물을 기반으로 하는 봉지 방식을 적용하여 유연성을 확보하고, 무기물을 추가적으로 도입하여 봉지 특성을 확보하는 방법이다. 이 방식에서는 후막의 유기물막을 도입하고 유기막 사이에 무기막을 삽입하여 유기물과 무기물이 교대 반복적으로 성막되어 있는 구조를 적용한다. 봉지 특성 자체는 유기물 사이의 무기물을 통해서 구현하며, 유연성 특성은 유기막을 통하여 구현한다. 유기막은 유연성 확보 뿐 아니라, 무기물 성막시 무기막에 생기는 핀홀(pin hole)이라고 하는 불량을 채워 수분과 산소의 침투를 지연시키는 역할도 한다. (그림 13-2) 유기물 자체는 수분과 산소를 차단하지는 못하지만, 수분과 산소가 침투하기 위한 경로를 길게 만드는 역할을 하고 다층막으로 구성할 경우 침투 경로가 추가적으로 길어지는 효과가 있으므로, 다층막의 수를 늘리게 되면 침투 경로가 길어지고 궁극적으로 수분과 산소의 침투를 막을 수 있다.

3) A. B. Chwang et al. Appl. Phys. Lett. 83, 413 (2003)
4) M. S. Weaver et al. Appl. Phys. Lett. 81, 2929 (2002)

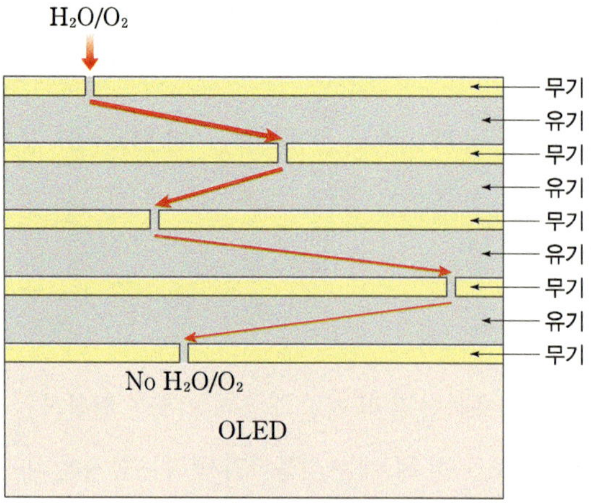

그림 13-2 유기/무기 복합막의 다층막으로 구성되는 플렉시블 OLED 봉지 방식

유기 및 무기 다층 박막을 이용한 봉지 구조에서 유기물로는 주로 고분자 계열의 물질이 적용되며, 무기물로서는 산화물 계열이 주로 적용된다. 고분자 계열의 유기물로서 다양한 물질군을 사용할 수 있으며, 주로 적용하는 물질은 아크릴레이트 계열의 고분자 물질이며, UV를 통하여 경화되는 특성을 가지고 있다. 아크릴레이트 물질은 코팅 또는 잉크젯 프린팅 방법을 이용하여 성막한 후 UV 경화를 통하여 박막을 형성한다. 아크릴계 유기물과 함께 자일렌의 열분해 및 라디칼 중합을 통하여 형성할 수 있는 parylene계열의 유기물도 고분자 유기막을 형성하는데 사용된다. 이 외에도 헥산, 퓨란 등을 플라즈마 중합을 통하여 고분자를 성막하는 방법 및 initiated chemical vapor deposition (iCVD) 등을 이용하여 고분자막을 성막하는 방법[5] 등이 유기막 성막 방법으로 알려져 있다.

무기막으로서는 plasma enhanced CVD (PECVD) 또는 스퍼터링을 이용하여 성막하는 Al_2O_3, SiO_2, Si_3N_4 등을 사용할 수 있으며[6], 원자층 증착법 (atomic layer deposition, ALD)을 이용하여 성막할 수도 있다[7][8]. PECVD나 스퍼터링을 사용할 경우에는 하부 유기막에 손상을 줄 수 있는 가능성이 있으며, 핀홀 등의 생성을 억제할 수 없다. 반면에 ALD를 사용할 경우에는 유기막 손상이 없으며 핀홀 등의 생성도 억제되고, 균일한 박막 형성으로 얇은 필름으로도 봉지 특성을 구현할 수 있는 장점이 있다. 따라서, 최근에는 ALD 증착 방식을 이용하여 무기막을 성막하는 방식

5) B. J. Kim et al. J. Appl. Polym. Sci. 131 (2014)
6) C. S. Suen et al. Solid State Technol. 51, 36 (2008)
7) S. J. Yun et al. Appl. Phys. Lett. 85, 4896 (2004)
8) P. F. Carcia et al. Appl. Phys. Lett. 89, 081915 (2006)

이 봉지 방법으로 많이 개발되고 있다. 그림 13-3에 유기막과 무기막을 교대로 형성하는 공정을 나타내었다.

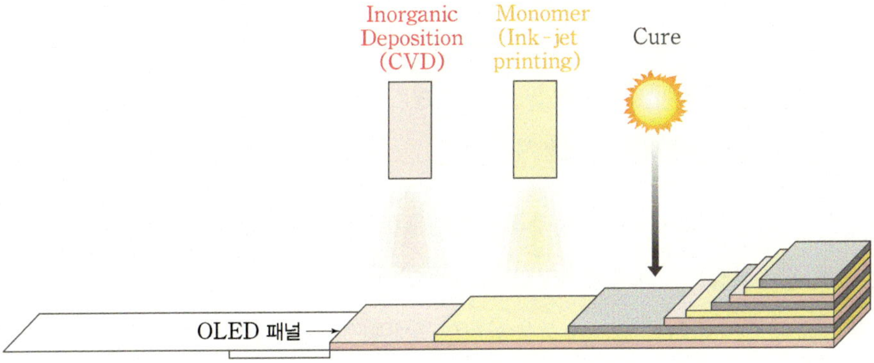

그림 13-3 유기/무기 다층막을 이용한 봉지 제작 공정

3 충진 봉지 방식

소형 OLED에서는 lid를 이용하는 방식이나 박막 봉지 방식을 주로 적용하고 있으나, 대형 OLED 패널에서는 lid 방식과 박막 봉지 방식을 접목한 봉지 방식을 적용하고 있다. Lid 방식을 활용하여 금속 커버를 사용하고 있으며, OLED 소자 상부에는 후막의 무기막을 성막하여 OLED 소자를 수분과 산소로부터 보호하고, 무기막 상부와 금속 커버 사이에는 접착제 역할, 수분과 산소의 침투를 지연할 수 있는 역할과 충격 흡수의 역할을 동시에 하는 유기물을 충진하여 사용한다. 이 방식은 face seal 봉지 방식이라고 한다. 소자 전면에 접착제 역할을 하는 유기물이 충진되어 있는 구조이다. 이 방식의 장점은 금속 커버를 통하여 외부의 충격으로부터 OLED 소자를 보호할 수 있기 때문에, 대형 OLED 패널에서 문제가 될 수 있는 충격에 대한 안정성을 확보할 수 있는 장점이 있으며, 전면 충진 유기 접착제를 통하여도 추가적으로 외부 충격을 보상할 수 있다.

OLED 소자 제작 후 SiO, Si_3N_4 등의 무기막을 CVD 공정을 이용하여 소자 상부에 성막한 후 유기물을 금속 커버에 코팅하고 OLED 소자를 성막한 유리 기판과 접합하여 봉지 시스템을 완성하게 된다. 아크릴레이트 계열의 물질들이 유기 접착제로서 널리 사용되며 유기물은 스크린 프린팅 등의 방법을 이용하여 프린팅하는 방식과 접착제 필름을 금속 커버에 적층하는 방식이 있다. 주로 금속 커버를 사용하기 때문에 배면 발광 소자 구조에 적합한 봉지 방식이다.

3 봉지 특성 평가

봉지 구조는 외부로부터 소자 내부로의 수분과 산소의 확산을 차단하기 위해서 사용하기 때문에 봉지 특성 평가에 있어서 가장 중요한 항목은 WVTR 및 OTR의 평가이다. WVTR 및 OTR을 평가하기 위한 방법으로는 다양한 방법들이 개발되어 있으며, 각 평가 방법마다 검출 한계가 다르며 측정 난이도도 다르기 때문에 적절한 평가 방법을 적용해야 한다.

WVTR의 측정 방법은 ASTM F1249에 측정 방법이 표준화되어 있으며, 간단한 모식도는 그림 13-4와 같다. 필름 형태의 샘플을 이용하여 WVTR을 측정할 수 있으며, 측정 시스템 내부에 샘플을 장착한 후 수분을 질소와 함께 흘려 주면서 필름을 통하여 확산해 가는 수분을 검출하기 위해서 필름 반대편에서 수분의 농도를 측정함으로써 수분의 투과 속도를 측정하는 방법으로 등방성 평가 (isostatic test)라고도 한다. 수분 센서로는 적외선 센서를 널리 사용하며, 감지할 수 있는 검출 한도는 $100\sim10^{-4}$ $g/m^2 \cdot day$ 범위이다. 검출 한도가 다른 측정 방법에 비하여 좋지 않기 때문에 10^{-6} $g/m^2 \cdot day$ 수준의 WVTR을 요구하는 OLED용 봉지 시스템에 적용하기에는 한계가 있는 방법이다. 이 방식으로 장비를 주로 만드는 업체가 MOCON사이기 때문에 MOCON 테스트라고 흔히 불리운다.

방사성 원소인 삼중수소를 포함하는 삼중수소수 (tritiated water)를 이용하는 방법도 있으며, 이 방법은 OLED 봉지의 WVTR 요구 수준인 10^{-6} $g/m^2 \cdot day$ 수준까지 측정 가능한 방법이다[9]. 필름을 통하여 두 부분으로 분리되어 있는 측정 시스템에서 한쪽에는 삼중수소수가 있으며, 필름을 통하여 확산하여 반대쪽에서 감지되는 삼중수소수의 농도를 측정하여 투과도를 측정하는 방법으로서 검출 한계가 높다는 장점을 가지고 있다.

우수한 검출 한계를 가지고 있는 또 다른 측정 방법으로는 Ca 테스트가 있다[10][11]. 이 방법은 Ca이 수분과 산소에 민감하여 쉽게 산화된다는 특성을 이용하는 방법이다. Ca이 수분에 의해서 산화되면 $Ca(OH)_2$가 생성되고, 불투명하고 전도성을 갖는 Ca 막에 비해서 $Ca(OH)_2$ 막은 투명하고 절연성을 갖기 때문에 Ca 막의 투과도 또는 저항을 측정하면 수분이 봉지 시스템을 통하여 투과된 정도를 평가할 수 있다. 일반적인 Ca 테스트 시스템에서는 유리 기판상에 Ca을 증착하고 봉지 시스템을 이용하여 Ca을 봉지한 후, 수분과 산소 조건하에서 Ca의 특성 변화를 관찰한다. Ca 테스트의 검출 한계는

9) M. D. Groner et al. Appl. Phys. Lett. 88, 051907 (2006)
10) R. S. Kumar et al. Thin Solid Films 417, 120 (2002)
11) T. W. Kim et al. J. Vac. Sci. Technol. A 23, 971 (2005)

$10^{-6}g/m^2$ · day 수준으로 알려져 있다. 이 외에도 질량 분석기를 이용하여 검출하는 방법 등도 고성능 WVTR 측정 방법으로 알려져 있다. 그림 13-4에 isostatic 평가 및 Ca 평가법을 나타내었다.

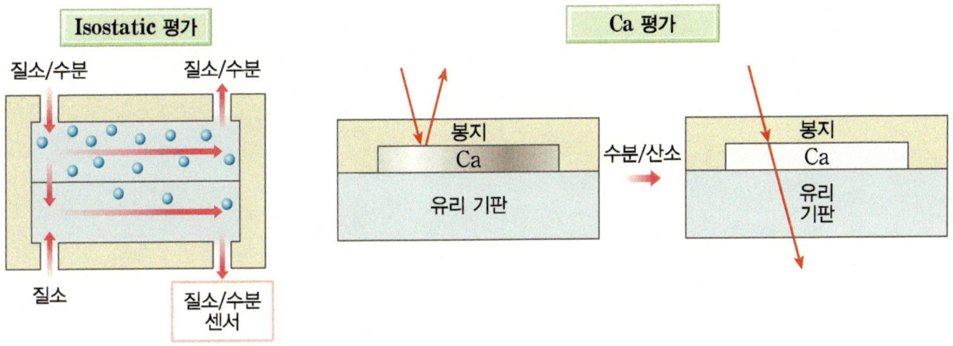

그림 13-4 봉지 특성 평가를 위한 isostatic 평가 및 Ca 평가 방법

WVTR 및 OTR의 측정과 함께 광특성도 중요한 평가 항목이다. 광특성으로 고려해야 하는 특성은 투과도와 혼탁도 (haze)이며, 투과도는 90% 이상이어야 하며, 혼탁도는 1% 미만이어야 한다. 혼탁도는 소재에 의하여 입사한 빛이 확산되어 흐려지는 현상을 의미하며, 입사한 빛의 확산 정도로 정의한다. 일반적으로 전체 투과된 빛의 세기에 대하여 입사 방향에 대해서 2.5도 이상으로 투과된 빛의 세기의 비율로 혼탁도를 결정한다. 높은 투과도와 낮은 혼탁도를 통하여 OLED 소자에서 발생한 빛이 외부로 나가는 과정에서 발광 특성을 그대로 유지할 수 있도록 해야 한다.

광특성의 평가와 함께 플렉시블 OLED 및 대형 OLED에 적용하는 박막 봉지와 face seal 봉지에서는 봉지 박막의 접착 특성도 평가해야 한다. 박막의 봉지막으로 적용시 봉지막은 기판과 우수한 접착 특성을 가져야 하며, 접착력 테스트는 테이프를 이용한 테스트 평가 방법을 사용한다. 이 방법에서는 봉지막 표면에 그리드 형태로 흠집을 낸 후 테이프를 이용하여 봉지막을 떼어내는 방식으로 테스트를 진행한다 (ASTM D3359). 이상적인 봉지막은 테이프 테스트에서 손상이 생기지 말아야 한다.

CHAPTER

14

OLED 공정

OLED 소자 제작을 위한 공정으로서 가장 널리 사용하는 공정은 진공 상태에서 고체 유기물을 가열하여 기화시키고 기화된 유기물이 기판상에서 다시 고체화되면서 박막을 형성하는 공정인 진공 열증착 공정이다. 진공 열증착 공정에서는 주로 저분자 물질을 활용하고 다층 박막 제작이 용이한 장점을 가지고 있다. 증착 공정과 함께 용액공정을 이용하여 제작하는 소자가 있으며, 용액 공정을 이용하는 소자는 저분자 또는 고분자 물질을 잉크로 만들고 이를 이용하여 잉크젯 프린팅 기반의 소자를 제작하는 방법이다.

진공증착을 이용하는 OLED 소자는 현재 특성이 매우 우수하며, 장기간 동안 개발되어 양산에 적용되고 있는 소자로서, 수명 및 효율 측면에서 우수한 특성을 보이는 것으로 알려져 있다. 그러나, 대형 공정 적용이 어렵고, 재료 소모량이 많은 단점을 가지고 있다. 용액공정을 이용하는 OLED 소자는 수명 및 효율 특성이 다소 저하되는 문제점을 가지고 있으나, 재료 소모량이 적고, 대형 OLED 패터닝 공정이 용이하다는 장점을 가지고 있기 때문에 대형 TV 등의 적용을 목적으로 개발되고 있다.

제1절

진공 증착 공정

1 유기물 증착

1 유기물 상전이

유기물의 진공 열증착 공정은 유기물의 화학적인 변화를 수반하지 않고 물리적인 상변화를 이용하는 물리적인 박막 형성 공정(physical vapor deposition)이다. 이름 그대로 진공 상에서 고체상의 유기물을 열을 가하여 기체상으로 만들어 박막을 형성하는 공정이다. 기체를 주입하여 화학적인 변화를 통하여 박막을 형성하는 화학 기상 증착 공정 (chemical vapor deposition)과는 달리 화학적인 변화는 생기지 않는다.

유기물의 경우에는 고체에서 기체 또는 고체에서 액체를 거쳐 기체로 변하는 상변이 과정을 거친다. 고체 상태에서 기체 상태로 상변이가 일어나는 현상을 승화라고 하며, 액체 상태에서 기체 상태로 상변이가 일어나는 현상을 기화라고 한다. 고체, 액체 및 기체 상태는 분자 사이의 거리가 다르며, 고체는 분자 사이의 거리가 가깝고, 기체는 분자 사이의 거리가 멀다. 따라서, 분자 사이의 인력을 극복해야 고체 상태의 유기물이 액체 및 기체로 상변화가 가능하며, 온도를 올리게 되면 열에너지에 의하여 분자간의 힘을 극복하여 기화하게 된다. 기체화된 유기물은 기판의 온도가 낮기 때문에 다시 고체로 되어 고체막을 형성한다. 분자간의 힘이 약할 경우에는 고체에서 직접 기체로 되는 승화 현상이 관찰되며, 분자간의 힘이 강할 경우에는 고체에서 액체를 거쳐 기체로 상변화를 일으킨다. 대표적인 분자간의 힘은 반데르발스 상호 작용으로서 쌍극자-쌍극자 상호 작용 및 분산력이 있다. 쌍극자-쌍극자 상호 작용은 분자의 극성에 주로 의존하며, 분산력은 분자량에 주로 의존한다. 따라서, 극성이 큰 분자 또는 분자량이 큰 분자는 승화 특성을 갖기 어려우며, 분자량이 작은 비극성 분자들이 주로 승화성 성질을 갖는다.

유기물의 상전이 현상은 온도 뿐 아니라 압력에 의해서도 영향을 받으며, 진공도가 높아지는 효과는 온도를 높이는 것과 동일하게 분자간의 거리를 크게 만드는 효과를 갖는다. 따라서, 고진공에서는 기화 및 승화 온도가 낮아지게 되어 증착 온도가 낮아지는 장점이 있다 (그림 14-1). 유기물의 경우 공정 온도가 높으면 높을수록 약한 공유 결합에 의하여 열분해가 유도되므로 가능한 낮은 온도에서 증착 공정을 진행하는 것이 유리하다. 따라서 10^{-7} torr 이상의 고진공 조건에서 증착 공정을 진행한다.

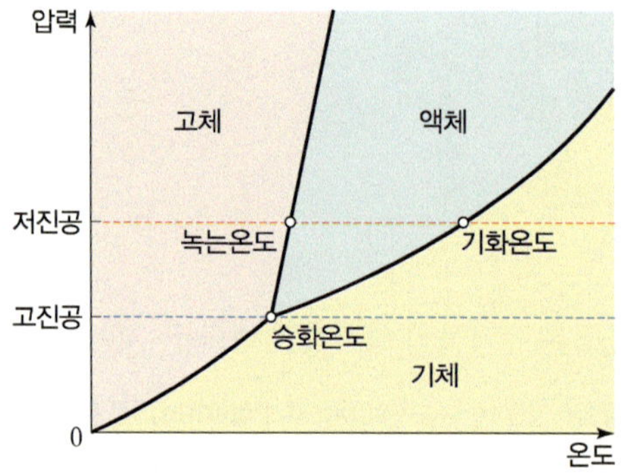

그림 14-1 유기 물질의 고체, 액체 및 기체 사이의 상전이

2 유기물 증착 공정

진공 증착을 이용하여 제작하는 OLED 소자는 다층의 박막을 순차적으로 적층하여 제작하는 진공 증착 공정을 이용하며, 제작 공정에서 진공 열증착기가 사용된다. 진공 열증착기를 이용하는 증착 공정에서는 10^{-7} torr 수준의 진공도를 가진 진공 챔버 내에 기판이 존재하며, 유기물은 도가니 (crucible) 형태의 셀에 담겨 셀 주위의 히터에 의하여 가열된다. 도가니의 재질로는 알루미나, 석영, Ti, boron nitride 등을 사용한다. 히터에 의하여 가열된 유기물질은 직접 승화되거나 액체상을 거

쳐 기체상으로 기화하게 되며, 기체상으로 변한 유기물질은 챔버의 상단에 존재하는 기판으로 이동하여 다시 고체화되는 과정을 거치게 된다. 기판 하부에는 기판의 원하는 영역에만 유기물질을 증착하기 위하여 마스크가 거치되어 있으며, 마스크의 오픈된 영역으로만 유기물질이 증착되게 된다. 증착 공정 진행시 유기물이 높은 온도에서 분해될 수 있기 때문에 고진공을 유지하면서 증착 온도를 낮추어 유기물의 안정성을 개선하고, 고진공상에서는 소자 수명에 영향을 미칠 수 있는 수분과 산소를 제거할 수 있기 때문에 소자 특성을 개선할 수 있는 장점이 있다.

액체를 거쳐 기화되는 유기물과 승화성 유기물을 모두 공정에 사용할 수 있으나, 마스크를 이용하여 패터닝하는 공정에서는 승화성 유기물을 사용하는 것이 유리하다. 기화성 유기물을 사용하게 되면 마스크를 통하여 유기물 증착시 기체 상태의 물질이 액체를 거쳐 막을 형성하게 되며, 이 과정에서 액상에서 분자들끼리의 응집 현상이 나타나게 된다. 분자들끼리의 응집 현상이 심해지게 되면 마스크를 막는 역효과를 가져오게 되며, 마스크가 막히는 clogging 현상이 나타난다. 따라서, 마스크를 이용하여 패터닝하는 공정에서는 기화성 유기물보다는 승화성 유기물을 사용하는 것이 불량 관리 측면에서 유리하다.

증착 공정 진행시 유기물질의 증착 속도 및 두께는 일반적으로 금으로 이루어진 센서를 통하여 측정하게 되며, 센서는 센서에 증착된 유기물질의 무게에 따라 주파수가 달라지는 원리를 이용하여 두께를 측정한다. 진공 증착을 하는 진공 증착기의 모식도를 그림 14-2에 나타내었다.

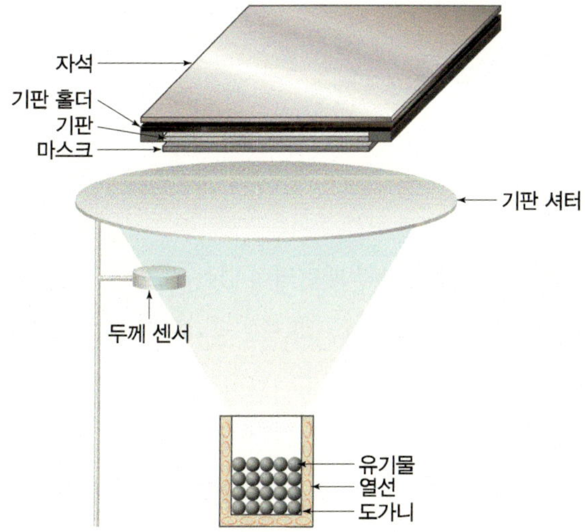

그림 14-2 진공 증착 장비의 모식도

2 금속 증착 공정

유기물의 경우 증착 온도가 낮기 때문에 도가니를 사용하여 증착하는 것이 일반적이나, 금속의 경우에는 증착 온도가 1000도 이상으로 높은 경우가 많기 때문에 도가니와 함께 보트 (boat)를 이용하여 증착한다. 여러 가지 금속의 상압에서 끓는점을 표 14-1에 정리하였으며, 금속 증착용 도가니 및 보트의 재질은 증착용 금속에 비하여 녹는점이 높은 텅스텐이나 boron nitride 등의 물질을 이용한다. 실제 증착 온도는 증착 공정을 고진공하에서 진행하기 때문에 끓는점에 비하여 낮으며, 가장 널리 사용하는 Al의 경우는 900도에서 1300도 정도의 온도에서 증착 가능하다. 열증착 방법과 전자빔 (e-beam)을 이용하여 OLED 소자용 금속막을 증착할 수 있으나, 현재는 주로 열증착 방법을 사용한다. 전자빔을 이용하여 증착하는 방법의 경우 증착 속도가 빠르고, 막밀도가 높아져서 우수한 막특성을 갖는 금속막을 형성할 수 있으나, 증착 공정에서 발생하는 X-ray에 의하여 TFT 등이 손상되는 문제로 인하여 AMOLED 제작 공정에서는 사용하기 어렵다.

표 14-1 대표적인 금속의 증착 온도

전극	Li	Cs	Ca	Yb	Mg	Al	Ag	Au
끓는점(℃)	1342	671	1484	1196	1090	2519	2162	2856

3 마스크 패터닝 공정

1 고정밀 금속 마스크

OLED 소자는 적색, 녹색 및 청색이 각각 패턴되어 있는 구조로 되어 있으며, 패턴을 형성하기 위해서는 일반적으로 FMM을 사용하게 된다. 마스크는 기판의 하단부에 위치하고 있으며, 정밀도가 높은 패턴을 형성하기 위해서는 마스크와 기판이 밀착되어야 하며, 고정밀도 패턴 형성시에는 자석을 이용하여 Ni 및 Fe 등을 포함하여 자성 특성을 갖는 마스크와 기판을 밀착하는 방식을 이용하고 있다. 픽셀부를 형성할 때에는 각각 적색, 녹색 및 청색에 대해서 서로 다른 오픈 영역을 가지고 있는 마스크를 사용하게 되며, 적색 마스크를 이용하여 적색 영역을 패터닝하고, 녹색 마스크를 이용하여 녹색 영역을 패터닝하고, 청색 마스크를 이용하여 청색 영역을 패터닝한다.

마스크를 이용하여 패턴을 형성하는 모양을 그림 14-3에 나타내었다.

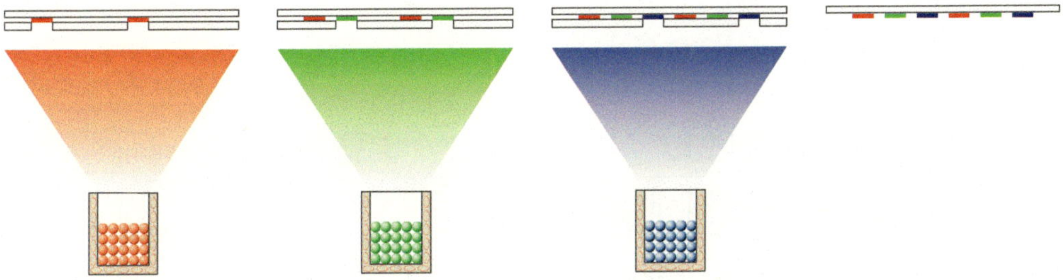

그림 14-3 마스크를 이용한 발광층 픽셀 패터닝

마스크 패터닝 공정에서 가장 중요한 부품은 FMM으로서 마스크를 기판과 밀착하여 오차 없이 정렬하여 증착을 해야 하기 때문에 처짐이 생기지 않도록 마스크를 제작해야 한다. 따라서 열팽창이 작은 특징을 가지고 있는 Fe과 Ni의 합금인 Invar (Fe : Ni = 64 : 36)를 이용하여 제작하며, 15~30 μm의 얇은 금속막을 이용하여 제작한다. 얇은 두께의 마스크를 사용하는 이유는 마스크를 이용한 진공 증착 공정시 발생하는 그림자 효과(shadow effect)를 최소화하기 위함이다. 마스크의 두께가 두꺼울 경우에는 증착 공정시 사선으로 증착되는 유기물이 증착되지 않는 영역이 발생하게 되며, 이런 현상을 그림자 효과라고 한다. 마스크의 두께가 얇을수록 그림자 효과가 감소하게 되며, 또한 마스크 단면의 모양을 수직 형태가 아닌 사선 모양으로 만들 경우 그림자 효과는 감소하게 된다. 따라서, 얇은 두께의 Invar 금속막의 단면을 그림 14-4처럼 사선 형태로 만든 마스크를 공정에 적용한다.

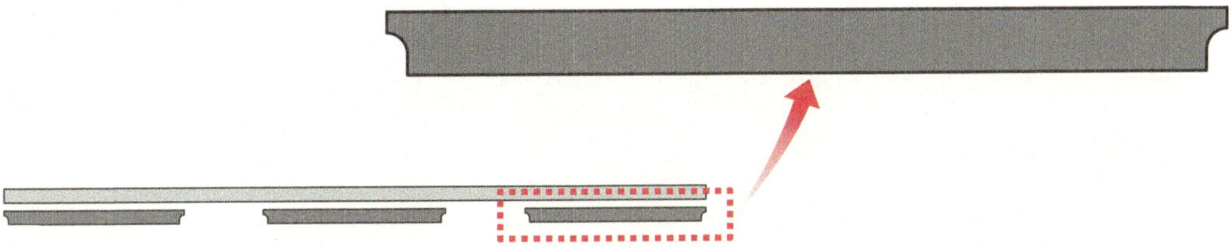

그림 14-4 픽셀 패턴용 마스크의 단면

정밀 마스크는 stripe 형과 dot형의 두 가지로 구분되며, dot형의 경우 기판과 마스크 사이의 정렬시 오차가 많이 발생하여 불량 발생 가능성이 커지므로, 일반적으로는 마스크 오차를 줄일 수 있는 stripe 형의 마스크를 주로 사용한다. 그러나, stripe 형 마스크는 픽셀 배치가 stripe 형으로 되어 있는 소자에만 적용 가능하며, 현재 주로 사용되고 있는 소형 OLED의 픽셀 배치인 펜타일 방식의 픽셀 배치에서는 dot형 마스크를 이용하여 증착 공정을 진행한다. Stripe형과 dot형의 마스크의 모식도를 그림 14-5에 나타내었다.

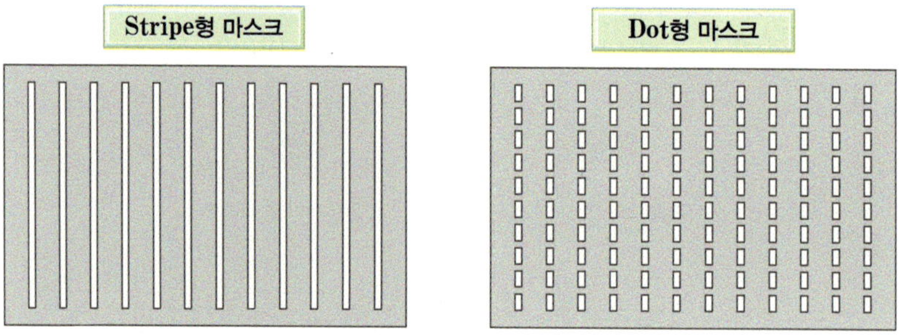

그림 14-5 stripe 형 마스크와 dot형 마스크

패터닝 공정을 필요로 하지 않는 정공 주입층 및 전자 수송층 등의 공통층 물질의 경우에는 모든 픽셀에 유기물 증착이 가능한 open mask를 사용한다.

2 FMM을 이용한 증착 공정

일반적으로 OLED 소자의 유기물질은 한 번에 한 가지 물질을 증착하게 되나, 발광층의 경우에는 두 가지 물질을 동시에 증착하는 방식을 이용한다. 발광층의 경우 최대의 특성을 얻기 위해서는 호스트 물질과 도펀트 물질의 두 가지 물질로 구성되게 되며, 이 경우 호스트와 도펀트 물질을 동시에 증착해야 한다. 이를 위해서 발광층을 형성하는 챔버의 경우에는 호스트와 도펀트에 해당하는 물질의 도가니셀이 동시에 존재하게 되며 동시에 유기물질의 증착 속도를 각 셀마다 장착되어 있는 두께 모니터링 센서를 이용하여 측정하여 원하는 속도로 두 물질을 동시에 증착하게 된다 (그림 14-6).

최근에는 발광층 뿐 아니라 공통층의 경우에도 두가지 물질을 동시에 증착하는 경우가 있으며, 이 경우에도 두 가지 유기물질 도가니셀과 센서가 장착되게 된다. 세 가지 물질을 동시에 증착하기 위해서는 세 개의 도가니셀이 장착되고, 세 개의 센서가 각 유기물질 도가니셀마다 설치되어 사용된다. 최근에는 증착 공정이 대형화되면서 세 개의 도가니셀을 통한 증착 공정에서 두께 균일도 확보가 어렵기 때문에 세 개의 물질 증착시 두 개의 물질을 한 개의 도가니셀에 혼합하여 두 개의 도가니셀을 이용하여 세 개의 물질을 증착하는 방식도 활용하고 있다. 이 방식의 경우 동시에 두 개의 물질을 증착하기 때문에 균일한 속도로 증착되는 두 물질을 사용해야 적용 가능하다. 일반적으로 동일한 속도로 증착되는 물질 조합을 찾기 위해서는 진공 TGA를 이용하게 되며, 진공상에서 온도에 따른 유기 물질의 무게 감소가 유사하게 나타나는 물질을 선택하여 같은 증착 소스에서 증착한다.

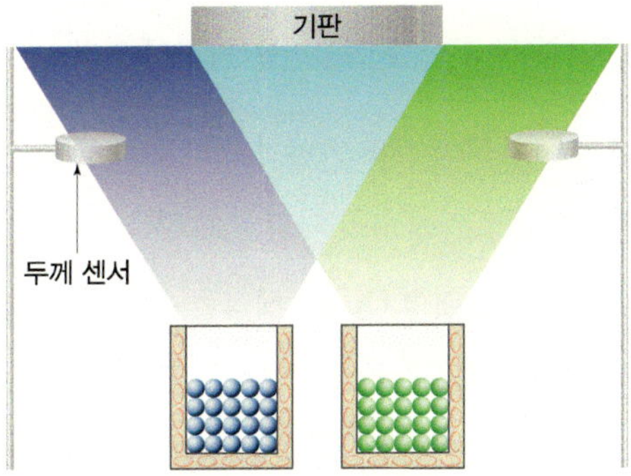

그림 14-6 두 물질을 동시에 증착하는 증착 공정 모식도

4 대형 증착 공정

대형 기판에 OLED를 제작하기 위해서는 대형 증착 공정의 개발이 필요하며, 대형 증착 공정으로서 현재 주로 사용하고 있는 기술은 점이동증착원(point moving source)을 이용하는 증착법과 선형 증착원(linear source)를 이용하여 증착하는 방법이다 (그림 14-7).

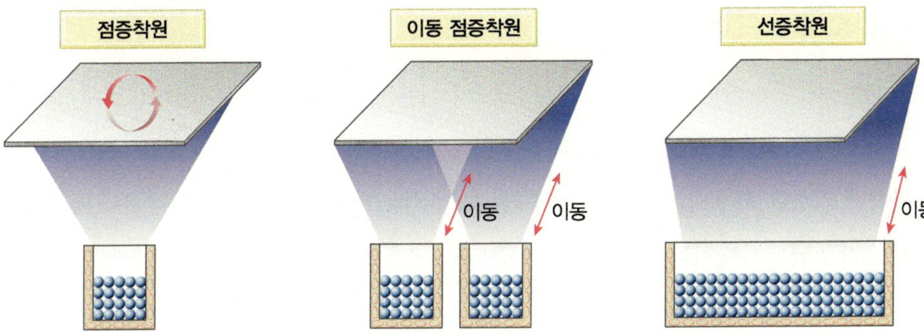

그림 14-7 다양한 증착 소스를 이용하는 증착 방식

1 이동 점증착원

점증착원은 2세대 이하의 기판에서 가장 널리 적용되고 있는 방식으로서 기판이 회전함으로서 전체 기판에 걸쳐 막균일도의 확보가 가능하고, 안정적으로 유기막을 성막할 수 있는 방법이다. 그러나 점증착원의 경우 기판 크기가 커질 경우 균일도의 확보가 어려우며, 마스크를 이용하여 증착할 경우 점증착원과 기판 양단과의 증착 각도가 커짐에 따라 shadow가 생기게 되어 정밀도가 저하되고 이에 따라 균일한 특성 확보가 어려운 단점이 있다.

대형 기판에서 shadow를 줄이기 위해서는 기판과 점증착원 사이의 거리를 늘려야 하는 단점이 있으며, 이에 따른 재료 사용량의 증가에 따라 생산 단가가 급격히 증가하는 문제점이 있다. 따라서 고정 점증착원을 사용하는 방법은 대형 OLED 제작을 위한 증착 방법으로는 적합하지 않으며, 대형 OLED 성막 공정에서는 이동 점증착원을 사용하여 기판과 증착원 사이의 거리를 늘리지 않으면서 기판에서의 균일도를 확보하는 방법을 적용한다. 이동 점증착원을 이용하는 방법은 일반적으로 기판은 고정되어 있는 상태에서 증착원이 이동하면서 증착하는 방식으로서 두개 이상의 증착원을 일렬로 배치하여 증착원이 기판의 좌우를 이동하면서 증착하는 방식이다.

이동 점증착원을 이용하여 증착하는 방식은 이동 속도를 조절하여 증착하는 속도를 조절할 수 있으며, 일반적으로 점증착원에 비하여 빠른 속도로 증착이 가능한 장점이 있다. 또한 이동하면서 증착하는 방식이기 때문에 증착원과 기판사이의 각도 차이에 의하여 발생하는 shadow를 줄일 수 있기 때문에 기판과 증착원 사이의 거리를 줄일 수 있으며, 이에 따라 소모되는 재료의 양을 줄일 수 있는 장점이 있다. 특히 마스크를 사용하지 않는 공통층을 증착할 경우에는 점증착원에 비하여 재료 소모량을 약 50%까지 줄일 수 있다.

2 이동 선형증착원

이동 선형증착원을 이용하는 방식은 이동점증착원과는 달리 증착원으로서 선형으로 구성된 증착원을 사용하는 방식이다. 이동 선형증착원을 이용하는 방식도 이동 점증착원을 이용하는 방식과 유사하게 기판은 고정되어 있고 유기 증착원이 이동하면서 증착되는 방식이다. 선형 증착원은 기판 크기가 확대됨에 따라 선형 증착원의 길이도 길어져야 하며, 대형 기판의 증착 방식으로 가장 활발하게 개발되고 있는 방식이다.

5 양산용 증착 장비

OLED 제작 공정에서 증착 장비는 일반적으로 여러개의 챔버로 구성되는 클러스터형의 장비로 구성되어 있으며, 양산 장비의 경우 각 층을 형성하는 공정마다 각각 하나의 챔버를 이용하고 있다. 클러스터 단위로 구성되는 장비의 경우에는 여러 개의 클러스터가 분포되고 있어서 각 유리기판이 클러스터 장비 내의 각 챔버를 이동하면서 한 층씩 증착되는 공정으로 진행된다. 기판 세정 후 기판이 투입되면 플라즈마 처리 챔버로 이동하게 되며, 표면 세정 및 일함수 조절을 위하여 산소 플라즈마를 처리한다. 산소 또는 산소/질소 혼합 기체를 이용한 플라즈마 처리 후 유기물 증착을 위한 증착 챔버로 이동하게 되며, 각 챔버의 경우 항상 유기물질이 일정한 속도로 증착되고 있으며, 기판이 이송되어 들어오면 메인 셔터가 열려서 유기물이 증착되며 원하는 두께로 증착이 완료되면 메인 셔터가 닫히게 된다. 따라서 증착 챔버 내의 유기물은 항상 일정한 속도로 증착되고 기판만 챔버로 투입되고 나가는 방식으로 공정이 진행된다. 마스크 패터닝을 필요로 하는 발광층의 경우에는 기판과 마스크의 정렬을 통하여 증착 위치를 맞춘 후 다른 유기물과 동일하게 증착 공정이 진행된다. 따라서, 양산 공정에서는 재료 사용 효율이 낮은 문제점을 가지며, 기판에 증착되지 않고, 챔버 내부에 증착된 유기물은 공정 진행 후 회수하여 재사용하는 것이 일반적이다. 현재 마스크를 이용하여 픽셀을 패터닝하는 소형 OLED의 경우에는 클러스터 방식의 양산 장비를 적용하여 사용하고 있다.

양산 증착 장비로서는 클러스터 장비와 함께 챔버가 선형으로 배치되어 있는 선형 방식의 양산 장비도 사용되고 있다. 주로 마스크 패터닝 공정을 필요로 하지 않는 백색 OLED 기반의 OLED TV 제작 공정에 주로 사용한다.

봉지 공정의 경우에도 각 공정을 통하여 기판이 투입되고 나가는 방식으로 봉지 공정이 진행된다. 대표적인 양산 공정에서의 장비 개략도를 그림 14-8과 그림 14-9에 나타내었다.

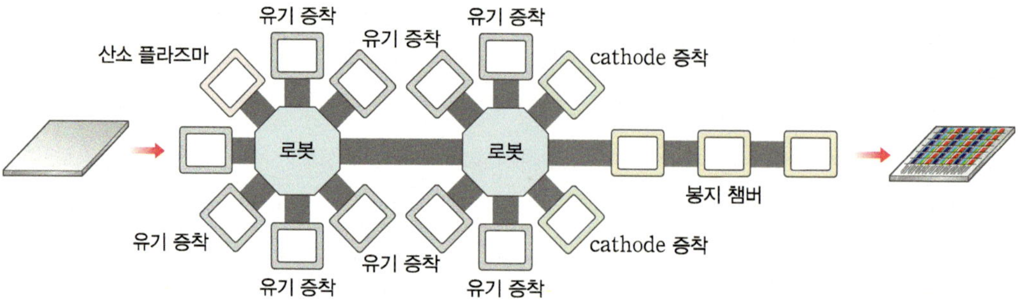

그림 14-8 클러스터형 양산공정용 증착 장비의 개략도

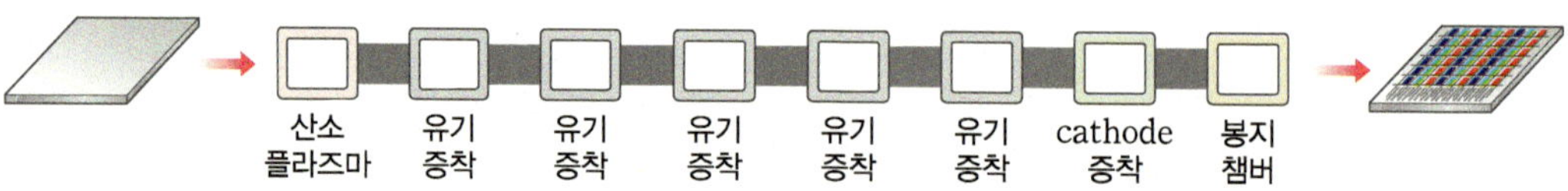

그림 14-9 In-line 방식 양산공정용 증착 장비의 개략도

제2절
잉크젯 프린팅

용액 공정을 이용하는 OLED는 anode 기판 위에 정공 주입층, 정공 수송층 및 발광층을 잉크젯 프린팅 공정을 이용하여 프린팅하는 공정을 적용하고 있으며, 전자 수송층 및 cathode는 증착 공정을 적용하고 있다.

잉크젯 프린팅 공정에서는 프린팅 공정을 통한 유기막 특성을 최적화하기 위하여 잉크젯 프린팅 장비 기술, 잉크 기술 및 프린팅 기판 기술이 필요하다. 잉크젯 프린팅 장비 기술과 관련해서는 프린팅 헤드/프린팅 노즐 등의 기술이 필요하며, 잉크 기술과 관련해서는 잉크 점도/잉크 끓는점/잉크 표면장력/잉크 증발속도 등에 관한 최적화 기술이 필요하고, 기판 관련해서는 기판 표면에너지/뱅크/기판 일함수 등과 관련된 기술이 필요하다.

1 잉크젯 프린팅 기판

잉크젯 공정에서는 프린터 노즐을 통하여 토출된 잉크가 픽셀 내부에 균일하게 분포되고, 픽셀간 혼색을 방지하기 위해서 증착용 기판과는 다르게 픽셀간에 뱅크 (bank) 구조를 도입하여 사용한다. 뱅크로서는 일반적으로 폴리이미드 계열의 포토리지스트 물질을 패터닝하여 사용하며, 뱅크 구조 내 픽셀에 잉크를 분사하여 픽셀 내부에 균일한 유기 박막이 형성될 수 있도록 공정을 진행한다 (그림 14-10). 잉크젯 프린팅용 기판에서는 기판의 표면 에너지가 중요하며, 기판 위에 프린팅하는 정공 주입층 용액이 주로 극성 용매를 기반으로 하는 잉크를 사용하기 때문에 기판의 표면을 극성으로 표면 처리하는 것이 필름 형성에 유리하다. 따라서, 잉크젯 프린팅용 기판에는 산소 플라즈마 처리를 통하여 표면 처리를 하는 것이 일반적이며, 유기용매 기반의 정공 주입층을 사용할 경우에는 표면을 소수성으로 표면처리하기 위하여 CF_4 등을 이용하여 표면 처리하는 방법을 사용한다.

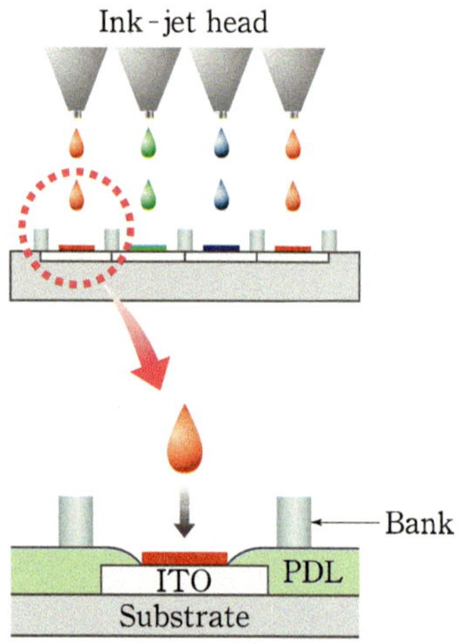

그림 14-10 잉크젯 프린팅을 이용한 코팅 공정과 잉크젯 기판

2 잉크젯 프린팅용 잉크

잉크젯 프린팅을 위한 잉크는 용매와 유기물로 구성된다. 잉크에 있어서 조절해야 하는 인자로는 점도, 표면 장력, 증기압 등이 있으며, 인자들을 제어하기 위해서는 용매의 종류와 유기물의 농도를 조절해야 한다. 잉크의 점도는 유기물의 함량과 용매의 종류에 의존하게 되며, 저분자 유기물을 사용할 경우에는 유기물 농도에 따른 점도 변화가 크지 않은 반면에 고분자를 사용할 경우에는 유기물 농도에 따른 점도 변화가 크게 나타난다. 따라서 고분자 사용시 점도 제어가 보다 용이한 특성을 보이며, 저분자를 사용할 경우에는 유기물 농도와 함께 용매를 조절하여 점도를 제어해야 한다. 표면 장력 특성은 용매에 의하여 좌우되는 특성으로서 용매마다 고유의 표면 장력을 가지고 있으므로, 원하는 표면 장력을 갖는 용매를 선택해야 하며, 하나의 용매를 이용하여 표면 장력을 맞추기 어렵기 때문에 두 개 이상의 용매를 이용하여 표면 장력을 조절한다. 증기압은 용매 건조를 위한 공정에서 중요한 인자로서 용매의 종류에 따라 달라지는 특성이며, 용매의 증기압에 따라 막특성이 달라지기 때문에 용매 증발 속도를 조절하기 위해서 증기압을 제어해야 한다. 다른 특성과 유사하게 하나의 용매를 이용해서 증기압을 조절하기 어렵기 때문에 두 개 이상의 용매를 혼합하여 증기압을 제어한다.

이와 같이 용매와 유기물을 잉크로 만드는 공정에서는 혼합 용매를 사용하여 잉크의 특성을 제어하는 것이 일반적이며, 용매 선정에서 환경 문제 등으로 비할로겐 용매를 사용해야 하며, 가장 널리 알려져 있는 용매는 톨루엔을 기반으로 하는 혼합 용매이다. 정공 주입층의 경우에는 정공 주입층 물질들이 극성 용매에 용해되거나 분산되는 특성을 가지고 있기 때문에 물이나 알코올 기반의 극성 용매를 이용하여 잉크를 제작한다.

3 잉크젯 프린팅 공정

잉크젯 프린팅 공정에서는 기판 내부에서 픽셀내에 균일한 필름 형성을 위해서 잉크 drop 제어 기술, 잉크의 점도 및 표면장력 제어 기술, 기판의 표면 에너지 제어 기술, 용매의 건조 제어 기술 등이 요구된다.

잉크젯 프린팅 공정에서는 노즐을 통하여 잉크를 토출하여 프린팅 공정을 진행하게 되며, 잉크젯 프린팅 공정에서 사용하는 방식은 연속 프린팅 방식과 drop on demand (DOD) 방식이 있다[1]. 주로 사용하고 있는 방식은 DOD 방식이며, DOD 방식에서는 우수한 필름 특성을 얻기 위하여 노즐로부터 기판 사이의 거리 및 잉크 drop의 부피와 크기를 프린팅 속도와 맞추어서 조절해야 한다. 잉크젯 프린팅시 노즐과 기판 사이의 거리는 필름 특성에 크게 영향을 미치며, 거리가 멀면 잉크 drop이 일정한 모양을 이루면서 표면에 코팅되지 못하고 잉크 모양이 일그러지게 된다. 따라서, 노즐과 기판 사이의 거리를 최소화해야 하며 일반적인 거리는 수백 μm 수준이다. 잉크 drop 제어 기술은 잉크젯 공정 기술에서 가장 중요한 기술 중 하나로서 픽셀 내부에 균일하게 잉크를 코팅하기 위해서는 잉크젯 노즐로부터 토출되는 액적의 크기를 일정한 크기로 작게 유지하는 것이 중요하다. 일반적으로, 픽셀 내에 여러 개의 잉크를 프린팅하여 픽셀을 형성하는 방식을 활용할 경우 균일한 필름 형성에 유리하기 때문에 한 픽셀을 채우기 위하여 여러 drop의 잉크를 픽셀 내부에 프린팅한다. 잉크 drop의 부피는 픽셀 크기에 따라 달라지기는 하지만, 10~50 pL 수준이며, 직경은 20~40 μm 수준이다.

잉크의 부피 및 크기 제어와 함께 잉크의 점도 및 표면 장력 제어도 균일한 필름 형성에 있어서 중요한 역할을 하며[2], 점도가 너무 낮을 경우에는 두꺼운 필름 형성이 어려운 문제점이 있으며, 점도가 너무 높을 경우에는 균일하게 잉크가 퍼지지 않으므로 균일한 필름 형성이 어려운 단점이 있다. 일반적으로 저분자 유기 물질 기반의 잉크는 점도가 낮고, 고분자 유기 물질 기반의 잉크는 점도가 높은 특징을 가지고 있으며, 점도가 높을 경우에는 잉크 drop의 크기가 커지게 된다. 따라서, 작은 픽셀을 형성하는데 있어서는 점도가 낮은 저분자 잉크를 사용하는 것이 고해상도 잉크젯 프린팅 공정을 적용하는데 유리하다. 잉크의 표면 장력도 필름 형성에 중요한 영향을 미치며, 높은 표면 장력은 잉크가 기판 표면에 균일하게 퍼지는 것을 방해하기 때문에 막특성이 저하되는 문제점을 갖는다.

기판의 표면 에너지도 픽셀 내 필름 형성에 있어서 중요한 인자이며, 기판의 표면 에너지가 클 경우에

1) A. Teichler et al. J. Mater. Chem. C 1, 1910 (2013)

2) M. Ren et al. J. Imaging Sci. Technol. 55, 040301 (2011)

는 잉크의 퍼짐 특성이 저하되는 문제점이 있으며, 기판의 표면 에너지가 작을 경우에는 잉크가 고르게 퍼질 수 있는 장점이 있다[3]. 잉크젯 기판에서는 뱅크를 사용하여 잉크가 다른 픽셀로 흘러 넘어가는 것을 방지하는 구조로 설계되어 있기 때문에 픽셀 부분은 표면 에너지가 낮아서 잉크가 고르게 퍼질 수 있도록 조절하고, 뱅크 부분은 표면 에너지가 큰 물질을 이용하여 잉크가 뱅크 쪽까지 퍼지지 못하도록 조절하면 픽셀 내에 균일한 필름을 형성할 수 있다[4]. 픽셀 부분과 뱅크 부분의 표면 에너지를 제어하는 방법으로서는 선택적으로 픽셀 부분을 표면 처리하는 방법이 있다. 예를 들어, 픽셀 내부만을 산소 플라즈마 처리를 통하여 친수성으로 만들고 뱅크 부분은 표면 처리하지 않을 경우 표면 에너지의 차이에 의하여 극성 용매 기반의 잉크는 픽셀 내부에만 존재하고 뱅크 쪽으로는 이동하지 않기 때문에 필름을 픽셀 내부에 용이하게 성막할 수 있다.

용매의 건조 제어 기술도 균일한 필름 형성에 중요한 기술로서 용매가 증발되는 속도를 적절히 조절해야 균일하고 밀도가 높은 박막을 형성할 수 있다[5]. 일반적으로 용매가 증발되는 과정은 잉크 drop을 표면에 코팅시 외곽의 용매가 빨리 증발되고, 내부의 용매가 천천히 증발되는 과정을 거치게 되며, 이러한 현상에 의하여 잉크 drop 외곽의 두께가 두껍고 내부의 두께가 얇아지는 현상이 발생한다(coffee ring effect). 이러한 현상을 줄이기 위해서는 단일 용매보다는 끓는점이 높은 용매와 낮은 용매를 혼합하거나, 건조 온도 및 진공도 등을 조절하여 용매의 증발 속도를 제어한다. 용매 제거 공정에서는 낮은 온도에서 용매를 완벽하게 제거하기 위해서 상압에서 건조하는 것보다는 진공 상태에서 건조를 진행하는 것이 일반적이다.

3) R. D. Deegan et al. Nature 389, 827 (1997)
4) S. -H. Jung et al. Thin Solid Films 520, 6954 (2012)
5) W. H. Lee et al. Adv. Funct. Mater. 22, 267 (2012)

CHAPTER

15

플렉시블 OLED

제1절
플렉시블 OLED 개요

OLED는 초기에는 유리 기판상에 제작하는 변형 불가능한 디스플레이로서 적용되었으나, 최근에는 형태를 다양하게 변형할 수 있는 플렉시블 디스플레이로서 적용이 확대되고 있다. OLED의 가장 큰 장점은 플렉시블 디스플레이로서 적용이 용이하다는 점이며, 기존 디스플레이와는 차별화되는 OLED의 가장 큰 특징이다. 플렉시블 OLED 개발을 통하여 디스플레이의 디자인을 다양화할 수 있으며, 기존에 구현하지 못했던 다양한 디스플레이 제품을 구현할 수 있다. 디자인의 다양성과 함께 플렉시블 OLED를 적용할 경우에는 디스플레이를 박형화 및 경량화할 수 있다. 플렉시블 기판으로서 얇은 기판을 적용해야 유연성을 얻을 수 있기 때문에 얇은 기판을 플렉시블 기판으로 적용하게 되며, 이에 따라 기판의 두께가 얇아지고 전체 디스플레이 패널의 두께도 얇아지게 된다. 기판 뿐 아니라 유연성을 위하여 봉지 구조 또한 박형화되기 때문에 전체 디스플레이의 두께가 얇아지고, 두께가 얇기 때문에 경량화도 가능하다.

플렉시블 OLED는 초기에는 형태 변형은 되지 않고, 휘어지거나 굴곡진 형태 그대로 사용하는 정적인 형태의 플렉시블 OLED가 사용되었으며, 삼성의 갤럭시 엣지 및 엘지의 G 플렉스에 사용된 플렉시블 OLED가 이에 해당한다. 이후에는 반복적인 변형이 가능한 플렉시블 OLED 제품이 개발되었으며, 접을 수 있는 폴더블 OLED를 장착한 삼성의 갤럭시폴드 및 Z 플립이 개발되었다. 접을 수 있는

OLED와 함께 둥그렇게 말 수 있는 OLED로서 롤러블 OLED도 개발되어 엘지전자의 롤러블 TV에 적용되었다. 또한, 최근에는 밀어 넣었다 뺐다 할 수 있는 슬라이딩이 가능한 슬라이드 OLED도 개발되어 제품 적용을 앞두고 있다. 이 외에도 아직까지 기술적으로 개발해야 할 부분이 많지만 자유자재로 변형시킬 수 있는 트위스팅 가능한 OLED 및 길이를 늘릴 수 있는 스트레처블 OLED 등도 개발되고 있으며, 향후 제품화 가능할 수 있을 것으로 기대된다. 다양한 플렉시블 OLED를 그림 15-1에 나타내었다.

정적인 플렉시블 OLED	동적인 플렉시블 OLED			
	foldable OLED	rollable OLED	slidable OLED	stretchable OLED
				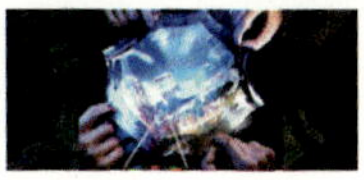

그림 15-1 다양한 플렉시블 OLED 제품

플렉시블 OLED와 유리 기판 기반의 OLED와의 가장 큰 차이점은 유리 기판 대신 유연성을 갖는 플렉시블 기판을 적용한다는 점이다. 기존 디스플레이의 기판은 유리가 사용되었으나, 플렉시블 OLED에서는 유연성이 우수하여 변형 가능한 플라스틱 기판 및 얇은 유리가 기판으로 사용된다. 플렉시블 기판의 적용을 통하여 유연성을 확보할 수 있으며, 기판 뿐 아니라 봉지 구조 또한 유연성을 갖는 박막 구조의 봉지 구조를 사용한다. 기존 유리 기판에서 플라스틱 기판으로의 변화는 단순한 기판의 변화가 아니라 기판 위에 TFT를 형성하는 공정의 변화 및 OLED 패널에 사용되는 다양한 재료의 변화도 수반하게 되며, 이에 따른 소재 및 공정 기술의 개발을 필요로 한다. 특히 폴더블, 롤러블, 슬라이더블 및 스트레처블 OLED 등의 반복적인 변형을 필요로 하는 플렉시블 OLED의 경우에는 대폭적인 신규 소재 및 공정의 적용이 필요하다.

제2절

플렉시블 기판

1 플렉시블 기판 주요 특성

플렉시블 OLED를 구현하기 위한 가장 핵심적인 부품은 플렉시블 기판으로서 반복적인 변형에도 안정한 유연성을 가지면서 유리 기판과 유사한 공정성을 구현할 수 있는 기판을 필요로 한다. 특히, TFT를 형성하는 공정에서 기존 유리 기판과 같이 안정성이 우수한 기판을 사용해야 한다. 플렉시블 기판에 필요한 주요 특성은 아래와 같다.

- 반복적인 변형에 대한 안정성 (높은 탄성 모듈러스)
- 낮은 열팽창 계수 (10 ppm/℃ 이하)
- 높은 열안정성
- 산소 및 수분의 차단 특성
- 높은 광투과도
- 광학적 등방성
- 우수한 화학적 안정성
- 우수한 표면 평탄도

플렉시블 기판에서 가장 중요한 특성은 20만번 이상의 반복적인 변형에 대한 안정성이다. 플렉시블 OLED에서 기판의 변형은 압축에 의한 변형, 인장에 의한 변형등이 나타날 수 있으며, 반복적인 변형에 대해서 안정성을 유지해야 하며, 변형 후에 원상태로 돌아가기 위한 원복력이 요구된다. 특히, 폴더블, 롤러블 및 슬라이드 형태의 OLED에서 다양한 기판 변형이 발생하기 때문에 반복 변형 환경에서도 유연성을 유지하고, 크랙 및 불량 발생을 억제할 수 있는 플렉시블 기판을 사용해야 한다. 일반적으로 높은 탄성 모듈러스를 가질 경우 영구적인 변형이 억제되기 때문에 변형 후 원상태로 원복되는 특성이 우수하게 나타난다.

기계적 물성과 함께 열에 대한 안정성이 중요하다. 열에 대한 안정성은 높은 온도에서 기판이 변형 또는 변성되지 않고 기판의 기계적 물성을 원상태대로 유지하기 위한 열적 안정성과 온도가 변하더라도 기판의 열팽창 또는 수축을 억제하여 원 기판의 치수를 유지하기 위한 열안정성이 요구된다. AMOLED의 패널 제작 공정 중 TFT를 형성하는 공정에서는 패턴을 형성하기 위하여 포토리소그래피 공정을 사용하며, 패턴 공정에서 고온 열처리 공정을 사용해야 한다. 고온 열처리는 300도 이상에서 실시하는 경우도 있으므로, 기판은 300도 이상의 공정 온도에서도 물성을 그대로 유지해야 한다. 따라서, 고온에서 물성 저하가 없는 열적 안정성이 우수한 기판을 적용해야 한다. 열안정성 측면에서 중요한 또 다른 특성은 낮은 열팽창 계수이다. 플렉시블 기판 위에서 TFT 형성 공정 진행시 상온 및 고온에서 박막 형성 및 패터닝 공정을 진행해야 하며, 이때 기판의 열팽창 계수가 클 경우에는 기판 팽창에 의하여 마스크와의 정렬 오차 및 패턴 오차가 발생할 수 있다. 또한, 플렉시블 기판 상에 무기물 및 금속 박막 등을 성막하는 과정에서 낮은 열팽창 계수를 갖는 무기막 또는 금속막과 플렉시블 기판과의 열팽창 계수의 차이에 의한 계면에서의 응력에 의하여 기판이 휘어지는 현상이 발생하게 된다. 따라서, 플렉시블 기판은 무기막 수준의 낮은 열팽창 계수인 10 ppm/℃ 이하의 낮은 열팽창 계수를 갖는 것이 바람직하다.

기판 공정 측면에서 중요한 또 다른 특성은 화학적 안정성이다. TFT 공정에서는 포토리소그래피 공정을 이용하기 때문에 현상, 식각, 에칭 등의 공정에서 다양한 화학 약품을 이용해야 하므로 기판은 우수한 화학적 안정성을 가져야 한다. 산, 알칼리 및 유기 용매에 대한 안정성이 요구된다.

기판상에서 다양한 공정을 진행하기 위하여 요구되는 특성과 함께 소자 적용시 우수한 특성을 구현하기 위하여 요구되는 특성도 있다. OLED 소자 발광시 발광은 배면 소자의 경우 기판 방향으로 진행하게 되므로 기판은 높은 투과도를 필요로 한다. 기존 유리 기판과 마찬가지로 가시 광선 영역에서 90% 이상의 투과율을 필요로 한다. 투과율과 함께 광학적 등방성을 가져야 하며 낮은 혼탁도 또한 필요하다. 기판의 투과율이 낮을 경우에는 전면 발광 OLED 소자 구조만 적용 가능하다.

높은 투과율과 함께 소자의 수명을 안정적으로 유지하기 위해서는 외부의 수분과 산소를 차단하는 특성이 필요하다. OLED 소자는 수분과 산소가 존재할 경우 소자의 수명이 급격하게 저하될 수 있으므로, 기판을 통한 수분과 산소의 침투를 억제해야 한다. 일반적인 유리 기반의 기판들은 산소 및 수분 차단 특성이 완벽하기 때문에 문제가 없지만, 유기물을 기반으로 하는 기판의 경우에는 별도로 수분 및 산소를 차단하기 위한 박막 구조의 차단층을 성막하여야 한다. 위와 같은 요구 사항 이외에도 소자 제작시 불량 방지를 위하여 우수한 표면 평탄도도 요구된다. 기판 표면에 요철이 있을 경우에는 TFT 형성 공정 및 OLED 소자 제작 공정에서 불량이 발생할 수 있으며, 생산 수율이 저하된다.

2 플렉시블 기판 종류

현재 알려져 있는 플렉시블 기판으로는 금속 기판, 박형 유리 기판 및 플라스틱 기판 등이 있으며, 이중 플라스틱 기판이 가장 널리 사용되고 있으며, 박형 유리 기판도 일부 사용되고 있다.

1 플라스틱 기판

플렉시블 기판으로서 가장 널리 개발되어 왔으며, 현재 제품에 적용되고 있는 기판은 플라스틱 기판이다[1)2)3)4)]. 고분자 물질을 기반으로 한 플라스틱 기판이 타 플렉시블 기판에 비하여 갖는 가장 큰 장점은 유연성으로서 다양한 형태로 자유자재로 변형이 가능하기 때문에 플렉시블 기판으로서 가장 적합하다. 또한, 표면 평탄도도 우수하기 때문에 기판으로 사용하기에 유리한 장점을 가지고 있다. 그러나, 기판의 기본 구성 물질이 고분자 물질이기 때문에 열적 안정성 및 열팽창 계수 등에서 취약하며, 산소 및 수분 차단 특성이 좋지 않으며, 내화학성 등이 다른 기판에 비하여 저하되는 단점을 가지고 있다. 따라서, 기판으로 적용하기 위해서는 고분자 물질의 근본적인 단점을 극복할 수 있는 소재를 적용해야 하며, 현재 이러한 단점을 극복하고 OLED에 적용되고 있는 플라스틱 기판은 polyimide (PI)를 기반으로 하는 플라스틱 기판이다.

1) G. Gu et al. Adv. Mater. 9, 725 (1997)
2) Y. Li et al. Appl. Phys, Lett. 86, 153508 (2005)
3) J. A. Spechler et al. Adv. Funct. Mater. 25, 7428 (2015)
4) Y. He et al. Appl. Phys. Lett. 76, 661 (2000)

플라스틱 기판으로 가장 널리 개발되어 있는 기판은 polyethylene terephthalate (PET)를 기반으로 하는 기판이다. PET는 투과도가 우수하고 (>90%), 화학적 안정성이 우수하며, 낮은 가격에 생산할 수 있는 장점을 가진 기판이지만 유리전이온도가 낮고 열팽창계수가 크기 때문에 공정 가능한 온도 범위가 120도로 OLED용 기판 적용에는 한계를 가지고 있다. PET의 열안정성 문제를 개선하기 위하여 개발된 플라스틱 기판은 polyethylene naphthalate (PEN)으로서 투과도 및 화학적 안정성은 PET와 유사하고 공정 온도는 150도까지 높일 수 있는 장점을 가지고 있다. 높은 공정 온도를 요구하지 않는 용도로는 적용 가능하나, TFT 요구 공정 온도 요구 조건을 만족하지 못하기 때문에 AMOLED에는 적용하기 어렵다. 이 외에도 polyethersulfone (PES) 등이 열팽창계수가 작고, 열안정성이 우수한 플라스틱 기판으로 개발되었으나, 내화학성이 불량하고, 300도 이상의 내열성을 요구하는 온도 조건을 만족하지 못하여 공정에 적용하기 어렵다.

현재 TFT의 공정 온도를 만족할 수 있는 플라스틱 기판은 PI를 기반으로 하는 플렉시블 기판이다. PI 기판은 300도 이상의 내열성을 가지고 있기 때문에 AMOLED 생산 공정에 적합하며, 다른 플라스틱 기판에 비하여 낮은 열팽창 계수를 가지고 있으므로, 열적인 특성 측면에서 플렉시블 기판의 요구 사항을 만족한다. 열적인 특성 이외에도 표면 평탄도가 우수하고, 화학적 안정성도 우수하여 TFT 공정 진행에 적합한 특성을 갖는다. 그러나, PI는 이미드 구조가 가시광선 영역대에서 흡수 특성을 가지고 있기 때문에 투과도가 낮은 단점을 가지고 있으므로, 배면 발광 소자에는 적용하기 어렵고, 전면 발광 소자 구조에만 적용 가능하다. 현재 개발되어 있는 플라스틱 기판 중 유일하게 AMOLED 공정 요구 조건을 만족할 수 있기 때문에, 플렉시블 기판으로 널리 사용되고 있다.

PI는 amine과 anhydride의 반응으로 형성된 polyamic acid라고 하는 전구체를 통하여 제조할 수 있다. PI 자체는 용매에 대한 용해도가 매우 낮고, 온도에 의하여 용융이 되지 않기 때문에 PI 상태에서는 가공이 불가능한 물질이다. 따라서, 전구체인 polyamic acid를 이용하여 공정을 진행하여 원하는 기판 형태를 제조한 후 270도 이상 고온에서의 최종 열처리를 통하여 PI 기판을 얻는다. Polyamic acid 전구체는 용매에 용해되는 특성을 가지므로, 용액 상태의 전구체를 코팅을 통하여 필름을 형성하여 기판을 제조하며, 열처리를 통하여 용매를 제거하고, polyamic acid 전구체를 PI로 변환한다 (그림 15-1). PI 개발을 위하여 사용하는 amine 단위체와 anhydride 단위체의 구조에 따라서 PI 기판의 물성이 달라지며, 최근에는 PI 기판의 단점인 낮은 투과도의 문제를 극복하기 위해서 투명한 PI의 개발을 중점적으로 진행하고 있다.

PI 기판은 플라스틱 기반의 플렉시블 기판으로 AMOLED 공정을 위한 기본 특성들을 만족하지만, 수분 및 산소에 대한 차단 특성은 PI 만으로는 구현하기 어렵기 때문에, 수분과 산소에 대한 차단 특성을 얻기 위하여 PI 기판과 무기막이 교대 적층되어 있는 복합막을 기판에 형성하여 사용한다. PI 기판에 사용하는 복합막은 봉지 구조에 사용하는 유무기 복합막과 유사하게 기판을 통하여 수분과 산소가 침투하는 것을 억제하여 수분과 산소에 대한 안정성을 갖는 OLED 소자의 제작이 가능하다.

대표적인 플라스틱 기판의 물성을 표 15-1에 정리하였다.

표 15-1 대표적인 플라스틱 기판의 물성

플라스틱 기판	유리전이온도(℃)	열패창 계수 (ppm/℃)	투과도(%)
Polyethylene terephthalate (PET)	~80	~35	~90
Polyethylene naphthalate (PEN)	~150	~20	~90
Polyethersulfone (PES)	~200	~50	~90
Polyimide (PI)	~300	~10	~60

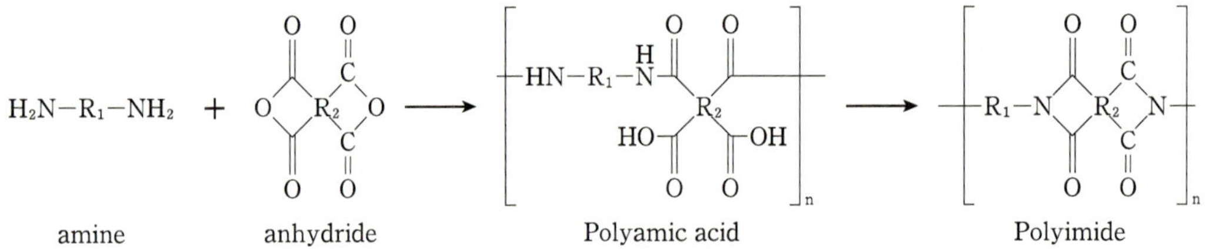

그림 15-2 폴리이미드 형성 반응

2 얇은 유리 기판

플라스틱 기판과 함께 플렉시블 기판으로 사용하는 기판은 200 μm 이하의 얇은 유리 (thin glass)를 기반으로 하는 기판이다[5]. 얇은 유리 기판의 경우 플라스틱 기판에 비하여 유연성은 상대적으로 저하되는 단점으로 인하여 곡률 반경이 큰 플렉시블 소자 용도로 적용 범위가 한정되어 있으며, 기판이 충격에 약하여 쉽게 깨지기 때문에 다루기가 어려운 단점이 있다. 그러나, 기존 유리 기판과 유사한 물리적 특성을 가지고 있기 때문에 플렉시블 기판에 요구되는 물리적 특성들을

5) M. D. J. Auch et al. Thin Solid Films 417, 47 (2002)

만족시킬 수 있기 때문에 제품 적용 측면에서는 용이한 장점을 가지고 있다. 특히, 열팽창 계수가 작고, 모듈러스가 크며, 500도 이상의 높은 공정 온도를 가지고 있기 때문에 플렉시블 기판으로서 우수성을 보인다. 얇은 유리 기판의 경우 기존 유리 기판에 비하여 기계적 물성을 강화하기 위한 보강 처리 또는 필름 처리 등의 방법을 이용하여 유연성을 확보하여 적용하고 있다. 현재 얇은 유리는 폴더블 OLED의 외부 보호창을 비롯하여 플렉시블 OLED 조명 등의 제품에 적용되고 있다.

3 금속 기판

초기에 플렉시블 기판으로서 개발되었던 기판은 얇은 금속을 기반으로 하는 금속 기판이다[6]. 금속 기판의 경우 외부로부터의 수분 및 산소 차단 특성이 우수하고, 열적 안정성도 우수하며, 화학적 안정성도 우수하여 AMOLED를 생산하기 위한 기판으로서 우수한 특성을 갖는다. 그러나, 표면 거칠기가 좋지 않은 문제점으로 인하여 공정 진행시 불량 발생이 심하다는 문제점을 가지고 있으며, 반복적인 변형 특성이 상대적으로 저하되는 단점을 가지고 있다. 또한 금속 기판은 투명하지 않기 때문에, OLED 소자는 전면 발광 소자 형태로만 제작 가능하다는 한계점을 가지고 있다.

플라스틱, 얇은 유리 및 금속 기판을 표 15-2에 비교하였다.

표 15-2 플라스틱, 얇은 유리 및 금속 기판의 비교

	플라스틱 기판(PI)	얇은 유리 기판	금속 기판
투과도 (%)	60~90	>90	불투명
열팽창 계수 (ppm/℃)	~10	<5	<5
기판 공정 온도(℃)	~300	~500	~500
수분 및 산소 차단성	낮음	높음	높음
유연성	우수	보통	우수
반복 변형 안정성	우수	우수	보통
표면 평탄도	우수	우수	낮음
화학적 안정성	우수	우수	우수

6) Z. Xie et al. Chem. Phys. Lett. 381, 691 (2003)

제3절

플렉시블 OLED 공정

현재 플렉시블 OLED 제작 공정에서는 PI 기반의 플라스틱 기판을 가장 널리 사용하고 있다. PI 기판을 이용한 플렉시블 제작 공정에서는 PI 바니쉬 (varnish)라고 불리는 polyamic acid 전구체를 이용하여 PI 기판을 제작해야 하기 때문에 지지 기판 (carrier glass)을 이용해야 한다. 지지 기판으로서는 유리 기판을 주로 사용하며, 지지 유리 기판 상부에 polyamic acid를 주로 slit 코팅 방법을 이용하여 코팅한 후 열처리 공정을 통하여 PI 기판을 제작한다. 지지 기판의 경우 TFT 및 OLED 공정 후 PI 기판과 분리해야 하기 때문에 탈착을 용이하게 하기 위하여 희생층을 사용하며, 탈착 공정에서 레이저를 이용하기 때문에 레이저 제거 공정에서 레이저 에너지를 흡수할 수 있는 a-Si과 같은 물질을 지지 기판위에 성막하여 사용한다. 희생층의 경우에는 탈착 공정을 위해서 사용하지만 TFT 공정 중에 PI 기판과 접착 특성을 유지하는 기능도 동시에 한다. 기판 위에 PI 기판 형성시에는 수분과 산소 차단 특성을 위하여 봉지 특성을 갖는 무기막을 성막해야 하며, 주로 SiNx 및 SiO_2를 성막하여 봉지 특성을 구현한다. 플렉시블 OLED의 반복적인 변형 과정에서 변형을 방지하기 위하여 PI 막과 무기막을 교대로 반복하는 구조를 사용하는 것이 일반적이다. 기판 형성 후에는 일반적인 TFT 형성 공정 및 OLED 형성 공정을 이용하여 OLED 패널을 제작하며, 플렉시블 박막 봉지를 적용하고 추가적으로 필요한 편광판, 터치 센서 및 커버 윈도우 등을 추가적으로 부착하여 최종적으로 패널을 완성한다. OLED 제작 공정 후에는 PI 기판을 지지 기판으로부터 분리해야 하며, 레이저를 이용하여 제거하는 방법을 이용한다. PI 기판 분리

후에는 PI 기판을 보호하기 위하여 보호 필름을 부착한다. 전체적인 플렉시블 OLED 제작 공정을 그림 15-3에 나타내었다.

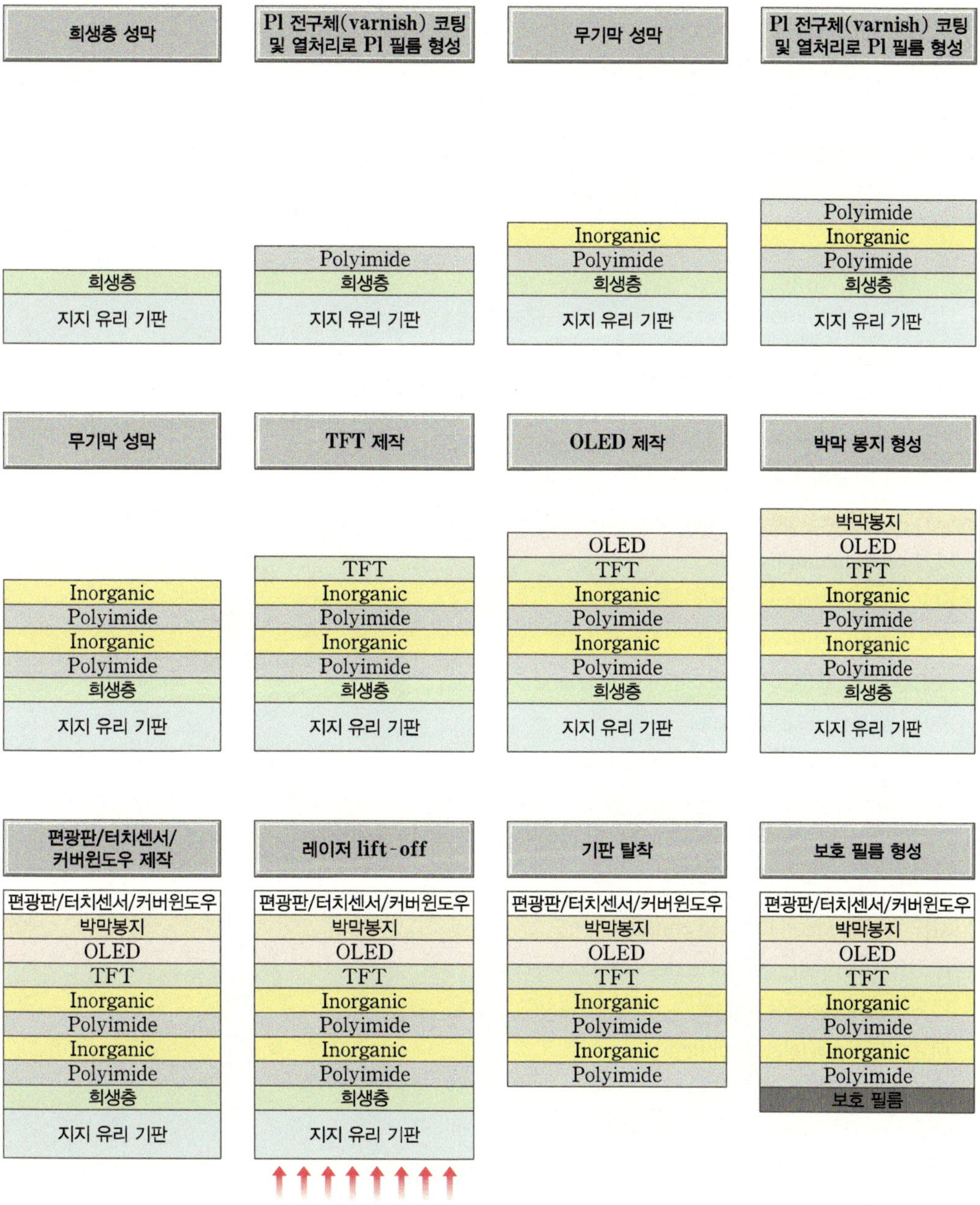

그림 15-3 플렉시블 OLED 제조 공정

약자

- OLED : organic light-emitting diode
- LCD : liquid crystal display
- LED : light-emitting diode
- PDL : pixel defining layer
- R : red
- G : green
- B : blue
- HD : high definition
- PPI : pixels per inch
- AR : augmented reality
- VR : virtual reality
- HOMO : highest occupied molecular orbital
- LUMO : lowest unoccupied molecular orbital
- PL : photoluminescence
- EL : electroluminescence
- SOC : spin-orbit coupling
- PEDOT : poly(3,4-ethylenedioxythiophene)
- PSS : polystyrenesulfonate
- SCLC : space charge limited current
- ICT : intramolecular charge transfer
- CT : charge transfer
- LE : local excited state
- AIE : aggregation induced emission
- TADF : thermally activated delayed fluorescence
- TTF : triplet-triplet fusion
- TTA : triplet-triplet annihilation
- ITO : indium tin oxide
- Alq_3 : tris(8-hydroxyquinolinato)aluminium
- TAPC : 1,1-bis[(di-4-tolylamino)phenyl]cyclohexane
- DCM : 4-(dicyanomethylene)-2-methyl-6-(4-dimethylaminostyryl)-4H-pyran
- PPV : polyphenylenevinylene
- PtOEP : Platinum(II) 2,3,7,8,12,13,17,18-octaethyl-21H,23H-porphyrin

- C545T : 10-(2-benzothiazolyl)-2,3,6,7-tetrahydro-1,1,7,7-tetramethyl-1H,5H, 11H-(1)benzopyropyrano (6,7-8-i,j)quinolizin-11-one
- PVK : poly(9-vinylcarbazole)
- DCM1 : 4-(dicyanomethylene)-2-methyl-6-(p-dimethylaminostyryl)-4H-pyran
- Coumarin 6 : 3-(2-benzothiazolyl)-N,N-diethylumbelliferylamine
- TAZ : 3-(biphenyl-4-yl)-5-(4-tertbutylphenyl)-4-phenyl-4H-1,2,4-triazole
- TPB : tetraphenyl-1,3-butadiene
- p-EtTAZ : 3-([1,1′-biphenyl]-4-yl)-5-(4-(tert-butyl)phenyl)-4-(4-ethylphenyl)-4H-1,2,4-triazole
- Nile Red : 9-(diethylamino)-7a,12a-dihydro-1H-benzo[a]phenoxazin-5(4H)-one
- TPD : N,N′-bis(3-methylphenyl)-N,N′-diphenylbenzidine
- PMOLED : passive matrix OLED
- AMOLED : active matrix OLED
- TFT : thin film transistor
- BLU : backlight unit
- POL : polarizer
- LC : liquid crystal
- CF : color filter
- HTL : hole transport layer
- ETL : electron transport layer
- EML : emitting layer
- UV : ultraviolet
- Liq : 8-hydroxyquinolinolato-lithium
- HAT-CN : hexaazatriphenylenehexacarbonitrile
- IZO : indium zinc oxide
- CVD : chemical vapor deposition
- FMM : fine metal mask
- CGL : charge generation layer
- RGBW : red, green, blue, white
- QD : quantum dot
- CPL : capping layer
- SOLED : stacked organic light-emitting diode
- NPB : N,N′-di(1-naphthyl)-N,N′-diphenyl-(1,1′-biphenyl)-4,4′-diamine
- TCTA : tris(4-carbazoyl-9-ylphenyl)amine
- mTDATA : 4,4′,4″-tris[phenyl(m-tolyl)amino]triphenylamine
- 2-TNATA : 4,4′,4″-tris(N-(2-naphthyl)-N-phenylamino)-triphenylamine
- BCP : bathocuproine
- BPhen : 4,7-diphenyl-1,10-phenanthroline

- NTSC : National Television System Committee
- PAL : Phase alternating line
- sRGB : standard RGB
- DCP : digital cinema package
- Rec 2020 (BT 2020) : ITU-R Recommendation BT 2020
- mCBP-1CN : 3′,5-di(9H-carbazol-9-yl)-[1,1′-biphenyl]-3-carbonitrile
- CNmCBPCN : 9-(3′-(9H-carbazol-9-yl)-5-cyano-[1,1′-biphenyl]-3-yl)-9H-carbazole-3-carbonitrile
- mCBP : 3,3′-di(9H-carbazol-9-yl)-1,1′-biphenyl
- oCBP : 2,2′-di(9H-carbazol-9-yl)-1,1′-biphenyl
- mCP : 1,3-bis(N-carbazolyl)benzene
- CzT : 9-(4,6-diphenyl-1,3,5-triazin-2-yl)-9′-phenyl-3,3′-bicarbazole
- 35DCzPPy : 3,5-bis(3-(carbazol-9-yl)phenyl)pyridine
- DNTPD : 4,4′-bis[N-[4-{N,N-bis(3-methylphenyl)amino}phenyl]-N- phenylamino] biphenyl
- BPBPA : N,N,N′N′-tetra[(1,1′-biphenyl)-4-yl]-(1,1′-biphenyl)-4,4′-diamine
- BCFN : N-([1,1′-biphenyl]-4-yl)-9,9-dimethyl-N-(4-(9-phenyl-9H-carbazol-3-yl)phenyl)-9H-fluoren-2-amine
- TNPA : 4,4′,4″-tris(4-naphthalen-1-yl-phenyl)amine
- PCZAc : 9,9-dimethyl-10-(9-phenyl-9H-carbazol-3-yl)-9,10-dihydroacridine
- F_4-TCNQ : 2,3,5,6-Tetrafluoro-7,7,8,8-tetracyanoquinodimethane
- CN6-CP : hexacyano-trimethylene-cyclopropane
- TPBI : 2,2′,2″-(1,3,5-Benzinetriyl)-tris(1-phenyl-1-H-benzimidazole)
- BmPyPb : 1,3-bis[3,5-di(pyridin-3-yl)phenyl]benzene
- ZADN : 2-[4-(9,10-Di-naphthalen-2-yl-anthracen-2-yl)-phenyl]-1-phenyl-1H- benzoimidazole
- PO-T2T : ((1,3,5-triazine-2,4,6-triyl)tris(benzene-3,1-diyl))tris(diphenylphosphine oxide)
- TSPO1 : diphenyl[4-(triphenylsilyl)phenyl]phosphine oxide
- DBFTrz : 2,8-bis(4,6-diphenyl-1,3,5-triazin-2-yl)dibenzo[b,d]furan
- BAlq : bis(8-hydroxy-2-methylquinoline)-(4-phenylphenoxy)aluminum
- PIN : p-doping/insulator/n-doping
- DBP : 5,10,15,20-tetraphenylbisbenz[5,6]indeno[1,2,3-cd : 1′,2′,3′-lm]perylene
- TPBe : 2,5,8,11-tetra-tert-butylperylene
- DCJTB : 4-(dicyanomethylene)-2-tert-butyl-6-(1,1,7,7-tetramethyljulolidin-4-yl-vinyl)- 4H-pyran
- DMQA : N,N′-Dimethylquinacridone
- LC : ligand centered
- MLCT : metal ligand charge transfer
- $Ir(ppy)_3$: tris[2-(2-pyridinyl-N)phenyl-C] iridium(III)
- DABNA-1 : 5,9-diphenyl-5,9-diaza-13b-boranaphtho [3,2,1-de]anthracene

- ν-DABNA : N^7,N^7,N^{13},N^{13},5,9,11,15-octaphenyl-5,9,11,15-tetrahydro-5,9,11,15-tetraaza-19b,20b-diboradinaphtho[3,2,1-de : 1′,2′,3′-jk]pentacene-7,13-diamine
- TBRb : 2,8-di-tert-butyl-5,11-bis(4-tert-butylphenyl)-6,12-diphenyltetracene
- $Ir(pq)_3$: tris[2-(2-quinolinyl)phenyl]iridium(III)
- $Ir(pq)_2acac$: bis[2-(2-quinolinyl)phenyl](acetylacetonate)iridium(III)
- $Ir(piq)_3$: tris(1-phenylisoquinoline)iridium(III)
- $Ir(piq)_2acac$: bis(1-phenylisoquinoline)(acetylacetonate)iridium(III)
- 4CzTPN : 2,3,5,6-tetrakis(carbazol-9-yl)-1,4-dicyanobenzene
- HAP-3TPA : 4,4′,4″-(1,3,3a1,4,6,7,9-heptaazaphenalene-2,5,8-triyl)tris(N,N-bis(4-(tert-butyl)phenyl)aniline)
- NAI-DMAC : 2-(4-(tert-butyl)phenyl)-6-(9,9-dimethylacridin-10(9H)-yl)-1H-benzo[de]isoquinoline-1,3(2H)-dione
- 4CzIPN : 2,4,5,6-tetra(carbazol-9-yl)-1,3-dicyanobenzene
- 6tBPA : N^9,N^9,N^{10},N^{10}-tetrakis(4-(tert-butyl)phenyl)anthracene-9,10-diamine
- $Ir(mppy)_3$: tris[2-(p-tolyl)pyridine]iridium(III)
- $Ir(ppy)_2acac$: bis[2-(2-pyridinyl-N)phenyl-C](acetylacetonate)iridium(III)
- CzDBA : 9,10-bis(4-(9H-carbazol-9-yl)－2,6-dimethylphenyl)－9,10-diboraanthracene
- DtBuPhCzB : 5,9-Bis(4’-(tert-butyl)-[1,1’-biphenyl]-4-yl)-2,12-bis(4-(tert-butyl) phenyl)-5,9-dihydro-5,9-diaza-13b-boranaphtho[3,2,1-de]anthracene
- PyCN : 4,4′-(pyrene-1,6-diylbis(phenylazanediyl))dibenzonitrile
- BD3 : 4-(10-(4-(10-(4-methoxyphenyl)anthracen-9-yl)phenyl)anthracen-9-yl) benzonitrile
- t-DABNA : 2,12-di-tert-butyl-5,9-bis(4-(tert-butyl)phenyl)-5,9-dihydro-5,9-diaza-13b-boranaphtho[3,2,1-de]anthracene
- CN-SBAF : 4,4′-(spiro[benzo[de]anthracene-7,9′-fluorene]-3,9-diylbis(phenylmethylene))dibenzonitrile
- FCNIr : tris[(3,5-difluoro-4-cyanophenyl)pyridine]iridium(III)
- FIrpic : bis[2-(4,6-difluorophenyl)pyridineato-C^2,N](picolinate)iridium(III)
- $Ir(cb)_3$: [[5-(1,1-dimethylethyl)-3-phenyl-1H-imidazo[4,5-b]pyrazin-1-yl-2(3H)-ylidene]-1,2-phenylene]bis[[6-(1,1-dimethylethyl)-3-phenyl-1H-imidazo[4,5-b]pyrazin-1-yl-2(3H)-ylidene]-1,2-phenylene]iridium(III)
- $Ir(pmp)_3$: tris-(N-phenyl, N-methyl-pyridoimidazol-2-yl)iridium(III)
- $Ir(dmp)_3$: tris[3-(2,6-dimethylphenyl)-7-methylimidazo[1,2-f] phenanthridine]iridium (III)
- CNIr : fac-tris(3-(1-(2,6-diisopropylphenyl)-1H-imidazol-2-yl)benzonitrile)iridium(III)
- PtNON : (9-(pyridin-2-yl)-2-(9-(pyridin-2-yl)-9H-carbazol-2-yloxy)-9H-carbazole) platinum(II)
- PtON7-dtb : [6-(1,3-dihydro-3-methyl-2H-imidazol-2-ylidene-κC^2)-4-tert-butyl-1, 2-phenylene-κC^1]oxy[9-(4-tert-butyltpyridin-2-yl-κN)-9H-carbazole-1,2-diyl-κC^1] platinum(II)

- PtON1-tBu : [6-(3,5-dimethyl-1H-pyrazol-1-yl-κN^2)-1,2-phenylene-κC^1]oxy[9-(4-tert-butyltpyridin-2-yl-κN)-9H-carbazole-1,2-diyl-κC^1]platinum(II)
- Pt-16 : [bis(N-methyl-imidazolyl)-benzene chloride]platinum(II)
- FPt : [2-(4′,6′-difluorophenyl)pyridinato-N, $C^{2\prime}$)](2,4-pentanedionate)platinum(II)
- Pt-4 : [1,3-difluoro-4,6-di(2-pyridinyl)benzene chloride]platinum(II)
- 2CzPN : 4,5-di(9H-carbazol-9-yl)phthalonitrile
- DMAC-DPS : 10,10′-(sulfonylbis(4,1-phenylene))bis(9,9-dimethyl-9, 10-dihydroacridine)
- 5tCzBN : 2,3,4,5,6-pentakis(3,6-di-tert-butyl-9H-carbazol-9-yl)benzonitrile
- TDBA-Ac : 10-(5,9-dioxa-13b-boranaphtho[3,2,1-de]anthracen-7-yl)-9, 9-dimethyl-9, 10-dihydroacridine
- TCzTrz : 9,9′,9″-(5-(4,6-diphenyl-1,3,5-triazin-2-yl)benzene-1,2,3-triyl)tris (9H-carbazole)
- DMAC-Trz : 10-(4-(4,6-diphenyl-1,3,5-triazin-2-yl)phenyl)-9,9-dimethyl-9, 10-dihydroacridine
- α-ADN : 9,10-di(naphthalen-1-yl)anthracene
- MADN : 2-methyl-9,10-di(naphthalen-2-yl)anthracene
- TAT : 9,10-bis(5′-phenyl-[1,1′ : 3′,1″-terphenyl]-4-yl)anthracene
- DPEPO : (oxybis(2,1-phenylene))bis(diphenylphosphine oxide)
- B3PYMPM : 4,6-bis(3,5-di(pyridin-3-yl)phenyl)-2-methylpyrimidine
- PO15 : dibenzo[b,d]thiophene-2,8-diylbis(diphenylphosphine oxide)
- 26DCzPPy : 2,6-bis(3-(9H-carbazol-9-yl)phenyl)pyridine
- SiCzTrz : 9-(4-phenyl-6-(3-(triphenylsilyl)phenyl)-1,3,5-triazin-2-yl)-9H-carbazole
- APDC-DTPA : 3,4-bis(4-(diphenylamino)phenyl)fluoranthene-8,9-dicarbonitrile
- TPA-QCN : 2-(4′-(diphenylamino)-[1,1′-biphenyl]-4-yl)quinoxaline-6,7-dicarbonitrile
- TPA-DCPP : 7,10-bis(4-(diphenylamino)phenyl)dibenzo[f,h]quinoxaline-2, 3-dicarbonitrile
- 4tBu ($Pt(tbp\text{-}fpm)_2$) : bis(2-(trifluoromethyl)-5-(4-tert-butylpyridin-2-yl)pyrimidine]platinum(II)
- $Pt(fprpz)_2$: bis((5-(2-pyrazinyl)-3-triflouromethylpyrazole)platinum(II)
- UPS : ultraviolet photoelectron spectroscopy
- UV-vis : ultraviolet-visible
- CV : cyclic voltammetry
- DPV : differential pulse voltammetry
- TOF : time of flight
- DSC : differential scanning calorimeter
- TGA : thermogravimetric analyzer
- HPLC : high performance liquid chromatography
- ICP : inductive coupled plasma
- STA : singlet-triplet annihilation
- TPA : triplet-polaron annihilation
- S : singlet
- T : triplet

- Q : quintet
- HLCT : hybrid local and charge transfer
- BDE : bond dissociation energy
- LDI-TOF : laser desorption ionization-time of flight
- TFB : poly(9,9-dioctylfluorene-alt-N-(4-sec-butylphenyl)-diphenylamine)
- F8BT : poly(9,9-dioctylfluorene-alt-benzothiadiazole)
- PEIE : polyethyleneimine-ethoxylated
- PMA : phosphomolybdicacid hydrate
- DMSO : dimethylsulfoxide
- EG : ethylene glycol
- PFO : polyfluorene
- PPV : polyphenylenevinylene
- PR : photoresist
- CRI : color rendering index
- MLA : micro lens array
- WVTR : water vapor transmission rate
- OTR : oxygen transmission rate
- iCVD : initiated chemical vapor deposition
- PECVD : plasma enhanced chemical vapor deposition
- ALD : atomic layer deposition
- DOD : drop on demand
- PET : polyethyleneterephthalate
- PEN : polyethylenenaphthalate
- PES : polyethersulfone

찾아보기